ENCYCLOPEDIA OF GUNS
Handguns, Rifles, Machineguns and Other Small Arms

枪
鉴赏百科全书

〔英〕罗杰·福特 著 张国良 等译

中国画报出版社

图书在版编目（CIP）数据

枪：鉴赏百科全书 /（英）福特著；张国良等译. -- 北京：中国画报出版社，2016.4
　　ISBN 978-7-5146-1291-2

Ⅰ.①枪… Ⅱ.①福… ②张… Ⅲ.①枪械—世界—普及读物 Ⅳ.①E922.1-49

中国版本图书馆CIP数据核字(2016)第074657号

Copyright © 1997 Amber Books Ltd
Copyright of the Chinese translation © 2015 by Portico Inc.
This translation of ENCYCLOPEDIA of GUNS is published by arrangement with Amber Books Limited.
Published by China Pictorial Publishing House Press.
ALL RIGHTS RESERVED
著作权合同登记号：图字 01-2015-8158

枪：鉴赏百科全书	〔英〕罗杰·福特 著　张国良 等译

出 版 人：于九涛

责任编辑：郭翠青

责任印制：焦　洋

出版发行：中国画报出版社

　　　　　（中国北京市海淀区车公庄西路33号　　邮编：100048）

开　本：16开（889mm×1194mm）

印　张：25.5

字　数：500千字

版　次：2016年4月第1版　2016年4月第1次印刷

印　刷：北京佳明伟业印刷有限公司

定　价：128.00元

总编室兼传真：010-88417359　　版权部：010-88417359

发行部：010-68469781　　010-68414683（传真）

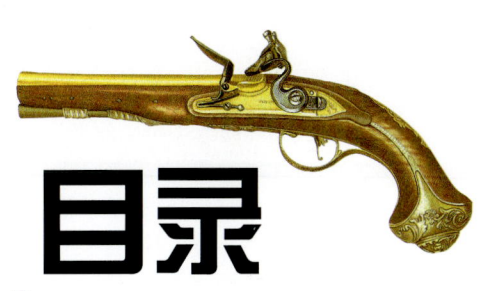

目录

第一部：手枪　　1

1 从火枪到手枪　　3

装有支架的枪械	4
手枪的原型	4
簧轮枪的机械原理	4
簧轮枪的使用	5
"Gaggen"和"Pistolets"	5
燧发枪	6
西班牙手枪	7
燧发枪的问世	7
英国和法国的枪械制造业	7
"布儒瓦"燧发枪	8
早期战场上使用的手枪	9
骑兵手枪	9
安妮女王式手枪	10
卡榫	10
老式大口径短枪型手枪	11
早期的转轮手枪	12
洛伦佐尼的连发手枪	13
皇家海军齐发手枪	13
决斗专用手枪	14
良好的平衡	15
著名的决斗	15
美国决斗者	15
法国的决斗	16
口径和枪膛	17
标准化	17
燧发枪的特点	18
寻找新的发射药	19
福赛思的发明	19
撞击式雷帽	19
密闭式底火系统	21
美国武器生产商	22
枪管的制造	22
多管手枪	22
达夫特的单管手枪	22
待击发动作	23
双动系统	23

2 前装弹式击发转轮手枪 25

柯尔特转轮手枪的原理	26
柯尔特公司	26
柯尔特-帕特森转轮手枪的装弹	26
得克萨斯游骑兵	26
柯尔特骑兵枪	27
柯尔特枪在全球的成功	27
双动机械结构	27
内战推动对手枪的需求	28
雷明顿的新式手枪	28
斯达尔的可拆开式枪机	29
双动式转轮手枪	30
萨维奇的顶装击锤	30
痛苦的战争	30
游击战中的武器战术	31
匡特里尔的突袭事件	31
欧洲的落伍	31
过渡型转轮手枪	31
柯尔特的英国冒险	32
亚当斯的自动击发转轮手枪	33
转轮手枪的击锤	33
波蒙特-亚当斯转轮手枪	33
仿造枪的不断增加	34
四处泛滥的专利	35
特兰特转轮手枪	36
约翰·亚当斯的专利	37
击锤钩的发明	37
狄恩-哈丁转轮手枪	38
警用型枪	39
击锤钩	39
普鲁士的针发式手枪	39
拉马特手枪	40
其他古怪的手枪	40
后装弹设计	40
装药技术的应用	42
早期的子弹	42
皮子弹	42
中发式子弹	43
金属壳子弹	43
针发式与缘发式	44
缘发式子弹的缺点	44
博克瑟和伯登	44
新的子弹和弹头	44
整体子弹	45

3 推弹式转轮手枪 47

缘发式的整体子弹	48
史密斯和韦森(S&W)的旋转弹膛	48
怀特专利的终止	48
第一代S&W手枪	49
S&W公司的3型改进型手枪	49
"俄国婴儿"式手枪	50
柯尔特手枪在逆境中发展	50
柯尔特长枪管之举	51
柯尔特SAA手枪	52
狂人比尔·希科克	52
詹姆斯黑帮	53
北部突袭	54

第一联邦立案银行的灾难	54	韦伯利警用手枪	69
明尼苏达人的反击	55	韦伯利-福斯贝利手枪	69
枪战白热化	55	战场上的糟糕表现	69
柯尔特纪念型手枪	55	韦伯利4型手枪	70
伊利法莱特·雷明顿	56	日本明治26型手枪	70
小口径袖珍型手枪	56	柯尔特与S&W的对决	70
USRA型转轮手枪	57	逆时针旋转弹膛	71
莱佛切斯子弹	59	新型军用手枪	71
欧洲手枪	59	柯尔特1917型手枪	71
纳格特手枪	59	柯尔特袖珍型手枪	72
比利时的"静犬"手枪	59	柯尔特D型手枪的各种款式	72
法国沙文主义	60	派森手枪和"眼镜蛇"手枪	73
1874型转轮手枪	60	外部的变化	73
莱伯尔的无烟子弹	60	S&W公司的挑战	74
新的装填程序	61	顺时针和逆时针旋转弹膛	74
波德尔转轮手枪	61	S&W公司的设计	74
德莱赛毫无灵感的手枪	62	三重闭锁型手枪	74
加瑟的手枪	62	K系列手枪的改进	74
边孔系统	63	威力强大的马格南子弹	75
新的抛壳方式	63	鲁格手枪	75
恩菲尔德的铰链式设计	63	多管手枪	75
威廉·特兰特的手枪	63	德林格手枪	75
乔治·克洛西的实验	65	微型转轮手枪	76
克洛西的"棘轮卡锁"	66	兰开斯特手枪	76
韦伯利的忠实拥护者	66	法庭证据	77
韦伯利的RIC(爱尔兰皇家警察)转轮手枪	67		
"牛头犬"式转轮手枪	67	**4 半自动手枪**	**79**
普赖斯的双动枪机	67	马克西姆机枪	80
考夫曼卡锁	68	短后坐行程原理	80
韦伯利的各型手枪	68		

自动闭锁程序出现	80	双动手枪	92
早期半自动手枪	80	德国的袖珍手枪	92
手枪弹匣	80	沃尔特P38型手枪	93
奥匈帝国的枪械制造业	81	CZ 手枪	93
雨果·博查特的工作	81	弗罗默1910型手枪	94
鲁格的杰作	82	匈牙利半自动手枪	94
帕拉贝鲁姆手枪的到来	82	"红色"火力	95
德国陆军用手枪	82	意大利的半自动手枪	95
1914型手枪	82	进入贝瑞塔手枪时代	95
沃尔特P38型手枪	83	贝瑞塔1934型和1935型手枪	95
伯格曼手枪	83	西班牙的手枪工业	96
退出废弹壳的窘境	83	法国使用的比利时手枪	96
毛瑟C96型手枪	84	法国的探索	97
C96型手枪的改型和仿制品	84	巴斯克地区手枪制造业	97
C96型手枪的内部布局	85	芬兰的鲁格手枪	98
8毫米口径罗思–施泰尔手枪	86	日本的南部手枪	98
9毫米施泰尔手枪	87	萨维奇轻型手枪	99
非后膛闭锁手枪	87	雷明顿51型手枪	102
休斯·盖伯特–费尔法克斯	87	半自动枪身	102
威力巨大的"战神"手枪	87		
技术缺陷	88		
柯尔特的"土豆挖掘机"	88	**5** 第二次世界大战后的手枪	**105**
勃朗宁1900型手枪	89	欧洲枪械制造商	106
一款新的美国军用手枪	90	现代转轮手枪	106
柯尔特M1911型手枪	90	新型手枪握把	106
全自动的M1911型手枪	91	鲁格"鹰"式手枪	107
韦伯利的半自动手枪	91	枪栓式手枪	107
0.455英寸口径1型手枪	91	比赛用手枪	108
韦伯利轻型手枪	91	新趋势	109
自动手枪的价值	92	转轮手枪的衰退	109

赫克勒的延迟后坐系统	110
P7型手枪	110
塑料制VP70型手枪	110
SIG公司的杰作	110
沃尔特的比赛用手枪	112
新型施泰尔手枪	112
格洛克轻型手枪	113
贝瑞塔手枪卷土重来	114
激烈的竞争	114
S&W公司的手枪	114
柯尔特2000 DA型手枪	116
FN公司的5-7型手枪	117
怀尔德自动手枪	120
不断增强的阻止能力	121
"黑色魔爪"子弹	121
格雷杰特手枪	124
可有好的前景？	124
均衡器	125

第二部：步枪　127

6 从前装枪到黄铜子弹　129

自然法则	130
让子弹旋转	130
奇思异想	131
进入新天地	131
美式步枪	131
更轻便、更小巧	132
火药与子弹	133
黑火药的生产	133
后装枪	133
膨胀型子弹	133
全面发展	133
燧发枪的缺陷	134
雷酸盐火药	134
福赛思枪栓	134
火帽	134
黄铜子弹	135
整体弹	136
混合式引爆	136
边缘发火弹	137
中火子弹	138
击针枪	139
冯·德雷斯与波利	139
第一批枪栓式步枪	140
普鲁士后膛步枪	140
夏普斯的老伙计	141
美国内战的宠儿	141
世界级枪手	141

7 步枪的演变　145

施奈德的改装方法	146
阿林天窗	146
雷明顿下旋转式后退闭锁装置	146

下降闭锁装置	147
马蒂尼–亨利步枪	148
巴伐利亚人沃德	149
部件更少	149
M/71型子弹	149
毛瑟兄弟	150
首次毛瑟设计	150
毛瑟兄弟迁往列日	151
毛瑟–诺里斯步枪	151
毛瑟1871型步枪	151
粗劣的发射机制	152
不愉快的结果	152
毛瑟兄弟公司	153
M/71型卡宾枪	153
温德实施改装	154
第一批连发步枪	154
下杆步枪	155
威猛公司	156
亨利步枪	157
金氏弹匣	160
温切斯特连发枪	160
征服西方之枪	160
温切斯特1876型步枪	160
斯宾塞卡宾枪	161
联邦军队装备使用的斯宾塞步枪	161
斯宾塞步枪的终结	162
枪栓式连发武器	162
维特尔利连发枪	162
克罗巴查克系统	162

首批毛瑟连发枪	163
改装	163
精雕细琢	163
竞争对手的设计	164
武装普鲁士军队	164
弹匣的发展	164
霍珀和插入式弹匣	164
旋转/绕轴弹匣	165
盒式弹匣	165
詹姆斯·帕里斯·李	165
费迪南德·曼利彻	166
施米特系统	166
曼利彻弹夹	166
弹匣分离点	166
其他弹匣	167
美国处于落后地位	167

8 军用枪栓式步枪的发展进入高潮　169

更小口径的步枪	170
新式推进燃料	170
无烟火药	170
8毫米口径莱贝尔步枪	170
新式火药的划分	171
88型步枪薄片火药	171
急速发展步枪	172

毛瑟迂回发展	172	尖头式子弹	188
生产推迟与被惩罚	172	S型和K型子弹	189
出现爆炸的严重后果	173	返回斯普林菲尔德	190
88型步枪接受进一步改进	173	美国M1903型步枪	191
第一支英国连发枪	174	M1903型步枪的新式子弹	192
进一步测试	174	彼得森设备	192
李式步枪	175	无意义的浪费	193
迈特福德的贡献	175	偿还毛瑟	193
李实施进一步改进	175	美国恩菲尔德型步枪	194
李–恩菲尔德步枪	176	快速步枪	195
克拉格–乔根森步枪	176	P14型步枪	196
奇特的决定	177	索尼克罗夫特奇迹	196
步枪的出口	177		
比利时M/89型毛瑟步枪	178		
出口型毛瑟步枪	179		
西班牙毛瑟步枪	179		

9 半自动步枪与突击步枪　199

机械类型	200
短距后坐系统	200
长距后坐系统	200
气体后泄系统	200
气体驱动系统	200
第一批半自动步枪	200
蒙德拉贡 M1908型步枪	201
塞·里格蒂式步枪	201
毛瑟半自动卡宾枪	202
毛瑟的错误	202
第一次世界大战期间的其他半自动步枪	202
1917型圣·安迪尼步枪	203
勃朗宁自动步枪	203
霍勒克 ZH29	204

进一步改进	180
毛瑟7毫米弹壳	180
直拉式枪栓装置	181
毛瑟的竞争对手	181
成功的曼利彻步枪	183
罗斯式和李式步枪	183
俄罗斯步枪	184
有坂式步枪	185
法国柏斯尔步枪	185
最后的枪栓式步枪——MAS36	186
毛瑟88/97型步枪	186
毛瑟的成功——98型步枪	187
毛瑟Kar98k型步枪	187

条目	页码
彼得森半自动步枪	205
约翰·加兰德M1型步枪	205
M1型步枪与彼得森式步枪	206
约翰逊半自动步枪	207
轻型步枪	207
更轻、更短的武器	207
美国M1型卡宾枪	207
M1A1与M2型卡宾枪	208
里斯公司、S&W公司	208
第二次世界大战期间德国半自动步枪	208
瓦尔特41型步枪	209
减弱火力型弹药	209
自动冲锋枪	210
伯格曼 MP18型步枪	210
沃尔默/GECO M35型子弹	210
瓦尔特MKb42（W）型步枪	211
雨果·施迈瑟设计	211
44型突击步枪	211
伞兵的需求	212
FG42型伞兵步枪	212
FG42型步枪投入使用	213
毛瑟突击步枪	213
第二代"西班牙毛瑟步枪"	214
瑞士半自动步枪	214
西蒙诺夫与AVS	215
托卡列夫与SVT	215
西蒙诺夫与SKS	215
卡拉什尼科夫	218
捷克另一种选择方案	219
芬兰实施进一步改进	219
M1型步枪的替换枪型	220
M14型步枪	220
李-恩菲尔德型步枪的替代枪型	220
FN FAL步枪	221
MAS44/49	222
瑞典AG42型步枪	223
向更小型子弹发展	223
斯通纳和阿玛莱特	224
斯通纳系统	224
AR–15/M16 步枪	225
新式子弹	226
取得成功并实施进一步改进	226
M203型榴弹发射器	227
63系统	228
低成本选择	229
其余5.56毫米半自动步枪	230
贝瑞塔公司的突击步枪	232
FNC 与SAR 80型步枪	232
法拉费尔斯之前的步枪	233
卡拉什尼科夫步枪不断更新	234
"布尔帕普" 步枪	235
新式恩菲尔德步枪	235
北约新标准	236
英国单兵武器	237
法国的解决方案	237
基础外观	238
重要的控制杆	239
奥地利通用步枪	240

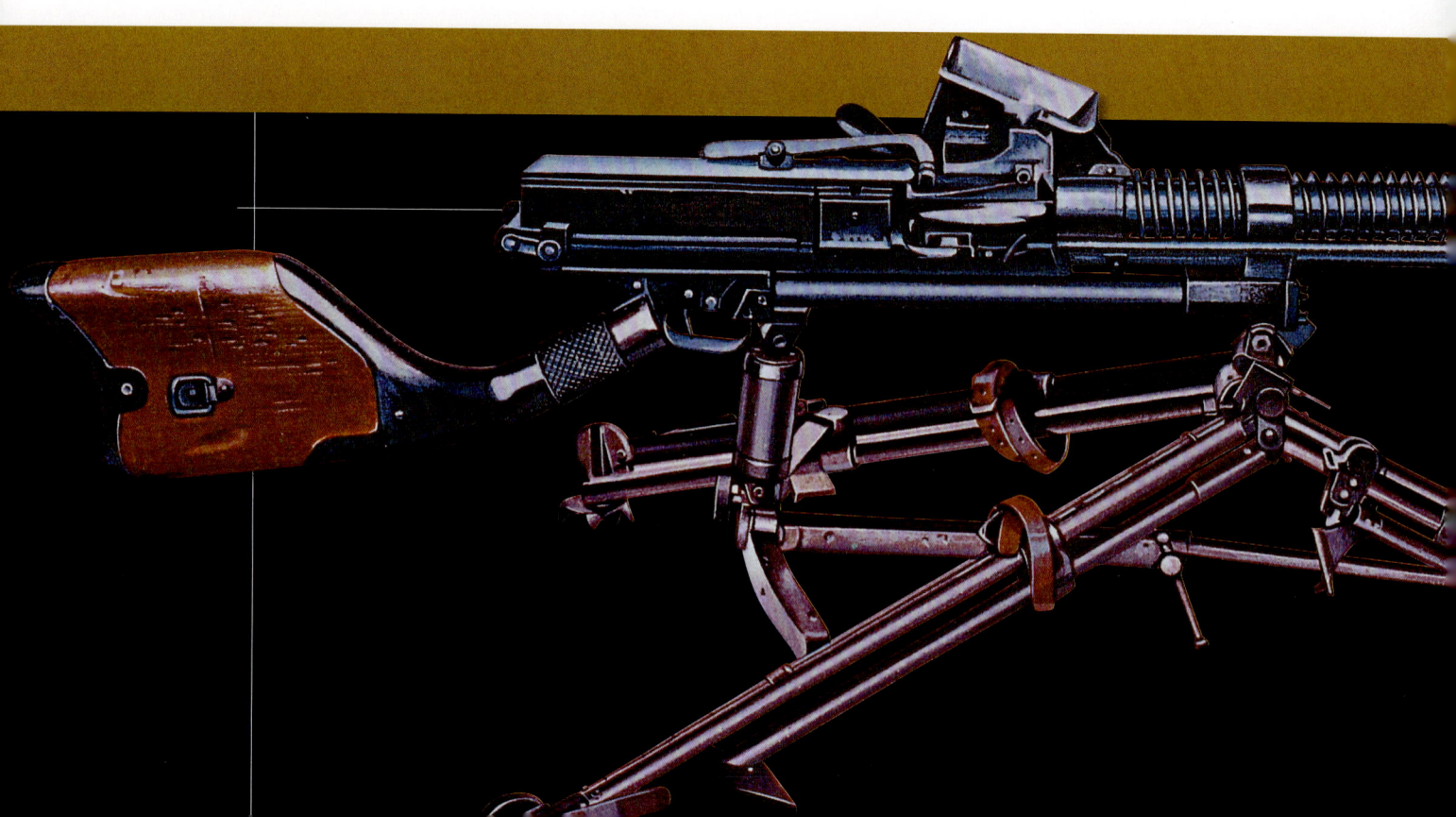

塑料与模块	242	新式雷明顿步枪	259
回到奥本多夫	243	英国PM步枪	260
无弹壳子弹	244	法国FR-F1/F2型步枪	260
未来的进一步发展	245	芬兰TRG-21型与瑞士SSG式步枪	260
		半自动狙击步枪	261
		苏联迪拉格诺夫	261
		瓦尔特WA 2000型	261
		大口径狙击步枪	262
		回到出发点	262
		未来的发展	262

10 运动步枪与狙击步枪　　247

比赛步枪	248
枪栓式步枪占主导地位	248
猎用步枪	248
双管步枪	249
现代步枪仿制型	250
马林式步枪	250
萨维奇99型步枪	251
勃朗宁式操纵杆控制步枪	251
枪栓式运动步枪	251
广阔的市场空间	253
半自动猎用步枪	253
狙击手与狙击步枪	254
德国狙击步枪	255
英国狙击步枪	256
美国陆军与海军陆战队	257
现代狙击步枪	259
新式曼利彻步枪	259

第三部：机枪　　265

11 手工操作式机枪　　267

后膛枪	268
完整的子弹	268
博克瑟和伯丹	269
第一批机械操作式机枪	269
加特林博士	270
加特林取得的惊人进步	270

加特林机枪的性能	271
一次具有决定意义的试验	272
加特林机枪取得的成功	272
蒙狄哥尼-米特雷勒尔机枪	273
三种不同类型的机枪	274
短暂的成功	275

12 自动机枪　　277

改变方向	278
机枪的工作原理	279
短后坐系统	279
长后坐系统	279
气体制动系统	280
马克西姆的闭锁系统和制动系统	280
马克西姆的"先锋"机枪	280
马克西姆"原型"机枪	281
第一支完美机枪	282
马克西姆机枪销售情况	283
远距离杀伤	283
小的开端	283
欧洲的神秘人物	284
马克西姆-诺登·菲亚特枪械弹药公司	284
测试枪支的偏方	284
马克西姆机枪在非洲大显神威	284
对布尔人的战争	285
一个被人忽略的深刻教训	285
马克西姆机枪的复制品	286
来自奥地利的挑战	286
勃朗宁研制的第一支枪	286
美国的马克西姆机枪	287
供不应求	287
美国人在巴黎	287
霍奇基斯机枪的改进型	288
马克西姆机枪的改进型	288
马克西姆机枪的外国型	289
俄国造的马克西姆机枪	289
瑞士造的马克西姆机枪	292
中国造的马克西姆机枪	292
德国造的马克西姆机枪	292
MG08/15型机枪	293
德制空气制冷的马克西姆机枪	293
"世界性的"马克西姆机枪	293
德国造的其他类型的机枪	293
伯格曼机枪和施迈瑟机枪	294
施迈瑟调职	295
双管加斯特机枪	295
贝克机炮	295
奥地利造的新式机枪	295
第一支意大利机枪	296
菲亚特-雷维尔机枪	296
其他欧洲造的机枪	297
瑞典的一项发明	297
最好的勃朗宁机枪	297
M1917型机枪	298
0.50英寸口径的勃朗宁机枪	298
其他类型的重机枪	298
英国造的重机枪	299

新式步枪口径机枪	299
捷克斯洛伐克造的两种机枪	299
气体制动的威克斯机枪	302
布里德37型机枪	303
苏联RP-46型机枪	303
苏联造的一种新式中型机枪	306
向多用途机枪迈进	307

13 轻型机枪——战术上的需要　311

丹麦造的麦德森机枪	312
迈克林机枪和刘易斯机枪	313
刘易斯机枪受到抵制	314
刘易斯机枪	314
勃朗宁自动步枪	315
霍奇基斯轻机枪	316
令人生厌的乔查特机枪	317
米特雷勒·达恩机枪	317
7.5毫米查特勒劳尔特机枪	319
日本造的轻机枪	322
德国造的波斯特1918型机枪	322
莱茵金属MG13型机枪	323
索罗森机枪	323
MG15型机枪和MG17型机枪	324
瑞士造的其他轻机枪	325
英国造的轻机枪	325
一次面面俱到的测试	326

无与伦比的布伦机枪	327
布伦机枪的制造	327
布伦机枪的服役时间	329
临时替代品	329
捷克造的Vz52型机枪	329
威力较小的Vz52型机枪	331
Vz52型机枪存在的问题	331
欧洲制造的其他轻机枪	331
墨西哥人所进行的一项革新	332
门多萨轻机枪	332
苏联制造的捷戈加廖夫机枪	332
经典的组合	332
通用型机枪	333

14 冲锋枪　335

自动手枪	336
新式弹药	336
简化枪支的结构	336
冲锋枪	336
伯格曼MP18型冲锋枪	337
施迈瑟研制的MP28型冲锋枪	338
伯格曼MP34型机枪	339
施泰尔-索罗森冲锋枪	339
沃尔默冲锋枪	340
新纪元	340
MP38型冲锋枪	341
MP40型冲锋枪	341
MP41型冲锋枪	341

华而不实的冲锋枪	342	格里斯M3型冲锋枪的改进型	358
战后德国制造的冲锋枪	342	英格拉姆冲锋枪	358
沃尔默公司制造的PM9型冲锋枪	342	俄国造的冲锋枪	358
沃尔默公司制造的MPS冲锋枪	343	PPSh41型冲锋枪	359
重返乌尔姆	343	俄罗斯制造的现代冲锋枪	359
毛瑟公司生产的冲锋枪	344	法国造的冲锋枪	360
赫克勒·科赫公司生产的MP5型冲锋枪	344	MAT49型冲锋枪	360
MP5型冲锋枪及其一系列改进型	345	捷克造的冲锋枪	361
英国制造的冲锋枪	345	斯科皮尔恩冲锋枪	362
不怎么出名的司登冲锋枪	346	小型冲锋枪	362
兰彻斯特冲锋枪	346	阿根廷造的冲锋枪	362
质量——一种奢侈品	347	FN公司的P90型冲锋枪	363
其他替代品	348	麦德森冲锋枪	364
韦尔冈冲锋枪	348	芬兰造的拉蒂冲锋枪	364
斯特林冲锋枪	348	以色列制造的冲锋枪	364
意大利生产的冲锋枪	349	西班牙造的冲锋枪	364
贝瑞塔1938型冲锋枪	350	瑞士造的冲锋枪	365
贝瑞塔12型冲锋枪	351	SIG公司研制的MP48型冲锋枪	366
斯佩克特里冲锋枪	351	冲锋枪未来的展望	366
穿越大西洋	352		
特伦奇布鲁姆冲锋枪	352	**15 现代机枪**	**369**
有着巨大市场的汤米冲锋枪	353	未来武器的雏形	370
实战中的汤米冲锋枪	354	MG34型机枪	370
汤米冲锋枪的竞争对手	355	标准组件法	370
赖辛冲锋枪	355	快换枪管	371
联合防御M42型冲锋枪	355	历史上最复杂的机枪	371
海德M2型冲锋枪	357	高射速	371
格里斯M3型冲锋枪	357		

最不可能的设计者	372	采用新口径的机枪	381
MG42型机枪的生产情况	372	突击步枪的兴起	381
MG42型机枪的改进型	373	63系列机枪	381
吉姆皮通用机枪	375	比利时制造的米尼米机枪	382
枪管的更换	375	发射重量	383
比猪还蠢的机枪	375	勃朗宁M2型机枪所使用的替用弹药	383
枪管难以更换	375	多佛德维尔机枪	383
M60型机枪的其他改进型	377	苏联制造的重机枪	385
其他的通用机枪	377	机载机枪	385
捷克造的Vz59型机枪	378	重新设计的加特林机枪	385
麦德森-萨伊特机枪	378	沃尔康机枪	385
法国造的AAT52型机枪	378	7.62毫米小型机枪	386
日本制造的通用机枪	378	5.56毫米微型机枪	387
华约等国家生产的通用机枪	379	GAU-6型0.5英寸机枪	387
AK和PK系列机枪	379	CAL50型机枪的改进型	387
卡拉什尼科夫设计的制动装置	380	休斯公司制造的机枪	387
美国的设计	380	无壳子弹	387
斯通纳设计的制动装置	380		
AR-15型步枪和M16型步枪	381		

第一部：手枪

手枪的出现已经有数百年了，从中世纪的手动火枪到18世纪和19世纪的燧发枪，一直到今天的轻型半自动手枪，这种武器在很多领域得以应用。尽管在数个世纪里有很多型号的手枪出现，但真正称得上出类拔萃的手枪却寥寥无几。本书对遍布全球的性能优异的著名手枪进行了详尽介绍。

本书涵盖了包括左轮手枪、半自动手枪、运动手枪以及其他一些特种手枪在内的各型手枪，对诸如美国柯尔特M1911型手枪、比利时勃朗宁大威力手枪、德国鲁格手枪等各种名枪进行了详尽介绍，重点对其发展历史、独特设计及作战能力进行了分析。此外，还将不同国家和工厂所制造的每种手枪与其主要对手的性能进行了全面比较。

书中配有大量工艺图、彩色和黑白照片，再加上一些详尽具体的剖面图，读者可以对手枪由外及内有一个更深入的了解。此外，每幅工艺图的下面均附有一个全面的技术参数表格，对手枪的射程、口径、装弹量、初速等指标进行了具体的说明。

1 从火枪到手枪

枪械历史非常悠久,现已难溯其源,可以说已经迷失在历史长河之中了。我们能够确定14世纪初原始的火器在欧洲已经得到了广泛运用,也只能依此推断枪械的大致发明时间。

事实上，这些早期的枪械结构非常简单：有一根很短但壁很厚的枪管，其一端是封闭的，并留有一个小孔一直钻通到枪膛右脚，一根导火索或"引子"能够穿过该小孔引燃枪膛里的火药。这种"火药"是当时新发明的一种由硝石、碳和硫黄组成的爆炸性混合物。火药装至枪膛内，占枪膛可用空间的3/4，爆炸时能产生百倍于其体积的二氧化碳气体，尽管如此，早期火药威力仍然不大。枪械子弹近似球体（最早的"火枪"发射的是石头），大小与"枪管"或枪膛的内径相仿，装入一个木塞的上方，该木塞放置在枪膛内火药填充物的上方。子弹由一股强大的气流冲击而出。这些早期的火炮，有的体积很大，安装在木架上；有的体积很小，装有枪柄，可以拿在手上发射。

这些原始"手枪"（现代对它的记载是1350年以前的）的子弹口径不超过1英寸（1英寸等于25.4毫米，以下不再标注），迄今为止所发现的最古老的"手枪"是由青铜铸成，枪膛约为18毫米，该枪在发现时已经破碎了，据推测毁于1396年的奥泰伯（现在的爱沙尼亚）战役。在泰南堡附近1399年的战争遗址还发现了另一支保存完好的"手枪"，该枪也是由青铜铸成，枪膛仅有12毫米粗，同时也发现了同样大小的由铁铸成或由薄铁皮焊接而成的"手枪"。

装有支架的枪械

进入15世纪，随着制铁技术的不断提高，不管是由铁杆焊接而成的还是由青铜铸成的装有支架的枪械，其形体都在变大，威力也大为提高。即使只发射一些形体粗糙的石球，这些枪械也能够迅速摧毁相对牢固的中世纪要塞，这就改变了战争的自然属性。直到15世纪末，石制子弹仍在广泛应用。这不仅因为这种子弹比铁制子弹更易于生产，而且还具有重量较轻、对枪本身作用力相对小的优点。

另一方面，便携式武器的发展也十分迅速，这种武器最显著的改进之处就是增加了一个弯曲的支架（中间可转动的S形铁臂），用以固定燃烧的导火索。这种导火索的制作工序其实并不复杂，将一根细线浸泡在溶有硝石的烈酒中，然后晾干就可以了。用这种绳代替触发式导火线点燃火药，使得射手在上膛准备发射之前能够瞄准目标。他们首先把弯架拉起来，将导火索一端塞到点火孔旁边一个装满火药的小火药筒中。导火索点燃小火药筒，进而点燃枪膛内的火药，然后进行发射。根据澳大利亚国家图书馆收藏的当时的一份文稿记载，这种改进可以追溯到1411年。后来还出现了装有C形弯架的枪械，仅靠叶片弹簧和一块烙铁固定。这就是我们所熟知的"快速火绳枪"。

手枪的原型

木质枪托嵌入枪的末端，射手可以将其扛在肩上，这样有助于瞄准。中世纪后期的火绳枪异常精准，熟练的使用者可以用它击中50米开外的扑克牌，也可以射杀100米远的鹿。尽管带膛线的火绳枪一点也不流行，但这种枪早在1520年就已经诞生了，它在100~200米范围内非常精确。该枪的雏形是德国的钩枪，至于为什么叫钩枪，人们至今也没有弄明白。西班牙文中的"Arcabuco"以及英文中的"Harquebus"指的都是这种枪。虽然这种枪易于携带，但枪体太重，只有借助其他东西支撑才能射击。后来，人们经常采用一种叉形支架来对其进行固定。再后来，更易于携带的枪支，诸如较短的"卡利弗"齐胸枪以及手枪迅速投入使用，经过专门改制后供骑马的人使用。虽然只有在解决了只能由火柴点燃的问题之后才能称为真正意义上的枪，但那些较轻的武器仍被视为手枪的鼻祖。

对于手持式枪械来说，蛇形线的改良是一个很大的进步，但火绳枪用起来仍然十分麻烦，而且性能也不十分可靠。这种手枪在发射前必须点燃火柴。不射击时，需要将火柴从膛中取出，但这样做就不可能保证火柴不灭，在冗长繁重的装药过程中或遭遇恶劣天气时更是如此。人们熟知的一件事就是：当年探险家哈利·哈德森的手下在与加拿大土著居民印第安人交火时，由于大雨浇熄了他们的火柴，这些人险些为此送了命。同时由于火柴的点燃端总是离火药筒很近，这也是非常危险的。这种结构无法用于装在枪套或插入带子中的火器。著名的约翰·史密斯上尉被严重烧伤，主要由于他包里携带的火药粉被火绳枪的导火索点燃所致。因此，这种火绳枪从此以后便很少生产了。直到人们成功地改进了摩擦点火系统，手枪性能的可靠性才真正得以体现。

簧轮枪的机械原理

尽管火绳枪的功效不太理想，但直到19世纪，在亚洲仍然使用这种长枪托的火绳枪，尤其在日本，因为日本的工业革命进行得很晚。在印度次大陆，这种枪在其南部被称为"长滑膛枪"，而在西北部被称为"阿富汗长滑膛枪"。这里的人们之所以长期使用这种枪，主要是因为其易于生产，只需要几件简单的工具就可以了。在特定的条件下，这种早已过时的武器还是一种非常有效的"平衡器"，正如鲁亚

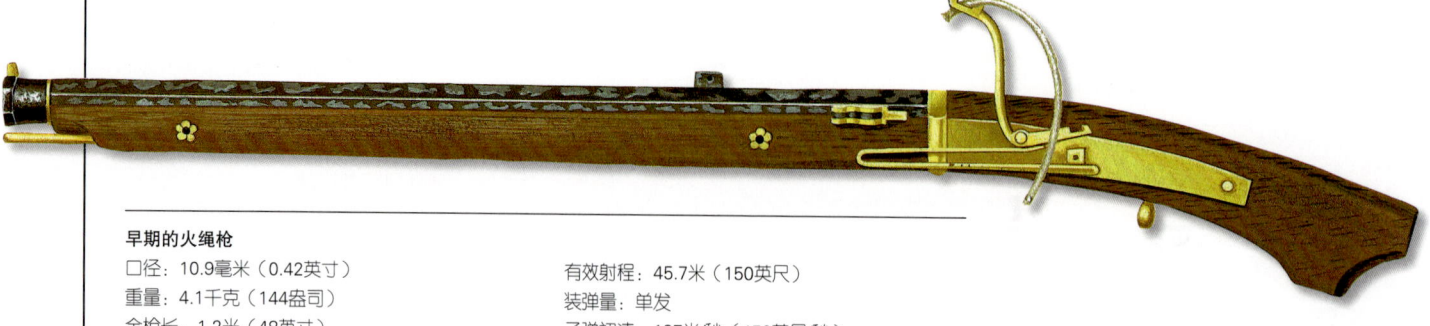

早期的火绳枪
口径：10.9毫米（0.42英寸）
重量：4.1千克（144盎司）
全枪长：1.2米（48英寸）
枪管长：800毫米（32英寸）

有效射程：45.7米（150英尺）
装弹量：单发
子弹初速：137米/秒（450英尺/秒）
原产国：德国

德·吉卜林在他的诗《边界算法》(1886年第一次出版)中所述：

一场混战在边界上打响，
在一条污黑的泥泞小道上，
一个人慢慢倒下，
接受过两千英镑的教育，
就这样倒在价值十卢比的阿富汗长滑膛枪的枪口下。

我们都知道火药可以由火花点燃，而通过石头与钢铁碰擦也能够产生火花，这已经是很为人熟知的了。15世纪末，人们进行了一项研究，旨在找到一种不用火药绳而通过撞击后膛产生火花进而点燃枪膛内火药的新方法。

有关资料显示：簧轮枪机是第一项成功研制出的点火装置，该装置是由莱昂纳多·达芬奇设计的。莱昂纳多·达芬奇于1508年出版的发明摘要中记载了该装置的机械原理设计图。如果我们现在按照他的设计要求设计枪的话，性能肯定很不稳定，尽管如此，但在当时的科技条件下，这个原理还是十分先进的。该机械原理就是用一个装在弹簧上的齿轮敲击一块铁器而产生火花。这种装置的主要缺点就是结构太复杂，共需要多达36个活动部件（有时甚至更多，尤其要有很多很贵重的部件）才能够完成一件十分简单的任务，那就是随时打开簧轮枪机撞击点火。

簧轮枪的使用

对于士兵来说（或者更确切地对于火绳枪手来说），这种枪使用起来十分简便，只需把一块方形小栓安装在固定齿轮的轴上，然后转动该轴，直到轴上的转动链完全压在固定于轴另一端的弹簧上时为止，这就使得活动销抵住弹簧，然后随着扳机的运动而嵌入齿轮的齿根里以防止其翻转。扳机的压力不仅使齿轮能够围绕着固定在狗头夹中的一块黄铁块物体旋转，还能开启火药室的盖。这样，盖子下面的引药就可以与火花接触了。简言之，装在皮套中的手枪就可以随时进行发射了。

"Gaggen"和"Pistolets"

尽管簧轮枪结构复杂且造价极高（这

中世纪的手枪

口径：18毫米（0.7英寸）
重量：3.6千克（127盎司）
全枪长：1.2米（48英寸）
枪管长：0.6米（24英寸）
有效射程：7米（23英尺）
装弹量：单发
子弹初速：91米/秒（300英尺/秒）
原产地：东欧

也是它在军事上从未取代火绳枪的原因），但簧轮枪使手枪投入实际使用成为可能。16世纪，手枪得到了十分广泛的应用。英国人叫它"德格"；德国人叫它"Gaggen"或"Pistolen"；法国人叫它"Pistolets"；在意大利，手枪被称作"Pistolette"。从意大利文"Pistolette"可以推测，位于佛罗伦萨和卢卡之间的Pistoia是新式枪械制造工业的所在地。这一理论被称作un'arma。这种说法并不完全牵强附会，《牛津英语词典》亦对此种说法给予了支持，该观点的拥护者甚至认为生活在Pistoia的莱昂纳多是簧轮枪的发明者。到了1570年，现代形式的"pistol（手枪）"已经开始出现在德国和英国的各种文献中。

在手枪出现后的近200年间，手枪本身发生了巨大的根本性变化：不仅采用了比同时期钟表更为复杂的机械结构，而且枪身还镶嵌上骨头、牛角、珍珠和贵重的金属作为装饰，使得手枪简直变成了艺术品。在手枪的各种形状当中，有一个区别于其他现代轻武器的最主要的特征，那就是手枪的握把或枪托不是装在接近扳机和枪管的右角的位置，而是几乎和它们在同一条直线上。它是由一个大圆头组装而成，通常是球形、柠檬形或是梨形。然而那个圆头有时或许被当作一个短棒或大头

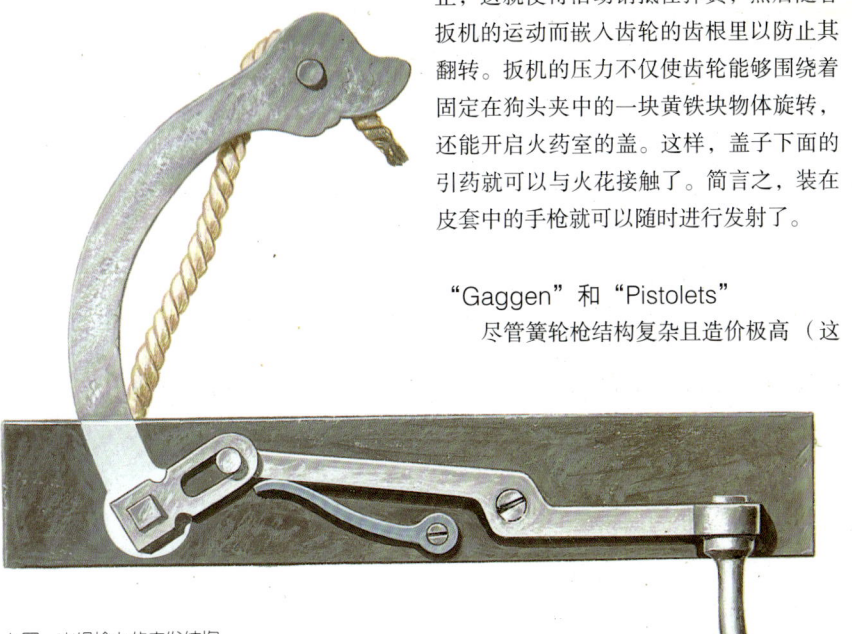

上图：火绳枪上的击发结构

右图：正在演习发射一支14世纪的火枪。整个过程需要两个人来完成，一个人拿着火炮并瞄准目标，另一个人点燃火药。由于这种武器命中精度不高、性能不可靠而且射击速度太慢，所以在中世纪的战场上很少用到它

棒使用，但那不是它的主要用途，其主要作用是使持枪者能够更好地把持住手枪，尤其在从枪套中拔枪的时候。大多数的簧轮枪是单管的，然而实际上也有为数不少的呈上下或左右的双管手枪。这些双管手枪都有两个枪机，如果这些手枪身上饰品数量特别多的话，价格就会十分昂贵了。

燧发枪

由于簧轮枪结构十分复杂，必然要被其他形式的手枪迅速取代。设计家们最初试图用持久的打火石取代黄铁矿，打火石由一个夹子夹住，这与簧轮枪所采用的方法十分相似，但是现在打火石首先安装在弹簧枪的顶部，然后将其移至轮子原来所在的地方，并且转动180度。扣动扳机时，首先要让枪栓向前旋转，击打火石，使之与一个锯齿状撞针托板相摩擦。在扣动扳机的同时，装有引药的盘盖子也被移开。当一个锉刀状的铁块（也有人认为是锤子或电池）被弹簧栓击打时，这个铁块就会被推向前去，然后，所产生火花就能够引爆火药。

这种枪源于北欧的某个地方（人们曾推测为德国或斯堪的纳维亚半岛），但它最先出现在荷兰。可以肯定这种燧发枪的名字是来源于荷兰语"Schnapp hahn"或者"Pecking cock（在啄食的公鸡）"，这是一种对打火石器具的外观和动作的直观描述，尽管有人喜欢称之为"剥了皮的狗"。对于这个不同寻常的名字还有第二种解释，它来源于一个故事：据推测当时荷兰的偷鸡贼应当叫作"Schnapphans"，有一个较为有头脑的偷鸡贼认为任何一个偷鸡贼都需要配备一支枪，以便在必要时能够维护自尊，为此一款新型的枪机就问世了。在夜晚，火绳枪点燃引火索后，闪闪发光的尾部在开阔的农场上很容易暴露目标，而燧发枪在这一点上明显优于火绳枪。不管这种命名来自何处，这种新型机械装置的实用性是不可否认的。在当时，荷兰这个从西班牙殖民统治下重新获得独立的国家已经是个主要的海上贸易中心，它成了利用、开发这项机械装置最适宜的地方。到了16世纪末，荷兰燧发枪成了重要的贸易商品，其覆盖面不仅在北欧地区甚至还远至西地中海、非洲及远东地区。就拿苏格兰来说，它们成

了当地人的抢手货。在燧发枪改进、发展后，它们仍能保持原有的受欢迎的程度。

大约在同一时期，在意大利的塔斯肯尼和爱米利亚地区也出现过类似的外延型新型手枪，没有任何确凿的证据表明在这两种设计当中，其中的一种设计是否受到了另一种设计的影响，也没有证据证实当时它们的出现是否就像荷兰燧发枪在与阿姆斯特丹有着贸易往来的那些国家广泛流行一样，只是随着科技的发展相伴而生的又一巧合。意大利的设计也在那些受意大利深远影响的国家和地区中，诸如西地中

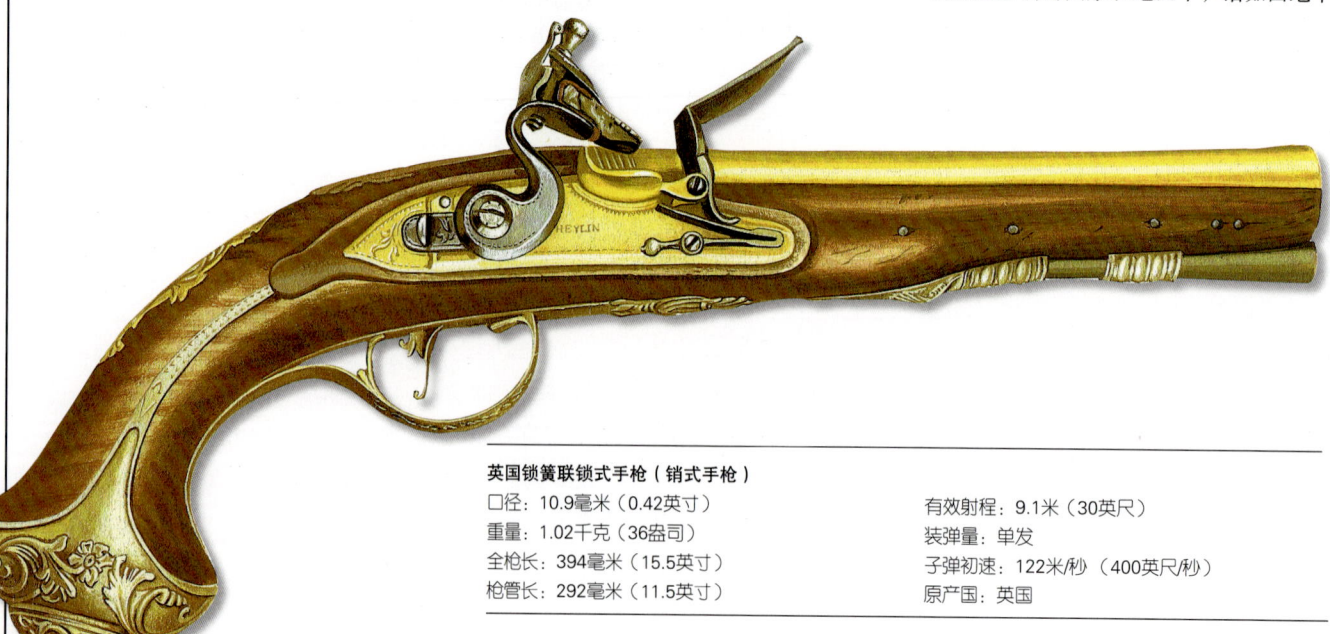

英国锁簧联锁式手枪（销式手枪）
口径：10.9毫米（0.42英寸）
重量：1.02千克（36盎司）
全枪长：394毫米（15.5英寸）
枪管长：292毫米（11.5英寸）

有效射程：9.1米（30英尺）
装弹量：单发
子弹初速：122米/秒（400英尺/秒）
原产国：英国

上图：大约在600年前的德国士兵。要特别注意下面那张图中的那位全身披甲、头盔上嵌有羽毛的士兵手中持着的簧轮式枪机手枪

燧发枪的问世

就在簧轮枪先于早期燧发枪和梅奎莱特手枪制成的时候，后面这两种枪则推出了长杆枪和单手枪。尽管最后一批众所周知的簧轮枪是1829年在巴黎由勒佩奇生产的，但在一些地区仍受到普遍欢迎，尤其受到德国人的宠爱。到了19世纪初，随着撞击式火帽的发明，早期燧发枪和梅奎莱特手枪也同样引来了众多追随者，博得了许多人的青睐。但是，在一个结构更为简便有效、也更坚固的设计——燧发枪的对比下，这些枪顿时黯然失色。燧发枪后来成为火枪以及手枪的标准装置。

英国和法国的枪械制造业

至此，在有关枪械起源的简单介绍中，还有两个非常重要的国家——英国和法国，没有被提及。燧石和钢的出现是枪械制造史上的一个突破，由这两种材料制成的机械装置结构更为简便。英国依然是当时公认的最优秀的枪械制造者的家乡，而法国在本国境内就生产了燧发枪，并且继续生产一些装饰最精美的武器。尽管在科技和手工艺方面，法国最好的枪械制造者尼古拉斯和珍尼的工作和他们的英国同行没什么两样，但英格兰确实拥有更多一流的枪械制造商，苏格兰及爱尔兰也拥有许多这样的奇才，其人数多于海峡对岸的那些国家。

意大利北部最好的枪械制造商来自布雷西亚及周边地区，人们普遍认为：早期的改型燧发枪是在他们手中得到完善的。而在那不勒斯南部和周边以及西西里岛和撒丁岛等地，仍然留有现成的专供意大利式改型的梅奎莱特手枪进行交易的市场。在所有这些意大利工厂中有一个共同点，那就是对装饰配件特别钟爱。在西班牙、伊比利亚半岛，特别是在马德里、巴塞罗那以及比利牛斯山脉的加泰隆尼亚中心，枪械制造商们继续生产优质枪械，事实上这些枪械都配有梅奎莱特式枪机。新世界的这一新兴产业开始并没有得到多大的发展，直到后来情况才有所改观。当时绝大多数18世纪的美国枪械主要依靠进口的元件组装而成。尤其是在欧洲，当地只制造枪机的部分部件。德国枪械制造商们一直满足于自己发明的如今早已淘汰的簧轮枪，由于德国人完全轻视法国人的发明，

海、远东、巴尔干半岛及俄国等地受到了长期的欢迎。

西班牙手枪

由于任何一种燧发枪的枪机部件数量至多只有簧轮枪的1/4，所以这种枪进行大批量生产和维修既廉价又简单方便。然而，这种枪在设计上依然存在着一个不必要的复杂问题：其清洁引药盘盖的方法相当落后，仍然是通过一个关节杆或活塞机械连接到扳机的机械装置上。这一缺陷在另一个枪械制造中心——西班牙得以改善和修正。

西班牙的枪械制造业起步相对较晚。1530年，当时的西班牙国王查理五世也是神圣罗马帝国的皇帝，他是西方世界最高权力的主宰，同时也是狂热的枪械收集者。他把西蒙和彼得·马克哈德特兄弟带到了马德里，彼得是奥古斯堡的枪械制造专家。这两个兄弟叔侄中的一人——西蒙·马夸泰，因在16世纪最后25年发明了一种全钢燧发枪的引药盘盖而享有盛誉。这种新发明的型号不需要将盘盖单独移开。有证据证明，这种简易手枪的原产地是在意大利半岛的南部，而且在那里深受欢迎，但真正的制造中心却在伊比利亚半岛上的西班牙。

西蒙·马夸泰的发明直到19世纪初，在英国和法国进行半岛战争时期，才最终成为我们熟知的梅奎莱特手枪。在18、19世纪的过渡时期，这种枪被人们简单地认为是西班牙式手枪。梅奎莱特手枪在当时由西班牙非正规军所配备，并且，在这种枪被更加简便的燧发枪取代之后，仍然在西班牙军队和其他国家军队里继续使用了很长时间。

上图：三支19世纪首先采用撞击式雷帽点火系统的约翰·曼顿型手枪（上、中）和经过改装的燧发枪（下）

结果是，他们国家的枪械制造业越来越落后。

"布儒瓦"燧发枪

我们可以肯定，法国是燧发枪的原产国，即使发明者身份待定，但一个名叫布儒瓦的人毋庸置疑是一位对此有特殊贡献的先行者。1550年左右，他出生于诺曼底的一个乐器雕刻和钟表制造世家。直到1598年，他还是法国国王亨利四世的熨衣仆。亨利四世热衷于钻研机械发明，例如地球仪和太阳系仪。1610年5月14日，布儒瓦的主人遇刺，这件事促使布儒瓦用早期燧发枪制成一支长杆枪。他采用了早期燧发枪的内部构造机械原理并使用了一个翻转器上的主发条，从梅奎莱特手枪上取下钢片、起爆火药盘盖和弹簧驱动器。他的新型枪上扳机和旋塞之间的叩击过程采取的是垂直方式，取代了原来的水平方式。先前的机械装置采用的都是这种水平方式。新制成的枪机既能加强威力又能让使用者选用真正安全的位置和方式进行射击，这也就是我们熟知的半击发位置。到了17世纪30年代中期，全法国的枪械制造商纷纷效仿儒瓦。

在经过多次错误的尝试之后，英国的枪械制造者们也开始纷纷效仿布儒瓦。大致在布儒瓦致力于改进燧发枪的同时，一项新的发明即英国的锁簧联锁式手枪问世了，并开始流行起来。该锁簧联锁式手枪的扣机是安装在一个垂直的枢轴上的，这与簧轮枪相同，通过锁板的一个小洞横向进行发射。由于扣机是在销钉上，销式手枪也就由此得名。这是一种将钩形扳机接合于扣机尾部上的凹槽中的枪。尽管乍一看其外形与真正的燧发枪相似，但销式手枪的功能还是比真正的燧发枪，即那种制作更为简便、操作起来更稳定的燧发枪的功能要差。因此，销式手枪很快就被淘汰了。在当时，长杆枪与手枪的最大区别仅仅在于枪管的长度和枪托的形状以及尺寸的不同。但它们所采用的机械原理大致是

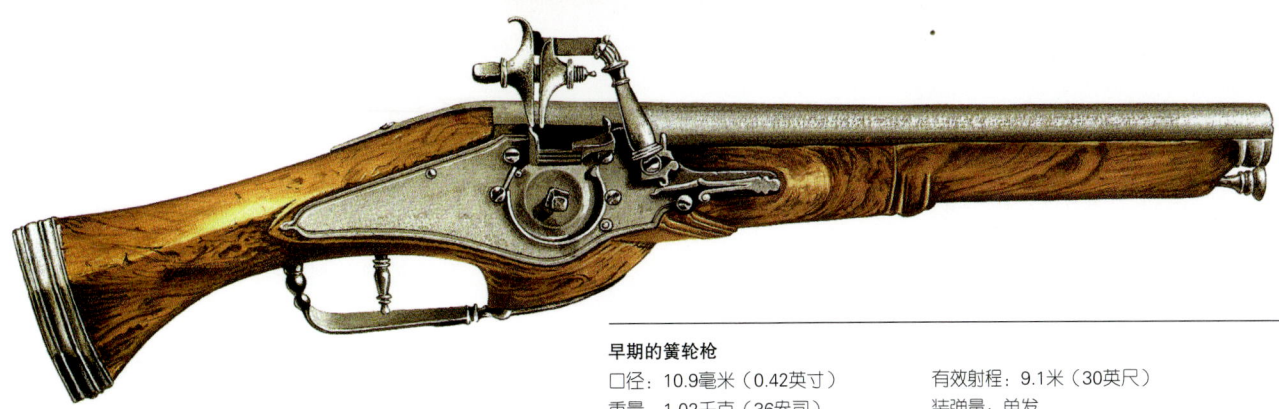

早期的簧轮枪
口径：10.9毫米（0.42英寸）
重量：1.02千克（36盎司）
全枪长：394毫米（15.5英寸）
枪管长：292毫米（11.5英寸）
有效射程：9.1米（30英尺）
装弹量：单发
子弹初速：122米/秒（400英尺/秒）
原产国：意大利

相同的，甚至保留了最早类型的连发式（转轮式）武器的机械原理。直到黄铜子弹得到发展利用以后，这两类单兵武器在基本设计上才有所不同。当然，它们之间还存在着实验性的偏差，但它们所有差别只是如此而已。当燧发枪机装置成为枪械制造标准化的关键部件之后，尽管以上两种类型的枪从外表上看有明显的相似之处，但它们本质上的区别很快就显现出来了。

早期战场上使用的手枪

最早的手枪既重又大，最初设计时并非用来藏在身上或是便于携带在肩式枪套中的，而是作为一种枪械制造的方式而生产的。骑马者可以一只手使用枪，另一只手同时握住马的缰绳。这些手枪是直接沿袭火枪的，而火枪也是在骑马时使用的。

火枪这一名词是从法语单词"Poitrine"派生而来的。人们如此设计：将它的极弯曲的枪托安置在弹膛背部。从很早时候起，枪械对于战场上的骑士们就有着非常深远的影响，因此毫无疑问，尽管最初的卡宾枪手（以他们所配备的卡宾枪或是短管枪而得名）是由步兵跟随其后的，但作为法国国王查理二世在1445年首先创建的骑兵，理所当然是一个装备手枪的集团。

骑兵手枪

到了16世纪中期，卡宾枪手由步兵跟随其后的情况消失了。1554年，马歇尔·布什萨科组建了一支骑兵团，他称这支团队为"龙骑兵团"。这支骑兵团既能徒步作战，也能骑马作战。据说这一命名是从骑兵团所携带的手枪上用于装饰枪口的龙头雕刻演化而来的。在当时，这些骑兵成为欧洲最优秀的骑兵队。他们以单独的行列排好队形，作为先头部队向敌军推进，收缴敌军的枪支后离开，然后在一个较为安全的距离上进行弹药补给或者重新武装。这种战术不久就被更为有效的策略所取代，那就是当西班牙人和德国人在低地地区和法国北部进行作战时，出现了携带六支或八支手枪的战士和骑兵的混合部队。到了"30年战争"时期（1618—1648年），长矛已经从战场上消失了，取而代之的是一队又一队的手持卡宾枪和手枪的武装骑兵不停地向敌步兵队进行炮火攻击。射击目标的扩大弥补了当时短枪支长期射击不准的缺陷。从那时起一直到"伟大的弗雷德里克"时期（约1712—1786年），骑兵部队几乎无一例外地配有枪械，理所当然，枪械同样使步兵部队的作战效率得到提高。实际上，到了18世纪中后期，新的骑兵战术得到了发展。这些战术依靠平时训练、部队纪律以及执行任务时的速度来保证战时的胜利几率。剑（和军刀）东山再起，并且从那时起到19世纪末，剑（和军刀）在战场上重新占据了主导地位。

到18世纪中期，尽管手枪已经丧失了以往小型武器所具备的功能，但滑膛燧发毛瑟手枪却发展得越来越有威力。那时这种枪成了步骑兵团唯一有效的武器，尤其当它的枪头上装配了有效的可拆卸的刺刀时，其效果就更加明显了。该枪同样可用作打猎时使用的武器。

如果枪膛质量很差，就会大大降低射击速度。使用一支劣质手枪对于使用者来说，不管是在今天还是在18世纪，无疑都是件很危险的事。但是，同样不可否认枪械在战斗中的作用，这种作用远胜于一切。几个世纪以来，手枪的普及所带来的

燧发手枪
口径：16.9毫米（0.66英寸）
重量：1.02千克（36盎司）
全枪长：521毫米（20.5英寸）
枪管长：340毫米（13.4英寸）
有效射程：10米（32.8英尺）
装弹量：单发
子弹初速：122米/秒（400英尺/秒）
原产国：法国

上图：一位17世纪的绅士。他右手拿着一只簧轮枪机手枪。骑马时，人们通常会携带这种手枪，将这些手枪放置在马鞍前的皮套里

影响已经得到普遍公认：手枪易于生产，而且可以直接简便地使用，特别是当将它制造得小到足以放入一个上衣口袋中时更是如此，于是，燧发手枪就成为人们最理想的选择。

很多人，尤其是那些军官们，一旦需要马上就会想到手枪。实际上，普通战士和水手们也会尽其最大可能，甚至不惜付出一大笔钱去配备一些比制式手枪更为优质的手枪。即使当手枪在军队里逐渐失去地位，而相关法律还不完备的情况下，手枪依然能够在很长一段时间里在普通市民家里安家。毫不夸张地说，任何一个外出的游客都要冒着相当大的危险，即使你走在最繁华的城市的某个主要街道上，你心里也会感觉到很危险，因此每个人都想尽其所能地拥有至少一支手枪，而且外出时必须要佩带手枪，就像一定要戴手套一样。

安妮女王式手枪

这是一种18世纪最为流行的便携式手枪，第一眼看上去让人觉得它经过了很大的革新，后膛装弹的武器是经过很长时间才最终得以普遍使用的。事实上无论是"闭锁式"或是"安妮女王式"手枪，其枪管均可在枪膛前旋下。因此，这种手枪并没有达到理想枪支的要求。这种枪必须要从枪管前装入盛有火药的子弹，当子弹与闭锁枪管紧密接合时，就会被压至枪管后膛，这样我们可以称之为后膛装弹。但是，闭锁式手枪比传统的前装火药式手枪命中率更高，打击力更强。其原因有以下两点：第一，该手枪所发射的子弹和枪管更加吻合。由于不再需要猛烈冲击，在通用的管径范围内就能使用较轻巧的子弹。第二，使用者可以更准确地掌握火药需用量，使火药受压均匀并能够确保火药填充准确无误。而后一个原因也是改善手枪火药爆炸性能的重要原因之一。

卡榫

闭锁式手枪并不是18世纪的发明，它的出现已有一段历史了。但到18世纪时，已发展到小得能装在一个口袋里了，这就大大地提高了效率。虽然体形小，但它与比它大得多、重得多的前装火药式枪相比，更具威力。这些受欢迎的手枪都适合安装简化的机械装置。匣式卡榫手枪的扳机安装在两个挡板之间，它不需要中间的翻转器，因为其扳机尾部本身就刻有凹槽，可用来安装扳机。扳机挂钩、引药盘也安装在这两个挡板中间，如果扳机与打火钢片同时撞入视线，就会阻止有效射击的瞄准，而对于便携式小型燧发手枪来说就没有什么障碍。但是，直到撞击式转轮手枪出现后，由于这种手枪击锤横向移动，因此能够将其置于较低的位置，这样，击锤在枪的中心线运动的手枪才真正得到广泛认可。

前装火药式手枪仍然能用老式、复杂的方法进行射击。而事实上，这些古老的方法300多年来一直没有改变过。使用者首先要把称量好的火药倒入枪管内，然后再把其顶部某种类似填料的物质捅一下，经常会把一些纸"弹药筒"的剩余装料也装进去。接下来，就是填塞子弹。子弹粒通常包裹在一个油麻布补丁内，这是因为要确保其精确性。然后，将扳机安全地推至半击发位置，露出引药盘。从单独的火药瓶中往引药盘倒入少量优质的火药粉，然后让引药盘和打火钢石一齐回到待发状态（开火位置）。此时的手枪便可随时安全地开火射击了,剩下的工作只是要将扳机往回拉至其最大拉伸限度,然后按下扳机挂钩。给燧发枪装弹药的时间有时长有时短,通常情况下,15秒或20秒已经足够了(对于"闭锁式"手枪填弹时间来说,这已经是相当长的了)。一个训练有素的士兵,毫无疑问,应该做到这一点,甚至可能更快。该装弹过程适用于我们所提到的手枪、决斗用手枪之类的枪支。决斗用手枪的枪体要长一些,装弹技术必须多加练习,练习时必须留心。在面对一个真正的敌人时,15秒的时间已经相当长了。人们脑海里会思考这样一个问题:如何能制造出一件既可以提高杀伤力又能减少直接瞄准所必需程序的武器?

最可怕的枪可能要数老式大口径短枪了。刚开始时,它是短枪管、长枪臂,但过了不久,手枪型也同样可以适用了。

老式大口径短枪型手枪

这是一款重型手枪,有一个比普通枪型号更大的枪膛,其枪膛不是平行安置的,而是在枪口处开口很大。事实上,如今的一些试验证明,从这种枪发射出的子弹的射程与其钟口形开口的大小毫无关系,但是与后装弹仓的大小、枪管的长短、枪膛的初始位置以及从枪膛到枪口直径逐渐变大等有着密切的关系。不过,在困难的条件下,这种极大的钟口形枪口,使得装弹相当容易。后来的一些改进型枪,由于枪膛是平行的,因而装弹更加便捷。这种可怕但很快就被淘汰的武器同样创造了另一个奇迹,那就是它能用一些随手可得的"武器",诸如细小的碎铁片、钉子、碎玻璃、尖利的小石子等作为射击用的子弹。无疑,在一些紧急情况下,人们就可以用以上物件作为射击用子弹;但若使用豌豆大小的手枪专用子弹时,它的射击效果就会更出色、威力更大。当然,相比之下,采用别的物件作为常规子弹无疑是一种愚蠢的做法。

另一种普遍有效增强枪支火力的方法是采用多枪管。在燧发枪出现前,一种枪管上下并列或左右并列的双管手枪已被使用了很多年。这种手枪的每支枪管都有一个枪机,但是由于现在新型枪机结构相对简易,这就大大降低了其制造成本。因此,这种手枪被普遍应用。共用一个枪机的双枪管枪支也开始出现,它或有一个滑座,或有一个简易的轻敲装置,能够把引药推入一个枪管或同时推入两个枪管中,既可发射单发子弹又可发射双发子弹。有时可将这些枪支结合起来生产出有四支甚至六支枪管的手枪。这种双枪管以及四枪管的手枪在法国和荷兰相当流行。这些枪的每支枪管都安装在同一个轴向的销钉针上,可以自由转动。每支枪管都有自己的打火钢片以及点火盘,使用者只需把装好火药的一个点火盘转至开火位置替换刚刚用完火药的空盘就可以了。这种枪械就是装备有旋转装置的转轮手枪的雏形。

有一个并不让外观有显著改变的方案,就是在枪支单独的枪管里增加装弹装置,然后就能连续开火射击。这可以通过多管枪机或一个后滑动的枪机来完成。这种技术主要依靠每发相继到位的装弹装置起到隔离作用,可以防止前一次开火留下的火星过早引燃火药。早在16世纪,就有应用实例(格拉斯哥艺术陈列室就陈列出一支当时由德国制造的3发子弹簧轮枪)。这种枪通常只用作打猎时的长杆猎枪,被作为燧发枪的不同形式保留下来。这些枪与其余燧发枪除了局部区别外,大致相同。

下图:17世纪初期的德国士兵。这幅图很好地向人们展示了笨重的火绳枪,这种枪必须靠一个支撑才能有效地进行操作

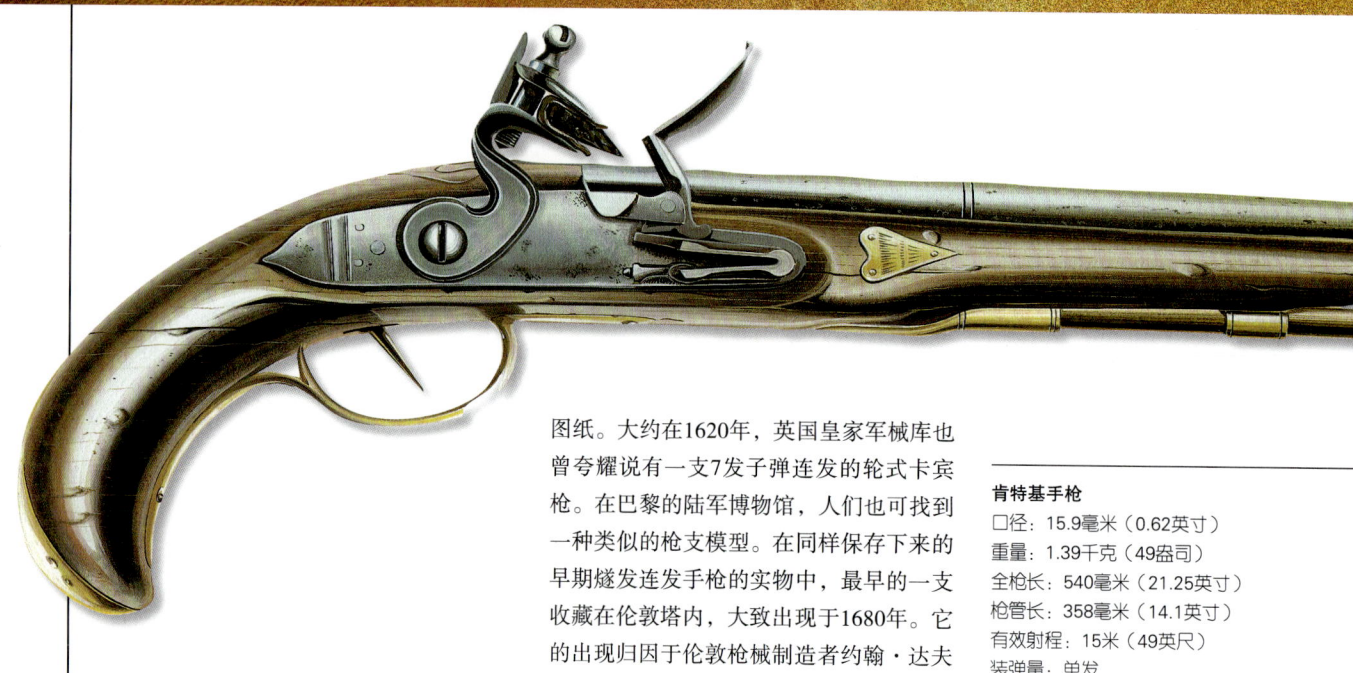

早期的转轮手枪

在17世纪和18世纪，多弹膛、单枪管的枪得到了广泛应用。尽管当时人们把它们看作是稀奇古怪的玩意儿，遗憾的是此类枪支的实物样本如今已寻觅不到，但在我们手头上仍残留有一张16世纪早期德国制造的一支10发子弹的连发火绳枪的图纸。大约在1620年，英国皇家军械库也曾夸耀说有一支7发子弹连发的轮式卡宾枪。在巴黎的陆军博物馆，人们也可找到一种类似的枪支模型。在同样保存下来的早期燧发连发手枪的实物中，最早的一支收藏在伦敦塔内，大致出现于1680年。它的出现归因于伦敦枪械制造者约翰·达夫特。尽管当时达夫特连发手枪的出现带给人们的感觉是奇怪多于兴奋，但这种手枪最终证明其是非常有意义、非常有价值的。

英国皇家收藏馆同样收藏有两支4发子弹连发的燧发步枪。尽管其制造原理并不存在致命的缺陷，但从未被广泛应用到手枪设计中，因为该类型枪的生产制造在技术上要求很高，而最终效果却不尽如人意，这可以从保留下来的为数不多的几件这样的枪支中看得出。直到19世纪初期，燧发枪的时代宣告终结，比较令人满意的转轮手枪才生产出来，比如埃文斯在伦敦

肯特基手枪
口径：15.9毫米（0.62英寸）
重量：1.39千克（49盎司）
全枪长：540毫米（21.25英寸）
枪管长：358毫米（14.1英寸）
有效射程：15米（49英尺）
装弹量：单发
子弹初速：152米/秒（500英尺/秒）
原产国：美国

上图："30年战争"时期骑兵团作战时的场景。手枪既能在近距离搏斗的混战中派上用场，又能被骑兵团用来对步兵部队进行群射

安妮女王式手枪
口径：16.5毫米（0.65英寸）
重量：0.79千克（28盎司）
全枪长：375毫米（14.76英寸）
枪管长：235毫米（9.25英寸）
有效射程：6.1米（20英尺）
装弹量：单发
子弹初速：137米/秒（450英尺/秒）
原产国：英国

制造的手枪。埃文斯是按照波士顿工程师以利沙·科利尔设计的图纸制成的，这位工程师所设计的图纸也是从康科德的阿蒂默斯·威利纳那里窃取而来的。直到撞击式火帽出现后，才真正解决了如何安全使用起爆火药的问题，转轮手枪才真正地获得了好评。燧发转轮手枪被认为是短命手枪，它的一组枪管围绕一根纵向轴销钉或由一支单独的枪管一步步转动来完成射击任务。每一支枪管都有自己的弹膛和引药盘。如果位于中心位置的是一支枪管，则可以和另一支枪管同时开火。旋转装置的设计尽管没有得到长时间的应用，但它在撞击式火帽出现之后还是引起了人们莫大的兴趣。

洛伦佐尼的连发手枪

从洛伦佐尼另一种设计精巧的转轮手枪上，我们可以看到：火药和子弹存放在一个单独弹匣内，通常可以在枪托内找到弹匣。尽管没有得到普遍的认可，但这种设计结构吸引了17世纪一些杰出枪械制造商们的兴趣（如著名的H.W.莫蒂默，他以制造决斗手枪而闻名）。簧轮枪和燧发枪通常装有加螺旋膛线的枪管，人们对其后膛装弹装置及其怎样成为转轮手枪都倍感兴趣。由于需要经过枪口，为线膛枪管装弹、上火药可不是一个简便快捷的过程，因此许多械制造商们都想努力研制出一种可从后膛装弹的可行性机械结构。手枪正是这些试验的主要成果。很多不同的手枪被制造出来也是为完善后膛装弹所作的不同尝试。其中卡特霍夫手枪制造程序非常复杂，最后还是没有研制成功。

这一类的最知名的转轮手枪采用了更为简便的"洛伦佐尼结构"。这种结构据说是17世纪中叶的米克勒·洛伦佐尼在佛罗伦萨发明的，其枪把柄位有两个间隔区：一个用于装载火药，另一个用于装弹丸，并通过旋转闭锁连接到后膛，这样可以把枪拿在手里，枪口朝下，然后将后膛栓转动90度，放入一个弹丸和适量火药粉，然后再转动后膛栓使其复位，弹丸和火药粉便被相继输送到后膛。当闭锁反转时，又一颗更小一点的火药弹丸也装填进引药盘。

皇家海军齐发手枪

比早期转轮手枪更常见的是一种叫作齐发枪的枪，但这种齐发枪并没有得到广泛应用。它有多支枪管，并能同时开火。其中最为成功的一种枪型是卡宾枪，它有七支同心枪管，这种组合结构是由詹姆士·威尔逊设计的，1780年，亨利·诺克根据这种结构为英国皇家海军制成。同样也有齐发射击的手枪，比如"直角弯管"手枪，它由四支横向排列的枪管组成，其排列形状就像是伸出来的手指一样，而且这些枪管共用一个枪机和引药盘。当皇家海军用的毛瑟枪成本价为2美元时，诺克设计的这种枪还高居15美元一支，因为价格实在太高了，这样，这种枪就从军用枪

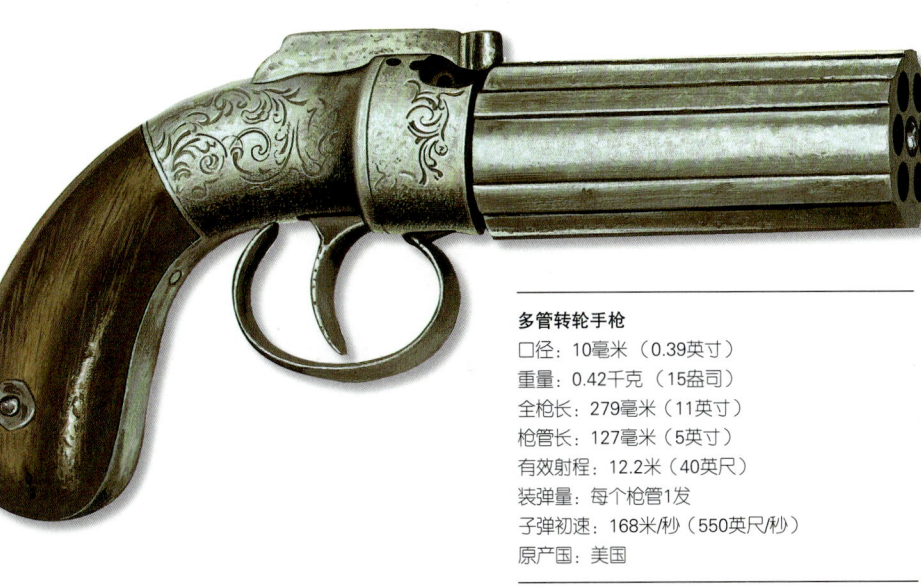

多管转轮手枪
口径：10毫米（0.39英寸）
重量：0.42千克（15盎司）
全枪长：279毫米（11英寸）
枪管长：127毫米（5英寸）
有效射程：12.2米（40英尺）
装弹量：每个枪管1发
子弹初速：168米/秒（550英尺/秒）
原产国：美国

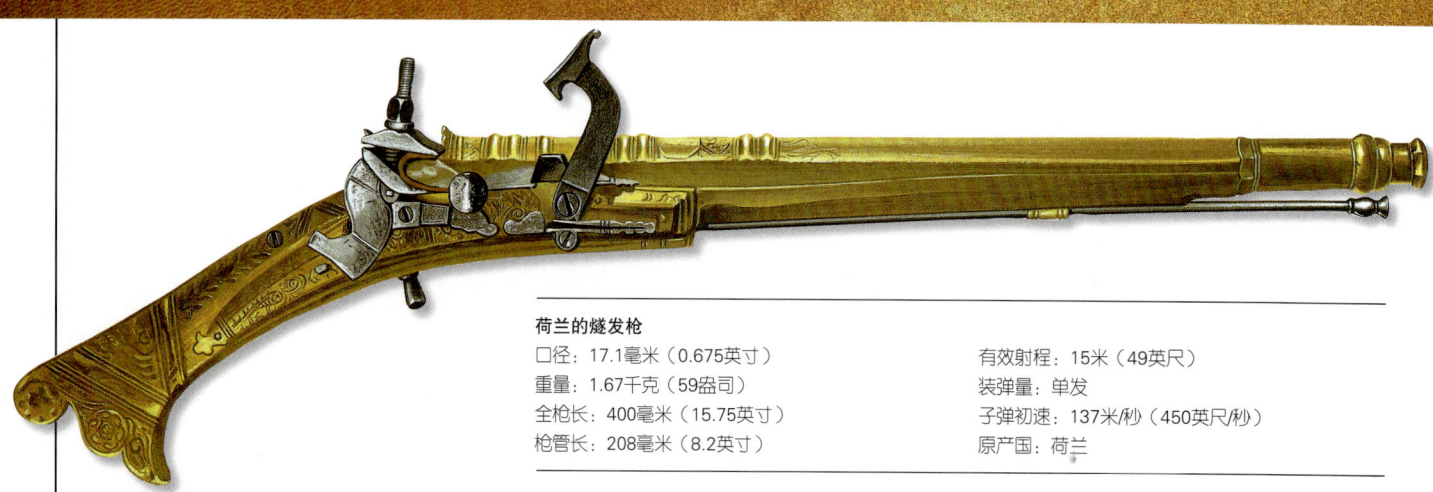

荷兰的燧发枪
口径：17.1毫米（0.675英寸）
重量：1.67千克（59盎司）
全枪长：400毫米（15.75英寸）
枪管长：208毫米（8.2英寸）
有效射程：15米（49英尺）
装弹量：单发
子弹初速：137米/秒（450英尺/秒）
原产国：荷兰

支队伍中退出了。另一种广为流传的说法是：这种枪从军队中消失的真正原因是——几乎所有使用过它的士兵们，肩部和锁骨部位都会受到伤害，任何使用过这种直角弯管枪的人都会有同样的感觉，仿佛自己也要被打得粉碎。

这种齐发枪，不管是老式大口径短枪那样的单管枪还是多管枪，它们的每一支枪管都会发挥同样的威力。因此，在射击时，不需要瞄准得很精确。然而在燧发枪流行的同一时期，另一种形式的枪械开始成为时尚，这就是决斗专用手枪。

决斗专用手枪

几个世纪以来，决斗成为人们用手中拿着的任何武器同对手作战到底的唯一的固定选择。手枪的产生，最终使得人与人之间的决斗由单纯的决斗形式演变成致命武器的机械性能的较量。原先，决斗者会事先看看对方手中的武器有多厉害，然后才决定是否向他挑战。而现在，要想在决斗中赢得胜利，所必备的条件是势不可挡的勇气和一支性能优良、百发百中的枪械（做一个简单的试验，用你的一根手指指向一件物品，然后使自己的视线与手指成一条直线指向物品。如果当你握着一支手枪要同样精确地瞄准那件物品，那手枪也要在同一直线上。手枪能否准确地击中目标，很大程度上要取决于它能否保持平衡）。

从很早时候起一直到17世纪晚期，手枪逐步取代了决斗者常用的剑。在接下来的100年时间里，人们对手枪精度的要求越来越高。一些枪械制造专家响应这种需求，制造出了优质的枪套手枪。到了大约1780年，这种过渡才算完成：第一支决斗专用手枪出现了。

尽管我们很难用肉眼将一支真正的决斗手枪与其他具有广泛用途的手枪分辨开来，但还是有区别的，首先，也是最明显的，就要看它的装饰物件。一支真正的决斗手枪几乎没有任何装饰物品，它的生产者更注重的是其实质性的技艺。决斗手枪握把处的方格是为了使枪手能够牢牢握住枪，避免由于手心出汗而滑落。它的枪管制作得极具承受力，射出的子弹不会偏离手枪指向物体的方向。大多数的决斗用手枪制好后都配有一颗与枪膛吻合良好的子弹模型。英吉利海峡两岸生产的枪与其他类型枪的主要区别就在于其枪管。英国人习惯生产滑膛手枪，法国人则习惯生产线膛手枪。也有一些英国人认为只有线膛枪管才能确保射击更准确无误，但是，他们最后还是坚持了自己的传统。就拿枪械制造专家约瑟夫·曼顿来说，他完善了"盲目"的线膛机械结构，能够确保子弹在离枪口两英寸的地方停下来。但是，这一研究成果除非经过专家们认真的审查，否则是无法证明的。

良好的平衡

事实上，线膛手枪用作远距离射击，其命中精度并没有获得真正意义上的改善。一支决斗专用手枪也安装有可调试的

上图：1632年11月16日，瑞典和神圣罗马帝国双方骑兵在吕岑会战中进行激烈格斗。从双方之间的接敌距离，就可以看出当时那种簧轮枪的有效射程如何

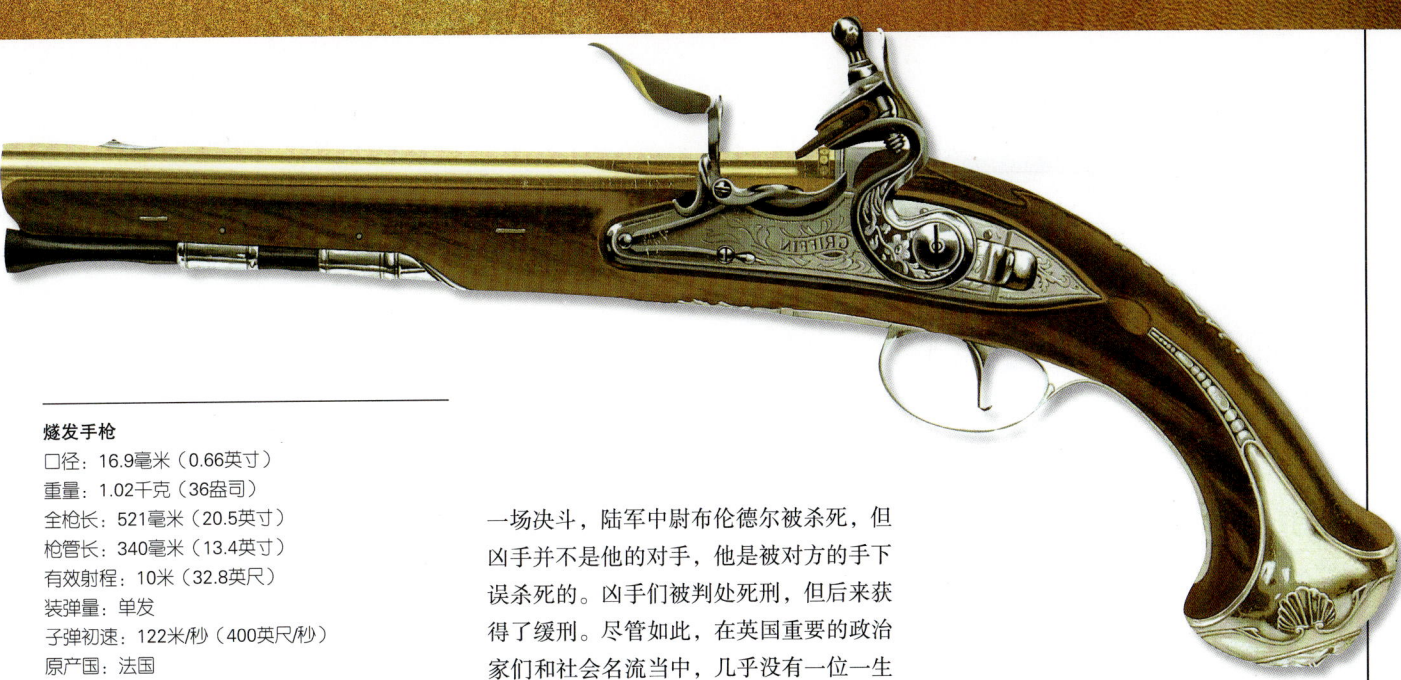

燧发手枪
口径：16.9毫米（0.66英寸）
重量：1.02千克（36盎司）
全枪长：521毫米（20.5英寸）
枪管长：340毫米（13.4英寸）
有效射程：10米（32.8英尺）
装弹量：单发
子弹初速：122米/秒（400英尺/秒）
原产国：法国

扳机装置，只要轻轻一按扳机，就可进行发射。起爆火药盘和接触点都是用金或铂镶边，以降低枪支因腐蚀而不能发射的概率。扳机保险击发器只需用食指单独控制即可。锯齿状握把和专由大拇指控制的击发器，可以帮助使用者保持枪口朝下紧握枪体。但是，公认的最重要的特点是其整体上的平衡性。手枪被认为是手臂的延长，就像手指一样能毫不费力、准确地"指向"某物。要知道这种有着生命危险的游戏需要从容不迫地击中对手，而且容不得半点的迟疑。

著名的决斗

随着决斗手枪的发展，决斗规则也在逐渐简化。到了17世纪末，用剑作为武器的决斗方式慢慢演变成有组织的枪战，决斗双方的支持者们也参加这场枪战。后来，由于任何挑起决斗的人都要受到严厉的处罚，这种用手枪决斗的方式在法国和意大利才慢慢地受到冷落。但在法国大革命时期以及随后的一段时期，再一次骤然兴起决斗之风，而且手枪大有取代剑器之势。

那时，英国人也开始接受这种决斗习惯，并且逐渐流行起来，尤其受到军官们的欢迎。决斗的流行使人们遭受了一种很残忍的惩罚形式。1808年，坎贝尔少校杀死了他的部下博伊德上尉，他也因此遭受了绞刑。1813年，在两位军官之间进行了一场决斗，陆军中尉布伦德尔被杀死，但凶手并不是他的对手，他是被对方的手下误杀死的。凶手们被判处死刑，但后来获得了缓刑。尽管如此，在英国重要的政治家们和社会名流当中，几乎没有一位一生当中不曾参与过这种决斗，甚至就连威灵顿伯爵（他曾公开批判这种形式的决斗，并为使决斗枪退出军队做出不少努力）也亲自在1829年与威切尔西伯爵进行了持枪决斗。从参与此次决斗的名单中，可以直接反映出每位参加者的身份、地位。在一次议会辩论中，威廉·亚当和查尔斯·詹姆斯针锋相对，于是会后两人为此展开了激烈的决斗。其他的政客们也和他们一样，有威廉·皮特对乔治·蒂尔尼，有卡斯尔里夫勋爵与乔治·堪林决斗，还有弗郎西斯·伯达特与詹姆斯·保尔决斗。

到1840年，情况变得更为荒谬——在英国军队的章程中，仍然认为决斗是合法的。直到后来发生了两个重大事件才改变了这种状况：1840年12月12日，卡蒂甘伯爵用枪射杀了哈维·塔克上尉。卡蒂甘伯爵在下议院作为凶手被审判，但随后被宣告无罪释放。1843年7月1日，陆军中尉亚历山大曼罗开枪杀死了他的妹夫戴维·福西特上校，这一事件引起了公众的关注，最终促使女王要求对枪支进行改革，并于第二年对审查结果进行了修改，军队内部禁止进行决斗。但是这种决斗行为还是没有完全制止，相反却促使决斗爱好者们云集到法国北部港口城市布伦或加来。

美国决斗者

尽管独立战争使美国成功地从英国的殖民统治中独立出来，但欧洲人仍然对美国有着巨大影响，尤其在华盛顿任职期间。因此，在这一时期，如果看到一些地位显赫的美国人进行决斗的话，也不是一件奇怪的事。1806年5月30日，即将成为美国第7任总统的安得鲁·杰克逊与查尔斯·迪金森关于赌博债务的问题进行争论，随后在肯塔基州的洛根县进行了决斗。当时，迪金森首先开火，击中了杰克逊的胸部。但是，由于杰克逊穿得很厚，衣服抵消了子弹的大部分威力，结果仅遭受了一点轻伤。冷静、沉着的杰克逊很快就振作起来，瞄准并开枪击中了他的对手。早在两年前的1804年7月12日，在新泽西州的哈德森河岸上，阿伦·伯尔开枪打死了亚历山大·汉密尔顿。从这一事件中可以看出凶手是有预谋的，有故意杀人的嫌疑。亚历山大·汉密尔顿曾经尽其所能地要去结束一个他认为企图搅乱共和制度的人的政治生涯。1800年，汉密尔顿帮助杰斐逊在总统竞选时击败了伯尔，四年之后，由于他拒绝担任纽约市市长而受到杰斐逊的信任。汉密尔顿指控伯尔是国家叛徒，这对于伯尔来说实在太残酷了。为此，伯尔决定向汉密尔顿提出决斗挑战。当这两人相约决斗时，很明显汉密尔顿是非常不情愿的：不是因为他害怕决斗，而是因为他厌恶这种形式的决斗。因为三年前，他的儿子菲利浦即死于此种决斗。汉密尔顿事先向他的助手声明说，他将不会瞄准伯尔，只会朝天开火。事实上他的确是这样做了。但是，伯尔则不以为然，他很仔细地瞄准，然后开枪打死了他的对手。

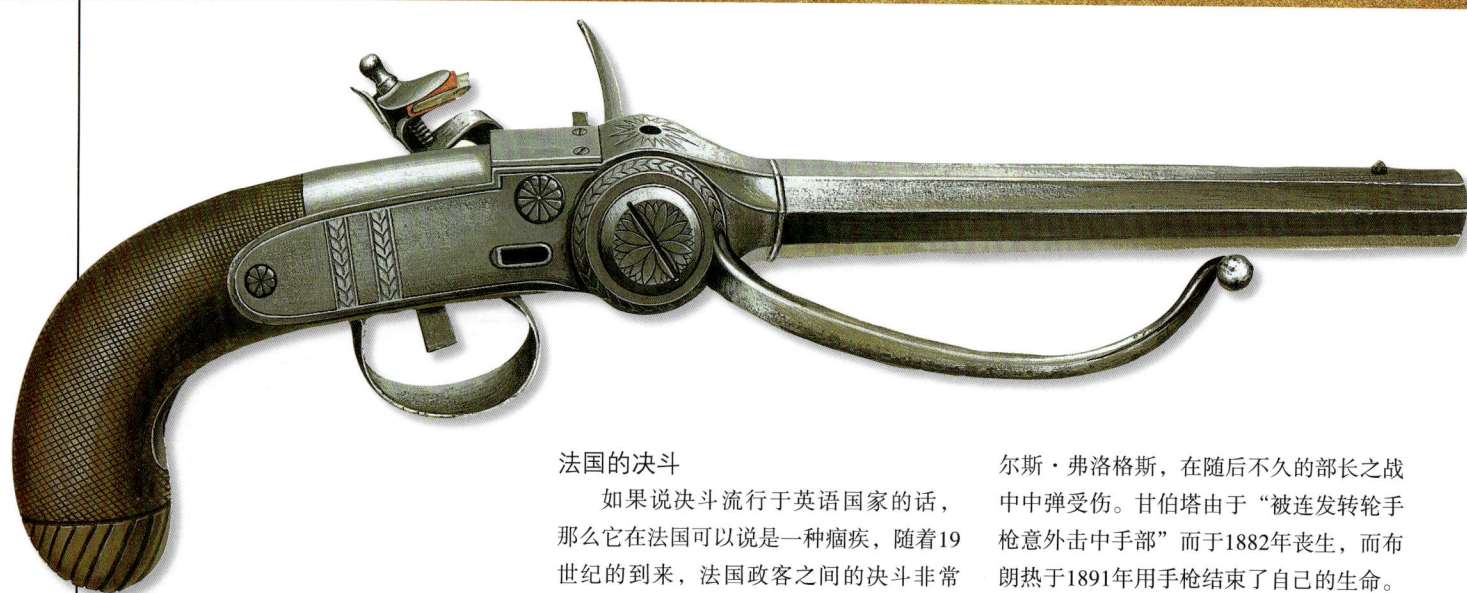

洛伦佐尼连发手枪
口径：12.7毫米（0.5英寸）
重量：1.76千克（62盎司）
全枪长：483毫米（19英寸）
枪管长：257毫米（10.12英寸）
有效射程：10米（32.8英尺）
装弹量：7发
子弹初速：152米/秒（500英尺/秒）
原产国：意大利

法国的决斗

如果说决斗流行于英语国家的话，那么它在法国可以说是一种痼疾，随着19世纪的到来，法国政客之间的决斗非常盛行。据悉，拿破仑反对决斗，按他的话说：一个人如果精于此道则很容易成为一名品行恶劣的士兵。然而，决斗的形式最终还是保留下来了。1810年的《公民宪章》没有提及与此相关的法规。利昂·甘伯塔在当时是最有权威的人士之一，于1878年与法国前内政部长福·巴德·德·福尔特进行决斗。1888年，乔治·布朗热将军因公开反对立法会主席查尔斯·弗洛格斯，在随后不久的部长之战中中弹受伤。甘伯塔由于"被连发转轮手枪意外击中手部"而于1882年丧生，而布朗热于1891年用手枪结束了自己的生命。这些人士的死亡，无疑给手枪能否使用带来了不断的威胁。尽管法律完全限制男人们决斗，但一些法国女士有时由于受到侮辱而感到自尊心受到伤害，仿佛只有提出进行一场射击比赛的挑战，才能满足她们的虚荣心。1868年，波尔多就有两位女工是这样做的，由于岁月流逝，她们的名字没有被记录下来，她们当中的一位胜利者（用枪击中对手的大腿）被关进监狱15天，让其改过自新。而波林·米特尼克公主和格拉芬·基尔曼西格并没有受到如此惩罚，1892年，她们在列支敦士登大公国展开决斗，但这一次并没有发生流血事件。

就决斗本身而言，并没有什么硬性和固定的规则，但必须依照一些框架进行决斗。通常，决斗双方的助手们事先都会进行一些细节上的研究，目的是为了创造"一个平等的游戏场所"，任何一方都不能有不平等的有利条件，同时还必须详尽地讲解决斗技巧以避免双方在决斗中丧命。事实上，对于将要参加决斗的双方来说，没有理由不进行一些简单的训练：每人手握一支枪，两人一组相对而立，瞄准对方的头部或胸部，一接到信号就扣动扳机。这种类似于电影剧情的演练，毫无疑问地会一遍遍地进行。通常，两个人相距10~15步，面对面站立，每个人半转身露出其侧面，并且要收腹，让枪支尽可能对胸部起到保护作用。决斗开始前，双方手中的手枪要指向天空或地面，一接到开火信号（可能是一条落下的手绢），持枪者就开始瞄准对方，然后射击。射击速度非常重要，而手枪的性能及其命中精

上图：19世纪决斗专用手枪。这种枪几乎总是成双成对地出现。图上部的那一对手枪是莫蒂默型决斗专用手枪，而图下部则是约瑟夫·曼顿型决斗用手枪

燧发手枪
口径：15.9毫米（0.62英寸）
重量：1.42千克（50盎司）
全枪长：552毫米（21.75英寸）
枪管长：368毫米（14.48英寸）
有效射程：6.1米（20英尺）
装弹量：单发
子弹初速：152米/秒（500英尺/秒）
原产国：美国

上图：美国海军英雄约翰·保罗·琼斯处死了他手下一个想要烧毁军旗的船员。即使是18世纪的燧发枪，也只有在如此短的距离才能击中目标

度也至关重要。尽管这种形式的决斗有时甚至有丧命的危险，但也没有必要非得杀死对手，只要能使对手不再反抗，这就足以使决斗者感到光荣了。有很多像亚历山大·汉密尔顿的人，故意不击中对方。但是，对每一个"汉密尔顿"来说，并不会只有一个伯尔，会有许多与之志同道合的人来进行这项危险的决斗。也就是说，就算你不想杀死对手，对手不见得就会和你有同样的想法，他甚至想一枪就把你干掉。

我们不必过多地关注18世纪的标准军用燧发手枪，主要因为它们当中没有一支能够配称得上是"名枪"。其实，这类枪仅在军事史上有较为广阔的市场，在作战中曾起到一定的作用。这种过早出现的枪为军用枪械的统一提供了可能。它仅从一个方面对军用枪械产生了比较有利的后果，那就是使子弹的大小规格标准化，这是战争准备因素中最重要的一个环节，因为在此之前，每个士兵都必须使用自己的子弹，而这些适合某支枪的子弹并不一定适合其他枪。

口径和枪膛

据有关记载，当时测量枪支口径使用的是一个与枪膛尺寸没有直接关系的测量体系。由于这样测量出的结果往往与实际数据刚好相反，难免在使用时造成混乱。枪膛数越大，相反枪管口径就会越小。真正意义上的枪膛实际上是和给定直径的球形子弹的数量相同。弹丸可用0.45千克的纯铅浇铸而成。一支装弹数20发的手枪所发射的子弹一般重23克，弹丸直径为15.6毫米。一支装弹120发的手枪，那么该弹丸一般重3.7克，直径为8.1毫米，这样的子弹被广泛视为最小的子弹。并且大部分军用手枪一般能配备20~24发弹丸。同时，民用枪械的口径标准也很快被人们所接受，因为只要便于枪手使用"火力强劲"的弹药就行了。这种测量方法直到今天还用来对霰弹枪进行分类。

标准化

然而，至少从理论上讲，标准化的发展绝不仅仅局限于此。以英国所有军用手枪为例，某一具体枪型有许多能够更换的部件。由于老式枪的整体工艺太差，所以对其进行大批量生产的结果便是出现了大量的劣质手枪。但是，随着时间的推移、制造方法的改进和对产品质量控制能力的提高，这种单兵武器的生产质量也就达到

上图：一场典型的19世纪的决斗。决斗用的手枪的枪管是经过精细加工制成的，其误差很小，这样做的目的是首先要确保其精准性

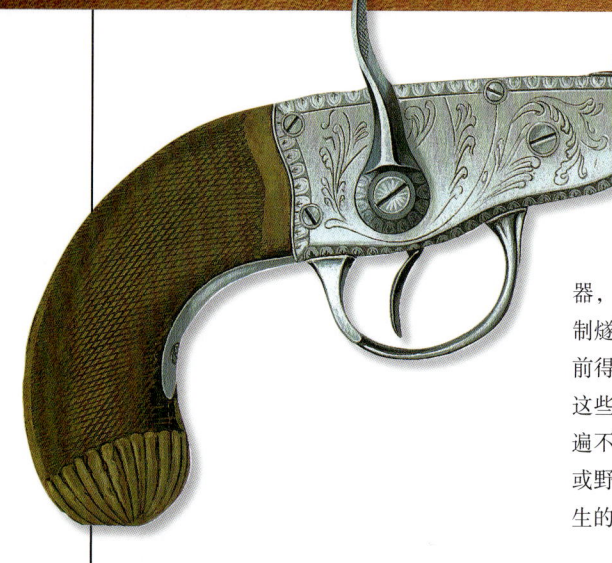

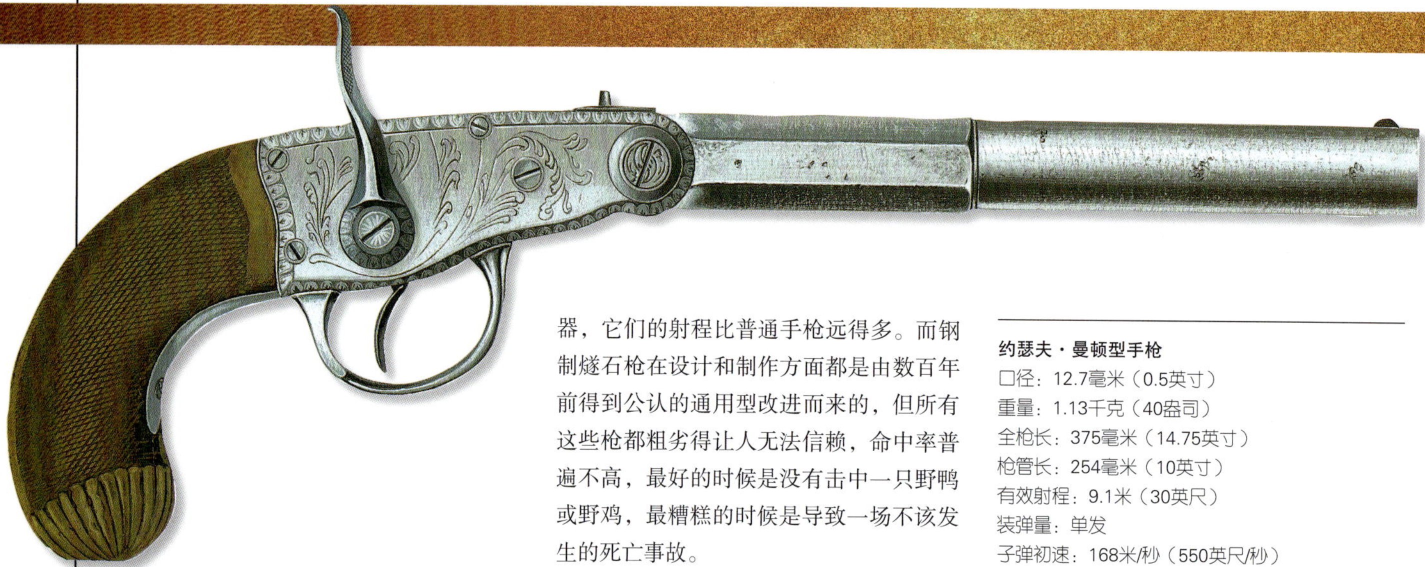

器,它们的射程比普通手枪远得多。而钢制燧石枪在设计和制作方面都是由数百年前得到公认的通用型改进而来的,但所有这些枪都粗劣得让人无法信赖,命中率普遍不高,最好的时候是没有击中一只野鸭或野鸡,最糟糕的时候是导致一场不该发生的死亡事故。

约瑟夫·曼顿型手枪

口径:12.7毫米(0.5英寸)
重量:1.13千克(40盎司)
全枪长:375毫米(14.75英寸)
枪管长:254毫米(10英寸)
有效射程:9.1米(30英尺)
装弹量:单发
子弹初速:168米/秒(550英尺/秒)
原产国:英国

了更高的标准。

直到19世纪中叶步入机械工业时代,大批量生产的手枪的质量才达到18世纪手工造枪的水准。这些17世纪和18世纪生产出的枪中的极品,不仅是相当精致漂亮的工艺品,而且还是十分实用、有效的武

燧发枪的特点

为了让燧发枪更好地发挥作用,就不得不履行一套较为复杂的程序:第一,必须正确安装打火石,这就要求每30~50次打火以后就必须换一块新的打火石,并将它安放好。第二,钢制件表面必须保持清洁良好的光泽度,还要保证锯齿足够锋利。这些清理工作必须定期执行,偶尔还需要去拜访一下制枪匠。第三,必须保持让引药盘不能积碳和留有腐蚀物。第四,引药盘和枪膛中的黑火药必须保持干燥和

上图:这是一幅1718年俘获黑胡子海盗的画面,尽管画面的想象成分很多,但它揭示出了一点:由于枪的射程太短,而且发射方向性差,因此,据说当时手持燧发枪的参战者,不得不尽可能地靠近黑胡子海盗才能击中他,"近到你都可以感觉到敌人的肋骨已经抵到了你的枪口上了"

均匀混合。到16世纪，人们发明了将硝酸钠、碳、硫按一定比例混合制成黑火药后，最后一个问题早就得以解决了。

最终将子弹射出枪口的一系列彼此独立的操作产生了许多问题。比如扳机被拉动时，它就会放下阻铁，然后阻铁又放开击铁或者直接放开扳机。在弹簧的推动下，击铁在打火石打火之前就提前向前运动了。与此同时，引药盘盖克服弹簧的阻力打开，从而使引药暴露出来。尽管飞溅的火花持续时间很短暂，但如果引药完全干燥的话，火花就可以将引药引燃，然后引药所产生的火花通过点火孔（同样需要预先保证发射药是完全干燥的）将发射药引燃。枪膛内的火药被点燃后，就会产生大量的气体，这种气体会沿着阻力最小的路线将子弹推出枪管。

寻找新的发射药

燧发枪拥有一批忠实的追随者，在美国更是如此。现代燧发枪的发展历史表明：一种性能优异的手枪，在扣动扳机的同时，子弹就已经飞出枪膛，这两个动作几乎在同一时间完成。然而，这种假设只能成立于前面描述的一系列条件都绝对符合的情况下，但毫无疑问，绝对不可能有这样的时候。18世纪的枪，在某些特定场合下，由于维护者维护不当以及在非专业人员手中难免出现这样或那样的故障。在士兵的手中，每十次打火平均有七次可以打着。就算能成功点火，击锤的落下和子弹的出膛之间也会出现明显的延迟，在这延迟的过程中，持枪者往往会晃动枪或者将枪口移离目标——最糟的情况是将枪口移向了某个人，当看到火光时，子弹实际上已经飞出了枪膛。

历史上，燧发枪的经常失误让野禽逃避了劫难，但这却使得一个名叫亚历山大·约翰·福赛思的苏格兰牧师开始思考枪的操作性能问题。福赛思是位博览群书的天主教徒，在他读过的书中包括了许多关于化学和机械方面的书籍。当时，他了解到有一种叫雷汞的不稳定的化学物质，可以通过在酸中溶解某种金属得到这种化学物质。比如金的雷汞，曾经在塞缪尔·佩皮1663年11月11日的日记中提到过。银的雷汞非常不稳定，法国化学家克劳德·路易斯·伯瑟莱特（在他合成了作为黑火药的硝酸钠的替代品氯酸钾两年之后）在1788年才刚刚制取到这种物质，但很快就挥发了，人们根本无法触及。1800年，爱德华·霍沃尔德制造出了特性较稳定的雷酸银，福赛思开始将它和氯酸钾混在一起进行试验，试图制造出一种可以快速反应和自动引爆的新火药来替代原先的黑火药。

福赛思的发明

由于前期试验毫无结果，福赛思转向试图用这种雷汞混合物当作引药用——而不是发射药，但仍然没有成功。虽然火花会将混合物点燃，但并不能确定是否会将其主要部分全部点燃，证明在这方面新混合物还不及黑火药。然而，当直接撞击新混合物时它就会被引爆，而黑火药则不会。福赛思的成功之处，就在于发现了雷汞的这一性质——这在以前曾被看作是雷汞最大的缺点，而实际上这却是它最主要的用途所在。在一个简单的铁管试验以后，福赛思制造出一个带有击锤的手枪部件来代替燧石点火装置，用一个小弹箱来代替引药盘。这个点火装置形状以及操作起来都像一个细颈的香水瓶，当它的一边翘起时，这个细颈瓶就会将一定量的雷汞粉末直接填进火门，以及和火门相毗邻的"铁砧"上面。1805年的整个冬季，福赛思就用他的新手枪来对付那些野禽。第二年在伦敦，他把该发明向军械部长默伊拉爵士展示了一番。这种新玩意儿给默伊拉留下了非常深刻的印象，于是他请福赛思到伦敦塔的皇家军械库建一个工厂来生产这种枪。但是，还没有等到这个苏格兰人生产出一款比较完美的手枪，默伊拉的职位就被约翰·皮特，即首相威廉·皮特的弟弟接替了。皮特害怕福赛思在生产中所使用的雷汞会引起大爆炸，于是立刻命令福赛思带着"他自己和他所有的垃圾离开伦敦塔"。福赛思极度沮丧地回到家中，但很快又投入到新的冒险事业中去了，他的朋友詹姆斯·瓦特与他商量着如何给专利局写一份申请，好让他的发明能够得到最大程度的保护，不至于被商业盗版。由于他的极富创新性的火药点燃方式，他的发明于1807年4月2日被授予第3032号专利。瓦特的建议看来是对的，因为福赛思的确不得不与那些盗版者对抗，好在他最终成功了。

尽管福赛思一直到1843年临死的时候仍然是一名牧师，但他始终没有放弃经商的念头。1808年，他在苏格兰生活时又多了一个名叫詹姆士·珀迪的人作为助手——这个人曾是约瑟夫·曼顿的学徒，于是福赛思在伦敦新区"第10大街"上开业了。他们制造出"香水瓶"枪机和后来的"滑动弹仓"枪机，这些枪机能以一种更有效的方式实现相同的功能，而且对于手枪和长枪都适用。福赛思在那里一直待到1819年后才回去尽自己牧师的责任，而珀迪则留下来代表他继续工作。另外，他还授权其他枪械制造商生产已经获得专利的枪机，爱丁堡的英尼斯就是这样的枪械制造商之一。福赛思死后，珀迪一个人继续为此奋斗，并因此出了名，他的家族用老式方法所生产的霰弹枪，被认为是世界上最好的、也是最受欢迎的枪支。

许多枪械制造商从福赛思手里购买枪机及其生产许可证，用来对燧发枪进行改进，但即便如此，这位苏格兰人没有任何打算来改进雷汞放置办法。另外一个问题就是，雷汞火药有很强的腐蚀性而且以粉状形式使用，因此必须定期清洗枪机。并且，把枪机隔离起来也是十分必要的。这样一来，改进工作就留给了别人，很快，就有许多新的办法问世了。

撞击式雷帽

有许多人声称自己是撞击式雷帽的发明者，其中，最有可能的候选人有体育题材作家彼德·霍克、枪械制造商约瑟夫·艾格、伦敦的约瑟夫·曼顿、法国人普里拉特以及移民美国的英国艺术家乔舒亚·肖。肖于1822年取获得了撞击式雷帽的美国专利，而且还经常坚持说，早在五年前，他就改进过撞击式雷帽。很多人对此都表示认可。倘若果真如此的话，他的发明就标志着欧洲以外国家的枪械制造技术第一次取得了突破性进步，这也是美国后来无数项发明中的第一项。肖的撞击式雷帽，最初是钢制撞击式雷帽，但很快就用白蜡代替，再接着就用铜制了。很明显，除梅纳德1854年发明的带状底火系统外，这种撞击式雷帽相对其他击发系统而言，是一次重大进步。正因如此，其他击发系统几乎绝迹了。

很明显，这套撞击式击发系统也解决了燧发枪遗留下来的所有问题。这种新系统深受欧美运动员以及其他枪械用户的喜

燧发式转轮手枪
口径：12毫米（0.47英寸）
重量：0.99千克（35盎司）
全枪长：362毫米（14.25英寸）
枪管长：159毫米（6.25英寸）
有效射程：15米（49英尺）
装弹量：5发
子弹初速：168米/秒（550英尺/秒）
原产国：法国

直角弯管（鸭脚）型手枪
口径：15.9毫米（0.62英寸）
重量：1.2千克（42.3盎司）
全枪长：254毫米（10英寸）
枪管长：127毫米（5英寸）
有效射程：6.1米（20英尺）
装弹量：单发，四枪管
子弹初速：152米/秒（500英尺/秒）
原产国：英国

喇叭形前膛枪
口径：16.5毫米（0.65英寸）
重量：1.3千克（46盎司）
全枪长：444毫米（17.49英寸）
枪管长：229毫米（9英寸）
有效射程：13米（42英尺）
装弹量：鹿弹
子弹初速：152米/秒（500英尺/秒）
原产国：英国

爱，并在19世纪20年代至30年代成为人们狂热追逐的对象。然而，军方对这种枪却没有很快认可，直到19世纪中期，军队才装备撞击式雷帽前膛枪。普鲁士军队于1839年首先使用这种枪，比瑞典早了一年。英国和美国军队直到1842年才开始使用带撞击式雷帽的枪支。这一延迟，意味着撞击式雷帽前膛枪在军事上的运用只持续了很短一段时间。

密闭式底火系统

美国政府于1855年用梅纳德的密闭式底火系统取代了原先的撞击式雷帽，并将其应用在重型卡宾枪上。这一系统，也被应用于1842年的改型枪上。由于这种系统在潮湿环境中的可靠性很差，所以，到1861年就被淘汰了。梅纳德——这位华盛顿的牙科医生，因为自己的发明，从美国政府那里获得了6万美元的报酬，而肖则通过国会的一项特别法案"为了救济乔舒亚·肖"获得了1.8万美元。与之相反，福赛思只从政府获得了一点象征性的报酬，其中大部分是在死后才获得的。

尽管带撞击式雷帽的手枪并未被试验过，但那些靠手枪自卫的普通市民和军官们还是毫不犹豫地选择了它，枪械制造商们被淹没在要求将燧发枪改装成撞击式雷帽手枪和生产新型枪的订单中。改装燧发手枪并不困难，新的简化操作解决了把引药放在火药仓中的问题，这意味着手枪不再那么笨重了。尤其值得一提的是，体积更小更趋于流线型的击锤取代击铁后，击锤更容易出来而不会卡在衬套里。

尽管如此，手枪还是在战争中慢慢失去了地位。1837年，英军开始反对使用手枪，威灵顿爵士认为这是让手枪退出军队的绝佳时机。在随后的一年里，尽管军官还配有手枪，但事实上已经不属于骑兵装备了，只有枪骑兵还保留着手枪。

乔治·拉沃尔曾经建议将手枪口径标准化，并且支持威灵顿的提议。1840年，他成为轻武器督察，上任后负责制造曾经被英国皇家海军和全国警察部队放弃过的手枪。他还在19世纪50年代中期倡导用线膛手枪取代滑膛手枪。拉沃尔继续设计其他手枪，他所设计的手枪对大西洋彼岸正在蓬勃发展的武器制造业产生了影响。

美国政府同英国政府一样，对是否

认可撞击式雷帽枪持保守态度。1832型手枪，是最后一种允许装备军队的滑膛燧发枪，随后就是1842型海军手枪。拉沃尔对这种手枪的设计也起到了一定的影响。特别要指出的是，后坐枪机和击锤都是英国技师"不知羞耻地"挪用亨利·洛克的。采用传统击锤的加长枪管的枪也使用了这种装置。除了枪机有差别之外，美国枪支与同时期法国和德国的枪支十分相似。第一支美国官方手枪1799型燧发枪，就是完全仿造法国1777型的设计。

美国武器生产商

美国政府对武器的大多数需求，均是由位于康涅狄格河河畔的斯普林菲尔德国家兵工厂和位于波托马克河的哈伯斯·费勒的国家兵工厂提供的。这些兵工厂早在1794年就建成了，所生产的第一支手枪是1805型，是在哈伯斯·费勒兵工厂生产的。在哈伯斯·费勒兵工厂于1861年被破坏之前，新的枪械设计一直在那儿完成。尽管如此，许多民间枪械制造商仍然得到了新手枪的生产合同。其中包括亨利·阿斯顿，他在1846—1850年生产了超过30000支每支价格6.50美元的手枪。费城的亨利·戴林格尔从1806年开始就一直在生产滑膛手枪和线膛手枪。

枪管的制造

阿斯顿的成功非常清楚地告诉人们：在采用机械化生产以及引入大规模生产线和可互换零件概念后，美国制造工业是如何飞速发展起来的。"工业化"枪械制造商有：阿姆斯、阿斯顿、西蒙·诺思（他在1799年赢得了第一份美国政府枪支生产合同，据统计，直到1852年去世之前，他总共为美国陆军和海军生产了10万支枪）、伊莱·惠特尼、塞缪尔·柯尔特、伊莱沙·金·鲁特、弗朗西斯·普拉特、阿莫斯·惠特尼、查尔斯·比林斯和克里斯托弗·斯潘塞等都被公认是制造工程领域的先驱。

枪械制造工业化所导致的一个最大变化与枪管制造有关。人们很早就知道在枪的历史中，简单铸造对轻武器并非很好。用于铸造剑刃的类似方法被用来加工制造枪管用的铁。一般是将柔软且有延展性的铁制成条状并将其捆在一起，经过加热扭曲锻造后铁条自身就会翻转过来。在变成条状之前的这一过程要重复36次之多，然后将这些铁条绕在轴上并用手工焊接成无缝管。铁经过多次重复使用后会越来越纯，因此，手工枪管所用铁一般来源于废铁、碎旧马蹄铁和马蹄铁钉，而制造弹簧和刺刀的钢材则十分珍贵。铸刻技术运用于精加工枪管后就出现了特有的"大马士革"模式，枪支制造工业化的第一阶段是将机械锻铁（现在是条状的）通过弯曲滚筒变为管状，然后将管回炉后进行焊接，最后将冷却后的锻件钻孔即可。

另一个重要变化，发生在木质枪托的制造方面。这些枪托不再需要用锯刨等手工方法加工了，而是用斯普林菲尔德兵工厂的模板机床进行生产。这套复杂的机器用一个主枪托作为模型，由于模型十分精确，人们不得不提高兵工厂金属加工机械的整体规格和流程来与所生产的枪托相匹配。

多管手枪

撞击式雷帽，并没有加快简化从装弹到子弹射出枪口的冗长过程。从某种程度上讲，笨拙的手指在往引药盘装入少量火药之前，不得不因为一个小小的撞击式雷帽而乱动，这种方式延缓了时间。不过撞击式雷帽的确不再需要将蓬松的火药暴露在敞开的引药盘里了，这就对当时少量的连发（转轮）武器的生产和销售起到了相当大的推动作用。

达夫特的单管手枪

早在100多年前，尽管在当时的燧发

上图：19世纪设计的手枪。一种双管皮套枪（左）、一种4管翻转枪（右上），以及一支上下双管枪（右下）

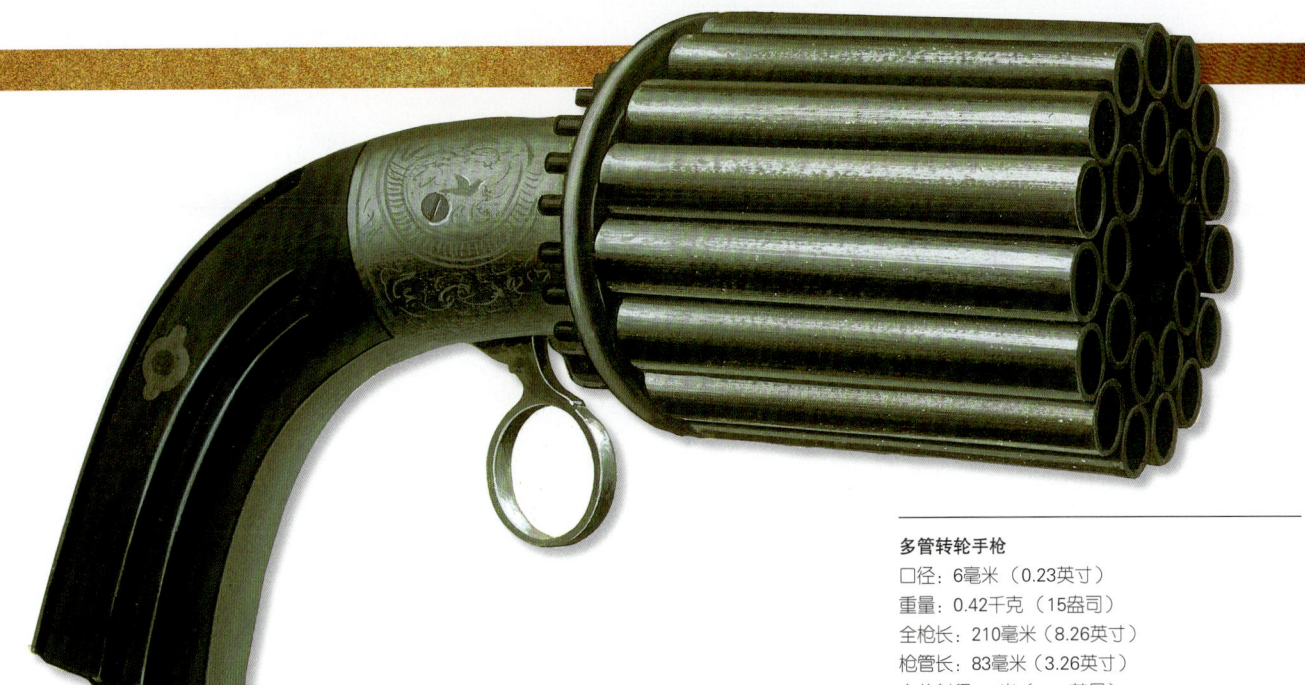

多管转轮手枪
口径: 6毫米（0.23英寸）
重量: 0.42千克（15盎司）
全枪长: 210毫米（8.26英寸）
枪管长: 83毫米（3.26英寸）
有效射程: 5米（16.4英尺）
装弹量: 每个枪管1发
子弹初速: 152米/秒（500英尺/秒）
原产国: 美国

枪系统上制造单管转轮手枪的方法非常复杂，但约翰·达夫特告诉人们：只要将数个弹室沿中轴平行放置，扣动扳机后通过旋转使弹室与枪管对齐，这样，制造单管连发转轮手枪也是可行的。但是，只有在撞击式雷帽出现后，才真正减轻了制造单管转轮手枪所必需的工作量。单管转轮手枪的优点在于：并不需要让弹室和枪管十分精确地保持在同一直线上。多管燧发枪很笨重，在两次发射之间，需要用手将枪管绕棘轮旋转，因此，在18世纪中叶未能受到人们的青睐。据说，多管手枪可能是1820年英国出现的第一支带撞击式雷帽的手枪。由于该枪制造成本低且使用效率高，因此，在随后数十年里十分普及。

待击发动作

下一步，就是将枪管组件的旋转与击发动作衔接起来。这里并没有什么新东西。将"单动"转管手枪和弹膛型转轮手枪中的弹膛和枪管组件旋转起来，以便新火药装填。尽管这种方法不是完全可靠的，但仍然为18世纪主要枪械制造商所知晓。结果导致这一操作方式无法获得专利（至少在类似发明众多的英国是不行的），况且也没有任何书面证据证明，谁是这种手枪的发明人。

本杰明和巴顿·达林于1836年4月13日取得了单动转管手枪的专利，这一切似乎来得太晚了。第二年，马萨诸塞州武斯特的伊桑·阿伦（并不是独立战争中的英雄伊桑·阿伦，与他毫无关系）取得了双动多管连发转轮手枪的美国专利。该枪的枪管组件靠扳机的初始压力进行旋转。阿伦的枪在随后的十年里，非常流行。此种枪采用的是顶置击锤操作，火门将撞击式雷帽垂直固定于弹室的孔中。在随后的二十年里所生产的具有普通弹室的枪和具有多管弹室的枪，大多采用与之相同的设计。然而，作为同轴火门式设计，这种设计并不是很普遍。1837年，比利时生产出封闭式扳机设计，这就是"玛丽埃塔"式手枪，并取得了比利时专利。英国枪械制造商J.R.库珀也开始生产这种枪，并宣称自己取得了英国专利，但在伦敦专利局里并没有相应的记录。虽然多管连发转轮手枪很流行，但由于其相邻两个撞击式雷帽隔离不是很好，飞溅的火花容易使其他弹室一起击发，这样就有同时射出多发子弹的危险。对多管手枪而言，会使人感到仓皇失措；而对于弹膛式转轮手枪而言，因为意外发射的子弹没有出口，这样就会更加危险。另外，尽管机械标定指数概念已出现了200多年，但转轮手枪的操作仍然存在问题。

双动系统

相对于大规模的枪机部件以及连接部件的机械缺陷而言，双动系统仅仅在一方面存在着比较糟糕的缺陷。那些多管枪需要用很大力气扳动扳机，以使下一个枪管进入待发状态，然后扳起击铁准备待发，这样才不至于影响超过近距离平射射程的有效射程。为了使连发（转轮）手枪的性能与单发手枪一样良好，并且将其缩小到更合适的尺寸上，人们不得不想办法减轻连发手枪的重量。这就意味着尽管存在着耐用性问题，但设计上仍然需要采用单管弹膛型连发转轮手枪的型号。尤其必须解决好如何保证弹室与枪管同轴、两者间的气密性以及火花飞溅串室等问题。所有这些问题，都是由当时最具影响力的枪械商塞缪尔·柯尔特提出的。

2 前装弹式击发转轮手枪

据说，1830年秋天，塞缪尔·柯尔特在驶往英格兰的"科罗"号轮船上，突然产生了设计转轮手枪的念头。根据推测，他在看到舵轮仅靠一个简单的齿式离合器的作用就能够旋转而且不会翻转后，产生了灵感。他的基于舵轮系统的设计为现代转轮手枪奠定了基础。

一回到美国，柯尔特就用一个雕刻得相当粗糙的木质模型来展示他的构想，以期取得一项转轮手枪枪机的专利，但他的申请却被威廉·埃利奥特拒绝了。

1831年，在柯尔特的出生地，康涅狄格州的哈特福德，枪械制造商安森·切斯将柯尔特的构想转变成为一款转轮式步枪。但是，这种步枪的第一种模型，在第一次射击时就爆炸了，这是因为引火嘴没有隔离好，导致一个撞击火帽上产生的火花同时引爆多个弹室的缘故。尽管如此，柯尔特，这位年轻的发明家仍竭尽全力、想方设法地筹集实验所需的资金，其中最有效的办法是向顾客展示新发现的笑气（一氧化二氮），并将其卖给顾客。最终，他带着约翰·皮尔逊成功制作的模型草图以及一份拟好的书面申请，于1835年10月来到英国，并取得了转轮连发枪枪机的英国专利，专利号为6909号。在他回到美国并于1836年2月25日取得美国第138号专利之前，他又在法国和普鲁士申请了类似的专利保护。根据英国法律，他要是先在美国申请专利的话，他在英国的专利申请将会被拒绝。如果那样的话，柯尔特的发明，将在英国这个19世纪30年代的巨大的军火市场上被到处仿造。

柯尔特转轮手枪的原理

柯尔特通过提高枪械部件之间紧密配合的程度以及射击时闭锁弹膛的方式，解决了弹室和枪管相通对齐的问题。同时，他还将引火嘴安装在一个单独深槽内，以防止火花飞溅入弹室。这种操作方式完全采用了以往的方法，即将击锤拉开然后将下一个弹室旋转至待发状态。这样看来，柯尔特的设计并没有什么新意，只不过将已有设计修改了一下，并使其发挥了更大的作用而已。他还制造出一种看起来造型很不错的手枪，在当时，这使得其他转轮手枪显得粗陋不堪。

就柯尔特手枪的装弹方式而言，它与约翰·达夫特150多年前制造的燧发式转轮手枪有着惊人的相似。人们至今没有弄清，柯尔特是否在见过达夫特的枪后才仿制出了自己的枪，不过，也许这种相似只是一种巧合。柯尔特系统通过弹膛转杆将击锤阻铁与弹膛棘轮相配合，棘轮的每一个轮齿都对应着一个弹室，当击锤拉回咬住扳机的击发阻铁时，弹膛转杆就推动着棘轮沿弧线旋转，使得新弹室与枪管在同一直线上。在开枪的瞬间，通过一个固定在扳机上的杠杆将弹膛与枪管锁定成一条直线。

柯尔特公司

柯尔特于1836年3月5日在新泽西州的帕特森组建了专利武器制造公司，开始生产我们现在所熟知的帕特森转轮手枪。起初，帕特森转轮手枪为单动5发式，配置有折叠式扳机但不带护弓，共有三种型号、四种口径。其中，重量最大的是0.36英寸口径，稍小的是0.31英寸和0.34英寸口径，它们均属于枪套式转轮手枪。另外，袖珍型手枪的口径有0.28英寸、0.31英寸和0.34英寸三种。同时，他还生产过多种型号的旋转卡宾枪和步枪。据说，柯尔特在他20多岁时，并没有什么商业经验，而且过于激进，试图在成熟市场建立之前生产出多种型号的枪支。正是这些因素，导致了他第一次商业冒险的失败。

柯尔特-帕特森转轮手枪的装弹

和当今绝大多数转轮手枪一样，帕特森手枪的弹膛必须移开后才能装弹。这种方法首先必须移动枪管，为了加快这一过程，柯尔特为手枪配置了专门定做的细颈装药筒，装药筒与弹膛相连，每个瓶口对应一个弹室。后期枪型进行了重新设计，并于1839年取得重要的专利。该设计在用一个弹室装弹的同时，也可使用带有旁通口的装药筒装弹。装药需要通过一个双铰链击锤杆压紧压实。从发射者的方向来看，柯尔特转轮手枪是顺时针旋转的，但从逻辑上讲，它本应从左边转动，以便重新装弹。

柯尔特商业冒险的失败，不仅由于他本人过于野心勃勃，还因为美国军事上的保守思想和经济萧条的缘故。柯尔特手枪每支售价为260美元，而当时另一种多管转轮手枪仅需1/10的价钱就可以买到。1837年，柯尔特重型枪套手枪接受了美国陆军西点军校的测试，但由于结构过于复杂而被拒绝，美国政府在与印第安人作战期间曾买过50支该型手枪。另外，还有一小部分卖给了得克萨斯共和国海军，因而被命名为得克萨斯型手枪。1842年，帕特森工厂倒闭，公司财产在年底全部用于抵债，柯尔特开始转向其他事业，其中最著名的是优化海底电缆，并成功指导了曼哈顿和斯塔腾岛之间海底电缆的铺设工程。与此同时，他继续改进自己的武器设计并继续申请专利权，随时准备起诉仿造者。五年后的1846年5月13日，美国与墨西哥发生了战争，他的努力和信心终于得到了回报，美国政府购进1000支改进型转轮手枪用于这场战争。

得克萨斯游骑兵

尽管美国军队的态度非常保守，但由于一小部分曾经使用过帕特森手枪的人的热情推荐，虽然已经有些延误，订单到底还是来了。在这些使用过帕特森手枪的人中，有许多是在与印第安人的战争中表现出色从而在美军中有较大影响的人，他们就是人们常说的得克萨斯游骑兵。柯尔特早期枪支无与伦比的过人质量的最好的例证就是，杰克·海斯上尉率领的15人巡逻队，用柯尔特手枪击败了五倍于己的印第安人，据说当时总共有35个印第安人丧生在枪下。1845年12月，得克萨斯并入美国，得克萨斯游骑兵也被编进了美军，他们不仅带来了自己的转轮手枪，而且还带来了他们的报国激情。

塞缪尔·沃尔克上尉被派去与柯尔特谈判，以期能让柯尔特重操旧业进行军火

上图：塞缪尔·柯尔特（1814—1862），现代转轮手枪之父。当他十多岁的时候，在从波士顿到欧洲的海上旅途中，突然产生了设计转轮手枪的念头

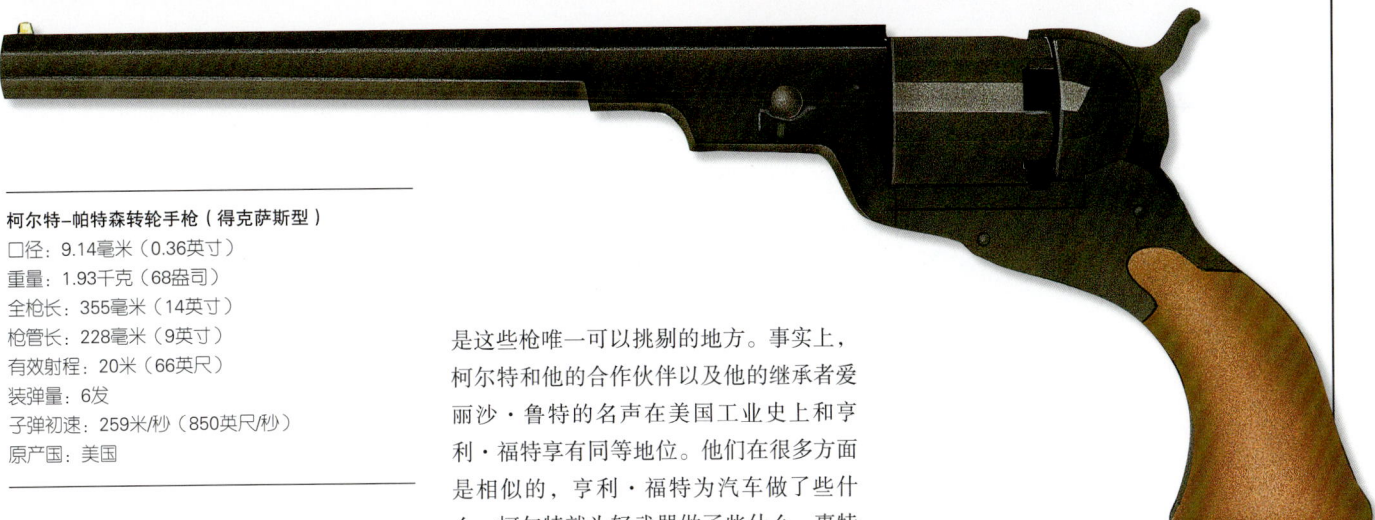

柯尔特-帕特森转轮手枪（得克萨斯型）
口径：9.14毫米（0.36英寸）
重量：1.93千克（68盎司）
全枪长：355毫米（14英寸）
枪管长：228毫米（9英寸）
有效射程：20米（66英尺）
装弹量：6发
子弹初速：259米/秒（850英尺/秒）
原产国：美国

生产。不难想象，柯尔特当时一下子就答应了，尽管他自己当时并没有什么制造能力，但还是很乐意地接受了沃尔克上尉对他的设计提出的意见。

柯尔特骑兵枪

1847年，柯尔特·惠特尼维利-沃克骑兵枪在康涅狄格州的艾丽·惠特尼工厂投入生产。这种骑兵枪，在所有规格上来说都是大号的，全长343毫米，枪管长330毫米，重量超过2千克。它是一种0.44英寸口径的6发转轮手枪，比以往所有柯尔特枪的口径都大。这些最初的柯尔特骑兵枪（之所以这么叫是因为这种枪专供骑马的人使用）可以通过它们的卵形或菱形闭锁槽与后来的型号区别开来。这虽然还不是一个完美的系统，但是相对于帕特森转轮手枪弹膛的环形凹槽来说，它的确是一个相当大的进步。现在，还不清楚这到底是柯尔特还是沃克的革新。它们还有一块与众不同的方铁向后面的扳机护弓弯曲，以及一个由黄铜做的枪托带。美国政府以每支28美元的价格购买了这种枪，由此可以想象这种枪是相当适用的。

大约一共生产了1000支柯尔特·惠特尼维利-沃克枪，所以，今天仅存的这些枪都十分昂贵。1847年7月13日，美国政府订购了1000支这种柯尔特枪。柯尔特是在哈特福德珍珠大街上自己的工厂里生产这些枪的，使用惠特尼提供的工具和机械设备，这是在他们早期合同里早已约定的。惠特尼维利枪和惠特尼维利-哈特福德枪都是机械化和工艺化的完美结合，所以，它们的个别部件是不能互换的，这也

是这些枪唯一可以挑剔的地方。事实上，柯尔特和他的合作伙伴以及他的继承者爱丽沙·鲁特的名声在美国工业史上和亨利·福特享有同等地位。他们在很多方面是相似的，亨利·福特为汽车做了些什么，柯尔特就为轻武器做了些什么。惠特尼维利-哈特福德骑兵枪与其后续型号的主要区别在于，后来型号的枪管长度减少了——为198毫米，重198克。在击锤控制杆和枪管安装方式上也有一些细微区别，这也不比将钢楔片通过槽孔嵌入枪管节套复杂多少。

柯尔特枪在全球的成功

在接下来的八年间，柯尔特又提供了哈特福德骑兵枪三种稍微不同的版本，其中包括一种203毫米枪管的骑兵枪。其最有效的改进之处，是替换了长方形的弹膛锁定槽孔和枪栓。方形扳机护弓使得圆形握把成为可能，该圆形握把可以套上一个尺寸更大一点的护弓，方便枪手戴手套时使用。第二和第三种骑兵枪配有一个肩式枪托。柯尔特为了打开伦敦市场，特意设计了一款英国版手枪，还为其配备了木盒和备件。

比利时城市列日也获得授权生产这种手枪，并且使用了哈特福德工厂或者是1853年建立于伦敦的一个工厂所生产的零部件。比利时制造的手枪枪管上常常带有一个凹槽，而不是传统的八边形枪管。由于这种设计十分简单，因此在1860年柯尔特停止生产该枪型之后，手工仿制的这种枪在美国还持续了很长时间，大多数是美国内战期间在得克萨斯州制造出来的。

第二代柯尔特手枪为军用击发式转轮手枪确立了标准。这不仅针对美国本土，同样也针对国外。尽管有来自本国机械制造商的竞争压力，还有来自英国的竞争压力，但柯尔特手枪的威力却越来越强，并把轻型"小骑兵"袖珍型手枪改装为

重型骑兵枪。该枪为转轮手枪，口径0.31毫米，装弹量5发，枪管长度分别为76毫米、100毫米、127毫米或150毫米等几种类型。另外，一部分小型骑兵枪还逐渐被1849型袖珍手枪所代替。这种袖珍手枪有时被称为"韦尔斯·法戈"型手枪，该枪到1873年总共生产出大约35万支。两年后，重量更轻的海军1851型手枪就问世了，该枪为轻型6发带有皮套的手枪，重约1.02千克，口径0.36毫米。同样该枪一出现就取得了巨大的商业成功——英国政府于1854年订购了4.15万支该枪（另外还有2.2万支重型骑兵枪）。这主要归功于塞缪尔·柯尔特到英国游说以及在那里投资建厂的结果，但在随后几年，英国政府改用本土生产的亚当斯型转轮手枪作为政府专门配用的手枪。于是，柯尔特设计出了第一款"流线型"手枪，即著名的柯尔特1860型陆军转轮手枪。

1855年，鲁特设计了一款新型的侧锤击发式袖珍型手枪，并取得了专利。该枪进行了两项重大的改进：用坚硬的钢片覆盖住转轮以及在枪管上加上枪栓。它是一款成功的手枪。该枪型对军火市场上占有主导地位的柯尔特手枪在各方面都是一种挑战。史密斯和韦森设计的两种枪型一直沿用到20世纪。

双动机械结构

在鲁特为柯尔特公司工作的前两年，他就设计了一款不十分完美的"自动击发"（或称"双动"）转轮手枪，并取得专利。该枪通过在弹膛处设置一个螺旋槽

柯尔特·惠特尼维利–哈特福德骑兵手枪
口径：11.2毫米（0.44英寸）
重量：1.87千克（66盎司）
全枪长：305毫米（12英寸）
枪管长：190毫米（7.5英寸）
有效射程：20米（66英尺）
装弹量：6发
子弹初速：457米/秒（1500英尺/秒）
原产国：美国

柯尔特·惠特尼维利–沃克骑兵手枪
口径：11.2毫米（0.44英寸）
重量：2.04千克（72盎司）
全枪长：343毫米（13.5英寸）
枪管长：190毫米（7.5英寸）
有效射程：20米（66英尺）
装弹量：6发
子弹初速：259米/秒（850英尺/秒）
原产国：美国

并安装一个与扳机相连的铁钩，试图克服早先双动多管手枪的缺陷。用力把扳机拉回来，不仅能把击锤推到击发位置，也会让下一个弹室旋转至待击发位置。柯尔特并没有进一步完善并改进这种设计思想，但是德国枪械制造商却把这种相同的设计思想运用到了他们的1878型"Zig-Zag"型转轮手枪中。英国陆军上校乔治·福斯贝里也把该设计思想运用到他所发明的更伟大的"自动"转轮手枪中。1900年，韦伯利和斯柯特公司对这种枪进行限量生产。事实上，单就机械性能来说，改进后的手枪的操作效果更差。

内战推动对手枪的需求

在接下来的几年中，装弹量6发、口径0.44毫米的1860型柯尔特陆军转轮手枪和口径0.36毫米的海军转轮手枪都十分流行，并且销售量巨大。

柯尔特的专利保护权到1857年已经到期，军火市场已经完全被仿制手枪所充斥。装弹量5发、口径0.36毫米的袖珍型和1862型警用手枪都得到使用者的青睐。枪管长度114~165毫米的手枪取代了枪管长度为190毫米的手枪（该枪为政府标准手枪）。军火贸易由于1861年的美国内战而兴盛起来，对枪支的要求也达到一个前所未有的水平。美国联邦政府和南方联盟政府1861—1865年间，从20个不同的枪械制造商手中购进了37.5万支手枪，其中从私人手中购买的枪数量很少。柯尔特1860型军用转轮手枪占了联邦政府采购总数的34%，在其20年的全盛时期，这种手枪共生产了超过20万支。1862型警用型与袖珍型的不同之处在于，前者有一个带凹槽的弹膛，它是柯尔特连发转轮手枪的最后一代产品，但该类手枪和同时代其他类型很接近。柯尔特连发转轮手枪很成功也很受欢迎，1857年后，柯尔特的竞争对手——特别是纽约的曼哈顿军火制造公司和首都军火公司——几乎完全模仿他的设计款式。其他枪械制造商们虽然也使用柯尔特尚未受到保护的设计和想法，但他们对发展自己的可行性产品更感兴趣。他们当中有雷明顿、斯达尔、萨维奇和其他一些人，他们的枪即使在某些地方用得很少，但还是生产出了一些好枪。

雷明顿的新式手枪

起初，雷明顿在纽约只是个铁匠，只是出于兴趣而制造步枪。1826年，他的业余爱好变成了他的主要事业。1845年，他得到了第一份政府订单，于是在家乡开了一家造枪厂。直到1857年（这一年柯尔特的主要专利期满），他第一次开始制造由福代斯·比尔斯设计的手枪。雷明顿的1860型新型陆军型和海军型转轮手枪口径分别为0.44英寸和0.36英寸，在美国内战

上图：得克萨斯州的骑兵在美国-墨西哥战争（1846—1848年）中。骑兵们手持柯尔特-帕特森转轮手枪，他们发现它是理想的骑兵武器

斯达尔的可拆开式枪机

从节省空间的角度出发，新型便携式转轮手枪舍去了原有的扳机护弓，用一个扳机鞘代替。雷明顿还生产出两种双动式手枪。第一种短命手枪采用的是赖德1858年和1859年所获得的枪机专利，它采用一个形状古怪的蘑菇形弹膛。第二种是更为传统的双动式，是轻型海军型手枪的变体，从外观上看，无法把它与原来的样式区别开来，但它的扳机实际上向前移位了。扳机前置是所有双动式转轮手枪的共性，由此可以一眼分辨出手枪是单动式还是双动式的。

在这类手枪持续流行的20年间，在美国击发式转轮手枪生产商中，排名第三的是成立时间较久的康涅狄格州的纳撒·斯达尔和桑斯公司。斯达尔转轮手枪最显著的特征是它们的可拆开式枪机装置，在1864年曾经作为0.44英寸口径的单动式手枪的典范。其枪身框架中最靠前、靠上的部分装有枪管和击锤，并由一个铰链状的侧鞘连接起来，更靠下、靠后的部分装有一个握把。顶条末端是一个叉形物，它的双叉分别穿过击锤两侧，钩住弹膛的后坐盾。这两部分上有钻孔和螺纹，只需用一个固定枪栓就可以将它们牢牢固定在一起。不用工具就可以卸下固定枪栓，这样，手枪就被拆开了。弹膛装在前面的一个短鞘上，其后面紧贴着前棘轮，它们也可以轻易拆开。枪的其他易被污染的部分都暴露在外面，这样就易于清洗了。这些手枪是后期所有英国转轮手枪的先驱。它们被错误地标为"斯达尔1856年1月15日的专利"——这个有问题的专利实际上指的是一个用于自动击发多管转轮手枪的闭

期间是继柯尔特转轮手枪之后的第二种最流行的随身携带的武器。他的枪仍旧使用比尔斯的设计，该枪具有其他枪——如柯尔特式手枪——所明显缺乏的美学元素。由于有350毫米长和1.25千克重，它并不属于那种袖珍型手枪。甚至在换成黄铜子弹，冲压杆位置由一个弹簧装弹抛壳钩杆替代后，雷明顿枪仍保持了流线型外观，这已经或多或少变成了雷明顿枪的一种特征。

雷明顿的新式军用枪优质耐用，不管从其外表还是从其内在性能来看，都表现出最有威力、经久耐用的特征：坚固的钢顶结构是比尔斯所有设计的一个共性，包括他为惠特尼设计的近乎怪异的"活动梁"半双动式手枪也是如此。比尔斯自己很早就为设计有坚固框架的转轮手枪申请了专利保护，但不幸的是他忘了把钢顶结构算进去，因此，就让这一重要的进步设计充了公，至少在美国是这样的。众所周知的"惠特尼·比尔斯"手枪在弹膛每一端的凹槽上均有一对棘轮，环状的扳机首先是向前推，然后再回到正常的位置搁在击发阻铁上。

雷明顿的新型手枪直到1888年还在继续生产。随后，这些枪当中又加入了一些重量更轻、结构更紧凑的枪，这些枪的枪管只有89毫米，口径只有0.31英寸和0.36英寸，装弹量为5发。

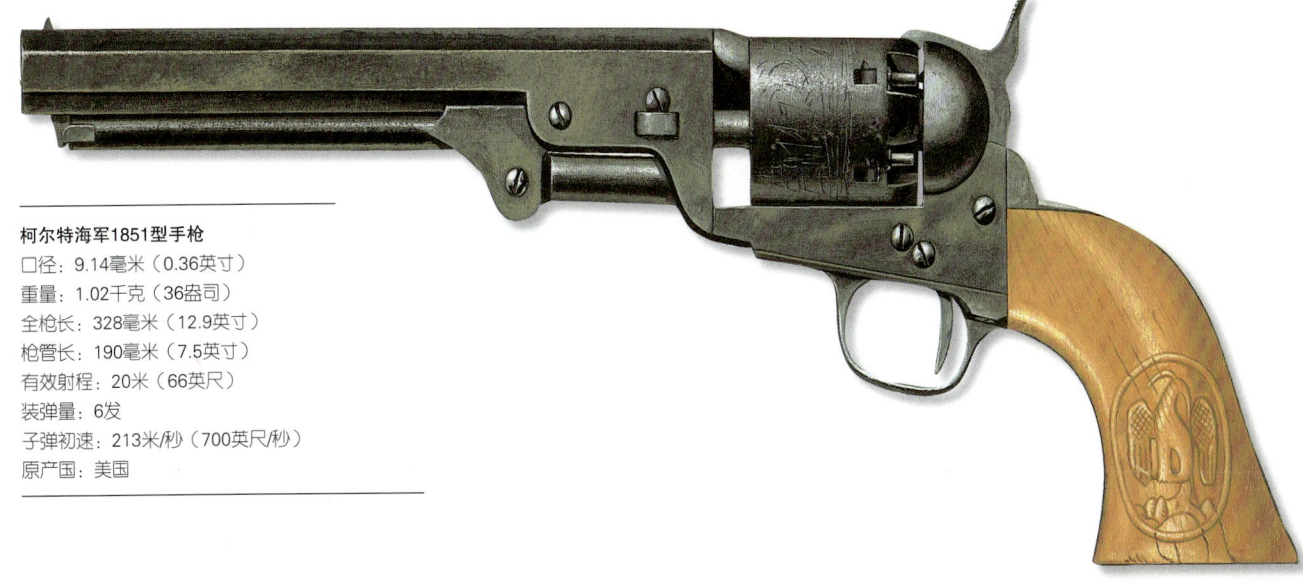

柯尔特海军1851型手枪
口径：9.14毫米（0.36英寸）
重量：1.02千克（36盎司）
全枪长：328毫米（12.9英寸）
枪管长：190毫米（7.5英寸）
有效射程：20米（66英尺）
装弹量：6发
子弹初速：213米/秒（700英尺/秒）
原产国：美国

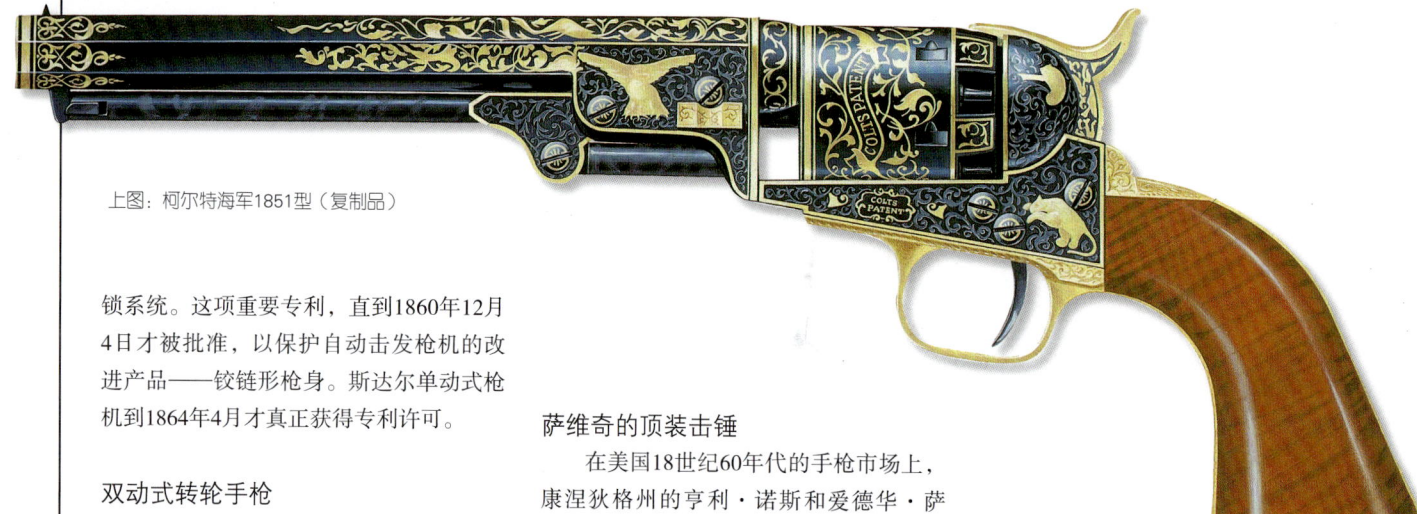

上图：柯尔特海军1851型（复制品）

锁系统。这项重要专利，直到1860年12月4日才被批准，以保护自动击发枪机的改进产品——铰链形枪身。斯达尔单动式枪机到1864年4月才真正获得专利许可。

双动式转轮手枪

斯达尔先前还生产过一种双动式手枪，有0.36英寸和0.44英寸两种口径，某一权威人士曾提议，也许用"可选择双动手枪"来称呼这种手枪较为合适。斯达尔的双动式转轮手枪在其扳机后面有一个选择控制杆，可以将手枪从单动方式转换成双动方式。这样做的优点在于既能有前者的精确度，又能有后者的操作速度。虽然如此，它的双动机构仍不如早些年在英国出现的波蒙特-亚当斯转轮手枪精确。双动手枪的结构非常复杂，这从其价格上就可以反映出来。毫无疑问，该公司是受市场需求的驱使才决定生产这种可以转换成单动式的手枪的，因为在某些时候，只要价格合适就可以通过获得政府订单而赚到大笔钱。

上图：这是1852年有关柯尔特转轮手枪的一份宣传广告。本图展示了柯尔特1847型、1851海军型以及1849型手枪的通用弹膛

萨维奇的顶装击锤

在美国18世纪60年代的手枪市场上，康涅狄格州的亨利·诺斯和爱德华·萨维奇在他们的自动击发装置获得专利之后，于1860年成立了萨维奇转轮手枪军火公司。从某些方面来说，0.36英寸口径的萨维奇1861型手枪以及随后的几种枪型都落伍了——尤其是它的顶装击锤垂直地在火门上运动，与弹膛轴构成一直角。这尽管对于直线型火门没有什么问题，但对于火门本身来说就是简单化了，是为了适应新的撞击式火帽的需要。顶部的击锤安装在框架中心线的右边，在火门上穿了一个洞一直穿过顶部的压环，这是为了方便使用者瞄准目标。这就给了手枪一条大致的准线，对于容纳了两个有层次的扳机所需的扩大的扳机保险来说，这是非常必要的。下面还有一个环是用来竖起这一装置的，该环首先要从后座中抽回弹膛，然后让一个枪膛进入发射状态。这是一把重达1.6千克的枪，要知道，柯尔特和雷明顿的相同口径的枪，比此种枪约轻0.5千克。尽管有这些缺点，以及它明显的老式外表，但这种枪的销售量依然很大，很大程度上是由于它有非常合理的价格。仅联邦军队就以每支20美元的价格，购买了10000支这样的手枪及其备件。

许多枪械制造商把梅纳德盒式点火系统运用到转轮手枪上，他们中最出名的可能是马萨诸塞州武器公司。这家公司在1851年利用柯尔特的设计生产了6发型的转轮手枪。柯尔特坚持认为，该公司即使是使用与自己已采用过的止动工具和棘轮机械原理根本不同的方法，但该公司还是违反了柯尔特的包括使用弹膛旋转机械装置的专利。多少令人惊讶的是，虽然由威森和利威特设计的齿轮运动系统与柯尔特设计的系统有本质上的区别，但这些情况对马萨诸塞州武器公司还是不利的，该公司不但要承担部分重要损失，而且还要撤回销售中有问题的手枪。盒式点火系统虽然有着明显的缺陷，但是转轮手枪还在使用该系统。马萨诸塞州武器公司在1857年当柯尔特的专利已经期满后，把该系统重新投入市场，但是并没有获得商业上的成功。

痛苦的战争

美国南北方之间的内战，迫使更多的人拿起了手枪——一种危险和爆炸性的合成物，同时也将绝望带给了其他的生命。在薄薄的一层文雅外衣下，战争是残酷的，特别在堪萨斯州和密苏里州，很多战争都陷入了游击战的形式，这样，大量的无正规训练的参战者使整个战争变成了暴力和罪恶的温床。游击队和后来的歹徒们，都极大程度上仰赖手枪。他们通常都是同一类型的货色——弗兰克和杰西·詹姆斯以及他们的团伙就是最好的例证。在南部联盟一方中最声名狼藉的游击队领袖是威廉·匡特里尔，而另一方则是吉姆·莱恩和查尔斯·杰纳森。当时，一个名叫威廉·艾尔西·科纳尔尼的人在为匡特里尔所作的传记中描述了手枪的作用以及人们使用手枪的技巧。游击队员们使用的手枪主要是口径0.44英寸的柯尔特海军型转轮手枪，一些人则佩带缴获的骑兵用卡宾枪、步枪甚至还有些普通手枪和毛瑟枪。但游击队员们最信赖的还是转轮手枪，不管是在行军过程中还是在骑马时，

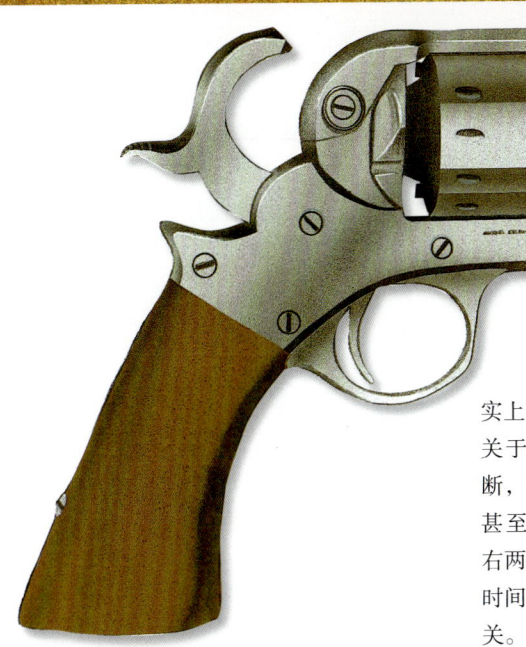

斯达尔单动转轮手枪
口径：11.2毫米（0.44英寸）
重量：1.36千克（48盎司）
全枪长：343毫米（13.5英寸）
枪管长：198毫米（7.8英寸）
有效射程：20米（66英尺）
装弹量：6发
子弹初速：213米/秒（700英尺/米）
原产国：美国

他们常常都能百发百中。匡特里尔对于转轮手枪十分在行。后来有很多传说称他常教别人如何开枪射击、如何遵循一定的使用规则和掌握常用的动作要领。

实际上，匡特里尔并没有做任何有关这方面的工作，他首先要求人们要坚持训练，每个人都要按照他的要求进行射击练习。南方联盟军队的枪支装药量都是有一定标准的，而游击队员们则是自行装药。因此，匡特里尔不得不考虑节约军火问题，他声称发现装药量少一些比装药量多时射击更准确。据他观察装药量少的手枪在射击时没有"反弹"现象，所以，射击不会偏离目标。每个游击队员都携带两支转轮手枪，大多数人还携带四支或六支甚至八支转轮手枪。他们可用双手同时进行射击，而且从来不用枪管瞄准目标，而是凭直觉随意瞄准，所以，子弹常常会偏离目标。

游击战中的武器战术

康奈利是堪萨斯州的历史协会主席，也是一个坚定不移的联邦支持者。1909年，他在所写的匡特里尔传记中试图把南方联盟游击队领导人描绘成"邪恶的化身"。人们有理由相信康奈利并不是武器方面的专家，但是，康奈利的有关武器方面的第一手资料和他的作品一样十分精确。但是，其中的一些主张我们必须仔细斟酌，比如关于没有限制的射程和"少"量装药更有威力的论断都是一派胡言。事实上减少装药量是没有什么事实根据的。关于他的凭"直觉"随意瞄准目标的论断，有很多传闻逸事都对此进行了记叙。甚至有人认为从背后抽出枪来马上向左右两个方向射击，也可命中。在这么短的时间内能够准确地击中目标多少跟运气有关。

匡特里尔的突袭事件

匡特里尔给了我们一个有趣的启示——美国枪支使用者的平均年龄。匡特里尔在组建游击队时才24岁，他是当时的高层领导人之一。15岁的杰西·詹姆斯由于太年轻没能参加由匡特里尔组织的一场最著名、最成功的袭击行动，即1867年8月对堪萨斯州的劳伦斯进行的袭击。这次袭击总共造成大约200万美元的财产损失，有142人死亡（游击队员只有一人死亡）。当这些游击队员开始从事这种充满血腥的事业时，年龄只有十几岁到二十几岁，很少有三十多岁的。尽管他们选择了如此危险的行业，却惊人地活了很长时间。比尔·泰尔曼被认为是最典型的例子，他一直到七十多岁时还是一名执法官。1924年，当他奉命去克罗姆威尔执行任务时，被一个叫怀利·林恩的人灌醉后枪杀了（是从背后开枪将他打死的）。他的同伴克里斯·梅德森死里逃生，回到了自己的家乡，一直到1944年，享年92岁。

欧洲的落伍

战争促进了美国贸易的发展，尤其是军火贸易的发展。毫无疑问，在各州之间的内战给美国的军火制造业带来了巨大的商机，尤其是在北方，因为南方没有什么工业基础。由于机器工具和批量生产技术的引进，使枪支的生产数量达到了一个前所未有的水平。尽管如此，枪支的质量仍然很高，而价格却相对较低。欧洲武器生产商们也因此受益匪浅，大量英国和法国制造的手枪跨越大西洋远销国外（有时以一种不正当的手段销售）。但欧洲生产商们生产出来的手枪质量还远远赶不上他们的竞争对手美国的质量。

伦敦的"手工"枪械制造商在柯尔特成功获得第一个专利申请时，也在生产弹膛击发式转轮手枪。大多数这种枪明显是以多管手枪的设计风格为基础的，采用自动击发双动式结构，后来这种枪十分流行。事实上，该枪要比多管转轮手枪枪体小得多，枪管短到和弹室相连，没有顶盖或底盖，只是由一个螺栓加以固定。这些粗糙、造价很低的手枪没有设计成通过棘轮让枪管、弹膛和弹室成一直线，所以，这种枪可能对使用者造成相当大的威胁和麻烦。

但这并不是能说在此期间欧洲就没有生产过质量好的转轮手枪，我们只是要强调人们对美国枪和欧洲枪的态度不同。到19世纪中叶，造价低廉、效率高、质量好的连发手枪在美国随处都能买得到。然而，在欧洲如果你想得到一支称心如意的手枪，你必须到手工枪械制造商那里，付出高额的费用才能买到一支形体仍然十分大的手制手枪。

过渡型转轮手枪

当欧洲首次对手枪进行大规模的革新、采用另行增加一个底盖以再次加固枪管的时候，英国军火业的工业化进程仍然十分缓慢。这种改进提高了手枪的坚固性，但绝不是仿造柯尔特的现代设计，因为也没有必要去模仿。欧洲人习惯于让顶

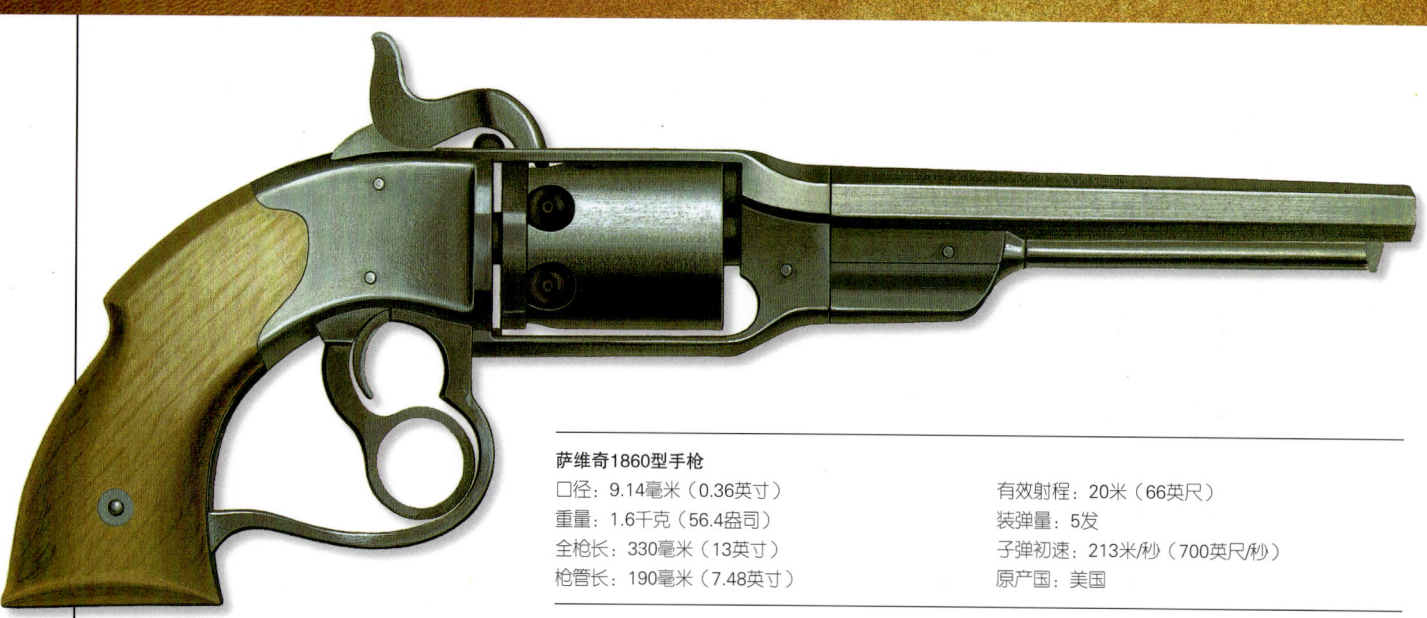

萨维奇1860型手枪
口径：9.14毫米（0.36英寸）
重量：1.6千克（56.4盎司）
全枪长：330毫米（13英寸）
枪管长：190毫米（7.48英寸）
有效射程：20米（66英尺）
装弹量：5发
子弹初速：213米/秒（700英尺/秒）
原产国：美国

部击锤垂直击打在击铁的中心上，这就意味着扳机必须非常恰当地安装在弹膛后部的击锤钩的下部。这样依照扳机的机械原理，底部皮带就不必进行两次加固。

1858年，比利时也生产出与此非常相似的转轮手枪。客观地说，过渡型转轮手枪只不过是手枪历史上的一个分界点。在英国，很多枪械制造商已开始制造更为有效的手枪以便和柯尔特式手枪竞争，其中最著名的当属罗伯特·亚当斯。

柯尔特的英国冒险

1851年，塞缪尔·柯尔特和其他许多工业家一样，为了展示其伟大产品，来到伦敦发展他的事业。参展地址位于海德公园帕克斯顿的万国博览会水晶宫大厦。当时，这里展示着世界上制造的最新颖、最杰出的产品。这是一个让人们了解美国加工制造业，尤其是它的武器制造业已处于世界顶尖地位的绝好机会。1851年11月25日，柯尔特给英国土木工程学院寄去了一篇名为《关于机械化生产旋转的弹室——弹膛武器的使用问题以及这种武器的特点》的文章，但无论是谁去听他的关于机器时代的生产方式的演讲都会感到失望，因为柯尔特竟把他的演讲变成了一场推销会。在接下来的讲座中，他发现有一位伦敦枪械制造商向他发起了挑战，这个人就是罗伯特·亚当斯。罗伯特·亚当斯早在几年前就获得了5发自动击发式（双动）转轮手枪的专利。但柯尔特吸引了大部分观众的目光，以至于亚当斯很少有机会来展示自己的枪。但柯尔特这位"美国冒险家"富有说服力的游说并没有引起当地保护主义者、记者、政治家和工业家们的注意。

柯尔特的目标当然是在当时世界上最大的军火市场——英国陆军，为自己的手枪打开更为广阔的销路。为了达到这个目的，他花了很多时间来选择建厂的地址，最后将工厂定址于泰晤士河边，这个地方离英国陆军部很近。工厂于1853年开始投入生产。最初只是局限于组装哈特福德枪的零部件，但是不久，整套生产线就安装完毕，关键技术人员都来自于哈特福德，但生产经理则是一名英国人，名叫查尔斯·曼比。也许这是巧合，查尔斯·曼比刚好是土木工程学院的秘书。柯尔特的经营策略收到了很好的回报，从1854—1856年，他接到了来自英国陆军的65000万支手枪的订单。柯尔特的伦敦分公司共生产出了大约40000支口径0.36英寸的1851型海军手枪和10000支袖珍型手枪。

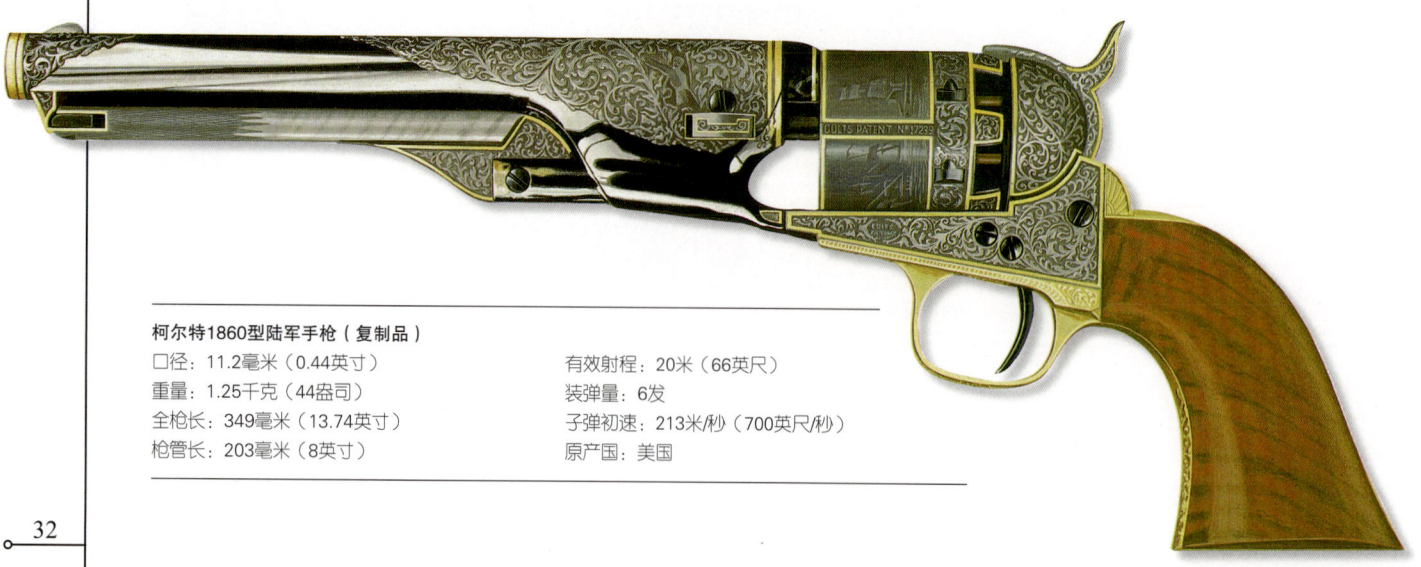

柯尔特1860型陆军手枪（复制品）
口径：11.2毫米（0.44英寸）
重量：1.25千克（44盎司）
全枪长：349毫米（13.74英寸）
枪管长：203毫米（8英寸）
有效射程：20米（66英尺）
装弹量：6发
子弹初速：213米/秒（700英尺/秒）
原产国：美国

上图：在美国内战期间一位联邦(北方)士兵的照片。他的左手放在一支柯尔特骑兵转轮手枪上，扳机保险和枪把均是由黄铜制成

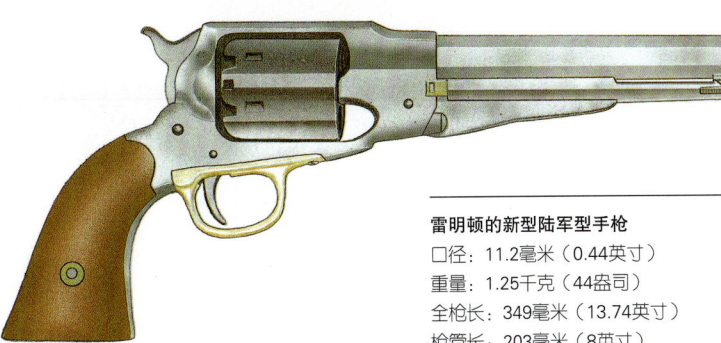

雷明顿的新型陆军型手枪
口径：11.2毫米（0.44英寸）
重量：1.25千克（44盎司）
全枪长：349毫米（13.74英寸）
枪管长：203毫米（8英寸）
有效射程：20米（61英尺）
装弹量：6发
子弹初速：213米/秒（700英尺/秒）
原产国：美国

上图：歹徒杰西·詹姆斯（1847—1882）。此照片摄于他17岁时，当时他是匪特里尔游击队的一名队员。他手中的武器是柯尔特1860海军型手枪

亚当斯的自动击发转轮手枪

与此同时，亚当斯和他的合作伙伴们也在忙于生产。在1851年专利的基础上，亚当斯自动击发转轮手枪在伦敦南部一家工厂开始进行生产。生产的枪的口径起初为12.9毫米，后来为12.7毫米和11.2毫米，也生产过9.1毫米和8.1毫米口径的袖珍型手枪。尽管口径有所区别，但袖珍型手枪的外观并没有多大变化，其长度为33厘米、重约1.36千克。这也许是一支非常完整的袖珍型手枪，但它的阻力非常小。

转轮手枪的操作方式是自动击发式。这就是说没有必要用手将击锤拉起来，只靠扳机的压力来完成操作。所以，要想完整携带这种转轮手枪，就要把其击锤放下，放在刚发射完后的弹室口上（空的）。如果所有五个弹室都装有子弹，那么击锤必须放在一个固定的帽上。为了防止意外走火的情况发生，在枪体左边弹膛下面安装了一个保险锁。当拉回扳机时，大拇指压住了弹簧使得双头螺栓穿过一个钻穿枪体的孔。当松开扳机时，击锤便紧靠在双头螺栓上而不能接触后膛端。轻轻扳动扳机，此时击锤便被拉起，从而双头螺栓被弹簧拉回，这样可使击锤直接接触后膛端进而可以进行发射。该"保险锁"同样也可保证用手转动弹室以便进行装弹和更换撞击式火帽的操作。

两年后的1853年11月，在认识到双动转轮手枪的命中精度不高后，亚当斯重新设计了一款"待击发"手枪。当该手枪击锤被拉到全锁定位置时，一个装有弹簧的爪形钮就钩住击锤杆以放下扳机，这样就可以对目标重新进行瞄准然后扳动扳机，使爪形物脱落，击锤就会恢复到原位。"待击发型"并不像"单动型"手枪那么轻便，但它绝对是对双动型手枪的一个重大改进。

第一支亚当斯转轮手枪并没有击锤，完全靠手指的压力进行叩击。为了改进轮式弹室的设计，在弹壳和火药间加入了一个填塞物，这又是一个新创造。该枪在发射时会发出很小的蜂鸣声。先用钉子把填塞物给固定住，然后再用小锤轻轻敲打填塞物——在枪体上敲打一两下就可以了。这样就把填塞物与子弹压在了一起。后期枪型采用了复合型击锤，在不使用手枪时击锤即可放在枪管的左手边。

转轮手枪的击锤

许多作用相似但种类不同的击锤被使用在转轮手枪中。其中一项专利被布雷泽取得，另外一项被特兰特获得。他们都是伯明翰的军火制造商，都是为亚当斯·迪恩公司提供零部件的，此外他们自己也组装亚当斯转轮手枪。亚当斯后来取得了一项简易击锤的专利，那就是在不使用手枪时击锤就可放在扳机保险的上方。他的伦敦公司的合伙人——詹姆士·克尔及韦伯利兄弟取得了另一项专利：在他们所生产的转轮手枪上都安装上某一种或其他种类的击锤。如果有必要，需付一些专利费。这些保护主义导致了一些并不重要的零件价格开始上涨，因此，专利权问题经常引起法律上的纠纷，所以能够开发出与别人不同的产品并取得自己的专利才是最重要的。

波蒙特-亚当斯转轮手枪

柯尔特决定关闭在英国的工厂的原因，主要源于英国伦敦和伯明翰军火商在军火市场上强有力的竞争。这些本土军火商相反更能说服英国人购买他们生产的枪支。因此，对柯尔特来说，终于有了一个更好的理由让他明白为什么英国士兵都那么钟情于亚当斯转轮手枪了。就在柯尔特决定关闭他的工厂之前，亚当斯也放弃了他的合作伙伴，开始与波蒙特、威廉哈丁和詹姆士克尔合伙建立伦敦武器公司，并开始开发新的枪型——波蒙特-亚当斯

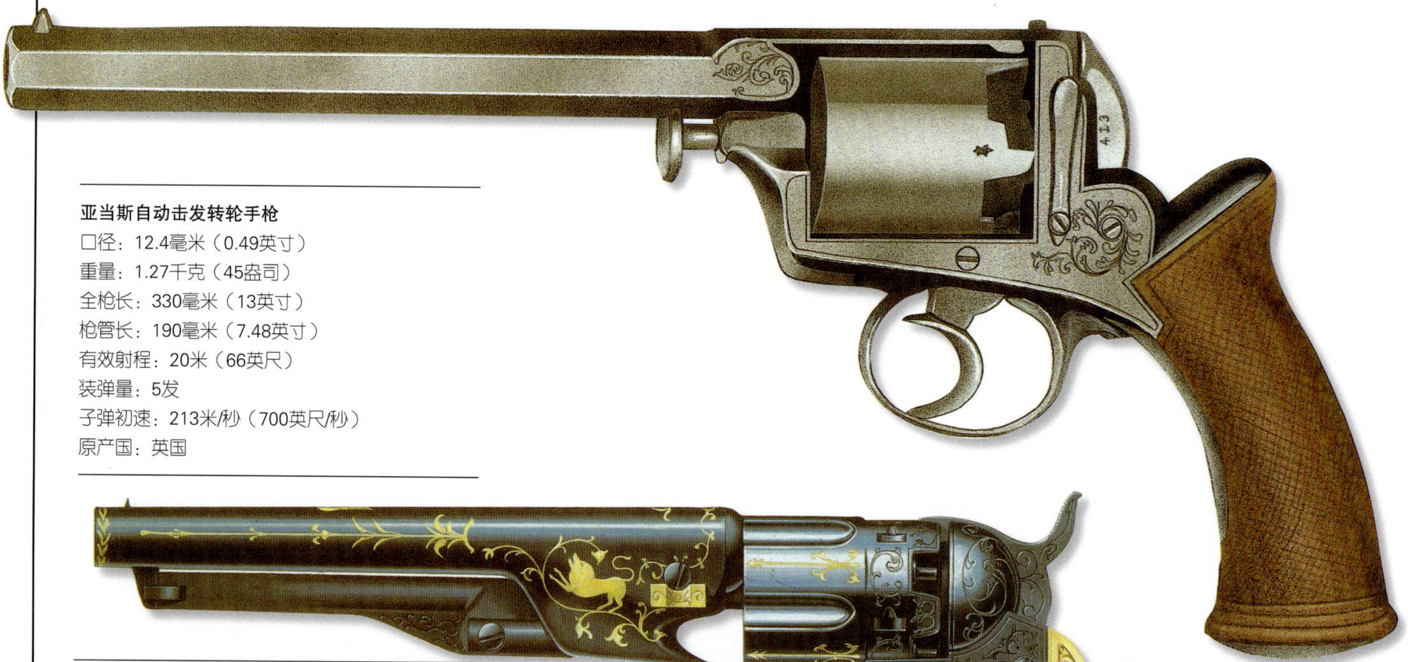

亚当斯自动击发转轮手枪
口径：12.4毫米（0.49英寸）
重量：1.27千克（45盎司）
全枪长：330毫米（13英寸）
枪管长：190毫米（7.48英寸）
有效射程：20米（66英尺）
装弹量：5发
子弹初速：213米/秒（700英尺/秒）
原产国：英国

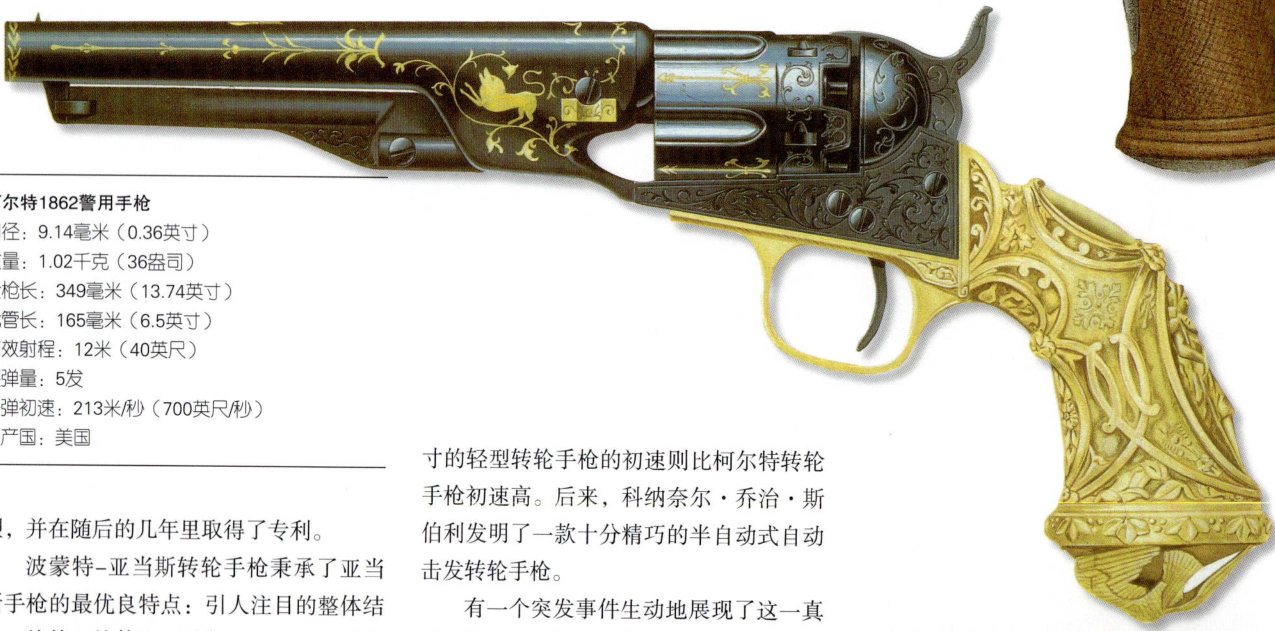

柯尔特1862警用手枪
口径：9.14毫米（0.36英寸）
重量：1.02千克（36盎司）
全枪长：349毫米（13.74英寸）
枪管长：165毫米（6.5英寸）
有效射程：12米（40英尺）
装弹量：5发
子弹初速：213米/秒（700英尺/秒）
原产国：美国

型，并在随后的几年里取得了专利。

波蒙特-亚当斯转轮手枪秉承了亚当斯手枪的最优良特点：引人注目的整体结构，枪管、枪体和顶盖都融为一体。它又嫁接了由波蒙特改进后的双动机械原理、可以随意相互转换的单动和双动系统。英国陆军立即采用了波蒙特-亚当斯转轮手枪并于1858年把其作为官方配备的标准枪，在印度兵变中，人们就见到了该枪的身影。许多官员在早期的克里米亚战争期间都自己掏钱买亚当斯转轮手枪，但许多人认为在诸如对付暴乱的近距离作战中单动转轮手枪不能发挥其应有的作用，因为这种手枪射击速度被延长了，而双动转轮手枪则能重复发射，可弥补其命中精度不高等缺陷。但是，波蒙特-亚当斯转轮手枪究竟是单动好还是双动好，一直都是大家争论的焦点问题。实践证明：口径为0.50英寸和0.44英寸的重型波蒙特-亚当斯转轮手枪的初速要比柯尔特式转轮手枪初速低，而重量还较重；但是口径为0.36英寸的轻型转轮手枪的初速则比柯尔特转轮手枪初速高。后来，科纳奈尔·乔治·斯伯利发明了一款十分精巧的半自动式自动击发转轮手枪。

有一个突发事件生动地展现了这一真实情况：一位军官常常为自己的枪法感到自豪。一天，他受到一名手拿重剑的印度兵的袭击。非常不巧的是，这位军官当时携带的是柯尔特海军型手枪，可能你还记得，这种枪的口径非常小。他朝敌人射出了弹膛里所有的子弹，据估计射程大概有600码。射完后，他想查看射击效果，结果一秒钟后他被这名印度兵击碎了几颗牙齿，但是对手也被他击毙了。有人亲眼目睹了此次事件，此人说他看见所有6颗子弹击中了这名印度兵，其中有5颗击中了对方的胸部。

仿造枪的不断增加

在20世纪初的菲律宾莫罗人的叛乱中，美国士兵（更确切地说是美国海军陆战队），使用0.38英寸口径的手枪时也遭遇到同样的情形。于是，美国政府采

上图：一个美国内战时期的联邦（北方）军士兵手拿一把柯尔特骑兵转轮手枪。请注意枪管下的那个复合式撞锤，该撞锤用于将子弹推入枪膛

上图：19世纪转轮手枪示例。波蒙特-亚当斯型手枪（左上）、亚当斯自动击发型手枪（左下）、仿制的亚当斯型手枪（右上）、狄恩-哈丁型手枪（右下）

取了与英国政府相同的反应：重新启用口径0.45英寸的手枪——在这种情况下，柯尔特成了最大的受益者。世界上许多国家的军队也继续又选择了大口径手枪，很多是在第二次世界大战前就采用了。很多观点认为不同口径的手枪拒止力有很大的不同，美国陆军近距离格斗专家费尔贝恩和赛克斯于1942年写了一本名为《与手枪为伴》的书，在书中他们提供了一些证据来论证以上的观点，如口径为0.45英寸的子弹还不一定能够击中一个判断力极佳的人，但是一连串的高初速射击，如口径为7.63毫米的高速毛瑟枪就可以做到这一点。关于口径是否影响子弹射击这一问题，尚需要更进一步研究。

19世纪50年代，亚当斯转轮手枪的威力从大量的仿制品中可以看出来。美国马萨诸塞州武器公司在1857—1861年生产了波蒙特-亚当斯转轮手枪，内战期间还购买了1000支这种转轮手枪。这些枪中的大多数口径为0.36英寸，其中一些是在伦敦生产的，还有一些就在当地进行生产。改进后的波蒙特-亚当斯手枪也有的是在布拉格生产的。后来有证据证明双动亚当斯枪也曾在普鲁士生产过。比利时的一些机械制造商也取得了生产许可证。其中著名的制造商有帕洛特和大卫·赫曼。其他人则在没有取得任何生产许可的情况下或多或少地直接仿制亚当斯转轮手枪。盗版行为对亚当斯来说并不算什么多大的麻烦，而对于柯尔特情况却恰恰相反，这也许是因为柯尔特的专利更为基本的缘故吧。

四处泛滥的专利

大约在19世纪中叶，对于版权一类的专利保护措施仍显得不太可靠，而且相互间还存在着明显的不协调因素。国际性专利保护的概念仍鲜为人知。不同国家的法律为专利提供了不同程度的保护。比如说，在英国，当专利发明者尽了最大努力仍无法偿还那些为完善发明而需要的费用时，这位发明者的专利就会被给予14年的

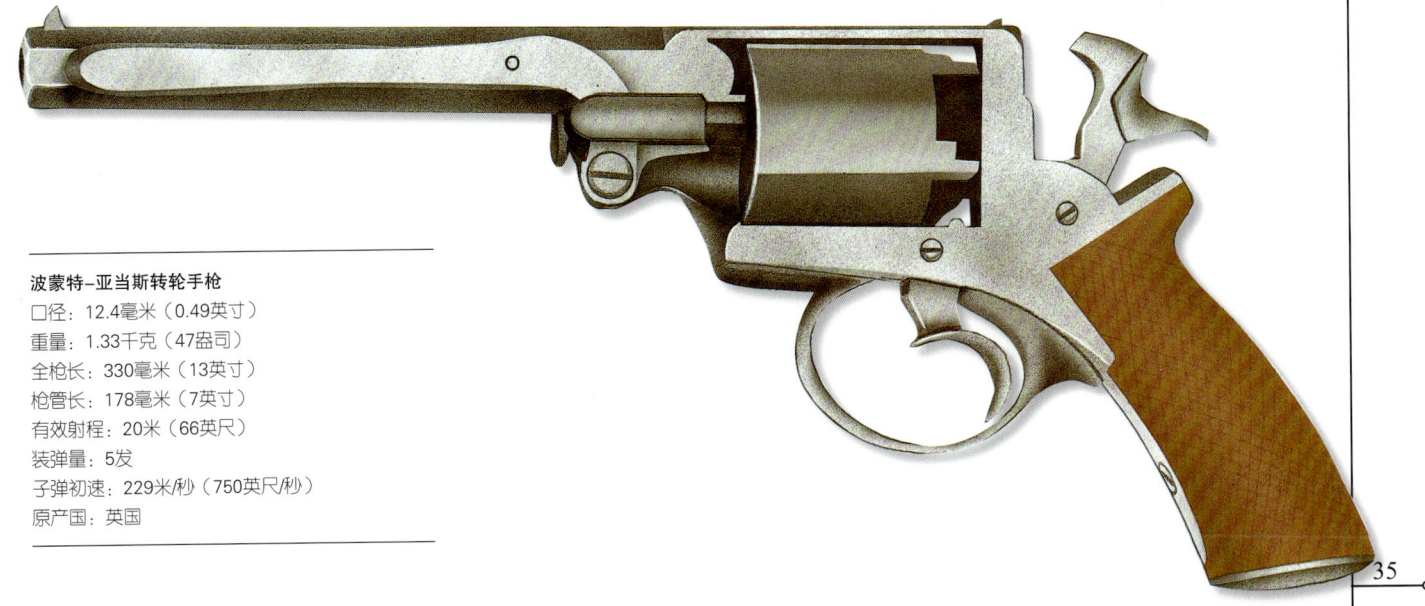

波蒙特-亚当斯转轮手枪
口径：12.4毫米（0.49英寸）
重量：1.33千克（47盎司）
全枪长：330毫米（13英寸）
枪管长：178毫米（7英寸）
有效射程：20米（66英尺）
装弹量：5发
子弹初速：229米/秒（750英尺/秒）
原产国：英国

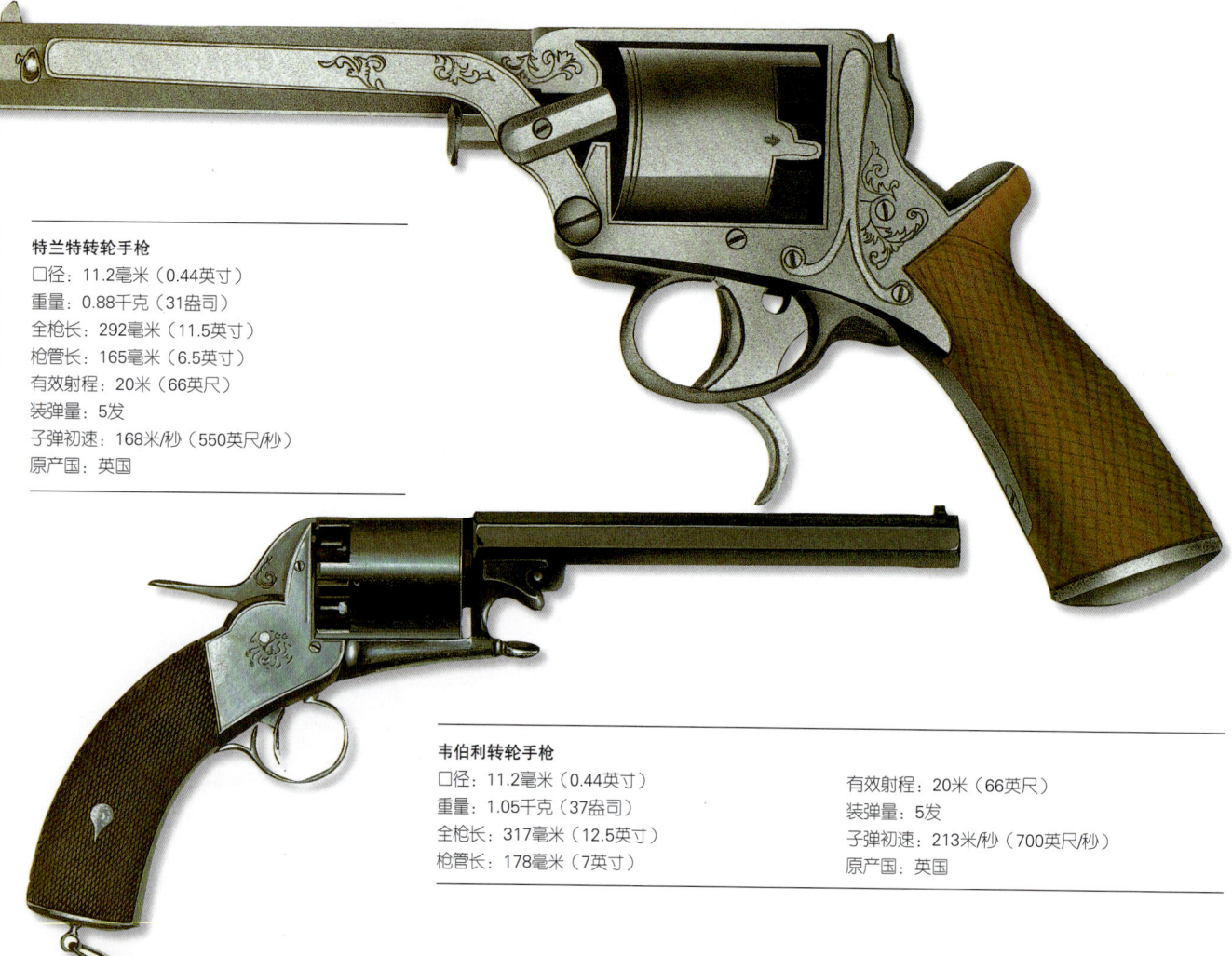

特兰特转轮手枪
口径：11.2毫米（0.44英寸）
重量：0.88千克（31盎司）
全枪长：292毫米（11.5英寸）
枪管长：165毫米（6.5英寸）
有效射程：20米（66英尺）
装弹量：5发
子弹初速：168米/秒（550英尺/秒）
原产国：英国

韦伯利转轮手枪
口径：11.2毫米（0.44英寸）
重量：1.05千克（37盎司）
全枪长：317毫米（12.5英寸）
枪管长：178毫米（7英寸）
有效射程：20米（66英尺）
装弹量：5发
子弹初速：213米/秒（700英尺/秒）
原产国：英国

延长期。美国专利法则给予某项专利14年保护期限，另加7年的延长期。其他国家的专利法分别给予某项专利1~20年的保护期限不等——对本国人和外国人大抵是相同的，但由于仍然有统治阶级特权的存在，那些王公贵族们常常掌握着那些本不属于他们的权力，所以，在某些地方这种保护权并不能得到保证。还有一些国家，比如荷兰和瑞士，到19世纪末才有了自己的专利保护体系。

为了更合理地保护专利使其不被盗版或伪造，这就要求发明者证明他的某一项发明或工序的全部或者相当多的部分是创新的。如果所发明的一种产品或一个工序已经在使用中了，即使那并不是专利的主题，但随后的专利申请也将遭到拒绝。所有这些对整个社会的影响是促使发明家们为每一个可能要发生的变化和可能要发生的情况申请专利（19世纪60年代，英国平均每年有8000个专利诞生）。结果出现了一些着实很奇怪的方法和手段。在这些方法和手段当中，有一些很明显无法按照预先设计的功能去运行，如果先前那个被忽略的重要中间步骤被人发现了，或者说如果换一个途径就能够运用其中某一个方法，那么这些方法和手段就是相当惊人的成就了。罗林·怀特的带穿膛式弹膛的转轮手枪就是其中一例。这样的专利保护体系常使发明家们不得不与其他人保持一定的距离以避免专利许可被他人盗走。但是时常还有令人吃惊的事情发生。某一个曾经令人非常疑惑的工序由于添加了某一重要的中间步骤而变得更加行之有效后，就算它的前身的专利保护仍在有效期内，但这已足以将它的前身驱逐出市场了。1853年，罗伯特·亚当斯的"待击发"专利就是由波蒙特在击铁中部和棘爪间添加了一个连杆而使得该弹膛旋转装置被废除了。有关19世纪科学历史的追溯可通过参照这些专利品的应用（虽然这一历程是相当曲折的，这归因于那些已经获得了专利许可却又无法真正运作的产品）。手枪发展的故事也不例外，所以，此类话题也就出现得相当频繁。

特兰特转轮手枪

在其他的英国枪械制造商中，威廉·特兰特是为罗伯特·亚当斯提供半成品部件的供货商之一，他同时试图完善那种像单动式手枪一样把扳机前置的双动式转轮手枪，尽管他所采用的操作方式在看第一眼时就会觉得过于繁杂，尤其是他1853年的设计居然没有获得波蒙特的专利许可。

特兰特的第一种双动式转轮手枪有两个扳机，传统的那一个扳机藏在护弓里面，而另外一个扳机则紧贴在第一个扳机的下面，其实，第二个扳机是一个击发杆，它同时也起到了稳定手枪和控制枪口的作用。为了扳起枪机并将其推

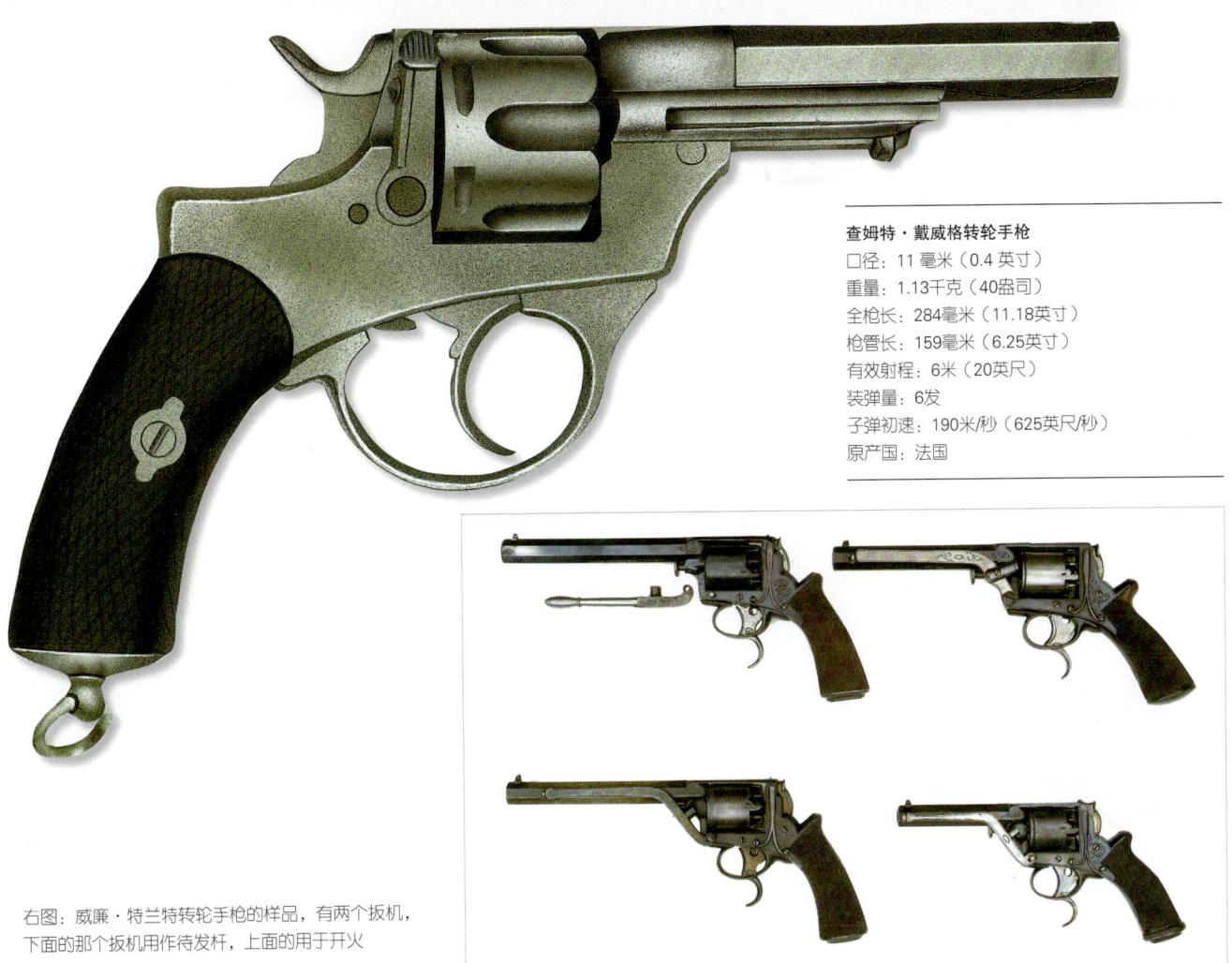

查姆特·戴威格转轮手枪
口径：11毫米（0.4英寸）
重量：1.13千克（40盎司）
全枪长：284毫米（11.18英寸）
枪管长：159毫米（6.25英寸）
有效射程：6米（20英尺）
装弹量：6发
子弹初速：190米/秒（625英尺/秒）
原产国：法国

右图：威廉·特兰特转轮手枪的样品，有两个扳机，下面的那个扳机用作待发杆，上面的用于开火

入弹膛，人们就需要首先把下面的那个扳机向后拉，然后只需用很小的力气扣动上面的扳机就可以射击。在一个死角里，一个人可以同时将两个扳机向后拉并让其达到正常的双动快射状态，可以迅速开火。特兰特用了一个在原理上与亚当斯的设计极为相似的保险扣和槌抑制器组合，但这种设计比亚当斯的设计更优越。很多人批评特兰特设计的系统过于复杂，实际上这种系统是十分有效的，所以，特兰特生产的手枪在排行榜上排第二位，仅次于亚当斯生产的手枪。直到1856年，就像亚当斯的手枪一样，特兰特转轮手枪也还没有击锤支撑，所以使用者不能用大拇指把击锤扳到后面。从1856年起，特兰特把击锤和制动杆连接起来，这非常类似于由波蒙特发展和生产的叫作"三动"式的手枪，这种"三动"式手枪有两个扳机。后来，特兰特回到生产单扳机双动手枪上来，但是双扳机手枪对他来说还是很有吸引力的，所以这两种枪他都制造。他一直继续生产高质量手枪，直到后来出现了滑膛枪管为止，以至于其他英国枪械制造商都纷纷效仿，生产这种大口径手枪。

约翰·亚当斯的专利

所有特兰特制造的枪，包括早期的看起来样式很像亚当斯的枪，并不是都按照柯尔特的那种生产方式，而是采用英国传统手工方式进行生产。由于这种枪支做工精细，因此拥有很高的声誉。但不幸的是，为了防止公司陷入财政困境，1885年特兰特不得不把公司卖给乔治·基诺奇。后者早已是这个舞台上的成功人士，他是欧洲最著名的军火制造商。

更多的竞争威胁着亚当斯，有来自伦敦军械公司的，也有来自他弟弟约翰以及其他初始订户的压力，还有来自亚当斯的一位最初拍档的竞争压力。约翰·亚当斯在18世纪60年代中期离开了公司，开办了有亚当斯专利的轻武器公司，该公司拥有好几个他自己的专利。这其中最重要的专利颁发于1861年，是一个装有撞击式火帽的封闭枪膛、其尾部装弹的转轮手枪。事实上，这是一个子弹中发式转轮手枪，但在1866年，他就开始生产一种前装弹的6发手枪，这种手枪由如下几个主要部分组成：枪管和整体成形并安置于槽中的顶置带。

击锤钩的发明

需要感谢约翰·亚当斯的哥哥发明的专利：固定式枪身转轮手枪，这个设计方法早期曾被威廉·哈丁采用过。约翰·亚当斯的设计类似于波蒙特-亚当斯的设计，但他的设计中有一个击锤举升器，这有点像特兰特最初的双扳机设计。这种方法，后来广泛应用于各种类型子弹的转轮手枪中。

另一种转轮手枪，是由亚当斯最初

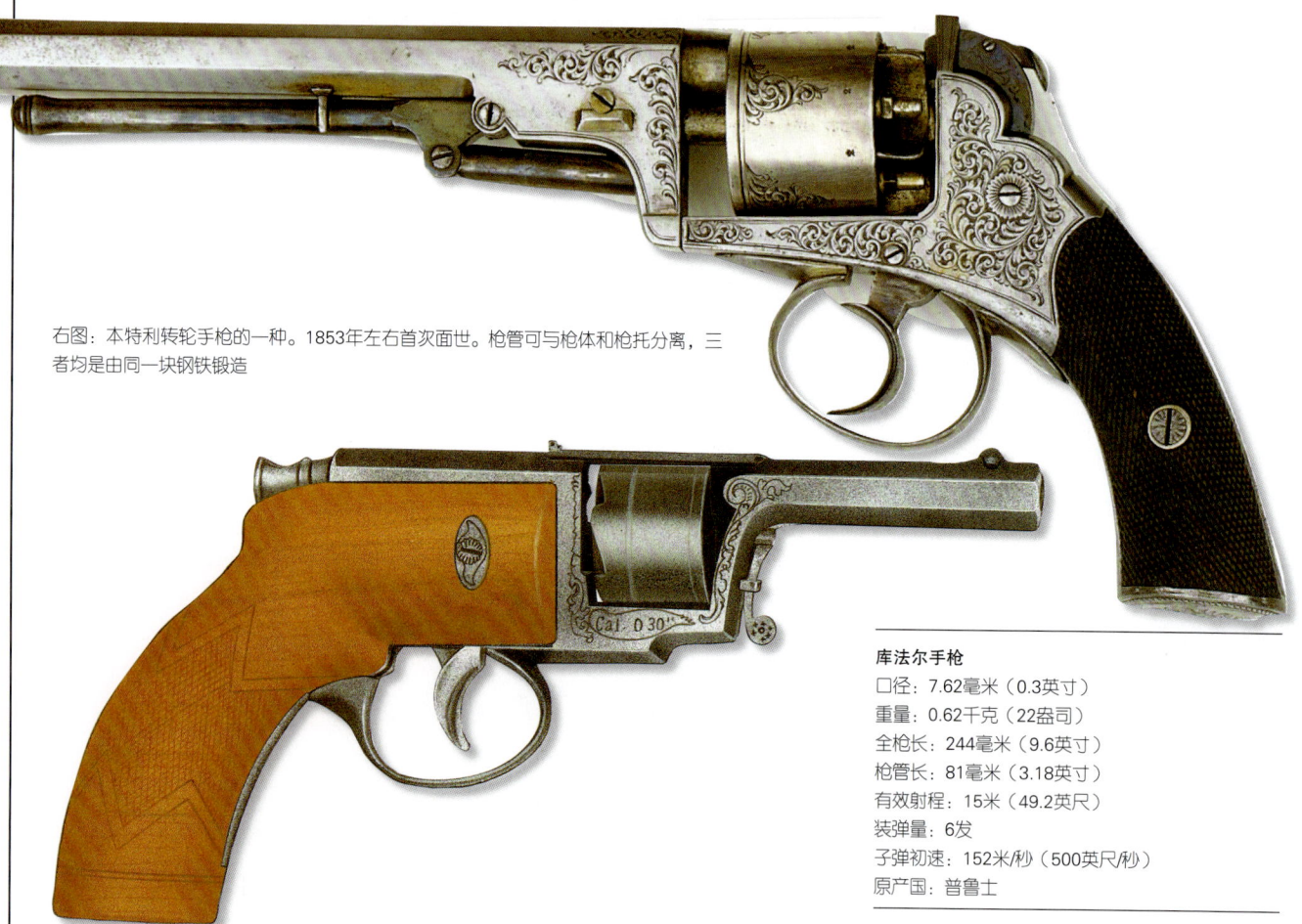

右图：本特利转轮手枪的一种。1853年左右首次面世。枪管可与枪体和枪托分离，三者均是由同一块钢铁锻造

库法尔手枪
口径：7.62毫米（0.3英寸）
重量：0.62千克（22盎司）
全枪长：244毫米（9.6英寸）
枪管长：81毫米（3.18英寸）
有效射程：15米（49.2英尺）
装弹量：6发
子弹初速：152米/秒（500英尺/秒）
原产国：普鲁士

的合伙人约翰·狄恩生产并销售的，并由LAC公司的订户威廉·哈丁加以完善改进。实际上，以哈丁1858年中期所获专利为基础的狄恩–哈丁5发手枪在双动转轮手枪的设计中是个非常大的进步。它将波蒙特和特兰特都采用过的推杆和辅助阻铁，改为使用一对击锤顶部"弯曲"中的一段东西，并将其延长至扳机后部。上面这些东西安装在轴上，使之与扳机外延咬合，当击锤自动下来时，下面的排架就起作用以替代制动杆和栓。这个击锤的延长部分被哈丁称作"连接钻杆"，被柯尔特称作"压杆"，被称作"击发阻铁"，这也与击锤钩有关。这种部件后来变得十分普通，以至于哈丁的专利保护已无济于事了。

狄恩–哈丁转轮手枪

狄恩–哈丁转轮手枪就像约翰·亚当斯的手枪一样由两部分铸造而成：位于顶端的固定夹板和由两个销钉加以固定的枪管，一个销钉位于固定的后座里，正好位于击锤前面；另一个则位于结构下方。枪膛销是用枪栓固定在后座面上的。在需要起作用时，如果这种枪没有起作用的话，那将是十分可怕的事情。洛德·罗伯特——那个年代最高尚的士兵，对此有独到的见解："它只是一个在关键时刻接受命令的武器而已。"很显然，这种枪不是为官员们准备的，但是，仍然有很多官员购买了它，后来专家们指出：由于这种枪内在结构是手工制作的，这使得它不太可靠——如果今天有更多的例子的话，一些有耐心的狂热者无疑将会设法生产出一种更为可靠的枪。

大家都知道亚当斯背叛了狄恩。当公司的业绩都是由亚当斯靠自己的工作来创造时，亚当斯和狄恩就都感到了不快。当然，约翰·狄恩利用任何可能的时机批评波蒙特–亚当斯的转轮手枪过于复杂，忌妒这个竞争对手的手枪取代了他的手枪。人们可以注意到亚当斯的枪是亚当斯在日积月累的工作基础上认真设计出来的，对他本人应该没有什么可抱怨的。

虽然狄恩的说法有些夸大，但狄恩并不是唯一一位批评亚当斯的枪有过于复杂化倾向的人。毕竟，需要一个有能力的军械士兵才可以把枪分解开，更重要的是如果事情发生在世界的某一个偏僻角落里，技术最好的人也需要一个锻工的帮助才能分解开这种枪。詹姆斯·克尔，另一个伦敦军械公司的合伙人致力于自己的专利设计。他生产了单动和双动的5发式手枪，口径有11.2毫米和9.8毫米。按照它们的机械原理，一个初级锻工就可以快速而简单地对其进行大部分维修。

一部分多少有些能力的英国枪械制造者开始着手制造击发式转轮手枪。因为方法比较落后，所以产量很小。这只是出于他们自己的好奇心。击发式转轮手枪的制造者贝利、多尔、哈维、费内尔现在都已成为这类枪的收藏者（虽然成立于1812年的威斯特里·理查德公司在18世纪五六十年代也制造过一种双动转轮手枪，该公司同样以霰弹枪和运动步枪而著名）。这是件非常令人惊奇的事情，因为

上图：两款撞针击发式转轮手枪。莱佛切斯型（上）以及一款更加粗制滥造（下）的转轮手枪

当时另一家由詹姆士和菲利普·韦伯利兄弟组建的伯明翰公司生产的一款早期手枪在英国和这种击发式转轮手枪为争夺市场进行了近一个世纪的较量。

警用型枪

直到1867年生产出爱尔兰皇家警察型中发式双动手枪后，韦伯利公司的转轮手枪才正式走进人们的视线。该公司成立于1835年，是由两个在商界做了七年学徒的兄弟组建的，他们在伯明翰的韦曼街一起联合制造枪机。菲利普三年后结了婚，1845年，他从他岳父威廉·大卫那里买来了制造枪械工具的工厂。十年后，兄弟俩生意兴隆，发展到生产子弹模具、充填机床以及各式各样的小工具，包括生产手枪和枪械的枪机。1853年，他们获得了一项由他们自己创新的单动转轮手枪的专利。

击锤钩

这段时间非常有名的带击锤钩的枪，十分类似于20年前柯尔特生产的第一支枪。5发式弹膛沿着一个有开口结构的轴销进行旋转，一个有规则的钢楔使枪管和枪体结构更为安全可靠。

这种铰链装置后来被一个穿过枪管延长部分下部的拇指夹所取代。其操作原理很简单，但也许并不那么有效。枪的口径有3种型号，从11.6毫米到8.1毫米。在那个时期，韦伯利兄弟决定出售一系列和另一家伯明翰军械厂设计的很相像但质量要好的双动转轮手枪。那家厂由约瑟夫·本特利成立，本特利于1852年获得了一个自锁机构的专利。本特利的早期型号手枪使用了一个击锤保险钩，十分像罗伯特·亚当斯的手枪。后来，他优化了这个装置，采用类似的操作方法，将保险钩定位在击锤头上，由一个垂直安置的弹簧活塞加以固定。本特利的另一个贡献，就是他发明的和枪管成同一直线的弹筒闭锁系统，但这个贡献后来证明是短期的。这依赖于刻在弹筒后面的线槽以及一个和扳机成一整体的枪栓，当扳机向后拉时就可以关闭枪机。

本特利看上去和韦伯利兄弟工作十分亲密，因此，他的手枪有时被称为韦伯利-本特利手枪，与1868年退休后的菲利普生产的手枪也有许多相似之处。那时的击锤钩转轮手枪已经很过时了，枪械制造商们开始生产一系列一体式双动5发转轮手枪。这些枪就是后来的韦齐·弗雷姆手枪。就像约翰·亚当斯一样，菲利普·韦伯利在18世纪60年代早期生产了一款后来叫作"双点火"的手枪，这种手枪的旋转枪膛可以互换。这样，当时按照克尔的专利生产出的简单撞锤就有了两个作用，可以作为一个退壳杆来使用。

普鲁士的针发式手枪

许多由英国和美国制造的前装弹式转轮手枪，很少经过严格测试，而欧洲的军火商们则受制于他们自身的保守性格和对工艺的忠诚，并且他们的顾客没有几个是敢于冒险的。

举个例子，法国政府直到1856年才为海军订购了转轮手枪作为制式枪支。构成现代意大利和德国的一些小州的邦国，当时也是如此。欧洲轻武器最重大的进步来自于普鲁士（这与火药的进步不同），1838年，尼古拉斯·冯·德莱斯发展出撞针打火后装弹的单发步枪。后来，他运用这一原理生产一些单发手枪，其中，15.4

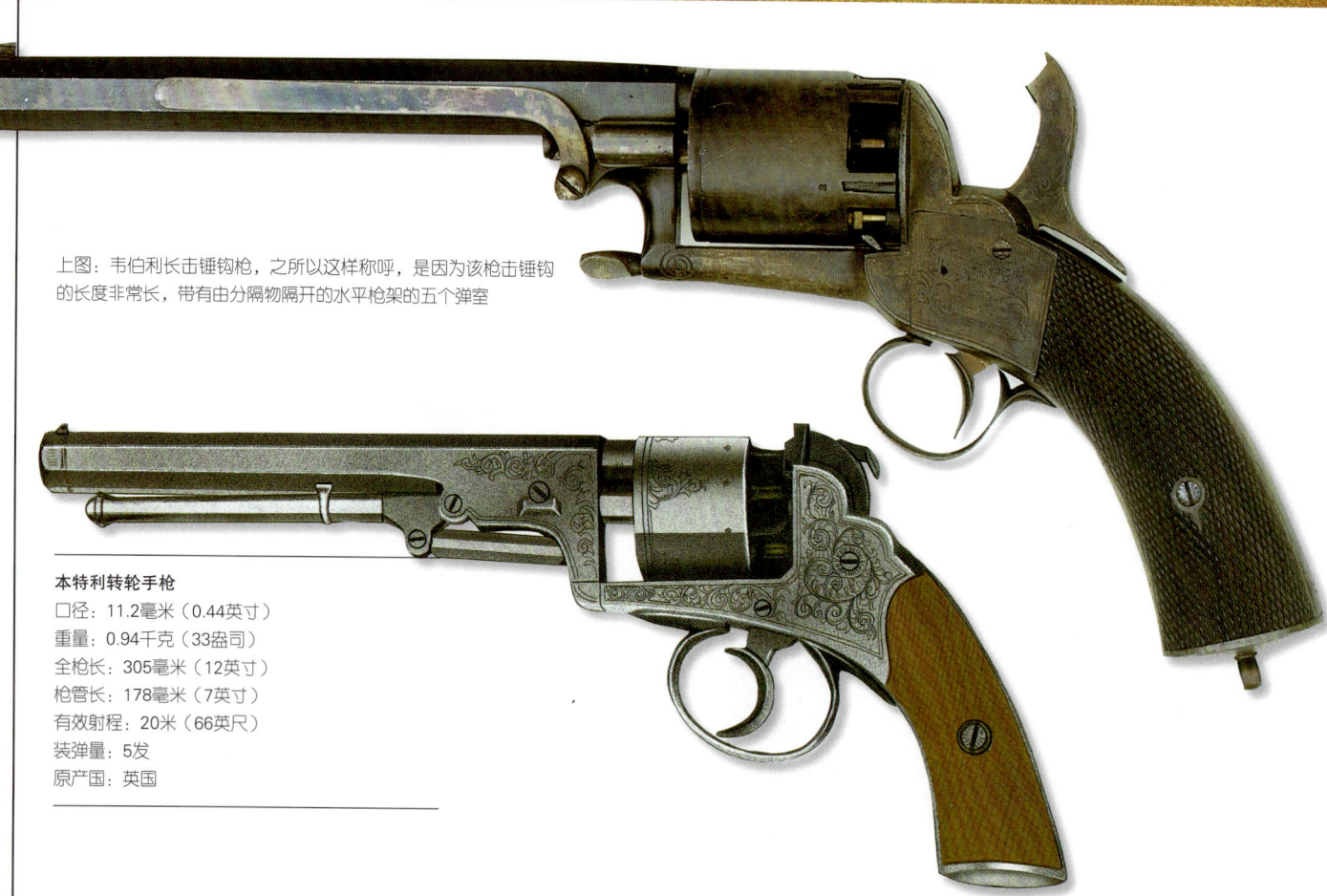

上图：韦伯利长击锤钩枪，之所以这样称呼，是因为该枪击锤钩的长度非常长，带有由分隔物隔开的水平枪架的五个弹室

本特利转轮手枪
口径：11.2毫米（0.44英寸）
重量：0.94千克（33盎司）
全枪长：305毫米（12英寸）
枪管长：178毫米（7英寸）
有效射程：20米（66英尺）
装弹量：5发
原产国：英国

毫米口径的1856型德莱斯手枪在普鲁士骑兵中相当流行。14年后，同样的系统有了一些变化，适合于6发式手枪，并由乔治·库法尔在伦敦获得了此项技术专利。

库法尔系统，后来由尼古拉斯的儿子弗兰兹在德莱塞的索默达工厂进行生产，并雇用了路易斯·斯肯梅塞作为设计师。这种方法对转轮手枪来说不是很合适，但库法尔手枪一直生产到1880年，直到金属子弹广为流行之后，才停止生产这种手枪。为装弹需要不得不将库法尔手枪的旋转弹膛移开，该旋转弹膛安装在一个松的转轴销上，在装弹时需要把它旋转90度拉到前面来，这种动作非常复杂。在德莱斯步枪里，撞针以及推动它前进的复进簧在枪栓里面，这样把枪栓拉向枪的后座就显得合情合理。枪膛并没有钻穿，而只是在其后面钻了一个小孔让撞针插入。

拉马特手枪

几乎就在库法尔寻求制造他的针发式转轮手枪的同时，住在法国路易斯安娜省新奥尔良市的一位法国医师吉恩·亚历山大·拉马特，正在发展一种较为耐用的转轮手枪。该枪有两个枪管，上面枪管通常为0.42英寸或0.36英寸口径，由一个旋转弹膛给弹；下面枪管和弹膛成一整体，是0.63英寸口径的滑膛枪管，使用单发大型铅弹。两个枪管都用同一个击锤击发，这样的优点是有一个可以调整的枪管，当然也是由同一个扳机进行控制。拉马特手枪在美国内战时有少量的销售，也许归功于他的同伴是在布尔河会战中获胜的南方联盟将军皮埃尔·博雷加德的缘故。这多是由于人们好奇心的缘故，如果不是内战的话，拉马特手枪也许不可能被人听说过。拉马特也获得了一个英国专利，后来发展出一款中发式转轮手枪，能发射9毫米弹丸、14毫米子弹。

18世纪50年代晚期，由纽约的约翰·沃尔奇所生产的10发或12发式转轮手枪是十分少见的。沃尔奇回到了久已过时的增加装弹量的老路上，他的枪有普通手枪两倍长的枪膛，用双排螺纹进行安装，以容纳一个特殊的装弹筒。这种枪有两个击锤。两个击锤最初同由一个扳机控制，但后来这种设计失败了，因为在将前面的子弹射出后松开扳机时，后面的子弹也被同时引爆了。后来的结构变成了单独扳机的形式，甚至改进成每个扳机都加有一个保险锁了。

其他古怪的手枪

沃尔奇不是设计和制造最古怪手枪的人，应该看看杰利的"口琴"枪，它有直的弹夹；艾弗森，他的线状的旋转弹膛的手枪（一支枪膛笔直通向点火头）；还有杰西林的环带旋转弹膛手枪。

像这些并不可靠的装置的出现是19世纪后期特有的现象，它们都是那些乐观发明者围绕专利保护而生产出的杰作。这并不是说要限制轻武器——世界专利库里关于捕鼠器就有着各种怪异奇妙的想法。一般来说专利是受保护的，但是偶尔也会有破例。

后装弹设计

即使是在19世纪50年代后期，前装弹手枪正发展成为一种有效而可靠的轻武器时，一些喜爱单一枪管单一枪膛这种老式系统的运动员（甚至军人）坚持在武器上多钻孔，因为如果这样做，枪膛和后座之

上图：比利时（上）和西班牙（下）的针发式转轮手枪。法国海军于1856年采用了针发式转轮手枪作为舰艇部队及登陆部队手枪，常将这些手枪配合短刀一起使用。意大利海军效仿法国，于1858年使用此枪，并取得了很好的效果

上图：亚伯拉罕·林肯是于1865年4月的某个夜晚在剧院遇刺的，凶手约翰·韦克斯·布斯就是使用柯尔特的大口径短筒3型手枪杀死这位总统的

间的推进气就不会有所损失。这种装置存在于双管和四管手枪中，这种手枪经常被称作"象轿手枪"。很奇怪的是，这种手枪并没有随着铜制中发式弹药的出现而消失，而是继续用于对弹丸和子弹进行装填。最著名的例子就是由查尔斯·兰卡斯特和他的追随者亨利·索恩合作生产出的大量枪。这里我们也要提一下四管的"马丁机关枪"，尽管该枪尖鸣的缺点有时会同时引爆多个弹室，但这也是最古怪的枪之一。

手枪设计取得的巨大进步，如可靠的后膛装药器，取决于一些关键部件的改进。这些改进包括整个装药、子弹弹头的改进，以及新型发射药和不断进步的子弹特性。

据说，或者更确切地说，火药的发明就是由硝石、硫黄和碳组成的混合物的发明，如果人们缺乏对科学的好奇心是不可能发明火药的。也许更令人吃惊的是火药竟然得到如此广泛的应用。但是，人们要想获得其混合物的一种组成部分却很难。硝石或硝酸钾是产生氧气的原料，氧可以和碳合成二氧化碳，当火药燃烧时迅速产生大量的气体。19世纪后期进行的一项试验表明：包装完好、质量好的火药能产生相当于自身体积290倍的气体和4000个大气压的压力以及3300摄氏度的高温。

硝酸钾在自然中是由于蔬菜腐烂后所产生的一种物体，但量不是很大。随着人们对其需求量的不断增加，在家耕种制造硝酸钾的工艺流程就出现了。将大粪埋在一条小沟中，保持其温暖和潮湿并盖上一层薄土。然后定期对大粪进行搅拌混合，以确保释放硝酸钾的细菌能获得足够量的空气。加入一些木屑，以便使硝酸能取代细菌，在弱硝酸环境下产生的氢能够形成硝酸钾。朝由土壤、大粪和木屑组成的混合物中加入水以使其完全湿润，使硝石完全溶解，最后对其进行蒸馏，便能够得到硝酸钾晶体。

由于硝酸钾的缺乏，促使拿破仑让著名化学家克罗德·路易斯·伯瑟莱特研究

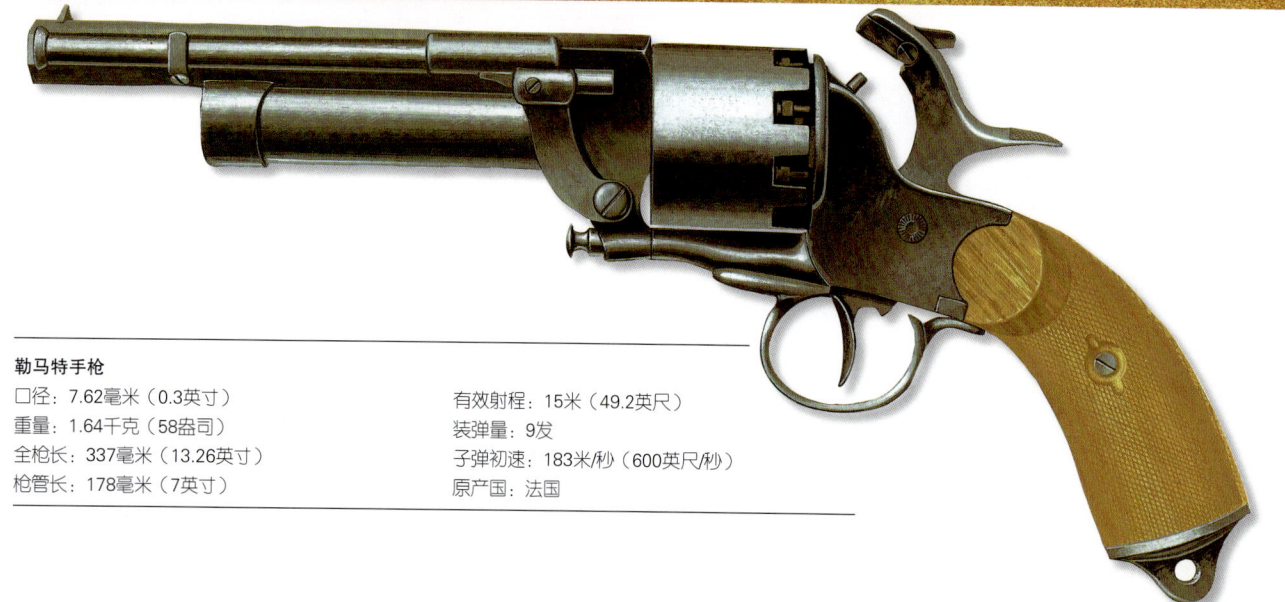

勒马特手枪
口径：7.62毫米（0.3英寸）
重量：1.64千克（58盎司）
全枪长：337毫米（13.26英寸）
枪管长：178毫米（7英寸）
有效射程：15米（49.2英尺）
装弹量：9发
子弹初速：183米/秒（600英尺/秒）
原产国：法国

一种能取代硝酸钾的新的化学物质。最终，克罗德·路易斯·伯瑟莱特于1786年发现了能取代氧的另一来源物——氯酸钾。这一发明促使了福赛思对击发式手枪进行改进（见前章）。当人们在智利发现了储量巨大的硝酸盐后，火药到了19世纪后期才得以很容易地产生。虽然硝酸钠是一种惰性反应的化学物质，但也能产生硝石，因此，人们后来发明了一种方法，就是直接从空气中提取氯气。非常可笑的是，这些发现几乎与很快就取代火药的新型炸药的发明一致。但不管怎样，这些发现还是解决了人们对硝酸钾的需求。

第一种新型炸药是由意大利化学家索伯罗于1846年发明的，它就是众人皆知的硝甘油。大约过了20年以后，艾尔弗雷德·诺贝尔成功解决了如何安全使用硝甘油的问题。他发现了一种叫作矽藻土的"细菌土壤"，能吸收相当于自身重量3~4倍的物体。1838年，西奥菲尔·皮洛兹发明了一种含有硝酸物的易燃棉布，最终促使他发明了硝化纤维。另一个化学家克里斯丁·斯肯贝恩继续进行此项研究工作。在此工序过程中加入了硝酸，就发明了我们所熟知的火药棉。

装药技术的应用

保罗·维勒从火药棉成分中合成出第一款发射药。他把火药棉与含有酒精和乙醚的混合物放在一起制成了无烟物质"B粉尘"。后来，诺贝尔向人们展示了如何把自己所发现的两种物体结合起来制成炸药（一种含有硝酸和甘油的混合物）。这些混合物就像火药一样具有强大的爆炸力，从而构成了现代无烟发射药的基础。

火药本身就是一种炸药。但它有两个明显的缺陷：火药在松散情况下很难处理，在使用过程中释放大量烟并且留下许多残留物致使手枪无法继续射击，除非把这些残留物清除掉才能够继续射击。后一个问题是由火药本身的特性造成的，因此这个问题没有人能解决得了；而前一个问题可以用一张小纸或纤维包装纸把松散的火药包起来加以解决。这种方法在16世纪时就被采用了。

早期的子弹

最初的子弹形状十分粗糙，只不过是用来装一定量的火药；把弹体打开，倒入火药。如果其中还装有弹头的话，随后放入弹头，通常是将子弹放到子弹火药包装纸的上方，这就如同一块小的填充物。包火药的纸通常涂满油脂，常常是动物脂和植物油脂物，起到润滑作用。正是动物脂的出现，使士兵能够移开弹头来打开包装纸。据说，这成了1857年印度兵变的导火索。一个谣言传到东印度公司的军队中——其中大部分士兵是信奉伊斯兰教的印度人，谣言说他们手中弹药所使用的动物脂是从牛身上提取的，而牛这种动物对印度人来说是神圣不可侵犯的，他们每天的消费品都严格控制不与牛相关。印度宗教领袖认为在子弹上使用动物油脂，使用者就会摄取少量的油脂，这足以引发一场暴乱。

最初的子弹，相对于散装在细颈瓶中的火药来说，是一个不小的进步。但这种进步并非很大，直到易燃的火药棉开始应用后，情况才发生根本性变化。就像过去火绳枪上的火绳一样，火药棉需要完全浸泡在含有硝酸的溶液中，这样才能使射击变得容易。这种子弹到1850年后在手枪使用者中开始流行。在此之前，手枪使用者一直使用装在类似于细颈瓶中的火药或散装在硝纸里的火药。有时人们把火药完全制成火药棉胶状的糊状物（一种硝基纤维素溶解在乙醚和酒精后呈糖浆状，其名称叫作硝棉），然后将其晒干。当时，人们使用的弹头是圆锥形而非球形。后来生产的子弹具有很好的防水性能，但易碎且易损坏。

皮子弹

罗伯特·亚当斯曾试用过薄铁皮筒，将弹头从一端插入，然后用硝纸将敞开部分加以密封。后来，威廉·艾利和塞缪尔·柯尔特于1855年对此进行了改进。他们把火药包在薄薄的锡箔中，用防水胶黏剂密封其接合部位，然后用胶将其和弹头粘在一起。使用上述两种方法，发射后火药都会在弹室内留下残渣，重新装药之前必须将残渣全部清理干净。后来，一位名叫约翰·里斯的英国海军上尉取得了我们众所周知的皮制子弹的专利（尽管此名有些谬误，但该子弹的确是用真正动物的肠衣制成的）。他设计的子弹制作方法就像肉食业的商人制作香肠一样把火药压缩入小动物的肠中。威廉·斯多姆于1861年改进了里斯的专利，他把制成的皮子弹刷上

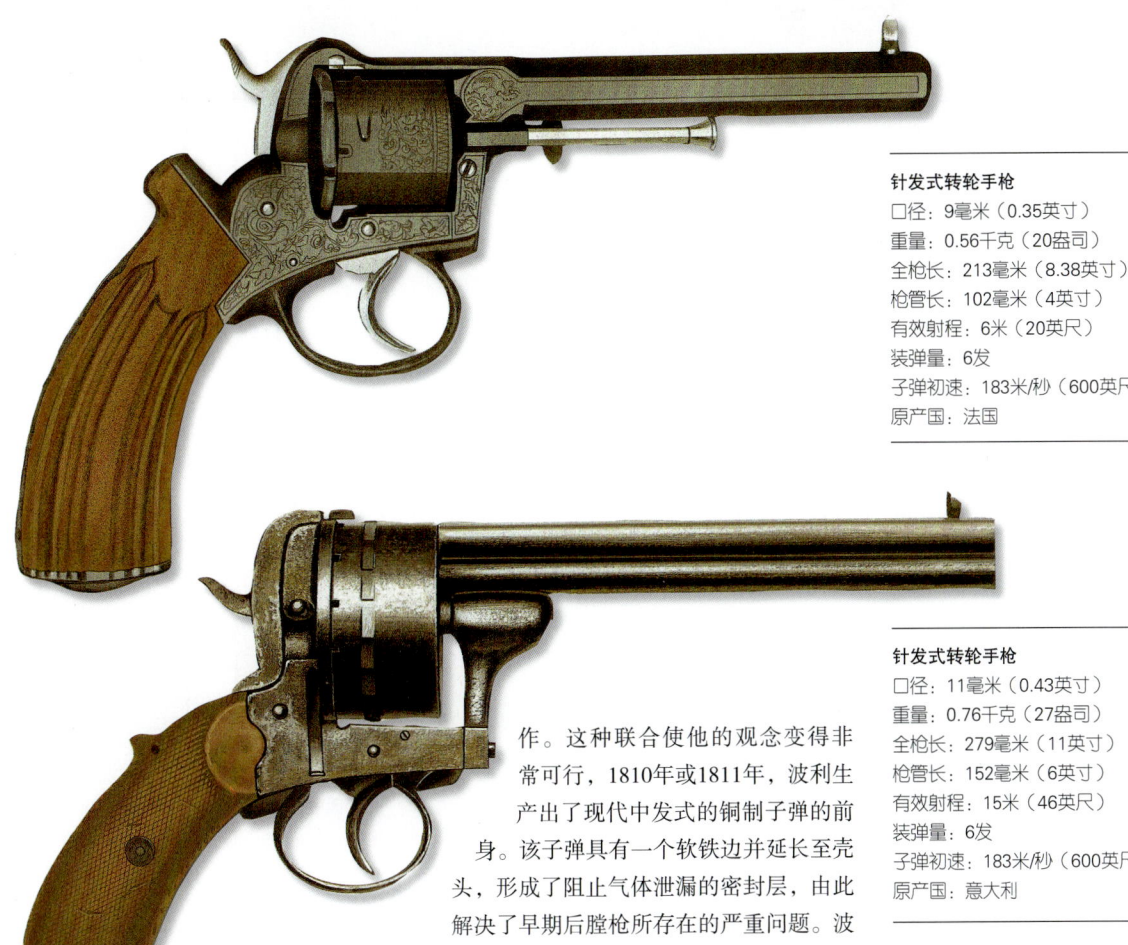

针发式转轮手枪
口径：9毫米（0.35英寸）
重量：0.56千克（20盎司）
全枪长：213毫米（8.38英寸）
枪管长：102毫米（4英寸）
有效射程：6米（20英尺）
装弹量：6发
子弹初速：183米/秒（600英尺/秒）
原产国：法国

针发式转轮手枪
口径：11毫米（0.43英寸）
重量：0.76千克（27盎司）
全枪长：279毫米（11英寸）
枪管长：152毫米（6英寸）
有效射程：15米（46英尺）
装弹量：6发
子弹初速：183米/秒（600英尺/秒）
原产国：意大利

古塔胶，这样就使皮子弹完全防水而且干燥后容易破碎，以确保击锤将其推进弹室时就会碎开。

尽管该子弹的设计还不十分完美，但是受到热烈欢迎——这一点仅从美国南北战争中即可看出。最有力的数据，就是有关交战双方所消耗子弹的数量：在双方军队所使用的19种枪型中，仅南方联盟一方就买下了不少于6838万发这种子弹。

中发式子弹

子弹不能装炸药——这种观点已经存在了大约半个世纪。但是，瑞士人塞缪尔·约翰·波利在拿破仑战争结束时，首先打破了人们的这种观念。事实上，他最初的主要目的是为了改进仍不完善的后膛枪，为此，他必须首先设计出一种能同时容纳弹头、火药和炸药的子弹。波利和发明撞击式雷帽的普利拉特常常在一起工作。这种联合使他的观念变得非常可行，1810年或1811年，波利生产出了现代中发式的铜制子弹的前身。该子弹具有一个软铁边并延长至壳头，形成了阻止气体泄漏的密封层，由此解决了早期后膛枪所存在的严重问题。波利子弹的弹壳，主要是由纸或铜制成。就像霰弹一样，直到20世纪60年代，人们才知道在什么情况下可以重新装药。最初的子弹是非常原始的，因为那时人们还没有发明撞击式雷帽，当时唯一可行的办法就是将少量的火药放入一个敞开的盘中。为了确信弹室中已经装满火药，波利不得不使用一个坚实的固定后膛，然后钻上一个孔以便能插入一支带有复进簧的撞针，这样人们事实上只是看到了一个像锤子一样的物体击打隐藏起来的火药而进行子弹发射。波利于1812年取得了他第一支后膛装药步枪的实际专利。他同时也生产手枪。他的步枪有一个闭锁块，该枪的设计也被一些仿冒者仿制。但是令人奇怪的是，他的铜制子弹延长形成一个气密层的设计很多年都没有引起人们的注意。

在到达巴黎后，波利雇用了一个年轻的普鲁士枪机制造者，名字叫尼古拉斯·冯·德莱塞。事实上，波利移居伦敦后，德莱塞则回到他的家乡索默达，十年后，德莱塞在那里开办了一家工厂专门生产撞击式雷帽。正如我们所了解的，波利研制的撞针击发系统在两次时间较短的战争中证明是可靠的——1864年与丹麦的战争和1866年与奥地利的战争。但是，该系统很快就被性能更为可靠的系统所取代。较早发明带有撞击式雷帽的后膛枪的是克里斯蒂·夏普斯。由于其众所周知的高精确度的缘故，该后膛枪流行了相当长时间。这是最后一款没有使用铜弹壳子弹的步枪。最后，1877年，夏普斯的步枪被设计成使用黄铜制子弹，其许多改进工作都是由一个名叫雨果·伯哈特的年轻的德国人实施完成的。事实上，这在手枪发展史上迈出了非常重要的一步。

金属壳子弹

波利工厂的另一位设计师克雷蒙特·伯蒂特用撞击式火帽取代过去用来装火药的敞开的引药盘和引药杯，对子弹的改进做出了巨大的贡献。这一时间大约是19世纪20年代。与此同时，在巴黎，另一位枪械制造商卡什米尔·拉法库克斯正在研制另一种发射药，在此研制过程中，他生产出了第一种令人满意的自装火药的铁制子弹。针发式子弹首先于1826年面世，撞针本身就是一个非常有效的发射装置。该撞针以90度的角度垂直击打在撞击式雷帽的中央。尽管后膛装药装置容易破碎而且有可能造成手枪走火，但这种装置还是成为一种非常可行的设计。该装置的最大优点在于撞针使得抛壳动作变得非常简单，在必要的情况下，也为检查子弹发射情况提供了一种简便的计量方法。

针发式与缘发式

在这以后的20年里，尽管针发式系统在英国没有引起人们特别大的注意，但在法国和德国却十分流行。霍尔在伦敦、霍伊勒在巴黎均对莱佛切斯手枪的基础设计进行了改进。1854年，莱佛切斯的儿子尤金为他父亲在1851博览会上所展出的创新性单动针发式转轮手枪取得了英国专利。1856年，当法国政府决定用转轮手枪作为专门配发的手枪时，针发式转轮手枪就被采纳了。1858年，意大利海军、挪威陆军、西班牙和瑞典等国纷纷相继效仿法国。由于该系统有着惊人的质量，所以针发式转轮手枪在欧洲一直生产到1939年。

另一个法国人路易斯·弗洛伯特之所以闻名于世，是因为他使人们直到今天都还在使用这两种并不很重要的金属壳子弹：针发式与缘发式子弹。缘发式子弹开始时只是一个比撞击式火帽要稍大一些的铜弹壳，里面所装的引药起着推进作用，装弹量很小，初速也很低。这些子弹的口径为4~9毫米，适用圆形和锥形弹头。弗洛伯特也在1851年的展览会中展出了自己的产品，他的设计引起很多人的注意，但是在英国，他的设计并没有像在法国和比利时那样流行起来。

缘发式子弹的缺点

一个美国枪械制造商丹尼尔·韦森继承了弗洛伯特的设计理念，也开发出了一种缘发式子弹，口径0.22英寸。他把子弹的长度增加了一点，以便能装一点黑火药。韦森使用的工具要比弗洛伯特所处时代好得多，他成功地制成了缘发式子弹。法国人在此基础上稍稍扩大了子弹的容积，把起爆火药全装在子弹里面。该缘发式不仅有助于抛壳而且也有助于控制子弹的壳头间隙——后膛栓与子弹撞击受力点之间的距离。波利的子弹做到了这一点，但是还没有达到更完美的设计。因此，枪走火也是常有的事情。

缘发式子弹最基本的缺点之一就是火药强度很难控制，为了使击锤能引爆火药，子弹的壁必须很薄、很软，口径也必须很大，以便火药点燃后能够推动子弹，而且推动力常常要能分开子弹。除此之外，很难确保将火药平均分配到子弹边缘，因此也常常造成枪走火。大量的装药常常致使子弹边缘裂开甚至导致子弹底缘与弹壳分离，一般情况下，如果没有武器维修人员进行维修的话，这些枪将不能继续使用。这些问题导致人们停止使用缘发式子弹，只有口径0.22英寸的手枪保留了下来。因此，子弹口径为0.50英寸的缘发式步枪和手枪才开始得以生产。尽管口径0.32英寸和0.41英寸的子弹在当时比较流行（为这种子弹设计的手枪一直生产到1963年），后者使用于著名的雷明顿双动转轮手枪中。那时候，一些著名的步枪，如温彻斯特1866型步枪、在美国内战中闻名的斯潘塞连发式步枪都使用缘发式子弹。美国政府曾将具有单发射击子弹的手枪作为一般配用枪（一些专用枪，比如用于暗杀和定点射击的枪除外）。雷明顿1865型海军转轮手枪就使用口径0.50英寸的缘发式子弹。在英国流行大枪管缘发式转轮手枪，其中最著名的是威廉·特兰特生产的一系列手枪，它们在法国和比利时同样也很流行，只有瑞士把缘发式的手枪作为军用枪。口径为10.4毫米的查姆雷特·戴尔维格尼转轮手枪在被改型为中发式之前，在瑞士从1873年一直服役到1878年。

博克瑟和伯登

许多人以拥有中发式子弹而自豪，尽管这样做并没有多少好处，这些人包括波利、伯蒂特·德莱塞和一个名叫约瑟夫·利德哈姆的英国人，这位英国人生产出一款对德莱塞系统改进的子弹并以此征服了众多的枪械制造商。尽管在后来的实验阶段出现了许多错误，但是坚固的铜制中发式子弹的设计还是得以成功实现。尽管人们早就成功设计出了中发式子弹所有部件，但军火业界一致认为它的成功设计时间是在1840年。

乔治·摩斯的巨大贡献，在于他把管型铜子弹同线型"铁毡"连接在一起，以便能将撞击式火帽引爆。有两名军官对此也做了相当重要的工作，一名是英国军官，另一名是美国军官。这两位军官即伍尔维奇英国皇家实验室的爱德华·博克瑟和后来在美国联邦军队中最为著名的夏普斯手枪队员海拉姆·伯登。就是这两人在有关技术人员的帮助下设计和生产了最初的可重复装药的中发式子弹。博克瑟的设计是在1866年完成的，伯登的设计则是在两年之后。

博克瑟的子弹由黄铜制成。从实用角度上讲，严格来说，这种子弹的性能是不够完善的，特别是用在步枪上，如用于恩菲尔德或马丁尼·亨利英国军用步枪上时情况更为突出。开火时，废弹壳总是堵住枪膛，在退弹钩的拉动下，铁制底缘容易折断。由于子弹是用手组装而成的，这就不可避免出现枪走火现象，影响其有效射程，若在战争时使用还会给士兵带来生命危险。这些现象，在英国经常发生。在使用同样原理的前提下，子弹制造者改进了子弹，但问题仍然存在，直到1880年人们发明了固体转轮手枪子弹和五年后的步枪固体子弹之后，才真正解决了以上问题。

伯登的灵感来自于另一位叫作S.V.伯纳特的美国军人，这位陆军上校是美国弗兰克福特军械厂的负责人。伯登的主要贡献，在于把铁铸火帽作为弹壳的一部分。这就是弹壳的开始，这同时也避免了发生博克瑟子弹的类似问题。但令人费解的是，伯登没有作出进一步的改进，也没有申请弹壳火帽的设计专利。1869年，联邦金属子弹公司A.C.霍布斯继续发展这一设计。

新的子弹和弹头

在这一阶段，所有子弹都是缘发式的，子弹装在后膛，这样便于操作。但是后来出现了手枪和步枪子弹，缘发式的子弹装在弹匣里，这样就不便于操作了。因为在这种情况下，弹壳直径比弹头部分稍大一些，而且长度也不合适，这样就会影响子弹射击的准确度以及能否顺利抛壳。

这段时期，子弹头的形状和设计方式也在不断变换。最初的改进方法是：把前膛枪的钢珠弹头换成后膛装填式弹头子弹，随后又发展成使用整体子弹。随着自动装填手枪的出现，随之出现了弹头中空型和圆软头型子弹。19世纪后，碎片式和爆炸式子弹头开始投入使用，但其使用范围有限。它只用于在和白种人，而不是其他肤色的人战斗时使用。这种做法，让人想起教皇二世曾颁布过的不准对基督教徒、只对不信教者使用弩弓的禁令。詹姆士·普克勒也有过类似的做法。他于1717年发明旋转式轻火炮，并将他的发明提供给自己的国家，帮助本国和土耳其人作战。更多改进了的子弹，被用于和欧洲侵略者进行作战，同时也出现了许多与之相适应的枪管的设计。甚至在野蛮的第一次世界大战中，许多令人恐怖的武器，如短斧、锉刀，在短兵相接中也照样使用。众所周知，德军用方头子弹或被称为"达姆"的圆头子弹来处决协约国的被俘军官。"达姆"的命名源于印度的加尔各答附近的英国军火厂。极有可能的是，这种转轮手枪弹就是在那次印度叛乱中首次使用的。这个谣传是有一些事实根据的。1898年，一种新型英国军用手枪子弹0.455英寸三型子弹出现了。它呈柱形，其底部和顶端都是半球形。尽管英国申明只用它来对付野蛮的敌军，但它还是引起了人们的强烈不满。《海牙公约》宣称，使用该子弹为非法行为。英国政府于1902年宣布不再使用这种子弹，并用二型圆头子弹取而代之。1912年，二型子弹又被四型子弹——一种平滑、前端扁平的铅子弹所取代。因为这些是官方手枪所专用的子弹，这就加剧了公众的反对情绪，从而引发了要对违反《海牙公约》决定的人作出惩罚的讨论。可以说这种子弹的实际威胁并未真正出现过。虽然直到1946年这种子弹才被正式废弃，但在战火连绵的残酷气氛中，早就不允许使用这种子弹了。在两次世界大战间隙，在人类要求停战的强烈呼声下，这种做法在商业上讲也是可行的。

在介绍到自动装填式手枪时，这种手枪的子弹是从弹夹装进枪膛的，从中我们可以看出这是从铅子弹到更硬的合金子弹，通常是锡或锑的合金子弹的一个新突破。人们如此做，是为了尽量减少子弹变形和误装的概率，基于这种问题的最终解决方案是采用一种钢或铜弹头。如今，只有0.22英寸的缘发式子弹是纯粹的铅子弹了。

整体子弹

从某方面讲，人们在争论整体子弹的形成以及左枪手枪或步枪使用该种子弹是否是一种后退现象。现在，在一颗新子弹上膛之前，必须要退掉前一颗子弹的空弹壳，理论上讲，至少应保持枪膛是空的。围绕子弹从枪膛发射的自动过程，产生了许多新颖的构思，随着时间的消逝，甚至连后膛装填式子弹是否优于前膛装填式都在人们的考虑之中了。在早些时候，子弹的使用存在着一些问题，鉴于此，许多转轮手枪从"撞击式火帽和子弹"迅速转变成以前的击锤轮和旋转弹膛。但是，随着时间的推移，这种对子弹的批判已迅速丧失其场所，子弹的发展趋势日益形成。

塞缪尔·柯尔特通过他的1836年专利，把前膛装弹式转轮手枪推向了顶峰。他之所以如此做，可能是因为该专利适用于美国的保护期将要到期，到1857年将终结。直到现在，转轮手枪还在不断地发展、改进，然而，前人的发明所留下的遗产是清晰可辨的。史密斯和韦森、韦伯利和雷明顿，他们的名字就是西进运动的同义词，他们的发明对塞缪尔·柯尔特的早期发明起着巨大推动作用。事实上，塞缪尔·柯尔特的转轮手枪为许多收藏者所推崇，并在现代柯尔特工厂得以重新生产，这足以证明他的转轮手枪在手枪制造史上起着多么重大的作用。

3 推弹式转轮手枪

完美的击发系统,使得自动装填式子弹的应用成为可能,每粒这样的子弹都包括底火、装药和弹头。这种子弹可适用于后膛装填式武器,可在没有任何预备工作的情况下安装并进行发射。

在最早的自动装填式子弹的专利中，有一款是由纽约的沃尔特·亨特加以发展的。这种转轮手枪子弹是在铅弹的0.38英寸口径的弹腔里放入9格令的火药粉，弹重为100格令。两年后，亨特发明了另一种连发枪的专利，这是一种使用了管状弹夹和卷曲弹簧的手枪，这一发明已经走在时代之前了。由于缺乏资金，亨特把专利权委托给了一位名叫乔治·阿罗史密斯的机械师。阿罗史密斯手下的一名专门从事枪械设计的雇员莱卫斯·詹宁斯对这一专利进行简化并加强了威力。詹宁斯本人为此获得了一个附加的专利，他也将这个专利委托给了阿罗史密斯。阿罗史密斯把亨特和詹宁斯的专利转卖给了卡特尔·帕梅尔。后者与罗宾斯和劳伦斯公司签约，生产5000支该种设计的步枪，大约两年之后，两个枪械制造合伙人霍勒斯·史密斯和丹尼尔·韦森对这款设计进一步加以完善，并于1854年连同帕梅尔一起运用这种设计生产步枪和手枪。这种手枪可在弹夹内装8~10颗子弹，通过扳机护弓向前向下运动的方式，把子弹装填到后枪膛。

接下来的几年，史密斯、韦森和帕梅尔把生产的枪卖给沃尔卡尼克连发武器公司，这是一个由来自纽黑文和纽约市的40位投资商组建的公司，其中一位投资商是衬衫生产商，名叫奥利弗·温切斯特。沃尔卡尼克公司继续生产这种枪，只是把子弹型号改变了，不再使用黑火药，而主要改用强撞击火药。沃尔卡尼克公司还获得了史密斯、韦森和帕梅尔别的设计，但没有将这些设计投入生产。

缘发式的整体子弹

由于原先子弹的性能太差，导致了沃尔卡尼克步枪和手枪停产，最终公司于1857年3月19日宣告破产。温切斯特在此基础上重组成纽黑文武器公司，自立为总裁。由于自己对枪械一无所知，他就雇用了本杰明·泰勒·亨利主管企业的生产部门。亨利决定放弃手枪生产而专门制造改进型步枪，他设计出了0.44英寸口径的缘发式连发子弹，并在此过程中设计出了一条最著名的步枪生产线。

史密斯和韦森(S&W)的旋转弹膛

当韦森和他的合伙人史密斯把生产出的枪全部销售给沃尔卡尼克之后，韦森继续做他的生产部门经理，而史密斯则退出这个行当，和他姐夫一起经营起服装店，但他们二人还经常保持联系，共同研究设计缘发式子弹的转轮手枪。1856年，韦森在弗洛伯特手枪上做出了巨大的改进工作。这一年正是柯尔特专利期届满的前一年，史密斯和韦森满怀期待地运用柯尔特的设计特征，再加上他们自己的设计，来生产出一种能够使用韦森子弹的手枪。这些部件中最重要的就是穿孔弹膛。但是，最为可气的是，穿孔弹膛的颇有争议的专利已在一年前颁发给了纽黑文市的罗林·怀特，这种专利可以用来设计转轮手枪而可以避免侵犯柯尔特的专利。

怀特枪从来没有投入生产过，而且有很多关于怀特专利是否有效的推测。他的设计有些美中不足，但该专利的运用却包含了把弹膛延伸这个概念，其目的是为了从弹膛后部进行子弹装填。史密斯和韦森面临两个选择：要么生产自己的转轮手枪，并在法庭上挑战怀特专利的合法性，因为他们知道如果胜出，这一专利将属于公众运用范畴，每个枪械制造者都会有权使用这个设计；要么如果专利有效的话，他们就想办法从怀特那里获取生产权。

怀特专利的终止

他们最终还是选择了后者。1856年11月，他们以每售一支枪给付15美分的报酬获得了怀特专利的使用权。而且，史密斯和韦森并没有责任去维护专利以防被侵权。就是在1857年，当S&W 0.22英寸口径的缘发式转轮手枪首度推向市场时，怀特不得不立即采取措施保护自己专利免遭盗版。别的模仿者无章可循；怀特的专利常被人挪用。对于审理每个这样的案例，法院的判决是：要么不帮助怀特，甚至S&W，要么不允许生产或出售这些有问题

上图：一个比利时的S&W 3型转轮手枪的仿制品。它有一个圆形枪管、一个顶部准星和一粒子弹。前部呈黄铜色，后部是一个位于枪管前端的V形切口

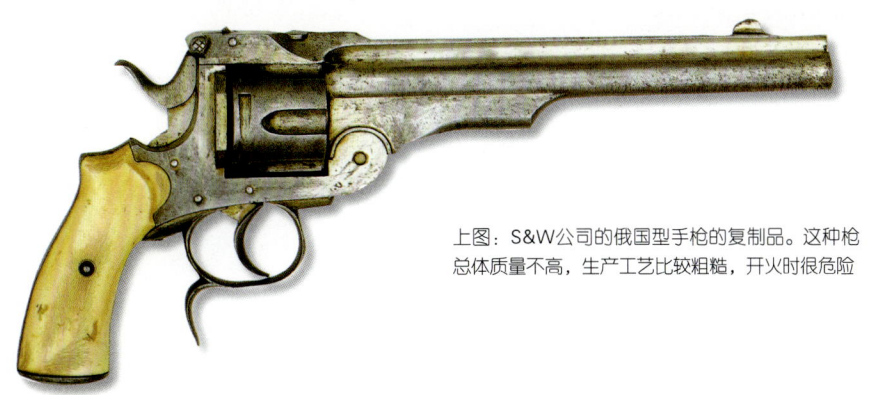

上图：S&W公司的俄国型手枪的复制品。这种枪总体质量不高，生产工艺比较粗糙，开火时很危险

的枪。基于此因，直到1869年怀特专利期满时，这种转轮手枪一直处于市场垄断地位。怀特从这一项本来是毫无价值可言的专利中大赚了一笔钱，他不需要任何鼓励就下定决心要把专利延长七年，但这一企图因美国总统本人反对而被制止。尤里塞斯·格兰特总统在否决他的上诉时说："为了对政府以及公众公平，应该禁止这项专利的延续。"

抛开S&W公司早期产品的样式新颖不说，对这些产品无须多加赞词。据说美国联邦军队士兵参加内战时经常买S&W的0.22英寸口径的缘发式手枪，这种7发手枪十分便宜，每支价格为12美元，再加75美分就可购得100发子弹。该枪长度只有17.8厘米，装弹后重340克，非常便于隐藏，用于家庭也很受欢迎。S&W公司为了完成众多的订单需求，延迟两年开发新枪型。两年后，在原有的基础上，开发出两种型号新枪：1型和2型。1型手枪在1879年停产。2型0.32英寸口径的手枪是6发子弹型。此外，在长时间的生产里，被称为1型5发子弹的手枪也在细节上发生了一些变化。

第一代S&W手枪

第一代手枪是单动的，有一个铰链式翻动枪身，这样，弹膛就可以移动，子弹经过枪管底部的一个铁栓，一次性通过弹膛，然后可以开火抛壳了。这种直线型的设计一直沿用到1869年专利保护期满时为止。公司第一次生产出所谓的军用转轮手枪，这种转轮手枪属于中发式，口径为0.44英寸，装的是新子弹，后来称作美国S&W 0.44英寸口径转轮手枪。这种命名用来避免和S&W后来生产的使用口径相同但弹壳长度不同的转轮手枪相混淆。这种转轮手枪在俄国曾大量销售，俄国人把这种发射新子弹的转轮手枪称为3型转轮手枪或美式转轮手枪。该枪长度为292毫米，重1.0千克，是一款比较大的手枪。枪底部的铰链折叠在前膛顶部，后膛撞针安置在枪管里，这样无论在什么时候打开手枪6发子弹均可一次性自动连发。史密斯和韦森从投资者W.C.道奇和C.A.金那里获得这种装置的生产权。这种系统在铰链式枪身转轮手枪中被人们广为采用，但通常人们实际使用的是更为简化的包括有凸轮和击锤勾的设计。

1870年，韦森为沙皇俄国制造20000支轻型的3型改进型转轮手枪，这款手枪最明显的特点在于枪背脊框上装有一细小峰状物，目的是防后坐力让手枪从手中滑掉。在扳机护弓处也有一个保护第二个手指的部件。更重要的是，所用的子弹造型新颖。俄国S&W 0.44英寸口径的子弹是当时相同口径中最有威力、命中率最高的转轮手枪子弹。这种子弹的弹壳稍长，而且弹头比原先的稍小一点。

韦森同时也在国内出售原有的3型转轮手枪，但国内销售没有取得明显的成功：美国军队当时只购买1000支转轮手枪后就拒绝再买了，声称因为这种手枪天天使用太容易被磨损。1871年，S&W生产出3型转轮手枪的改进型投放于国内市场，这种手枪使用了今天被称为隔离锁的弹筒撞针：击锤里有个V形切口或者槽重叠在枪膛口上，这就保证即使在枪管和枪栓条与固定式膛口没有完全闭合时，手枪也不会走火。乔治·惠勒·斯科菲尔德陆军上校成为这种手枪的改进者，也成为这种设计的主要推进者。

S&W公司的3型改进型手枪

斯科菲尔德是美国第10骑兵团的一名军官，也是美国南北战争时的一位老兵。1871年，当一群军官在他哥哥的命令下检测S&W 3型转轮手枪是否可以交付美军使用时，他才第一次接触S&W 3型转轮手枪。这群军官否定了3型转轮手枪，但斯科菲尔德却被这款枪深深打动了，于是决心做S&W公司在堪萨斯州和科罗拉多州的代理人，并改进这种手枪。最有意义的改进之处就是将子弹口径改为0.45英寸。他还把枪管从150毫米，加长到178毫米，用更为简化的凸轮代替了昂贵易磨损的退壳钩。他还改进了枪管闭锁系统，使闭锁钩成为固定式膛口的一部分，而不用将其装在脊框上。虽然这种闭锁系统并不是十分

S&W公司3型转轮手枪
口径：9.6毫米（0.38英寸）
重量：2.27千克（80盎司）
全枪长：838毫米（33英寸）
枪管长：406毫米（16英寸）
有效射程：100米（328英尺）
装弹量：6发
子弹初速：250米/秒（820英尺/秒）
原产国：美国

沃尔卡尼克手枪
口径：11.2毫米（0.44英寸）
重量：0.8千克（28.2盎司）
全枪长：279毫米（11英寸）
枪管长：178毫米（7英寸）
有效射程：15米（49英尺）
装弹量：6发
子弹初速：150米/秒（492英尺/秒）
原产国：美国

有效，但它却成为几年后S&W得以借鉴的经验。最后，S&W公司将该系统变换成外摆式弹筒系统。

尽管斯科菲尔德尽了最大努力，尽管当时也有一些固定的私人客户，如威尔斯公司、法戈公司以及美国邮递公司购买这种枪来装备他们的保安人员，但斯科菲尔德转轮手枪主要为官方所熟悉，主要面向它最大的潜在客户——军队销售。1873—1879年，美国政府只购买了8285支这种枪。一个最臭名昭著的凶犯——杰西·詹姆斯当时用的就是这种手枪，但他的弟弟弗兰克却偏爱雷明顿的新型陆军用转轮手枪，这也不足为奇。斯科菲尔德经受不住巨大打击，于1882年12月，用他所改进的并以他的名字命名的手枪结束了自己的生命。

"俄国婴儿"式手枪

霍勒斯·史密斯于1873年退休，并把自己所在公司的股份卖给了丹尼尔·韦森，但韦森继续使用这位前搭档的名字。他又生产出许多不同口径的3型手枪：0.45英寸的英国式、0.44英寸的俄罗斯式和0.44/0.40英寸的温切斯特式，还有不同子弹装填方式的0.38英寸和0.32英寸的手枪。同时，在用作比赛用手枪上，第一款转轮手枪继续使用单动装置，也取得了可喜的成功。他尝试着制造一种小口径、重枪身的手枪。这种枪直到今天仍在使用。在1876年的费城百年庆典上，韦森公司推出了轻便的口径为0.38英寸的手枪，官方称0.38英寸口径2型手枪，但人们口头上习惯称为"俄国婴儿"式手枪，以避免和早期0.32英寸2型相混。也许这款手枪最吸引人的地方就是手枪所装填的火药：中发式0.38英寸S&W手枪子弹，成为美国袖珍手枪的标准子弹，并在全球广为应用。1877年，一款新型的1.5型手枪问世，采用口径为0.32英寸的中发式子弹。从此，缘发式子弹就退出了主流。三年以后，S&W的第一款双动型手枪问世，口径为0.32英寸和0.38英寸，有五种不同的款式。第一款袖珍型手枪由该公司生产时用的是扳机护弓而不是扳击套，这在所有出售的手枪中是最为成功的，并在全球被仿造。以史密斯和韦森联手经营枪械制造业开始，转眼间25年过去了，S&W公司已经跃居美国枪械制造业的第一位，成为头号制造商。但是，他们的最主要的竞争对手——塞缪尔·柯尔特的经营状况又是怎样的呢？

柯尔特手枪在逆境中发展

当S&W手枪第一次露面时，特别是当怀特1855年提供给柯尔特的专利变得无丝毫优势的时候，哈特福德一定气得咬牙切齿。甚至有人推测怀特的根本目的就是要把柯尔特挤掉。幸亏柯尔特对专利的有力保护，使得他21年的地位牢不可破，现在事情刚好颠倒过来，他自己也不能触动S&W的专利保护，只好用一些淘汰了的技术生产枪支。事实上，柯尔特手枪种类齐全、范围广泛，面对的是不同的消费者。一个人如果只依靠生产小口径的缘发式手枪吃饭，那他只有等死了。1860—1862年，在陆军、海军和警察使用的口径0.44英寸和0.36英寸的手枪的销售上，也受到了S&W袖珍手枪的影响，S&W袖珍手枪对市场开始进行新的扩张，而不只是抢占柯尔特的市场。柯尔特在雷明顿、斯达尔、萨维奇面前很有竞争力，但在S&W袖珍手枪面前就不行了。毫无疑问，整体子弹的发展应该要就此打住了，许多柯尔特手枪的拥有者都将子弹从球形子弹换为

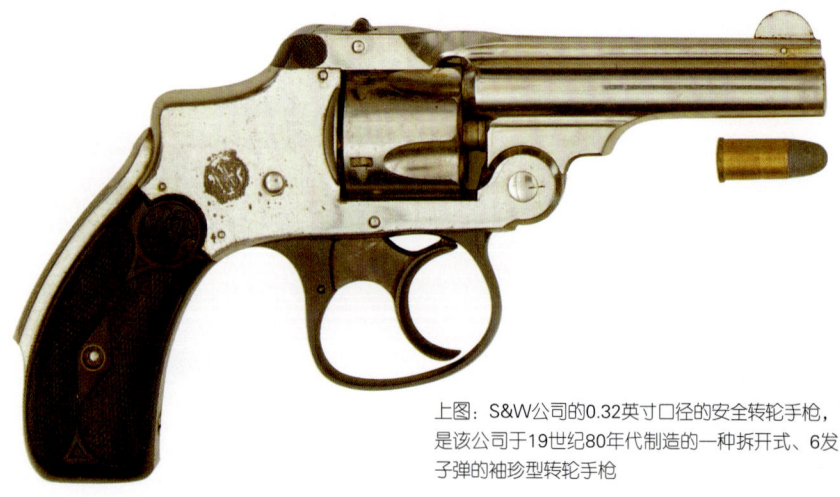

上图：S&W公司的0.32英寸口径的安全转轮手枪，是该公司于19世纪80年代制造的一种拆开式、6发子弹的袖珍型转轮手枪

上图：19世纪最后25年，大量便宜彩图以及劣质小说和烂海报宣传的柯尔特单动陆军手枪

金属子弹。柯尔特公司继续给这些枪提供标准服务，但经常要晚十来天。1869年，罗林·怀特专利保护期满，柯尔特公司开始自由使用后膛装填原理，最后生产出了在那个时代最有名的、但也最有争议的手枪，但由于塞缪尔·柯尔特本人死于1862年，而没有亲自看到这款手枪的模样。

柯尔特首度研制弹式转轮手枪并不成功，4发、开放式、0.41英寸口径的、缘发式的豪斯手枪产于1871年，它为世人记住只是因为它是柯尔特的第一款后膛装填式手枪，是由查尔斯·理查德——哈特福德公司主管的助手设计的。正是理查德推动了柯尔特手枪由击发式前装转轮手枪向黄铜子弹手枪的过渡。豪斯手枪后来改进成5发枪，后来又增加了0.22英寸口径7发袖珍手枪，同时也是开放式枪身，和柯尔特最后生产的手枪一样。它们在1873年被不少于八种款式的新型袖珍手枪所取代。这些新型袖珍手枪，口径从0.22英寸到0.44英寸不等，有中发式和缘发式的。有四种枪管长度，从64毫米到150毫米不等。这些产品看起来令人眼花缭乱，直到你意识到柯尔特是出了名的元件相互换用原则的执行者后，才会完全理解。这整个产品体系共有三种框架，有不同的弹筒、用于各种枪膛和口径的枪管、中发式与缘发式、不同的击锤锤针，等等。

除了以上系列袖珍手枪外，1872年，柯尔特公司又推出了新的弹带式转轮手枪。这种手枪很重，口径0.44英寸，缘发式，与陆军用1860型击发转轮手枪不相上下。它直接是1873年制造的中发式、0.45英寸口径的柯尔特单动"和平缔造者"陆军转轮手枪的前身。

柯尔特公司生产的1873型"和平缔造者"手枪，是单动6发转轮手枪，使用弹簧装弹退壳系统，使得子弹的发射和退壳动作连贯进行。可以用最基本的工具迅速将其从初始装置拆卸到最后元件，而且每一部分都设计精确。这样，新的元件可以轻松地安装上去。甚至即使一部分元件丢失了，仍然可以开火射击。它适用于从76毫米到190毫米的枪管。该公司最后又生产出了一系列不同口径的款式，从口径为0.22英寸的缘发式，到口径为0.476英寸的中发式，包括柯尔特0.45英寸到0.44/0.40英寸的WCF式。这种型号生产后对原有温切斯特手枪的人——拓荒者有着极大的吸引力。柯尔特生产两种风格的靶枪，一是单动靶枪型，另一种是贝斯里型。贝斯里型有更优越的枪机、击锤、扳机及扳机护弓，还有改良的瞄准准星。所有的型号均以蓝色为标准色，但是所有型号的颜色也可以用银和镍合成，它取决于手枪是精装还是简装，而且在手柄上有三种不同水平的雕刻。黑色字为标准，象牙色和珍珠母色可以供工厂生产时进行选择。

柯尔特长枪管之举

柯尔特SAA转轮手枪最不寻常的也是最不适用的改型叫作"特殊的帆脚索"，枪管长度为254毫米或406毫米，加装一付铜铸抵肩式枪托。1876年，公司生产了所谓的"带有卡宾枪管以及折叠式枪托的柯尔特手枪"，在费城百年庆典展览会上展出，引起了一部分人的注意，特别是引起了一位叫爱德华·贾德森的西部科幻小说家的注意。他以每支26美元的价格买下了五支长枪管的转轮手枪，并在道奇城的圣诞庆祝会上将这些手枪分别馈赠给五位驻

上图：道奇城和平委员会。该组织由一群奉行和平主张的军官组成，发起人是怀亚特·厄普（前排左二），成员包括尼尔·布朗（前排右一）、查尔利·巴西特（前排左一）以及巴特·马斯特逊（后排右一）。与当时的流行潮流背道而驰的是，他们在决斗中均拒绝使用柯尔特特种转轮手枪

柯尔特单动陆军型转轮手枪
（开拓者型）
口径：11.4毫米（0.45英寸）
重量：99千克（35盎司）
全枪长：280毫米（11英寸）
枪管长：140毫米（5.5英寸）
有效射程：30米（91英尺）
装弹量：6发
子弹初速：198米/秒（650英尺/秒）
原产国：美国

S&W公司的俄罗斯型手枪
口径：11.2毫米（0.44英寸）
重量：1.02千克（36盎司）
全枪长：317毫米（12.5英寸）
枪管长：203毫米（8英寸）
有效射程：20米（66英尺）
装弹量：6发
子弹初速：214米/秒（700英尺/秒）
原产国：美国

守在边塞的军官。他声称是自己负责设计这种枪的。事实上，这种枪非常难用，5人中的4人只把它当作一项收藏品，其中一人曾说过他很喜欢这支枪，尽管他在困难来临时从不用它。在他最值得回忆的一次战斗中，他只使用斯科菲尔德手枪。柯尔特公司在1876—1884年共生产出30支这样的手枪，但有一些没有出售掉。1958年，柯尔特公司根据公众要求，改变了SAA手枪的口径和枪管长度。

柯尔特SAA手枪

美国军队在1873年准备采用柯尔特的SAA手枪以取代雷明顿的单发滚动式闭锁手枪，但购买后很少使用，到1907年这种手枪又被新型军用双动转轮手枪所取代。

尽管如此，还是有一些使用者，如中尉乔治·帕顿就买了一对手柄镶有象牙的单动转轮手枪，这是他在出发追捕潘肖·韦拉之前于1916年买的，并佩带着这对手枪先后经历两次世界大战。这对手枪与曾被罗伯特·福特用来在1882年4月刺杀杰斯·詹姆斯的手枪属于同一型号。

狂人比尔·希科克

转轮手枪大受欢迎，因为这种枪帮助创造了西部枪手的神话。那些人民心中的英雄往往是性格独立、枪技神奇的人，这样的传说一直流传至今。柯尔特0.44英寸口径的"开拓者"转轮手枪据说是西部枪手最喜爱的武器，西部狂人比尔·希科克就是被这种枪击中大脑而死去的。他是于1876年8月2日在一次扑克牌游戏中被杰克·麦考尔杀死的，这个传记事实上比柯尔特推出的这种枪还要早两年，所以说这个传记是错误的，至少记载的使用的枪不是正确的。许多相关研究表明：对传说中的这种西部枪手，如西部的希科克以及他的同时代人本·汤姆森、怀亚特·厄普、卢奇·可特、克雷·艾丽森和杰米卡内、查理·马塞特等人的能力表示怀疑的一方占多数。不管这种传说正确与否，但这些人精湛枪技的传说还是吸引了许多读者。如果有人认为难以置信，那他自己也没有亲眼所见，又怎么能说得清楚。据怀亚特·厄普所说：有一次，希科克显示他的枪技，他把10发子弹装入两把枪中，将90米外的一堵墙上打成了一个"O"形字。厄普还断言说，有一个人拥有和希科克同样的本领，可以在370米开外的地方让6发子弹都打中目标——这该是一种多么令人惊叹的技能啊！

一个著名的猎人兼枪支收藏者罗伯特·科尔，写了另一篇关于希科克高超枪

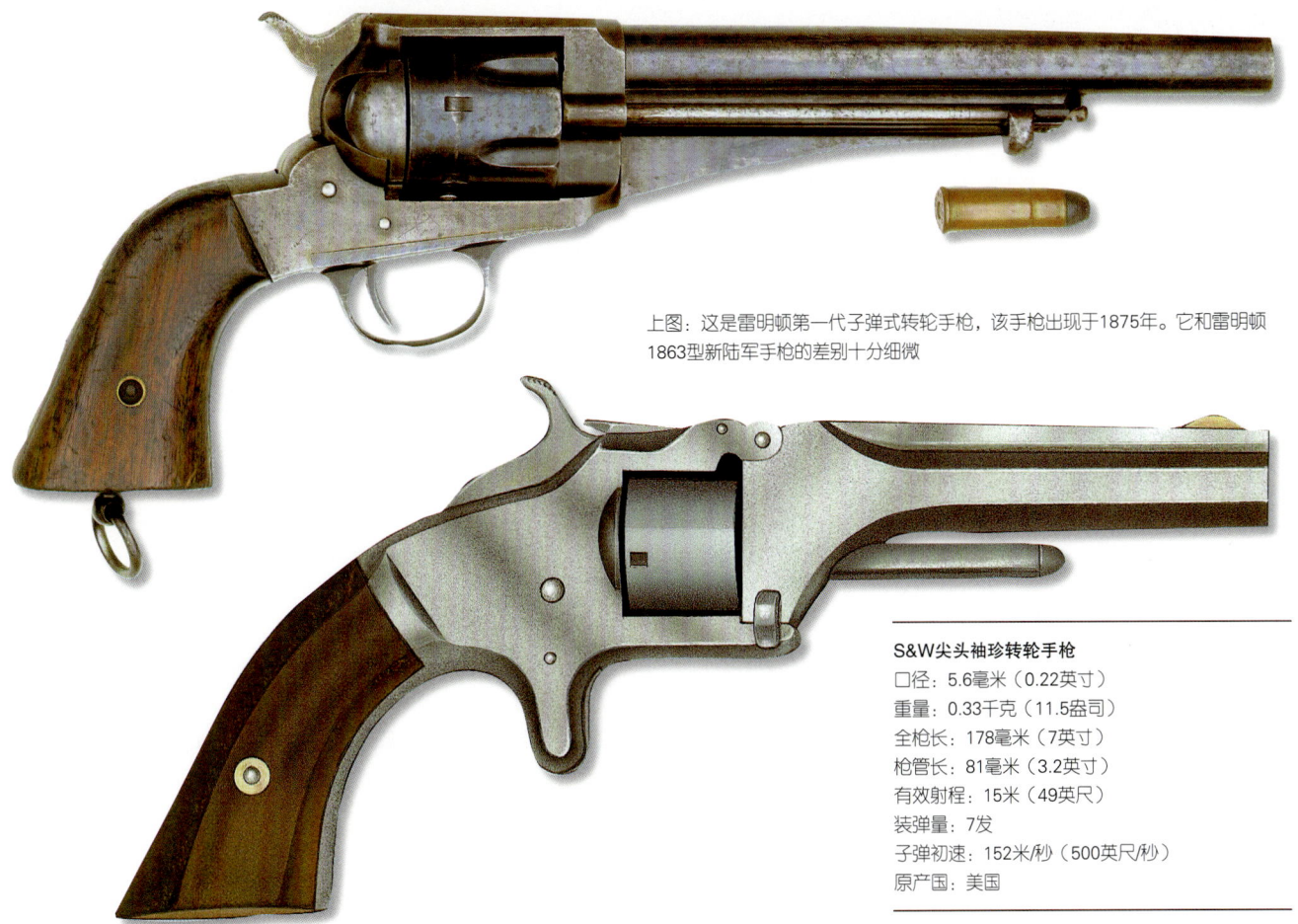

上图：这是雷明顿第一代子弹式转轮手枪，该手枪出现于1875年。它和雷明顿1863型新陆军手枪的差别十分细微

S&W尖头袖珍转轮手枪
口径：5.6毫米（0.22英寸）
重量：0.33千克（11.5盎司）
全枪长：178毫米（7英寸）
枪管长：81毫米（3.2英寸）
有效射程：15米（49英尺）
装弹量：7发
子弹初速：152米/秒（500英尺/秒）
原产国：美国

技的报告，当时他还在一家著名杂志《户外生活》做主编，他观看了狂人比尔在弥尔威克的一片平地上的精彩表演。该书由尼德·邦特兰组织编写，也顺便描写了他自己，希望当时他还没有醉。

科尔写道："希科克先生对我们极有礼貌，给我们展示他的手枪，并做了射击表演，但城市安排表演的节目有限，我们上马后就沿道路赶往城郊。希科克的枪是一对漂亮的银制SA0.44英寸的柯尔特转轮手枪，两把枪的手柄都镶有珍珠和有品位的雕刻，他还有一对同样口径的雷明顿转轮手枪，但在表演时基本上用柯尔特转轮手枪，当我们到达合适的地点后，希科克就给我们表演枪法，让我们充分享受那种快乐，我真幸运能亲眼目睹这一切。

"站在铁路线上，他端起枪，对着一幢老房子上的一个钟摆针开火射击，然后，他开枪打掉河岸对面的一粒白砾石，当时他离目标有15码远。接着他站在30英尺外，向被抛到30英尺高的一个罐头瓶连开了三枪，并在罐头瓶未落地前将其击中，这次表演他两次用右手开枪，一次是用左手开的枪。"科尔继续写道，在后来的日子里，他完全相信了所有关于希科克枪法神奇的传说，也不管他的非凡技艺是否违背了物理学的地球引力规律。至于人们是否同意科尔的观点，纯属个人选择的问题。

詹姆斯黑帮

用枪格斗的故事的主人公也包括那些非法流亡者，他们打劫那些落后部落以及路人，数百个杀手对过路的旅客进行掠夺，其场面极为血腥残忍。詹姆斯黑帮是一个名声很大的非法组织。杰西、弗兰克·詹姆斯、科尔、吉姆和鲍博·杨格等五人是该组织的中心成员，后来又有很多人加入进去。如果他们的领导人不制订抢劫银行方案的话，他们现在已经是最成功的凶杀犯了。他们从1866年2月14日一直猖狂到1876年9月7日，在此期间，他们共抢劫了密苏里州克莱县银行1.5万美元的黄金以及4.5万美元的债券，再加上一些不明来源的银子和纸币。由于运气较差，再加上情报有误，他们在抢劫明尼苏达州第一联邦立案银行的时候，遭遇了当地帮派——比尔·查德威尔率领的帮派，并与之进行了激战。该帮派中有很多人曾跟随威廉·匡特里尔参加过美国内战，比尔声称他们要抢劫的目标是这个州中最富有的国家银行。

十年以后，詹姆斯帮派还是玩同样的花招，这是杰西·詹姆斯在外面的犯罪生涯中所发明的花样，一群匪徒在镇中大呼"冲啊"，他们骑着马大叫，朝天鸣枪，目的是把居民赶进屋子里，同时，有几个人冲进银行进行抢劫，然后趁着混乱撤退。他们总是使用同样的作案方法，主要是因为他们认为这样做显得魅力十足，他们没有人能发现有什么不妥之处而去改变它。这五个堂兄弟再加上查德威尔、查里·皮茨和克莱尔·米勒共有八人。这八

柯尔特单动陆军型手枪（"和平缔造者"）
口径：11.2毫米（0.44英寸）
重量：1.08千克（38盎司）
全枪长：330毫米（13英寸）
枪管长：190毫米（7.5英寸）
有效射程：20米（66英尺）
装弹量：6发
子弹初速：198米/秒（650英尺/秒）
原产国：美国

个人从家乡密苏里州坐火车到明尼苏达州。到站后，他们买了最好的马去北部。他们三三两两成组，装作购牛者寻找下手的对象。他们外面都穿着军用尼龙防雨衣，这样一方面可以防雨，另一方面也便于藏枪。

北部突袭

这帮人在9月7日上午到达了诺斯菲尔德。到了吃午饭时，詹姆斯、查里·皮茨和鲍博·杨格三人骑马进小镇并拴好马，马是拴在饭店外面的。他们吃着奢侈的午餐，抽着烟然后再上马向史克雷沃街区驶去，在一个铁栏杆前停下。当时大部分商店都有钢制栏杆。在这个街区的背面，面朝东的是第一联邦立案银行。银行后门是开着的，有一个小胡同把史克雷沃街区和别的街区隔开，这个胡同里面有两个五金店，分别是J.A.阿伦和A.E.曼尼五金商店。五金店对面是许多商店，包括惠勒和布莱克曼的药店和一个小旅社，叫作丹皮尔旅行社。杰西和他的随从到达十字路口后，整个镇子在秋日下静悄悄的，仿佛沉睡了似的。他们下马后站着轻轻地嘀咕了一会儿。

第一联邦立案银行的灾难

突然，城市的寂静被嘈杂的叫喊声打破了，另外五个与前三个穿着相似、骑着马大叫的人拍马朝第一联邦立案银行门口冲过来，分别从两个不同的方向冲进广场。一阵"呼啦"的喊声顿时响起，那三个人迅速冲进银行。银行里面没有储户，他们就跳进柜台。当时的柜台没有栅栏和铁杆保护，后来铁栅栏才成为保护设施。他们面对着出纳员J.L.海伍德和两个营业员富兰克·惠勒和A.E.邦克，掏出手枪大喊："抢劫，打开保险箱！"海伍德纹丝不动摇头拒绝，杰西发现通往金库的后门半掩着，就开始亲自动手，他走过去并试着打开里面的门，但就在他走到门前时，外门突然关闭了，就把他封锁在了里面。查里·皮茨动作较快，他赶紧用枪托猛砸海伍德的头部，把他打翻在地，鲜血从海伍德伤口处汩汩直流。里面的门没有锁上，杰西只伸手就打开了门并迅速走出金库。

与此同时，皮茨用另一只手掏出一把刀，蹲下拿刀抵住可怜的海伍德的咽喉，虽然受到如此威胁，海伍德还是拒绝打开保险箱。为了避免受到伤害，营业员邦克迅速冲向后门，撞开后门后刚要逃跑，却被皮茨的手枪击中摔倒在地。他伤得并不太厉害，为了活命就拼命向胡同跑去，可

上图：布法罗·比尔·科迪。一个19世纪末期的传奇式人物，他的西部狂野秀还包括其他著名人物如狂野的比尔·希科克

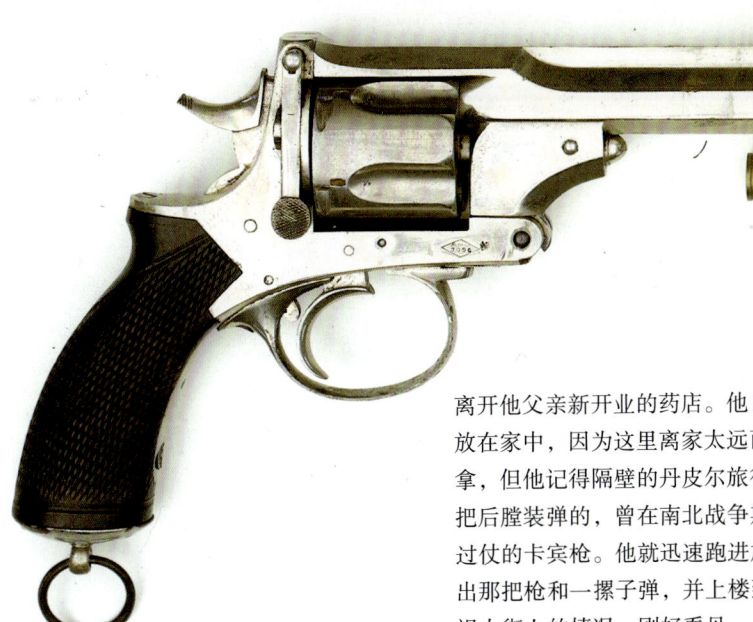

上图：一款韦伯利·普赖斯的转轮手枪。其特征为左弹膛后部有星状抛壳孔。这种转轮手枪还安装一个反弹式击锤以防走火

是子弹比他更快。鲍博·杨格一枪打中了他的肩膀，子弹近射的冲力几乎使他倒地不起，但他还是勉强爬起来，躲藏到门外。

明尼苏达人的反击

在银行门口，担任牵制力量的一群人骑着马奔来奔去，大喊大叫着鸣枪示警。鲍博回到银行，和杰西、皮茨确定保险箱已经锁上了，他们就到处搜寻钱财然后向门口冲去。杰西断后，就在他刚到门口时回头一看，发现海伍德挣扎着把手伸向抽屉到处找枪，杰西朝海伍德开了一枪，子弹打在他的头部，杀死了海伍德。杰西用的是斯科菲尔德式手枪。惠勒呆若木鸡地站着，结果他没有受伤。

街上匪徒们的"呼啦"声并没有起到预期的效果，大部分居民都关起门。但是，一些当地居民已经行动起来。银行内传出的枪声并不只是耀武扬威，这意味着他们存钱的银行被抢了，不止一个人拿出了自己的手枪。两个五金店的老板阿伦和曼尼也拿出了手枪，愤怒地装上子弹，将手无寸铁的人们招呼过来聚在一起。年轻的亨利·惠勒，一个回家度假的19岁的医药学大学生，当听到警报声时，他刚好离开他父亲新开业的药店。他自己的猎枪放在家中，因为这里离家太远而不能回去拿，但他记得隔壁的丹皮尔旅行社里有一把后膛装弹的，曾在南北战争期间用来打过仗的卡宾枪。他就迅速跑进旅行社，拿出那把枪和一摞子弹，并上楼到卧室里监视大街上的情况，刚好看见一个叫尼克拉斯·亨特森的挪威移民被一个骑在马上的凶犯用子弹打中了头部。他赶紧用颤抖的手打开这支1859型夏普斯枪的枪膛，装上0.50英寸口径的子弹。

枪战白热化

但是，亨利不是第一个起来奋勇还击的当地人。伊莱亚斯·斯泰西抓过一个五金商人丢过来的手枪和一盒子弹，冲向史克雷沃街区丹皮尔旅行社的三楼，并立即朝从他眼皮底下第一个通过的匪徒瞄准，但是他的枪是把霰弹枪，而且子弹只是用来射杀鸟的。他打中了克莱尔·米勒的脸，虽然米勒伤得不重，但这引起了骚动，血从他的脸上流出来，他冲向窗下寻找开枪的地方并掏出转轮手枪。刚过一会儿，就在他准备扣动扳机时，却从马鞍上翻落下来，亨利·惠勒在丹皮尔旅行社的8号房里又给了他一枪。米勒临死前朝地上开了一枪，他是杰西匪帮中第一个在行动中死去的成员。虽然斯泰西知道这种轻型手枪实际杀伤力不大，但他继续开火，所有那些转身出城的匪徒们几乎都是带着弹伤离开的。

惠勒的第二颗子弹击中了科尔的帽子。这时，一个曾是退役老兵的匪徒，被五金店老板曼尼的卡宾枪击中了肩膀。曼尼走上街头很清醒地朝他的目标进行射击。他几乎为自己的英勇行为赔上了性命。当鲍博从银行出来发现自己的马在眼皮底下被人击中后，非常气愤，当他正准备转身用枪射杀曼尼时，引起了惠勒的注意。惠勒一枪击中鲍博的右肘，虽然鲍博把枪转到了左手，但枪法却大不如前了。此时，曼尼已经意识到了危险。比尔·查德威尔正漫不经心地骑马过街时，被斯泰西一枪击中，这时一位商人又用卡宾枪补了一枪，结果比尔·查德威尔因这一枪正中心脏而死。

就在这时，杰西匪帮意识到必须马上离开这个死亡之地，除了米勒和查德威尔丧命以及鲍博受重伤以外，其余的都无大碍。受伤的鲍博被他们抛下了，鲍博绝望大叫着："天啊，弟兄们，不要扔下我，我中枪了！"这唤起了他兄弟科尔的注意，虽然科尔自己也受了伤，但还是冒着枪林弹雨跑回来，抱起鲍博躲在马脖子下，飞快地向其他人追去。

对于明尼苏达州诺斯菲尔德的居民来说，战斗是如此突然地到来，又迅速地结束了。他们当中有两个人死亡，一人肩部中枪，虽然伤势严重但无性命之忧。当然，他们还要掩埋另外两具尸体，克莱尔·米勒和比尔·查德威尔。这两人刚到这个小镇时，还曾对这里的安详恬静赞叹不已。尽管在掩埋米勒时大家极不情愿，但那只是短暂的，尸体最终还是被全部掩埋了。后来，亨利·惠勒成了小镇上的外科医生，他有时还会邀请客人们观看诊室中悬挂在橱柜里保存完好的骨架，那就是在1876年9月7日这一个非常幸运的日子，他在丹皮尔旅社亲手击毙的匪徒的骨架。

柯尔特纪念型手枪

柯尔特单动陆军转轮手枪的生产工作一直持续到1941年美国参加第二次世界大战，这时该公司已不能继续生产更多的现代手枪。但在战争结束以后不久，枪械制造者开始仿造这款手枪来满足公众的需求。柯尔特公司于20世纪50年代重新生产这些手枪。它们制造出不同型号的口径和枪膛，包括0.357英寸口径的马格南型，该枪所用的子弹是1935年史密斯和韦森公司推出的高杀伤力子弹。柯尔特公司于1959年又生产出0.22英寸口径的缘发式的柯尔特"开拓者"侦察型手枪。

在20世纪60年代，柯尔特开始生产特殊的"纪念型"手枪，减小了一些名枪的口径。如生产1000支镶金的"小马快运开

上图：查尔斯的这幅油画上描述的是美国骑兵和平原地区的印第安人作战的情景。通常，"优秀的小伙子"才能够装备这种柯尔特单动陆军型手枪

拓者"侦察型手枪，用以纪念铁路建成后在密苏里州的圣约瑟夫和加利福尼亚州的萨拉门托夫之间开通邮递服务100周年。另一款是在1962年制成的，以纪念新墨西哥州成立50周年。另外，还有两年以后纪念内华达州成立100周年而生产的手枪。截至1970年，SAA手枪用九种形式制造出来，其中最有名的可能要数1973年制造的为纪念该款手枪本身诞生100周年而生产的手枪了。到了它的125周年纪念日之时，至少有三家美国枪支制造商（其他国家还有许多）再次生产SAA手枪，从口径0.22英寸的缘发式到口径0.45英寸的中发式，以及0.357英寸和0.44英寸口径的马格南子弹手枪。

尽管柯尔特单动陆军手枪很受欢迎，但柯尔特意识到，欧洲人更喜欢单动/双动手枪。当时在市场上已有了一款比其竞争者史密斯和韦森早了一步的双动手枪。1877年，0.38英寸口径的"闪电"式和0.41英寸口径的"雷电"式开始上市，随后是一款更重的"开拓者"双动转轮手枪，口径包括0.45英寸柯尔特式、0.44英寸/0.40英寸温切斯特式和0.476英寸的英国式。接下来几年，这些手枪被美国军队采用，其中大量用于骑兵部队。这种双动手枪一直被美军使用，直到1892年才被1889型外摆式弹膛陆军转轮手枪所代替，但在1902年菲律宾战争期间，这种手枪重新装备部队。据说，精神错乱者威廉·邦尼（人们更乐于称呼他"长不大的小贝利"）一生都比较喜欢"雷电"式手枪。1881年7月4日，在新墨西哥州的萨姆纳堡，年仅21岁的邦尼被他昔日的酒友，后来的执法官帕特·加勒特处决。

伊利法莱特·雷明顿

负责柯尔特第一款DA手枪的是威廉·梅森，1866年至1882年间，他一直担任在哈特福德的工厂的经理。然后，他离开柯尔特公司，去了温切斯特，在那儿他开始设计单动手枪，这就动摇了柯尔特的重型军用转轮手枪的市场垄断地位。这并不完全是巧合，此时，柯尔特正忙于出售柯尔特·伯吉斯步枪，该枪和温切斯特73型非常相像。也许是出于友谊的考虑，柯尔特迅速搁置了这种步枪的设计。与此同时，温切斯特陆军手枪也从没有投入单动手枪的市场。梅森设计的温切斯特手枪，1883年并没有生产出来，这并不是公司的初衷。

雨果·伯哈特是一名德裔美国居民，19世纪60年代定居美国。他从1870年开始在温切斯特公司进行一种单动6发手枪的设计，采用外摆式弹膛，弹膛射击时子弹壳同时抛出。后来，他又设计使用一种后置式退壳杆。就像梅森一样，伯哈特的设计也被搁置了。于是，他离开该公司去了夏普斯公司，负责带领优秀的夏普斯进入使用黄铜子弹时代。1880年，他回到自己的祖国德国，在路德维格·洛伊公司工作，在那儿，他生产出了第一支真正的自动装填手枪，也称为半自动手枪。

温切斯特公司不是唯一一家挑战柯尔特和S&W的美国手枪市场控制地位的公司。伊利法莱特·雷明顿1875年生产出新型军用前膛装弹手枪，并采用了金属壳子弹，接着在1891年重设计了一个版本。这两种都是重型、固定式枪身、6发子弹的转轮手枪，口径0.44英寸。他还设计出具有新型5发子弹的单动转轮手枪，还有3种口径更小的转轮手枪：0.30英寸口径和0.31英寸口径的缘发式，以及0.38英寸口径的中发式转轮手枪。但是，他的发明太晚了，对这两个巨头公司丝毫没有影响，于是，雷明顿1894年退出了手枪行列，等待时机。在1919年突袭自动装弹手枪的市场，后来又回归到老本行制造步枪。

小口径袖珍型手枪

在手枪市场的低端产品领域，有许多公司生产价格便宜的袖珍式小口径手枪，这样的公司如艾佛尔·约翰逊公司、哈林顿和理查森公司、佛汉德军工厂以及它的前身阿伦公司和威洛克公司以及佛汉德·瓦德华斯公司（这个名单举不胜举）。这些公司都生产0.32英寸口径或0.38英寸口径的转轮手枪。有一些枪比较正规，值得信赖，但大部分袖珍手枪质量平庸，这不但表现在设计上，而且也表现在制作工艺上。这当中物美价廉的手枪生产公司有艾佛尔·约翰逊公司以及哈林顿和理查森公司。巧合的是，它们都成立于1871年。

艾佛尔·约翰逊公司和马丁·拜尔公司（马萨诸塞州）合作，在那年，它们不仅生产前膛以及后膛装弹手枪，而且也生产铁链和手铐。1883年，这种合作伙伴关系宣告解散，艾佛尔·约翰逊公司就以个人名义继续生产这些产品，并于1891年迁移到菲奇堡。该公司的第一代产品很畅销，这是一种可拆开式、单动缘发式袖珍型手枪，口径有0.22英寸、0.32英寸、0.38英寸和0.44英寸，接下来又生产型号相似的手枪，名字诸如"防御者""重演""吸烟者"和"巨头"。接着约翰逊公司又于1879年生产出了一种奇特的弹膛外摆式转轮手枪。有趣的是，弹膛撞针是垂直撞针，置于枪管之下，这样人们就可以很顺利地拆下弹膛。然后，公司又回头生产可拆开式枪机用于未来型手枪。随着所生产枪支质量的稳步提高，1892年，约翰逊公司又生产出了自动保险双动转轮手枪。接着在1894年，也就是约翰逊死的前一年，又生产了一种和S&W在1887年生产的非常相似的无击锤手枪。事实上，这种无击锤手枪并非没有击锤，只是将一个

上图：一个理想主义者描绘的西部枪战图。事实上，许多枪手是在黑暗中被击中背部而死的，所以说枪手之间实际上是不存在行为准则的

无钩刺击锤安置在一个覆盖物中，目的是防止击锤钩住衣服。实际上，在约翰逊死后，该公司仍然存在，并在一个世纪之后仍然很有活力。

USRA型转轮手枪

当威森和富兰克林及吉尔波特·哈林顿合作以后，哈林顿和理查森公司开始运作。他们两人雇用威廉·理查森作为工厂经理。1874年，成立哈林顿和理查森公司。他们生产单动袖珍手枪长达四年，随后又推出了一系列的5、6、7发双动手枪，有0.22英寸口径的缘发式、0.32英寸和0.38英寸口径的中发式手枪。也许他们最著名的手枪结构都很简单，但是他们的单发靶标手枪，名为USRA手枪，情况却恰恰相反。H&R（哈林顿和理查森公司）的USRA手枪和S&W 1891型手枪，以及柯尔特手枪都很相似，该手枪基本上是以已经定型的重型转轮手枪的构架为基础。一根加重枪管，延伸到通常是旋转弹膛占用的位置。事实上，这种型号的一些手枪

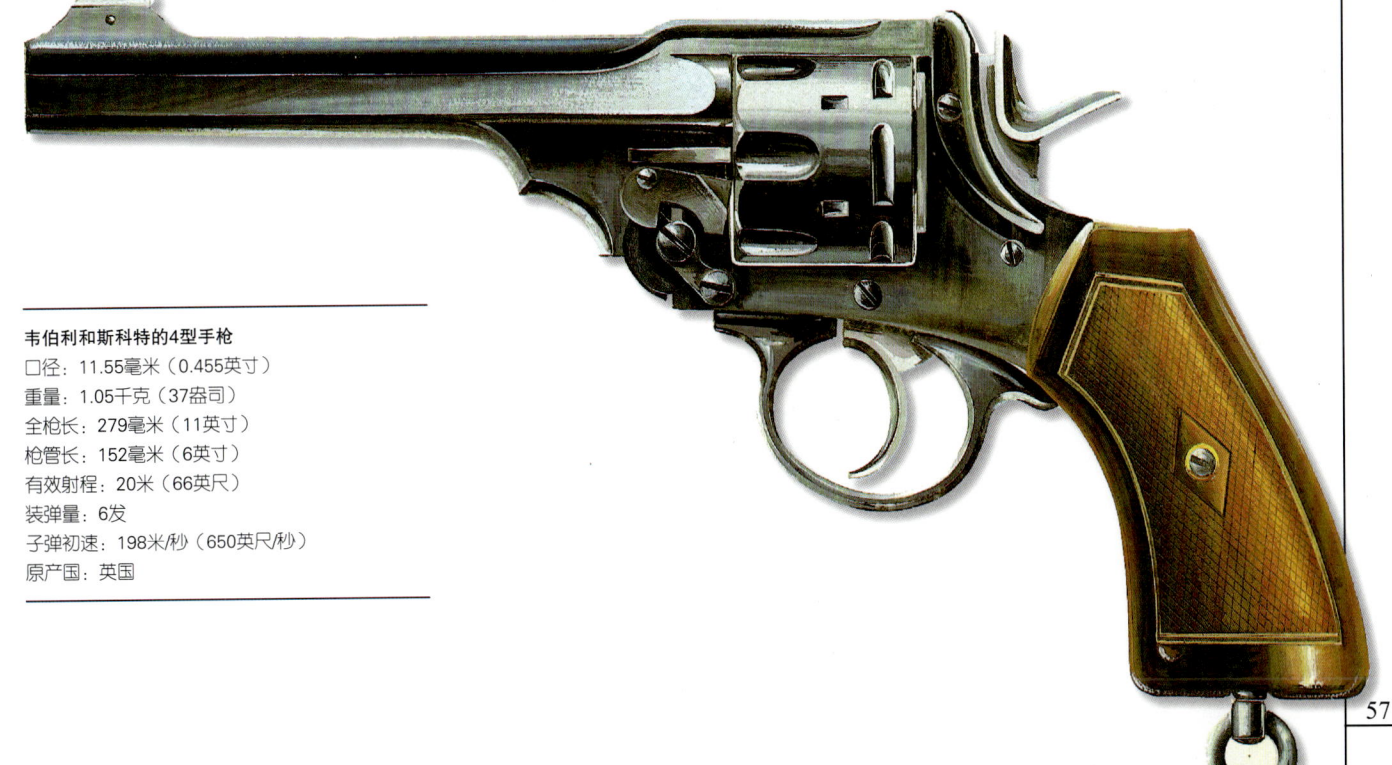

韦伯利和斯科特的4型手枪
口径：11.55毫米（0.455英寸）
重量：1.05千克（37盎司）
全枪长：279毫米（11英寸）
枪管长：152毫米（6英寸）
有效射程：20米（66英尺）
装弹量：6发
子弹初速：198米/秒（650英尺/秒）
原产国：英国

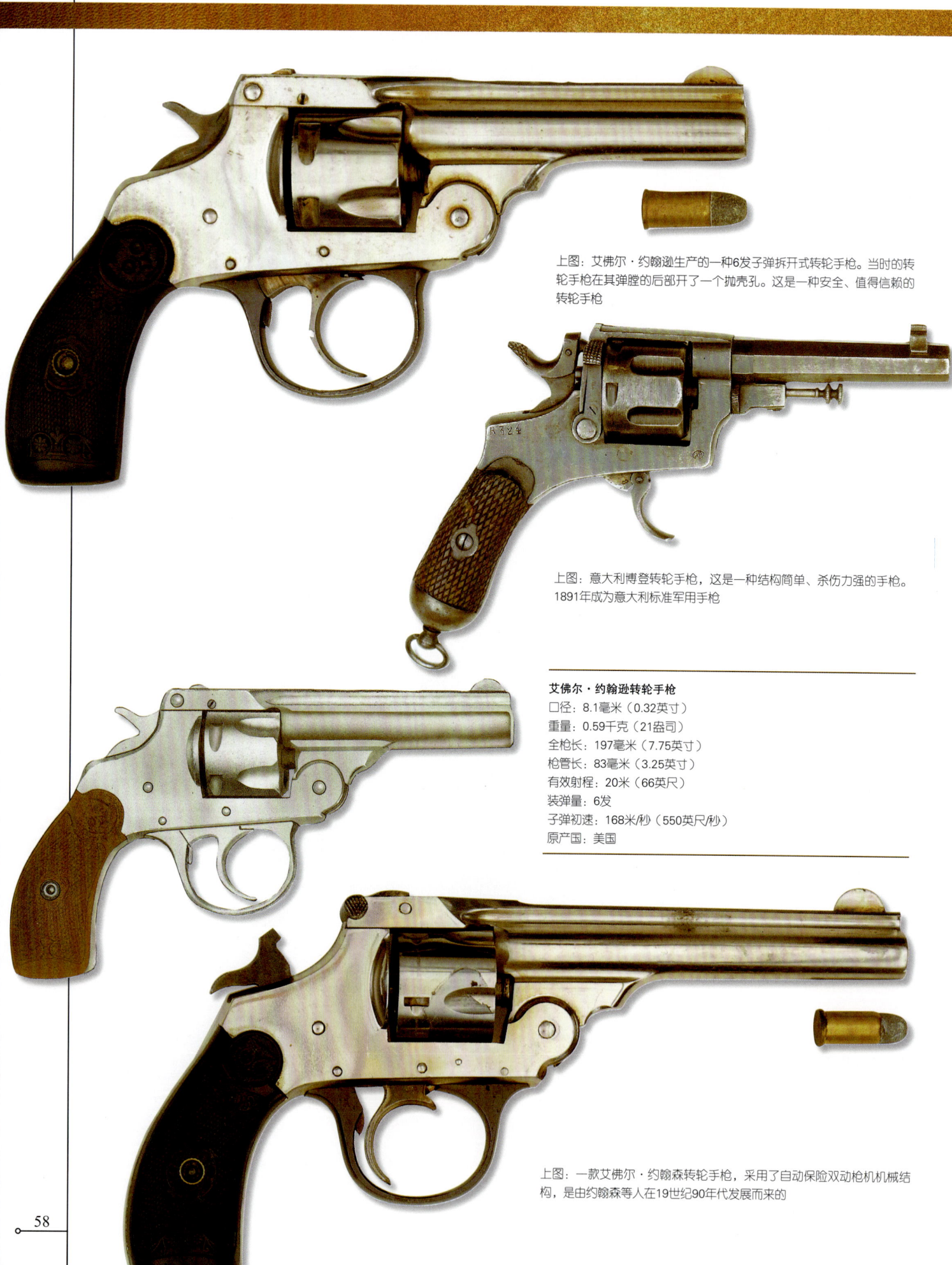

上图：艾佛尔·约翰逊生产的一种6发子弹拆开式转轮手枪。当时的转轮手枪在其弹膛的后部开了一个抛壳孔。这是一种安全、值得信赖的转轮手枪

上图：意大利博登转轮手枪，这是一种结构简单、杀伤力强的手枪。1891年成为意大利标准军用手枪

艾佛尔·约翰逊转轮手枪

口径：8.1毫米（0.32英寸）
重量：0.59千克（21盎司）
全枪长：197毫米（7.75英寸）
枪管长：83毫米（3.25英寸）
有效射程：20米（66英尺）
装弹量：6发
子弹初速：168米/秒（550英尺/秒）
原产国：美国

上图：一款艾佛尔·约翰森转轮手枪，采用了自动保险双动枪机机械结构，是由约翰森等人在19世纪90年代发展而来的

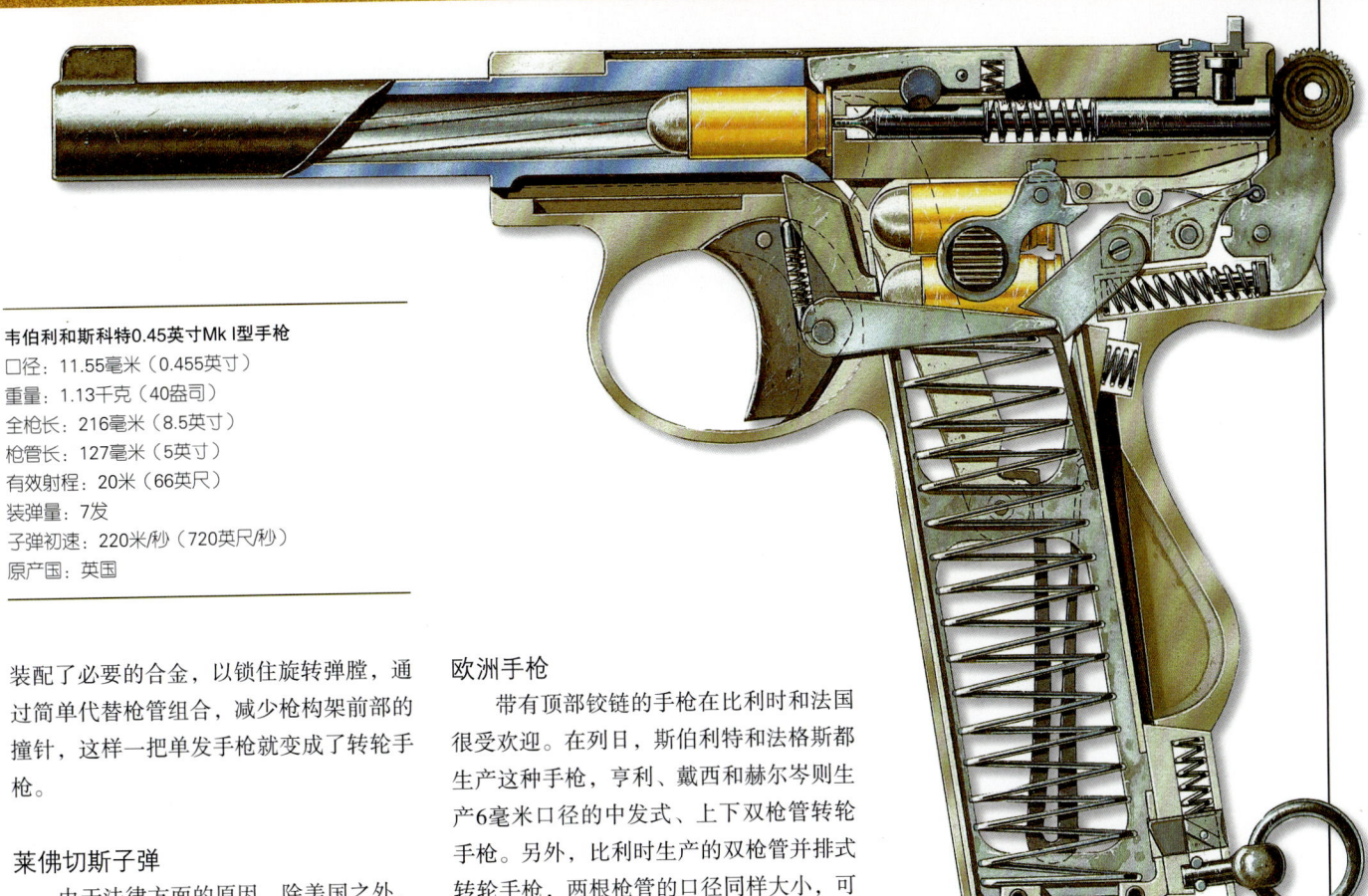

韦伯利和斯科特0.45英寸Mk I型手枪
口径：11.55毫米（0.455英寸）
重量：1.13千克（40盎司）
全枪长：216毫米（8.5英寸）
枪管长：127毫米（5英寸）
有效射程：20米（66英尺）
装弹量：7发
子弹初速：220米/秒（720英尺/秒）
原产国：英国

装配了必要的合金，以锁住旋转弹膛，通过简单代替枪管组合，减少枪构架前部的撞针，这样一把单发手枪就变成了转轮手枪。

莱佛切斯子弹

由于法律方面的原因，除美国之外，罗林·怀特提供给S&W公司的专利，在其他国家不能通用，这样一来，在欧洲就没有对后膛装弹式金属子弹的使用限制。在一些大西洋沿岸国家，尤其是英国，枪械制造商们改变了原有的撞击式火帽手枪，采用新的子弹。由于英国急于生产这种手枪，从而长期忽略了专利保护的问题。比利时的列日，是欧洲枪械生产业的中心，各种款式手枪都在这里生产，它们直接采用大口径中发式子弹；同时，小口径手枪还使用缘发式子弹。许多英国仿制手枪——主要有亚当斯、特兰特和以后的韦伯利手枪——都在比利时生产。与柯尔特以及后来的雷明顿手枪相比，比利时和法国的手枪设计缺乏美感，韦伯利、特兰特和亚当斯手枪也存在着同样的毛病。与美式手枪相比，欧洲手枪就显得老旧过时。美式手枪装饰豪华，富有线条美感。在法国巴黎，枪械制造商拉格里斯于1866年后期也生产出外观华丽、结构复杂的"佩兰"转轮手枪。在同一城市，戴维斯早在1830年早期就生产出一种拆开式双动转轮手枪，使用中发式子弹，在扳击护弓前部、后膛底部有一个铰链。

欧洲手枪

带有顶部铰链的手枪在比利时和法国很受欢迎。在列日，斯伯利特和法格斯都生产这种手枪，亨利、戴西和赫尔岑则生产6毫米口径的中发式、上下双枪管转轮手枪。另外，比利时生产的双枪管并排式转轮手枪，两根枪管的口径同样大小，可同时开火。更多的6、7、8发传统小口径转轮手枪更加普遍。

在比利时手枪制造业中，重要的制造商是纳格特兄弟和查尔斯·加兰德。纳格特兄弟虽不是唯一的枪械制造商，却是最出名的，因为他们所设计的转轮手枪成为最通用的单兵武器，在俄国革命之前和苏联成立之后广为使用，在两次世界大战以及一些内战和冲突中也被广泛使用。在托卡列夫、斯特金和马卡洛夫等苏联半自动手枪出现以后，纳格特手枪仍然相当流行。

纳格特手枪

虽然第一代9毫米口径纳格特转轮手枪早就成为比利时官方制式手枪，但直到1879年才在英国获得专利，并受到热烈欢迎。这是一款固定式枪身、6发双动转轮手枪，其外形特征令人着迷。挪威和瑞典军队都使用这种手枪，其中后者使用7.5毫米口径，前者使用9毫米和7.5毫米口径。1894年，纳格特兄弟中的弟弟利昂获得一项和埃米尔手枪相似的手枪专利，使用7.62毫米子弹，以一种不同寻常的方式进行上膛和抛壳动作。

加兰德时代的手枪，以其同步抛壳系统闻名遐迩，该系统还得到比利时和英国两国的专利保护。其基本原理涉及一个伸长弹膛的设计，这样弹膛和枪管就可以回撤，废弹壳通过退弹钩退出。枪管和弹膛的组合方式与原始的柯尔特手枪不同，其工作方式也不同。另一项变化就是抛壳杆的后半部构成扳机保险。和铰链式转轮手枪相比，它的不足之处在于抛壳过程比较复杂，装弹也不方便。但是，仍有许多制造商仿制这种手枪，而且在欧洲的销路也很好。我们可以找出一些比较特殊的手枪，配置有折叠式、全金属抵肩式枪托，但使用起来的效果一般。

比利时的"静犬"手枪

加兰德还生产出一系列小口径袖珍手枪，其主要用户是那些骑自行车的人，他们在郊外容易受到一些生性凶猛的狼犬的袭击。这些所谓的"静犬"手枪，不仅在比利时，而且在法国、德国、意大利和西班牙也得到了大量生产。它与普通人的手掌差不多，枪管通常长25毫米，固定式枪

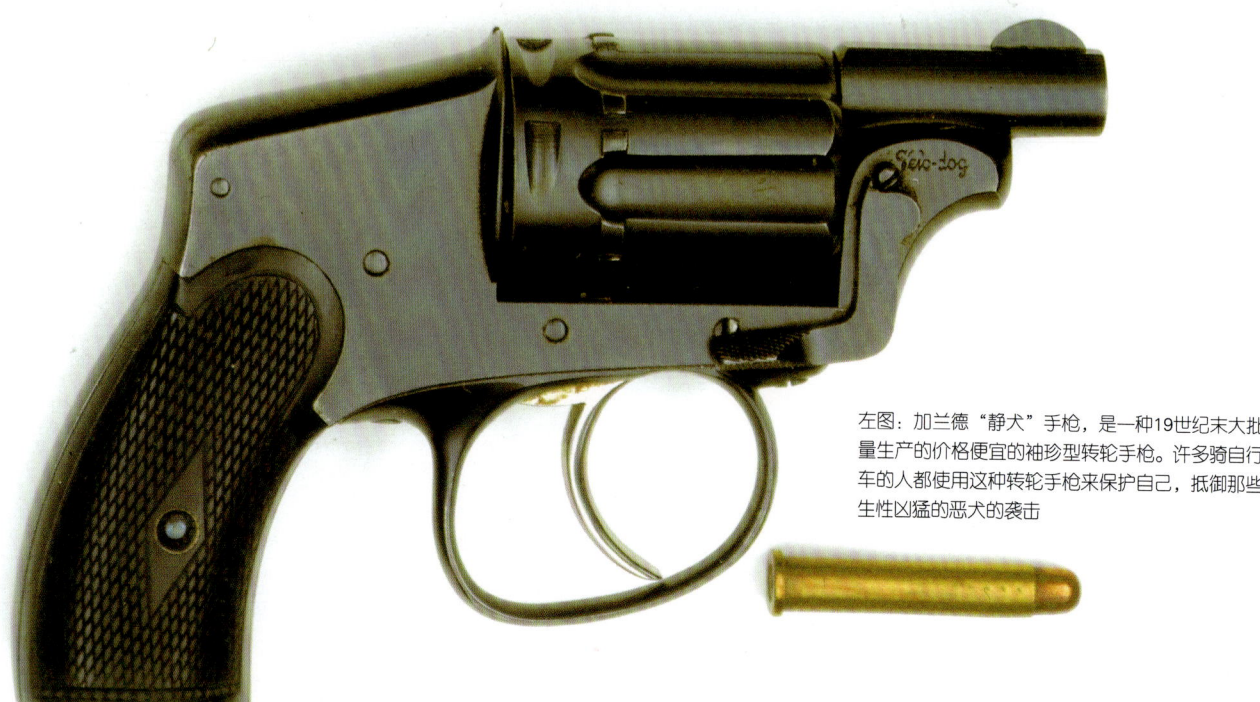

左图：加兰德"静犬"手枪，是一种19世纪末大批量生产的价格便宜的袖珍型转轮手枪。许多骑自行车的人都使用这种转轮手枪来保护自己，抵御那些生性凶猛的恶犬的袭击

身，折叠式扳机。早期款式使用5.5毫米或0.22英寸子弹，后来使用威力更大的6.35毫米和7.65毫米子弹。据说，这些手枪所使用的子弹比较特殊，里面装填的是盐、胡椒和灰尘。直到第一次世界大战结束后，"静犬"手枪仍有少量生产。

法国沙文主义

1867年，法国巴黎举办了一次国际博览会，此举本来应和16年前的伦敦大型国际博览会一样富有影响力，但结果并非如此。在当时，尽管许多主要枪械生产商都带着他们的最新的产品前来参展并出售，但法国人（主要是其官僚阶层）不但没有展出那些款式新颖的枪械，相反却推出了诸如加特林手枪之类的本国产品，但这些产品早就过时了。

三年后，完全出于一种毫无根据的盲目的国家自豪感，法国主动挑起了与普鲁士之间的著名的"普法战争"，结果在战场上遭到了难以想象的血流成河的惨败，许多领土被普鲁士占领。在此情况下，巴黎爆发了一系列更加惨烈的革命，就在这种剧烈的社会震荡之中，现代武器开始粉墨登场，其中手枪也引起了相当大的关注。

1874型转轮手枪

长期以来，法国海军一直使用莱佛切斯撞针击发式转轮手枪，直到1870年才开始使用由同一位设计师设计的新型转轮手枪，属于双动中发式，固定式枪身，装弹6发。一位评论家评价这种新型手枪"结实、造工良好但笨拙"。1873年，法国军队对这种转轮手枪进行了检测，但放弃使用该型枪支，将注意力转向被一些军官稍作改进的查姆罗特·德尔文的手枪设计，但最终的检验结果再次让法国军方无法选择，因为它们都是一些平庸的手枪。此外，其他军工企业在此基础上也作了一些改进设计，结果稍好一点，于是法国军方就选择了其中最好的一款设计，这就是1873型转轮手枪，同时抛弃了莱佛切斯和加兰德的老式手枪。后来，又生产出更轻型的1874型转轮手枪，1892年，被弹膛外摆式转轮手枪所取代。在第一次世界大战期间，这种弹膛外摆式转轮手枪参加了旷日持久的堑壕战，但其使用效果不佳，许多法军官兵深受其害。其中，特别可笑的是，法国第一支"常规转轮手枪"的子弹初速只有130米/秒，动能只有10千克/米。这种枪不但性能差，而且射速非常慢，这一情况在撒哈拉沙漠铁路勘测活动中被发现了。当时，法国试图修建一条跨越撒哈拉沙漠的铁路，法国殖民地军队负责为勘测队提供保护，当他们遭到他们的向导——当地阿拉伯土著的袭击和屠杀时，手中的转轮手枪居然失效了，连最近的目标也难以瞄准和射击。最终，法国人在1873—1890年生产出了更具威力的子弹，子弹初速提高了50%，杀伤力提高了一倍。尽管其性能无法与0.45英寸柯尔特子弹相提并论，但其威力已经足够了。

莱伯尔的无烟子弹

随着时间的推移，查姆罗特·德尔文手枪的改型枪最终让位给一款新型手枪——官方正式名称为1892型手枪，由于当时法国枪械采购委员会主席为尼古拉斯·莱伯尔陆军上校，因此，这款手枪通常被称为莱伯尔手枪。然而，莱伯尔更出名的原因，在于他为法国陆军所选择的步枪——富西尔1886型步兵步枪，使用8毫米口径子弹，这是第一种"小口径"军用步枪子弹，使用了无烟火药，这两个特点在战场上的作用极大。同样，莱伯尔转轮手枪也使用相同口径子弹，但弹体更短，装药也更轻。在当时，小口径手枪子弹的威力太低是一种相当普遍的缺陷，莱伯尔转轮手枪也面临着同样的弱点。

经常有人声称，莱伯尔不但负责法国军队的枪械采购事务，实际上还亲自设计了手枪和步枪，但并没有足够的证据能够证明这一说法。

莱伯尔转轮手枪使用传统的固定式枪身，装弹6发，双动模式操作，有一个朝右侧摆出的旋转弹膛——这是一种非

恩菲尔德0.38英寸口径转轮手枪
口径：9.6毫米（0.38英寸）
重量：0.82千克（29盎司）
全枪长：254毫米（10英寸）
枪管长：127毫米（5英寸）
有效射程：30米（91英尺）
装弹量：6发
子弹初速：213米/秒（700英尺/秒）
原产国：英国

纳格特1895型手枪
口径：7.62毫米（0.3英寸）
重量：0.79千克（28盎司）
全枪长：229毫米（9英寸）
枪管长：110毫米（4.33英寸）
有效射程：20米（66英尺）
装弹量：7发
子弹初速：178米/秒（584英尺/秒）
原产国：比利时

常独特奇异的选择，因为将近4/5的人都是右手拿枪。但其真正的设计原因在于：该款设计主要用于骑兵部队，这是因为骑兵们一般左手拿枪，而右手拿着骑兵的真正武器——剑。更为有用的是，通过一个松动装置可以打开左侧枪身，从而便于对整个枪机进行清洗。尽管该手枪整个弹膛能够向右外侧摆出，并可用手动方式装填及抛壳，但仍然在枪身右侧加装一个子弹装填装置。对于一支具有旋转弹膛的手枪而言，这种装置实际上是一个无用的附属物。

与法国军队制式手枪——莱伯尔转轮手枪相类似的查姆罗特·德尔文转轮手枪被瑞士军队所采用，编号为1873型，使用10.4毫米口径缘发式子弹。后来，被鲁道夫·施米特陆军少校改进为1878型，使用相同口径的中发式子弹，因此，该型手枪也称为施米特-德尔文手枪，但原型与改型之间的变化比较细微，不很容易区别。1882年，1878型手枪又被一种设计极其类似的7.5毫米手枪所取代，但该型手枪应用了一个类似纳格特转轮手枪的闭锁系统。

新的装填程序

同时，查姆罗特·德尔文转轮手枪还采用了阿巴德的一项重要改进：当装填口盖打开时，击锤与扳机自动分离，这样通过扣压扳机就可以转动旋转弹膛，从而大大加快了弹药装填和退出的过程。该套系统先后被法国人用在1892型手枪上和被奥地利人加瑟尔用在1898型手枪上。后来，意大利陆军也采用了10.4毫米口径德尔文转轮手枪，瑞典和荷兰也用这种手枪装备军队、宪兵和海关人员，其中瑞典使用的是9.4毫米中发式子弹，荷兰则使用11毫米中发式子弹。德尔文转轮手枪在意大利陆军服役到1889年，随后被一种更轻但设计基本相似的手枪——波德尔转轮手枪所取代，如同莱伯尔转轮手枪一样，这种手枪也是根据枪械采购委员会主席的名字进行命名的。

波德尔转轮手枪

波德尔转轮手枪可以装填6发子弹，双动式操作，10.4毫米口径。该型手枪有两种不同款式，一种配置一根圆枪管和一个扳机护弓；另一种有一个八角形枪管和折叠式扳机。这种手枪，分散于意大利各地制造。由于这种手枪坚固耐用，因此服役时间相当长，其中有些手枪至少服役50年。

从整体上讲，德国军火工业的发展相当迅速，并成为一支不可忽视的力量，但其能力仍然落后于英国和美国，尤其是在18世纪末到19世纪初这一段时期。普鲁士先后通过对丹麦、奥地利和法国的战争，最终统一了各王国形成德意志帝国，这种成功导致了军国主义势力的抬头，再加上大规模生产和新工厂的建成所带来的利益，使得人们对枪械制造业的兴趣猛然高涨。直到19世纪70年代中期，在各家私营制造商之中，德莱赛公司的业务仍然最为火爆。但是，它却注定要被后来者毛瑟和曼利彻所超越，尽管这三家公司在步枪制造领域均有成就，但后两者在手枪发展上的影响更为深远。

毛瑟的首次尝试无功而返，他向德国政府推荐的第一支手枪没有获得成功，尽管它在各方面都要比德国政府采用的那种转轮手枪要好。后来，毛瑟制造出各种设计的手枪，既有单动也有双动操作，既有

查姆罗特·德尔文1874型手枪
口径：11毫米（0.45英寸）
重量：1.08千克（38盎司）
全枪长：240毫米（9.4英寸）
枪管长：110毫米（4.3英寸）
有效射程：20米（66英尺）
装弹量：6发
子弹初速：183米/秒（600英尺/秒）
原产国：法国

固定式枪身结构也有铰链式结构。毛瑟手枪最重要的特征就是置于旋转弹膛下部且与之平行的击发簧。

德莱赛毫无灵感的手枪

毛瑟枪制作精良，用起来性能可靠但价格昂贵，德国军械采购委员会尽管喜欢毛瑟枪的前一种特点，却被其昂贵价格所吓退，于是决定由德莱赛生产10.6毫米口径、可装6发子弹的单动转轮手枪，也就是所谓的1879型手枪，即德国骑兵采用该款手枪的年份。后来，该公司又生产出1883型转轮手枪，用来装备德国步兵和炮兵部队，其枪管长度由原来的178毫米缩减到117毫米。德国军官也配备了几乎完全相同的手枪，唯一不同之处在于它们以双动模式进行操作。该款手枪尽管配置了一个装填口盖，而且弹膛也很容易移动，但没有抛壳及抛壳系统，这是一大缺陷。

加瑟的手枪

利奥波德·加瑟生于1836年，作为一名枪械制造学徒度过了自己的青少年时代。当他25岁左右时，已经能够仿造出罗伯特·亚当斯的"撞击式转轮手枪"。1870年，他取得了自己设计的转轮手枪专利，其铰链式枪身与25年前的重型柯尔特手枪大体相似。使用11毫米口径子弹，这种子弹最初为卡宾枪所开发，子弹装药稍微轻些，但二者在外形上却有着异曲同工般的相似。枪长大约380毫米，重量超过1.36千克，毫无疑问，它是当时最大、最重的一款普通军用转轮手枪。

就在他设计的转轮手枪投产后一年，利奥波德·加瑟却英年早逝，他的弟弟约翰继承了兄长未竟的事业，并不断地扩展自己的事业，直到后来成为奥匈帝国最大的手枪制造商，不但生产军用转轮手枪，同时还向当地乃至整个巴尔干地区的活跃的民用市场供货。1878年，加瑟和奥匈帝国陆军总检察长艾尔弗雷德·克罗帕斯科一道制造出口径9毫米的6发装转轮手枪，被命名为加瑟-克罗帕斯科步兵转轮手枪，供奥地利陆军步兵部队使用，并且也配发给宪兵部队。此外，早期的1870型转轮手枪的大量存货也销售一空，大部分是在巴尔干地区卖出的，因此这种手枪也称为"门的内哥罗人"转轮手枪。

有野史称，黑山国王尼古拉斯在加瑟公司里拥有大量的商业利益，曾颁发手谕要求每一成年男性都应购买一支加瑟转轮手枪，从而使得黑山军队中广泛使用的就

上图：在第二次布尔战争中，英国军队于1990年1月袭击斯宾科。请注意图中那名英国军官所使用的韦伯利转轮手枪

上图：法国的查姆罗特·德尔文转轮手枪。该手枪有一个强大而可靠的双动枪机，尤其适合军队使用

是该型手枪。有很多地方都仿制加瑟手枪，尤其在比利时、德国、希腊和意大利等国，其中许多手枪被改型成为铰链式枪身设计，配置有同步退弹系统。在巴尔干地区，加瑟的名字总与手枪有着广泛的联系。小加瑟也生产出了奥匈帝国最后一批军用转轮手枪，但这次是与设计师奥古斯特·拉斯特合作推出的，称为拉斯特-加瑟1898型手枪，可以装填8发子弹，为双动模式操作，口径8毫米。从某种程度而言，该款手枪在其撞针设计上超前了其所处的时代，尽管它并非唯一一种这样的手枪。与加瑟自行设计的手枪相似的是，1898型手枪有一个装弹口盖和一个抛壳杆。

边孔系统

就在旋转弹膛的转轮手枪问世并成为一种行之有效的手枪的同时，如何取出废弹壳并装填新子弹的问题，引起了很多人的关注，人们想出了各种各样的改进方法，目的在于使这一过程更为简单和便捷。一般来说，世界各国军队都坚持使用边孔/抛壳杆系统，因为其制造成本低，操作方便。但是，在设计SAA 1873型转轮手枪时，便宜、便捷并非柯尔特采用边孔系统的真正原因。在柯尔特看来，坚固结实、固定式枪身以及一个固定顶框更加重要，而在如何保持该特征时，边孔是最简单的装填途径。S&W公司在3型手枪的设计中采用了C.A.金的同步抛壳系统，实践证明使用底部铰链式枪身对于重型口径手枪来说既坚固又实用。但仍然有人坚持过时的想法，认为军用手枪应该有着固定式枪身和一个固定的刚性顶框。

新的抛壳方式

要想将自动抛壳系统纳入转轮手枪，唯一有效的方法就是采用外摆式旋转弹膛，但令人满意的外摆式旋转弹膛的设计仍然遥不可及。1869年，伯明翰枪械制造商蒂平和劳登一道尝试了另一种方法，他们采用同样来自伯明翰的J.托马斯1869年的专利，并且为托马斯的设计作了大量的宣传，使得许多枪械制造者开始考虑采纳该设计。

对于这种手枪，这两位制造商介绍道：

"这是一种双动转轮手枪，可以同步退出废弹壳，因此不管在夜里、在马背上还是在行进之中，您都可以随意地重新装填子弹。对于那种普通手枪而言，由于它们需要一个抛壳杆才能将废弃的弹壳一个接一个地退出，因此在射击之后就变成了一个无用之物，一直到射手平静下来重新装填子弹为止。

"这种手枪的转轴防护很好，即便日复一日地使用而不清理枪机，也不会因被火药堵塞而失效。

"它的装弹速度远比其他手枪的抛壳速度要快。

"由于它用的是固定式枪身，旋转弹膛周边结构非常坚固。要是没有这种设计的话，很难保证转轮手枪在连续射击后的性能如何。"

在美国，枪械制造商默温和赫尔伯特出售一种与该手枪外形非常相似的手枪，其主要区别之处在于其枪身不是固定式设计，顶框和枪管连成一体。

恩菲尔德的铰链式设计

将以上两种抛壳系统部分地合并使用的是恩菲尔德MK I 型转轮手枪，口径为0.476英寸，1880年被英国陆军用来取代0.45英寸口径的亚当斯手枪。恩菲尔德转轮手枪由美国发明家欧文·詹尼斯设计，他曾于1878年在英国取得该项手枪专利，其外形很像S&W 3型转轮手枪，铰链式枪身设计，旋转弹膛通过一个卡锁配置在枪管后面，并可以沿固定轴前后移动。随着旋转弹膛的前后移动，空弹壳被星状抛壳杆抛出。然后，枪管复位，通过边孔装入新子弹。

19世纪中后期，采购军火装备是一件非常棘手的工作，这在很大程度上是由于整个工业，尤其冶金和火药制造业所发生的巨大变化。以英国为例，19世纪中叶，英国陆军用前装弹式的博蒙特-亚当斯转轮手枪作为制式武器，罗伯特·亚当斯的弟弟约翰对此进行了改进，采用中发式子弹，并于1868年被英国陆军采用。大概就在同一年，他所设计的第一支专门使用中发式子弹的军用转轮手枪1型问世了，接下来所设计的2型和3型手枪均配置了比较简单的边孔/抛壳杆系统，但各型手枪的抛壳杆系统多少有所不同，装弹6发，而此前的博蒙特-亚当斯转轮手枪仅能装弹5发。

威廉·特兰特的手枪

尽管抛壳杆使用起来极为简单方便，但它们却有一个共同缺点：由于没有任何机械方面的优势，"顽固"的弹壳经常难以取下。在此情况下，射手别无他法，要么打开弹膛借助随手可取的东西将其取出，要么尝试着对抛壳杆施加力量——但这样一来，经常误将抛壳杆扭弯或折断。而威廉·特兰特仅用一个简单机械装置就克服了这一缺点。直到今天，人们仍不清楚他是否有意识地这样去做，或仅仅是对自己的第一支推弹式转轮手枪——1863型转轮手枪（使用缘发式子弹）所作的简单改进，但这种改进却推动了转轮手枪的发展。

威廉·特兰特制造了多种型号的手

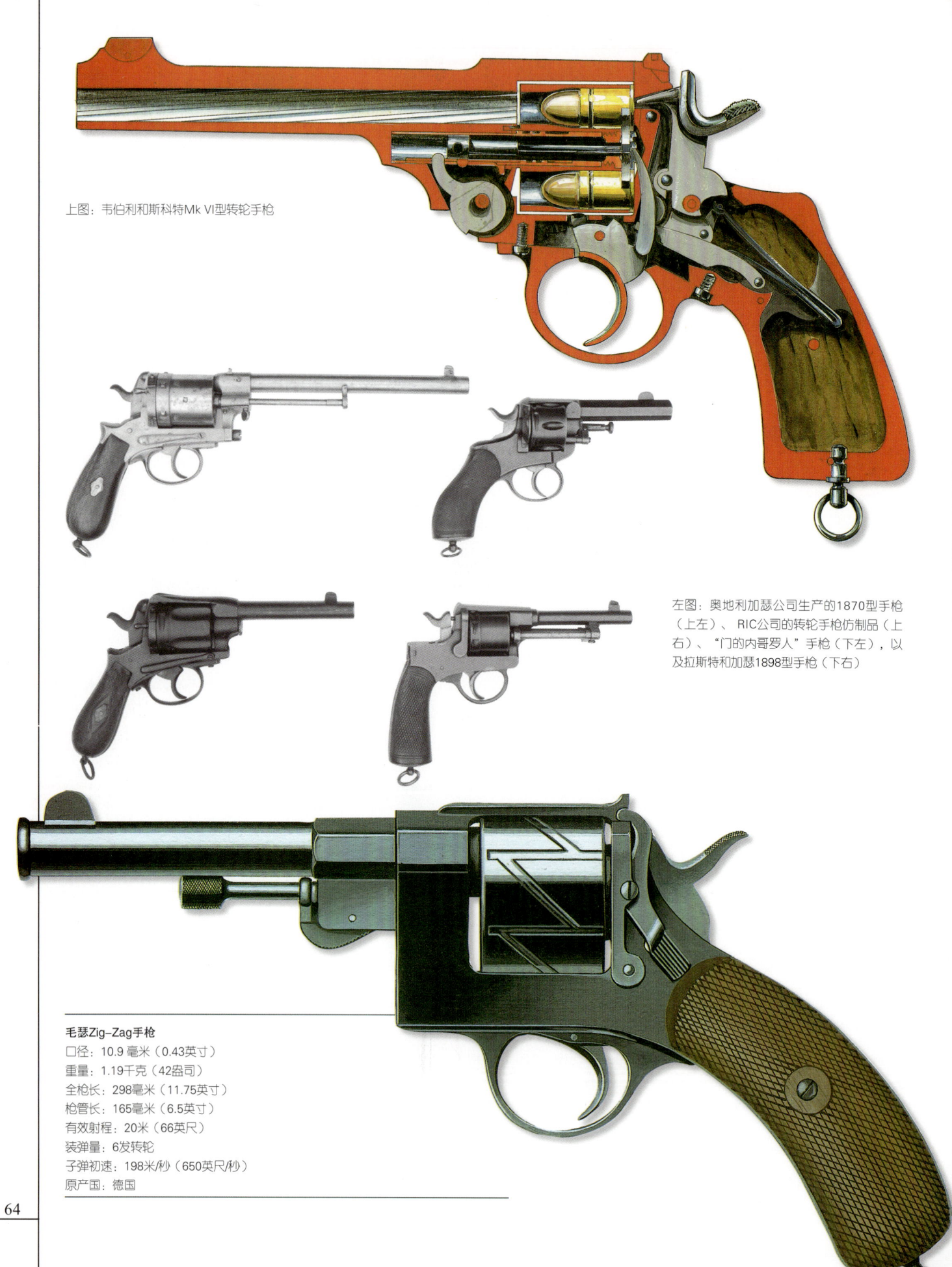

上图：韦伯利和斯科特Mk VI型转轮手枪

左图：奥地利加瑟公司生产的1870型手枪（上左）、RIC公司的转轮手枪仿制品（上右）、"门的内哥罗人"手枪（下左），以及拉斯特和加瑟1898型手枪（下右）

毛瑟Zig-Zag手枪
口径：10.9毫米（0.43英寸）
重量：1.19千克（42盎司）
全枪长：298毫米（11.75英寸）
枪管长：165毫米（6.5寸）
有效射程：20米（66英尺）
装弹量：6发转轮
子弹初速：198米/秒（650英尺/秒）
原产国：德国

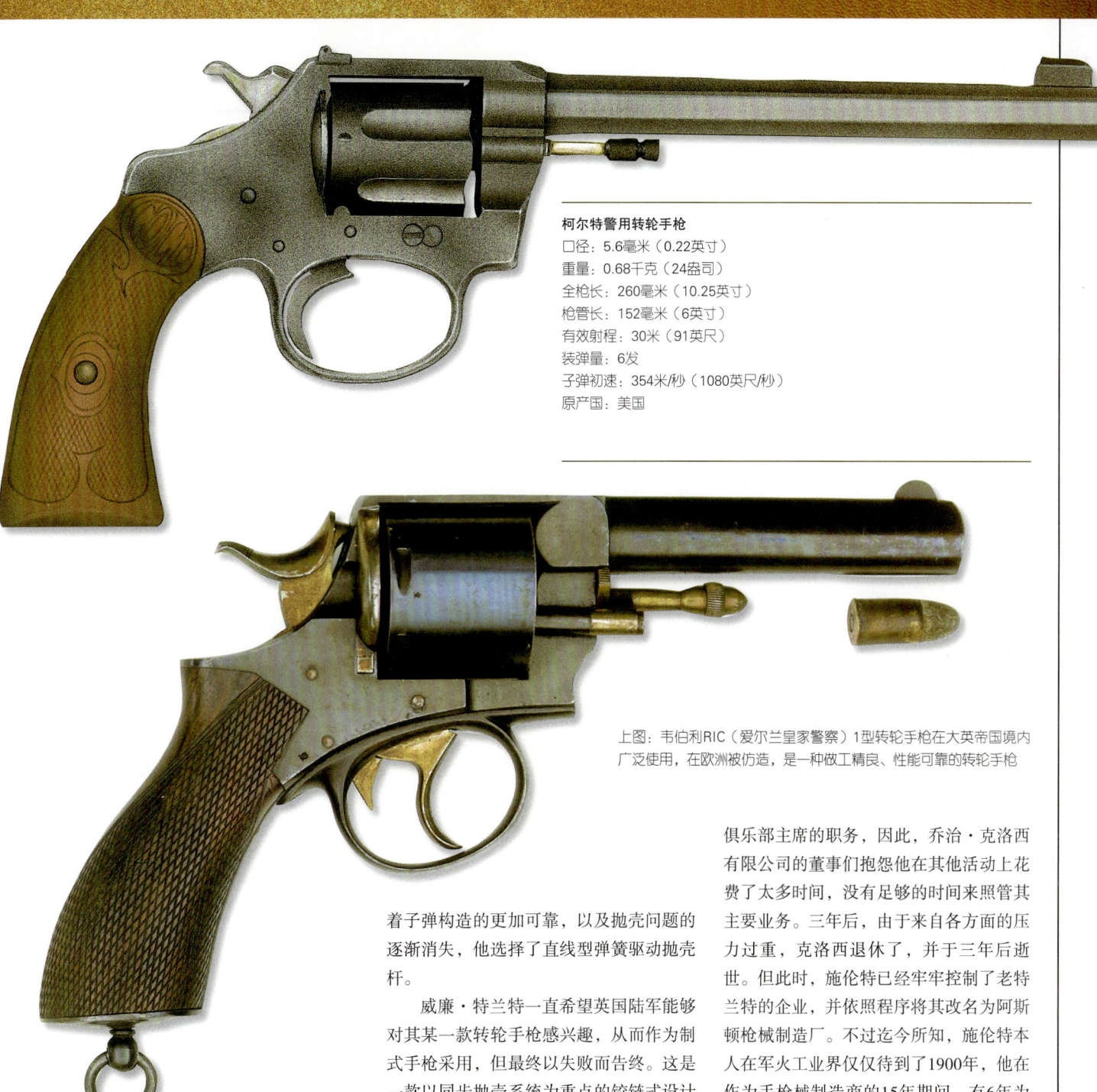

柯尔特警用转轮手枪
口径：5.6毫米（0.22英寸）
重量：0.68千克（24盎司）
全枪长：260毫米（10.25英寸）
枪管长：152毫米（6英寸）
有效射程：30米（91英尺）
装弹量：6发
子弹初速：354米/秒（1080英尺/秒）
原产国：美国

上图：韦伯利RIC（爱尔兰皇家警察）1型转轮手枪在大英帝国境内广泛使用，在欧洲被仿造，是一种做工精良、性能可靠的转轮手枪

枪。当伯明翰和列日还是欧洲最大的军火制造中心时，他在阿斯顿的工厂（后来的大力神自行车公司）曾一度是伯明翰最大的军火生产厂。特兰特在生产出缘发式手枪之后，转而生产中发式子弹。他所生产的转轮手枪，口径一般为0.45英寸或0.455英寸，装弹5发或6发。此外，他还生产出一种口径更小的袖珍手枪，通常为单动缘发式发射，但也有使用0.32英寸和0.38英寸的中发式子弹的双动型手枪。后来，随着子弹构造的更加可靠，以及抛壳问题的逐渐消失，他选择了直线型弹簧驱动抛壳杆。

威廉·特兰特一直希望英国陆军能够对其某一款转轮手枪感兴趣，从而作为制式手枪采用，但最终以失败而告终。这是一款以同步抛壳系统为重点的铰链式设计手枪，与斯科费尔德-S&W公司的一款手枪极为相似。正如威廉·特兰特的其他产品一样，该款转轮手枪坚固耐用、制作精良，但不足以用来营生。1885年，特兰特将该款手枪卖给了一个名叫乔治·克洛西的子弹制造商，并于五年后病逝。

乔治·克洛西在成为克洛西机械制造公司总裁后，继续进行手枪生产，而其经营权利却日复一日走入一个叫哈里·施伦特的人的控制之下。乔治·克洛西是个大忙人，他还担任着国会议员和阿斯顿足球俱乐部主席的职务，因此，乔治·克洛西有限公司的董事们抱怨他在其他活动上花费了太多时间，没有足够的时间来照管其主要业务。三年后，由于来自各方面的压力过重，克洛西退休了，并于三年后逝世。但此时，施伦特已经牢牢控制了老特兰特的企业，并依照程序将其改名为阿斯顿枪械制造厂。不过迄今所知，施伦特本人在军火工业界仅仅待到了1900年，他在作为手枪械制造商的15年期间，有6年为乔治·克洛西工作，9年自己单干，并制造出了一些有趣的转轮手枪。

乔治·克洛西的实验

克洛西一直是该新企业的财政后盾，但大多数技术灵感都来自于施伦特。自从施伦特当上克洛西工厂经理开始，就着手研制具有特兰特"老式"风格的军用转轮手枪。他制作出配置有同步抛壳器的6发铰链式设计的手枪，使用0.445英寸克洛西子弹，很显然，该手枪将用来取代已经过

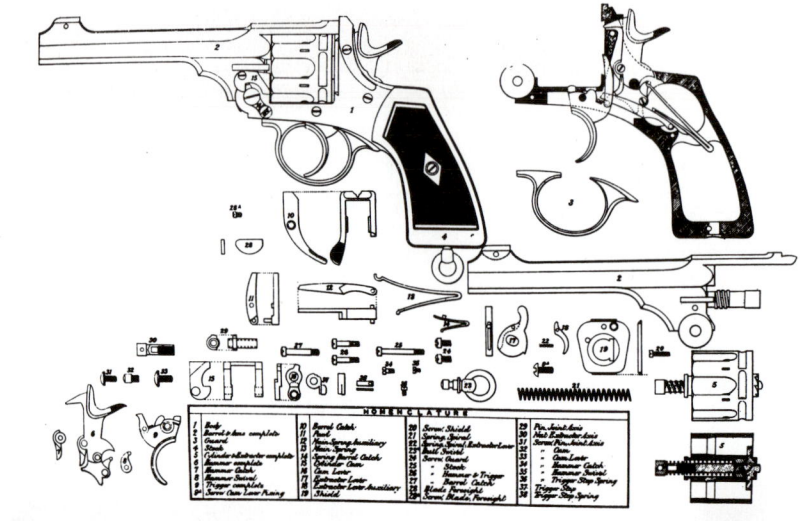

右图：韦伯利Mk VI型手枪的组件。该枪于1915年开始正式服役。在第一次世界大战期间的西线战场上，该枪在泥泞中和水里的性能良好

时的恩菲尔德1型和2型军用转轮手枪。然而，施伦特在这项事业上并没取得成功，也没有在商业上取得多大成就，甚至在他对极不灵便的扳机机构作了大量改进之后，情况依然如此。

克洛西兴趣广泛、酷爱旅行。他在有生之年访问了很多地方，其中一个地方就是罗马尼亚，在那里他被奉为上宾，甚至得到了国王的接见。就在那里，他遇到一位名叫哈拉兰勃·戴曼的年轻的炮兵上尉，此人设计出一种前所未见的转轮手枪，并说服政府以试验的方式将其投入限制生产。结果克洛西取得生产1000支该种转轮手枪的合同，这就是众所周知的克洛西·戴曼转轮手枪。由于克洛西的邀请，抑或是罗马尼亚政府的要求，戴曼前往伯明翰负责监工。

克洛西的"棘轮卡锁"

从外表上看，这种转轮手枪和克洛西手枪并没有什么不同，击锤位于枪身尾部的一定高度，唯一不同的是，枪管和弹膛是靠一个支点顶针进行转动，要将其置于击针下并和击针保持平行；另一个更加革新化的设计就是"棘轮卡锁"，这是一种弹簧齿轮装置，取代了原先的击锤锁和转轮卡榫；最后，枪柄下的圆环有一个旋转螺帽，用以保护枪身，并可打开螺帽用来分解、检查和清理枪机。但不幸的是，克洛西对于该设计的乐观态度遭到了沉重打击，当工厂投入大量生产时，发现该设计过于简单而不能付诸实施，于是他不得不削减了合同。

当克洛西和施伦特在军用轻武器市场的发展受挫时，另一家伯明翰工厂却取得了很大的成功，它向私人家庭和地方警察部队提供同样型号的手枪，这就是韦伯利

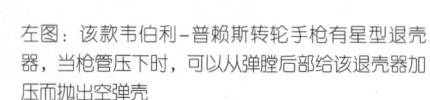

左图：该款韦伯利-普赖斯转轮手枪有星型退壳器，当枪管压下时，可以从弹膛后部给该退壳器加压而抛出空弹壳

公司。在19世纪60年代，韦伯利和他的子孙们还和约翰·亚当斯势力均敌，但仅仅20年后，他们的实力日渐壮大，希望并能够夺取手枪市场的统治地位。

韦伯利的忠实拥护者

韦伯利转轮手枪从1875年发展至今，历史错综复杂，这是因为该公司不断地结识新的合作伙伴，以便不断地更新手枪设计，从而保证公司能够持续发展。其中，查尔斯·普赖斯和迈克尔·考夫曼最为著名，其后还有在1897年继续和韦伯利儿子托马斯和亨利进行合作的斯科特。在他们的手枪设计中，有一个共同之处：尽管口径和具体设计细节各不相同，但都是铰链式枪身设计，采用自动抛壳系统。

大多数人都认为，韦伯利手枪曾在1887年被英国政府采用为军用转轮手枪，以取代不受欢迎的恩菲尔德手枪，甚至直到1927年，当英国政府重新将军用手枪制

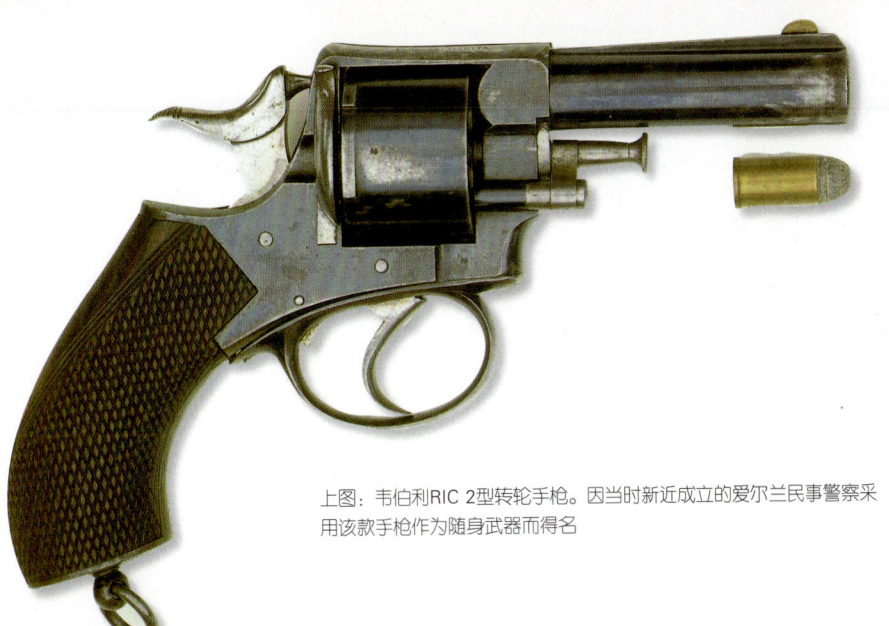

上图：韦伯利RIC 2型转轮手枪。因当时新近成立的爱尔兰民事警察采用该款手枪作为随身武器而得名

0.442英寸口径的中发式子弹。这就是后来所谓的RIC转轮手枪，正是该型手枪为韦伯利转轮手枪在制式手枪领域争得了性能坚固可靠的荣誉。另一款1880型手枪配置有约翰·亚当斯发明的抛壳器，但此时已经过了专利保护期。1883年，出现了一种新的改型手枪，使用的还是起初的0.442英寸口径子弹。其他一些型号手枪使用的子弹口径有0.430英寸、0.476英寸、0.44英寸温彻斯特型以及0.45英寸柯尔特型。

"牛头犬"式转轮手枪

以RIC手枪为基础，韦伯利发展出两种型号的固定式枪身结构手枪，最早出现于19世纪70年代末期，既有单动又有双动操作模式，被称为"牛头犬"式转轮手枪。在欧洲，以上两款5发装的袖珍手枪非常流行，因此也就成为被仿造最多的手枪。最早的"牛头犬"式手枪版本出现于1878年，使用0.442英寸口径的中发式子弹，随后出现其他版本，从0.45英寸到0.32英寸口径。通常枪管长50毫米，加长型长度为140毫米，重312克。在1910年，即便一支真正的韦伯利"牛头犬"手枪的价格也非常便宜，大概几英镑。其中，一支双动铰链式手枪只卖4英镑；仿造品更便宜，有时只卖2.5英镑，但其质量令人担心。1914年，该手枪停产，但其仿制品直到第二次世界大战才停产。

普赖斯的双动枪机

当韦伯利根据查尔斯·普赖斯1876年的专利，首次生产配置有同步自动抛壳系

造工作交给国营恩菲尔德轻武器工厂时，仍然由SW公司负责提供设计，其中就包括著名的0.38英寸口径2型转轮手枪，后于1957年被9毫米口径的勃朗宁半自动手枪取代，从而创造出了韦伯利转轮手枪长达70年的不间断的发展史。韦伯利公司的发家史源远流长，在最初阶段，韦伯利制造出最早的爱尔兰皇家警用转轮手枪，到19世纪六七十年代的军用边孔/抛壳手枪，直到韦伯利1型转轮手枪，后者是韦伯利制造的第一款中发式转轮手枪。

韦伯利1型转轮手枪使用0.577英寸口径子弹，据说除了当今使用的重型马格南子弹之外，这是有转轮手枪历史以来最有威力的子弹。该型子弹装药为2克黑火药，发射一种重19克的铅弹头，质地比较软。这种0.577英寸子弹的阻止能力非常强大，可以对付任何强大剽悍的土著人，因此深为帝国主义者所宠爱。韦伯利0.577英寸口径转轮手枪很重。还有一种性能更加可靠的手枪，有两根或四根口径相同的枪管，但这种枪有一个毛病，那就是在子弹打出以后，子弹会被底火帽反弹回来。不过，人们很快便找到了解决办法，并最终解决了这一问题。

与宪兵的人员来源不同的是，警察都是从平民中挑选出来的，直到19世纪中叶，警察在大部分欧洲国家仍然鲜为人知。譬如，成立于1829年的伦敦警察局是大英帝国的第一个这样的组织。随着警察组织的成立，他们很快便取得了卓越的成就。但是，由于有些地方极其容易发生暴力犯罪和民事骚乱，因此，这些地方的警察不得不进行全副武装。

韦伯利的RIC（爱尔兰皇家警察）转轮手枪

在联合王国统治下的爱尔兰，英勇的爱尔兰人民从来就没有屈服于征服者的高压，因此，这里就成为大英帝国最麻烦、最头疼、最难以统治的地方。1868年，一支武装警察部队在爱尔兰成立，即爱尔兰皇家警察（RIC），他们最先是采用韦伯利及其儿子们所制造的双动操作、固定式枪身、可装6发子弹的手枪，最初使用

韦伯利的转轮手枪（"牛头犬"式）
口径：8.1毫米（0.32英寸）
重量：0.31千克（11盎司）
全枪长：140毫米（5.5英寸）
枪管长：53毫米（2.1英寸）
有效射程：15米（49英尺）
装弹量：5发
子弹初速：190米/秒（625英尺/秒）
原产国：英国

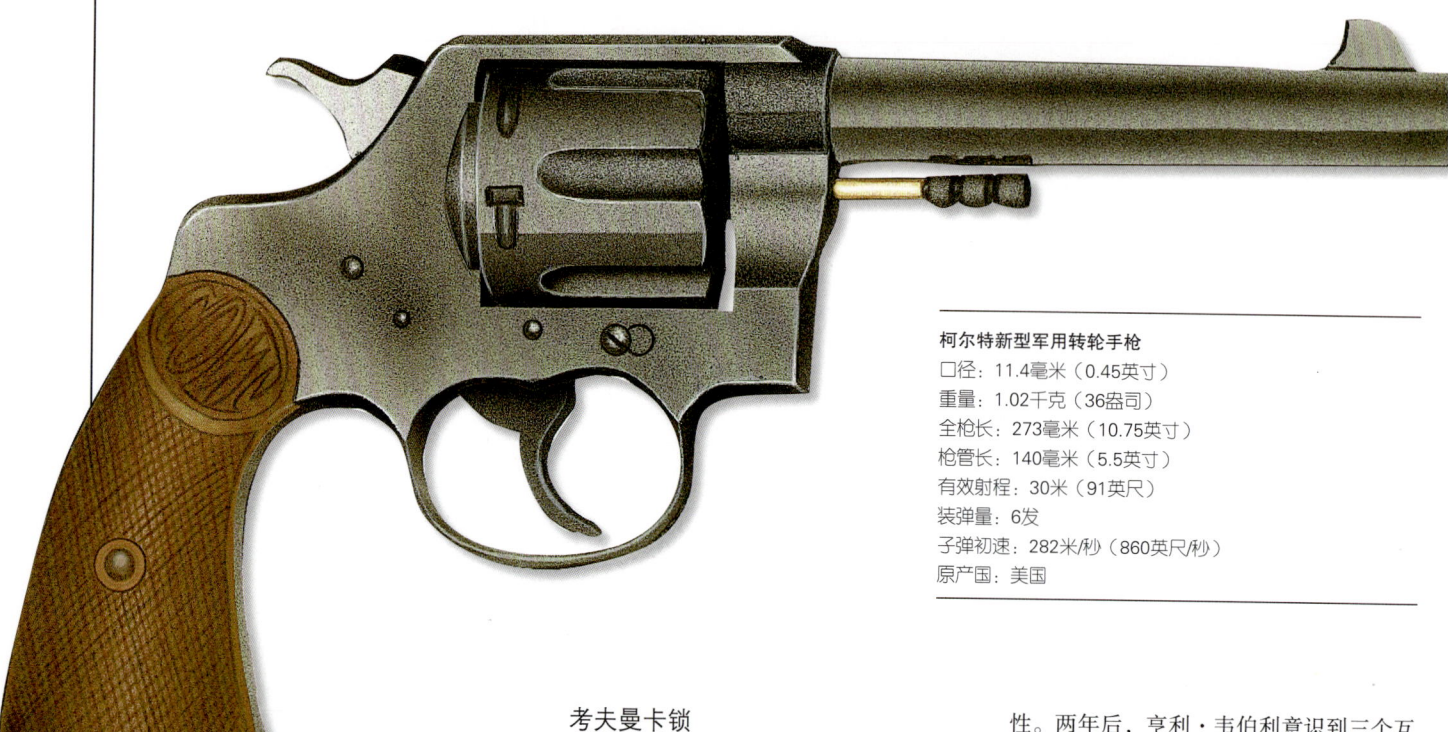

柯尔特新型军用转轮手枪
口径：11.4毫米（0.45英寸）
重量：1.02千克（36盎司）
全枪长：273毫米（10.75英寸）
枪管长：140毫米（5.5英寸）
有效射程：30米（91英尺）
装弹量：6发
子弹初速：282米/秒（860英尺/秒）
原产国：美国

统的铰链式手枪时，这种技术已经不再新颖了。除了韦伯利之外，其他枪械生产商，如布兰德、博恩希尔、霍斯利也生产普赖斯手枪，但生产数量很少。韦伯利－普赖斯手枪属于一种传统的铰链式手枪，装填6发子弹，双动模式操作。

从1877年开始，韦伯利生产出各类军用口径的韦伯利－普赖斯手枪，其中主要有0.442英寸口径、0.45英寸口径或0.476英寸口径。与此同时，布兰德超前地制成了使用0.557英寸口径巴克瑟底火子弹的转轮手枪。普赖斯转轮手枪最主要的缺点在于，枪管和旋转弹膛极其容易意外地与枪身发生脱离。正由于这一缺陷，迈克尔·考夫曼于1878—1881年在普赖斯公司任职期间，努力弥补这一缺陷。最初，考夫曼对双动枪机进行了改进，并将其应用于一款新手枪设计之中，随后就投入了使用。紧接着，他又开发出一种与阿巴丹改进型手枪形状相似的装置，可以使固定式枪身的转轮手枪在装填子弹及退出弹壳时，旋转弹膛能够自由旋转。这一装置后来被应用于韦伯利陆军手枪之上。

考夫曼卡锁

考夫曼在普赖斯公司任职期间，发明了一种将拆开式左轮手枪的枪架顶端与直立的后膛进行螺栓连接的新方法。这是一种复杂的装置，它包含有装于枪架一边弹簧上的卡锁，该卡锁对顶部动柄上的另一个卡锁起作用，这样，就可以启动枪架另一边弹簧上的击发卡锁，这样所有的卡锁在它们的绞合角度处进行运动就没有问题了。考夫曼栓是沿循普赖斯手枪的原设计方案以及韦伯利较早的拆开式第三系列手枪的模式而投入生产的。最初的想法是：该枪要么命名为韦伯利－格林型（尽管这里没有明确记载格林到底是谁），要么命名韦伯利－政府专用型手枪。这种手枪以它上述的优良特征而为人所熟悉（在伯明翰最为显著），这批韦伯利赢得了政府的合同，为这种手枪后来的发展奠定了基础。这种手枪是WG系列的第一种使用这种非常具有吸引力的马勒式卡锁系统的手枪，而且，这个马勒式卡锁系统从1885年首次出现以来，就一直用于英国未来型军用左轮手枪中。

马勒式卡锁装置有两个很明显的发展阶段。首先，亨利·韦伯利于1883年改良了考夫曼的设计，使得卡锁在弹簧式解脱杆的击动下进行前后运动而不是左右摇摆。该改良进一步减少了由于偶然的压力而导致顶部枪架动柄上的卡锁脱锁的可能性。两年后，亨利·韦伯利意识到三个互相作用的卡锁的复杂结构是完全没有必要的，只需一个简单的顶部止动器就已足够了。该止动器在止动柄的压力下，通过枪座进入直立的后膛，由止动杆的前后运动而进行发动。的确，由于止动器处于这样的位置，这实际上就会更加安全了。当击锤脱落而使得止动器不能够完全到位时，仅有两种后果发生：要么拉下击锤，使得止动器复位，在这种情况下，枪会像往常一样进行射击；要么击锤的锤针会受阻力而不能到达弹帽。该系列的下一款，即1892型，吸纳了从轴式击针释放弹膛的形式，而1893型则引入了一个弹簧击针和一个扁平锤针式击锤，尽管它只是在1896年作为0.38英寸口径的型号"警用和军用"卡宾左轮手枪出现的，但是这种设计很快就被废弃了。除了标准型手枪之外，打靶用的手枪也很流行，用190毫米的枪管替代了普通的150毫米的枪管。它们还装有由美国手枪霸主E.E.帕特里奇公司研制的矩形刀刃/直角V形槽瞄准器。这些在某种程度上经过改良的手枪，直到1939年才有供货，柯尔特与史密斯和韦森的手枪也有过类似的经历。

韦伯利的各型手枪

根据1887年的生产合同，韦伯利生产出1型军用转轮手枪，用来装备英国陆军

上图：韦伯利"牛头犬"式大口径手枪。主要为民用市场设计的，其结构简单坚固、可靠，于1878年首次出售。该款为1880年流行的一种型号

下图：韦伯利和斯科特6型转轮手枪

和皇家海军部队。该型手枪配置有改进型的"鸟嘴"握把、传统的扁平立体弹膛、三角形皮套，枪管有100毫米和150毫米两种型号，可使用0.45英寸口径、0.455英寸口径和0.476英寸口径子弹。

紧随1型手枪之后，出现了五种不同的改型，其中应用最广泛、最活跃的是4型手枪，或称为"布尔战争"手枪，此枪于1899年进入军队服役。1913年12月，4型手枪被5型手枪所取代，但后者服役时间较短，在1915年被6型手枪所取代，在此期间仅仅生产出20000支样品。在这六款手枪中，除了6型手枪之外，其余五款仅在细节上有所不同，但是6型一眼就能看出有着与前五款的"鸟嘴"握把不同的握把。在第一次世界大战后期，根据生产合同，韦伯利每周生产2500支6型手枪，截至1932年，恩菲尔德NO.2型1型转轮手枪取代该款手枪加入现役时，6型总共生产出500000支。在整个第一次世界大战期间，6型手枪的两端均装备了附加装置，后端添加了可分离的抵肩式枪托，前端配置了一把刺刀，但这些装置并没有得到广泛应用。实战证明，6型手枪在混乱不堪的堑壕肉搏战中的表现近乎完美，不但能够发射可对付任何敌人的重型子弹，也可使用0.22英寸口径缘发式子弹，用来作为训练手枪。

韦伯利警用手枪

6型手枪是韦伯利公司为英国军队生产的最后一款转轮手枪，随后该公司用0.38英寸口径恩菲尔德手枪取代了6型。但由于没有军队合同，公司业绩下滑，在此情况下，一些制式手枪开始向社会上公开供应。这些手枪比合同所规定的手枪的做工更为精良，其中许多是通过威尔金森武器公司出售，并冠之以该公司的名义。

1896年，韦伯利推出了2型和3型警用和军用手枪。尽管以上两款手枪同时供货，但2型警用手枪却不大受欢迎，于是很快便被公司抛弃了；而3型手枪最初仅使用S&W 0.38英寸口径子弹，后来也迅速使用了0.32英寸口径子弹，并且有了76毫米、100毫米和127毫米的枪管可供选择。

韦伯利-福斯贝利手枪

在警用和军用型手枪问世两年后，韦伯利公司又推出了袖珍型转轮手枪，最初是隐蔽式击锤款式，1901年又出现了传统款式，二者都可以使用口径0.32英寸的S&W子弹。几乎就在制造袖珍型转轮手枪的同时，韦伯利还致力于另外一项发展计划，研制出一款最不同寻常的转轮手枪——韦伯利-福斯贝利自动转轮手枪。文森特·福斯贝利陆军上校在东印度参加过战争，并荣获"维多利亚十字勋章"，他于1877年退役后专注于设计机枪，但并没有取得太大的成就。由于西拉姆·马克西姆已经将机枪的未来展示得淋漓尽致，在此情况下，福斯贝利最终将注意力转向了对于自动装弹式转轮手枪的研究。1895年，他获得了一款转轮手枪的英国专利，这款手枪在首发子弹发射之后，可以由后坐力驱动弹簧而再次处于待发状态。

战场上的糟糕表现

1901年，0.455英寸和0.38英寸两种口径的韦伯利-福斯贝利自动转轮手枪同时

投入生产,但有关改进工作并没有就此停止,因此第一批该型手枪就呈现出多种具体细节方面的变化。第二年,一种改型手枪问世,并在此后10多年里一直保持着限量生产。实践证明,该款手枪相当成功,有一次,一位当时也许最好的射手——华尔特·怀南斯在仅仅七秒钟内就把6发子弹全部射出,这是一种非常出色的性能。但由于该型手枪的枪管容易被泥土和灰尘堵塞,所以在战场上就没那么有效了。于是,一种颇有意思的附属性设置诞生了,它就是现代快速装填弹夹的前身,共有两种式样,一种是由韦伯利自行设计的,另一种则是由普雷德斯设计的同步转轮手枪弹匣专利。

尽管取得了部分成功,但韦伯利–福斯贝利自动转轮手枪仍然不合时宜。因为就在福斯贝利能够将其理论投入实践的时候,博查特和毛瑟已经指出了半自动手枪的发展方向,并已生产出切实可行的半自动手枪,同时还克服了福斯贝利理论所固有的缺陷。

韦伯利4型手枪

由于英国军用手枪的合同转给了国营恩菲尔德公司,尽管恩菲尔德 NO.2型手枪实际上是由其他生产商负责生产的,在第二次世界大战期间更是如此,但英国国手枪的商业化生产已经开始滞下来。1923年,韦伯利开始生产0.38英寸口径转轮手枪,该款手枪令人难以置信地承袭了韦伯利4型手枪的风格,并将6型政府用手枪的所有优点都融合进去,因此也被习惯称为4型手枪。韦伯利公司将大量该型手枪售往海外,被其他国家的军队、海关和警察所使用,并一直生产到1939年第二次世界大战爆发。最终,由于常规手枪在战争期间的生产供不应求,英国政府才极其诚恳地接纳了4型手枪,并与恩菲尔德转轮手枪一道在英国军队服役。

日本明治26型手枪

第一次世界大战爆发之前,另一款重要的转轮手枪由工业革命进行得非常晚的日本所发明。早在16、17世纪,由于对葡萄牙和丹麦商人及其商业活动的不满,日本关上了通往西方的大门,直到19世纪50年代,马修·佩里舰长指挥的美国舰队

韦伯利–福斯贝利自动转轮手枪
口径: 11.55毫米(0.455英寸)
重量: 1.24千克(44盎司)
全枪长: 280毫米(11英寸)
枪管长: 152毫米(6英寸)
有效射程: 40米(122英尺)
装弹量: 6发
子弹初速: 198米/秒(650英尺/秒)
原产国: 英国

打开了日本的大门,处在与世隔绝状态中的日本才被惊醒。当时,试图赶上潮流的日本对于工业化生产仍然一无所知。19世纪70年代,日本海军购买了大量的S&W NO.3型手枪,这是日本进行的第一次官方采购。

1893年年底,也就是日本明治26年年底,日本自行生产的手枪问世了,并在日本枪械制造业中形成了以武器生产年代进行命名的惯例。明治26型转轮手枪口径9毫米,装弹6发,双动操作,铰链式枪身。通常情况下,该手枪仅能借助扳机使其处于待发状态。该款手枪设计大多数照抄S&W手枪,但它的枪机和枪身结构看起来来自奥地利枪械制造商加瑟的设计,同时还带有纳格特设计的痕迹。一位备受尊敬的权威人士提及明治手枪时说:"只能相信爱国主义比效率更有吸引力。"

如果说在20世纪,英国乃至许多欧洲国家的转轮手枪生产业开始江河日下的话,但在美国的情形则完全不同:轻武器的生产规模戏剧性地扩大了。

柯尔特与S&W的对决

截至19世纪80年代,两家主要竞争商柯尔特公司和S&W公司均在努力解决子弹再次装填的问题,却不愿承认该问题的存在。S&W公司的铰链式枪身的转轮手枪在闭锁系统方面仍然存在问题。柯尔特公司的转轮手枪则尽力提升其固定式枪身在子弹装填和抛壳方面的优势。最终,二者的问题都可以通过一个外摆式旋转弹膛来加以解决。尽管这一方法并非一种全新方案(如1869年阿尔比尼在英国取得的专利就是此种设计),却十分有效并得到人们的公认。柯尔特公司和S&W公司先后迫不及待地采用了该项技术,这样一来,困扰固定式枪身转轮手枪的最后问题就此一劳永逸地解决了。

1888年,柯尔特公司开始生产具有该种旋转弹膛系统的转轮手枪,装弹6发,双动操作模式。这是一种新型的海军双动转轮手枪,编号为柯尔特1889型,卖给美国海军5000支。次年,美国陆军决定对其

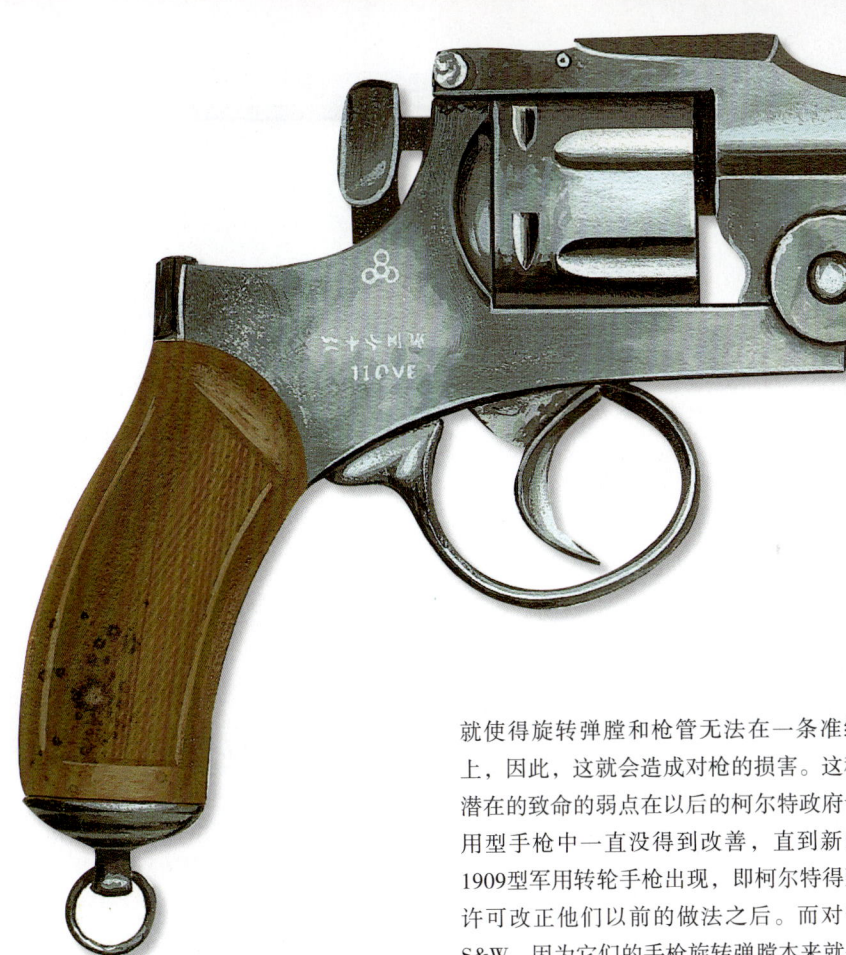

明治手枪

口径：9毫米（0.35英寸）
重量：0.91千克（32盎司）
全枪长：235毫米（9.25英寸）
枪管长：119毫米（4.7英寸）
有效射程：30米（91英尺）
装弹量：6发
子弹初速：246米/秒（750英尺/秒）
原产国：日本

随手武器系统进行升级，于是也和柯尔特公司签订了生产合同，这就是所谓的新型陆军手枪，编号为1892型。同样，这些转轮手枪还提供给政府部门使用，口径为0.38英寸。人们通常认为，由于使用了新的发射药和子弹头新，这种小型子弹的阻止力得到了很好的改进，但事实并非如此。柯尔特1889型手枪也可使用0.38英寸和0.41英寸口径子弹。此外，政府部门使用的15厘米枪管的柯尔特1889型手枪，出现了两种补充款式，分别是89毫米和114毫米枪管。而柯尔特1892型手枪也增加了两种口径：0.32英寸和0.38英寸。

逆时针旋转弹膛

美国海军"专家"强烈要求，新型手枪的旋转弹膛应当向左旋转，即逆时针旋转，这一点与以前所有的柯尔特手枪完全不同。从表面上看，这也许只是一种感觉的问题，对于配置抛壳杆的转轮手枪来说，这原本不是一个问题。然而，这却有了很大麻烦，在那种结构中，在旋转弹膛的转动和起出，以及卡锁拉开的过程中，就使得旋转弹膛和枪管无法在一条准线上，因此，这就会造成对枪的损害。这种潜在的致命的弱点在以后的柯尔特政府专用型手枪中一直没得到改善，直到新的1909型军用转轮手枪出现，即柯尔特得到许可改正他们以前的做法之后。而对于S&W，因为它们的手枪旋转弹膛本来就是往那边旋转的，所以就无须改变了。

一直到1905年，这些柯尔特双动转轮手枪才逐渐完善，尽管改进之处比较细微。最重要的功能性变化就是添加了保险装置，从而确保手枪不会走火，一直到旋转弹膛闭合并锁定复位。这种改进措施最初出现在1894型手枪之上，随后，先前所有型号的政府制式手枪都安装了此类装置。

1897年，在柯尔特新型陆军和新型海军手枪的生产线上，又增加了一款外形相似的重型枪身手枪——新型军用手枪，使用"老式"军用子弹，尤其是0.45英寸和0.455英寸口径子弹，这就是所谓的1905型手枪，该枪于1909年被美国海军和陆军采用。尽管该型手枪仅仅服役了两年时间，但在民用市场上连续多年受到欢迎，并形成随后一系列全新柯尔特转轮手枪的基础。

新型军用手枪

美国军用手枪之所以改用0.45英寸口径子弹，主要出于正在菲律宾镇压摩洛人起义的美国陆军士兵和海军陆战队员们的强烈要求。在菲律宾战场上，正如50年前的英国人一样，美军士兵发现初速高、口径小的0.38英寸子弹很容易把人身体洞穿，于是叫嚷着重新使用初速较低、弹头较重的子弹，也就是曾对印第安人使用过的那种子弹。就这样，美国政府匆忙购买了第一批0.45英寸口径柯尔特1878型双动转轮手枪，用来配发给驻菲律宾的美军部队，其中4500支是在1902年购买的。直到1909年，这些手枪才被新型军用转轮手枪所替代。

柯尔特1917型手枪

1917年，美国正式对德国宣战，从而

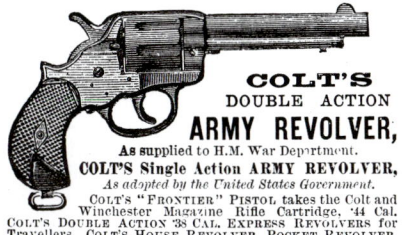

上图：这是一则关于柯尔特双动陆军转轮手枪的广告。该款手枪于1877年问世，但被证明是平衡性和可靠性极差的手枪——这是柯尔特手枪设计者没有料到的现象

卷入了旷日持久的第一次世界大战。在当时，由于M1911型半自动手枪供不应求，于是一款经过改装的新型军用转轮手枪作为替代品配发给美军部队，这就是柯尔特1917型手枪，总共生产出150000支。从外观上看，1917型手枪配置有一支消音枪管，但其真正的变化在于其所使用的子弹——0.45英寸口径无缘式ACP（柯尔特自动手枪）子弹，这是第一次将无缘式子弹完全应用于大规模生产的转轮手枪之中。与此同时，S&W公司也生产出一款极为相似的手枪，同样也称为M1917型手枪，也是大规模生产（总共卖出了153000支），也使用同样的子弹。

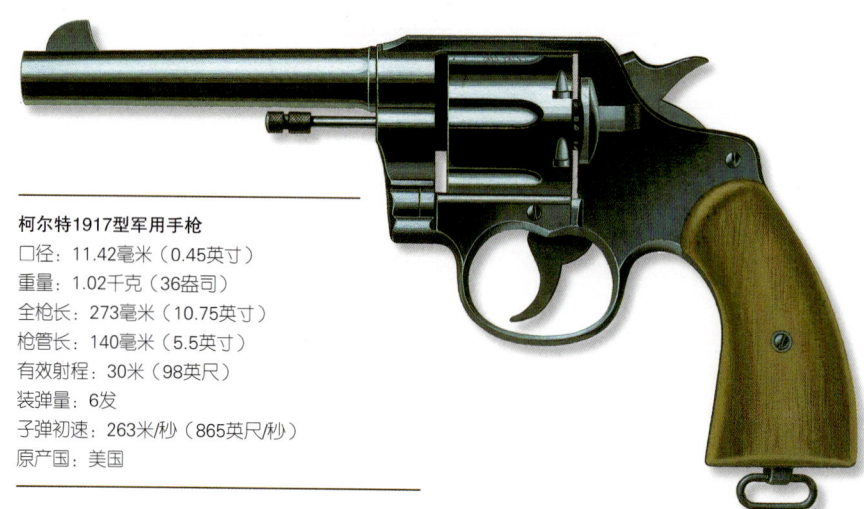

柯尔特1917型军用手枪
口径：11.42毫米（0.45英寸）
重量：1.02千克（36盎司）
全枪长：273毫米（10.75英寸）
枪管长：140毫米（5.5英寸）
有效射程：30米（98英尺）
装弹量：6发
子弹初速：263米/秒（865英尺/秒）
原产国：美国

据我们所知，无缘式子弹是专为第一代"自动"装填式手枪设计的。实际上，当西拉姆·马克西姆于19世纪末期首次完善自动枪械时，他不得不面对如何使用凸缘式子弹的问题。相比较而言，凸缘式子弹的装填及退弹过程极其麻烦，而无缘式子弹就相对简单多了。通过使用无缘式子弹，手枪操作起来更快捷、更简便，同时也使得枪体缩小成为可能。但是，以上两方面优势均未应用在转轮手枪之上，实际上，对于转轮手枪而言，子弹壳没有边缘之后，非但没有真正解决问题，相反却带来了新的问题。为了使ACP子弹（或其他任何无缘式子弹）能够在转轮手枪中发挥效力，子弹必须装在某种弹夹中，以便同步抛壳器能够发挥作用。否则，当射手进行单发射击时，只能依靠手动方式从前部退壳，而且一次只能退出一发。就柯尔特1917型新型军用手枪而言，子弹装在3发装半圆形弹夹中，大大提高了子弹装填速度。

柯尔特袖珍型手枪

第一次世界大战结束后，"战争余留"的库存手枪很快便被广大顾客一抢而空。尽管两款M1917型手枪从美国政府的武器目录中消失了，但仍然保存在各自生产商的商品目录之中。柯尔特公司总是生产带有可调式准星的手枪以及其他大量的改型手枪，譬如比赛用手枪，并继续进行新型军用手枪的研制生产工作。1932年，该公司生产出"神枪手"手枪，有多种口径子弹可以选择：0.38英寸特种子弹、0.45英寸特种子弹、0.45英寸ACP子弹以及0.45英寸柯尔特子弹，甚至还有S&W公司和温切斯特公司1935年发展出的0.357英寸马格南子弹。

早在1895年，柯尔特公司就推出了一系列袖珍型转轮手枪，这些手枪与重型转轮手枪相似，但重量更轻。1905年，这些小型手枪也装上了新型的柯尔特枪机。这些柯尔特袖珍型手枪使用的全是0.32英寸口径子弹，枪管长度分别为63毫米、89毫米和150毫米。这些手枪一直生产到第二次世界大战中期。

柯尔特D型手枪的各种款式

就在新型袖珍手枪问世一年后，那些老式的家用和警用手枪也被一款具有相同枪身和口径的新型警用手枪所替代。1905年，该款警用手枪进行了改进，可用子弹口径的范围扩大了，包括两种0.22英寸子弹和两种重型子弹——0.38英寸S&W子弹和0.38英寸柯尔特子弹。1928年，一款名为"银行家"的特种用途手枪问世，枪管长50毫米，口径0.38英寸。1933年，另一款使用0.22英寸缘发式子弹的手枪也加入进来。

然而，人们普遍批评柯尔特警用手枪的阻止能力太低，于是，该公司于1907年

上图：一支柯尔特新型军用手枪。这款手枪有六种不同长度的枪管，从1907年开始一直为美国军队所使用，直至后来被半自动手枪替代

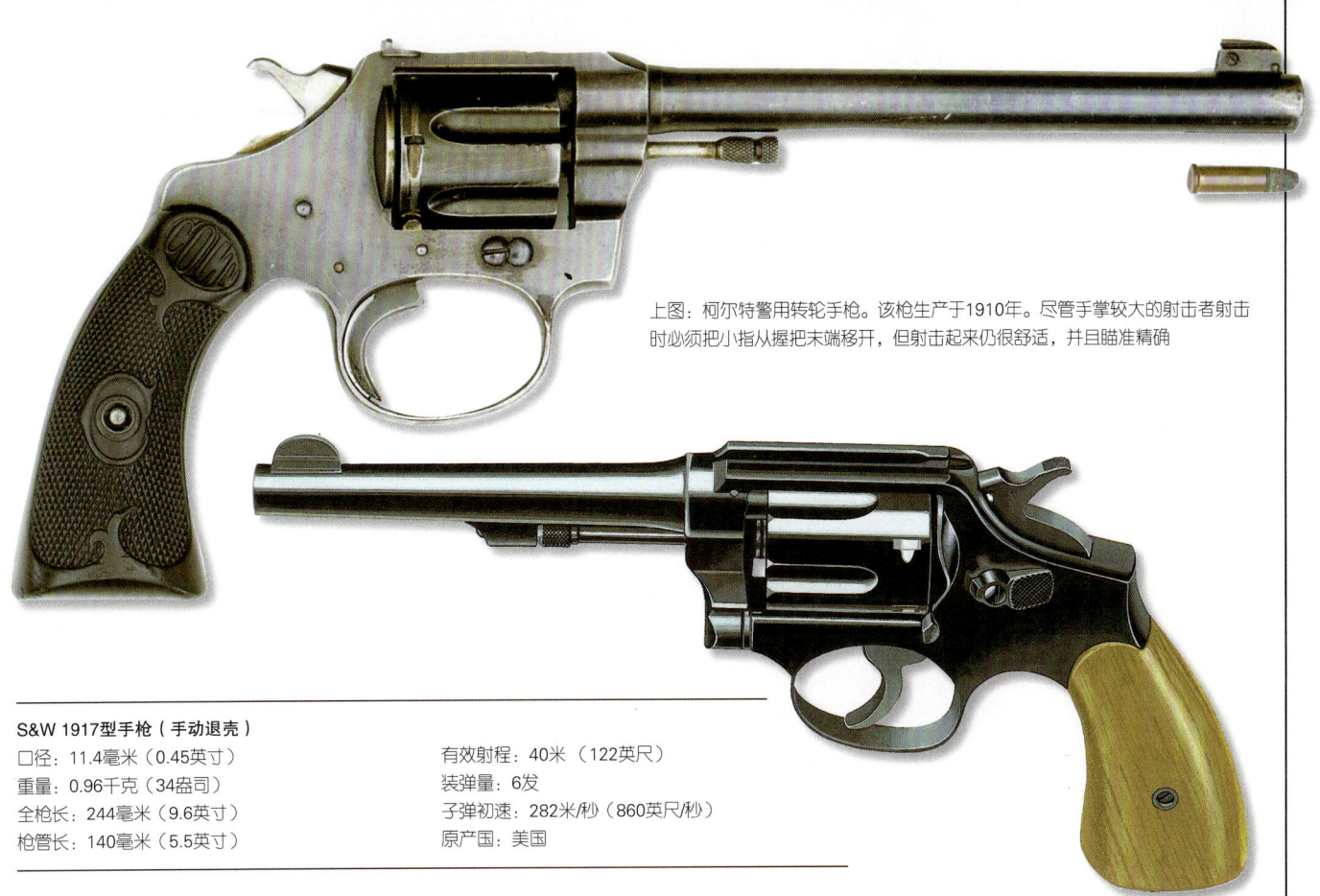

上图：柯尔特警用转轮手枪。该枪生产于1910年。尽管手掌较大的射击者射击时必须把小指从握把末端移开，但射击起来仍很舒适，并且瞄准精确

S&W 1917型手枪（手动退壳）
口径：11.4毫米（0.45英寸）
重量：0.96千克（34盎司）
全枪长：244毫米（9.6英寸）
枪管长：140毫米（5.5英寸）
有效射程：40米（122英尺）
装弹量：6发
子弹初速：282米/秒（860英尺/秒）
原产国：美国

推出一款使用0.38英寸口径的S&W子弹的手枪，旋转弹膛长6毫米，枪身加长来容纳弹膛。后来的特种警用手枪可使用三种0.32英寸口径子弹（温切斯特中发式子弹、柯尔特子弹和S&W子弹），并分别有100毫米、127毫米和150毫米的枪管。1926年，一种枪管长度50毫米的款式也投入使用，这种手枪仅重0.6千克，总长度不足178毫米，即所谓的"特种侦察型"手枪，它是半个世纪前的"牛头犬"式手枪的最正宗的后继者。截至20世纪50年代，柯尔特公司生产出了一系列特种手枪，为避免发生混淆，该公司对这些枪支重新进行了分类，其中特种侦察型为D.1型，特种警用手枪为D.2型，超轻量的"眼镜蛇"手枪（大量使用合金）为D.3型，特种代理产品（一种更缩小的款式）为D.4型。

看起来D.4型手枪不够轻便，因此，在朝鲜战争期间，柯尔特公司进一步对该型手枪进行了发展。它们应美国空军的要求制造出1000支该种手枪，除枪管之外其余部分均由铝制成，配发给机组人员用来取代笨重的0.45英寸口径M1911 A1型半自动手枪。与此同时，S&W也制造出了相同数量的军用与警用手枪。

派森手枪和"眼镜蛇"手枪

柯尔特公司似乎觉得自己的手枪品种不够多，于是在1908年又开始生产一系列新的手枪——中型手枪，用来填补重型新型军用手枪和袖珍及警用手枪之间的空缺。最初，该款手枪的生产目的是为了取得美国政府的合同，并将其命名为特种陆军手枪，但美国军方更加钟情于重型转轮手枪，并最终选择了M1911型半自动手枪。不过，柯尔特公司仍然保留了中型手枪设计，并于1926年赢得纽约市警察局的大批订单，他们订购的是使用0.38英寸口径特种子弹、枪管长100毫米的型号。紧接着更多订单也纷至沓来，1928年，柯尔特公司将该型手枪更名为E3型手枪。

该款手枪后来发展成为一种大威力手枪，使用0.357英寸口径马格南子弹。该款手枪有着一个可调节的后照门和斜坡准星，并可使用0.38英寸口径子弹。随后，一款柯尔特357型手枪很快加入进来，但寿命不长，不久后便被另一款柯尔特–派森手枪所取代。后来，"眼镜蛇"手枪的改进型手枪——"眼镜王蛇"手枪以及"水蟒"手枪也加入这一行列，分别使用0.357英寸和0.44英寸口径的马格南子弹。所有这些手枪，均用不锈钢制造，并配有长枪管，从而导致手枪很重。例如，"水蟒"手枪枪管长200毫米，重量超过1.47千克。

外部的变化

除了枪管肋条和全通式退壳罩之外，这些柯尔特"新时代"手枪与早期手枪的显著区别就在于握把部位，它们往往由橡胶或胡桃木制成。由于这些设计更符合人体工程学的特征，因此把握起来十分舒服。从外观上看，这些手枪与"改进型"的1905型新军用手枪有着显著不同，但当看到内部结构时则是另外一番风景：该款手枪的机械结构几乎没有任何改变。尽管传统的蓝钢装饰仍然比较常见，但从20世纪70年代起，随着不锈钢应用的不断增

长，这些手枪的外观也在不断发生变化。1970年，S&W公司唯一一款不锈钢手枪是60型"酋长"特种手枪。20年后，不锈钢已经成为大多数手枪加工用材的一项选择，价格上升了10%。柯尔特公司所有三种转轮手枪以及11种半自动手枪中的十种都采用了不锈钢材料。

S&W公司的挑战

在整个20世纪，尤其是前40年期间，柯尔特军火公司唯一的竞争对手就是S&W公司（史密斯和韦森公司）。和柯尔特一样，自从1896年生产出配置外摆式旋转弹膛的I型转轮手枪之后，S&W公司先后研制出三种基本类型枪身。通常来说，在美国，以上两家枪械主导公司所生产的转轮手枪的主要区别很小，但即便如此，其细微区别之处仍然颇多。

顺时针和逆时针旋转弹膛

对于射手而言，柯尔特和S&W两家公司的转轮手枪不同之处，主要在于旋转弹膛的外摆方向不同，柯尔特是顺时针方向，S&W是逆时针方向。这就使得操作者的感觉不同，柯尔特手枪在扳击压力和击锤击铁的作用下向右转出，而S&W的手枪则向左转；第二点不同在于旋转弹膛与枪管之间的闭锁方式不同；第三点不同在于柯尔特手枪装弹6发，而S&W中发式转轮手枪能够装5~6发。此外在S&W手枪中，轻型枪身型手枪装填大口径子弹，而早期的0.22英寸口径缘发式手枪可装7发子弹。

要想列举出柯尔特或S&W所生产的外摆式旋转弹膛转轮手枪，必须要有耐心和档案管理能力。如果说在20世纪，柯尔特转轮手枪的目录长得惊人的话，那么S&W转轮手枪同样毫不例外。到了20世纪70年代，以上两家公司总共生产出100多种枪，其中还不包括它们时不时地生产出的纪念性手枪。随着千禧年的临近，广大手枪用户仍然有大量型号的转轮手枪可供选择，所使用子弹从0.22英寸缘发式到0.44英寸中发式的马格南子弹不等。在20世纪90年代中期，一家权威的枪械杂志《枪械大全》列举了S&W公司所制造的86种手枪。然而，尽管该杂志能够列举出如此多型号的S&W外摆式转轮手枪，但在20世纪早期手枪缺席的情况下，任何一本书都不可能堂而皇之地自称为世界上最权威的手枪史。

S&W公司的设计

S&W公司起初生产铰链式枪身转轮手枪，后于1895年转产固定式枪身转轮手枪，配置一个外摆式旋转弹膛（手动发射系统），这一点与柯尔特新型海军手枪的原理非常接近。与其竞争对手一样，S&W公司生产出三种基本尺寸的该型手枪：0.32英寸口径的I系列手枪、0.38英寸的K系列手枪以及0.44英寸口径手枪。其中S&W公司更推崇0.45英寸口径手枪，将其作为军用口径手枪。在K系列手枪中，最出名的大概是该公司生产的第一款军警用转轮手枪，于1899年应美国陆海军军械采购委员会要求制造的，也称为陆海军用手枪。1902年，美国海军接收了少量该款手枪。同年，S&W公司开始生产M型转轮手枪，口径0.22英寸，装填7发，该款轻型手枪也就是众所周知的"史密斯夫人"转轮手枪，这一名字来自于布尔战争期间所进行的某次救援行动。对于该款手枪及其名称，很多英国枪械用户一直大惑不解，但很明显，这一名字确实太出色了，几乎让人不忍放弃。"史密斯夫人"手枪最终仍然停产了，对此一个有趣的说法是，这种手枪在娼妓和荡妇中深受欢迎，但这可能是一种贬损这种手枪的说法。五年后，S&W军警用手枪的部分结构进行了重新设计，采用更有威力的老式0.44英寸口径S&W特种子弹，这种子弹后来发展成为0.44英寸马格南子弹。

三重闭锁型手枪

此外，S&W公司还生产出一种三重闭锁型手枪，即在手枪的旋转弹膛上添加第三个闭锁装置，它的另外一个名字——"新世纪"——的使用频率更高。"新世纪"手枪经进一步改进后，可以使用0.45英寸口径的ACP无缘式子弹，发展成为S&W M1917型手枪，在第一次世界大战期间和柯尔特手枪一道受到重用，二者的服役编号完全相同。但野战应用表明：第三个闭锁及容纳该闭锁的部位非常容易进泥土，从而影响弹膛的锁闭，因此这些特性就被去掉了。

由于"新世纪"手枪的枪身经久耐用，因此在1930年，S&W公司在该枪身的基础上推出了0.38英寸口径的"门外汉"手枪，最初使用0.38/0.44英寸口径雷明顿大威力子弹。三年后，第二款类似的手枪——0.38/0.44英寸耐用型手枪出现了，并迅速地在警察系统找到了市场，警方急需这种手枪来与装备有防弹衣、高速机动车辆的犯罪分子作斗争。在该条发展路线的带动下，温切斯特公司推出了0.357英寸口径的马格南子弹，同年S&W公司的0.357英寸口径的马格南转轮手枪也问世了。据悉，第一支该型手枪赠送给了美国中央情报局局长J.埃德加·胡佛，接下来便受到了警察和执法部门的青睐，并被大量采购。

K系列手枪的改进

与此同时，K系列转轮手枪也进行了大量改进，其中最重要的是1915年所采用的一种截阻保险装置，尽管该装置在本质上与柯尔特的闭锁装置相类似，但结构相对简单一些。后来，当S&W公司由于错误地为英国军队研发半自动步枪而几近破产之际，正是这种手枪拯救了整个公司。

随着1940年法国的沦陷，英国及其盟国部队匆忙地从欧洲大陆撤退，大多数武器装备也因此留在了敦刻尔克海港。鉴于极度缺乏武器和装备，英国等国向美国求助，要求提供大量的枪械物资，其中包括随身佩带的手枪，在此一点上特别求助于S&W公司。回应英国政府的要求，S&W公司生产出大约900000支手枪，也就是人们所熟知的K-200型手枪，使用0.38英寸口径S&W子弹。在第二次世界大战期间，大批的英国及英联邦成员国军队都使用这种手枪，他们还将这种手枪与恩菲尔德2型手枪进行比较，最终证明K-200型手枪的质量更加上乘。

在整个第二次世界大战期间，S&W公司生产出数量惊人的转轮手枪，大约共有1310000支，平均年产量250000支。与之相反的是，美国军队在此期间的标准随身武器是半自动手枪。第二次世界大战结束后，S&W公司将其具有百年历史的老工厂从斯普林菲尔德搬出，并在此过程中更换了许多陈旧机器，其中有些设备的历史甚至可以追溯到美国内战之前。随后，S&W公司重新开始生产各种常规手枪。20世纪50年代早期，为了纪念霍勒斯·史密斯和丹尼尔·韦森合作100周年，S&W公司推出一系列轻型手枪，其中包括"百年庆典"手枪，该手枪其实是早期"酋长"手枪的一款改进型。此外，还有一款超轻型版的"空气重量"手枪，重量仅有0.3千克，与0.54千克的标准"酋长"手枪相比轻了许多。

威力强大的马格南子弹

到了1956年，在生产0.357英寸口径的马格南子弹方面，S&W公司与温切斯特公司之间的合作已经有20年了。如今，以上两家公司又与雷明顿公司一道共同推出了一种更有威力的子弹——0.44英寸口径的马格南子弹，其威力是小口径马格南子弹的两倍，是0.45英寸口径柯尔特子弹的三倍。S&W公司制造的使用0.44英寸马格南子弹的转轮手枪被称为29型手枪，从0.44英寸口径的重型特种手枪发展而来，装弹6发，双动操作，配置一根重型肋条枪管，握把尺寸很大。可以说，29型手枪是当时世界上最具威力的手枪，该项殊荣一直持续到一种更重型的子弹——0.50英寸口径子弹——在20世纪80年代生产出来之后才告结束。1964年，在0.357英寸和0.44英寸子弹马格南子弹的行列中，又加入一种0.41英寸口径的马格南子弹，S&W公司生产的57型手枪第一个采用了这种子弹。

截至当时，S&W公司总共生产出10种重型手枪，所用子弹分别为0.357英寸口径马格南子弹、0.38英寸口径子弹、0.41英寸口径马格南子弹、0.45英寸口径ACP子弹和0.44英寸口径子弹。此外，还有3种0.38英寸口径特制K系列手枪和3种0.22英寸口径手枪，以上手枪均是专门的比赛用手枪。在1系列轻型手枪中，有3种0.22英寸口径和两种0.32英寸口径，其中包括警用手枪、"酋长"特种手枪、防身手枪和"百年庆典"手枪。像柯尔特公司一样，S&W公司在设计手枪握把过程中也注重应用了人体工程学原理，在重型手枪的握把设计方面更是如此。

在漫长的发展历程中，S&W转轮手枪被仿制的概率比其他各型手枪都要多，特别是来自西班牙的仿制者。也许，一些西班牙枪械制造商就是以这样一种仿制方式起家的，譬如阿斯特拉公司、安西塔公司和拉马公司，它们后来逐渐设计出了自己的转轮手枪。在20世纪最后20多年，美国由于其宽松的枪械法律成为世界上最大的手枪市场，人们再次对转轮手枪产生了浓厚的兴趣，这在一定程度上推进了一些欧洲老牌公司的手枪。在所有后起之秀中，最知名的公司当属1949年在美国成立的斯特姆·鲁格公司。

鲁格手枪

第一支鲁格手枪为0.22英寸口径的半自动手枪，使用步枪子弹，这一点在射击爱好者之间引起强烈的反响。在不到五年之内，同样口径的6发单动转轮手枪也问世了，这种名为"单六"的转轮手枪与柯尔特SAA手枪有着明显的相似之处。1959年，该款手枪开始使用更具威力的0.22英寸口径WMR子弹，即温切斯特公司生产的马格南缘发式子弹。

1955年，鲁格公司生产出第一支重型转轮手枪——"黑鹰"手枪，使用0.357英寸口径马格南子弹，该手枪与柯尔特1873型手枪的设计非常相似。紧接着，鲁格公司在1956年又推出一款使用0.44英寸口径马格南子弹的"黑鹰"手枪。其他一些看起来更具现代化色彩的手枪，像GP-100型手枪、SP-101型手枪均使用口径范围很广的子弹：从0.22英寸口径的LR子弹到0.357英寸口径的马格南子弹，从0.35英寸子弹到特殊型号的0.38英寸口径的子弹。外形令人恐怖的单发"鹰眼"手枪对这些手枪进行了补充，该手枪使用转轮手枪的枪身，装填的是步枪和卡宾枪经常使用的0.256英寸口径的马格南子弹。此外，斯特姆·鲁格公司在生产手枪的同时，还从事步枪和霰弹枪的生产，并逐渐发展成为美国最知名、最成功的轻武器生产商之一。

柯尔特转轮手枪、S&W转轮手枪以及斯特姆·鲁格这样的后来者，以其强大的实力持续不断地出现在手枪市场上，并以其精湛的技术以及对于款式花样的孜孜不倦的追求，鼓舞着人们继续使用转轮手枪，将其作为有效的随身武器，即使在半自动手枪业已成为可靠的、大众化武器的情况下也不例外。

多管手枪

尽管转轮手枪已经问世，但多管手枪所存在的两方面优势——容易隐藏和装弹能力强——仍在发挥一定的作用。在当时，移居美洲的第一代德国人无意中将其命名为"袖珍型手枪"，其体积非常小，能够装在表袋子或袜筒里，并能够进行近距离射击。

亨利·德林格，1786年出生于宾夕法尼亚州，后来到了费城当学徒。在他20岁时，他开始了自己的事业，最终成为美国陆军的武器承包商，同时生产手枪和长枪。在这些枪械中，起初是燧发枪，后来是撞击式火帽枪。对于德林格来说，他之所以闻名于世，原因就在于他所设计的一种袖珍手枪。1865年7月14日晚上，南方间谍约翰·威尔克斯·布斯正是用这种枪，在华盛顿福特剧院刺杀了美国总统亚伯拉罕·林肯。可以说，倘若没有这一不幸事件的话，德林格的名字势必会淹没在浩渺人海之中，根本不会被后人知晓。

正由于这一原因，"德林格"从此以后就成为袖珍型手枪的通称，即使在此过程中有人故意将其拼错，也无伤大雅。十年后，德林格又制造出一款更好的手枪，并因此获得一项手枪专利，该型手枪使用缘发式子弹，分别为0.22英寸、0.30英寸和0.32英寸口径。

此外，雷明顿根据自己的观察开始生产6发装手枪，从外观上看，该手枪与经过改进的单动多管手枪相差无几。这类手枪长度不到127毫米，起初为0.22英寸口径，后来为0.32英寸口径，其设计借鉴了柯尔特手枪枪管的制造方法，也为后来毛瑟的Zig-Zag转轮手枪打下了基础。

德林格手枪

1866年，雷明顿开始和持有一项重要专利的威廉·艾略特合作，共同生产其最著名的缘发式德林格手枪，口径0.41英寸，双动模式操作。令人难以置信的是，这种手枪一直生产到1935年。第二次世界大战爆发后，该型手枪的大量仿制品出现在市场上，其大小规格不等，使用口径0.22英寸到0.45英寸的柯尔特子弹。此外，市场上出现的还有使用0.38英寸和0.357英寸口径马格南子弹的仿制手枪。

柯尔特公司也在制造德林格手枪，并买下了纽约制造专家丹尼尔·摩尔公司的股份。事实上，摩尔在1861年先于雷明顿获得专利，起初以个人名义生产手枪，后来改换为国家武器公司的名义，直到1870年被柯尔特公司收买。尽管摩尔手枪只进

上图：柯尔特新型军用转轮手枪。这种枪有操作平稳的手动闭锁和防止手指滑开的刻有格子花纹的扳机

上图：这是一种做工比较粗糙的缩小版柯尔特新型军用转轮手枪，使用英国11.55毫米子弹，在射击时比较危险

行了短期而又有限的生产，但柯尔特公司这样做的目的可能在于，试图利用国家武器公司的名义排挤其他竞争者。

微型转轮手枪

1960年前后，柯尔特公司生产出一种新的、配置有相同枪机的微型手枪，子弹口径为0.22英寸，代替了原来的0.41英寸口径。再后来，美国德林格公司开始生产大量型号的双管微型手枪，可使用子弹包括0.22英寸口径的LR子弹、0.44英寸口径的马格南子弹以及0.410英寸口径的霰弹等。此外，德林格公司还生产出一定型号的小型半自动手枪。著名的比赛用手枪制造者高标准公司也生产德林格手枪，同时至少还有两家美国枪械制造商也生产该种手枪。

在整个欧洲，微型转轮手枪比德林格手枪更受欢迎。多枪管手枪通常可使用各种口径的子弹，其中甚至包括0.577英寸口径的伯克斯子弹。同时，还有可以装填10发霰弹的手枪。

兰开斯特手枪

这种手枪通常配置有两支或四支枪管，可以用来实现两个目的：首先，在猎人追捕大型野兽时被当作"增援枪"，尤其在印度，它们被称为"象轿"手枪；其次，还可以用在战争中，特别在打击那些自命不凡的帝国主义分子时，更应该使用这种武器装备。在众多的制造者当中，最

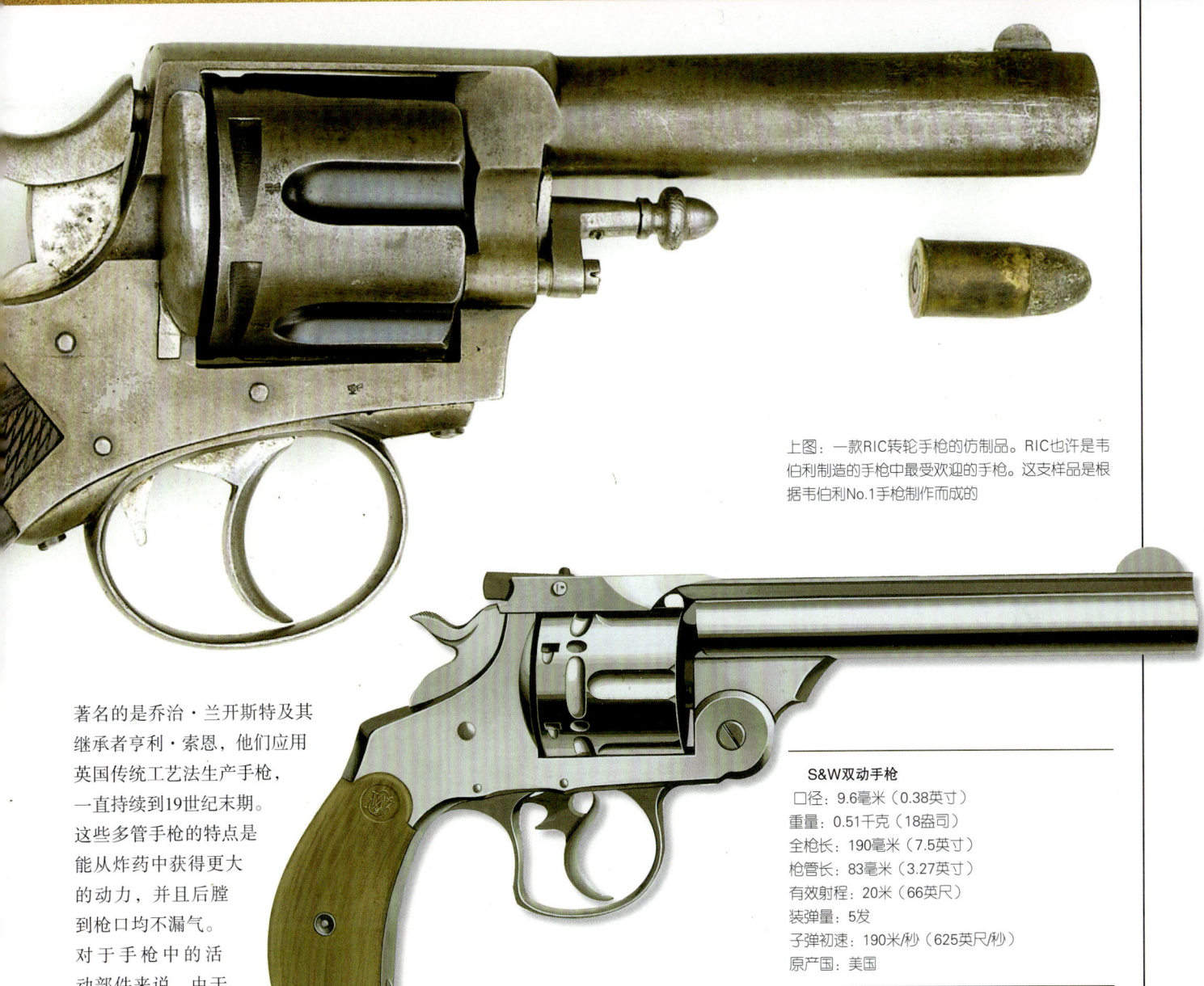

上图：一款RIC转轮手枪的仿制品。RIC也许是韦伯利制造的手枪中最受欢迎的手枪。这支样品是根据韦伯利No.1手枪制作而成的

S&W双动手枪
口径：9.6毫米（0.38英寸）
重量：0.51千克（18盎司）
全枪长：190毫米（7.5英寸）
枪管长：83毫米（3.27英寸）
有效射程：20米（66英尺）
装弹量：5发
子弹初速：190米/秒（625英尺/秒）
原产国：美国

著名的是乔治·兰开斯特及其继承者亨利·索恩，他们应用英国传统工艺法生产手枪，一直持续到19世纪末期。这些多管手枪的特点是能从炸药中获得更大的动力，并且后膛到枪口均不漏气。对于手枪中的活动部件来说，由于枪管闭锁系统和枪机必须承受极大的压力，因而受到人们的高度重视。四枪管手枪有着星形退壳器，当后膛敞开时，很容易用一根简易杠杆进行操作；双管手枪则是半月形退壳器，在今天的短枪中仍可见到这种装置。

多管大口径手枪在19世纪末期日渐衰落，从此再未盛行过。最接近这种手枪的是马格南研制的SSP91型单发手枪，或者是看起来更传统的马克西姆单发手枪，可使用从0.22英寸到0.44英寸口径的任何子弹，或者一些步枪弹药。此外，雷明顿也开始重新生产单发手枪和半自动手枪，其中前者采用了步枪型枪机，属于一款非常成功的手枪，但后者却非如此。

法庭证据

由于膛线在枪管中的广泛应用，不仅提高了长枪和手枪的射击精确度，也可以通过弹头上遗留的射击痕迹分辨出所使用的武器。

自从20世纪20年代以来，通过对子弹进行分析来对与枪支有关的犯罪调查的做法日渐普遍：首先确定犯罪分子所使用枪械的类型，然后再确定具体使用了何种枪械。英美两国几乎同时开始在该领域内的早期探索，但彼此间很少进行合作。在美国，加尔文·戈达德少校是该领域最积极、最有成效的研究者。而在英国，病理学家悉尼·史密斯先生和轻武器专家罗伯特·丘吉尔则引导着该项工作的开展。

1926年，戈达德少校在为《刑法和犯罪学》撰写的一篇文章中简要解释道：

"每支枪管，即使是刚出厂的枪管的膛线都会有不同程度的差别，包括微小的不规则的差别，因此每支枪管都是独特的，不可能出现完全重复的情况。在射击时，这些差别每次都会在弹头上留下不同的痕迹，它们带着不同的意图和目的成为每支具体枪管上的'指纹'。"

但以上观点并非戈达德本人所原创。早在两年前，大众科学杂志《探索》编辑波拉德曾经发表过一篇题为《子弹告诉我们什么》的专题论文，他所谈的实际上是同一个问题，但有关犯罪科学的详细调查并不在该书的范畴之中。

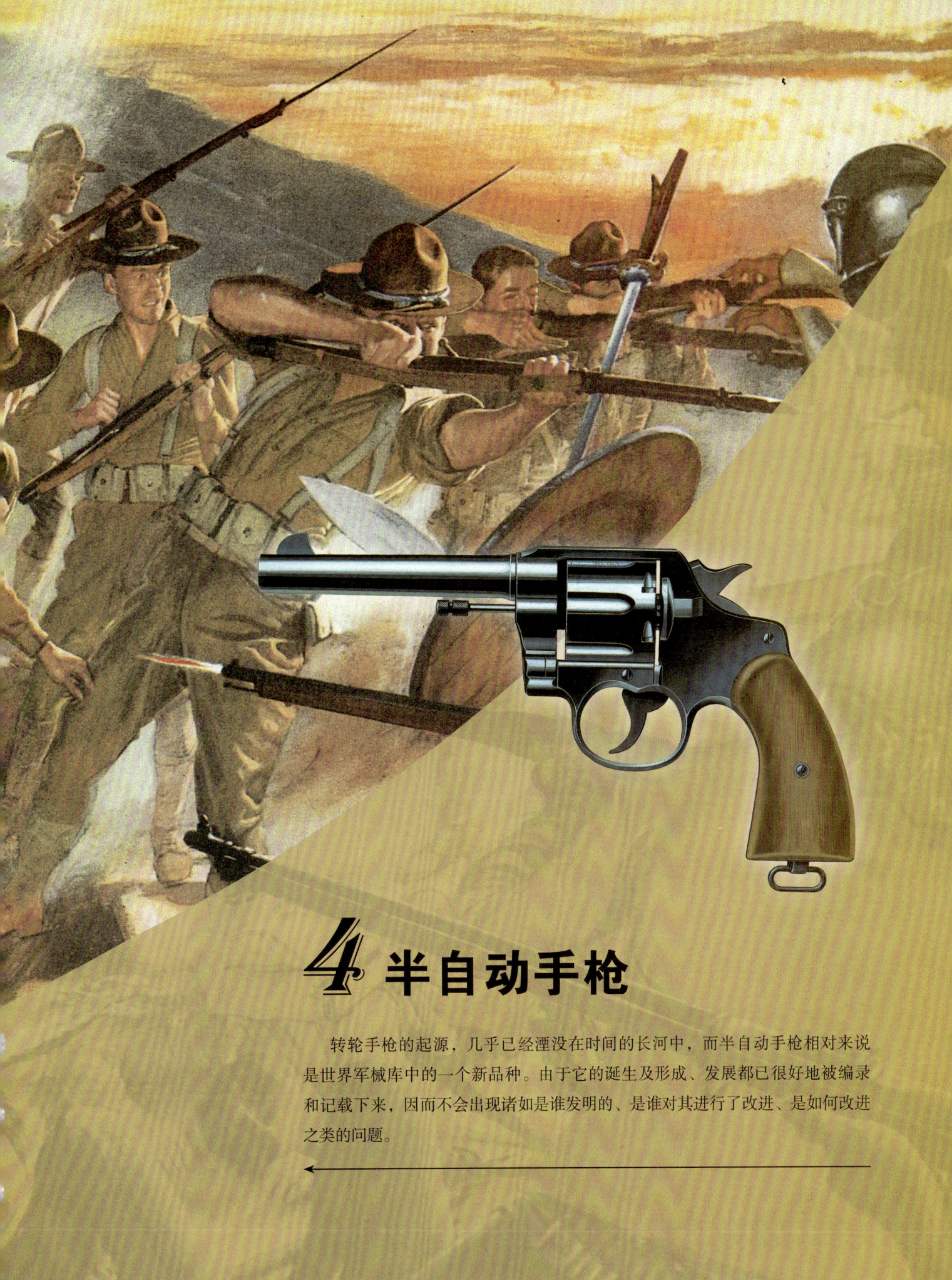

4 半自动手枪

转轮手枪的起源,几乎已经湮没在时间的长河中,而半自动手枪相对来说是世界军械库中的一个新品种。由于它的诞生及形成、发展都已很好地被编录和记载下来,因而不会出现诸如是谁发明的、是谁对其进行了改进、是如何改进之类的问题。

1881年，41岁的西拉姆·马克西姆在发明电气照明和发电机后，来到了欧洲，并在那里度过了长达十年的安逸生活。在此期间，他每年从竞争对手托马斯·爱迪生的支持者那里得到两万美元"薪金"，条件是放弃对电学的进一步研究。马克西姆本人虽不是贪婪爱财之辈，但也不是无所事事之人。有一次，他在维也纳和一位熟人进行偶然交谈之后，就把注意力投向了轻武器。

马克西姆机枪

1884年，西拉姆·马克西姆发明了一种枪，该枪现陈列于伦敦。一旦首发子弹进入后膛，只要操作者始终扣压扳机，并且有足够多的弹药，它就能够连续射击。一旦军事战术家手中掌握了这种枪支，并且在他们力所能及的范围内进行思考，就会把战局扭转到事先无法想象的程度。

有了这个基本想法后，西拉姆·马克西姆对自己所能想到的所有的自动枪械制造方法和原理申请了专利，并不断进行改进和保护。对于有些特异的方法，尽管他本人也不愿意去进行拓展和探究，但他深知这种垄断所能带来的巨大利润。

短后坐行程原理

马克西姆机枪所采用的方法现在被称为"短后坐行程原理"。枪管和后膛闭锁锁在一起，在第一颗子弹发射时，它们共同向后运动一小段距离。当子弹脱离枪管后，膛压达到安全水平，然后闭锁打开，两者分离，枪管停止运动，后膛闭锁继续前进，其表面的退壳钩拔出废弹壳并将其抛出。在运动过程中，后膛闭锁压缩沿轴线运动的复进簧，当迫使复进簧向后的压力逐渐减小时，后膛闭锁就会停止运动。然后，复进簧所储存的动能就会释放出来，迫使复进簧沿原路返回。在复进簧向前运动时，能够从弹匣或弹带里带出新子弹，并将其装膛（马克西姆自己的枪支使用缘发式子弹，实际上是通过子弹后面的退弹沟将其拔出）。最后一个动作就是用后膛闭锁中的撞针敲击子弹底火，与此同时，整个过程再次重新开始。此外，还有一种类似的方法是"长后坐行程原理"，二者的区别在于子弹发射后枪管和后膛闭锁一起向后运动距离的长短，前者运动距离短于子弹长度，后者则长于子弹长度。

有一种能够达到同样效果的更为简单的方法，只需借助复进簧的压力让后膛闭锁和枪管接触即可，而不必借助闭锁卡榫。随着弹膛压力的增加，子弹射出枪管，复进簧的压力释放出来，后膛闭锁被迫后退。以上就是所谓的"后坐枪机"的机械运转过程，有时会因改进或机械方面的不利因素而阻滞，由于这些问题必须在该过程继续进行之前加以解决，这样一来其操作速度就会减慢。通常情况下，这些问题往往由机械摩擦等因素产生，但偶尔也可能由推进气体在枪管中运行不顺畅所导致。

自动闭锁程序出现

严格地说，西拉姆·马克西姆的发明应该称为重型机枪，起初口径为0.45英寸。从理论上讲，这些实际上很类似的原理没有理由不能运用到手枪上。事实上，全自动手枪的确是偶然生产出来的。实际上，由于该过程中所释放出的能量巨大，要求这种枪要相对更重一些，而且组装要更坚固一些，从而保证瞄准射击的精确性。同样，没有任何理由要求这一子弹装填过程完全自动化。通过重新设计扳机的机械结构，每发射一颗子弹后，阻铁便返回到最初的闭锁位置。在整个子弹重新装填和射击过程中，只要有新子弹上膛，枪机便处于待发状态，但直到再次扣动扳机，枪支才会再次重复这一过程。这是大多数半自动或半自动枪械的操作方式。尽管没有经过任何的原型发展阶段，但西拉姆·马克西姆本人还是认识到了这一原理，甚至依此设计并生产出半自动步枪和手枪。

自动枪械的后膛闭锁系统比较复杂，它与枪管、机匣之间通过一系列的凹槽、凸耳、闭栓、滚珠、卷轴等切合装置相连接，并且相互作用，从而确保闭锁和枪管之间的分离以及在机匣内部的运动。一般说来，正是由于这些装置的选择和安排，才形成一种又一种新的枪支类型，并将半自动手枪与其他手枪区别开来，这一点就像不同的后坐枪机可以区分不同的机枪一样。此外，诸如弹匣设计及布局、扳机之类的其他部件也都有着各自的用处。半自动手枪除了用主动撞针（复进簧直接驱动的撞针）代替了转轮手枪的击锤系统之外，其扳机性能和各型转轮手枪基本一样，没有什么新颖之处。半自动手枪和转轮手枪一样有着单动和双动模式，且各有优缺点。二者之间最重要的区别是：半自动手枪的保险系统更为复杂一些。在对半自动手枪所进行的最早尝试中，沃尔卡尼克武器公司所生产的改进型"连发枪"便是其中之一。

早期半自动手枪

由沃尔特·亨特开发并由利维斯·杰宁改进的1850型"连发枪"的根本弱点在于弹药，在亨利设计出新型整体子弹后，这种连发枪的设计才达到了令人满意的效果。一般的弹匣武器，包括步枪、手枪以及后来的自动武器，都是在整体子弹得到充分发展后才开始实用起来。由于弹药缺乏均一性，早期从弹夹向后膛装填弹药的尝试注定要失败。理查德·乔丹·加特林博士研究发现：直到这种新型的整体子弹变得切实可行之后，加特林机枪每分钟才能连续发射300颗子弹。

19世纪80年代，当整体子弹能够随意使用后，人们作过多次尝试，试图用弹匣式手枪来取代转轮手枪，用手从枪膛内取出废弹壳，然后再从弹夹中换上新子弹。当时，弹匣式步枪已被广泛接受，首先因为这种步枪的弹匣可以放置在枪托处，譬如斯潘塞1865型手枪；或者放置于枪管下，譬如亨利1860型手枪，以及后来的温切斯特手枪。一般情况下，这些手枪的重新装弹和重新待发动作通过控制杆的"向前—向下"或"向后—向上"运动来完成，同时也形成了扳机护弓。

手枪弹匣

19世纪80年代，手枪发展的第二步是弹匣的生产。枪栓式枪机被广泛应用于单发步枪和管状弹匣连发枪之中。瑞士人弗雷德里克·弗塔里，早在1866年就制造出一支枪栓式管状弹仓连发枪，该弹匣位于后膛的后下方。紧接着，他的1881型步枪应用了一位苏格兰制表匠设计的弹匣，这位制表匠就是后来移民美国的詹姆斯·李。同年，费迪南德·里塔·冯·曼利彻发明了一种盒型弹匣，并在其设计的一款步枪中加以应用。随后，他又对该设

上图：1941年6月一名德军士兵在入侵苏联时的照片。他手中所拿的鲁格手枪是当时所生产的最著名的手枪之一

计进行了改进，于1885年完成了最后一步工作，设计出了弹夹体系，使得手枪在射击之后能够一次性地重新装满子弹。

然而，弹匣式手枪的设计者很快就受到挫折，这是因为双动转轮手枪即使重装弹匣会花费稍长时间，但它仍然是进行快速射击的更有效的方法。尽管有许多人都生产过弹匣式手枪，譬如帕斯勒、席德、卡勒·卡姆、昆耐特、约瑟夫·劳曼以及格斯塔·比特勒，但最令人称心如意的还是柯尔特·韦伯利甚至加瑟生产的转轮手枪。

奥匈帝国的枪械制造业

大多数枪械制造师都是奥地利或匈牙利人的情况并非偶然。这是因为，弗朗兹·约瑟夫统治下的奥匈帝国突然间意识到工业革命的到来，并敞开胸怀地去拥抱它。就像许多后来者一样，他们使用其他国家专家的研究来帮助自己进行工业革命，因此，当我们看到第一支半自动手枪在奥地利设计并制造的时候，一切都是那么的理所当然。

一名维也纳手枪制造师约瑟夫·劳曼于1893年首次为一种手枪提交了专利申请，该手枪能够退出废弹壳并能重装新子弹，这一动作也可同时使枪机处于待发状态，随时准备射击。根据劳曼的原理，安顿·斯霍恩伯格设计出一种手枪，并由约瑟夫·威德尔在施泰尔公司进行了限量生产。正由于限量生产，这种手枪不是商业上的成功枪支，其操作原理极为少见，被

称为是"底火返回"式，使用带有很深的底火凹洞的特殊子弹。手枪进行射击时，底火在气压驱使下后退约4毫米，而弹壳不后退，这一时间段足够持续到将枪锁与枪管脱离。此时，枪膛内的压力也降到了安全水平，剩余的后坐力能够完成接下来的循环过程。此外，以设计生产M1型半自动步枪而闻名的约翰·加兰德也发展了这一原理。

同年，西拉姆·马克西姆在机枪设计领域的对手之一安德烈斯·威尔海姆获得了一个半自动手枪的设计专利。其不同寻常之处，在它的子弹在弹匣里是垂直放置、弹头朝下的，弹匣位于枪管下部，子弹在到达后膛之前必须转动90度。这种手枪当时曾经投入生产，但并未引起公众注意。

雨果·博查特的工作

半自动手枪几乎是中欧的独创性发明，但是，倘若没有美国人的设计原理，特别是生产工艺的话，第一款获得商业成功的半自动手枪就不会出现。雨果·博查特于1876年首次为温切斯特连发武器公司设计手枪，第二年改选了非常驰名的夏普斯步枪，采用铜制子弹。19世纪80年代中期，博查特以美国公民的身份返回到出生地德国，为位于柏林的洛伊公司工作。洛伊公司起初生产缝纫机，在了解到美国当时的有关情况之后，就开始着手准备进行武器生产，截至普法战争（1870—1871年）爆发时，该公司已经开始生产武器制造业所需要的机器。根据普拉特和惠特尼所鼓吹的美国精神，许多公司被柯尔特和其他几家大公司所吞并。路德维格·洛伊于1886年去世，但那时洛伊公司已经建立，并且在武器制造方面具有强大的实力，与普鲁士皇家步枪工厂联合生产毛瑟步兵步枪。

七年后，博查特为7.65毫米口径半自动手枪申请了专利，这种手枪的枪机类似于马克西姆机枪。它的后膛栓根据短后行程原理工作，枪管通过肘节闭锁与后膛闭锁相连，肘节向上凸起。接着，博查特又生产出改进型手枪，握把上配置有可移动8发装弹匣。早期手枪的弹匣都固定在扳机前面，必须从上面重新上膛装弹，而后膛必须同时打开。与此同时，由于博查

上图：第二次世界大战中一名意大利士兵用9毫米的后坐式半自动贝瑞塔1934型手枪进行瞄准。该手枪的外置击锤可手动或自动扳至待击发状态

特的主要竞争对手毛瑟恢复使用旧系统，从而使得博查特的设计像同时代的许多设计一样载入了史册，从那以后，博查特的弹匣系统几乎普及全球了。

雨果·博查特的手枪销售量极大，这种势头一直持续到1898年。同时，他的设计乃至精神层次的继承者乔治·鲁格也取得了持久的成功。博查特手枪是一款大型手枪，大约350毫米长，拿起来比较笨拙。它有一个抵肩式枪托，叠起来就是手枪皮套，安装完毕后就是一支相当舒适的卡宾枪。由于这种特点对于公众来说并非十分需要，因此体积大且笨重成为它的缺陷，从而导致其在欧洲和美国的销售量很小。它的主要贡献，是为后来的设计打下了基础。

鲁格的杰作

19世纪到20世纪交替的前后几年，是半自动手枪发展的重要时期。当1896年洛伊公司（DWM公司）逐渐主导新型枪支市场时，伯格曼、勃朗宁、曼利彻、毛瑟以及奥地利枪械巨头施泰尔都曾与该公司进行竞争。尽管帕拉贝鲁姆1898型自动手枪并非世界上最著名的手枪，但其设计者乔治·鲁格的名字却家喻户晓、尽人皆知。DWM公司的手枪设计偏离了半自动手枪发展的主流方向，最终被证明是死路一条，但该公司为其手枪所生产的子弹却发展壮大，直到后来统治了军用手枪和冲锋枪世界。

帕拉贝鲁姆手枪的到来

鲁格于1849年出生于奥地利的蒂罗尔，曾在奥地利陆军当过军官，在那里认识了冯·曼利彻，随后在博查特手枪出现以前，加入了洛伊在柏林的公司。在接下来的几年中，他曾数次到美国旅行，其中1894年前去促销博查特手枪。1897年，美国政府对该型手枪进行了检验，但最终拒绝了这种设计。在当时，发明者似乎也对它丧失了兴趣，于是进一步发展该设计的任务就落到了鲁格身上。1898年，该公司已经不再生产早期款式的手枪，鲁格于同年将一种过渡型手枪——博查特-鲁格手枪展示给瑞士陆军。一年后，鲁格对手枪和子弹均进行了大幅度改进和仔细的测试，最终促使瑞士政府采用7.65毫米口径帕拉贝鲁姆手枪，编号为1900型，这是第一种获得官方正式批准的半自动手枪。与博查特手枪相比，帕拉贝鲁姆手枪配置有保险设备，重量很轻，枪管也短出很多，从以前的152毫米转变到120毫米。从此以后，帕拉贝鲁姆手枪（名字源于拉丁语，意思是"为了战争"）一天天地成长壮大，与此同时，鲁格9毫米子弹得以继续发展。

1902年，出现了9毫米帕拉贝鲁姆手枪，两年后被德国海军采用，枪管长150毫米，专门配置有握把保险，克服了由大拇指从机匣后部操作左侧保险钮的不便。同年，DWM公司开始限量生产卡宾枪，口径7.65毫米，枪管长度298毫米，并带有可拆卸的抵肩式枪托，木质前握把的内部装有一根附加的复进簧，以备不时之需。1906年，这种设计经历了第一次重大变化：用平展的主发簧取代了原来的卷曲式设计，随后这种设计又用于其他型号；安装了新的退壳钩，同时还发挥着"装填指示器"的作用。同一年，瑞士政府再次订购9毫米手枪，荷兰和葡萄牙政府也采用了这种手枪。

德国陆军用手枪

1907年，DWM公司的手枪销售在美国取得了相当成功之后，接受了美国官方的检验。美国方面比较欣赏其0.45英寸重型子弹的强大阻止力，于是决定订购两种型号的该口径帕拉贝鲁姆手枪。这次检验的成功使得美国政府从DWM公司纽约分公司又订购了200支手枪。纽约分公司当时欣然接受，但在得到柏林的指示后，态度骤然转变。人们纷纷推测DWM公司不再向美国政府提供武器的真正原因：一种猜测是DWM公司不愿意为这种大口径手枪建立全新的生产线；另一种更有可能的解释是，DWM公司也可能得到事先警告，称德国陆军将采用这种手枪，并且不希望在此过程中有任何的障碍。当然，DWM公司与德国军方的关系要比美国更为密切。据一位权威人士猜测，在德国武器政策新动向和武器采购方面，DWM公司高级负责人所得到的情报，甚至比德国战争部的高级官员还要准确可靠。

1914型手枪

德国陆军采用的帕拉贝鲁姆1908型手枪（通常缩写为P08），枪管长度100毫

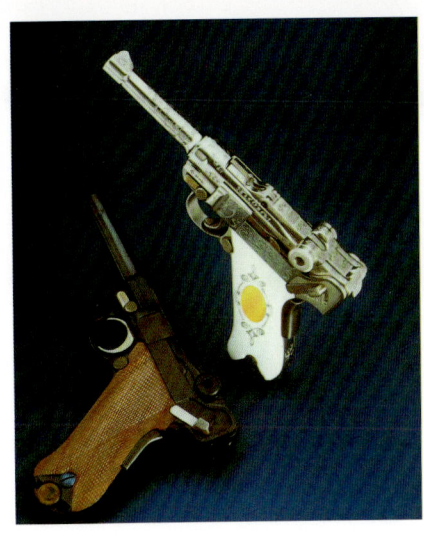

上图：鲁格手枪的两个精美样品。鲁格是博查特半自动手枪的合理继承人，这种手枪的设计均由他自己加以改进

米，由于去掉了握把保险，导致大拇指操作动作不再顺畅。该手枪最初在DWM的工厂进行生产，但到1914年第一次世界大战爆发时，位于图林根的爱尔福特皇家步枪工厂也开始生产这种手枪。其中，200毫米长枪管手枪正式称为1908型帕拉贝鲁姆-阿蒂雷勒手枪，也称为1914型手枪，在1914年投入生产，配置有一副可拆卸的抵肩式枪托。其中，1914型手枪生产线唯一需要改变的地方，就是在组装时引进了长枪管。在1914年前，塔坦里克和冯·本克为该型手枪设计出32发装、弹簧控制的螺旋状弹匣，也可适用于雨果·西姆森设计的伯格曼·曼西尔18型冲锋枪，这是第一支令人满意的冲锋枪。最终，采用这种比较笨重的弹匣改变了帕拉贝鲁姆子弹的外形，原来的平头弹头已不再适合，取而代之的是用于帕拉贝鲁姆子弹的标准的圆头弹头。

沃尔特P38型手枪

第一次世界大战结束后，根据《凡尔赛条约》的规定，德国手枪口径不得超过8毫米，枪管长度最多100毫米。一直到希特勒1936年单方面拒绝承认《凡尔赛条约》，德国战后生产的帕拉贝鲁姆手枪一直使用原先的7.65毫米口径和90毫米枪管。西姆森、万芬伐比克、毛瑟等公司也生产这种手枪。英国的威克斯·阿姆斯特朗公司从德国搜集了大约6000支手枪样品，包括德国制造供荷兰人使用的9毫米口径手枪。瑞士政府所属的伯尔尼兵工厂继续为瑞士陆军生产9毫米口径手枪，甚至还将一些卖给民众。1942年，德国停止生产帕拉贝鲁姆手枪，截至此时，这种被广泛称为"鲁格"的珍贵手枪最终让位给沃尔特P38型手枪。在20世纪60年代末期，制造商再次将这种1906年制造的手枪投入生产，毛瑟-沃克公司同时生产7.65毫米和9毫米口径手枪。在帕拉贝鲁姆手枪设计临近100周年寿诞之际，各种口径的仿制品也纷纷出现了。

就在乔治·鲁格重新审视博查特的原型设计的时候，洛伊公司正与马克西姆保持着密切的联系。在获得生产许可证的情况下，该公司开始生产马克西姆手枪。这样，人们就不难理解该公司对马克西姆系统的忠诚，或许正由于这一原因，鲁格公司才决定了坚持使用博查特的肘节闭锁系统。在欧洲其他地方，半自动手枪的新设计定期出现，枪栓开锁或枪管后膛闭锁不断地发生着变化，其中大多数结构变得更为复杂。半自动手枪设计者较早认识到，低能弹药不能够产生闭锁两个部件所需要的压力，这样就有必要发展简单的后坐系统。

伯格曼手枪

托马斯·伯格曼是手枪设计的先驱者之一，在他最早生产的手枪中，如1894年的5毫米和6.5毫米口径手枪，以及后来的8毫米口径手枪，他向前迈出了更大的一步，为每种手枪配置了一个传统的退壳钩。伯格曼采用了刘易斯·西姆森（雨果的父亲）所设计的光滑、完全无缘式子弹，利用子弹发射后的剩余膛压在后膛闭锁刚刚后退时就准确地把空弹壳退出来。在此过程中，空弹壳碰到弹匣中的另一颗子弹，被该子弹向上甩出来。有人可能认为这种系统是不可靠的，当1896年改进型手枪出现后，这些手枪都安装上了传统的退壳钩，使用传统的"无缘式"子弹。伯格曼最出众的作品就是所生产的这些手枪，它们是第一批符合袖珍手枪常规标准的半自动手枪。尽管长度250毫米、重量1.13千克的手枪已经算不上什么轻型手枪，但它们向外抛出废弹壳的方式却相当奇特。此外，早期伯格曼手枪还曾因使用了非移动弹匣而闻名，这种弹匣设置在扳机护弓前面，子弹从侧面装填。5发新子弹装在一个简易的薄金属弹夹里，弹夹放置在弹匣里，一旦子弹打完，弹夹就从弹匣中掉出来。

退出废弹壳的窘境

很显然，早期伯格曼手枪所发射的5毫米和6.5毫米的小型子弹并没有任何军事用途，甚至在民用市场上也受到了广泛批评，而更具威力的8毫米西姆森子弹对于简单的后坐枪机来说又过于笨重。通常情况下，倘若废弹壳的抛出速度过快，会使得枪膛内部气压仍然很高，从而导致枪管阻塞卡壳。1897年，当伯格曼终于开始尝试设计军用手枪时，他意识到有必要对手枪的机械结构进行彻底改进，特别是对枪栓和后膛闭锁方式进行改进。伯格曼的解决方法就是：枪管和枪栓一道向后移动不超过6毫米的距离，随后由于机匣凸耳的压力，枪栓被迫向侧面转移并与枪管脱离，枪管停止向后运动，而枪栓继续向前运动到其极限为止，使击锤处于待发状态，同时从弹匣中带出一颗新子弹。当枪栓再次和凸耳相遇时，再次被迫偏向一侧，然后重新返回和枪管对齐时，又被储存在复进簧中的剩余能量推回弹匣处。在伯格曼5型手枪上，在扳机机械系统前面也配有可移动弹匣，可通过上膛的方式进行重新装填。5型手枪曾被包括英国在内的数个国家测试过，但均遭到拒绝，主要原因是这些国家对8毫米子弹的阻止力缺乏信心。

鉴于此，伯格曼紧接着生产下一款手枪，尽管数量较少，却有各种口径，一般是9毫米，还有试验中的10毫米口径。1903年，他生产出了6型手枪，也就是所谓的伯格曼"战神"手枪。6型手枪的闭锁系统与伯格曼以前的设计有所不同。1910年，托马斯·伯格曼已不能从手枪上得到什么经济利润了，于是把生产权彻底卖给了皮珀。当丹麦政府采用伯格曼-贝亚德9毫米口径手枪时，伯格曼的设计才最终成为官方随身武器被采纳。1918年，丹麦人在国家兵工厂对这种设计进行本土化生产，由于这种投资结果，使得伯格曼-贝亚德手枪继续作为丹麦军队的标准

83

沃尔特P38型手枪
口径：9毫米（0.35英寸）
重量：0.96千克（34盎司）
全枪长：213毫米（8.4英寸）
枪管长：127毫米（5英寸）
有效射程：30米（98英尺）
装弹量：8发
子弹初速：351米/秒（1150英尺/秒）
原产国：德国

伯格曼的单一式手枪
口径：8毫米（0.30英寸）
重量：0.59千克（21盎司）
全枪长：190毫米（7.5英寸）
枪管长：70毫米（2.75英寸）
有效射程：30米（98英尺）
装弹量：6或8发
子弹初速：198米/秒（650英尺/秒）
原产国：德国

随身武器，一直到1946年，该手枪才被列日（比利时的城市）生产的勃朗宁1935型手枪所代替。即使是最大口径的6型手枪也没给英国和美国人留下较深的印象，前者于1903年对该种手枪重新进行检测，而后者于1907年拿这种手枪与0.45英寸帕拉贝鲁姆手枪进行对抗。

毛瑟C96型手枪

有人可能会说托马斯·伯格曼实际上很不走运。因为在1896年，当他改进自己的手枪使用"军用"子弹时，毛瑟生产了一款半自动手枪的详细介绍，并很快制造出能够装填大威力子弹的半自动手枪，该手枪名义上使用7.63毫米子弹，但与雨果·博查特所使用的子弹十分相似。毛瑟公司尽管建立仅仅25年的光景，发展却很快，这得益于德国政府采用该公司的1871型枪栓式单发步枪。和大多数毛瑟枪支一样，这种新枪的设计非常精湛，因而价格就相当昂贵。几乎从1897年问世的那天起，该枪就一直享有着"浓缩的精品"的美称。

对于伯格曼而言，不走运的地方并非仅此而已，因为在当时，皮特·保罗·毛瑟的相当一部分实力来自于1898型格韦尔手枪，这是德国陆军装备的新型步枪，德国甚至准备在奥本斯多夫－尼克尔工厂进行生产，用以取代多少令人不满的1888型手枪。

众所周知，毛瑟96型（也称C96型）半自动手枪是1894年由费德勒三兄弟设计，并于1895年或1896年由皮特·保尔·毛瑟获得专利。原型手枪早在1895年以前就已完成，并在同年3月15日进行首次实弹射击试验。在这一年的其余时间里，该公司总共生产了大约100支该型手枪，大多数使用7.65毫米博查特子弹，有6发、10发和20发装弹匣，还有些使用6毫米口径子弹和10发装弹匣。在所有这些手枪中，弹匣与枪身构成一个整体，子弹从弹匣上端装填，在装弹时要把枪机打开。

1896年10月，毛瑟公司开始正式生产这种手枪，但此时枪的口径已经固定为7.63毫米。但事实上，对较大的原型子弹的唯一改变之处在于将弹壳颈口的尺寸进行了稍微的缩小。在生产形式上，对于8发装和85发装的子弹带来说，这种弹药在140毫米的毛瑟枪管中能够产生极大的初速——455米/秒；曼利彻1903型手枪装填4发几乎完全相同的7.65毫米子弹，初速仅达到345米/秒。正由于毛瑟手枪能够轻而易举地进行重型子弹的装填，并能够达到如此大的初速，它才受到人们热烈的欢迎。由于这种枪的制造工艺严谨、枪身坚固，7.63毫米口径手枪实际上能够发射9毫米帕拉贝鲁姆子弹，尽管人们并不提倡这种做法。

C96型手枪的改型和仿制品

在C96型手枪出现很长一段时期里，人们对其原型设计几乎没作什么改进。尽管在1918—1922年，曾有过一次短暂的间断，但直到1937年，毛瑟公司的生产工作几乎从来没有停止过。1902年出现了手枪保险钮，十年后人们对其进行了替换。1905年，撞针固定器又加装了一个闭锁凸耳，退壳钩的长度缩短，击锤体积减小。1915年，由于各种轻武器普遍短缺，毛瑟公司决定生产使用9毫米帕拉贝鲁姆子弹的C96型手枪，在接下来的3年中，大约生产出15万支此类手枪。乔治·鲁格的聪才智又一次体现在大口径子弹之上，此举意味着以上两种手枪的大部分配件可以相互替换。第一次世界大战期间，大批7.63毫米"缩短"的C96型手枪生产出来，出口给前俄国布尔什维克党人，结果这些手枪成为著名的"伯拉－曼德雷"手枪。它们实质上是1912年改进后的新式手枪，但配置100毫米枪管却违背了《凡尔赛条约》的相关条款。1913年生产的一种M30型半自动手枪（1930型20发子弹快速射击式半自动手枪），有时也被人称为M712型手枪，后来，少量出售到南斯拉夫和中国。改进型的M712手枪是在约瑟夫·尼克尔的早期工作基础之上推出的。西班牙的阿斯特拉公司仿制了一些毛瑟C96型手枪，一些质量低劣的仿制手枪在中国也有分布和传播。第二种手枪产量更低，该手枪有着最初设计的20发装固定弹匣，这一点不同于M712和原型半自动M711型手枪，以上两者的弹匣可以拆卸。后来，人们还进行过多次尝试，试图生产出全自动手枪，但均遇到了毛瑟所苦恼的同样的基本问题。

C96型手枪的内部布局

毛瑟C96型手枪由四个基本部分组成：枪管和加长枪管，这两个部件铸在一起；主枪身，包括弹匣和握把；正方形栓，包括主复进簧、撞针和撞针击发簧；闭锁系统，从扳机到击锤，包括上面的保险装置。整个手枪只通过一个螺栓将两半固定在一起。这些握把设计不同寻常，整体相当对称，底部向外凸起，于是很快就有了"扫帚握把"的绰号。在安装上一副抵肩式皮套枪托之后，这种手枪就会转变为卡宾枪。但是，在具体操作方面，这种手枪操作起来不太方便。

毛瑟C96型手枪的价格十分昂贵：在20世纪之交，一个带有胡桃色抵肩式枪托（相当于双重皮套）的新枪价值5英镑（按照当时的货币兑换比率值25美元）；博查特手枪更贵，价值30美元，大约是普通转轮手枪的两倍，其购买力相当于20世纪末的1000英镑。相比较而言，20世纪90年代中期，250美元可以买到一支非常体面的转轮手枪，而优质手枪的价格则是这种价格的3倍。在意识到高价位将限制手枪销售量之后，毛瑟将一种较为便宜的M06-08型手枪投放市场，其外表与C96型手枪非常接近，是根据半自动步枪的简易枪机发展而来。然而这种枪并没有取得真正的成功。

曼利彻对半自动手枪发展所做的贡献前面已经提到过，但这种影响不及他对步枪设计所做的贡献大。1894年，奥地利率先装备美式机床的厂家——施泰尔公司所属塞尔温德武器工厂将曼利彻的设计投入生产。虽然时间不长，但意义重大。

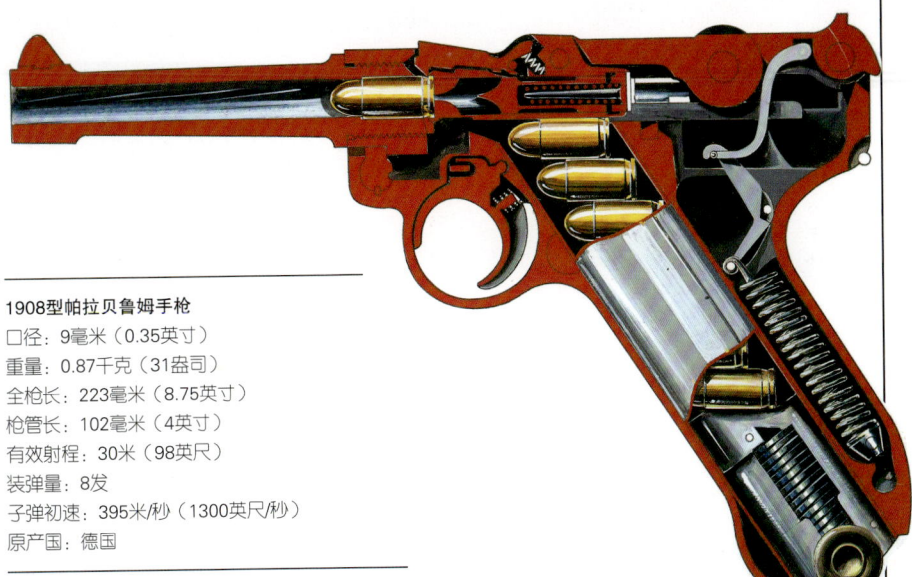

1908型帕拉贝鲁姆手枪
口径：9毫米（0.35英寸）
重量：0.87千克（31盎司）
全枪长：223毫米（8.75英寸）
枪管长：102毫米（4英寸）
有效射程：30米（98英尺）
装弹量：8发
子弹初速：395米/秒（1300英尺/秒）
原产国：德国

曼利彻的第一支手枪采用"气体前冲"操作系统，该系统后来也被安德尼尔·西拉罗思的设计所采用。后膛闭锁与枪身连为一体固定不动，但枪管可以自由地前后移动，通过复进簧驱动。空弹壳由枪栓面的退壳钩抓住。在第一运动阶段，当枪管能量用完时，复进簧完成返回运动。在返回过程中，枪管从弹匣中带出下一颗子弹但并不叩击击锤，这个动作由一个标准的双动扳机完成，或用手将它拉回来。

两年后，曼利彻的下一个目标就是制造1896型手枪，该手枪采用了更加传统的"气体后冲"动作，这一次弹匣位于扳机前面，但在整个装填过程中仍然不需要扳起击锤。和早期手枪一样，该手枪使用曼利彻自行设计的6.5毫米和7.6毫米子弹。他的第一支自动扳至击发状态、自动装填手枪使用的是标准的7.65毫米子弹，该子弹装药量相对较轻。不幸的是，这种子弹与威力大得多的7.63毫米毛瑟子弹几乎完全相同，曼利彻手枪可以使用毛瑟子弹上膛射击，但结果不甚理想。这支手枪似乎设计于1896年，但直到1903年才开始投入生产，人们一般也认为它是那一年出产的手枪。在外形上，这支手枪有点像毛瑟C96型手枪，也有前置弹匣，但其内部结构却完全不同。后膛闭锁和枪管通过一个枪栓锁在延长枪管上，并能被枪管适当分开。在开火射击时，后坐力将后膛闭锁和枪管一起向后推动3毫米，两者一直紧紧连在一起。

第四种手枪——同时也是曼利彻最后一种半自动手枪——可能是最为成功的，当然也是最流行的手枪。它同样使用了低威力7.65毫米子弹，但只能使用直壁式弹壳，不能容纳其他类型的子弹。这样一来，曼利彻认为应该增加机械结构，使枪栓和枪管闭锁在一块，运用简单的后坐动作原理。在废弹壳清理出后膛以前，枪栓向后运动被机械地推迟了（用凸轮抵住发条的上表面），膛内压力在弹壳抛出前减小到安全水平。和同期多数半自动手枪不同的是，这种手枪弹匣配置在握把里，有时人们无法分清其1900型、1901型和1905型手枪。与博查特手枪和鲁格手枪不同的是，枪握把是固定的而非可拆卸式，因此子弹通过弹夹从上部装填，它可容纳8发子弹。

由于乔治·罗思和卡尔·克兰卡设计出一款新型手枪，所以曼利彻的最后一款手枪，也就是众所周知的曼利彻1905型手枪，在施泰尔公司暂停生产了。同年，被称为罗思-施泰尔1907型的手枪被奥匈帝国正式采用为官员随身携带手枪，这是半自动手枪首次被一个大国政府所接受。罗思-施泰尔手枪源于19世纪，它是克兰卡1895年设计的一款手枪的翻新，还曾被罗思生产过而且改装为罗思1904型手枪。因罗思自身工厂的生产能力有限，所以，顺理成章地将手枪生产转移到了施泰尔公司。后来，又加入了一款与罗思-施泰尔

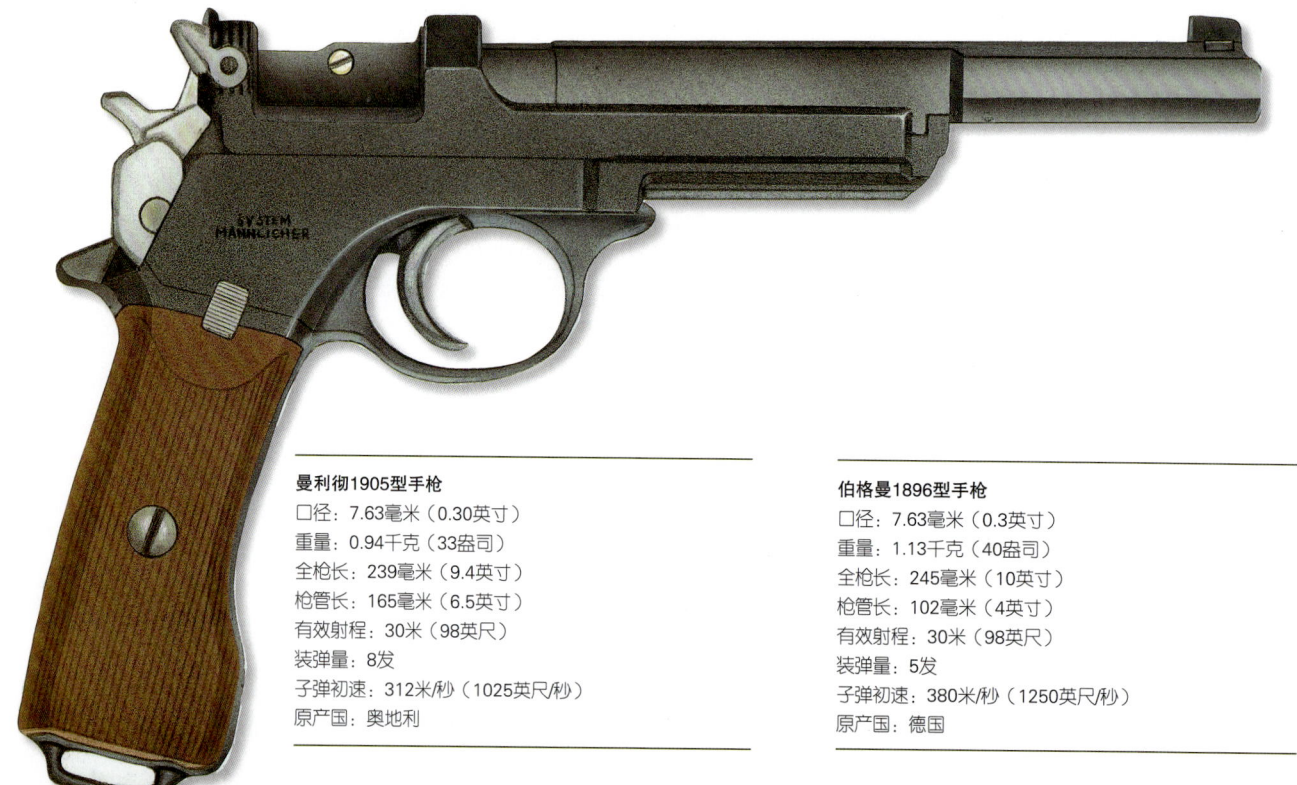

曼利彻1905型手枪
口径：7.63毫米（0.30英寸）
重量：0.94千克（33盎司）
全枪长：239毫米（9.4英寸）
枪管长：165毫米（6.5英寸）
有效射程：30米（98英尺）
装弹量：8发
子弹初速：312米/秒（1025英尺/秒）
原产国：奥地利

伯格曼1896型手枪
口径：7.63毫米（0.3英寸）
重量：1.13千克（40盎司）
全枪长：245毫米（10英寸）
枪管长：102毫米（4英寸）
有效射程：30米（98英尺）
装弹量：5发
子弹初速：380米/秒（1250英尺/秒）
原产国：德国

1907型相似的手枪，但其体形更小，设计理念也有所不同。它是由J.P.索尔在苏尔生产的，苏尔是德国的一个军火生产中心。这两种手枪都值得研究，它们和前面所述的著名手枪一起，体现了第一代半自动手枪设计者们所进行试验的艰辛和付出，他们为了生产出质量更可靠的半自动手枪仍在不断奋斗着。

8毫米口径罗思–施泰尔手枪

和同时期许多手枪一样，8毫米罗思–施泰尔手枪采用一种现在看起来非常复杂的机械结构。它的后膛闭锁——在这里可以看作是枪栓——非常长，一直延伸到击锤的后部。其后部坚固，用来容纳撞针，前端是空的，刚好和枪管的粗细程度相适应。枪身内部被机器加工出很多凹槽，这些凹槽和枪管的凸耳正好吻合。当手枪开火射击后，枪管和枪栓一起在机匣里向后推动12毫米，然后枪栓脱离枪管，并在此过程中使枪管旋转90度。枪管停止向后运动，而枪栓则继续向后，扳起击锤至击发状态，并且压缩复进簧。在返回过程中，枪栓从弹匣中带出一颗子弹，然后进行装弹。和最后一款曼利彻手枪一样，该手枪的弹匣固定在握把内，子弹通过一个10发装弹夹从枪身小孔装进弹膛，该小孔也可作为抛壳孔。此外，罗思–施泰尔手枪与曼利彻手枪还有着一些相同之处，并不是自动扳起击锤至击发状态，相反，它采用一种转轮手枪中非常常见的双动发射机构。

另一种带有罗思名字的手枪是罗思–索尔手枪，但这种手枪要小得多，全长不到175毫米，采用一种7.65毫米的特殊形状子弹。特别与众不同的是，这种小手枪采用长后坐行程原理，枪管和枪栓一起后坐，直到达到手枪的最后限度为止。这时，枪栓通过击发装置作用顺时针转动15分，这就使得枪管在复进簧作用下

伯格曼-贝亚德自动装填手枪
口径：9毫米（0.35英寸）
重量：1.01千克（35.5盎司）
全枪长：251毫米（9.9英寸）
枪管长：102毫米（4英寸）
有效射程：30米（98英尺）
装弹量：6发
子弹初速：305米/秒（1000英尺/秒）
原产国：德国

返回待发状态。在返回过程中，枪栓将废弹壳从抛壳孔抛出，将下一发子弹从弹匣中推入弹膛，枪栓又通过击发装置发生逆时针转动15分，重新和枪管闭锁。罗思-索尔手枪的发射方式和罗思-施泰尔手枪一样，而且弹匣也是固定的，装弹方式也差不多。

9毫米施泰尔手枪

虽然罗思-施泰尔手枪被奥匈帝国军队所采用，但服役时间并不长，在1911年被另一款施泰尔手枪所替代，这种手枪称为施泰尔-汉恩手枪（击锤式施泰尔手枪），这样叫主要是为了和罗思的无击锤式手枪设计加以区分，但一般正式称为1912型连发手枪。施泰尔-汉恩手枪名义上是9毫米口径，实际上所需子弹却比9毫米帕拉贝鲁姆子弹稍长。该型手枪同样使用了旋转枪管闭锁结构，但这一次的结构却非常简单，其后膛闭锁被改装成一个环绕枪管的套筒，通过两组凸耳与垂直凹槽闭锁在一起，枪管上还有一些凸耳和一直延伸到后面的螺旋形凹槽相互作用。当二者一起后坐时，枪管发生偏转，但是马上又被枪身凸耳制止住，而套筒则可继续向后移动，并在此过程中抛出弹壳，然后重新回位。在和枪管啮合之前，套筒把下一发子弹从弹匣推入弹膛之中。在继续前进的时候，套筒和枪管重新闭锁。

非后膛闭锁手枪

在施泰尔-汉恩手枪仍处于设计阶段的时候，该公司开始生产7.65毫米和6.35毫米的小口径手枪，后一种在接下来几年中非常流行，它是一种早期的半自动手枪版本。这两种手枪，都是结构简单的非后膛闭锁手枪，便于使用火力不很强的手枪的人应用。它们也没有退壳钩，而是像早期伯格曼设计一样，利用气体压力。但是，这种抛壳方式总是存在着不可预测性，子弹可能在弹膛里炸裂或卡壳，却没有方法将这种熄火子弹抛出去。为克服这种困难，这种手枪设计使得人手很容易插进枪膛里，而且很容易将手枪拆开，卡壳的子弹或其他出了问题的子弹也可以取出来。当弹匣损坏或出故障的时候，这种系统可以让手枪作为一种单发武器使用。

在从19世纪向20世纪过渡的时候，除德国和奥匈帝国之外，其他国家对于半自动手枪普遍不感兴趣。即便在德奥两国境内，人们心目中最为看重的仍然是转轮手枪，并且普遍认为，根据转轮手枪的可靠性能，它更适合作为制式武器使用。当然，在其他地方，也有人对于休斯·盖伯特-费尔法克斯手枪——这种后来走红的半自动手枪比较着迷。但是，随着二者之间合作关系的结束，休斯·盖伯特发展成为20世纪最成功的枪支制造商，而费尔法克斯的经营业绩却不断下滑，直到最后消失得无影无踪。

休斯·盖伯特-费尔法克斯

费尔法克斯从1895年开始就申请了一系列半自动手枪的设计专利，最后又在1898年成功说服韦伯利斯科特根据他的设计生产出一个原型手枪。费尔法克斯和韦伯利公司负责生产的经理J.W.怀廷一起合作，J.W.怀廷后来自行设计出韦伯利半自动手枪。这两人合作生产出了一系列手枪，但结果都不太理想。1901年，韦伯利对此失去了兴趣，费尔法克斯只好另找赞助商。

"战神"自动手枪辛迪加最初建立的时候，就是为了发展盖伯特-费尔法克斯的设计，同时也希望能够借助该发明进一步发展生产能力。开始的时候，伦敦和伯明翰的一些小型枪械制造商也生产出数量有限的手枪来进行测试和弹药实验。当时，费尔法克斯沉溺于设计一款威力非常大的手枪。

威力巨大的"战神"手枪

费尔法克斯遇到的一个问题就是要找到一种合适的子弹，后来的原型"战神"手枪可以使用一系列不同型号的子弹，其中，0.36英寸、0.45英寸、8.5毫米和9毫米子弹是最常见的子弹，但它们在军队中并非标准子弹。这种枪在设计的时候，初速设计得特别大，因此小威力子弹显然是不太合适的。然而，需要大威力子弹就意味着手枪枪机本身必须非常强大，这样一

毛瑟1912型手枪
口径：7.63毫米（0.30英寸）
重量：1.25千克（44盎司）
全枪长：298毫米（11.75英寸）
枪管长：140毫米（5.5英寸）
射程：30米（98英尺）
装弹量：10发
子弹初速：427米/秒（1400英尺/秒）
原产国：德国

来，就需要增加枪身内部活动部件的重量，自然而然的，费尔法克斯就掉进了这个无法跳出的圈子里。

他最后以设计出一款长度超过310毫米、重1.35千克的大型手枪而告终，这种手枪采用8.5毫米子弹，初速不小于535米/秒，这比当时大多数步枪的初速还要大。因为这种手枪又大又重，非常笨拙并且难以使用，所以英国皇家海军"卓越"号战舰指挥官说道："没有一个用过这种手枪的人还想再用它。"另外一个不幸用过这种手枪的人也说："'战神'手枪用起来很不舒服而且令人感到担忧。不仅如此，它还把弹壳向使用者的脸上抛去。"

可以想象使用"战神"手枪就像做一场噩梦一样，它利用长后坐行程的工作原理，后膛闭锁和枪管一起后退76毫米。在这一过程中，它们压缩枪管下部的复进簧，另外两个较小的弹簧单独作为后膛闭锁归位弹簧使用。在后坐过程中的最后阶段，击锤扳起至击发状态，同时枪栓和枪管自己开始复位。

技术缺陷

"战神"手枪枪管下面的一个活动杆对曲柄进行作用，通过曲柄作用，可以使枪栓转动45度，让枪栓从被锁在枪管后膛的凹槽中脱离出来，弹匣在握把上可以活动，它在后膛后坐动作完成之前，就把下一发子弹装填好。这时枪机框也起着退壳钩的作用，把空弹壳抛出去并且把新子弹推进后膛之中，新子弹向上倾斜约30度，直到松开扳机时为止。于是枪栓松开，子弹被推入弹膛。在下一次子弹发射之前，枪栓偏移45度后重新和枪管闭锁。

幸好"战神"手枪很快就消失了，它不像勃朗宁手枪那样长久地存在。勃朗宁被称为他那个时代，甚至所有时代的最杰出的枪械制造商，这种说法虽然有点夸张，但他的确展示出了自己多才多艺的发明天赋，没有人能够与之抗衡。他对世界上最成功的两种机枪机械结构具有特殊的贡献：一是后坐力系统，这一点在两次世界大战期间以及战后所使用的中型和重型机枪中体现得很明显，其中很多机枪使用了他的名字；二是勃朗宁自动步枪所使用的气体反冲系统，这种自动步枪在美国军队中作为标准轻型机枪服役了40年。此外，他还设计出了半自动步枪、霰弹枪、简单的闭锁结构以及小口径手枪的气体反冲系统，他利用这些结构设计出了历史上卖得最好的两种战斗口径半自动手枪。但即便如此，勃朗宁在开始设计半自动武器的时候还是遇到了麻烦，侵犯了西拉姆·马克西姆的一项专利。

柯尔特的"土豆挖掘机"

西拉姆·马克西姆从来没有追求气体沿枪管移动，并用其来激活整个枪械运行机制，但他却在1884年1月为该项创意申请了专利。在一款马克西姆机枪的两个版本中、一款精心修饰的柯尔特手枪以及温切斯特连发步枪上面体现出这一点。当柯尔特采用勃朗宁的第一种机枪设计方案，并将其命名为M1895型机枪的时候，马克西姆指责这种设计侵犯了他的专利权。如果说这种手枪已经获得巨大的商业成功的话，你可以想象这些争论的内容将是什么。即便如此，这种美国本土唯一生产的机枪，仍然有足够的能力生存下去（当时马克西姆已经放弃美国国籍很长时间了，早就加入了英国国籍，甚至被封为爵士）。为了隐藏这种触犯马克西姆专利的行为，柯尔特在这种新枪上添加了一个外部杠杆系统（"土豆挖掘机"由此得名），但这种做法却适得其反，不便于在战斗环境下进行操作。这种枪刚开始很难使用，直到马林-洛克威尔把它改造成普通的气体操作式机枪之后，它才开始走向成功，编号为马林1918型机枪，装备在装甲战车和飞机上面。

通过这一次的经验教训，勃朗宁离开了气体操作理论领域，但他很快在制造BAR轻型机枪的时候又回到该领域。当他在1896年左右设计半自动手枪的时候，他只注意到了后坐力操作的问题，对于后膛是否需要进行闭锁尚无明确的看法。在此期间，他提交了一系列关于半自动手枪的气动系统的专利申请，最后获得了其中的

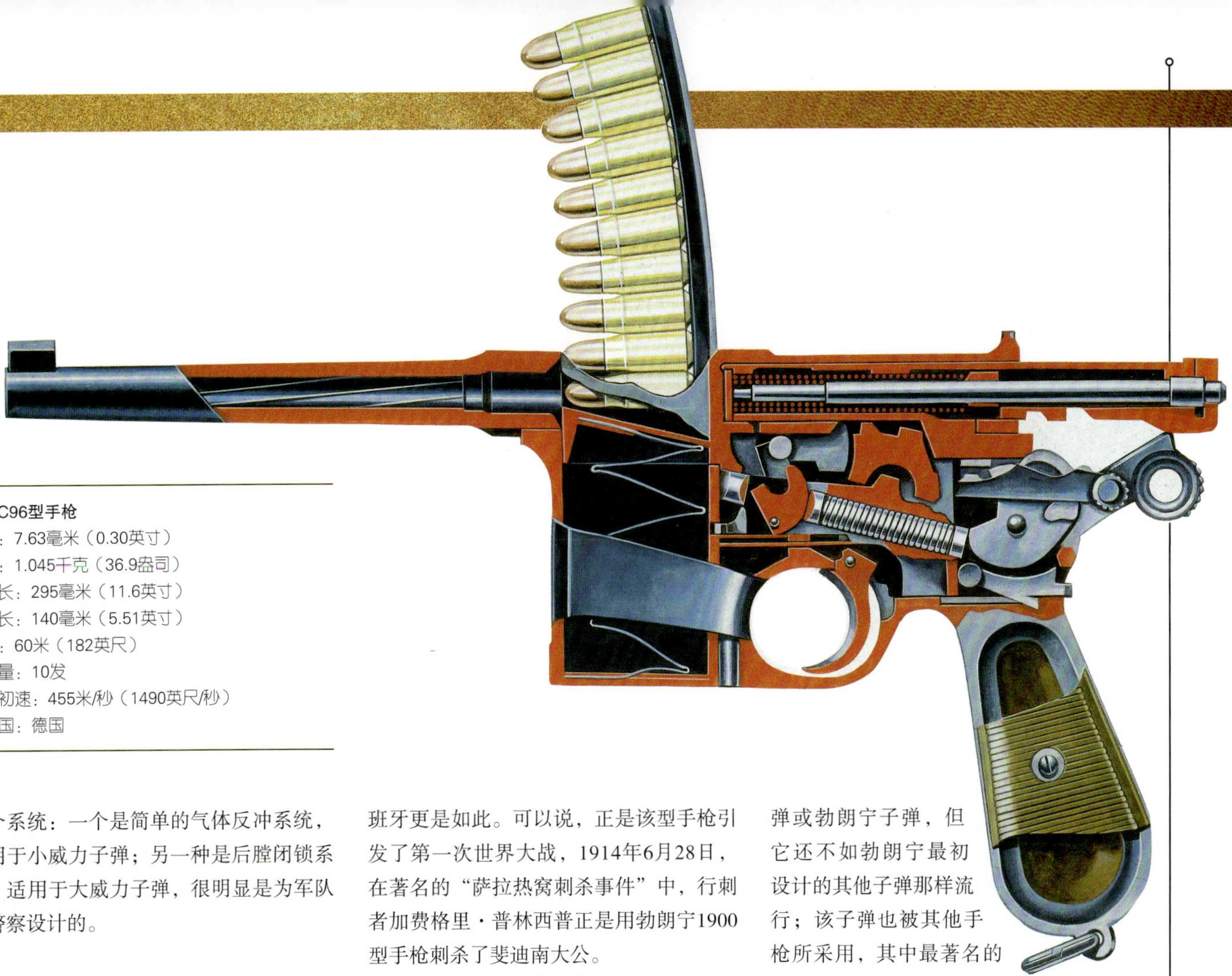

毛瑟C96型手枪
口径：7.63毫米（0.30英寸）
重量：1.045千克（36.9盎司）
全枪长：295毫米（11.6英寸）
枪管长：140毫米（5.51英寸）
射程：60米（182英尺）
装弹量：10发
子弹初速：455米/秒（1490英尺/秒）
原产国：德国

两个系统：一个是简单的气体反冲系统，适用于小威力子弹；另一种是后膛闭锁系统，适用于大威力子弹，很明显是为军队和警察设计的。

勃朗宁1900型手枪

为了获取可观的商业利润，勃朗宁将目光瞄向美国以外的海外市场，在那些地方，转轮手枪仍然占据着主导地位。他要扩充他的半自动手枪市场，为此找到了一家比利时公司，即FN公司，很凑巧的是，W.洛伊也拥有该公司50%的股份。FN公司1889年在列日建立，最初是为了生产20万支1889型步兵步枪，该步枪是毛瑟弹匣式步枪的改进型，发射7.65毫米子弹。1898年，勃朗宁与FN公司签署了一份协议，授权该公司生产他所设计的霰弹枪、步枪和半自动手枪。这实际上是一项持续很长时间的商业合作的开始，一直持续到勃朗宁本人离开人世，期间经历了两次世界大战，该公司其间几易主人，最后处于法国国有公司GIAT的控制之下。

第一款手枪编号为FN1900型手枪，口径7.65毫米，无击锤，非后膛闭锁设计，复进簧配置在枪管上部与枪管平行的管道里，它同时作为击发簧。它的后膛闭锁通过两个螺丝钉固定在套筒上。据说，根据勃朗宁的授权，FN1900型手枪的产量达到数百万支。但是，没有人能够说出到底有多少没经授权就生产出来的枪，尤其在西班牙更是如此。可以说，正是该型手枪引发了第一次世界大战，1914年6月28日，在著名的"萨拉热窝刺杀事件"中，行刺者加费格里·普林西普正是用勃朗宁1900型手枪刺杀了斐迪南大公。

勃朗宁的第二款手枪也是非后膛闭锁设计，但这一次的口径均为9毫米，其击锤在内部放置。对于这种枪机而言，通常9毫米子弹的威力太大了。但是，这种9毫米子弹与上面提到的7.65毫米子弹一样，也是由勃朗宁和温切斯特公司的专家一起设计的。这种子弹被称为9毫米长子弹或勃朗宁子弹，但它还不如勃朗宁最初设计的其他子弹那样流行；该子弹也被其他手枪所采用，其中最著名的是法国生产的"法兰西"手枪。这种手枪被瑞典政府作为M/1907型手枪进行生产，同时，塞尔维亚和土耳其军队以及丹麦和荷兰的警察也装备了这种手枪。同样，也正是这款手枪使得"勃朗宁"在法国成为"自动手枪"的同义词。1906年，FN公司开始生产口径6.35毫米的

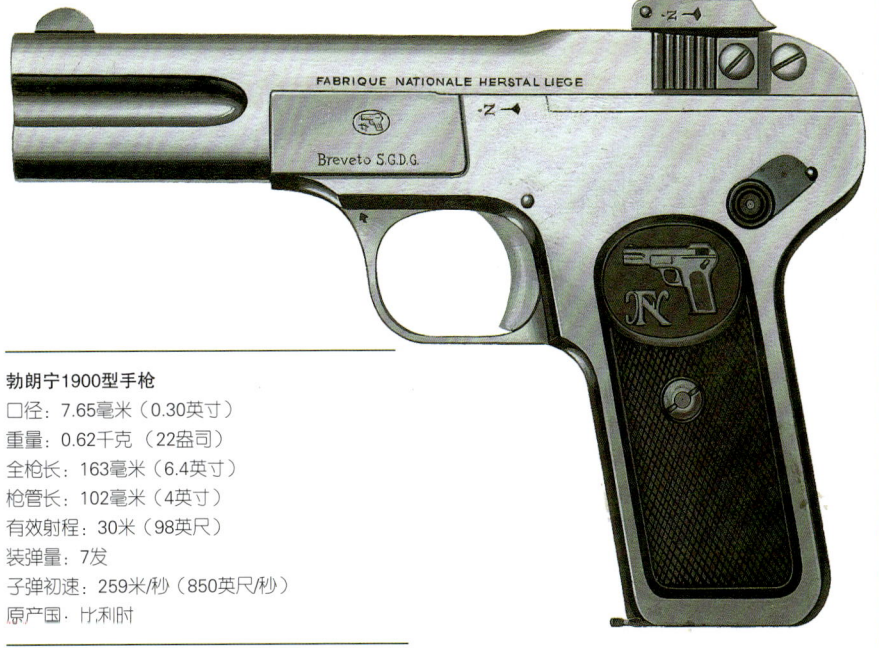

勃朗宁1900型手枪
口径：7.65毫米（0.30英寸）
重量：0.62千克（22盎司）
全枪长：163毫米（6.4英寸）
枪管长：102毫米（4英寸）
有效射程：30米（98英尺）
装弹量：7发
子弹初速：259米/秒（850英尺/秒）
原产国：比利时

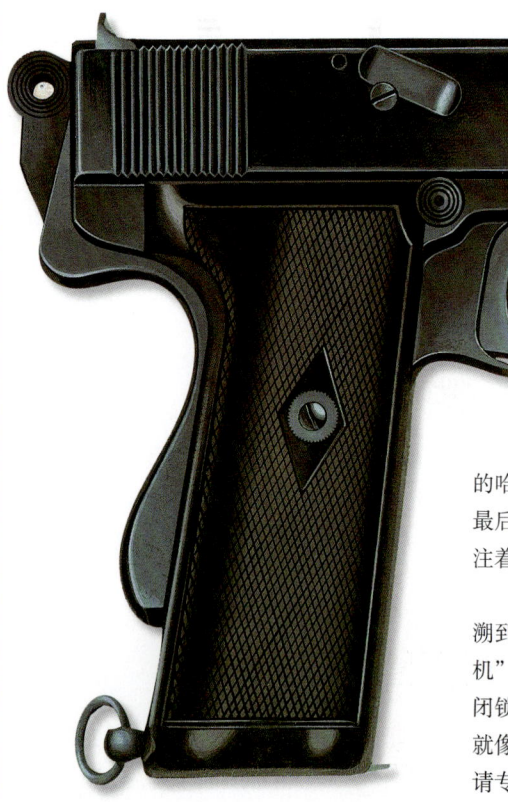

韦伯利1912-1型手枪
口径：11.55毫米（0.455英寸）
重量1.11千克（39.2盎司）
全枪长：216毫米（8.5英寸）
枪管长：127毫米（5英寸）
有效射程：30米（98英尺）
装弹量：8发
子弹初速：300米/秒（984英尺/秒）
原产国：英国

勃朗宁袖珍手枪，该手枪在美国几乎家喻户晓。这种手枪重量只有0.4千克，全长只有100毫米。或许，它算不上一种非常了不起的手枪，但仅仅因为其使用寿命，我们也应该对其予以关注，该型手枪直到其100周年诞辰之际仍在生产。与此同时，柯尔特本人也购买了生产许可证，并且一直将这种1908型手枪生产到1946年。

勃朗宁与FN公司的良好合作关系仍在继续发展，他们合作推出了10型手枪，从而取代了1900型手枪。10型手枪也属于非后膛闭锁设计，使用7.65毫米子弹。1922年，这款手枪被改进为9毫米短口径手枪，一般称为1910/22型手枪。

就在推出1910/22型手枪的同时，勃朗宁正在为FN公司忙碌着另一款重型手枪，属于后膛闭锁设计，使用9毫米帕拉贝鲁姆子弹，这项工作占据了他的余生岁月，直至其1926年在比利时离开人世。他死后，这种手枪经过一些轻微的改进和加工，于1935年以一种全新的面貌出现了，它就是一代又一代的手枪射手、士兵和警察们所熟知的勃朗宁大威力手枪，也被称为GP35型手枪。

但在此之前，勃朗宁也同康涅狄格州的哈特福德保持着密切联系。在19世纪的最后几年里，柯尔特专利武器公司一直关注着半自动手枪的发展。

勃朗宁和柯尔特的合作关系可以追溯到1894年，那时他正在忙于"土豆挖掘机"机枪的设计，后来他开始专注于后膛闭锁半自动手枪的机械结构方面的研究。就像设计机枪一样，勃朗宁也尽可能地申请专利，为一系列的技术寻求保护。1897年，英国和美国对其中的一项技术提供了保护，这就是"平行连接枪机"技术，这给勃朗宁带来了很多财富。在此期间，柯尔特继续生产一系列体现这一思想的勃朗宁后膛闭锁手枪，而FN公司则生产更简单的、火力小的非后膛闭锁手枪，并且一直生产到1935年。此举并非因为合同上的限定，而是因为FN公司认为火力较小的半自动手枪很有市场。在当时，小型手枪很受欢迎，于是，FN公司和柯尔特公司根据市场需求开始投入生产，其中包括0.32英寸手枪和0.38英寸柯尔特气体反冲式半自动手枪。

一款新的美国军用手枪

从1900年开始，柯尔特就开始生产即将装备军队的勃朗宁半自动手枪的商业型。为了引起美国政府的兴趣，他们在1902年进行了第一次尝试，生产口径0.38英寸ACP军用手枪，但是已经太晚了，也太少了：美国陆军军械部已经根据在菲律宾殊死搏杀的美军士兵的强烈呼声，决定发展大威力手枪。面对这种情况，柯尔特公司很快作出反应，迅速有效地改装了1902型手枪，并提交美国政府进行试验，但结果并不成功。柯尔特公司仍然毫不气馁，继续投入一切力量来生产一种符合所有要求的军用手枪。

截至1906年底，形势已经很明朗了，美国陆军决定采购一种半自动手枪来代替转轮手枪。1907年1月，一个需求委员会成立，他们负责对九种参与竞争的手枪进行检测，其中就有柯尔特公司生产的新型手枪。最终，柯尔特手枪脱颖而出，该委员会对它的大多方面都给予了肯定，只是对某些设计细节问题提出了一点意见，勃朗宁则欣然照办了。

柯尔特M1911型手枪

从原理上讲，被美国陆军、海军和海军陆战队1911年所采用的M1911型手枪的结构很简单，不但易于生产，也特别方便操作，很快便取得了空前的成功，可以说，它的出色表现和优异性能丝毫没有辜负人们给予它的赞誉。

当然，人们对于这种手枪也有一些小的抱怨，但这并不影响它的受欢迎程度。除了美国之外，该款手枪当时还成为英国皇家海军、皇家飞行团（英国皇家空军的前身）军官的随身武器，同时还在加拿大陆军中使用。M1911型手枪口径0.455英寸，使用韦伯利半自动手枪子弹。通过在战场的检验，人们发展出了多种改进型手枪，其中大部分是为了让手枪拿在手上比较舒服。鉴于这种情况，非常有必要对该款手枪进行更详细的编号。1926年中期，M1911A1型手枪投入生产，这种手枪一直

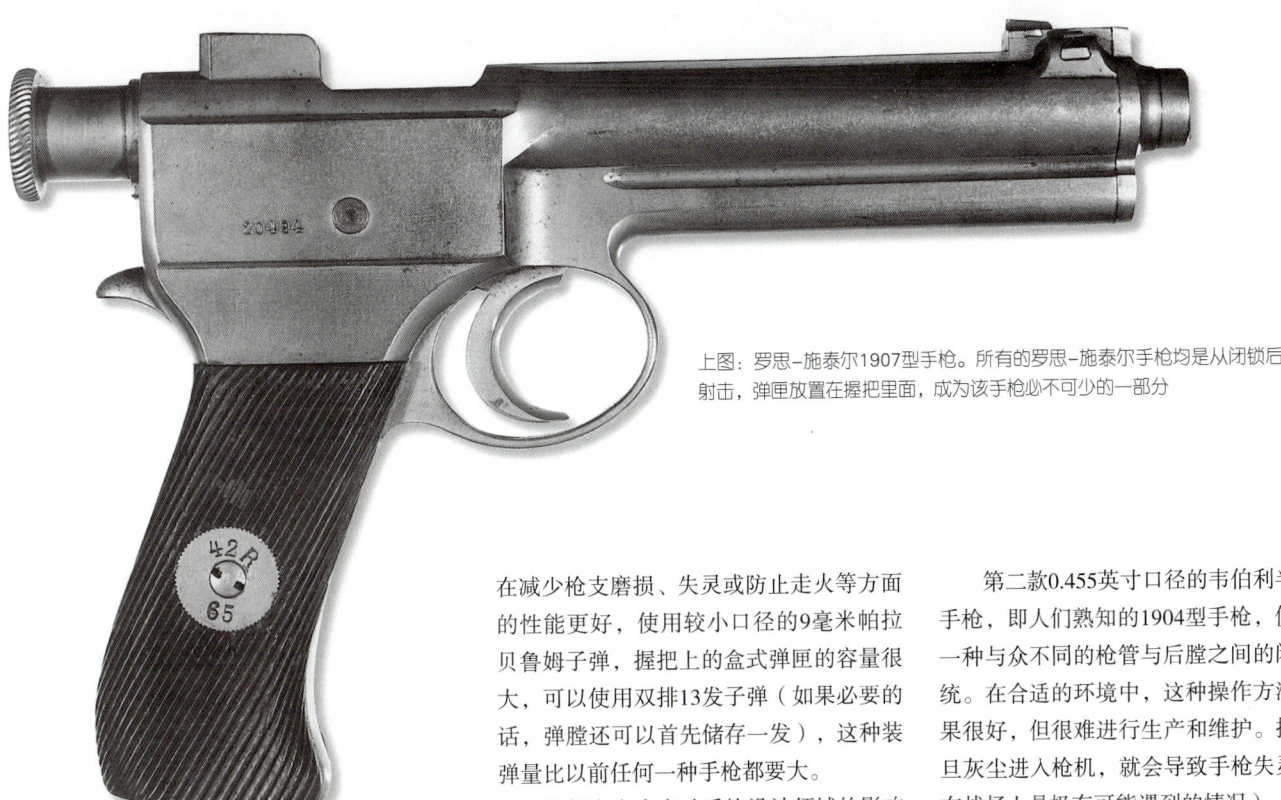

上图：罗思–施泰尔1907型手枪。所有的罗思–施泰尔手枪均是从闭锁后膛进行射击，弹匣放置在握把里面，成为该手枪必不可少的一部分

留存，只是到了20世纪80年代中期，它才让位于贝瑞塔92SB型手枪，失去了作为美国军官随身武器的辉煌地位。

挪威是第一个生产M1911型手枪仿制品的国家。很快地，阿根廷在1916年也将这种手枪作为官方的制式装备，并开始在阿根廷进行制造，并在20世纪30年代加速生产。不可避免的是，一些未经授权的版本也开始出现了，其中，9毫米口径手枪的盗版现象最为严重，而西班牙则是这种手枪的最大来源地。有一些手枪，譬如"拉马"手枪和"星"式手枪都是性能很好、质量可靠的手枪。

全自动的M1911型手枪

"星"式A型手枪是M1911型手枪的仿制品，在20世纪30年代中期，即西班牙内战爆发之前，它以全自动手枪的形式进行生产，称为"星"式M型手枪，口径9毫米。但是M型手枪的性能很不可靠，即使在安装了抵肩式枪托的情况下仍然如此。毫无疑问，它在人们心目中的地位和价值显而易见，毕竟它不是一种正统手枪。

勃朗宁最后一款大威力手枪和柯尔特M1911型手枪很相似，但该款勃朗宁手枪在减少枪支磨损、失灵或防止走火等方面的性能更好，使用较小口径的9毫米帕拉贝鲁姆子弹，握把上的盒式弹匣的容量很大，可以使用双排13发子弹（如果必要的话，弹膛还可以首先储存一发），这种装弹量比以前任何一种手枪都要大。

勃朗宁在半自动手枪设计领域的影响由此可见一斑。因为在20世纪前25年中投入市场的许多手枪产品已经很少听说了，但勃朗宁手枪的地位仍然不可企及、无法撼动，直到今天，它们仍然到处存在着，而且为数很多。

由于对盖伯特–费尔法克斯和"战神"手枪的失望，韦伯利开始生产自己的半自动手枪。有一点很明显，那就是如果任何一支手枪想成为英国军用手枪的话，其口径必须为11.6毫米左右，必须是后膛闭锁式设计，于是，韦伯利在早期就沿着这一方向开始努力。后来，该公司也开始转向设计小口径、非后膛闭锁的手枪。

韦伯利的半自动手枪

J.W.怀廷是韦伯利公司生产部门经理，具体负责手枪设计工作。1903年怀廷获得了专利，他通过一个放在枪管下部并沿枪管方向伸缩的传统复进簧，在发射子弹时复进簧与枪膛闭锁。此种设计手枪的生产量很少，很快就被下一款使用V字形复进簧的手枪取代了，该复进簧位于手枪握把的右侧，与弹匣连在一起。这种设计特定被以后的韦伯利全自动手枪所沿用，虽然并不特别漂亮，却使得这些手枪在外观上很独特。

第二款0.455英寸口径的韦伯利半自动手枪，即人们熟知的1904型手枪，使用了一种与众不同的枪管与后膛之间的闭锁系统。在合适的环境中，这种操作方法的效果很好，但很难进行生产和维护。据说一旦灰尘进入枪机，就会导致手枪失灵（这在战场上是极有可能遇到的情况）。

0.455英寸口径1型手枪

按照该手枪的尺寸标准，它确实很重，重达1.35千克，在开发下一代后继产品之前，它几乎还没有投入生产。这种新产品于1906年投入生产，并于1913年被英国皇家海军所采用，它就是0.455英寸口径的1型半自动手枪，它采用了和勃朗宁大威力手枪相似的闭锁结构。枪管上的凸耳部分和枪身内表面的凹槽相互作用，在后坐时枪管向下开锁。此外，1型手枪的另一个版本经常配置一个抵肩式枪托，于1915年被英国皇家飞行团作为1型2号手枪所采用，但很快又被其他手枪取代了。这些军用手枪安全性能比较高，通常配置有握把保险。通过将套筒向后拉动，可以用手动方法进行子弹装填，因而一次就可以使弹匣内的7发子弹处于储备状态。尽管这款手枪比1904型手枪要轻一些，而且结构也相对简单一些，但对于一把军用手枪来说，其结构仍然过于复杂了，而且所需的生产费用也很高。

韦伯利轻型手枪

除了这些后膛闭锁、短后坐行程的手枪使用军用子弹之外，韦伯利和斯科特

右图：施泰尔1916型手枪，是该公司1911型手枪的一个改型。1911型手枪最初设计为军用，但并没受到奥匈帝国陆军的青睐。但是，第一次世界大战的爆发却使奥匈帝国意识到了本国武器缺乏，所以任何武器一下子都送到了前线，施泰尔手枪也因此进入军队，并被证明是一种性能可靠、威力巨大的手枪

公司从1905年开始还生产出一系列轻型手枪，这些手枪有着外置击锤和简单的后坐枪机，最初使用7.65毫米和0.38英寸短口径子弹，后来使用9毫米勃朗宁子弹。以上两者的枪管，都通过枪栓的形式固定在枪身上，扳机护弓由弹簧钢制成，其后部能从握把处分开，且整个部分向前旋转，松开枪管可以对整个枪支进行清洗。和同时代大多数军用手枪一样，大部分的9毫米长子弹手枪基本都配置有握把保险。在所有韦伯利半自动手枪中，小口径手枪大概是最成功的一种，这种手枪在1911年被伦敦等大城市警察局所采用，一直服役到1940年。同时，南非警察部队也配备了该型大口径手枪。

韦伯利和斯科特公司还制造出了一系列口径6.35毫米的V字形袖珍手枪，有一只手掌心那么大，重量只有0.35千克。美国枪械制造商哈林顿和理查森经根据生产许可证，制造出了完全以该袖珍型手枪和1905型手枪这两种形式为基础的手枪，口径均为0.32英寸，属于无击锤式手枪。

自从韦伯利停止生产半自动手枪以后，在1940年前的一段时间，英国没有再生产此类战斗或自卫手枪。尽管人们后来尝试制造过专门的比赛用枪，但商业操作方式和各种情况都是不可预测的。截至1990年，当今世界最重要的两个半自动手枪生产商——S&W公司和H&K公司在英国受到了格外的关注，S&W公司受到一家私人集团的青睐，而H&K公司则受到了英国政府的青睐，后来成为英国皇家轻武器工厂的一部分。

自动手枪的价值

第一次世界大战给军事技术领域带来了极大的变化，进而促成了新的战争战术的出现。由于火炮、有刺铁丝网和机枪等三种手段的使用，战场上出现了非常残酷的僵局。在这种情况下，面对面作战呈现出几个世纪以来都没有过的重要性。随着冲锋枪的出现，以及渗透战术的进一步发展，在西线作战的德国军队仿佛看到一线迟来的希望，对于他们来说，即便不能扭转败局，但起码可以获得一个比较有利的投降条件。

当然第一次世界大战的结局并非如此，但轻型自动和半自动枪械在战争中的优越表现并未被人遗忘（只有英国军队直到1957年还在使用转轮手枪）。战后，德国以及昔日奥匈帝国的枪械制造商拥有了一大批半自动手枪的设计和制造专家，除了那些早已介绍过的之外，贝克、霍兰德、朗格汉、卡尔·沃尔特从战前开始就一直从事着半自动手枪的生产。毛瑟和索尔也制造出一些新设计手枪，这些手枪在战争中不同程度地派上了用场。但是，由于这些手枪的适应能力较差，通常使用较小威力弹药，因而不太适合军事用途。由于战败，德国很多基础工业都荒废了，因此，即使那些组织良好、实力雄厚的枪械公司想恢复一定程度的生产能力，也需要相当长的时间。相对而言，毛瑟公司在商业上重新崛起比大多数公司都要迅速，并承担起DWN公司的帕拉贝鲁姆手枪的制造任务，同时也重新开始制造人们所熟知的1914型轻型手枪，并将其发展成为1934型手枪，该枪采用了比较简单的后坐式设计，口径分别为6.35毫米和7.65毫米，后来又被毛瑟HSC.J.P型手枪所取代。索尔也对战前的1913型手枪进行了改进，同样采用后坐式设计，口径7.65毫米。在局势混乱的20世纪30年代，1913型手枪被德国军队和民事警察所采用。随后，他又设计出了两次世界大战间隙最后的手枪——38H型手枪。然而，在众多手枪设计当中，最重要的是卡尔·沃尔特在1929年所设计的PP型手枪。

双动手枪

实际上，所有半自动手枪直到当时仍属于单动操作模式：其枪机必须通过拉回击锤或撞针、或者操作枪栓和套筒才能够处于待发状态，如果该手枪有外置击锤的话，则直接对击锤施加动作。通常在第一颗子弹上膛后就会发生这样的动作，但这样会使手枪处于相当危险的待发状态，除非击锤能够安全地松开（于是手枪一直等到击锤重新拉回后才会射击），这对于一支内置击锤或无击锤手枪来说是完全不可能的，因此需要有多个保险装置，几乎所有的半自动手枪都有两个保险。通过使用转轮手枪的双动操作模式，使得一发子弹上膛后击锤自动松开，但第一次扣动扳机就会使击锤处于待发状态。实际上，通过将击锤与撞针隔离等手段可以保护手枪，使其不至于在遭到撞击或掉落地上时发射子弹。沃尔特PP式手枪以及后来的PPK轻型手枪是世界上第一种采用双动闭锁的半自动手枪，但这一特征很快就变得非常普通了，因为其他制造商也迅速设计出了一系列新的手枪。PP型手枪用于民事警察，而K型手枪则用于装备刑事警察，其轻小的外形，特别适合警务人员随身携带并藏匿。

德国的袖珍手枪

PP型手枪是沃尔特设计的第十种半自

动手枪。该公司最早制造的是6.35毫米口径袖珍手枪，用来与FN公司1905年生产的手枪进行竞争，后来又将手枪形体稍微改大一些，成为7.65毫米口径。在这一系列手枪中，最值得注意的是6型手枪，尽管该型手枪属于一种简单的非后膛闭锁的后坐式手枪，但用的是威力大得多的9毫米帕拉贝鲁姆子弹，它的出现可以说是战争期间的权宜之计。但令人感到幸运的是，在1915年至1917年期间，这种手枪生产得很少，当然保存下来的就更少了。另一方面，7.65毫米PP型和PPK型手枪也是结构简单的后坐式手枪，但由于其弹药与该手枪的功能很协调，因此获得了较大的荣誉。

另外两种非常成功的7.65毫米口径袖珍手枪，是在两次大战间隙在德国制造出来的，它们分别是毛瑟HSC手枪和索尔38H型手枪，其性能绝不亚于沃尔特PPK型手枪，尽管它们的外形非常相似。毛瑟HSC手枪有一个几乎看不见的击锤，不能靠大拇指的活动来使其处于待发状态。它的保险装置使撞针与击锤脱离开来，这一特征仿制于战后的H&K手枪。索尔38H型手枪稍重一些，枪管稍长一点，因而射击效果也就更好一些。在索尔38H手枪扳机后面，有一个可用大拇指操作的控制杆，能够松开内部击锤并使其下降到已装填子弹的弹膛上方，如果需要的话，该控制杆还可以使手枪处于待发状态；或者通过扣压双动扳机发射第一颗子弹，其后坐力使得击锤再次处于待发状态，这就是索尔手枪非常有名的"降下击锤杆"装置。第二次世界大战后，毛瑟HSC手枪重新开始生产，索尔38H型手枪却没有重新制造，但它的"降下击锤杆"装置却在优质手枪领域中找到一席之地。后来，索尔公司开始与SIG公司联合生产手枪。

沃尔特P38型手枪

1937年，在德国单方面撕毁《凡尔赛和约》的时候，卡尔·沃尔特第一次开始生产后膛闭锁式手枪，但生产数量有限，使用9毫米帕拉贝鲁姆子弹。在随后的30年里，9毫米口径一直是德国军用手枪的标准子弹口径。正如名字所蕴含的意思那样，沃尔特AP型手枪（"陆军手枪"缩写）主要用来取代费用昂贵的鲁格P08型

上图：几名年轻的北爱尔兰阿尔斯特皇家警察在恩尼斯兵营苦练射击技术。他们所用的手枪为韦伯利6型转轮手枪

手枪，因此被提交到德国陆军最高司令部接受评估。经过认真慎重的检验之后，陆军最高司令部所提出的唯一意见就是有关该手枪的隐蔽式击锤问题。于是，沃尔特公司迅速制造出一款带有外置击锤的改进型手枪——HP型手枪，最终被德国军方采纳，编号为P38型手枪。如同沃尔特警用手枪一样，P38型手枪有一个双动闭锁，并有一个简易装置来显示子弹是否上膛。P38型手枪操作起来比较简单，对后膛和枪管的闭锁操作依靠后膛底下一个V字形闭锁装置来完成。当子弹发射的时候，枪管和套筒一起后坐，完成一系列的射击、退壳、上膛等动作。在整个第二次世界大战期间，P38型手枪一直不断地生产着，不只在沃尔特自己的工厂里，同时还在毛瑟的工厂以及其他工厂里进行生产。在第二次世界大战最后几年，这种手枪在制造工艺与材料选用上的质量大大降低。沃尔特最初的工厂位于德国东部，战争结束之后，该公司花费相当长时间才使工厂重新运转起来，后来厂址搬到了乌尔姆。然而，到了1957年，沃尔特公司开始重新生产P38型手枪，并且再次被用作德国陆军军官的随身武器，但编号更改为1号手枪。此外，沃尔特公司在比赛用手枪领域也取得了很大成功，为1932年的奥运会首次生产出一种无击锤、后坐式、口径0.22

英寸的比赛用手枪。在1936年柏林奥运会，即所谓的"希特勒运动会"上，沃尔特改进型比赛用手枪包揽了其所参加项目的前五名。

CZ 手枪

对于奥匈帝国来说，第一次世界大战的失败对其带来的影响远远大于对其西方盟国的影响。奥地利、匈牙利和即将成立的捷克斯洛伐克突然间发现自己非常孤独，没有一个可以信赖的盟友来帮助自己度过这一艰难的过渡期。最终的发展证明，捷克斯洛伐克是很有能力的国家。1919年，一个小型兵工厂在摩拉维亚的布尔诺建成，首先生产曼利彻手枪，接着生产毛瑟步枪。该工厂经理是约瑟夫·尼克尔，以前曾经为毛瑟工作过，就是他在布尔诺开始生产第一支捷克造手枪——陆军VZ/22型手枪，有时也称为CZ22型手枪。该型手枪有一个略显笨重、极其不必要的旋转式闭锁枪机，使用9毫米小威力子弹。事实上，尼克尔早在1916年就为毛瑟设计出了这种手枪，但是，这款手枪没引起多大的兴趣，在当时，当每款枪支都注定将用于军事用途时，这种手枪是没有机会得到生产的。1920年，捷克斯洛伐克政府设法使它的武器工业合理化，于是把手枪制造权移交给了波希米亚的杰斯卡

上图：越战期间，一名美国"地道鼠"于1967年1月在西贡北部，手里拿着手电筒和质量可靠的柯尔特M1911型手枪在到处搜寻敌人

公司。该公司创办人是厄路易斯·托米斯卡，早在15年以前，他就设计出一款名叫"小汤姆"的口径6.35毫米的双动半自动手枪。就是在这里，VZ/22型手枪被稍微改进之后成为VZ/24型手枪，并投入生产。在这一时期，捷克斯洛伐克政府给予了武器工业领域内的设计天才们很高的荣誉，除了尼克尔和托米斯卡之外，在布拉格工作的卡尔·克兰卡以及瓦茨拉夫和他的弟弟弗朗兹·伊曼纽尔、弗朗兹·米斯卡也是如此。瓦茨拉夫被聘请设计一种轻型机枪，它就是ZB VZ/26机枪，后来发展成为布伦式机枪。米斯卡把VZ/24型手枪改进成CZ VZ/27型，这是一种更易于操作、口径7.55毫米的设计，利用了直线型、后坐式枪机。此外，一种7.55毫米口径的过渡性手枪也被生产出来，使用了早期手枪的旋转枪管闭锁系统，但生产数量较少。这两种手枪从外表上看十分相似，但从严格意义上讲，VZ/27型手枪绝不是一支真正的军用手枪，但它却受到了广泛欢迎。纳粹德国入侵捷克斯洛伐克后，在纳粹控制下的手枪生产继续进行，一些带有消音器的长枪管手枪也被生产出来。第二次世界大战结束后，捷克和斯洛伐克继续组合起来，并于1948年继续恢复了共产主义政府的领导地位，而那些重组后的公司也恢复了生产。其中，米斯卡继续设计着VZ/27型手枪的改进版——VZ/38型手枪。一个权威人士对此评价道："这是一种可怕的武器，它的存在似乎没有任何理由。你去握住并进行瞄准都显得很笨拙，要想进行精确射击几乎是不可能的。"

弗罗默1910型手枪

尽管布达佩斯国家兵工厂主任鲁道夫·弗罗默早在六年前就提出一种以长后坐行程原理为基础的手枪设计，但匈牙利生产的第一支半自动手枪却是罗思–斯泰尔1907型手枪，这是因为弗罗默的设计过于复杂、无法用于军事目的而被拒绝了。然而弗罗默本人始终没有放弃努力，他于1910年成功地简化了其手枪设计，但仍然坚持使用长后坐行程原理。根据这种方法，枪管和枪栓在整个枪机向后运动过程中仍然闭锁在一起，只有当击锤完全处于待击发状态时才会开锁，枪管随即返回，废弹壳被抛出，然后松开枪栓，后膛闭锁开始复位，从弹匣中推出一发新子弹并推入弹膛之中。在弗罗默1910型手枪中，闭锁机械结构本身通过枪栓旋转90度起作用，这一原理类似于曼利彻的"直拉式枪机"步枪。

匈牙利半自动手枪

在手枪机械结构中，随着两根复进簧的出现：一根用于枪管并围绕着枪管；另一根用于枪栓并包含在枪栓里面，并围绕着撞针；这样一来，整个操作程序更加复杂了。随着世纪的更替，在哈布斯堡王朝中，奥地利和匈牙利之间出现了越来越明显的裂痕。也许正由于这一原因，当弗罗默提交一个重新绘制的手枪设计的时候，很快就被接受并投入生产，分别为7.65毫米和9毫米手枪，但它们在布达佩斯被称为12M型手枪。在设计构思上，该型手枪并不比早期手枪的结构简单，仍然需要两个复进簧，但它们现在被一道配置在枪管上面。12M型手枪在匈牙利军队一直服役到1945年，随后被37M型手枪所替代。37M型手枪外形看起来更传统，有着更为强大的后坐力，使用7.65毫米或9毫米子弹。

在北部，波兰一直依靠德国和奥匈帝国为其提供轻型武器，但到了20世纪30年代中期，便出现了枪械弹药标准不一的问题，这种情况不仅存在于各个部队中间，同时也存在于这些枪械本身。为解决这一问题，波兰政府决定自行生产半自动手枪。最后，勃朗宁公司的柯尔特M1911A1型手枪的改型设计被选中，该设计由威尔尼耶夫斯克和斯科尔鲁宾斯基二人负责具体改进。该手枪被称为VIS-WZ.35型手枪，由波兰国家轻武器生产厂制造。经过改进后，该型手枪有两个明显的特征：第一，在枪身左侧加装了击锤降下杆，可以使击锤安全地降到装弹枪膛之上；第二，将柯尔特原型手枪的辅保险去掉，在其原有位置上安装了一个分解栓，对于那些熟悉原型手枪的人们而言，这是一个容易产生混淆的原因。该手枪在1936年开始生产，在德国占领下，人们继续生产这种手

上图：施泰尔1911型手枪，这是一款非常有效，让人感觉很舒服的军用半自动手枪。在整个第一次世界大战期间为奥匈帝国陆军所装备

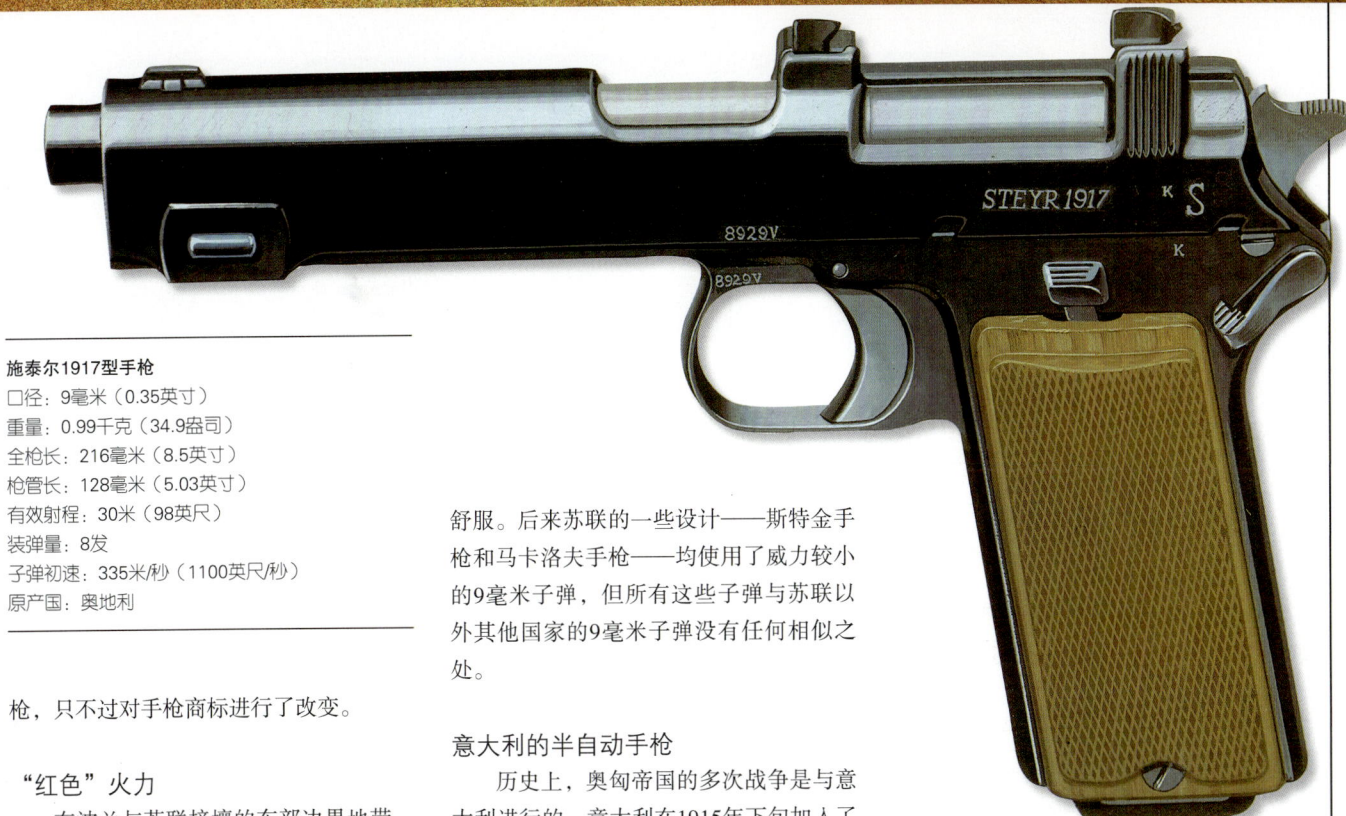

施泰尔1917型手枪
口径：9毫米（0.35英寸）
重量：0.99千克（34.9盎司）
全枪长：216毫米（8.5英寸）
枪管长：128毫米（5.03英寸）
有效射程：30米（98英尺）
装弹量：8发
子弹初速：335米/秒（1100英尺/秒）
原产国：奥地利

枪，只不过对手枪商标进行了改变。

"红色"火力

在波兰与苏联接壤的东部边界地带，勃朗宁公司的M1911型柯尔特手枪再次成为其他一系列成功手枪的基础。托卡列夫手枪是以设计者费奥多·瓦西里维奇·托卡列夫的名字命名的，在图拉兵工厂进行生产，因此，根据"图拉"和"托卡列夫"这两个名字的首字母缩写，该款手枪就简称为"TT"，型号根据所采用的年份放在"TT"之后。第一款TT-30型手枪并不比原始的勃朗宁设计简单多少，但该手枪的握把保险和机械保险全部去掉了，这是一次非常有价值的创新。在一把半自动手枪里，弹匣设计不成功的话，不但容易装错子弹，而且会导致手枪故障，从而容易损坏。而在TT-30型手枪中，这些弹匣合理地配置到了枪体内部，同时弹匣还由硬钢材经机器加工制成，所以不容易受到外部影响而变形。第二项重要革新允许将整个手枪拆成单个部件进行清洗。1933年，又出现了一种新的改型，就是把枪管表面的闭锁凸耳加工成环绕枪管的环形，此举并非一项很有意义的改变，但它在一定程度上简化了手枪的制造工艺，可以通过机床加工手枪了。基于这一点，尽管没有作任何较大的改动，但该种手枪就被称为了TT-33型手枪。由于所用的7.62毫米子弹的威力比较强大，能产生很强的后坐力，因此，托卡列夫手枪用起来并不舒服。后来苏联的一些设计——斯特金手枪和马卡洛夫手枪——均使用了威力较小的9毫米子弹，但所有这些子弹与苏联以外其他国家的9毫米子弹没有任何相似之处。

意大利的半自动手枪

历史上，奥匈帝国的多次战争是与意大利进行的，意大利在1915年下旬加入了第一次世界大战。在意大利北部阿尔卑斯山脚下的布雷西亚周边地区，手枪制造业已经有数百年历史了。尽管如此，意大利人在半自动手枪生产领域内却是一名后来者，但这一点恰恰帮了他们的大忙，使得他们在手枪成功设计的道路上少走了许多弯路。

最早的意大利半自动手枪，是意大利手枪制造行列中的一个新来者，1905年，这种由瑞士人豪斯勒和罗赫设计的手枪得以生产，被意大利军队作为1906型手枪装备部队，使用7.65毫米帕拉贝鲁姆子弹，但很快就被1910型手枪代替。1910型手枪采用9毫米格利森蒂子弹，该子弹外形与9毫米帕拉贝鲁姆子弹相同，但装药相对少些。由于这种情况，后人很容易把这两种子弹混淆。在外观上，1906型手枪与鲁格P08型手枪很相似，但1906型手枪的操作原理更接近于毛瑟C96型手枪，采用后膛闭锁设计，但结果并非特别理想，因此如果使用9毫米帕拉贝鲁姆子弹就显得比较危险。也许这款手枪最不引人注目的地方，就是它那罕见的枪机待发方法，像罗思-施泰尔1907型手枪一样，该手枪也不属于自动击发枪机模式，相反它利用的是一种笨拙的双动枪机，导致扣压扳机的时间过长，引起射击不够准确，这种情况不只出现在第一发子弹上，而是所有子弹的射击效果都不好。

进入贝瑞塔手枪时代

1915年，格利森蒂的竞争者——贝瑞塔手枪出现了，这是意大利最早的枪械制造商之一，始建于1680年。第一款贝瑞塔自动手枪属于后坐力设计模式，使用7.65毫米勃朗宁子弹，这款手枪最好归类为一款战时出现的临时性手枪，它的出现同样造成了少量使用格利森蒂子弹的同类手枪的出现（但这种手枪带有一个传统的退壳钩）。如果使用9毫米帕拉贝鲁姆子弹的话，贝瑞塔手枪不但存在很大危险，而且还将出现很多问题，这是因为这些手枪连起码的闭锁装置都没有。

贝瑞塔1934型和1935型手枪

在第一次世界大战后期，贝瑞塔对手枪闭锁装置的基本设计进行了改进，缩短了扣压扳机的时间，并将其重新命名为1922型手枪，开始进行少量销售。一年后，贝瑞塔手枪又增加了一个新版本，即1923型手枪，使用9毫米格利森蒂子弹，其最显著的地方就是有一个环形击锤钩。但是，这种击锤钩并非独一无二，实际上，勃朗宁大威力手枪及其仿制品、沃尔特手枪都有这种装置。1923型手枪比先前的手枪性能要好，但仍有一个主要弱点：它是一种利用后坐力操作的手枪，能够使用对其机械装置和结构来说很难承受的子弹，但如果一直使用这种子弹，将可能发生事故。对此，贝瑞塔采取了一个非常简单的解决办法，对这种手枪进行再次改进，不再使用威力太大的子弹。随后，贝瑞塔于1934年和1935年再次推出两款新手枪，分别使用7.65毫米或9毫米子弹，人们对其唯一的批评，在于这些子弹的阻止力。但就后坐力式手枪而言，贝瑞塔1934型和1935型手枪的性能要比其他多种手枪都要好，这主要归功于精心设计和精湛的制造工艺。当然，即使最好的枪械构造也会有偶尔疏漏的地方，贝瑞塔手枪也不例外。20世纪30年代，1923型手枪的一种全自动版本制造出来了，主要用来与毛瑟手枪及其翻版、"星"式M型手枪进行竞争，但很快就败北了。对此，贝瑞塔无可奈何地自我解嘲道："它没有给我们带来所期望的结果，全自动瞄准的方法成为一种很危险的、有问题的商业活动，当然，毛瑟也不会制造这种手枪了。"然而，令人感到不可思议的是，即便在说了如此伤感的话语之后，贝瑞塔还是重新回到了全自动手枪的研制开发上了，先后在20世纪50年代末期和60年代初期，生产出少量的1951型和1951A型手枪。后来，又生产出更具威力的93R型手枪，该手枪能够进行3发点射。

勃朗宁大威力手枪
口径：9毫米（0.35英寸）
重量：0.99千克（35盎司）
全枪长：197毫米（7.75英寸）
枪管长：118毫米（4.65英寸）
有效射程：30米（98英尺）
装弹量：13发
子弹初速：335米/秒（1100英尺/秒）
原产国：比利时

西班牙的手枪工业

在南欧，大部分西班牙枪械制造商坚持仿制比较成功的勃朗宁手枪设计，要么是后膛闭锁、重型、军用口径的柯尔特手枪，要么是FN公司的轻型手枪，尤其是1903型和1910型手枪。在这些枪械制造商当中，最重要的当属加比朗多公司和伊彻弗利亚公司，前者自1934年以来一直以"拉马"的名字对其手枪进行命名，后者从1919年创建以来，一直使用"星"字作为手枪名字。这两家公司基本上都仿制那些性能可靠的手枪，但它们通常或多或少有一些合乎需要的独特之处，包括一些附加的保险装置。"星"式M型手枪源于非常成功的A型手枪，它是使用9毫米帕拉贝鲁姆子弹的柯尔特M1911型手枪的仿制品，经过改装后可进行全自动发射，但这一特点对于手枪而言儿乎毫无用处。在第一次世界大战期间，这两家公司（尤其是加比朗多公司）均为法国军队提供了大量的手枪，因此得到了迅猛发展。战后，一些小规模的西班牙枪械制造商开始模仿比朗多和伊彻弗利亚的第二代手枪设计，但这些仿制手枪的质量很差，只不过与原型手枪大致相似而已。

安西塔公司成立于1908年，该公司利用在生产坎波吉罗1910型手枪上的经验，集中从事它自己的设计。在第一次世界大战期间，西班牙政府买下了1910型手枪来取代伯格曼-贝亚德手枪，法国军队也用该型手枪取代了口径7.65毫米"维多利亚"手枪。战后，一系列大致以应用后坐力原理的勃朗宁手枪设计为基础的手枪投入生产，其中名气最大的是1921年生产的阿斯特拉400型手枪，它是少数使用9毫米大威力子弹的有后坐力的手枪之一，有着一个很重的套筒和一根很强劲的复进簧，因此，需要一只非常强劲有力的手来装填第一发子弹。这种手枪名义上使用9毫米拉戈子弹，但和伯格曼的最初设计一样，该手枪真正的名气在于它能使用任何9毫米子弹和0.38英寸ACP子弹。阿斯特拉-安西塔公司还根据毛瑟C96型手枪，仿制出了从900型到903型的自动和半自动手枪。事实上，全自动的阿斯特拉901型手枪已超过了原版毛瑟手枪，这就是为什么毛瑟自身也开始生产全自动手枪的原因。

法国使用的比利时手枪

在西班牙的邻国法国，半自动手枪的商业性生产在第一次世界大战以前就开始了。即便如此，一款新手枪要想在政府圈子中拥有一定的威望和认可，仍需要相当长的时间。因为早期法国半自动手枪在设计和制造工艺方面都很差，因此，约翰·勃朗宁的手枪设计在法国受到了广泛的欢迎，但勃朗宁手枪却是在边界另一侧的比利时生产的（由比利时一家公司生产，但颇具讽刺意味的是，该公司现在却受法国政府的管辖）。有人也许会进一步说，那些能够被大众接受的法国国产半自动手枪就是那些仿制品，其中，MAB公司生产的手枪更是如此。在20世纪20年代中期，在法国政府各部门中，警察部门率先采用了半自动手枪，是比利时生产的勃朗宁手枪。

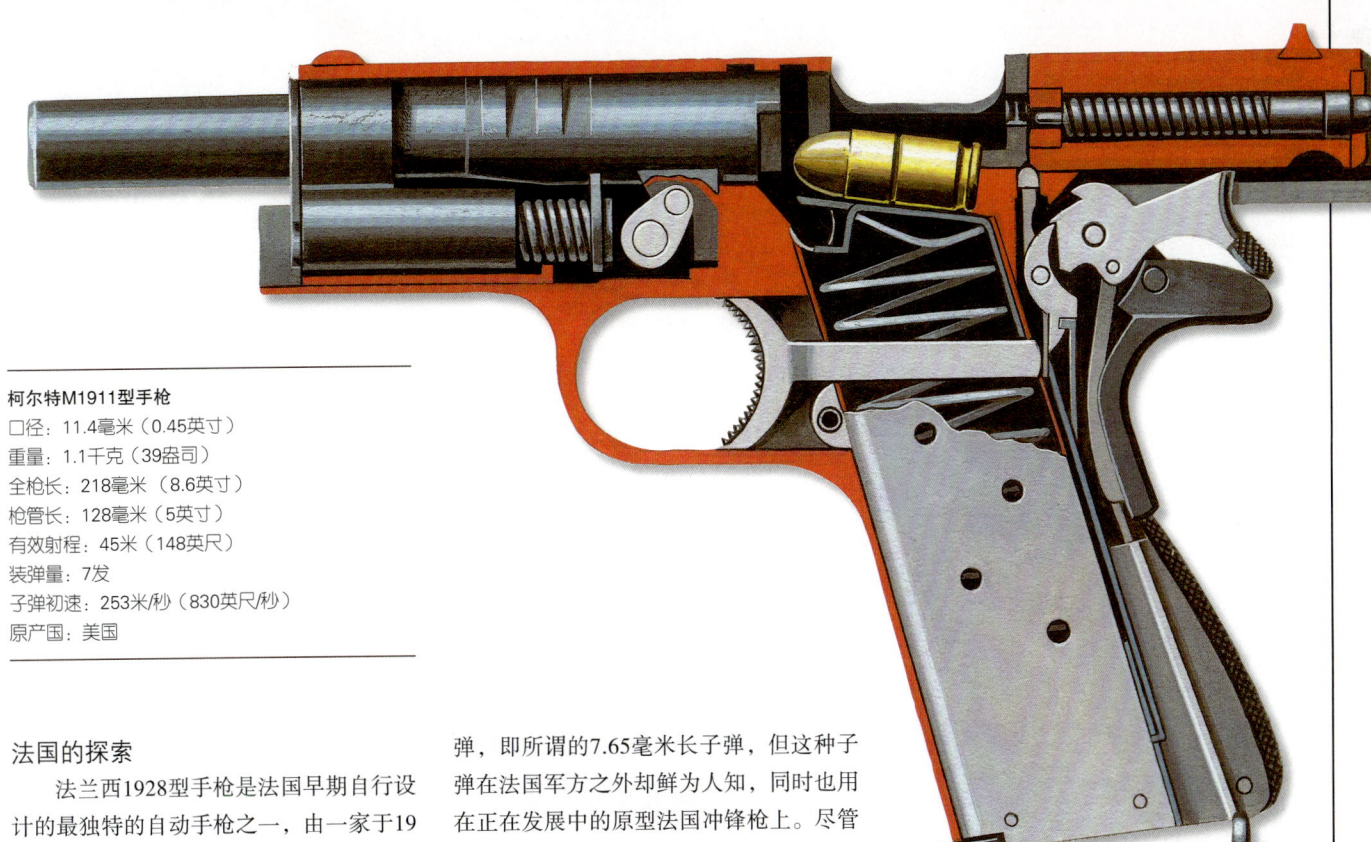

柯尔特M1911型手枪
口径：11.4毫米（0.45英寸）
重量：1.1千克（39盎司）
全枪长：218毫米（8.6英寸）
枪管长：128毫米（5英寸）
有效射程：45米（148英尺）
装弹量：7发
子弹初速：253米/秒（830英尺/秒）
原产国：美国

法国的探索

法兰西1928型手枪是法国早期自行设计的最独特的自动手枪之一，由一家于19世纪中期成立的公司制造。该手枪由公司主席兼总经理米马德设计，枪管被铰链锁在枪身前面，一旦移开弹匣则后膛上升，枪管向下倾斜15度，以便使用者对手枪后膛进行清洗或装填单发子弹。8发装弹匣外部装着一发"额外"的子弹，一旦将满满的弹匣插入，就可以将这颗子弹从弹匣中移开，然后用手将其装填到弹膛里。由于双动闭锁的作用，后膛随之返回，手枪处于待发状态。或者，将弹匣抽出几毫米，这样一来，简单的后坐式枪机不会将一发新子弹装填进弹膛。同样，还可以用手动方式装填子弹。和其他枪管向下倾斜的半自动手枪一样，该种手枪没有安装退壳钩，抛弹壳动作是靠弹膛里的残余气体压力来完成的，因此，如果子弹熄火或者卡壳的话，就不得不用手将其从弹膛里拉出来。

尽管在第一次世界大战期间，法国大批量地购买了西班牙生产的半自动手枪，但到了1935年，法国军队试验性地采用了一种国产的半自动手枪，该手枪由查尔斯·彼得设计，对柯尔特M1911手枪中的勃朗宁闭锁后膛系统进行了一些改进，称为1935型手枪，由法国SACM公司生产，后来几乎所有的法国大型兵工厂都生产该型手枪。1935型手枪使用一种特殊的子弹，即所谓的7.65毫米长子弹，但这种子弹在法国军方之外却鲜为人知，同时也用在正在发展中的原型法国冲锋枪上。尽管这种手枪先后在六个不同地点进行制造，但从未获得广泛应用。直到1950年，该手枪改用9毫米帕拉贝鲁姆子弹后，才成为一种有效的贴身武器。

巴斯克地区手枪制造业

20世纪早期，法国半自动手枪的商业生产大部分集中在与西班牙的巴斯克县接壤的巴约讷、亨德耶等边境地区，该地区的大部分居民是巴斯克人，所以当地居民建议将武器工业设在该地方绝非意外，而且完全合乎情理。在推销自己的手枪产品时，法国枪械制造商从来不像西班牙人那样咄咄逼人，结果导致法国手枪以及各型轻武器在法国以外鲜为人知，不过，后来MAB公司生产的P-15型手枪则是一个例外。

位于法国与瑞士交界地区的SIG公司也获得了SACM 1935型手枪所使用的彼特专利权，该公司综合这些技术设计出勃朗宁GP35型手枪。这种手枪被公认为世界上第一支最好的半自动手枪，最终被瑞士政府作为49型手枪采用，在此之前曾作为SIG P210型手枪出售。除了全部制造工艺方面的高标准外，它最引人注目之处在于它的套筒能在枪身内部移动，这一点跟其他手枪截然相反。

正如前文所述，DWM公司先后生产博查特手枪和帕拉贝鲁姆手枪的做法证明是死路一条。在乔治·鲁格之后，再也没有人在手枪设计中使用马克西姆的肘节枪机闭锁装置了，但这一点并没有妨碍设计者

上图：20世纪20年代，一名美国警卫人员很自豪地展示自己的装在挎肩式手枪皮套里的柯尔特军用半自动手枪，这种结构紧凑的手枪对从事密探和警察等职业的人来说是非常理想的

生产那些与鲁格的帕拉贝鲁姆手枪外形相似的手枪，格利森蒂1910型手枪就是其中的一种。从1935年以来，德国的盟国芬兰生产的一款手枪与帕拉贝鲁姆手枪外形最为相似，而第一次世界大战期间的日本也生产出一款外形极为相似的手枪。

芬兰的鲁格手枪

艾摩·约翰尼斯·拉蒂是芬兰轻武器设计界的领袖，当他在1935年开始设计半自动手枪的时候，已经成功设计出了冲锋枪。从外观上看起来，马利35型手枪与帕拉贝鲁姆手枪几乎没有任何相似之处。一位专家评论说，马利35型手枪的设计是以P08型手枪作为起点的，但去掉了P08型手枪所有不好的设计。由于非常关注本国顾客的需求，拉蒂使用了枪机加速器，该加速器与勃朗宁机枪中所用的不同，设计了一个弯曲状机械来加速枪栓的后坐运动。勃朗宁用他的加速器来加速机枪的循环速率；拉蒂用他的加速器来确保在气温非常低的情况下能够继续操作手枪，而且能够保持良好的工作状态。瑞典政府采用了拉蒂手枪，编号为M/40型手枪，后来，当沃尔特P38型手枪供不应求的时候，瑞典政府开始自行生产M/40型手枪。

日本的南部手枪

日本生产的类似"鲁格"手枪的手枪与拉蒂的马利35型手枪截然不同，该手枪由一位名叫南部的陆军军官设计，所以正式称为南部手枪，该型手枪实际上得益于格利森蒂1910型手枪的设计。南部也是通过一个枪栓把枪管和后膛栓闭锁在一起，这种装置令人非常满意。但是，手枪其他部件毫无疑问存在着不足之处。日本人共生产两款此种设计手枪，一款口径8毫米，使用威力不大的子弹；另一款是使用7毫米子弹，这种子弹在其他地方闻所未闻。其中，后一种手枪在西方被称为"小南部"，主要用来配发参谋军官。尽管8毫米口径南部手枪从来没有被正式采用，但日本陆海军部队的军官却大批量地购买，很显然该枪获得了人们的某种认可。

十年后，另一款简化了的南部手枪出现了。该手枪与先前手枪在总体设计上相同，但这种手枪存在着一个潜在的、致命

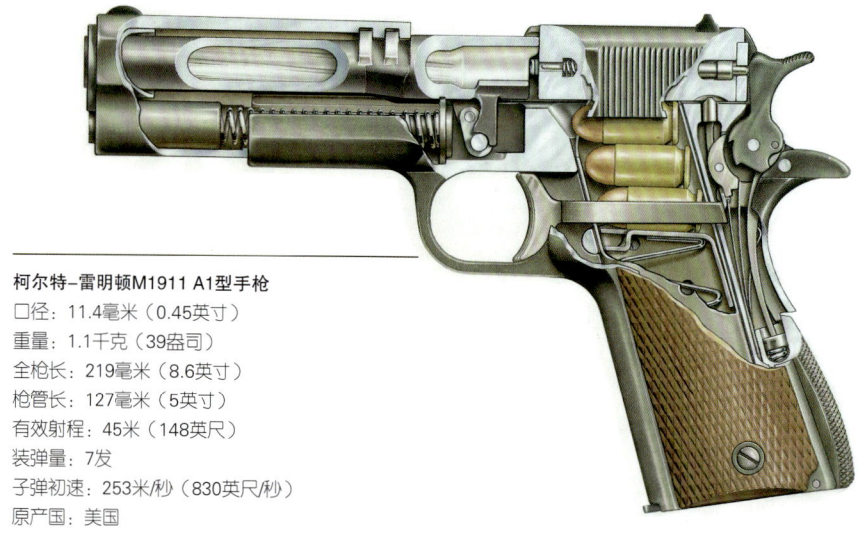

柯尔特-雷明顿M1911 A1型手枪
口径：11.4毫米（0.45英寸）
重量：1.1千克（39盎司）
全枪长：219毫米（8.6英寸）
枪管长：127毫米（5英寸）
有效射程：45米（148英尺）
装弹量：7发
子弹初速：253米/秒（830英尺/秒）
原产国：美国

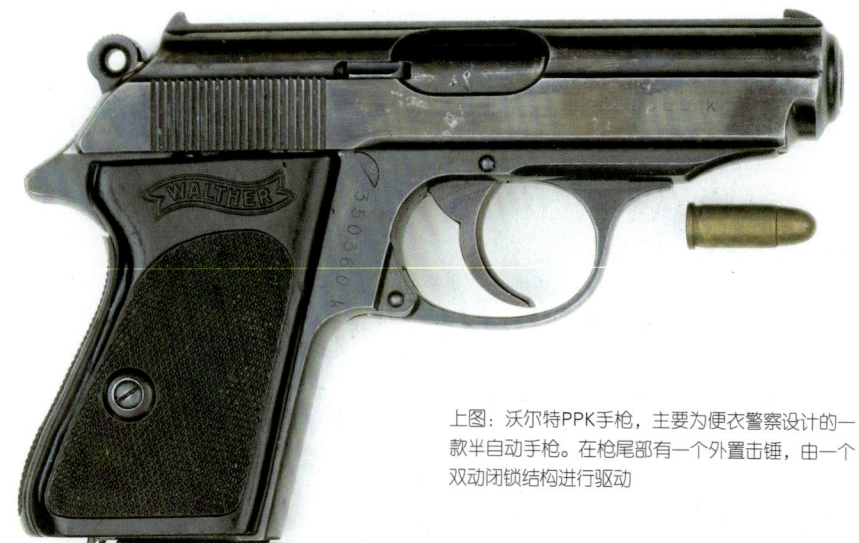

上图：沃尔特PPK手枪，主要为便衣警察设计的一款半自动手枪。在枪尾部有一个外置击锤，由一个双动闭锁结构进行驱动

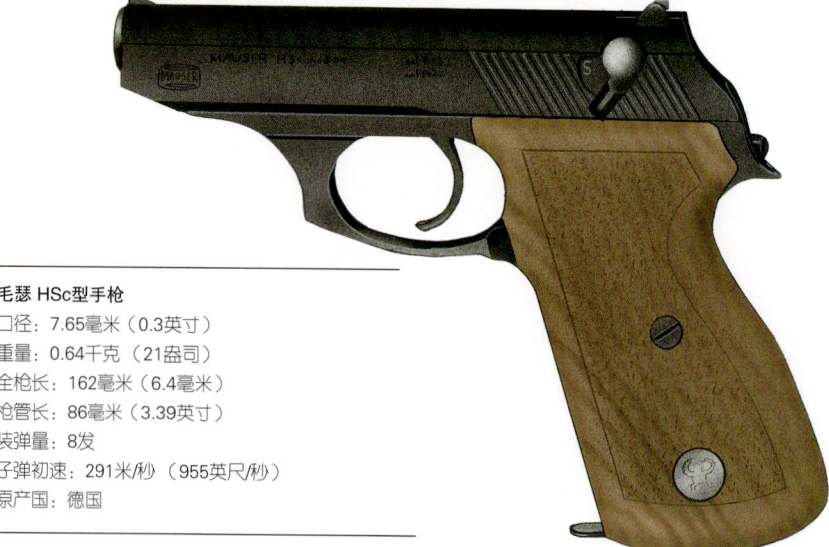

毛瑟HSc型手枪
口径：7.65毫米（0.3英寸）
重量：0.64千克（21盎司）
全枪长：162毫米（6.4毫米）
枪管长：86毫米（3.39英寸）
装弹量：8发
子弹初速：291米/秒（955英尺/秒）
原产国：德国

上图：沃尔特PP式手枪及其所用的子弹。这款手枪最初专为警察设计。它的主要特点是双动枪机闭锁，其中使用了一个外置击锤

上图：乔治·史密斯·巴顿将军（左）在炫耀他的一支握把镶有珍珠的柯尔特转轮手枪。看上去它吸引了德·蒙哥马利将军（右）的注意力

上图：捷克CZ 39型手枪是一种9毫米口径后坐力手枪，使用低威力子弹。该手枪并不是一款取得巨大成功的手枪

的设计缺陷。它在枪栓没有闭锁的情况下，就可以重新装弹，甚至在此状态下上膛并发射子弹，这样一来，就会使枪管和后膛栓分裂，并可能使手枪解体。1934年，这种简化手枪被南部设计的另外一种94型手枪所代替。日本人对手枪命名的方法，使得这种手枪在类型标号上发生了巨大的跳跃，之所以称为94型，是因为按照日本纪年历法，该手枪是在日历2594年出现的。最终，94型手枪被公认为性能最差的军用手枪，在其他所有"特征"当中，还有一点是：在后膛既没有关闭又没有锁定的情况下，手枪仍能进行发射，而且由于阻铁栓外置在枪身之上，如果突然拍击枪身也可能造成手枪发射，而不必扣动扳机。

萨维奇轻型手枪

在第一次世界大战之前，美国柯尔特公司只有一个非常强大的挑战者，它就是萨维奇武器公司，该公司在1907年至1928年期间，生产出了一系列由埃尔伯特·瑟尔设计的半自动手枪。在1907年的美国军需部举行的一场手枪试用会上，萨维奇与柯尔特、DWM公司和其他生产商一道参与了竞争，结果萨维奇的一款0.45英寸口径的原型手枪得到极高的评价，因此，被要求再生产200支该型手枪进一步用于野战检验。但是，这是不可能的，因为试验性手枪实际上是由手工制作的，没有生产线。因此，随着DWM公司放弃竞标之后，柯尔特随之就获得了该项制造权利——尽管最终成为M1911型手枪的勃朗宁设计本应在竞争中获胜。

事实上，萨维奇更多的是在国内生产轻型口径的手枪。在接下来的二十几年中，该公司生产出四种有着细微差别的设计，口径分别为0.32英寸和0.38英寸。人们对它们的质量都给予了高度评价，但有点怀疑其使用的可靠性。这些手枪都没有弹匣保险装置，如果移开弹匣的话，手枪可能会走火，这是人们最为担心的一点，这是因为人们往往容易将最后一发子弹遗忘在弹匣里。大家都明白，那些脏手枪或因长期使用致使弹簧老化的手枪，只要扣一下扳机就可以射出多颗子弹。在第一次世界大战之前和第一次世界大战期间，少量口径7.65毫米的萨维奇手枪作为M/908型和M/915型提供给葡萄牙军队，据说一些手枪也卖给了法国政府。但是，这种情况只有在买方迫切需要轻武器、而且对所购商品不加任何选择的情况下才能出现，譬如上面提到的葡萄牙军队就是这种情况，第一次世界大战之前该国使用的是德国帕拉贝鲁姆手枪，现在却发现自己站到了德国的对立面——与英国和法国结成了盟国。

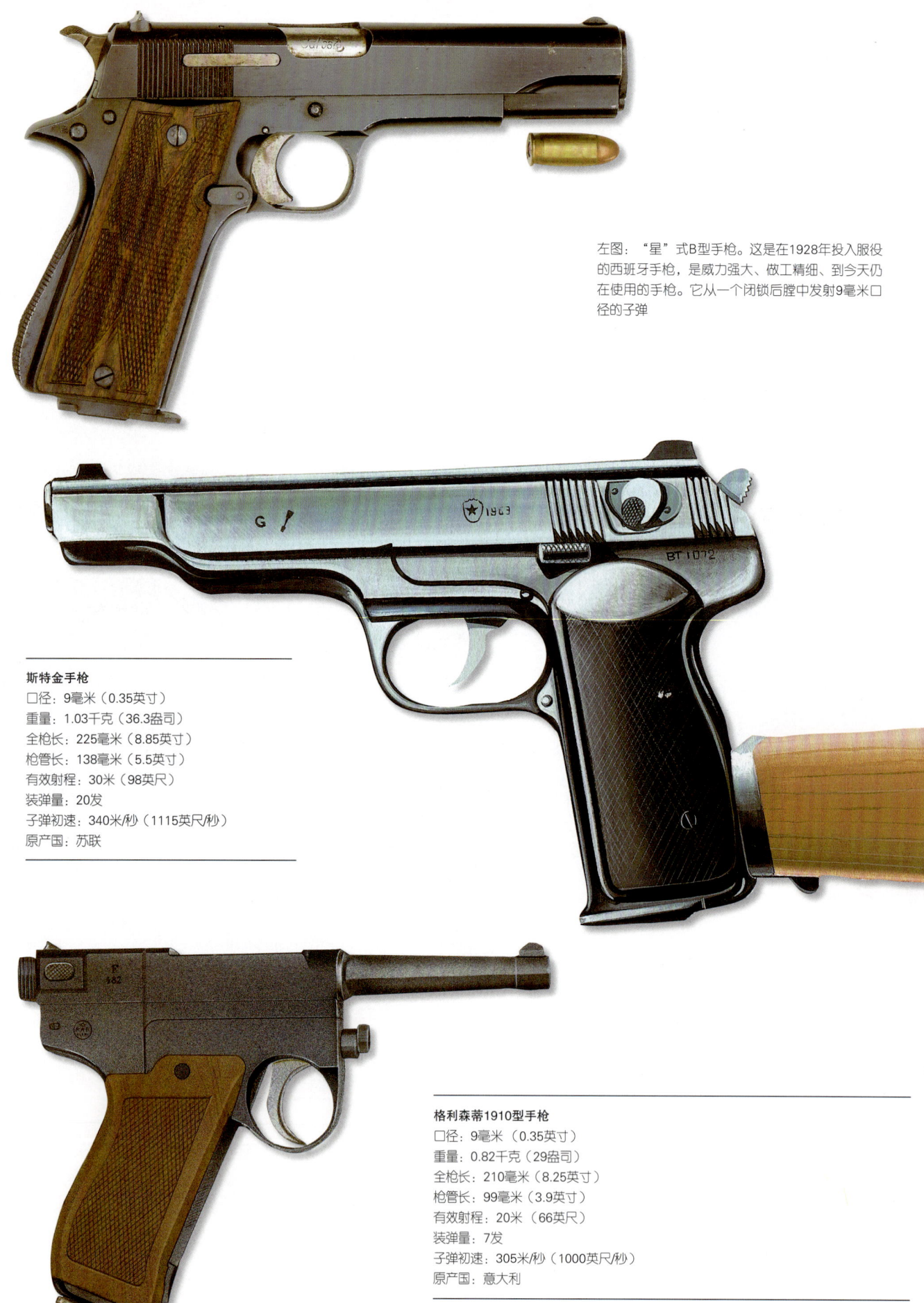

左图:"星"式B型手枪。这是在1928年投入服役的西班牙手枪,是威力强大、做工精细、到今天仍在使用的手枪。它从一个闭锁后膛中发射9毫米口径的子弹

斯特金手枪
口径:9毫米(0.35英寸)
重量:1.03千克(36.3盎司)
全枪长:225毫米(8.85英寸)
枪管长:138毫米(5.5英寸)
有效射程:30米(98英尺)
装弹量:20发
子弹初速:340米/秒(1115英尺/秒)
原产国:苏联

格利森蒂1910型手枪
口径:9毫米(0.35英寸)
重量:0.82千克(29盎司)
全枪长:210毫米(8.25英寸)
枪管长:99毫米(3.9英寸)
有效射程:20米(66英尺)
装弹量:7发
子弹初速:305米/秒(1000英尺/秒)
原产国:意大利

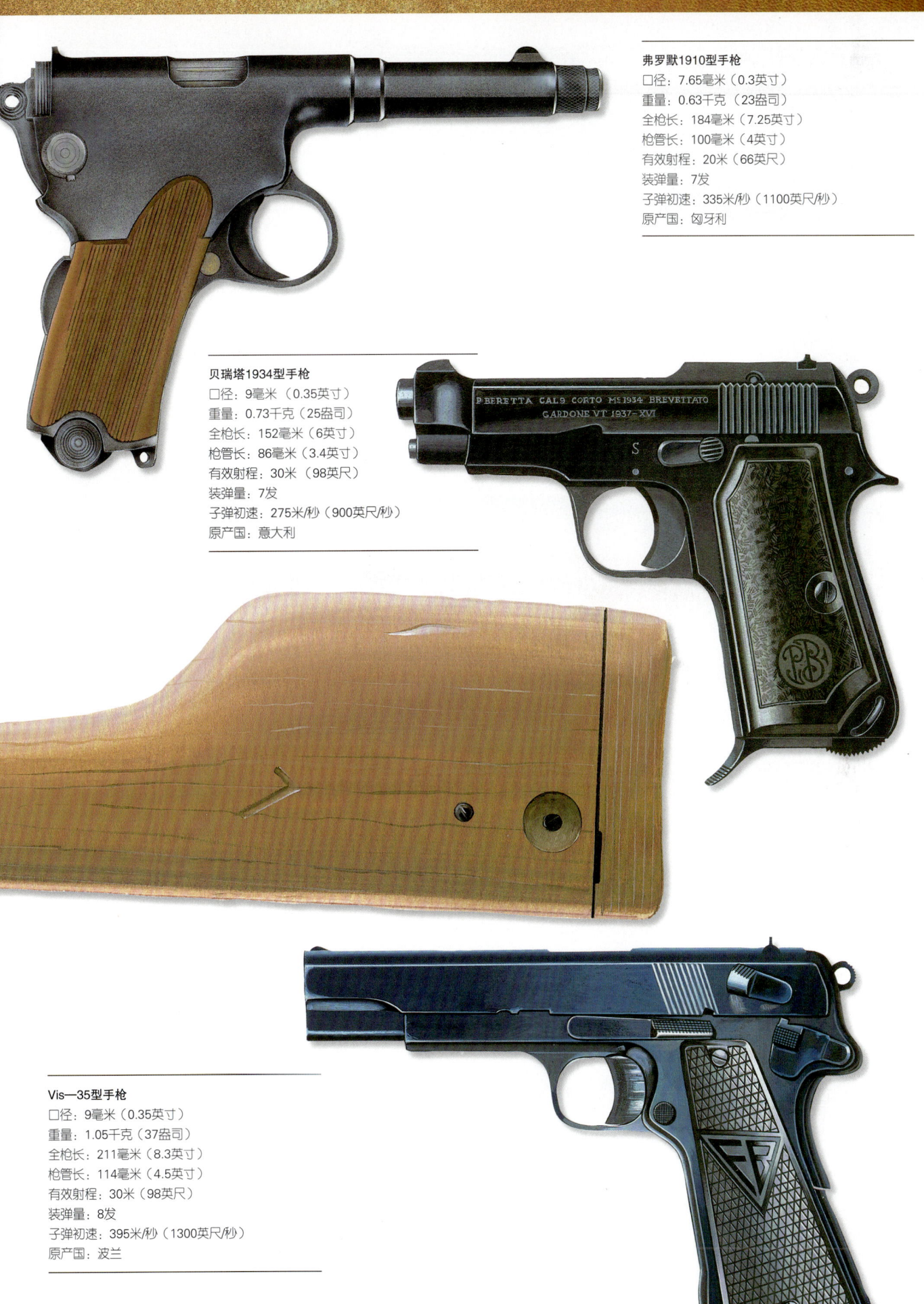

弗罗默1910型手枪
口径：7.65毫米（0.3英寸）
重量：0.63千克（23盎司）
全枪长：184毫米（7.25英寸）
枪管长：100毫米（4英寸）
有效射程：20米（66英尺）
装弹量：7发
子弹初速：335米/秒（1100英尺/秒）
原产国：匈牙利

贝瑞塔1934型手枪
口径：9毫米（0.35英寸）
重量：0.73千克（25盎司）
全枪长：152毫米（6英寸）
枪管长：86毫米（3.4英寸）
有效射程：30米（98英尺）
装弹量：7发
子弹初速：275米/秒（900英尺/秒）
原产国：意大利

Vis—35型手枪
口径：9毫米（0.35英寸）
重量：1.05千克（37盎司）
全枪长：211毫米（8.3英寸）
枪管长：114毫米（4.5英寸）
有效射程：30米（98英尺）
装弹量：8发
子弹初速：395米/秒（1300英尺/秒）
原产国：波兰

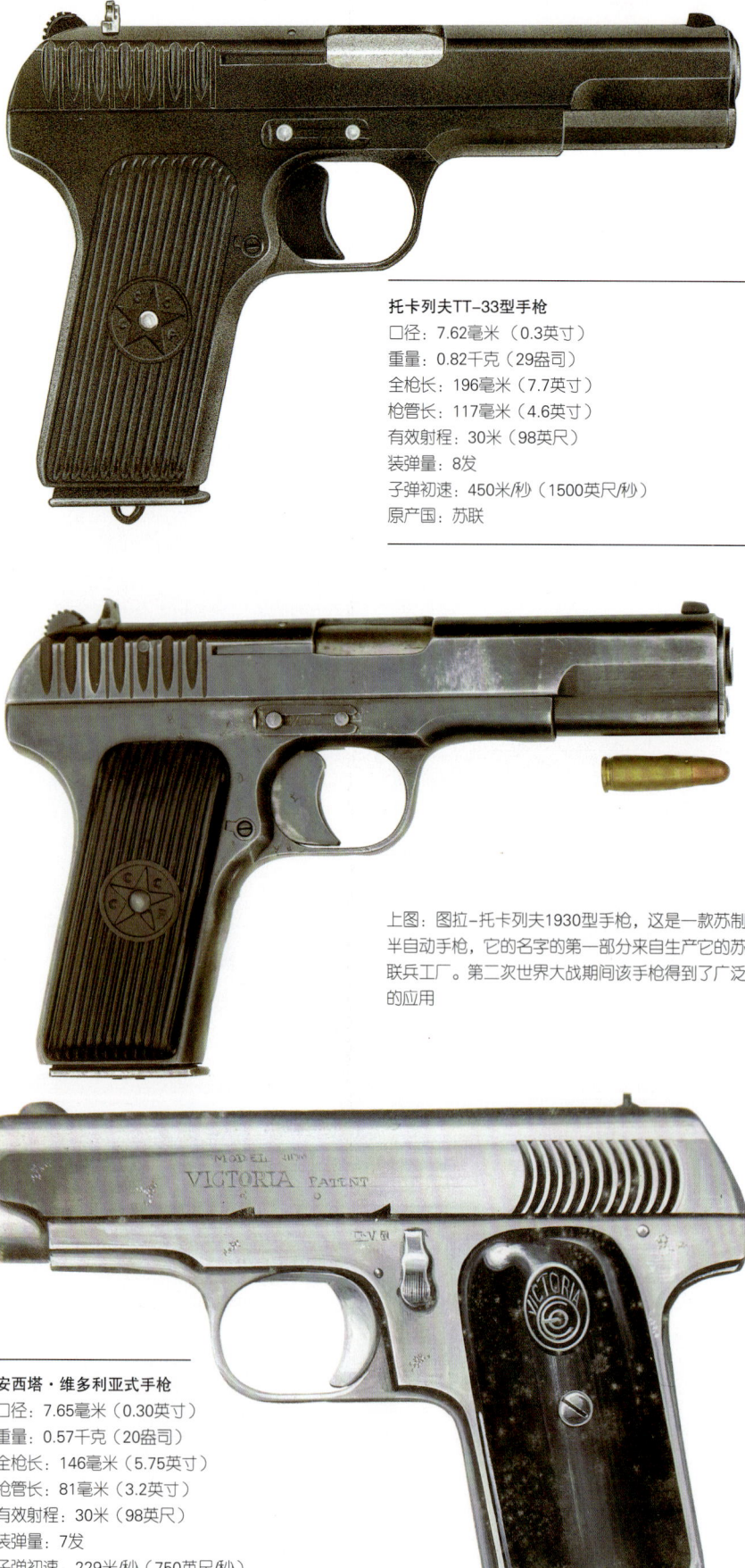

托卡列夫TT-33型手枪
口径：7.62毫米（0.3英寸）
重量：0.82千克（29盎司）
全枪长：196毫米（7.7英寸）
枪管长：117毫米（4.6英寸）
有效射程：30米（98英尺）
装弹量：8发
子弹初速：450米/秒（1500英尺/秒）
原产国：苏联

上图：图拉-托卡列夫1930型手枪，这是一款苏制半自动手枪，它的名字的第一部分来自生产它的苏联兵工厂。第二次世界大战期间该手枪得到了广泛的应用

安西塔·维多利亚式手枪
口径：7.65毫米（0.30英寸）
重量：0.57千克（20盎司）
全枪长：146毫米（5.75英寸）
枪管长：81毫米（3.2英寸）
有效射程：30米（98英尺）
装弹量：7发
子弹初速：229米/秒（750英尺/秒）
原产国：西班牙

雷明顿51型手枪

萨维奇公司的步枪更加出名，在降低手枪产量之后，该公司继续推出一系列的优秀步枪。而柯尔特公司早期的另一个竞争者——纽约州的雷明顿武器公司，在面对来自哈特福德和斯普林菲尔德的竞争时，于1894年放弃了转轮手枪的生产。第一次世界大战期间，雷明顿公司与美国政府签订合同，生产出大量的柯尔特M1911型半自动手枪，这使得该公司开始重新生产一种自己的半自动手枪。该款手枪由受人尊敬的约翰·彼得森负责设计，同样也是一款延迟后坐式枪机，但与萨维奇手枪相比，该手枪性能更好。在子弹发射后，套筒与后膛栓一起后坐很短的一段距离，随即后膛栓停下，而套筒则继续后坐，当套筒后坐到最后极限后，后膛栓又重新与套筒连接，在此过程中抛出弹壳。在返回时，一颗新子弹按照原来方式装填上膛。此外，该手枪还配置了弹匣保险装置和握把保险。雷明顿51型手枪尽管有其自身的诸多优点，但从来没有获得商业上的成功，个中原因绝非由于其类似口径手枪比柯尔特手枪要贵上50％。在1927年停止生产之前，口径0.32英寸和0.38英寸的两种雷明顿手枪总共生产出6.5万支。此外，雷明顿还设计出一种口径0.45英寸的实验型手枪款式。

半自动枪身

第三支重要力量——S&W公司在1913年生产出了第一支半自动手枪，这种半自动手枪是根据比利时人查尔斯·克里孟特的不怎么出名的袖珍手枪为基础设计的，该袖珍手枪是一种设计奇特的后膛闭锁手枪，使用5毫米口径无缘式"瓶颈"子弹。九年后，口径0.32英寸和0.35英寸的S&W1913型手枪取代了该袖珍手枪，这两种款式的S&W手枪在设计结构上，均比克里孟特的手枪简单，是直线型后坐力手枪，枪管和后膛栓固定在套筒里，操作起来能够保持固定。在以上两款手枪中，没有一种手枪在商业上取得成功，这是因为该手枪比柯尔特手枪以及其他手枪都要贵得多。S&W公司在20世纪30年代中期停止生产半自动手枪，直到1954年才又重新进入该生产领域，但这一次却在商业上获得了极大的成功。

S&W公司当时对手枪发展做出了一项重大贡献。其比赛用手枪的形状，是以自动手枪为基础的，而非转轮手枪，这已经成为一种习惯。由于单发直线型手枪的枪机不适用于比赛用手枪，因此，后来对其进行了改进。但是，半自动手枪对于世界射击比赛领域的最大贡献，就是它的半自动枪身，这是由于它的良好的平衡性。也正是在射击比赛场上，美国半自动手枪生产商才最终得以扬名天下。20世纪20年代中期，高标准公司起初作为机床生产商，其许多产品都是用于武器生产的。1932年，该公司购得哈特福德武器和装备公司，并获得了一系列手枪的生产权，在此基础上，又迅速开发出一系列的简易型半自动手枪，使用后坐力原理。

这些手枪产品使用0.22英寸缘发式子弹的所有三种变体，并牢牢瞄准比赛用枪以及正在发展中的新市场。高标准公司还生产出一款军事训练使用的手枪。第一次世界大战后，该公司得到了更加迅猛的发展。

从20世纪30年代一直到第二次世界大战结束，由于美国三个主要枪械竞商在制造令人满意的半自动手枪上的失败，使得柯尔特公司处于一个突出位置，这段时期成为柯尔特公司在业务上的全盛时期。与勃朗宁设计的M1911型和M1911 A1型手枪一样，一系列使用0.32英寸ACP和0.38英寸ACP子弹的小型手枪也在哈特福德问世了，其中最流行的一款手枪，仍然是由勃朗宁设计的，只不过设计年代比较久远，准确地说是在1903年。实际上，正是这一款手枪在经过一些改进之后，一直生产到了20世纪80年代。

发展半自动手枪有一个不太好但又不可避免的副作用。许多根据不同手枪情况生产出的不同口径和装填方式的子弹出现了。子弹生产商在生产子弹时，根本没有考虑什么标准化的问题，但对于众多的手枪来说，则极有可能因为使用不合适的子弹而导致灾难性的后果。当然，我们没有必要过分强调手枪和子弹之间要百分之百地保持一致。

大正14型手枪
口径：8毫米（0.31英寸）
重量：0.91千克（32盎司）
全枪长：226毫米（8.9英寸）
枪管长：121毫米（4.75英寸）
有效射程：30米（98英尺）
装弹量：8发
子弹初速：290米/秒（950英尺/秒）
原产国：日本

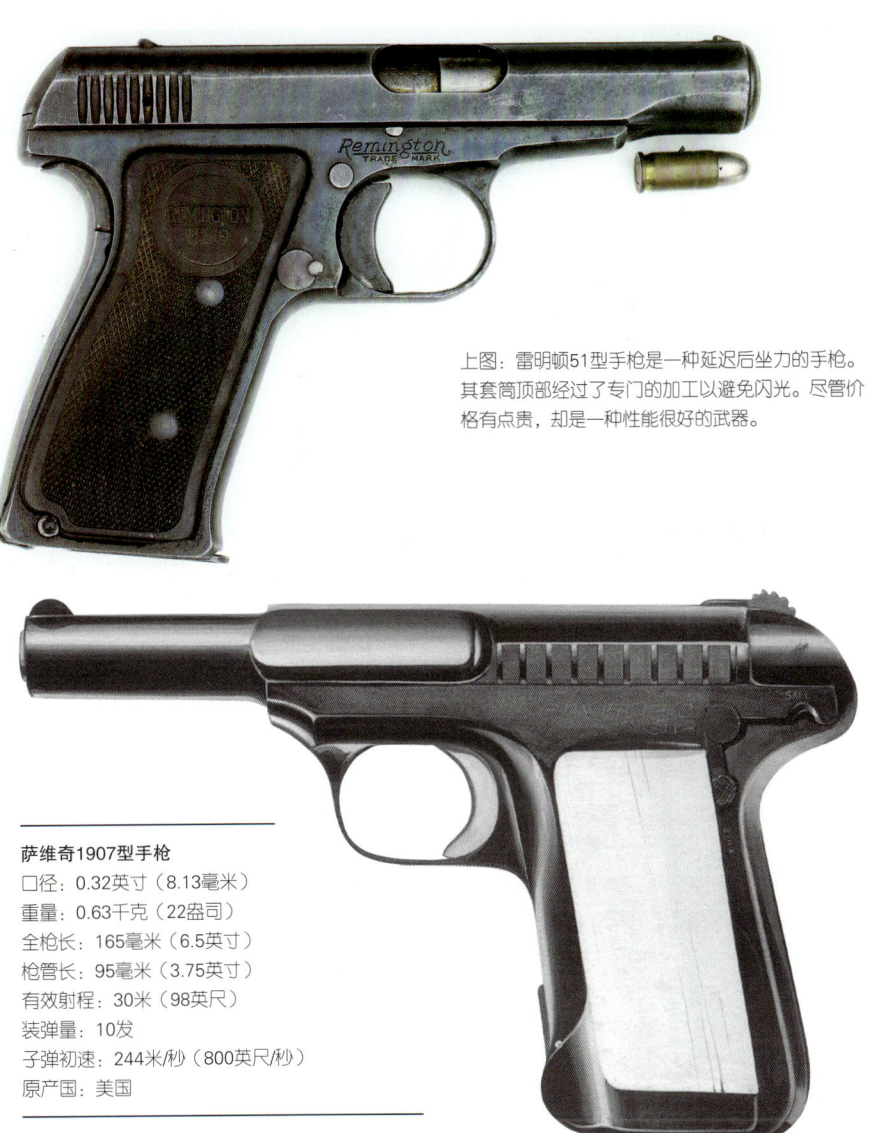

上图：雷明顿51型手枪是一种延迟后坐力的手枪。其套筒顶部经过了专门的加工以避免闪光。尽管价格有点贵，却是一种性能很好的武器。

萨维奇1907型手枪
口径：0.32英寸（8.13毫米）
重量：0.63千克（22盎司）
全枪长：165毫米（6.5英寸）
枪管长：95毫米（3.75英寸）
有效射程：30米（98英尺）
装弹量：10发
子弹初速：244米/秒（800英尺/秒）
原产国：美国

5 第二次世界大战后的手枪

对于手枪来说，20世纪后50年是半自动手枪的时代。随着设计工艺的提高，以及轻合金及硬塑料的应用，欧洲和美国制造出了性能更可靠的、威力更大的半自动手枪。

到第二次世界大战爆发的时候，除英国及英联邦成员国之外，世界上主要的陆军国家都已从转轮手枪过渡到自动填式手枪，大部分采用约翰·勃朗宁的设计。由于这种翻版、仿制及剽窃行为，我们无从知道在整个20世纪到底制造出多少支"勃朗宁"手枪，但其总数肯定达到数千万支。可以说，采用勃朗宁设计的手枪肯定要比其他手枪多得多。

就手枪的设计而言，第二次世界大战的真正意义在于它大大改变了全球手枪生产能力的面貌，甚至远远超过了第一次世界大战所带来的影响。武器领域的变化比其他任何领域都要大。就像第一次世界大战那样，德国因为战败，暂时退出了武器生产领域，要想重新返回势必面临重重困难。战前许多著名的德国枪械制造商完全消失了，当然还有几家在苦苦挣扎着，寻找着重返生产武器的出路。在奥地利也出现了同样的情形。在第二次世界大战结束30年后，奥地利和德国的手枪制造商又重新进入了世界上最好的制造商行列，他们的产品受到了热烈的欢迎。英国名义上作为战胜国，但其手枪制造业几乎完全消失了，主要由于政府对个人手枪所有权的控制越来越严格。

欧洲枪械制造商

由于手枪产品的优异性能，比利时FN公司重新获得一个强有力的地位。在这一方面，意大利贝瑞塔公司也取得了与FN公司一样的成就。尽管西班牙几乎没有受到第二次世界大战的影响，但由于国内革命和内战的推动，西班牙生产出了数量相当多的轻武器。当然，该国不像以上两个主要生产国那样只是为了赚取商业利润，其主要目的是用于军事用途。西班牙的三家主要生产商——阿斯特拉公司、卢拉马公司和星公司的实力一天天地强大，主要生产新型转轮手枪和自动装填式手枪。到了20世纪80年代初期，星公司信心倍增，甚至参与到美国政府制式防身武器的竞争之中，试图用自己的产品取代M1911 A型手枪。

法国的手枪工业恢复得比较好。在1940年中期到1944年期间，法国被德国占领，但西南部的手枪制造商MAB和MAP两家公司继续像从前一样进行武器生产，只不过是在德军的监督之下进行。由于工厂坐落在巴约讷等地，可以免遭空袭。当战争结束时，这些公司继续为自己国家刚刚重建起来的军队服务。此外，MAS公司为法军生产出M1911 A1型军用手枪，使用9毫米口径帕拉贝鲁姆子弹，这就是著名的1950型自动手枪。该手枪与勃朗宁设计的主要区别在于保留了环绕枪栓的保险装置，该装置由查尔斯·彼得在1935型手枪中首次使用。这种手枪后来被MAB公司的一种同样内膛口径的新设计所代替，该新设计是为数不多的非勃朗宁式设计翻版中的一种。这种手枪的闭锁和开锁动作是靠枪管旋转完成的。尽管MAB公司的P-8型或P-15型手枪（数字是指弹匣的容量）属于一种设计精美的手枪，但在法国及其非洲殖民地以外的其他地方很少得到使用。

在所有主要武器制造国当中，只有美国没有受到战争的影响，不但其工业基础完好无损，而且生产范围和生产能力也得到大幅度提高。由于枪支泛滥，美国社会的谋杀率逐年升高，甚至总有人试图用手枪或步枪刺杀国家领导人，但美国政府对于公民枪支使用权的态度至今没有改变。在美国，拥护公民拥有个人枪支的力量太强大了，有权拥有武器的条款包含在美国宪法第2修正案中，该修正案早在1791年就开始实施了。美国工业一天天强大起来，就产品设计和制造质量来看，其产品越来越好。由于美国稳步发展的枪支工业，其他国家的武器制造商必须与柯尔特公司、S&W公司及其他生产商的发展水平保持一致。这种竞争局面确保了手枪这个原本不会景气的行业依然很有活力，有点令人惊奇的是，甚至在新式转轮手枪的生产上也是如此。

现代转轮手枪

如果说19世纪是转轮手枪的时代，那么20世纪则是半自动手枪的时代。到了1914年，当西方许多国家卷入第一次世界大战的时候，人们当时并没有对转轮手枪进行过什么改善，只是使其成为能够发射5发或6发子弹的手枪而已。至于对子弹装填和抛壳的动作，则是通过旋转弹膛向枪身左侧摆出，或通过将扳机上部的铰链拆开才能实现。折开法在操作上要比弹膛旋转稍慢一些，而这种操作方式的最后效果，尤其在美国总让人怀疑。这种操作方式在英国持续了一段时间，但很快就全部消失了。当19世纪之门关闭的时候，只有一种铰链式转轮手枪还在保留着。

从那时起，手枪技术真正的进步在于制作材料的改变和使用更有威力的新子弹。不锈钢和轻型合金已经开始出现，由于第二次世界大战后这些材料变得更便宜、更容易得到，从普通钢材向不锈钢和轻合金材料转变的趋势越来越明显。尤其是轻合金，给每一位日常用户带来了不同的新感受，使袖珍手枪的重量减少了30%——比如说，著名的S&W 38型"军官专用"手枪，使用钢材料时的重量达0.57千克，但使用轻合金时的重量只有0.37千克，而其价格差不超过5%。通常是将这两种材料混合使用，枪身用轻合金做成，旋转弹膛和枪管则用不锈钢做成。这样做既利用了前者较轻的重量，又利用了后者特别的稳定性、持久性和耐腐蚀性。除此之外，一些用其他非传统合金制成的手枪也出现了，譬如锰-青铜合金，更少见的金属如钛、铍和黄铜合金。镍涂层仍然广泛地应用着，也有其他一些手枪装饰和涂层方式。当然，对于大多数手枪而言，使用蓝色钢材进行装饰，仍然是人们普遍认可的标准形式。

新型手枪握把

对于20世纪晚期出现的新式转轮手枪，另外一个主要变化，在于其握把的形状与制作原料发生了变化，握把用硬木精制而成，上面或没有图案，或多少有些复杂的方格图案，这些握把非常流行。但对日常使用的手枪来说，为了更好地适应手的形状，木制握把逐渐被橡胶握把或者聚合物握把所替代。这些握把的出现可能有点奇特，但不可否认的是，它们使用起来的确更有效也更舒适，尤其在使用大威力子弹时情况更是如此。这种握把的制造本身就成为一种亚工业，许多手枪制造商让顾客自己选择单独生产的握把。

新的枪支制造商不断出现，一些制造商提供低价位的普通手枪，但更多的则生产专门手枪，它们以高标准来对手枪进行装饰，因此价格更高。令人毫不奇怪的是，许多后来者的产品设计看起来颇像早已存在的手枪，尤其是柯尔特和S&W转轮

MAB P-15型手枪
口径：9毫米（0.35英寸）
重量：1.09千克（38.5盎司）
全枪长：203毫米（8英寸）
枪管长：115毫米（4.5英寸）
有效射程：40米（131英尺）
装弹量：15发
子弹初速：350米/秒（1148英尺/秒）
原产国：法国

"星"式 30M型手枪
口径：9毫米（0.35英寸）
重量：1.1千克（38盎司）
全枪长：205毫米（8.1英寸）
枪管长：110毫米（4.25英寸）
有效射程：40米（131英尺）
装弹量：15发
子弹初速：380米/秒（1247英尺/秒）
原产国：西班牙

手枪。在这些手枪中，其突出特征在于其散热枪管肋条和斜坡准星，比如巴西、德国、菲律宾和西班牙的手枪，这一点与柯尔特手枪特别类似；而其他一些设计则与S&W的设计比较接近，包括逆时针方向的旋转弹膛。其中，后一种设计也被一个新兴美国手枪生产商——韦森武器公司所采用，该公司是S&W公司创立者的某一位曾孙子在S&W公司被一家英国工程公司兼并后建立起来的。韦森武器公司起初从事机床制造业，但似乎手枪是流淌在该家族血液中的固有东西，于是他开始制造一系列重型转轮手枪，使用从0.22英寸的LR子弹到0.44英寸的马格南子弹，这些手枪的一个共同特点是：枪管和握把都能够轻易地进行更换。在生产"简易"手枪的同时，韦森武器公司也提供一种"组合"手枪，其中包括一款完整的手枪，外加两支不同长度的枪管，以及一对内部结构完整的未装饰的握把。顾客根据所选手枪的型号样式，枪管长度可以在64~254毫米之间变化，再长一些的款式还可以单独订购。

鲁格"鹰"式手枪

在20世纪，斯特姆·鲁格可能是跻身美国手枪制造者行列中最出名的一位。20世纪70年代早期，该公司扩大了生产范围，在生产单动转轮手枪的同时还生产双动手枪，既使用缘发式马格南子弹，也使用9毫米口径无缘式帕拉贝鲁姆子弹以及0.45英寸ACP子弹，其中后者装填在一个半月形弹夹里。与大多数同时代转轮手枪不同的是，新型鲁格手枪具有真正的固定式枪身。后来，该公司又生产出一系列使用新型枪机的手枪，即所谓的GP-100系列手枪，这些手枪可以采用不同口径和长度的枪管。后来又加入一种重量较轻的SP-101型手枪系列，使用相同的机械原理，只不过枪身较小一些而已。此外，该公司还生产出一种重型双动转轮手枪，只能使用马格南子弹。

枪栓式手枪

在20世纪后四分之一的时间里，在手枪市场上，需求量大幅度增加的就是仿制转轮手枪，几乎所有这些转轮手枪都是早期柯尔特手枪的仿制品，但也能发现雷明顿手枪的一些仿制品。事实上，所有重要的"黑火药"前装弹式柯尔特手枪都能够适用原始口径。许多专门仿制前装弹式手枪的公司和最初的手枪制造商一样，也仿制早期的金属子弹手枪。就这样，柯尔特手枪再一次成为最受欢迎的手枪，这一次是柯尔特1873型单动陆军手枪，至少有五六家公司生产这种新的仿制品，柯尔特公司也名列其中。此外，雷明顿1875型手枪也得到了众多枪支生产商的特别关注。

单纯从技术角度而言，一种或许更有趣的现象是：一系列的现代单动转轮手枪严格地以传统设计为基础，只不过使用了新材料而已。铬钢-钼合金和具有高张力的锰-铜合金是制造枪身的最好材料，这一点同不锈钢一样。鲁格手枪在手枪仿制品领域是最出名的，但其他公司如自由武器公司，也生产出一些有趣的转轮手枪。

柯尔特单动陆军型手枪的仿制品
口径：11.2毫米（0.44英寸）
重量：1.08千克（38盎司）
全枪长：330毫米（13英寸）
枪管长：190毫米（7.5英寸）
有效射程：20米（66英尺）
装弹量：6发
子弹初速：198米/秒（650英尺/秒）
原产国：美国

在仿制手枪中，那些单发射击和多管手枪也引起人们的注意，其中最流行的是雷明顿1865型双动手枪的精确仿制品，使用从0.22英寸到0.45英寸口径子弹，也包括马格南子弹。美国德林格公司也许是最知名的制造商，该公司不但生产仿制手枪，而且也自行独立生产新的迷你型袖珍手枪。它们制造出一系列的袖珍型自动装填手枪，但在实际上，这些手枪采用多枪管或手动装填方法，通过套筒在枪管上的前后运动把弹匣子弹上膛，弹匣插在握把内部。有人可能会说，为什么这种自动装弹手枪却没有自动装弹机构，事实上，这是一个前后直线运动的手动装填过程。

同样地，重型单发射击手枪也被大量地仿制，但其大部分采用新的设计。这些手枪通常使用长枪管枪械的子弹，其枪机也是从步枪中发展而来的，即常见的枪栓式枪机动作。这些通常用来捕捉小猎物的手枪枪管比常规手枪要长得多，比如有4种型号的雷明顿手枪的枪管为368毫米或更长。也有多枪管手枪，其中最不寻常的是斯普林菲尔德武器公司的M6型手枪，一个枪管使用0.22英寸 LR子弹，另一个枪管口径为0.45英寸，使用柯尔特缘发式子弹，也能装填0.41英寸霰弹。这种组合武器通常用做长枪，很少用做手枪，这大概因为这种枪的真正用途很少，甚至因为其创新之处的价值有限。在所有这些手枪中，最古怪的当属俄罗斯生产的4枪管手枪，口径4.5毫米，专门作为水下使用。

比赛用手枪

用手枪打猎是一项专门运动，因此产生了很多比赛用单发射击手枪。这些手枪大部分使用0.22英寸LR子弹，但也有一些使用威力更大的子弹。它们的区别很大，从直线型手枪到那些看起来几乎不像手枪的物体，形态各异。握把制作工艺的艺术性很高，用一整块木头雕刻而成，完全适合射击者的手形。这些手枪有着灵敏度很高的枪机，有时可用一个小活塞代替传统的扳机卡榫，有时则使用电动操作取代常规的机械连接装置。其中，最少见甚至最古怪的手枪用于"自由式手枪"竞赛，该种手枪只进行单发射击，通常使用比赛用步枪上的马蒂尼枪机。我们所说的"自由性问题"是讲各类手枪的设计规则，包括枪管长度、目视半径和扳机扣压等因素。其他一些手枪，譬如仅仅在外表上看起来略显普通一些的自动装填手枪，主要用于

标准比赛和快射比赛当中。此外，还有一些比赛用转轮手枪。

在自由式手枪中，最出名的也许当属沃尔特、哈默利和帕尔蒂尼所生产的手枪。在苏联，由马戈林设计、图拉军械厂生产的一系列手枪也值得关注。尽管马戈林为苏联奥林匹克代表团生产出众所周知的快速开火式手枪，并在1956年的墨尔本奥运会中大获全胜，但在1958年被国际射击协会排除在比赛用枪之外，从此便退出了世界赛场。

还有一些专为比赛特别设计和生产的手枪，所使用的原理与自由式手枪不同，从外表上看不出这些手枪的真正用途。由车一样，大多数每天使用汽车的人一般对赛车没有什么兴趣，但通过赛车设计和使用，许多能使汽车变得更安全、更经济、更有效的产品和特点被充分发展出来了。我们可以继续进行类比：公路赛车就像其他一些比赛用手枪，只是看上去更像生活中使用的小汽车。所以，这些竞赛手枪也与普通手枪更接近。可以说，竞赛手枪只不过是那些自卫和战斗用手枪的另一种形式而已，就像公路赛车可以促进公路运输工具的快速发展一样，成功的竞赛手枪向手枪的日常用户阐明了某种手枪的优点。于是，贝瑞塔公司、柯尔特公司、格洛克公司、H&K公司、SIG-索尔公司、S&W手枪，其中一些在外观上与鲁格P08型手枪（使用帕拉贝鲁姆子弹）相似，但与通用手枪相比，每年出售的专业比赛用手枪的数量微乎其微。

转轮手枪的衰退

单就军事角度而言，在20世纪刚刚过去三分之二的时候，自动装填手枪在销售量上已经远远超出转轮手枪，这就意味着大多数手枪制造商都会把自动装填的半自动手枪作为主要的产品发展领域。在当时，几乎没有一家公司只生产转轮手枪，相反，其中的大部分公司，譬如意大利的尤伯蒂公司，则把注意力集中到生产仿制

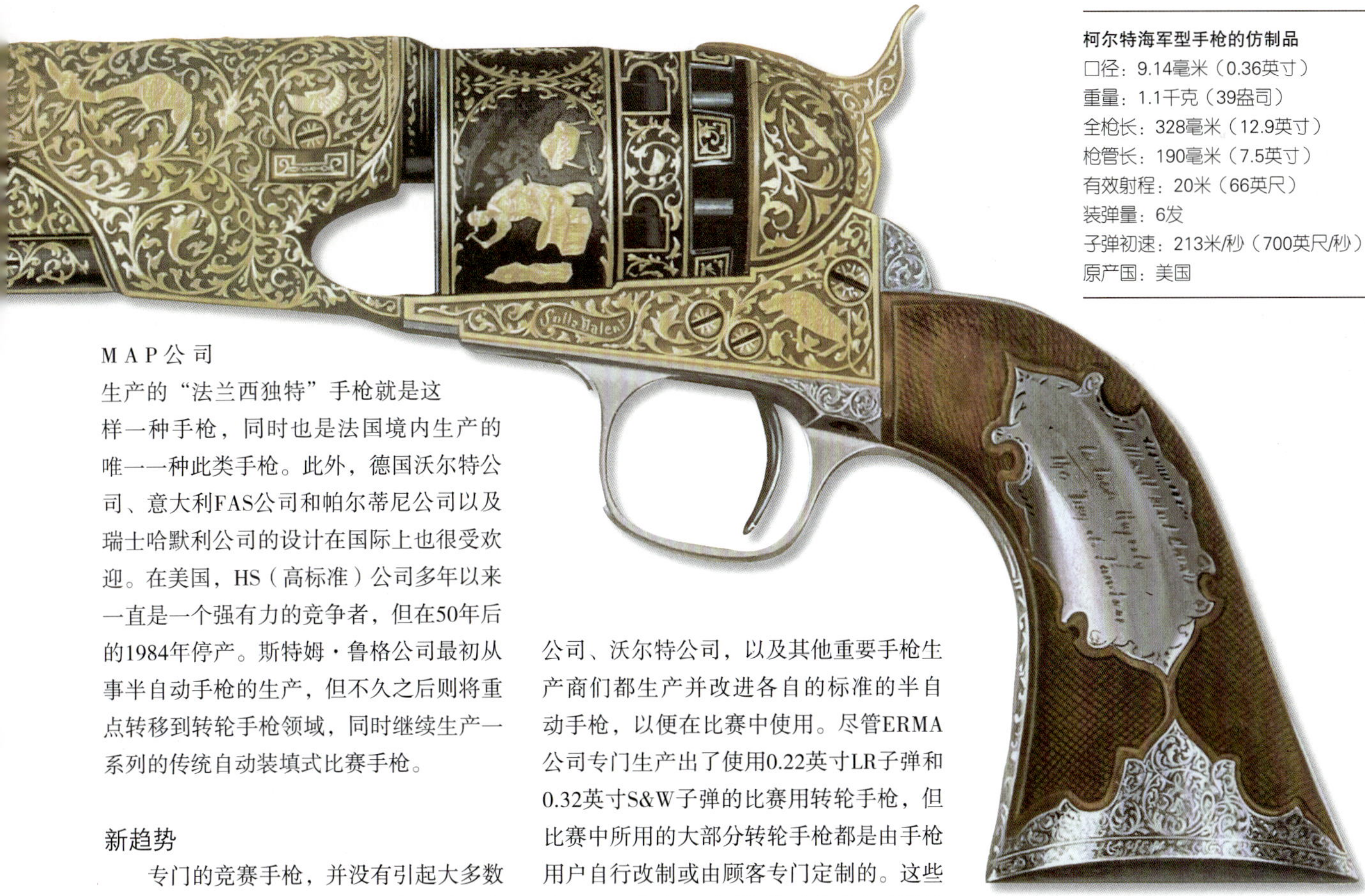

柯尔特海军型手枪的仿制品
口径：9.14毫米（0.36英寸）
重量：1.1千克（39盎司）
全枪长：328毫米（12.9英寸）
枪管长：190毫米（7.5英寸）
有效射程：20米（66英尺）
装弹量：6发
子弹初速：213米/秒（700英尺/秒）
原产国：美国

MAP公司生产的"法兰西独特"手枪就是这样一种手枪，同时也是法国境内生产的唯一一种此类手枪。此外，德国沃尔特公司、意大利FAS公司和帕尔蒂尼公司以及瑞士哈默利公司的设计在国际上也很受欢迎。在美国，HS（高标准）公司多年以来一直是一个强有力的竞争者，但在50年后的1984年停产。斯特姆·鲁格公司最初从事半自动手枪的生产，但不久之后则将重点转移到转轮手枪领域，同时继续生产一系列的传统自动装填式比赛手枪。

新趋势

专门的竞赛手枪，并没有引起大多数手枪用户的兴趣，这就好像比赛用单座赛公司、沃尔特公司，以及其他重要手枪生产商们都生产并改进各自的标准的半自动手枪，以便在比赛中使用。尽管ERMA公司专门生产出了使用0.22英寸LR子弹和0.32英寸S&W子弹的比赛用转轮手枪，但比赛中所用的大部分转轮手枪都是由手枪用户自行改制或由顾客专门定制的。这些公司也生产出一系列气体后坐式自动装填

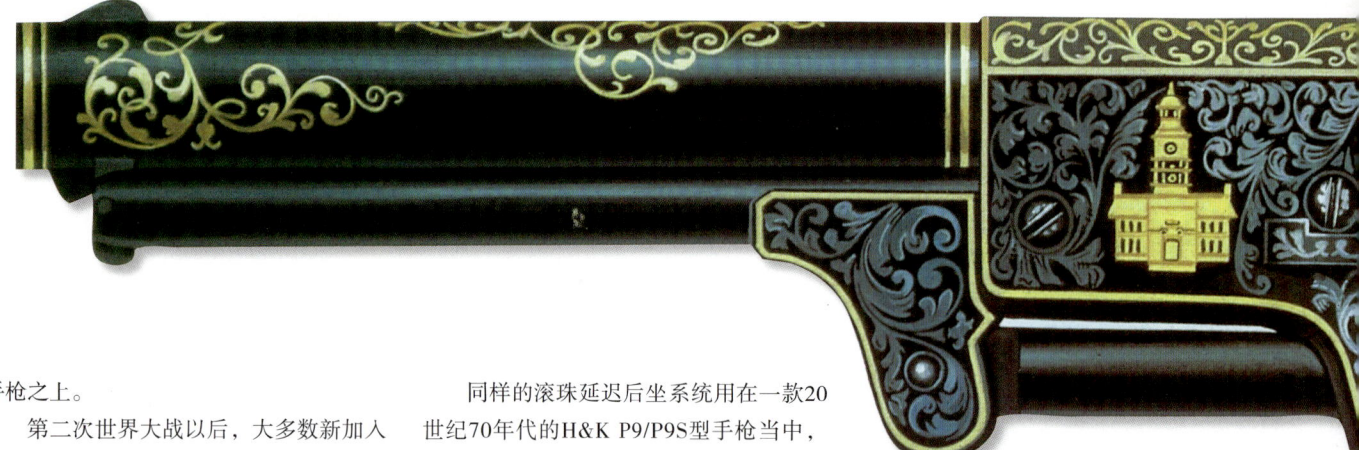

手枪之上。

第二次世界大战以后,大多数新加入轻武器生产行列的制造商更倾向于生产半自动手枪,从而获得更大的利润。其中最有影响力的或许就是H&K公司,该公司生产的第一款手枪便是HK4型手枪,其不同寻常之处在于有四根可替换的枪管和四个不同弹匣,这样就可使用四种不同型号的子弹:0.22英寸LR缘发式子弹、9毫米ACP弹、7.65毫米ACP子弹和6.35毫米ACP子弹。这种后坐式双动手枪的枪架由压铸铝制成,而套筒和后膛闭锁则由锻钢经机械加工,再经过精密焊接而成。一个可替换的塑料垫子起到后坐缓冲器的作用,该型手枪还可以从中心发射转换为边缘发射。此外,HK4型最明显的特征在于其保险装置,如同毛瑟 HSC手枪一样,由于其独特的撞针和击锤设计,从而避免了子弹意外发射的可能性。20世纪60年代后期,H&K公司发展出G3型军用步枪,由西班牙设计发展而来。

赫克勒的延迟后坐系统

突击步枪家族的操作原理与众不同。赫克勒的延迟后坐力系统通过对冲锋枪和半自动手枪中普遍应用的延迟后坐式枪机进行改进,从而能够使用威力更大的弹药。其作用原理是:当弹壳因气体压力后退对枪栓施压时,枪栓利用机械原理把后退的动作延迟一段时间,让膛压下降到安全程度才继续后坐。如此一来,枪栓重量可以大大减轻,复进簧的弹力也可以降低一点。对于年轻的H&K公司来说,该公司G3系列步枪获得了非同寻常的成功,被世界上25个国家所采用,使用7.62毫米北约标准子弹。此外还有一种改型手枪即HK33型手枪,使用5.56毫米的"新"子弹,但不如G3步枪成功。

同样的滚珠延迟后坐系统用在一款20世纪70年代的H&K P9/P9S型手枪当中,该手枪由哈伯特·米德尔设计,使用9毫米帕拉贝鲁姆子弹。此外,P9型手枪有一款多边形膛线设计,该种设计最早出现于1888年英国李-梅特福德步枪中,它还使用了索尔38H型手枪所使用的待发/击锤降下杆(解除待发),可以用来拉起或降下击锤。此外,H&K公司还生产出"S"系列手枪,使用0.45英寸ACP子弹。该手枪可以用两只手更舒适地握住握把,这一特点后来也应用在其他手枪上。

P7型手枪

H&K公司发展部的枪械专家意识到,如果对待发/击锤降下杆(解除待发)进行改进的话,能够将其变成一个性能优异的保险装置,于是便对其进行了发展,这就出现了P9型手枪的后继者——P7型手枪家族。如今,击锤降下杆已经被手枪握把保险所取代,当手枪握在手中的时候,待发杆很自然地挤压到握把上,使击锤处于待击状态。当手仍未松开时,手枪就能以正常方式操作,但手枪一旦放下或放回口袋或皮套里时,击锤降下杆就会复原,待击状态自然解除。在P7手枪系列的后坐延迟系统中,早期手枪的枪机滚珠逐渐被空气缓冲系统所取代。这在减少后坐力的同时,也使得手枪变得更小更轻。到了20世纪90年代中期,P7型手枪系列已经出现多种口径手枪:使用0.22英寸LR子弹的手枪、0.38英寸口径P7K3型手枪、使用9毫米帕拉贝鲁姆子弹的P7M8型手枪、装弹量增加的P7M13型,以及使用10毫米S&W子弹的P7M10型手枪。

塑料制VP70型手枪

H&K公司也生产一系列警用和军用冲锋枪,同样使用了步枪中的滚珠闭锁系统。其中,第一种也是最成功的是MP5型冲锋枪,使用9毫米帕拉贝鲁姆子弹,分为半自动和全自动两种操作模式。MP5型冲锋枪家族和G3型步枪家族一样深受大众欢迎,并成为一系列不同寻常的高性能半自动手枪的先驱。受到冲锋枪的启发,H&K手枪有前置式弹匣,装弹15或30发。SP89型手枪有一个激光瞄准器,进行瞄准时就会发出一束红光照射在瞄准点上,这样就不会错过目标。

除了MP5型冲锋枪之外,H&K公司又生产出一种不同寻常的速射武器——VP70型手枪,只需扣一次扳机就能发射3颗子弹,这一特点与美国M16型突击步枪一样。这是第一款广泛应用高压塑料的手枪,配置一副兼作皮套用的抵肩式塑料枪托。在枪托放置之后,可以通过枪托上的快慢机选择单发或三发射击,这就有效地消除了人们对全自动手枪的批评。后来,贝瑞塔93R型手枪也采用了同样的方法,而格洛克18型手枪也试验过这种方法。VP70型手枪还采用了一种特别有效的保险装置——位于击锤和子弹之间的击铁,这样可以通过直接扣动扳机达到完全击发状态,而且也不必费太大力气。

SIG公司的杰作

H&K公司并非第二次世界大战后德国出现的唯一的成功者。在有着悠久的手枪制造历史的制造商中间,沃尔特公司和索尔公司重返江湖,后者与瑞士枪械制造商SIG公司有着良好的伙伴关系。SIG公司制造出一种口径6.35毫米的袖珍型半自动手枪,被称为LE手枪。该手枪是由奥地

柯尔特骑兵型手枪的仿制品
口径：11.2毫米（0.44英寸）
重量：2.04千克（72盎司）
全枪长：343毫米（13.5英寸）
枪管长：190毫米（7.5英寸）
有效射程：20米（66英尺）
装弹量：6发
子弹初速：259米/秒（850英尺/秒）
原产国：美国

左图：这是一款勃朗宁大威力型手枪。从上到下的各部分，分别为套筒、后膛栓、复进簧和主枪身。套筒闭锁杆位于复进簧的左边

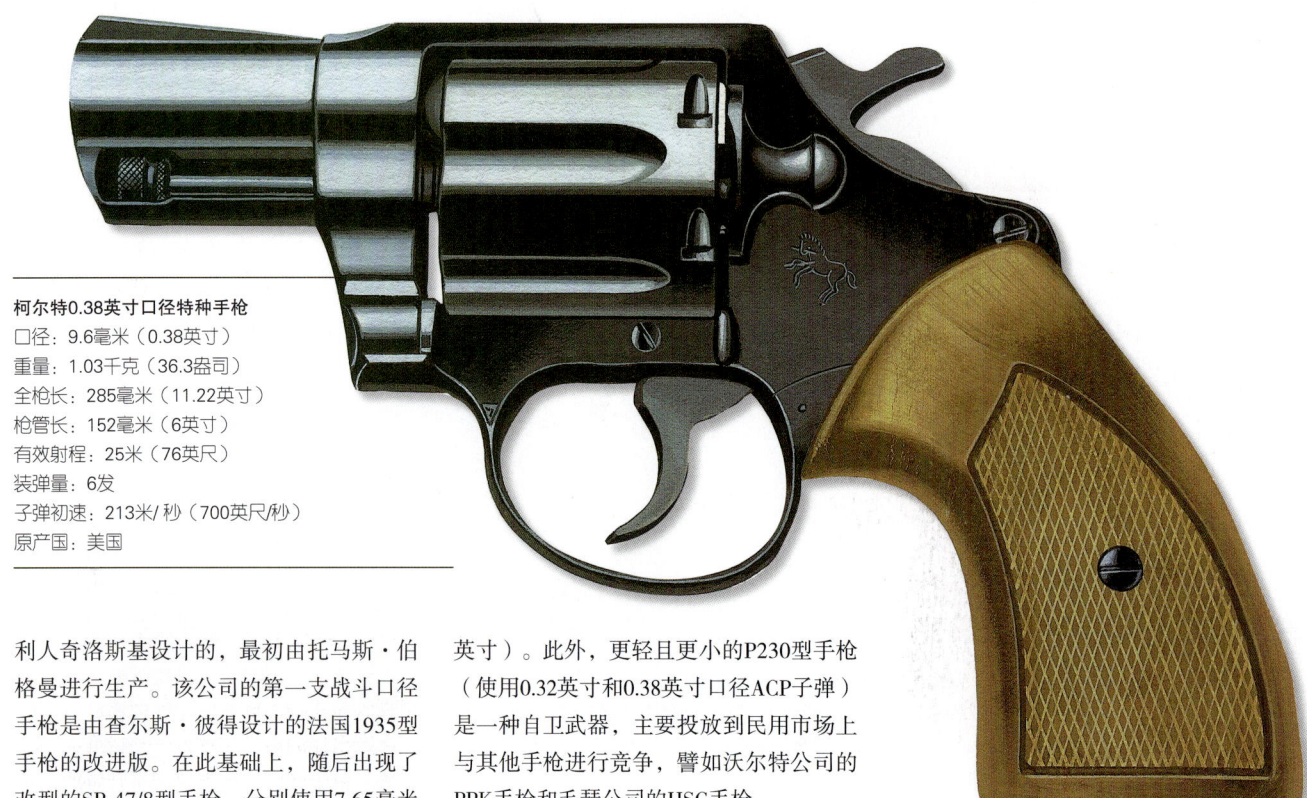

柯尔特0.38英寸口径特种手枪
口径：9.6毫米（0.38英寸）
重量：1.03千克（36.3盎司）
全枪长：285毫米（11.22英寸）
枪管长：152毫米（6英寸）
有效射程：25米（76英尺）
装弹量：6发
子弹初速：213米/秒（700英尺/秒）
原产国：美国

利人奇洛斯基设计的，最初由托马斯·伯格曼进行生产。该公司的第一支战斗口径手枪是由查尔斯·彼得设计的法国1935型手枪的改进版。在此基础上，随后出现了改型SP 47/8型手枪，分别使用7.65毫米和9毫米帕拉贝鲁姆子弹，最终被瑞士军队用来代替过时的帕拉贝鲁姆手枪。事实上，彼得系统只不过是勃朗宁闭锁式后膛设计的稍微改进，枪管上的闭锁凸榫被一个梯状物所取代，用来与套筒进行闭合。SP 47/8型手枪被重新命名为SIG P210型，随后便因为质量好、性能可靠而获得广泛的赞誉。20世纪90年代，当P210型或P216型改型手枪的价值为2500美元时，贝瑞塔公司、柯尔特公司、S&W公司的同类产品大约只值650美元。为了遵守瑞士政府关于某些武器的出口规定，SIG公司同索尔公司结成同盟关系，其产品被称为SIG-索尔手枪。很快的，新式P220型和P230型手枪出现了，前者成本较低，是双动战斗口径手枪，使用0.45英寸ACP子弹和0.4英寸S&W子弹。P220型手枪具有铝合金枪架和钢制套筒，后膛栓被固定上了，所以，P220型与P210型手枪没有多大的联系。随着这种手枪的轻型款式的增加，人们也逐渐地接受了这种手枪，对它原有的8发低装弹量的批评也平息了。P226型、P228型和P229型分别能装15发、13发和12发子弹（前两型口径为9毫米，后一型口径为0.4英寸）。此外，更轻且更小的P230型手枪（使用0.32英寸和0.38英寸口径ACP子弹）是一种自卫武器，主要投放到民用市场上与其他手枪进行竞争，譬如沃尔特公司的PPK手枪和毛瑟公司的HSC手枪。

沃尔特的比赛用手枪

第二次世界大战后，与其他德国工业公司相比，沃尔特公司在重新开始制造手枪时遇到了更多的困难，主要因为该公司地处苏尔附近的济莱，也就是后来的德意志民主共和国境内。于是，沃尔特率领公司逃到西部开始重整旗鼓，起初生产计算器（自20世纪20年代以来出现了一条沃尔特生产线）。1950年，沃尔特公司开始转产轻型武器，在乌尔姆的一个已经废弃的骑兵兵营里组建了第二家工厂，并开始生产气枪。从1945年到20世纪50年代早期，沃尔特公司大部分的微薄收入来自于与瑞士哈默利公司合作生产的奥林匹克比赛专用手枪，同时也和一家著名的法国公司合作生产PP型和PPK型手枪。

最终，沃尔特公司重新开始生产P38型手枪，接着设计并制造出一种新型速射比赛手枪，后来又生产出"标准"手枪等一些款式，接着PP式和PPK型的新的改型也出现了。其中，PPK/S型手枪作为一种手枪合成体，使用PPK型手枪的套筒和枪管，以及PP式手枪的枪架。同样，一种全新的袖珍手枪——TPH手枪也是如此，使用0.22英寸LR子弹。另一方面，P38型手枪经过改进后，成为结构更加紧凑的P38K型手枪。一种专为警察设计的P5型手枪也生产出来了。另外，全新的P88型手枪使用9毫米帕拉贝鲁姆子弹，秉承了酷似勃朗宁设计的闭锁系统，更具现代流线型手枪的色彩，装弹15发。该手枪被公司用来与其他公司的战斗口径自动装填手枪竞争。由于其价格不比SIG-索尔公司的P210型手枪便宜多少，所以，很少有人购买。

新型施泰尔手枪

距离奥地利边界不远，就是1892年世界上第一支自动装填手枪诞生的地方。1935年，早先的施泰尔-沃克AG公司重组为施泰尔·戴姆勒·帕奇·AG公司（该公司最终在1986年成为施泰尔·曼利彻公司）。第二次世界大战结束后，该公司也开始重新生产轻型武器。施泰尔的第一款成功设计是GB80型手枪，利用装药爆炸后的"废"气体去延迟后坐力,这一点与H&K公司的P7型手枪相似,但它的结构要相对复杂一些。枪口或枪管中部有气体密封物,提供延缓气体的气门则位于两者之间。这类枪机的最大优点就是能够节省空间,还能够增加装弹量,这不仅反映在可移动部件上,对于枪架自身构造也是如此。和大部分现代作战手枪一样,GB80型手枪使用的也是9毫米帕拉贝鲁姆子弹,进行双排装弹,总数不少于18发。即便如此,该手枪使用时的手感仍然很好,这是因为枪架使用了冲压钢板,握把则由高强度薄塑料制成,从而能够握得更紧。

格洛克轻型手枪

其他奥地利手枪制造商同样生产创新性轻型武器。格洛克-GMBH公司的形成时间比H&K公司稍晚一些,它最初并没有打算生产枪械,而只生产一些金属和塑料枪体。在与奥地利政府签订了为奥地利军队提供刺刀和多用途小刀的合同之后,格洛克公司才转向武器生产。格洛克在1980年生产出他的第一款手枪——格洛克17型手枪,由于弹匣和枪架使用了独特的塑料造型设计,该手枪很快便闻名于世。这种"新式"手枪的出现极大地激发了人们的想象力。对于这种后膛闭锁式手枪而言,另一项主要的技术创新在于应用了一种全新的多角形膛线系统。撞针在待发程序完

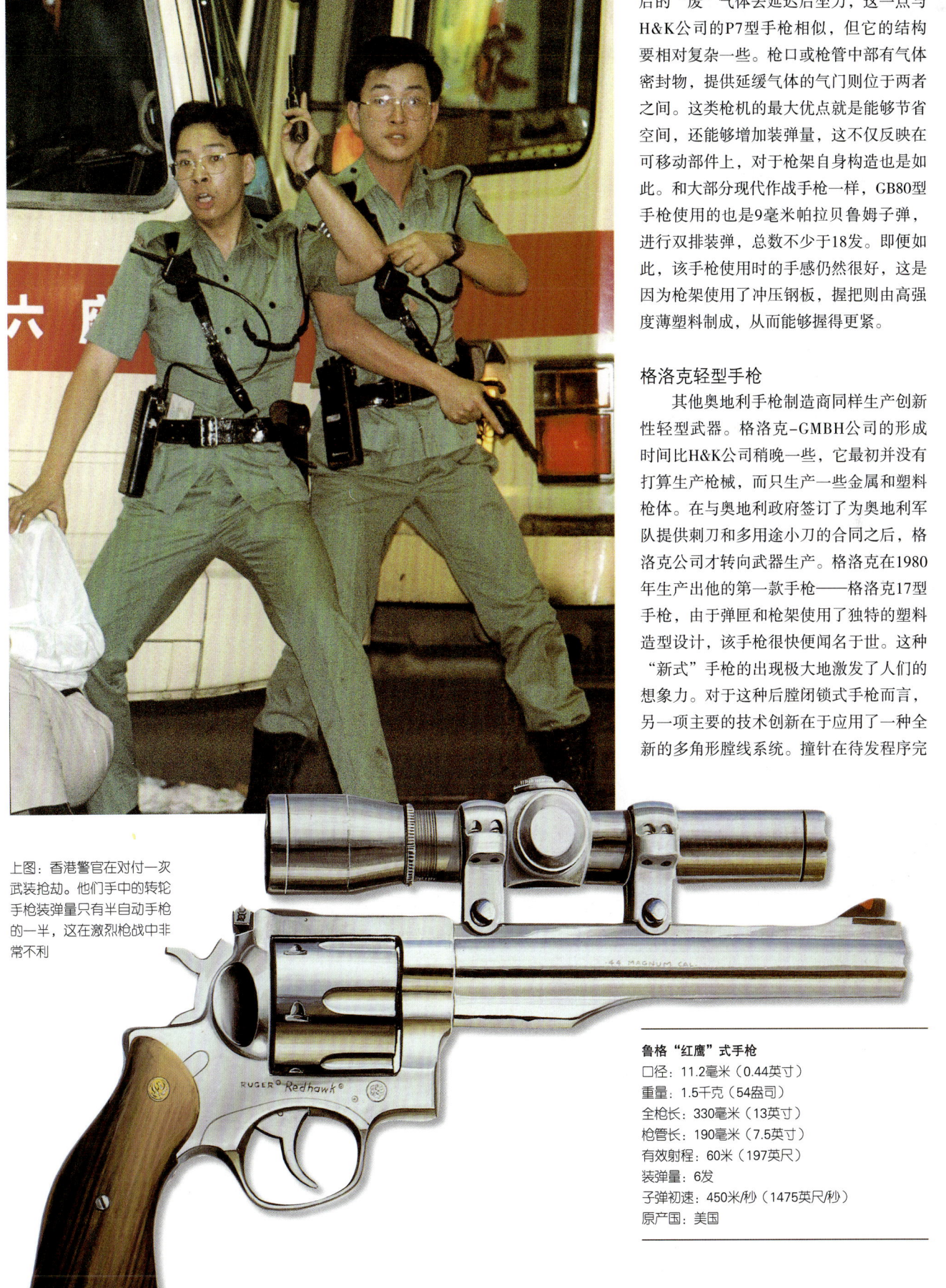

上图:香港警官在对付一次武装抢劫。他们手中的转轮手枪装弹量只有半自动手枪的一半,这在激烈枪战中非常不利

鲁格"红鹰"式手枪
口径:11.2毫米(0.44英寸)
重量:1.5千克(54盎司)
全枪长:330毫米(13英寸)
枪管长:190毫米(7.5英寸)
有效射程:60米(197英尺)
装弹量:6发
子弹初速:450米/秒(1475英尺/秒)
原产国:美国

成之后伸出，这就使得枪膛里的保险钮能够在撞针和子弹之间进行干预，撞针在扣动扳机时收回。对于所发射的每发子弹而言，推动扳机所用的力量都是相同的。格洛克17型手枪是一款极其优秀的手枪，不但被奥地利军队采用，挪威军队也紧随其后采用了该款手枪。1984年，北大西洋公约组织也同意装备该型手枪，使用9毫米子弹，同时也使用0.40英寸的S&W子弹、10毫米和0.45英寸ACP子弹。由于格洛克手枪价格偏低（性能好的手枪一般不会便宜），这就给人们带来了一定的误解，从而销售量不如同类的贝瑞塔、柯尔特或S&W手枪。

早在1915年，贝瑞塔就开始设计全自动手枪，后来不断地对该款手枪进行连续的、成功的改进，并过早地参加了第二次世界大战。事实证明，这是一种不太切合实际的愚蠢的做法。随着战争的结束，几乎濒临倒闭状态的贝瑞塔公司花费了很多时间和很大力气来进行恢复。在六年时间里，该公司生产出一种口径9毫米的新手枪原型，起初装填的是短子弹，后来改成帕拉贝鲁姆子弹。就这样，贝瑞塔公司逐渐开始振兴起来。

贝瑞塔手枪卷土重来

贝瑞塔的新手枪称为1951型，枪架由轻型合金制成。最初，该型手枪的子弹发射状况不是很好。经重新改进后，该型手枪于1957年以全钢枪架形式出现，枪机与沃尔特P38型手枪相似，闭锁动作依靠一个垂直楔形物和枪管上的两个凸榫来完成。当楔形物在后坐过程中碰到枪身上的枪头时，它们就会自动开锁。1935型手枪的新版本被称为70型手枪，其中既有小口径袖珍手枪也有比赛用手枪，枪管更长一些，而且更容易瞄准目标。80型手枪使用0.22英寸口径的短子弹，可用于快速射击。1982年，出现了1951型手枪的改进版92型手枪。随着技术的不断发展，制造使用轻型合金枪架的战斗口径手枪已成现实。由于重量的减轻，使得装弹量从8发增加到15发，但手枪本身基本没有发生任何改变。最后的92F型手枪重量为0.95千克，稍重于同时代的勃朗宁大威力手枪，但比柯尔特M1911 A1型手枪轻。在20世纪80年代中期的残酷的竞争中，贝瑞塔92型手枪成为标准的美国政府和军用随身武器，并用来代替M1911 A1型手枪。要想了解贝瑞塔手枪的成功程度，只需要看美国政府对该手枪的需求量即可：这种新手枪（指M9型手枪）的最初订单是315930支，在五年内交付，交付时间始于1987年1月。

早在1936年，贝瑞塔就在巴西建立了托雷斯分公司生产转轮手枪。该分公司不但在当地、甚至在北美都取得了极大的成功，到了20世纪80年代，该分公司越来越公开地宣称自己为贝瑞塔的美国分公司。该公司拥有大量工厂，其中也有贝瑞塔本人的一家工厂，美军92型手枪最初就是在这里组装的，后来改在这里进行生产。托雷斯公司继续生产转轮手枪，也生产一系列自动装填手枪，这些无疑都是贝瑞塔的手枪设计。其中PT58型手枪使用0.38英寸ACP子弹，PT92型和PT99型手枪使用9毫米帕拉贝鲁姆子弹，PT100型手枪则使用0.40英寸S&W子弹。

激烈的竞争

除贝瑞塔之外，欧洲其他著名的枪械制造商们也在为得到美国政府的合同进行着激烈竞争：H&K公司提出了P9S型和VP90型手枪两种方案，SIG-索尔公司提出P226型手枪，星公司提出了28型手枪方案，FN公司拿出了仍然大名鼎鼎的勃朗宁大威力手枪。在美国本土，参与竞争的产品有：柯尔特的不锈钢手枪以及进行了大幅度改进的双动勃朗宁手枪，后者有一个待发/击锤降下杆，能够将手枪由双动转变成单动方式，它实际上是SIG-索尔P220型手枪的另一种叫法。S&W公司的459型手枪也参与了竞争，它是1974年出现的装弹量14发的59型手枪的翻版，是该公司进入战斗口径自动装填手枪市场的第一种正规产品。此外，被许多人认为是上等货的鲁格P85型手枪，在制造商推断该手枪项目仍需大力发展之后，并没有参与竞标活动。

S&W公司的手枪

在半自动手枪的商业领域内，S&W 459型手枪只不过是美国、同时也许是世界上最重要的手枪制造公司S&W公司所生产的众多手枪中的一员而已。除了范围广泛的转轮手枪之外，该公司在斯普林菲尔德还有一大批半自动手枪，其中最小的是2214型手枪，使用8发0.22英寸口径LR子

格洛克20型手枪
口径：10毫米（0.45英寸）
重量：0.78千克（27.5盎司）
全枪长：193毫米（7.6英寸）
枪管长：117毫米（4.6英寸）
有效射程：40米（131英尺）
装弹量：15发
子弹初速：360米/秒（1097英尺/秒）
原产国：奥地利

沃尔特P4型手枪

口径：9毫米（0.35英寸）
重量：0.772千克（27盎司）
全枪长：218毫米（8.6英寸）
枪管长：124毫米（4.9英寸）
有效射程：40米（131英尺）
装弹量：8发
子弹初速：395米/秒（1300英尺/秒）
原产国：德国

H&K P7型手枪

口径：9毫米（0.35英寸）
重量：0.8千克（28.2盎司）
全枪长：171毫米（6.75英寸）
枪管长：105毫米（4.13英寸）
有效射程：40米（131英尺）
装弹量：13发
子弹初速：395米/秒（1300英尺/秒）
原产国：德国

柯尔特-派索恩手枪

口径：9.1毫米（0.357英寸）
重量：1.08千克（38盎司）到1.2千克（42盎司）
全枪长：235毫米（9.25英寸）到337毫米（13.25英寸）
枪管长：102毫米（4英寸）到204毫米（8英寸）
有效射程：50米（164英尺）
装弹量：6发
子弹初速：455米/秒（1500英尺/秒）
原产国：美国

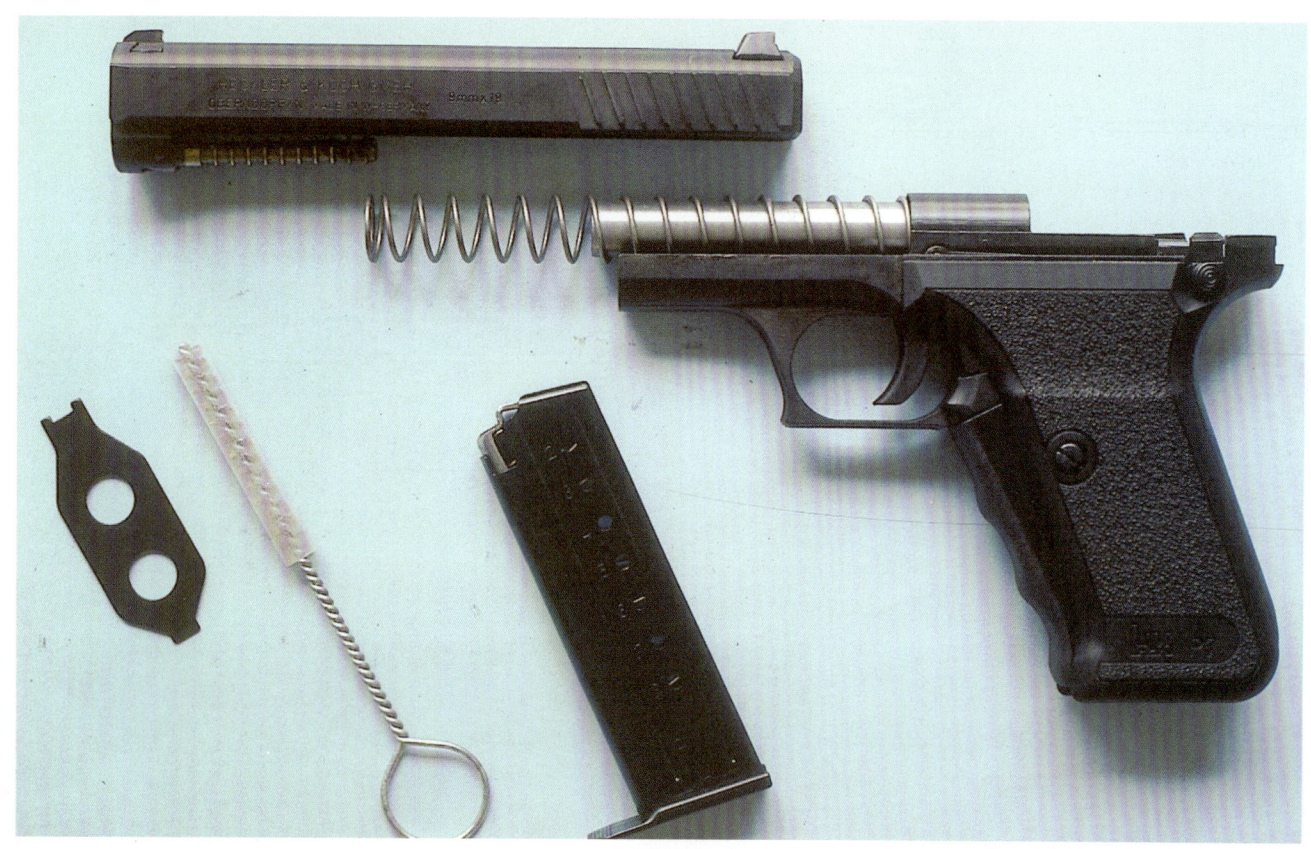

上图：这是一款9毫米口径的H&K P9型手枪。它有一个独特的发射机械结构：枪托前面有一个可移动的握把，随着手枪的举起，手压住握把以扣动扳机

弹，铝制枪架和钢制套筒，全长仅为150毫米，重0.5千克。后来，又出现了一系列9毫米、0.40英寸以及10毫米口径的手枪，一直到使用0.45英寸口径ACP子弹的4506型手枪。单单就4506型手枪来说，就有许多存在轻微差别的改型枪，它们在基本材料、枪管长度、装弹量、单动或双动模式的选择上存在着差别。S&W公司也生产出一系列自动装填式比赛用手枪，使用0.22英寸LR子弹和0.38英寸特殊子弹。

和自卫用手枪。它甚至开始生产一种聚合物枪身的全美2000 DA型手枪，口径9毫米，装弹15发，重量不到0.85千克。其他大多数款式的手枪口径也为9毫米，但也有0.38英寸、10毫米和0.45英寸口径的手枪。

尽管这些手枪在市场上占有一席之地，并且有着良好的口碑，但美国庞大的手枪制造商们不得不抵制一些来自小公司的竞争，这些小公司通常只生产一种或两种款式的手枪。可以把它们分成三种主要类型：第一种生产用作自卫武器的价格便宜的手枪；第二种是生产昂贵的手工装饰的古典手枪；第三种生产自行设计的样式古怪的手枪。这些手枪的装弹量通常很大，比如口径9毫米的M950型手枪，可以选择50或100发装螺旋状弹匣。这些手枪与冲锋枪有着明显的相似之处，不管那些手枪制造商如何声明，他们最初的设计目的就是为了恐吓对方或给对方留下深刻的

柯尔特2000 DA型手枪

S&W公司的最大竞争者——柯尔特公司，在美国半自动手枪市场上占有多年的统治地位，虽然其产品没有特别多的式样，却有着150年的历史。在接下来的15年时间里，柯尔特公司开始稳步生产战斗

沃尔特P5型手枪
口径：9毫米（0.35英寸）或7.65毫米（0.30英寸）
重量：0.795千克（28.04盎司）
全枪长：180毫米（7.08英寸）
枪管长：90毫米（3.54英寸）
有效射程：40米（131英尺）
装弹量：8发
子弹初速：395米/秒（1300英尺/秒）
原产国：德国

SIG P226
口径：9毫米（0.35英寸）
重量：0.75千克（26.5盎司）
全枪长：196毫米（7.7英寸）
枪管长：112毫米（4.4英寸）
有效射程：40米（131英尺）
装弹量：15或20发
子弹初速：395米/秒（1300英尺/秒）
原产国：德国

SIG P225
口径：9毫米（0.35英寸）
重量：0.75千克（26.5盎司）
全枪长：180毫米（7.08英寸）
枪管长：98毫米（3.85英寸）
有效射程：40米（131英尺）
装弹量：8发
子弹初速：395米/秒（1300英尺/秒）
原产国：德国

印象。它们只适合称呼为手枪，因为无法将其归类到一个更恰当的类别当中，其中的大部分都有一个位于枪管下部的前握把（但乌兹手枪例外），并可用两只手同时握住手枪。

同样，美国手枪生产商也面临着国外生产商的激烈的竞争压力，尤其面临来自远东的生产商的压力。在20世纪80年代，自动装填式手枪在韩国、菲律宾和中国台湾等地生产出来了。随着苏联解体和东欧剧变，更多的手枪生产商加入到国际轻武器市场之中，其中主要是捷克生产的CZ系列手枪，以及南斯拉夫仿制的捷克手枪（9毫米口径）。这些手枪通常价格便宜，制作工艺也很好，几乎可与苏联的马卡洛夫手枪相媲美。众所周知，马卡洛夫手枪主要归功于沃尔特PP手枪的设计，但马卡洛夫手枪具有自己独特的9毫米俄罗斯子弹。其他一些苏联手枪，也以9毫米口径出现，但使用一种威力更大的子弹设计，能在50米内穿透大多数的防弹衣。所有那些想得到美国政府合同的手枪都有着一个共同点，那就是它们的口径——都使用口径9毫米的帕拉贝鲁姆子弹，该子弹为北约标准子弹，美军编号为M1882型子弹。然而，许多专家开始对这种军用子弹的功效提出了质疑，这是因为越来越多的目标能够得到较轻防弹衣的保护，9毫米子弹是不能穿透的。

FN公司的5-7型手枪

FN公司生产出7.62毫米步枪子弹，后来又发展出军用5.56毫米的子弹，该子弹由商用0.223英寸子弹转变而来。紧接着，该公司宣布将生产口径更小的5.7毫米子弹，即所谓的SS190型子弹，并且将生产P90型冲锋枪和5-7型手枪。其中，P90型冲锋枪在1990年首次与公众见面，两三年

贝瑞塔81型手枪
口径：7.65毫米（0.30英寸）
重量：0.67千克（23.6盎司）
全枪长：172毫米（6.77英寸）
枪管长：97毫米（3.82英寸）
有效射程：40米（131英尺）
装弹量：12发
子弹初速：300米/秒（984英尺/秒）
原产国：意大利

CZ 75型手枪
口径：9毫米（0.35英寸）
重量：0.98千克（34.6盎司）
全枪长：203毫米（8英寸）
枪管长：120毫米（4.7英寸）
有效射程：40米（131英尺）
装弹量：15发
子弹初速：350米/秒（1150英尺/秒）
原产国：捷克斯洛伐克

格洛克17型手枪
口径：9毫米（0.35英寸）
重量：0.62千克（21.9盎司）
全枪长：188毫米（7.4英寸）
枪管长：114毫米（4.5英寸）
有效射程：40米（131英尺）
装弹量：17发
子弹初速：360米/秒（1097英尺/秒）
原产国：奥地利

柯尔特0.38英寸口径特种侦探型手枪

口径：9.6毫米（0.38英寸）
重量：0.59千克（21盎司）
全枪长：171毫米（6.75英寸）
枪管长：54毫米（2.13英寸）
有效射程：30米（98英尺）
装弹量：6发
子弹初速：213米/秒（700英尺/秒）
原产国：美国

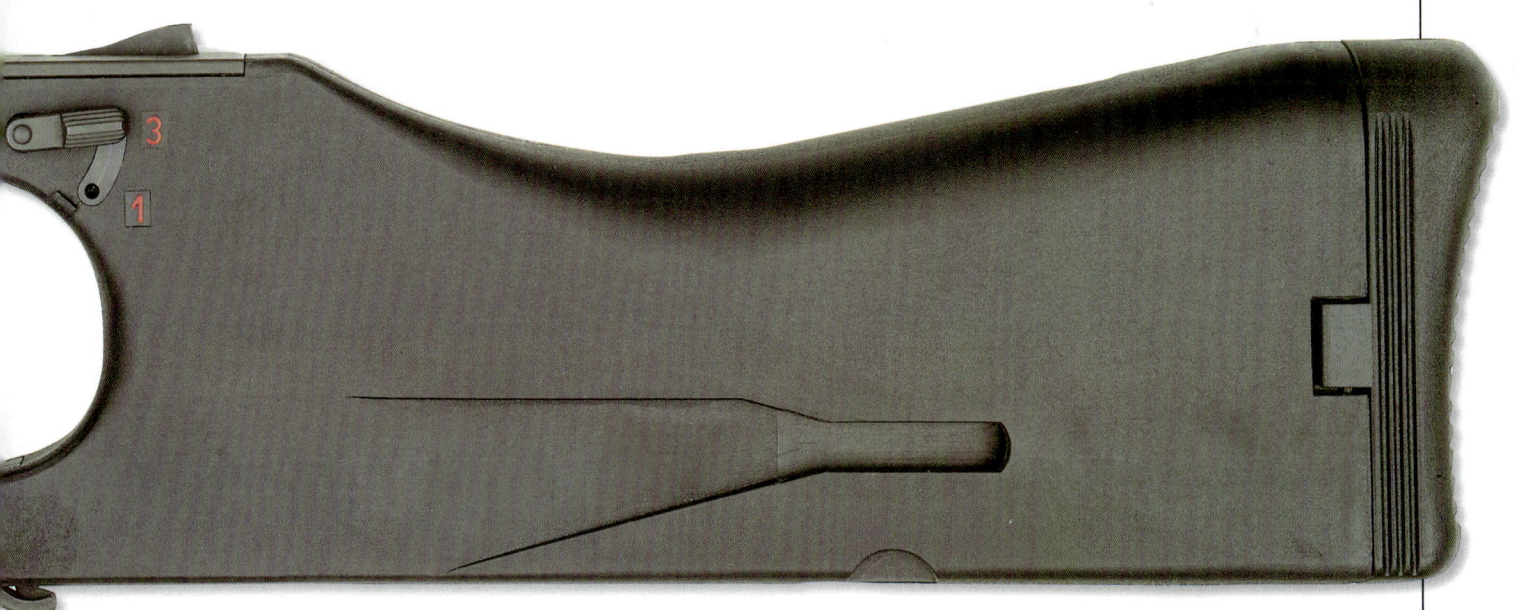

上图：9毫米口径的H&K VP-70型手枪。这种武器能进行3发点射，有一个可容纳18发子弹的弹匣。然而正由于这一原因，握把显得有点笨重

上图：在1991年海湾战争中，一位美国海军陆战队员用他的贝瑞塔92型手枪进行射击。这种型号的军用手枪后来被92FS型手枪所代替，只是将击锤轴前稍微延展一些

上图：在1991年海湾战争中，美国海军海豹小队进行舰上操练。使用的手枪是贝瑞塔92F型，该手枪美军编号为9毫米M9型手枪

后投入限量生产。而新型手枪则在1996年初次展示，计划在世纪之交前投入生产。这两种枪支设计使用的子弹穿透力极强，可在200米开外穿透所有的高速移动防弹衣，子弹初速将近762米/秒，是9毫米子弹初速的两倍多。就像SS109型5.56毫米子弹一样，新型子弹对目标的损毁能力更强。由于该型子弹实际上比9毫米子弹稍微小些，所以普通尺寸的手枪弹膛能够装填更多的子弹。FN公司的5-7型手枪，全长只有200多毫米，净重0.6千克——比格洛克17型手枪还轻一点——能装20发子弹。

在20世纪30年代，重型枪架转轮手枪所使用的马格南子弹的名气大增，自动装填手枪于是也开始使用这种子弹。其中最著名的可能是在美国设计、在以色列生产的"沙漠之鹰"自动装填手枪，但它并不是第一支自动装填手枪，第一支自动装填手枪的荣誉落在了哈里森·福德设计的MAG自动手枪上，该手枪最早出现于1968年，使用0.44毫米马格南子弹。AMT公司获得该手枪的生产权，后来又成功地生产并销售了一系列0.22英寸到0.45英寸口径的传统的半自动手枪，但从这些手枪身上已经很难找到MAG自动手枪的原貌了。最近，其他一些相对较小的美国制造商开始生产以勃朗宁设计为基础的标准手枪，采用后坐枪机和后膛闭锁系统，使用从0.357英寸到0.45英寸口径的马格南子弹。同样，还有能够发射0.30英寸子弹的手枪。

怀尔德自动手枪

另一种使用马格南子弹的自动装填手枪是怀尔德全自动手枪，该手枪由怀尔德·摩尔在20世纪70年代中期从一款瑞典人的设计中发展而来。20年后，尽管其制造工艺在此过程中发生了很多变化，但该手枪仍在进行生产。怀尔德重型手枪有一系列口径可供选择，其中有些口径是世界上独一无二的，比如10毫米和11毫米怀尔德手枪，一直到后来设计的0.45英寸口径等。怀尔德全自动手枪和以色列"沙漠之

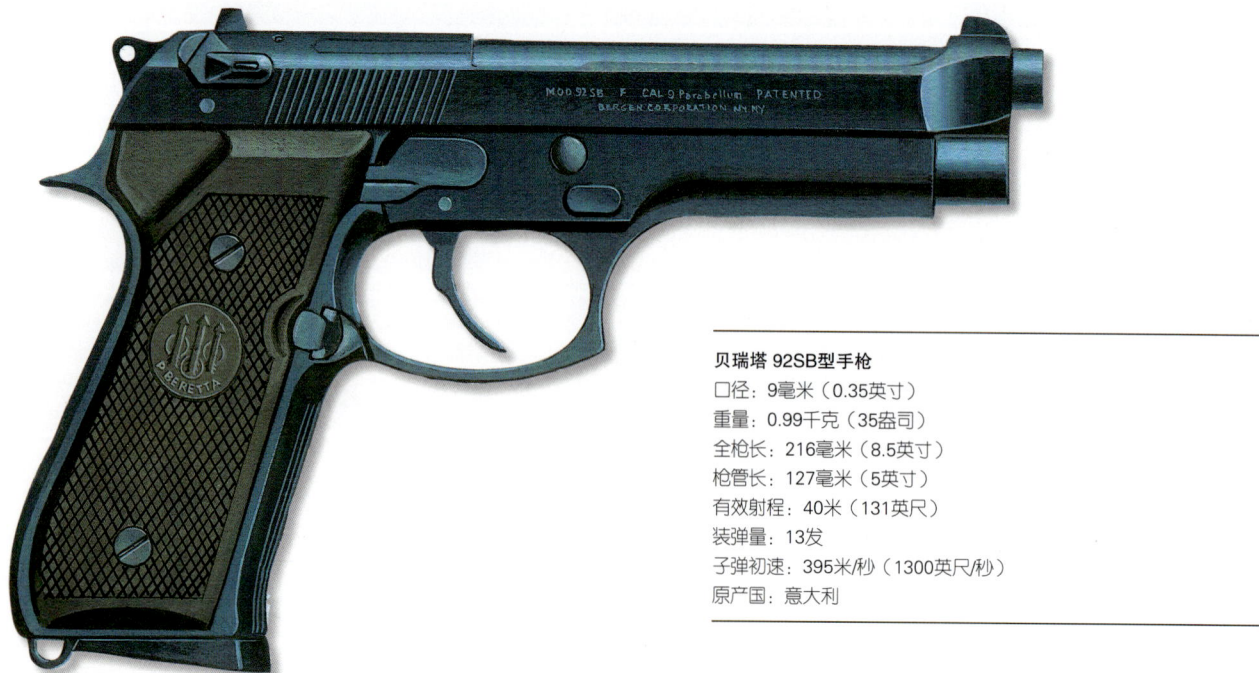

贝瑞塔 92SB型手枪
口径：9毫米（0.35英寸）
重量：0.99千克（35盎司）
全枪长：216毫米（8.5英寸）
枪管长：127毫米（5英寸）
有效射程：40米（131英尺）
装弹量：13发
子弹初速：395米/秒（1300英尺/秒）
原产国：意大利

"鹰"全自动手枪还有一个重要的共同特征:都是气动操作,有一个配置三个凸榫的旋转枪栓。怀尔德和以色列"沙漠之鹰"全自动手枪开辟了手枪发展的新局面,因为这些手枪实际上是气动式操作。就技术而言,与其他半自动手枪相比,这两种手枪更接近现代自动装弹式步枪和机枪。

"沙漠之鹰"可以分别发射0.357英寸、0.41英寸、0.44英寸和0.50英寸口径的马格南子弹,一部分推进气体通过弹膛前面的气门进入枪管下部的弹膛里,在这里通过活塞面上的压力把套筒移到后面,在此过程中枪栓打开,废弹壳抛射出来。随着活塞压力(减少)和复进簧的压力(增加)而形成平衡,套筒方向改变,一颗新子弹重新装填到弹膛里,枪栓和枪管重新锁定到待发状态。"沙漠之鹰"手枪取得了一般性的商业成功,以色列军工公司(IMI)还生产出一系列携带更方便的战斗口径自动装弹式手枪,即杰利科941型手枪,该型手枪有五种不同改型,有三种口径子弹可供使用(9毫米帕拉贝鲁姆子弹、0.40英寸S&W子弹以及0.41英寸子弹),并且以一种勃朗宁设计为基础。此外,IMI公司还曾以微型乌兹冲锋枪为基础生产出一款高装弹量的半自动手枪。

如果军事理论家们开始认为9毫米帕拉贝鲁姆子弹有缺点的话,就会引起那些民事用户,特别是警察们对这种纯金属子弹的穿透力的担忧。起先,这种硬被覆层子弹的性能良好,在平民中很有名气,它甚至可以在穿透目标后击中别的东西。这样一来,人们就要求改变子弹头装置,从而改变子弹冲力,把子弹留在所打击的目标中,这样就不会误击其他目标。最终,新改进的子弹弹头采用了软被覆层,仍然能够打穿一些相对较薄的卡车钢板、木塞和玻璃。这些"新"子弹在20世纪80年代末期进入大众视野之中。

大约从1975年开始,出现了一种倾向,那就是使用空尖弹头进行执法。在此情况下,一些子弹生产商迅速采取措施来抢占这一市场,并以冶金和动力学技术为基础生产新的手枪产品。温切斯特公司就是一个很好的例子,该公司当时只是子弹生产商奥林公司的一个分部。发展令人满意的JSP子弹的第一步就是发展银弹头,

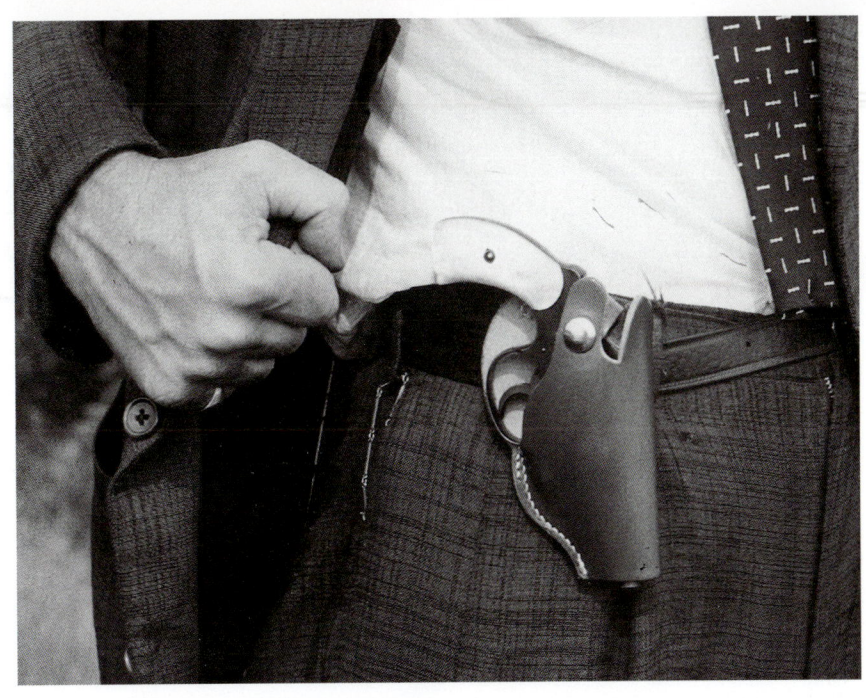

上图:20世纪60年代,一名纽约侦探在炫耀他的柯尔特转轮手枪。该手枪可能是一种警用型。由于这是第一支枪架小、外置弹膛式转轮手枪,而且能够发射威力强大的子弹,所以很快就成为一种深受欢迎的警用型手枪。已生产出了75万多支

该弹头中有一个逐渐变小的洞,子弹外面用铝包围。从外形上看,银弹头和商业性JSP子弹看上去与其他弹头非常相像。这里有一个必需的条件就是,手枪使用者必须掌握如何正确地向自动装填手枪里装填子弹。

不断增强的阻止能力

对这种子弹的测试通常是把它们发射到军械测试白明胶上,这种白明胶是从动物组织结构中提取出来的一种透明物质,这样就可以清晰地分辨出每发子弹穿透动物组织结构时的路径、所产生的破裂以及内部损害情况。通过现代高速摄影方法,子弹技术专家可以追溯子弹通过白明胶的每一步骤,并能够确切地判定子弹在穿透测试障碍物到达其他物体之间时,是怎么起反应并改变其飞行模式的。通常用一颗战斗口径子弹在300~450毫米之间的距离进行测试。这种摄影方法,非常轻松地显示出JSP子弹如何膨胀、子弹孔洞是V形还是Y形的。

"黑色魔爪"子弹

从理论上讲,那些特别致命的子弹一开始就应该只出售给执法部门,但温切斯特公司却将其制成用于"防卫和打猎目的"的公用子弹,一名辩护者对此解释道:"毕竟平民遇到的罪犯要比警察遇到的多得多。"正是在这种情况下,"黑色魔爪"子弹应运而生了。对此,美国国会一位知名议员如是评价道:这是一种"设计用来划破你的肠子的子弹"。在强大的攻击和压力下,该公司在1993年11月停止销售该型子弹,但仍然坚持认为,是否发展这种子弹将由公开的市场来决定,但作为对执法部门的答复,该公司决定首先只是发展。最终,这种名称为"游骑兵"的SXT子弹只用来出售给执法部门,而一种名为SXT"下爪"的改型子弹才供公众使用。

很显然,JSP子弹的发展对手枪设计并没有起到多大用处。事实上,子弹制造商很少与枪械制造商相互交流,但马格南子弹的发展却是另外一种不同情况。我们可以将此事作为一件孤立的事情去看待。参与者也没有尝试着如何去减少不同口径

S&W 29.44型马格南手枪
口径：11.2毫米（0.44英寸）
重量：1.33千克（47盎司）
全枪长：302毫米（11.88英寸）
枪管长：165毫米（6.5英寸）
有效射程：50米（164英尺）
装弹量：6发
子弹初速：450米/秒（1476英尺/秒）
原产国：美国

S&W 459型手枪
口径：9毫米（0.35英寸）
重量：0.735千克（26盎司）
全枪长：175毫米（6.89英寸）
枪管长：89毫米（3.5英寸）
有效射程：40米（131英尺）
装弹量：14发
子弹初速：395米/秒（1300英尺/秒）
原产国：美国

马卡洛夫手枪
口径：9毫米（0.35英寸）
重量：0.66千克（23盎司）
全枪长：160毫米（6.3英寸）
枪管长：93毫米（3.66英寸）
有效射程：40米（131英尺）
装弹量：8发
子弹初速：315米/秒（1033英尺/秒）
原产国：苏联

PSM手枪
- 口径：5.45毫米（0.22英寸）
- 重量：0.46千克（16盎司）
- 全枪长：160毫米（6.26英寸）
- 枪管长：85毫米（3.34英寸）
- 有效射程：40米（131英尺）
- 装弹量：8发
- 子弹初速：292米/秒（960英尺/秒）
- 原产国：苏联

卡利克M-950型手枪
- 口径：9毫米（0.35英寸）
- 重量：1千克（35.3盎司）
- 全枪长：365毫米（14英寸）
- 枪管长：152毫米（6英寸）
- 有效射程：60米（197英尺）
- 装弹量：50发或100发
- 子弹初速：393米/秒（1290英尺/秒）
- 原产国：美国

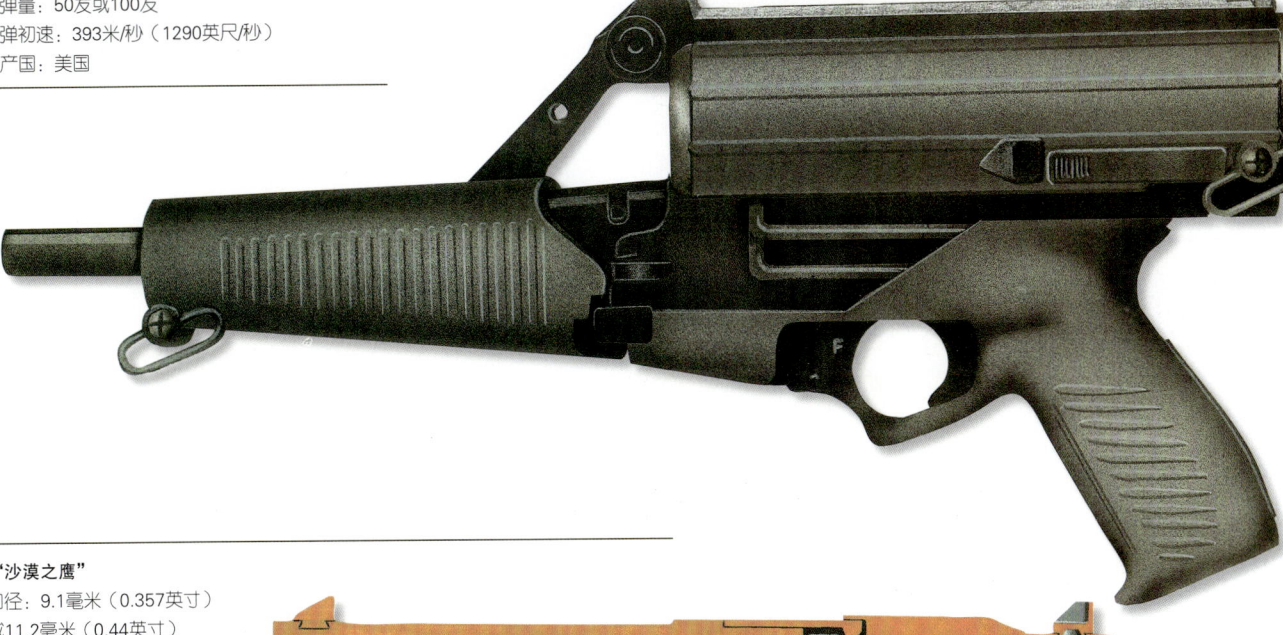

"沙漠之鹰"
- 口径：9.1毫米（0.357英寸）或11.2毫米（0.44英寸）
- 重量：1.76千克（62.1盎司）
- 全枪长：260毫米（10.25英寸）
- 枪管长：152毫米（5.98英寸）
- 有效射程：50米（164英尺）
- 装弹量：7或9发
- 子弹初速：455米/秒（1493英尺/秒）
- 原产国：以色列

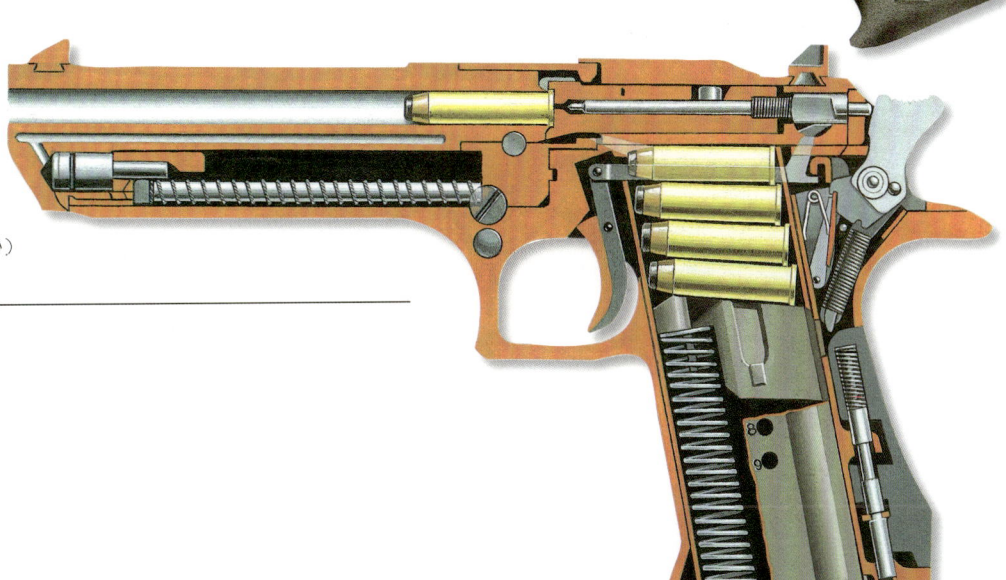

MBA格雷杰特手枪
口径：13毫米（0.51英寸）
重量：0.98千克（34.5盎司）
全枪长：234毫米（9.2英寸）
枪管长：127毫米（5英寸）
有效射程：50米（164英尺）
装弹量：6发
子弹初速：274米/秒（900英尺/秒）
原产国：美国

及子弹外形，但这样一来，制造商所能做的只有增加各自的产品数量及种类，这就给子弹产业带来很大的混乱和麻烦。目前，我们可以列举出85种可供手枪使用的普通子弹，有30种不同的口径和尺寸。对于步枪来说，可选用的子弹就更多了。当然，缺乏相互合作的情况并非总是如此，在早期这种情况更多见一些。

格雷杰特手枪

无论是法国还是俄罗斯政府，企图发展出一种新口径弹药的市场的想法是不切实际的。在枪械发展史上，主流口径弹药的产生大部分由于偶然因素，而且往往具有很强大的生命力。即使偶尔出现一种新口径子弹，其唯一功能只不过是增加了可使用弹药的数量，根本无法确立一种新的、广泛应用且被大众接受的标准。事实上，倘若想改变某一种事物的现状，必须能够在技术上做到与旧事物的彻底的、革命性的决裂，但这一点看起来更加不可能。

在20世纪60年代，人们曾经尝试在轻武器领域内应用一项新的技术。曾经有两个美国人——罗伯特曼·哈特和阿尔特·贝尔荷——确信传统子弹及发射这种子弹的手枪已经达到了发展极限，在此情况下便生产出了MBA 格雷杰特式手枪。它看起来颇像传统的自动装填手枪，但实际上是一个小型的火箭发射器，"子弹"口径13毫米，全长38毫米，由两部分组成：一个固体弹头和一个容纳装药的管状弹体。但是，这种手枪射击既不准确，火力也不强大，于是该项目就半途而废了。就技术而言，格雷杰特手枪的原理实际上与第二次世界大战以来一直使用的轻型反坦克火箭弹没有什么两样，但就是不明白为什么不能成功应用于手枪之上。然而，对许多普通人来说，他们关注的真正问题是：既然传统子弹的使用效果如此之好，为什么还要终止使用？

唯一令人满意的答案就是："传统"手枪已经到达其发展周期的末期，除非能够找到其他解决弹壳问题的方法，或者至少对子弹装药进行根本性改进，才能够省去在新子弹上膛之前退膛及抛出废弹壳的麻烦。基于上述情况，发展一种三角形或四边形（横截面）的无壳弹就成为一种趋势，这种新型子弹所占用的弹匣空间应当更小，液体装药应当更易于贮藏。同时，只要符合空气动力学原理，这种子弹不但可以装填固体装药，还可以装填液体装药，其外形和横截面应当能够根据需要随意更改。为适应这种无壳弹，手枪还需要发展出一种四边形或三角形（横截面）的枪管。然而，在研制无壳弹的过程中，设计人员却遇到了一个非常棘手的问题：弹壳不仅仅是一个装填装药的容器，其作用也不仅仅局限于将装药和子弹头结合在一起，它更是一个非常必要的导热体，能够将枪体自身多余的热量散发出去。事实上，正是由于设计人员没有能力处理好该问题，导致许多"无壳弹"轻武器项目纷纷中途而废。当然，通过弹壳散热对于手枪而言并非一个问题。但在其他轻武器解决弹壳散热这一问题之前，尤其在一种能够兼容通用的弹药尚未问世之前，我们没有必要将手枪也带入这一复杂混乱的环境。

可有好的前景？

随着20世纪的结束，手枪作为军事武器的日子看起来似乎所剩无几了！其实，我们应该牢牢记住，早在150多年前，英国威灵顿公爵本人就曾表达过一种同样的观点。退而言之，手枪即便作为一种非军事武器，其真正用途即便不像战场上那样进行殊死搏杀，但当社会资源逐渐枯竭、社会秩序日益弱化的时候，人类则完全有可能用手枪来伤害、残害甚至杀害自己的同类，而且这种冲动会越来越强烈，越来越不可遏止。鉴于以上两种情况，我们或许能够找到一种完全禁止手枪生产的绝佳理由，我们的做法尽管在某些圈子里可能不受欢迎，但我们必须无怨无悔无畏地走下去。

在现实生活中，我们无法将行为的目的与对象彻底分开。人类发明枪支是为了伤人或者杀人，除此之外并没有其他任何真正的目的。况且，一旦枪支落到坏人手中的话，就更可能为实现这一目的而到处被滥用。同样，倘若将手枪作为捕猎工

上图：FN枪械家族的最新成员——5.7毫米口径的5-7型手枪。它的子弹能穿透48层的凯威拉装甲以及现有全部类型的防弹衣

左图：勃朗宁大威力弹膛轴位于射手的手枪下方。射击时，可以减小枪口的转动。保险阻铁位置适当，需要解除保险时，大拇指会自动落在击发位置

具，它的实用价值实在微不足道。事实上，手枪除了伤害或者杀戮我们的同类之外，其实并没有其他用途。完全可以说，在经过长达500余年的发展之后，那些所谓最精良的手枪充其量不过是人类工程技术的一个浓缩品，这是一个不争的事实，即便这些手枪身上能够体现出其早期发展阶段的精美工艺，但也无法改变其作为杀人工具的本质。

均衡器

正如我们所知道的那样，19世纪的世界正处于工业化的快速上升之中，大都市已经建立起来，有些地方甚至一度陷入无政府主义状态。因此，当法律和秩序的力量不复存在时，人们手中的活生生的手枪被推崇为伟大的均衡器，它们不但可以被不法之徒理所当然地拿在手里，而且那些具有良好品质的公民同样也可以拥有它。历史发展到了今天，轮船、蒸汽火车、电报等曾经为人类文明作出贡献的事物都已不复存在，而手枪——这个在数个世纪前就应该进入博物馆的东西——如今却依然与我们共存。我们或光明正大、或鬼鬼祟祟地将其放在车里或带在身上，或把它们传递给家人。可以说，无论对于良善还是对于邪恶，手枪的致命杀伤力在电影上、电视里、报纸上，每天都能生动地得到验证。同样，无论是在真正的生活里，还是在无所不在的传媒中，手枪仍然是一种强大力量的象征。

第二部：步枪

单兵使用的轻武器，首先在中世纪的战场上投入作战使用，此后不久，它们就成为步兵装备使用的最重要武器。早期的滑膛武器仅仅能够在近距离战斗中发挥作用，因此，为了寻求能够在更远距离发挥更有效作用的武器，各国的枪械师开始研究如何使子弹在飞行过程中保持稳定的方法。本书第二部分将向大家介绍18世纪到现代社会的漫长发展过程中出现的所有独一无二、具有革命性意义的步枪设计。

我们首先介绍18世纪具有传奇色彩的步枪，如著名的肯塔基步枪；之后开始研究英国极有实用价值的贝克式步枪以及法国推出的使用革命性膨胀性子弹的"小型"步枪；随后黄铜子弹和后膛枪问世，因此，又将向大家介绍如"天窗"斯普林菲尔德式、施耐德式以及马蒂尼–亨利式等单发式武器以及如亨利式、温切斯特式以及斯宾塞式下操纵杆控制的连发步枪。此外还向大家介绍由毛瑟、曼利彻推出的枪栓式武器。随着斯普林菲尔德1903型、李–恩菲尔德SMLE、No.4以及Kar98K型步枪的问世，枪栓式步枪的发展进入高潮；还向大家介绍同时可以用于比赛以及打猎的现代半自动步枪、运动步枪以及专业狙击步枪的特点。

我们还参照各种步枪的发展过程、设计特点以及作战历史，对它们进行全面的介绍。书中还对每种枪型推出之时其竞争制造商以及同时期其他国家推出的各种枪型进行了对比。除了内容翔实之外，提供了大量工艺图（包括许多详细的剖面图，读者可以据此认识各种武器的内在构造）、彩色与黑白照片，真实地再现历史上无数军用步枪和运动步枪的特点。除此之外，每幅工艺图还附有每种武器详细的规格说明，介绍对应枪型的种种性能，包括射程、子弹初速等。

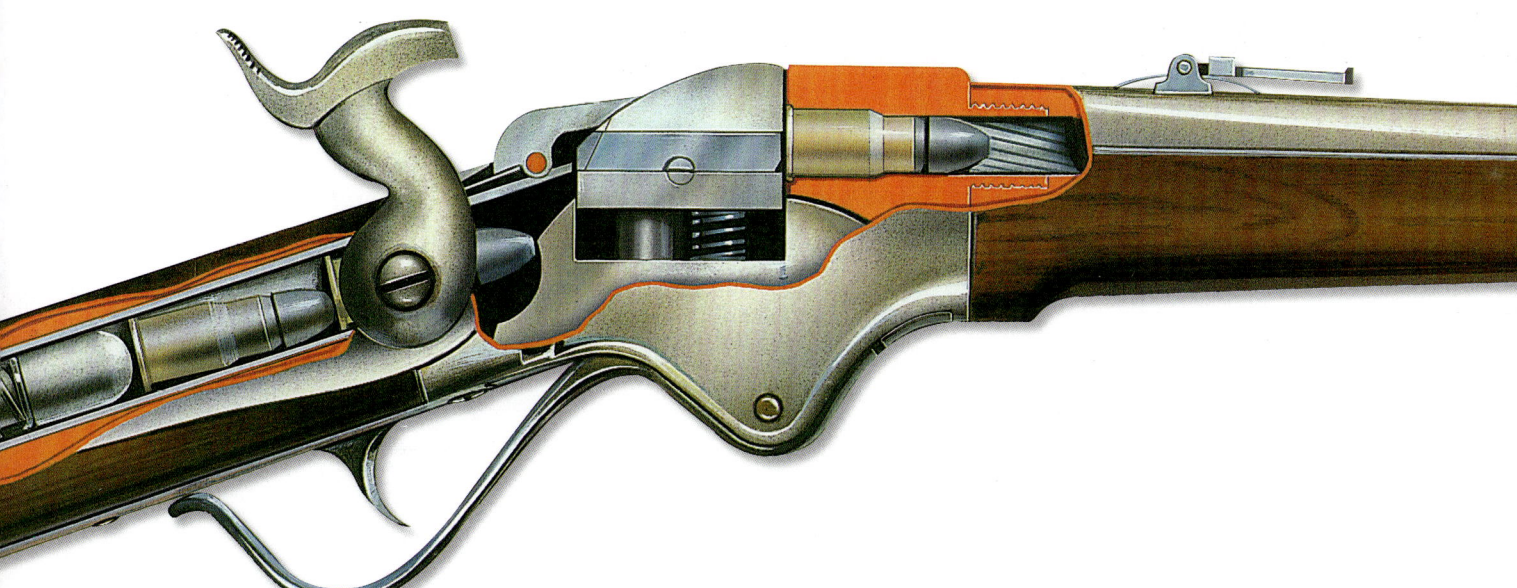

6 从前装枪到黄铜子弹

在当时的战斗中使用枪除非是发动近距离攻击，否则，如果一支枪不能实施直线射击，那将毫无用处。在多年的发展过程中，枪械的攻击高精度一直是制造商们孜孜以求的重中之重。当然，如果希望子弹在出膛之后具备极高的射击精度，首要也是最为重要的一环便是使子弹自转，在飞行过程中保持平衡。

自然法则

发射出膛后的子弹，在飞行过程中主要受到四种力的作用。其中，最主要的力是推进燃料迅速燃烧、促使气体急速膨胀时所产生的力，它驱动子弹沿枪管轴线延线的轨道上飞行。然而，随着子弹脱离枪管的保护范围之后，其他作用力开始发挥作用，而且这些力对子弹的飞行过程均产生负面影响，容易使子弹的飞行方向偏离枪管所在的直线。

子弹飞行过程中，最主要的误差来自地球的重力作用。同作用于其他所有物体上一样，地心引力作用于子弹，使子弹以大于每秒9.75米的加速度垂直降落，直至水平飞行速度为零或落在地面上。重力因素至少在力量与方向上是守恒的，这就意味着我们可以通过瞄准时将枪口的高度提升，弥补重力作用使子弹飞行过程中所出现的误差。此外，通过提高子弹的飞行速度，使其在射击的飞行过程中减速的时间段缩短，我们也可以将误差降到最低值。空气阻力也是对子弹飞行产生影响的因素之一，它能够降低子弹的飞行速度，使重力作用的时间更长。我们可以将空气产生的阻力视为一个恒量，因为在子弹的飞行过程中，空气阻力几乎不发生变化。因此，事实上作为一种独立作用的力，可以将空气阻力对子弹的作用忽略不计，只不过当有些人士分析射程高达数十公里、子弹飞行时间高达数十秒的大型枪支的性能时，必须将空气阻力对子弹飞行产生的影响考虑在内。

其次，在子弹飞行时，如果存在一定方向的风，对子弹产生侧压作用，极有可能使子弹偏离其应有的飞行路线。在这种情况下，除了枪手凭经验将瞄准点以一定程度偏离之外，没有任何令人满意的方法来弥补因风力影响所造成的偏差，这是因为风力的大小每秒钟（如果不是更快）都在发生变化，通过机械装置的调整几乎毫无用处。当然，高速子弹受到的影响相对较小。

第三，这是最重要的因素。子弹飞行过程中有一种趋势，这就是力图使其最重、最密实的部分旋转到最前端。正因为如此，这里又出现了一个不同的问题，即子弹在制造过程中，必然有不同的杂质成分和尺寸偏差，必然使每发子弹的几何中心与重心无法处于同一位置。子弹飞行时，两个中心彼此以对方为中心发生移动，使子弹在旋转时发生晃动，产生的飞行方向偏差将是随机的。令人欣慰的是，应付这种情况有一种简便有效的解决方法：让子弹以其飞行路线为轴心旋转，造成一种像陀螺仪一样的人为均衡，这样就可以使子弹在飞行过程中保持平衡。

让子弹旋转

早在枪炮发明以前，弓箭手们就通过设定一定的箭矢飞行角度，让箭杆绕其轴心线自转，以解决箭在飞行时方向不稳定的问题。我们可以设想，在此不久之后，一个喜欢刨根问底的军械工人也决定玩同样的把戏，让子弹在脱离枪管之前先旋转起来。

军械工人在整个枪管内刻上连续的平行螺旋槽，然后又铸造出体积稍大的弹壳，作为装填火药的容器，这样子弹就被螺旋槽间隆起的肋拱或棱面紧紧扣住。经过这一系列工作，军械工人达到了上述目的。实验结果肯定还超出了他最乐观的期望，因为新式步枪不仅精确度要比"老式"滑膛枪高出许多，而且子弹与枪管更加密合，弹壳中更多的推进气体得到了更为充分的利用。当然，子弹与枪管的密合还意味着子弹在枪管中不会上下振动或弹起，而这也是促使精确度提高的决定性因素。

据估计，在射击子弹时所释放的能量中，仅有15%的能量驱动子弹旋转，而枪管与子弹的摩擦另外消耗30%。总之，20%~30%的能量用来推进子弹，30%转化为枪管中的热量，40%的能量在子弹离开枪口时因气体急速膨胀而释放。

由于历史上并无枪支发展过程中名称、日期与地点的清楚记载，因此，我们必须对此历史进行猜想。但是，有一点可以肯定，那就是改装步枪大约发生在15世纪末，因为那时存在的火器直到今天还存在，而神圣罗马帝国皇帝马克西米利安曾佩带过有膛线的火器；我们还能够猜出地点是在中欧，可能是德国或波希米亚（纽伦堡、维也纳和莱比锡都有自己的记载），而且有些人相信与之有关的不是奥古斯特·科特，就是加斯帕德·科勒。但所有这些都仅仅是推测，因为这一时期几乎无人留下有关的文字记载。

除了在枪管内部制膛线之外，早期的步枪与同时代的滑膛枪在基本特征上没有任何区别。它们使用的各种装置相同，如马克西米利安的步枪是撞击式火绳枪；接着是轮机枪、燧发枪，而且这些枪的口径（通常为19毫米）和总长度都很相似，因此自然有同类型的木制设备；虽然许多枪都是以更高标准制成，而且装饰复杂，但考虑到它们价值不菲这一事实，也就无甚惊奇。随着步枪逐渐从稀有物品变得更为平凡，它们也就不断地从当时普通的武器中消失。

早期的步枪膛线非常浅，对那些经过长期使用并历经数世纪，一直保存到现在的枪支来说，膛线经常已经模糊得无法辨认。然而，随着制膛线技术的发展，膛线的切入变得越来越深；最初的多重螺旋槽

不低于6条，通常有12条或更多。现在，4条膛线属于正常情况，但其中运用16条以上螺旋槽的步枪，即所谓的密纹系统也还在投入生产。一些改革家曾经尝试过其他方式，如将枪管制成椭圆或多边形、整个枪膛制成螺旋状，但其中最重要也是最成功的方式始于后期，即更为复杂的机械加工工具已经得到充分发展的时候。

奇思异想

在这一时期，同其他已知的现象一样，人们都持有许多疑问。当时，人们根本无法了解为何膛线能够发挥其应有的作用，以及为何步枪能够成为一种射击更准确、使用更广泛的武器的真正原因。

早期的理论之一是有关魔鬼的，它具有神学性质。众所周知，魔鬼当然具有邪恶的本性，只要有可能，他们就会作恶多端。魔鬼不能立足于旋转的物体，因此，它们也就不能用邪恶的力量使物体脱离运行直线。难道自转的天体最终没有摆脱魔鬼的控制吗？当然地球没能摆脱，难道地球上不是魔鬼横行吗？

除了有关魔鬼的理论之外，另外还有两条较为现实的理论为人们广泛接受。虽然这些理论没有丰富的神话色彩，但他们仍然无法更加接近事实。这两种理论分别如下：第一，旋转的子弹实际上在空气中穿越前行；第二，当子弹还停留在枪管中时，膛线对其产生阻滞和延迟作用，致使推进炸药发挥最大的潜能。如果这源于对密封器的副产品实施改进而引发的新技术的话，即气密性技术已经完全掌握，那么，后一种观点的确具有一定的真实性，或者说是真实性的萌芽。然而，正是此项试图开发的有价值的改进措施，使步枪子弹的装填更加困难，并推迟了该种枪作为一种战地武器为人们所接受的时间。当然，无论神训如何荒谬，都不会被推翻。但是，随着1684年牛顿万有引力定律问世，人们开始深刻地理解该定律，经过证明，才发现至少后两条理论是错误的。

进入新天地

对于欧洲绝大部分地区来说，18世纪是个多事之秋，加上航海业的充分发展和国际贸易的大规模兴起，移居海外开始吸引了众多人的目光。

英属北美殖民地，我们也称之为东部13州，从新英格兰到佐治亚，一直延伸到大西洋海岸。这些引起争端的殖民地当时尚处于初级阶段，且它们的存在还受到移民们企图取代各土著部族的威胁。尽管如此，这些殖民地还是成为大批欧洲移民的首选目的地，无论他们来自哪个国家。最初迁居到这里的人们，除了为餐桌提供肉食这一首要且和平的目的外，大概从不用枪。然而正因为如此，他们开始发现自己已陷入暴力争斗之中，从枪法的好坏、武装的技巧，最后到所使用武器的性能，都决定着他们自己及家人的生死存亡。

美式步枪

美式步枪，也就是我们现在普遍认为的肯塔基步枪（当然这根本没有任何合理的原因），相对来说发展十分迅速。在宾夕法尼亚小镇如兰开斯特和里丁，也就是绝大多数德国移民聚居的地方，保守主义在当时已经非常流行。宾夕法尼亚在1681年刚刚建立，建立40年来一直是边陲之地。美式步枪的前身德式步枪绝对比其他任何常用武器高级得多，但在实际使用

下图：1775年6月，美国沃伦将军在邦克山牺牲。美国独立战争是最早由有组织的步枪部队参加的战争之一

中，还是发现它们依然存在大量缺陷。德式步枪重达9千克，再加上配套的装备、子弹和火药的净重，大约增加7千克，这些都是必不可少的装备。由于该种枪是如此之重，因此仅仅适用于静态防御。许多轮机枪装有20个或更多的活动部件，而这些部件根本无法修理，在林区有时甚至连保养都非常困难。因此，该种枪很快便被更为简便、直接的燧发枪所取代，后者还成为新式枪支的代表。待触发扳机组合早在16世纪中期就研制出来，该种技术使得射击时武器的移动控制幅度达到最小。配备该种设备的枪械的生产和保养相对要简单一些（这些特征在许多肯塔基步枪以及后来的新式步枪中都得到了充分验证）。此外，当时还研制了同样简便的固定式V字形准星瞄准器，至少可以这样说，这是为满足日常所需而生产的。虽然德式步枪中觇孔瞄准具极其常见，还有望远镜式瞄准具也时常会在德式步枪中配备，但在美式步枪中，这些装备却十分罕见。

更轻便、更小巧

后来，新型步枪朝着更简化、重量更轻的趋势不断发展。新式步枪的口径已缩减到10毫米至14毫米，因此大规模增加了士兵能够携带的弹药数量。此外，新式步枪的枪管（与早期的枪型相似，横切面仍是八边形）长度特别增加了15%以上，介于1070~1220毫米，这两项措施都增强了新式步枪在较大射程内的射击精度，还使推进火药燃烧更充分，使子弹推进力达到最高值。枪托变得越来越细，可以说已细到极致，大部分装饰已经被去除。但是，类似于卷叶枫的装饰性木材以其特有的精致纹理图案，被用来代替较为俗气的胡桃木。随着18世纪的到来，人们又逐渐开始广泛使用装饰性材料，但大多数权威人士则更为欣赏早期步枪的清晰线条和简约风格。后来，枪托与枪管轴线之间所成的角度也变得倾斜了许多。原则上说，后坐力的作用会促使将枪管与枪托进行调整使二者成为一条直线更为方便，并且在枪手将枪放回肩部之前，后坐力能迫使枪管抬高，这样会减少枪手所吸入的尾气。此外，背带环也消失了，因为人们在不久之后便发现，对于枪手来说，枪的正确位置是在手中（或挂在臂弯上）而不是吊在背后。根据当时欧洲的标准，美式步枪操作相当简便。比如，尽管它们的枪栓同那些在伦敦或德国枪支制造中心生产的枪栓相比非常粗糙，但却具有简便的优点，即使只有最原始的维修工具，对它们进行修理也非常容易。

在美式步枪的生产过程中，枪支由粗到细的发展过程是非常必要的，不仅能够减轻持枪猎手或士兵的重负，而且制造子弹的原料铅和制火药的原料硝石（硝酸钾，KNO_3）等的生产过程非常复杂，原料的价格必然极其昂贵，因此，该种措施同时也是降低枪支造价的一种方式。硝石是黑火药的活性成分，它与碳和硫黄（到18世纪后期，硫的质量在火药中所占比重不低于75%）是氧的预备来源。硝石中的氧

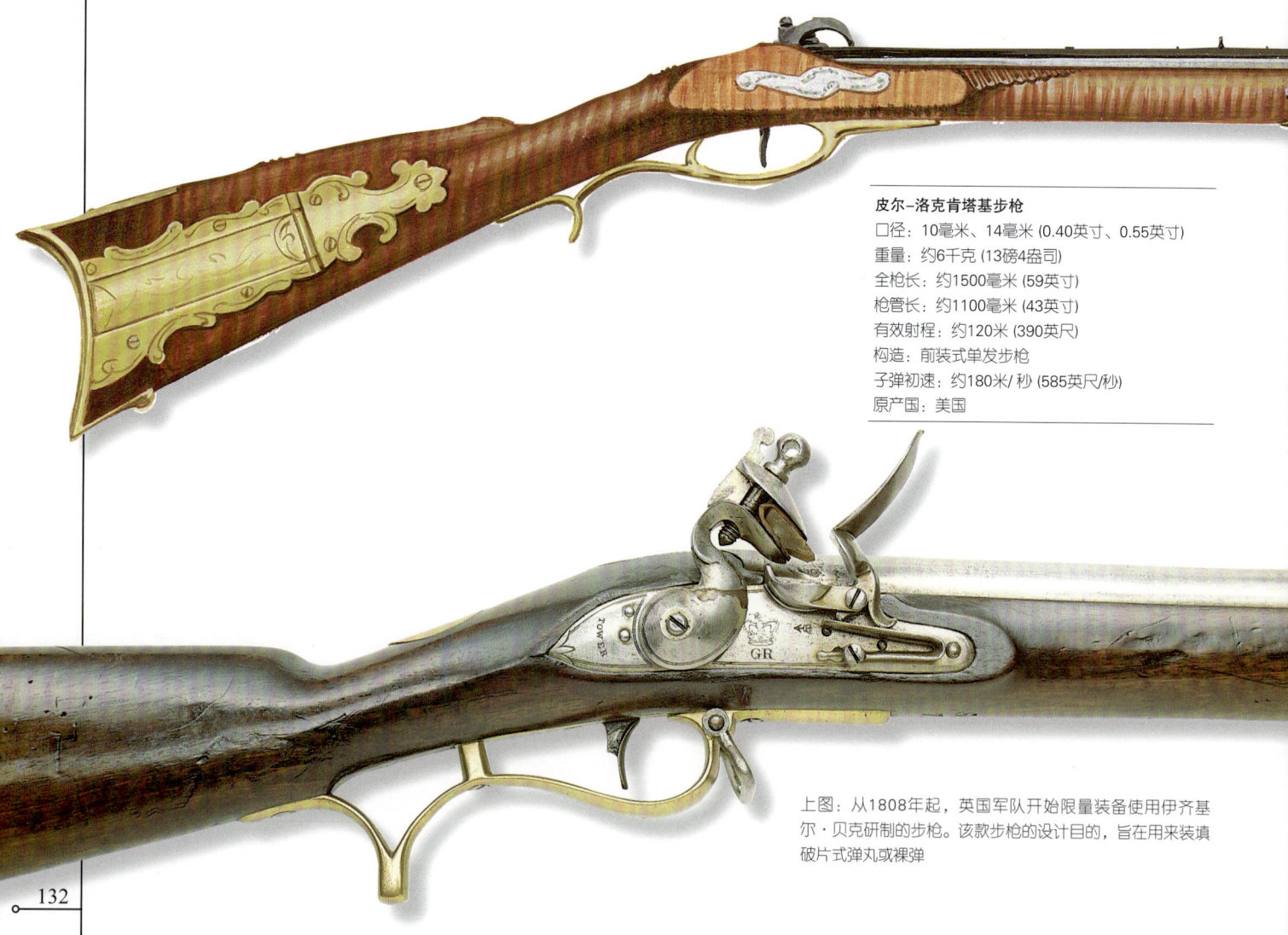

皮尔-洛克肯塔基步枪
口径：10毫米、14毫米 (0.40英寸、0.55英寸)
重量：约6千克 (13磅4盎司)
全枪长：约1500毫米 (59英寸)
枪管长：约1100毫米 (43英寸)
有效射程：约120米 (390英尺)
构造：前装式单发步枪
子弹初速：约180米/秒 (585英尺/秒)
原产国：美国

上图：从1808年起，英国军队开始限量装备使用伊齐基尔·贝克研制的步枪。该款步枪的设计目的，旨在用来装填破片式弹丸或裸弹

与碳一起经过一定的化学反应形成二氧化碳。在黑火药燃烧过程中,能够迅速产生大量的二氧化碳气体,这些气体释放出强大的推动力,将子弹以每秒数百英尺的速度推出枪管。

火药与子弹

自然界中存在的硝石,是植物腐烂后生成的副产品,但硝石在大自然中存在的数量并不多。众所周知,随着对硝石的需求量不断增长,生产硝酸钠的工艺应运而生,即将农家肥置于浅沟中,实施保温处理,上方覆盖薄土层,均匀搅拌以确保能够释放出硝酸盐的细菌能够获得充足的空气;然后加入草木灰,这样,其中所含的钾元素就可以置换出细菌产生的弱硝酸中含有的氢元素,进而形成硝酸钾。然后,冲洗土壤、肥料和草木灰的混合物,将它在水中浸泡,这样便将硝酸钾溶解于水中。最后一道工序,就是将溶解有硝酸钾的水溶液中的水蒸发,使硝酸钾结晶析出。由于硝酸钾极其短缺,无法满足当时子弹的生产需求,因此,拿破仑·波拿巴命令杰出的化学家克劳德·路易斯·伯瑟莱特寻找替代品。1786年,贝赫多莱特发现了另一种氧源氯酸钾,同时还化合生成雷酸银。直到19世纪中期,智利才发现了大量埋藏于地下的硝酸盐。尽管它们是以活性较小的硝酸钠形式存在,但还是可以和氯化钾反应而产生硝石,这样,黑火药的配制才变得更加容易。从表面上看,贝赫多莱特的发明并没有解决当时的生产需求,但他的发明和直接从空气中进行固氮过程的发明一样,几乎与新式炸药的发明相一致。这些新式炸药如硝化甘油、硝化纤维素等很快就取代了黑色火药的地位,因而结束了子弹生产过程中对硝酸钾的需求。

黑火药的生产

黑火药是一种性能优良的炸药,但它有两个明显的缺点。第一,由于黑火药是由三种性质迥然不同的物质组成的简单混合物,因此,散装黑火药不易调配且成分很难控制;第二,黑火药燃烧时,会生成大量烟雾以及许多固体残渣,这些残渣遗留在枪管内,导致使用黑火药的枪支在清理干净后才能再度使用。第二个问题是其构成物质所固有的特性,因此,没有任何方式来改善该种状况。不过,第一个问题可以通过将火药研磨或压碎的方式来缓解,将火药混入带水的陶黏土中烘干,然后研磨成细小、大小均匀的微粒,使每一粒都与总混合物一样具有相同的成分,该方法早在16世纪就已经被采用。

后装枪

与寻找一种新式推进火药相比,更重要的事情是发明一种新式方法,以此来解决将配合紧密的子弹通过长长的枪管装入步枪的缓慢过程。要解决这个问题,有两种主要的方式:第一,通过开放型后膛装入子弹;第二,采用与枪管密合度较低的子弹,这种子弹极易放置到位,一旦子弹到位,它将膨胀放大,与枪管密合。

这一时期最为成功的后装枪有两种:一种是弗格森的螺旋式后膛枪,该枪的推出源于法国肖梅特发明的方法;一种是霍尔的倾斜后膛枪,这种新型枪也是源于早期没有获得成功的发明的进一步发展,当时由意大利克雷斯皮发明这种方法。弗格森步枪的后膛中有一个大直径的直立活塞,上面刻有螺纹;活塞可以降低,用来装填子弹和炸药,然后再将活塞旋回原来的位置。这种方法已在美国革命中得到了运用,并取得了一定的成功。霍尔的方法是采用短式后膛,倾斜后可以装填子弹,然后闭锁,使其回到枪管轴线。1819年,由霍尔设计的步枪和卡宾枪被美国政府选用,在美西战争中发挥了应有的作用。

膨胀型子弹

另一种方式是研制一种能够在进入枪管之后稍微膨胀,与膛线密合的非密合型子弹。19世纪20年代,一位名叫约翰·诺顿的英国军官提出这种子弹的建议之后,新型子弹的发明仍然经历了极为漫长的过程。约翰·诺顿提出,可以应用一种具备适当外形、体积稍小的子弹,这种子弹的表面设一处明显凹陷用以放置炸药,此外炸药一经引爆便会膨胀,并因此使子弹与膛线密合。这种子弹的最初系列研发均以失败告终,后来,当英国的格林纳和法国的德尔文在原有观点基础上实施进一步改进时,建议将携带锥形弹头的圆柱体子弹的弹体延长,在其底部刻出凹进部分,这样就解决了将排气阀置于适当位置的问题。最后,另一位法国军官克劳德·米尼埃将该系统进一步推广,并以自己的名字命名。米尼埃还为该系统实施其他改进措施,但这些改进都没有取得成功,因此很快便被淘汰。19世纪50年代初,使用米尼埃锥形系统的步枪开始装备一线部队。在其鼎盛时期,该种步枪性能极其优良。瑞士联邦推出的1851型卡宾枪,口径10.5毫米,装填4克黑火药,弹头初速约400米/秒(足以在1000步之外穿透三块1英寸厚的木板),精确度极高,足以百分之百击中上述距离1/3远处面积为1.5平方米的靶标。在美国内战中,刻有膛线并配备锥形系统的前装枪是最常见的长武器。

全面发展

到了19世纪初,尽管世界上一些地区,尤其是日本和中亚,火绳枪更为常见,而且当时轮机枪仍在服役,特别是在非洲,但燧发枪几乎得到了普遍的应用。同其他一些用燧石和火镰撞击火花引爆后膛中黑火药的方法相比,燧发枪更为简便可靠。但是,即使天气状况良好且按照要求进行了充分的保养,燧发枪仍然容易出现无法发射子弹的现象,即卡壳。如果处于肮脏潮湿的环境,燧发枪几乎会变得毫无用处。

将子弹推离枪口的作用过程非常复杂。扣动扳机之后,释放击针键,随后,击针键直接或通过转向轮释放击铁。在弹簧弹力的推进下,击铁转向约45度或一周向前移动。随后,夹片内的燧石撞击打火镰,向前推进;克服另一支弹簧的弹力,并开启与之相连的火药池的池盖,使内部放置的引爆火药完全暴露;燧石撞击火镰

133

上图：纽约州士兵照片，约于1862年摄于出征之前。图中士兵配枪为1855型滑膛步枪，应用梅纳德的专利技术带状导火药系统

所产生的火花（火镰的使用寿命很短，但其作用却非比寻常）落在炸药上，立刻引燃炸药（前提是炸药要相当干燥），随之引爆通过导火孔暴露于引爆火药所在闪光环境中的纯推进炸药（前提是这些炸药也必须相当干燥）。该过程是在弹膛和子弹中进行，引燃后随即发生爆炸，爆炸立即（虽然并不是瞬时发生）释放大量气体，在这些气体的推动下，子弹立刻脱离枪管。毫无疑问，这一系列动作都是在眨眼间完成的，但是，即使是眨一下眼睛，也要耗费一定的时间。

燧发枪的缺陷

现代人对于燧发武器的使用有着相当深刻的体验。该种武器拥有极其狂热的追随者，特别是在美国。使用过程表明，在待发状态下，燧发枪性能极其优良，扣动扳机和射击的动作似乎可以一气呵成，但前提是假设前面所述发射子弹过程中每一设备都必须绝对达到要求。事实上，满足这种要求的情况似乎不常见。战场上，不当的保养和外行的使用都会影响其性能的发挥。而对于武器来说，尤其是战斗武器，最有可能在这样的环境下使用，导致18世纪的步枪不可避免地出现各种缺陷。然而，即使正确操作，扣动扳机和子弹出膛之间也经常会有明显的迟延。士兵在使用燧发枪时，平均射击成功率仅为70%，扣动扳机和射击之间的迟延也经常非常明显。在这段迟延时间内，枪手经常会无所适从，不知下一步该怎么办，这样势必使枪支失去准星，无法击中目标。更糟的是，活目标看到火光后，可以迅速逃离射击路线。

雷酸盐火药

打猎时让野鸟逃脱是一件令人十分沮丧的事情，这种情况自古以来就经常会发生，但正是因为这种情况，却让居住在距离苏格兰阿伯丁数英里之外的贝尔赫尔维教区长亚历山大·约翰·福赛思对枪支控制方面的特性进行了思考。福赛思了解到，自然界中存在有几种被称之为雷酸盐的不固定爆炸性盐，可以通过将金属溶于酸生成。1663年11月11日，塞缪尔·佩皮的日记中曾经提到过雷酸金；1788年，贝赫多莱特研制出雷酸银，称之为"一种易挥发性盐，一旦合成后就不能触摸"。而就在此两年前，也就是1786年，贝赫多莱特合成了氯化钾，而且证明了氯化钾如何能够替代黑火药中的硝石。

1800年，爱德华·霍华德合成性能更为稳定的雷酸汞。此后，福赛思开始对雷酸汞及氯化钾进行试验。看来，他希望能够研制出一种能够快速装填且自动引爆的新型推进燃料，以此来取代黑火药。然而在不久之后，经过实践证明，这种想法是不切实际的。尽管这没有阻止后来者步其后尘，但却使霍华德立即转变观念，开始应用雷酸盐的微弱爆炸来引爆黑火药。

福赛思枪栓

福赛思用一根简单的铁管做试验之后，发明了一种枪栓装置：在燧发枪后膛的位置安放一块击铁，将火药池更新为一个形状与作用同香水瓶极其类似的小型分配器。分配器翻转后，能够直接将一定量粉末状的雷酸盐填入导火孔倒入与其相邻的封闭式砧台上。尽管福赛思试验的这种方式发展到最后仍不十分完善，但还是向人们提供了替代燃着的火绳或经常出纰漏的燧石和火镰的另一种方法。

火帽

许多枪支制造商都向福赛思及他设于伦敦和爱丁堡的代理商购买雷酸盐枪栓，

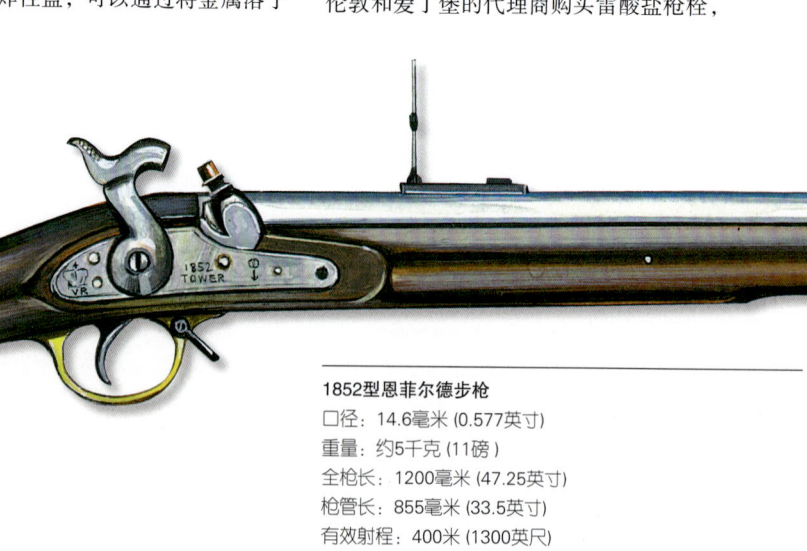

1852型恩菲尔德步枪

口径：14.6毫米 (0.577英寸)
重量：约5千克 (11磅)
全枪长：1200毫米 (47.25英寸)
枪管长：855毫米 (33.5英寸)
有效射程：400米 (1300英尺)
构造：锥形系统前装式单发步枪
子弹初速：400米/秒 (1310英尺/秒)
原产国：英国

用它们将燧发武器改装成新式系统。但令人惊奇的是，苏格兰人在将炸药输送入后膛中去的方式中从未进行过任何改进。特别是后膛中放置的雷酸盐具有极强的腐蚀性，使用雷酸盐粉末就意味着必须定期清洗枪栓，同时要采取某些手段来隔离雷酸盐。在当时，这一研究还尚待完成。很快，各种形式的雷酸盐起爆器便开始供应。其中最好的产品是撞击式火帽，之所以这样称谓，是因为设计人员专门将其设计成能够恰好覆盖火门的外形，而此处正好是以前固定导火孔的位置。虽然由美国牙医梅纳德研制出的带状导火药（夹在两条纸带之间的袋装雷酸盐，通过一个简单的摆轮填入后膛）当时也曾经风靡一时，但后来雷酸盐火帽系统很快便流行开来。

当时，旅居美国的英国画家乔舒亚·肖发明的撞击式火帽最为先进。1822年，肖在美国获得专利，但他始终声称自己在五年前就已经完成了该项发明。这是全球枪支制造业首次在欧洲以外的国家迈出重要的一步，而且也是美国枪支制造业的第一步。肖的原型撞击式火帽由钢制成，但是不久之后，他便更新了火帽的材质，先是采用锡铁合金，后来又制造成铜质火帽。不久之后情况便变得非常明朗，同其他击发系统相比，撞击式火帽是枪支发展中的重大改进。而且，在当时的同类型系统中，仅有极少部分得以继续保留下来。

黄铜子弹

尽管在膨胀子弹被广泛接受之前，由冯·德雷斯研制的后装枪非常有效，而且在普鲁士已经有大约十年的使用历史（详情见后文），但在有膛线的前装枪被后装枪取代之前，锥形系统仅流行了20年。这场变革并非由枪支制造商制造密封式后膛的工程技术革新所引起，事实上，有效的密封可以通过其他方式获得：将推进火药置于软金属子弹内，该种子弹可以通过自身膨胀来填充后膛移动部件和固定部件之间的缝隙，防止气体向后方泄露，从而达到了密封的目的。

当然，该种子弹的设想并无新奇之处。但在此之前，它们仅仅是纸制管状弹，只是用来充当事先称量好的定量火药的容器。开启后将炸药注入枪管。随后，将子弹向后塞入，通常装填至纸壳顶部。这样，后者又可以用作另一个目的，即充当炮塞。此外，纸壳可以预先吸附一些充当润滑剂的油脂，通常是牛油或动物脂肪。

上图：两名联邦士兵，1864年摄于弗吉尼亚。照片中的两人大概在执行警戒任务。注意，两人都还没有扣动1855型滑膛步枪的扳机

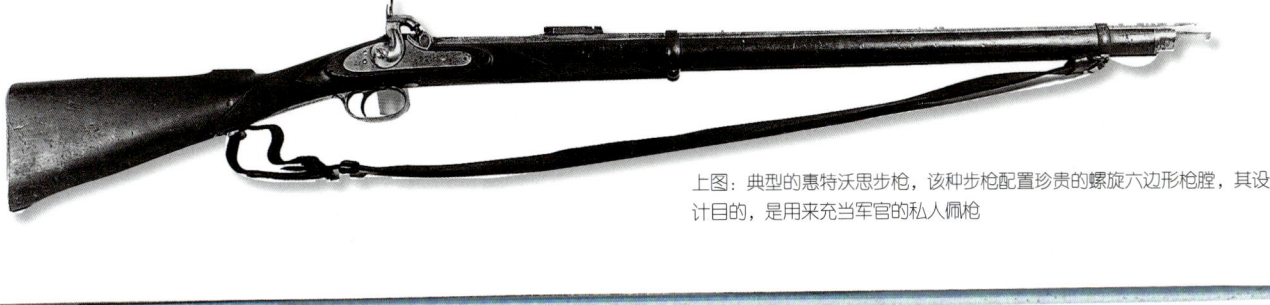

上图：典型的惠特沃思步枪，该种步枪配置珍贵的螺旋六边形枪膛，其设计目的，是用来充当军官的私人佩枪

上图：按照当时的标准，贝克步枪非常短，因此在更远射程下射击时，精确度不高。该种步枪使用0.61英寸口径子弹，还配备有刺刀

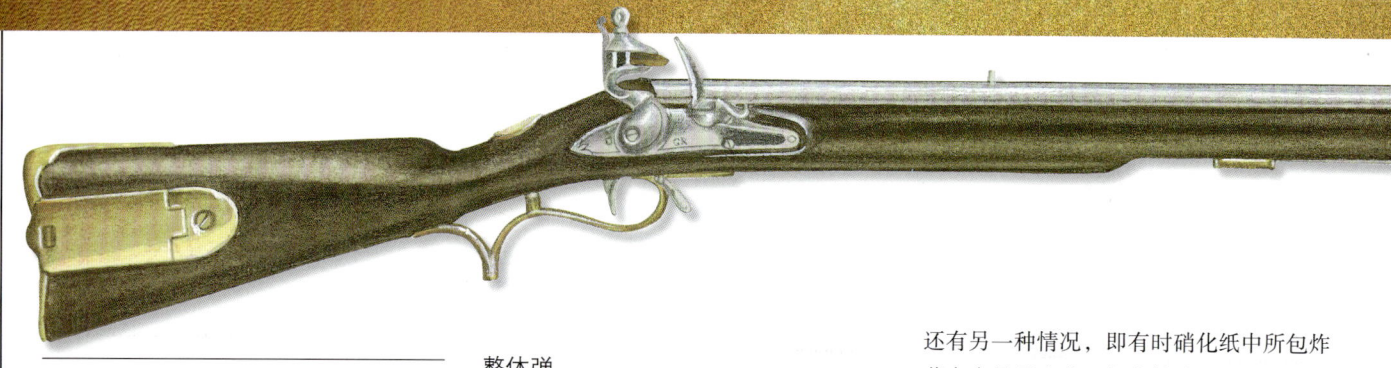

贝克式步枪
口径：15.9毫米（0.625英寸）
重量：4.5千克（10磅）
全枪长：1100毫米（43.25英寸）
枪管长：750毫米（29.5英寸）
有效射程：约150米（500英尺）
构造：前装式单发步枪
子弹初速：约150米/秒（500英尺/秒）
原产国：英国

下图：1854年9月20日，装备有1853型恩菲尔德步枪的科德斯特里姆国民警卫队攻占阿尔马高地。事实证明，新式步枪是一种杀伤力极强的武器，其子弹装填方法也极其简便

整体弹

最先推出的子弹是在角状或瓶状容器内放置散装火药的基础上，经过不断改进而研制出来的，但改进部分并不是很多。后来，当子弹以在高度易燃的包装材料中放置火药的形式出现，与旧日的火绳一样，以完全相同的方法将子弹泡在硝石溶液中之后，才真正开始让枪手使用枪支的方法变得简单，因为现在子弹可以完全装填到枪支内部。大约到1850年之后，该种子弹在手枪枪手（以前他们总是坚持使用火药瓶或散装弹）中推广开来。此外，

还有另一种情况，即有时硝化纸中所包炸药完全是黑火药，与火棉胶（一种溶于乙醚或乙醇的硝化纤维素糖浆状溶液，人们称之为低氮硝化纤维素）一起制成浓膏状物质，霉化后使其干燥，将子弹用火棉胶或胶水粘在硝化纸上。此时，一般的子弹通常为锥头圆柱体或钝头圆柱体而不是球形；也就是说，一个直壁型短圆柱体配以圆锥形弹头，或是一个短圆柱体携带圆弹头。应用后一种方法生产的子弹防水性能较好，但该种子弹较脆，极易折断。

伦敦手枪制造商罗伯特·亚当斯曾经用薄壁金属管做实验。其经过试验制成的子弹卷制方法极其松散，外露的底部用硝化纸进行了密封。19世纪50年代中期，威廉·埃利与塞缪尔·柯尔特在罗伯特·亚当斯试验的基础上，各自对此做了进一步的改进。他们用薄锡箔纸包裹炸药，用防水水泥密封接合处，然后用少许胶水将子弹粘牢。上述两种方法，都会将金属残渣留在弹膛中。这样在重新装填子弹之前，就要把这些残渣清理干净。一年之后，由英国海军上尉约翰·海斯发明的皮制子弹获得专利。海斯发明的新式子弹所用的材料是肠子，因此将其称之为皮制子弹显然不合适。1861年，威廉·斯托姆在海斯专利技术的基础上做了进一步改进。他在干燥的肠衣子弹表面涂上古塔胶，胶面不仅完全防水，干燥后又极其易碎，在装填子弹时，稍微用力便可使胶面破裂。

尽管这类子弹并不是尽善尽美，但在当时，需求量还是相当大，这在美国内战期间就有所体现。美国内战后，许多统计数字都给后人留下了深刻的印象，其中之一便是战争中消耗的手枪子弹数量：仅联邦军队一方，为装备部队的19款手枪购买的子弹数量不下68385400发。

混合式引爆

尽管在当时引火器（引爆器）的概念已经出现大约半个世纪，但在上文所述的这些子弹中，没有一种携带有引火器（引

上图：1855年，除滑膛步枪之外，与之口径相同（0.58英寸）的标准膛线式手枪也问世了。后者配备可拆卸式枪托，主要用来装备骑兵部队

爆器）。子弹中携带有引火器（引爆器）的发明要归功于拿破仑战争末期一位居住在巴黎的瑞士人塞缪尔·约翰尼斯·波利。其实，波利的主要兴趣在于改进后装枪。但是，为了对后装枪实施改进，他认为自己首先需要发明能够在弹药筒内填充子弹、炸药和引爆器的方法。1810（或1811）年，波利研制出一种底部边框为软金属，弹体为硬纸（像20世纪60年代的霰弹枪外壳）或黄铜的弹壳，这样就可以再次装填弹药。当时的装填方法极为原始，由于撞击式火帽还没有发明，唯一行之有效的方法是将少量雷汞置入子弹头部的敞口形药池中去。为了确保装填到位，波利不得不利用一个完全密封的固定式后膛，由装有弹簧的撞针穿过。他制成的枪有一个锤状延伸部分，实际上是用来隐藏撞针的击铁。波利雇佣了一位年轻的普鲁士枪栓工人约翰·尼古劳斯·冯·德雷斯制造自己所设计的枪。在此之后，这位工人逐渐变得比其雇主更有名。波利发明的黄铜子弹底部经过扩展，成为枪支后膛的密封器。尽管这一发明远不及他所取得的更重要的成就，但多年来都没有引起人们的注意，还是令人遗憾的。

边缘发火弹

波利离开巴黎约30年之后，路易斯·弗洛伯特在巴黎研制出两种金属弹中一种比较次要的子弹的原型弹——边缘发火弹。直至今天，金属弹仍然在我们日常生活中使用。边缘发火弹最初极像一个稍大于火帽的空铜匣，其中起爆雷汞作为推进燃料，射击低质量、小口径子弹，该种子弹可以用来在练习室内打靶和消灭花园内的害虫。在1851年举行的伦敦大型博览会上，弗洛伯特展示了自己的发明。不过，尽管弗洛伯特发明的子弹引起了人们的极大兴趣，但该种子弹从没有在英国投产，而仅仅在法国和比利时生产过。而且，很久以后，直至布尔战争时期，室内打靶射击作为一种运动在英国也未能得到推广。

美国军械工人丹尼尔·韦森在研究弗洛伯的发明之后，自己开始着手制造边缘发火弹。韦森专门研制一种直径为0.22英寸的子弹，并稍稍将弹壳长度加长，用来容纳新增加的黑火药。韦森使用的加工工具比弗洛伯特的更为先进，他给子弹成功安装了一个真正的边缘，而法国的弗洛伯仅仅设计了一处小型突起。此外，韦森将雷汞引爆燃料置于边缘当中，而不是简单地将一小团燃料置于弹头部。边缘不仅用来辅助子弹的弹射，而且用来调整弹头空间——闭锁装置与子弹被击面之间的距离。波利的子弹已达到这一标准，不过他的设计还没有成功，因此总是会出现瞎弹。

边缘发火弹最根本的缺陷在于材料强度。为使击铁碰撞能够引爆雷管，弹壳必须又薄又软。但是，在口径较大的子弹中，推进子弹所必需的炸药却常常因为太多而将弹壳挤裂；而且，很难保证子弹边缘周围的引爆炸药能够平均分配，这样，必然会导致出现瞎弹。而那些比重相对较高、用来推进子弹所必需的引爆炸药经常导致边缘破裂，甚至与弹壳分离。如果维修枪支的军械师不注意保养，一般会使这些子弹失效。

正是因为存在上述问题，导致所有（0.22英寸口径除外）的子弹都必须更新

左图：从图中恩菲尔德1853型滑膛步枪的外观就可以清楚地看出，与装有扣机、燧石、火药池和导火孔的燧发枪栓系统相比，火帽更为简便，具有无与伦比的优越性

1800年前后的普莱恩斯步枪

口径：11.4毫米（约0.45英寸）
重量：约6千克（13磅4盎司）
全枪长：1500毫米（59英寸）
枪管长：1100毫米（43英寸）
有效射程：约120米（390英尺）
构造：前装式单发步枪
子弹初速：约150/秒（485英尺/秒）
原产国：美国

上图：1862年12月弗雷德里克斯堡战役，联邦军遭遇重大伤亡，这充分表明在战壕中的防守阵地上射击时，步枪的精确射击能力发挥了有效的军事作用，使进攻一方人员伤亡惨重

换代；但是至少初期该种子弹能够继续投入使用。直到1963年，使用0.32英寸口径边缘发火弹的手枪还在继续生产，而口径为0.41英寸的该种子弹，曾用于著名的雷明顿双短管大口径手枪，是美国西部拓荒时期遍布全国的走私犯、妓女、逃犯和警察最钟爱的小型手枪。尽管上述两种口径的边缘发火弹在当时最为普遍，但使用0.50英寸大口径子弹的边火步枪和手枪仍然继续生产。与此同时，当时最负盛名的步枪之一，在亨利步枪的基础上发展而来的温切斯特1866型以及美国内战中最引人注目的连发斯宾塞步枪，都使用边火子弹。

中火子弹

尽管成功设计的所有部件、付诸实施的所有工艺，早在1840年或甚至更早就已经出现，但可重新装填子弹、更换引爆物的子弹在经历无数次尝试之后，才成为现实。在该种新式子弹的发展过程中，需要注意乔治·莫尔斯所作出的贡献。他用线"帖"制成管状黄铜子弹，火帽可以被引爆（火帽密合时将橡皮拦圈填入余留的环状缝隙）。随后，我们需要研究两位军官在此领域中所取得的成就，他们分别是英国伍尔维奇皇家实验室的爱德华·莫尼尔·博克瑟上校和美国联邦军精锐神枪手团的希拉姆·伯丹上校。毫无疑问，正是这两位军官设计并研制出第

一枚真正有效、携带嵌入式火帽的可重装式中火子弹。其中，博克瑟于1866年完成该种子弹的设计制造工作，而伯丹在此两年之后完成。这里需要指出两点，第一，双方的设计工作都离不开助理技师的大力协助，同时，在原型子弹的制造过程中，助理技师的工作也是非常重要的；第二，博克瑟和伯丹既不是工程师也不是军械工人。

在实际使用过程中，博克瑟发明的子弹（由盘条形黄铜制成弹壁，一个内空的黄铜弹杯用来盛火帽，一个独立线帖用来撞击火帽，一个穿孔铁盘作为退壳器和底座边缘）根据现役军队提出的标准，该种子弹的性能并不是十分完美。射击时，弹壳常会膨胀并阻塞弹膛，铁圈也特别容易被退壳爪扯下来。这种子弹的装配都是经过手工完成，其间不可避免地出现各种差错，因此就会导致出现瞎弹；由于射程不

右图：黑火药在燃烧时产生大量的烟雾。作战过程中，使用黑火药的枪械经过几轮齐射后，交战双方的士兵就都看不到对方了，双方只能盲目地朝着固定的位置射击。这样，耗费的子弹数量必然很高

远，同时战场对人的生命造成极大的威胁，英国人发现付出的代价太高。

在新式子弹的发展过程中，伯丹上校的主要贡献是发现用于撞击火帽的铁砧可以构成弹壳的一部分，但从一开始起，他就使用固体空心弹壳，因此，没有出现最早困扰博克瑟子弹的主要问题。但不可思议的是，伯丹没有在此基础上再进一步发展，而且也没有为自己设计出与弹壳匹配的引爆器申请专利。后来到1869年，联邦金属子弹公司的A.C.霍布斯完成了伯丹没有完成的事业。在欧洲，巴伐利亚的沃德（稍后德国的毛瑟兄弟）在博克瑟、伯丹设计子弹的基础上，也开始设计整体子弹。短短几年后，一种具有实际意义的标准已经初见端倪。在这一阶段推出的所有子弹，都具备边缘式或凸缘式底缘，由边框（而不是子弹弹体）将子弹在后膛中定位。这种形式的子弹使用起来非常便捷，但在盒式连发枪出现后，这种情况就发生了变化。如果将底缘式子弹误装入盒式弹匣，那么子弹便无法上膛，这正是由底缘引起。几年后，根据瑞士人鲁宾提出的建议，应用无底缘子弹解决了上述问题。弹壳颈部（弹壳的直径当然要比它所容纳的弹体直径稍大）、弹壳总长以及所有包含在内用来确定弹头空间以及退壳器的部件，决定了子弹在枪膛中的准确位置。

大约从这个时期起，子弹自身的形状与构造也开始发生变化。在第一次改进中，去除了早期前装枪子弹的圆形弹头，而由携带不规则圆形弹头的圆柱体子弹取代，该种子弹主要用于非整体型弹壳。具

备该种构造的子弹的发展一直延续到整体子弹时期。后来，一种尖头形步枪子弹（这一名称来源于德语）成为标准子弹的外形，并在最后促使毛瑟1898型步枪问世，但那已经是很久以后的事情了。此后

的改进主要是针对子弹，即增大子弹在已知速度飞行中的阻力的软弹头子弹、空心子弹，尤其是部分变形子弹以及破片弹和爆炸弹。在实际应用过程中，由于后述几种子弹的杀伤力极强，因此使用这几种子弹的人遭到许多人的谴责。但他们谴责的目标只是白人，并不是有色人种。之所以出现这种情况，主要是源自教皇英诺森二世在位时广为盛行的种族主义思想，即禁止对基督徒使用箭弩，但允许对异教徒使用。

后来，子弹的组成成分也开始发生改变，特别是当连发武器问世（用机械装置将弹匣中的子弹填入弹膛）之后。为了减少甚至防止出现子弹变形与"误装填"的现象，纯铅被添加了硬化成分的合金铅所取代，这里的硬化剂通常是锡或锑。后来，当采用全部或部分镀钢或镀白铜的子弹之后，才最终解决了上述问题，这是鲁宾的又一项重大发明。直到今天，只有0.22英寸口径的边缘发火弹才完全使用纯铅弹头。

宾夕法尼亚"山地"步枪
口径：17.5毫米（0.69英寸）
重量：约6千克（13磅4盎司）
全枪长：约1500毫米（59英寸）
枪管长：约1100毫米（43英寸）
有效射程：120米（390英尺）
构造：前装式单发步枪
子弹初速：约150米/秒（485英尺/秒）
原产国：美国

击针枪

第一支"现代"后装步枪实际上出现在博克瑟金属子弹问世30年之前。该种枪的问世可以追溯到波利在法国小镇苏默达所取得的成就，此处也就是尼古拉斯·冯·德雷斯的家乡，位于普鲁士埃尔富特以北的一个地区。波利从巴黎回国之后，大约当了十年具备熟练技术的军械工人。此后，他与柯伦布什合伙生产火帽。此时正是肖为他们批准美国专利的两年之后。我们可以猜想，生产火帽是他赖以养家糊口的工作，因此在三四年之内（准确日期并没有记载），他就设计出一种新式步枪，并将该种新型步枪投入限量生产。

冯·德雷斯与波利

冯·德雷斯在波利开办的工厂里工作，他的任务主要是专门生产波利设计的应用固定后膛和装有弹簧式撞针的步枪。冯·德雷斯自己单独对子弹实施的改进是延长并将撞针磨尖。当应用弹簧弹力向前推动撞针时，撞针能够全部刺入弹膛中的炸药，撞击嵌在子弹后腔中的火帽，这种新型子弹属于米尼埃柱体式尖头子弹。冯·德雷斯的第一批击针枪是使用推进弹药和子弹的前装枪，但在不久之后，他便采用了纤维外皮的子弹，后者内部装有弹头和推进炸药。

冯·德雷斯开发的第二步是设计出一种开放式后膛，以便简化子弹的填装过程并提高子弹装填的速度。他抛弃了波利的

弗格森后装步枪
口径：19毫米（0.75英寸）
重量：约5千克（11磅）
全枪长：约1200毫米（47.25英寸）
枪管长：约800毫米（31.5英寸）
有效射程：150米（485英尺）
构造：螺旋塞后装式单发步枪
子弹初速：200米/秒（650英尺/秒）
原产国：英国

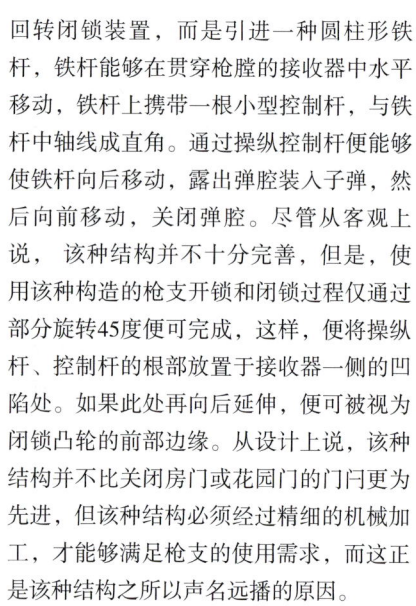

回转闭锁装置，而是引进一种圆柱形铁杆，铁杆能够在贯穿枪膛的接收器中水平移动，铁杆上携带一根小型控制杆，与铁杆中轴线成直角。通过操纵控制杆便能够使铁杆向后移动，露出弹腔装入子弹，然后向前移动，关闭弹腔。尽管从客观上说，该种结构并不十分完善，但是，使用该种构造的枪支开锁和闭锁过程仅通过部分旋转45度便可完成，这样，便将操纵杆、控制杆的根部放置于接收器一侧的凹陷处。如果此处再向后延伸，便可被视为闭锁凸轮的前部边缘。从设计上说，该种结构并不比关闭房门或花园门的门闩更为先进，但该结构必须经过精细的机械加工，才能够满足枪支的使用需求，而这正是该种结构之所以声名远播的原因。

第一批枪栓式步枪

1836年，冯·德雷斯为自己的发明申请了专利。该种后装式步枪尽管弹头初速可以达到300米/秒，但其实用弹头初速仅为200米/秒。此外，该型枪的撞针在子弹爆炸时，正好埋藏于推进火药之中，由于高温以及腐蚀的作用，撞针极易老化，经常会折断或发生弯曲，无法发挥其应有的功用。尽管存在上述缺陷，五年之后普鲁士军队还是采用了冯·德雷斯发明的13.6毫米口径后装式步枪。该种枪存在的缺陷并没有阻挡普鲁士军队使用击针枪在战场中取得重大胜利。1864年，在希拉斯维希-霍尔司登决定命运的决战中，普鲁士军队打败丹麦。两年后，经过一次仅仅耗时七周的闪电战，便得以挺进奥地利。1866年之后，德国其余各州都步普鲁士军队后尘，纷纷选用击针枪。四年后，当普鲁士及其盟军对法国宣战时，击针枪仍然是正规步兵的制式武器。

普鲁士后膛步枪

1870年8月，当普鲁士军队将过于乐观的法国侵略军逐出莱茵河地区时，他们所面临的是一支武器装备与自己基本相似的军队。当时，尽管并不十分完美，但法国军队所使用的口径为11毫米的枪栓式后装步枪在先进性方面要更胜一筹，该枪是夏特尔勒劳特兵工厂工程师安东尼·阿方斯·夏塞波聪明智慧的结晶。夏塞波将火帽移到子弹筒头部，这样，不仅能够缩短撞针的长度，又能够使它变得更加坚固，同时将它从充满炸药的不利环境中转移出来。他还为该种枪增加了一个橡皮密封圈，固定于枪栓表面，称为气阻器。尽管气阻器很快就会变硬，而且每发射一发子弹就会降低其使用效果，但在最初投入使用的时候，它还是可以极为有效地防止气体泄露。从客观来说，夏塞波与冯·德雷斯设计的枪支也没有什么失败的例子，这主要源于双方设计的步枪均使用烈性相对较弱的推进炸药。事实上，夏塞波设计的闭锁方法也并不比冯·德雷斯的更高明。

夏塞波的后膛步枪子弹初速高达410米/秒，有效射程是德雷斯击针枪的两倍。尽管法国统帅部对自己所属步兵团士兵可以保持每分钟瞄准（后）发射10发子弹的高射击率过分乐观，但该种枪的操作确实更快速。然而，在当时法国这支指挥最无方、类似于乌合之众的军队手中，枪支所具备的优势根本不能解决任何问题。在同法国军队交战之后，大获全胜的普鲁士军队缴获了大约60万支夏塞波的后膛步枪，并俘虏了大批法军士兵。第二年，德国统一，这些枪便配发给德国扩充后的部队。

早在1868年，毛瑟兄弟就成功地对后膛步枪实施了改进，使其能够使用黄铜子弹，而且还改进了枪栓机械的操作系统。他们的这一成果成为一项改装计划的基础，经过这一改装计划，德国军方将缴获的武器改装为1871型后膛卡宾枪，使用沃德整体子弹。更为重要的是，经过此次改装计划，毛瑟兄弟制造出自己第一支枪栓式1871型步枪，该种枪由奥本多夫公司制造，其风格与以后推出的枪有着千丝万缕的联系。巴伐利亚和萨克森的州立兵工厂也生产改装型后膛步枪，该种枪按比例缩小后便成为卡宾枪。很久以后，普鲁士也开始生产该种改进型后膛步枪，直到18世纪晚期，在德国的某些地区，一些国内保安部队还在使用改装型夏塞波卡宾枪。

夏普斯的老伙计

尽管具有革命性意义的德雷斯击针枪和夏塞波步枪已经成为欧洲大陆主要使用的枪支种类，但在大西洋彼岸，一种极为传统的后装枪的使用范围却在逐步扩大。它使用纸制弹壳，壳内放置独立的火帽和子弹，该种枪的气体泄露现象，并不十分严重。既然我们在本章开始时追溯了美国著名步枪漫长发展历史的最初起源，那么在本章结束时谈谈最有可能成为下一步发展的新型枪支，大概也不能说不合时宜，这就是克里斯蒂·夏普斯从1848年起至70年代退休期间制造的枪支。克里斯蒂·夏普斯退休之后，便不再过问武器的事情，将其全部精力集中于池塘饲养鳟鱼。

在哈珀渡口，夏普斯在约翰·霍尔的指导下学会了制枪技术。正是在约翰·霍尔所制的后装枪的启发下，夏普斯在俄亥俄州辛辛那提自己创建的工厂内研制出一款更为有效的步枪。该款枪比霍尔的设计要稍微简单一点：闭锁装置在受弹器上所刻的榫眼切口垂直滑动（一些型号中成直角，其他情况下以一定的角度滑动），延长的枪护木作为降低或抬升闭锁装置的控制杆。闭锁装置下滑时弹膛暴露；装入火药和弹头之后，提升闭锁装置，其锋利的上部前缘像一把闸刀切开弹壳的尾部，使其中放置的火药暴露在引爆器作用范围之内，引爆器呈圆盘状，击铁下落时自动将其传送到火门所在的位置。为了能够提高射击精度，许多夏普斯步枪都安装有待触发扳机，但大多数都没有安装这种装置。

夏普斯设计的枪支，仍有存在推进气体泄露的现象，但基本上来说，他所设计的枪支比较牢固，可以承受烈性推进火药的冲击，从而弥补了这一缺陷。他推出的第一支0.52英寸口径步枪，很快被称为"夏普斯的老伙计"而名声大振，该枪的销售量相当高。其中，很大一部分被反奴隶制运动者购买，他们在东北部各州资助

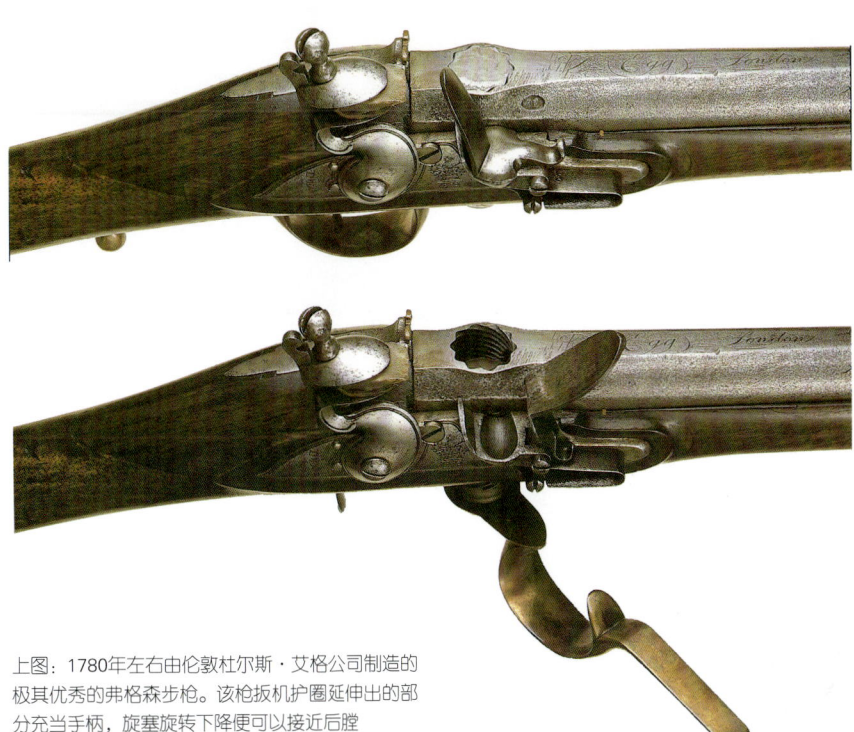

上图：1780年左右由伦敦杜尔斯·艾格公司制造的极其优秀的弗格森步枪。该枪扳机护圈延伸出的部分充当手柄，旋塞旋转下降便可以接近后膛

并武装游击队，这场蓄奴者和解放奴隶运动者之间的游击战争，大部分是在堪萨斯州和密苏里州打响。1859年，堪萨斯州奥沙瓦托米著名的解放奴隶运动的领袖约翰·布朗与18名弟兄发动了著名的袭击哈珀渡口的行动，当时他们携带的装备便是倾斜后膛、使用黄铜子弹的夏普斯1852型卡宾枪和1853年陈酿的葡萄酒。此后，该型枪就成为许多收藏家们津津乐道的珍品，他们称之为约翰·布朗曾经使用过的夏普斯枪。

美国内战的宠儿

在接踵而来的美国内战中，即使夏普斯步枪以及卡宾枪不是联邦军队使用最广泛的武器，大概也是在此期间最为流行的长武器。有人曾经统计过在战争期间，南北双方官方采购的小型武器不同种类、不同型号，竟然多达200多种，而且这一数字听起来并非是无稽之谈。当时，北方军队中装备最多的枪支是1860型0.58英寸口径前装枪和1863型来复式火枪。这些枪支最初研制成功时配置1855型梅纳德带状引爆系统，持续供应一段时间之后，许多枪支根据阿林系统得到进一步改进，装备边火式金属弹壳。又经历一段时间之后才出现完全配置阿林系统的改进型新式枪。同时，当时联邦军队还装备有相当数量的英国恩菲尔德1853型0.577英寸口径的来复式火枪。总体说来，在美国内战期间，华盛顿政府共购买夏普斯步枪9141支、卡宾枪80512支。其中，卡宾枪主要用来装备骑兵部队，而夏普斯步枪则专供精选的一流枪手使用，这些配置夏普斯步枪的枪手组成了联邦政府的精锐部队，其中就有著名的希拉姆·伯丹上校的神枪团。这些特别组织出神入化的枪法与他们所使用的步枪密切相关，以至于他们的名称以讹传讹，变成了"夏普斯的神枪队"，频频出现于当时报刊的头版。有些卡宾枪，除了充当战场上冲锋陷阵、杀敌的工具之外，还有另一种奇妙的用途，在其枪托上安装一台小型研磨机，通过右侧伸出的曲柄转动，就可以用来研磨咖啡。由于这种配置咖啡碾磨器的夏普斯卡宾枪极其罕见，因此自然成为收藏家们梦寐以求的珍品。南部联盟也仿制了大量的夏普斯步枪和卡宾枪，在这方面他们或多或少在一定程度上取得了成功。

世界级枪手

美国内战结束后，人们将注意力转移到密西西比河以西的大片未开发地带。几千年以来，这里一直是北美野牛（也叫水

上图：19世纪40年代后期到停止生产的30年间，克里斯蒂·夏普斯步枪一直是人们梦寐以求的武器。最初的夏普斯步枪使用携带火帽的纸质或亚麻弹壳，后来推出的新式枪型都可使用整体式黄铜子弹。此图展示的所有步枪和卡宾枪都是博查特到达该厂之前推出的枪型，携带外露击铁，一些枪支配备更长、更重的枪管，这些枪支的精确射击距离高达913米，由专业枪手使用时，精确射击距离会更远

牛）的天然牧场。这些庞然大物很快便成为了职业猎手捕猎的目标。猎手们捕猎野牛的目的不仅是为了获取它们的皮革来制作马车车篷，而且还要向潮水般涌入该地区的建筑工人提供食品。当时，联邦政府调遣这些工人来此修建铁路，这些铁路不久之后便成为殖民运动的主干线。此时，最佳精确射击距离为1000码的夏普斯步枪，再一次成为猎手们首选的武器。该型步枪可以使猎手身处很远的距离之外向单个猎物射击，而枪声却很难传到牛群中，从而不会惊动其他野牛。有许多实际记录显示，猎手站在一处便能够将100多头水牛射死。在许多情况下，猎手射死的野牛数量由他携带的子弹数量所决定。

即使夏普斯枪支的下降式闭锁装置足以处理推进气体泄露现象，但纸制或纤维卷制的弹壳还是有其他缺陷，尤其是它们极易破碎。19世纪60年代，随着黄铜子弹越来越普遍，许多本地军械工人开始对夏普斯步枪实施改装，使之配用黄铜子弹，这对于一位熟练的工匠来说，根本不费吹灰之力。美国内战结束之后，夏普斯公司也对所属枪支实施了完全相同的改装。1877年，夏普斯公司开始研制一种全新的夏普斯步枪，由工厂从德国温切斯特公司高薪聘请1860年移居美国的德国杰出枪支设计师雨果·博查特（最初移居加拿大）全权负责。雨果·博查特出色地完成了此次任务，为工厂生产出一种无击铁式步

枪。该种枪配置密封式撞针,加长型超重八边形枪管,射击精度极其惊人。这里需要补充一下,当初在温切斯特公司时,博查特就已经设计出一种旋转弹膛转轮枪,与柯尔特陆军1873型单动枪相匹敌。也许纯属巧合,也许事出有因,就在当时,柯尔特公司已经有一款下控制杆连发步枪,其特性与温切斯特公司正在研制的73型非常相似,而柯尔特步枪及温切斯特的手枪都未曾进入市场。1877年9月13、14日,在美国长岛克里德莫尔举行的世界步枪射击比赛中,美国派遣六名队员组成的小组参赛,最终获得冠军。美国小组三名队员使用的是便是博查特开发的新式步枪,另三名使用的是雷明顿旋转后膛闭锁步枪,而他们最强劲的对手,卫冕冠军爱尔兰队,使用的则是较为落后的前装枪。当时,《伦敦运动新闻》作出了这样的评论:看来从夏普斯步枪家族中,美国人至少获得了一种比赛用枪,该种步枪在远距离攻击的射击精确度是其他枪支所不可超越、举世无双的。尽管取得如此的成就,两年后夏普斯步枪公司却关门了,原因是该公司生产的价格高昂的新产品,在面对市场上大量涌现的低成本、高性能的连发枪时,毫无竞争力。

7 步枪的演变

19世纪,尽管经历了60多年的发展阶段,步枪的性能仍然不尽如人意,子弹装填过程缓慢,故障频繁,因此,在残酷的战场上,根本不能满足需要。然而,随着整体子弹的发明,所有情况都发生了变化。

金属弹壳具有无可比拟的完善特性，这使得使用前装枪的主张丧失了最后一个理由。尽管这只是一个十分次要的影响，但事实上金属弹壳的出现也意味着连发式步枪的发展成为可能。这种连发式步枪将备用子弹放置在某种型号的弹匣中，使用时将它们填入后膛。当时塞缪尔·柯尔特的连发式"火帽与子弹"左轮步枪已生产了一段时期，但该种枪从来没有真正投入有效使用或是大范围推广。连发武器装备各国军队还需要一些年来推广，但有些私人军队准备尽快装备使用该种武器，特别是在美国密西西比河以西全面开发的运动中。当时，一些州立兵工厂以及自称为政府承包商的公司开始以各种方式致力于生产单发式后装武器，其中许多武器只是由这些公司经过极为简单的改造措施而推出的，他们之所以这样做，旨在将当时现存的数百万支后装枪改装成为新型枪支投入使用。除此之外，他们还对更早期生产、更不完善的一些后装枪进行了改进，这些老式枪支现在通过实施大规模的改进之后，都可以投入使用。

其中，在对现存数百万支后装枪改装的过程中，采取了两种非常重要的改进方法，即分别对英国军队以及美国军队的配枪进行升级。事实上，这两大改进特征相似，而且几乎在同一时期实施。就在1865年，英国军队还在使用恩菲尔德1853型前装式来复式火枪，口径为0.577英寸。令人称奇的是，尽管当时英国具备高超的枪支制造技术、改良技术以及非常发达的制枪工业，但对军队现用枪支进行改装的建议却是由美国纽约的雅各布·施奈德提出的，即将现有枪支改造成为后装枪。施奈德的改装方法极其简单，就是要求枪的一部分后膛长度超出7厘米，能够向外旋出。闭锁装置沿右侧将其安装于原来的位置，附近的简易闭锁装置使其能够保持在原来的位置起阻滞作用，将倾斜撞针置于其中原来击铁下落的地方。

施奈德的改装方法

对于施奈德提出的改装方法，不管是其实施过程还是投入使用，都十分简单直接，它唯一的严重缺陷是将退壳器置入闭锁装置之中，这种设计极为粗劣。由于退壳器要倾斜成一定角度才能工作，这导致它只能退下子弹发射之后所留下的部分弹壳，因此，如果想将弹壳完全退出弹膛，最为有效的办法是将步枪倒置左右摇晃。使用时，这些过程都会极其频繁地出现。尤其是在连发快速射击后，热膨胀导致废弹壳受到挤压，这时退壳爪将剥离弹壳的铁边，注意，这里提及的子弹是合成的博克瑟子弹。如果弹壳残留在弹膛中通过上述方法不能去除，枪手只能用刀将残留部分挖出；如果这种应急方法失效，则必须将枪支交给军械师来处理。毫无疑问，由于经常会出现上述问题，因此，通过该种方法改进的枪支并不能在战场上激发士兵的自信心。1885年，随着更为坚固的整体拉伸式子弹成为标准子弹之后，上述情况便得到改善。尽管存在上述缺点，由于这种改装后的步枪逐渐声名远播，恩菲尔德-施奈德公司还是在此后的六年战乱中继续充当主要的枪支供应商。从1868年罗伯特·内皮尔爵士在远征埃塞俄比亚战役中初次登场起，直到一种令人满意的替代品出现之前，恩菲尔德-施奈德改进型步枪一直在英国军队中充当主力的角色。直到进入19世纪80年代，一部分二线部队仍然装备使用该型步枪。

阿林天窗

美国改装斯普林菲尔德1860型和1863型来复式火枪的方法，与恩菲尔德采用的方法基本相似。斯普林菲尔德的军械长厄斯金·阿林在斯普林菲尔德步枪的改装过程中，同样也将前装枪的后膛旋开，也为其配置一个闭锁装置，但这次闭锁装置的连接部分位于前部，应用两颗螺钉将其固定于枪管上，向前上方张开，像一只天窗，该种经过改装的步枪因此而得名。在欧洲，该种改装步枪被称为"鼻烟盒"步枪，这是因为鼻烟盒的打开方式与该种枪后膛的打开方式相似。

与施奈德改装恩菲尔德步枪的方法相似，阿林在改装斯普林菲尔德步枪时，也在闭锁装置内放置了一支装有弹簧的倾斜撞针，由撞针将击铁的冲击力传送到火帽。恩菲尔德步枪在最初改装时，在后膛右侧安装的控制杆枪栓式简易退壳器较恩菲尔德-施奈德的设计更为可靠，但是，随后枪栓式控制杆便被一个U字形弹簧取代，当后膛张开时，弹簧可以自动发挥作用。最初，经过开天窗式改装的斯普林菲尔德步枪使用边缘发火弹，但仅仅生产一年之后，便开始转入使用性能更为可靠（但仍不尽完善）的博克瑟式中火子弹。同时，通过引进更为简便的枪管钻孔、细管焊接方法，能够将枪支的口径下降到0.50英寸。

1873年，斯普林菲尔德枪支的口径继续缩减至0.45英寸，使用的推进炸药为标准化的4.54克黑火药。按照美国综合使用以英寸的小数部分描述口径、以谷的数量衡量推进燃料的方式来描述子弹类型的标准，该种型号的斯普林菲尔德步枪称为斯普林菲尔德0.45英寸-70步枪。该款步枪几乎在19世纪末还在部队服役，尽管在此之前这种枪的一些功能已经完全落后，而且充当其推进炸药的黑火药可靠性越来越低。不仅如此，甚至到第一次世界大战爆发时，一些州的民兵组织仍然装备使用该种型号的步枪。

雷明顿下旋转式后退闭锁装置

在斯普林菲尔德的"天窗"步枪长期流行的时期内，为了确定并引进一种能够替代该种步枪的新型枪支，许多人都付出了不懈的努力。起初，研究人员将重点集中于研发另一款单发式步枪，该种枪即雷明顿旋转闭锁装置式步枪，从总体上说，该枪更为简单，但结构却更为牢固。该型枪的推出是里奥纳德·盖格和约瑟夫·赖德两人充分合作的结果。美国内战结束前的最后几个月内，新型步枪终于研制成功。1866年初，新型步枪最终趋于完善。然而由于时间太晚，导致无法在当时全球已经形成的武器市场内占据一定的份额。公司并不担心无法获得订单。事实上该公司生产的该种新型枪即便变得极为流行，而且1868年在巴黎举行的帝国博览会上，该种新型枪被评为全球最佳的步枪。但在当时，无法打开销售市场对雷明顿来说，无疑是一次沉重的打击。这里需要补充的一点是，当转轮手枪问世时，雷明顿公司也生产出了配置相同装置的单发式手枪。后来在1869年，雷明顿公司生意火爆，共售出一百多万支旋转闭锁装置式步枪。直到1933年，该公司还将该种枪投入限量生产。后来，仿制品开始盛行，斯普林菲尔德"天窗"步枪也是如此。这些仿制品不

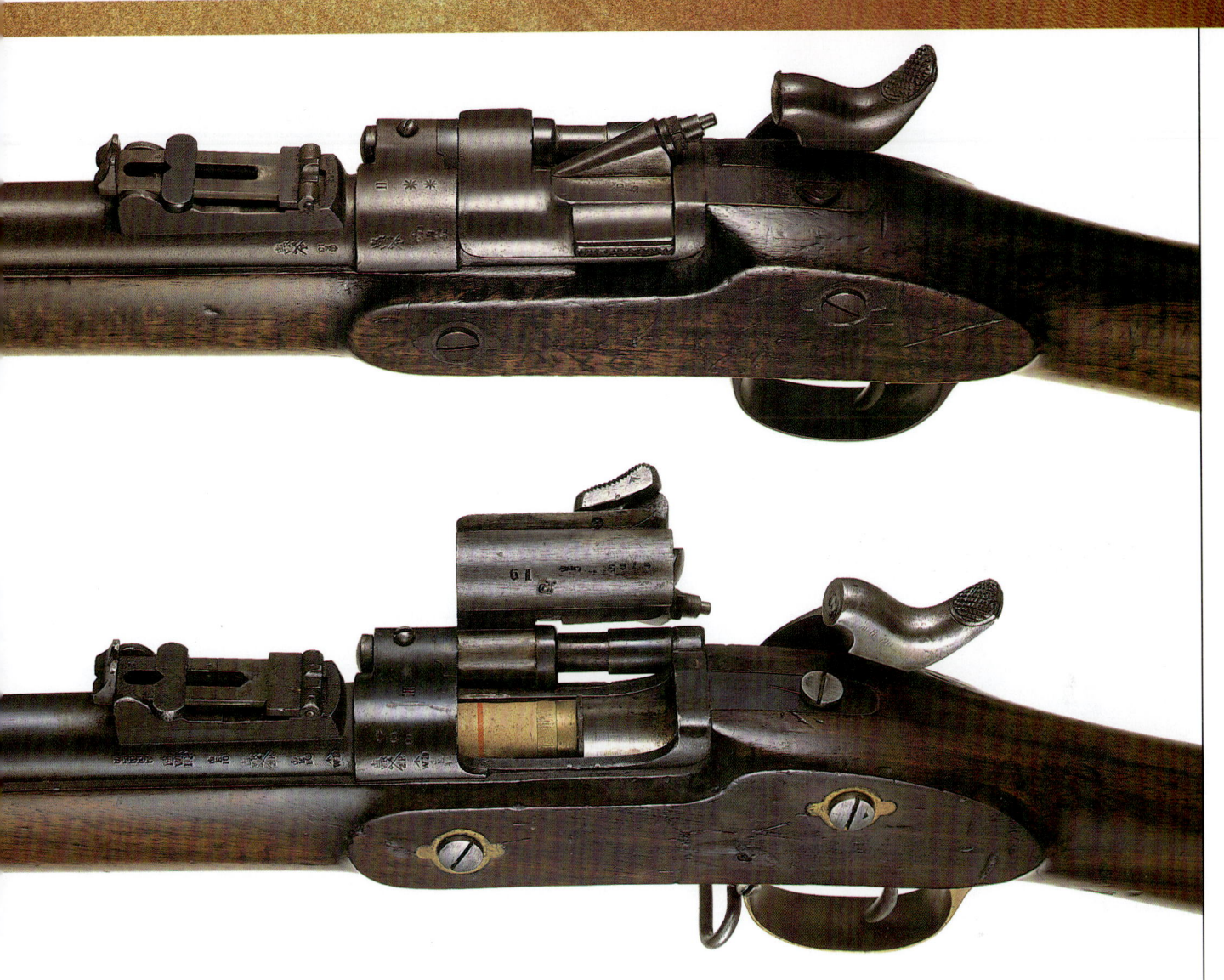

上图：经雅各布·施奈德简单改装的恩菲尔德1853型步枪，尽管实施改装仅仅是一时的权宜之计，但该种枪确实物美价廉

仅出现在展览中，而且在实际射击领域也经常出现。

雷明顿旋转式闭锁装置结构简单、牢固，之所以这样设计，目的是能够使枪膛中的压力将固定后膛和旋转闭锁装置更加紧密地压在一起。只需用大拇指向后拨开击铁露出整个扳机，然后通过扳机使后膛旋转；如果弹膛中有废弹壳，用退壳器退出，就可以打开该装置，随后装入新子弹，后膛上旋至关闭的位置，调整撞针，使其和击铁以及位于弹壳头部的中心火帽成一直线。对于一个受过专门训练的步枪手来说，应用该种枪确实可以保持高速射击，在适当的条件下，绝对可以保证每分钟发射15发子弹的射击速度。至于说该种步枪是否坚固耐用，已经经过试验得到了充分证明。当时，比利时列日市曾经设有一个世界枪支制造中心，该中心应用当时使用的推进炸药进行测试，证明这种步枪坚不可摧。测试中，测试人员为一支测试用枪装入48.6克黑火药的炸药（这是正常情况下该枪所装药量的十倍）和40颗超大体积的弹丸，这样，枪管已经被完全充满。射击时，枪支完好无损。测试中心主任这样说道，"当时，没有发生任何不同寻常的事情"。

总之，有十几个国家的军队都配备了雷明顿步枪，但这些国家中却没有该种枪支的原产国。1870年，美国海军最先决定装备使用该型枪，海军武器委员会定购10000支。然而，在生产过程中出现了差错，这些枪支的照门不在一条直线上。后来设计人员发现，如果不将枪管磨掉一部分，将无法纠正这一错误。但据说这些差错并没有造成损失，这10000支步枪正好在普法战争爆发之前卖给了法国。不过根据法国方面的资料记载显示，实际上仅向法国提供了约1000支，而且直到9月4日才运抵勒阿弗尔港，此时法皇早已向俾斯麦投降了。美国陆军曾经定购了少量雷明顿枪进行试用，由于该种枪的性能只是稍高于陆军当时装备使用的斯普林菲尔德"天窗"步枪，因此，陆军拒绝应用雷明顿枪替代"天窗"步枪。

下降闭锁装置

另一方面，对于英国陆军来说，使用恩菲尔德来复式火枪的施奈德改装型只是

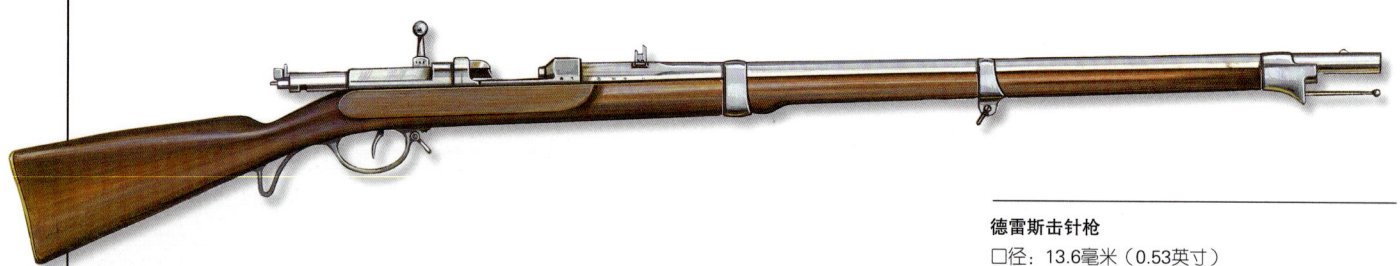

德雷斯击针枪
口径：13.6毫米（0.53英寸）
重量：4.6千克（10磅）
全枪长：1100毫米（43.25英寸）
枪管长：700毫米（27.5英寸）
有效射程：200米（975英尺）
构造：枪栓后装式单发步枪
子弹初速：295米/秒（960英尺/秒）
原产国：普鲁士

上图：瑞诺战役。1870年，狂妄的法国人对普鲁士宣战。尽管当时法国大部分军队都装备有更为先进的武器，但很快便在普鲁士军队的还击之下大败而逃

一时权宜之计，这对于军队的长期发展并没有多大的好处。因此，就在当时改装计划全面展开的时候，军方就开始寻求全新的替代枪型。根据有关资料显示，英军经过对多达120种不同建议所包含的不下49种各异的弹壳构造进行了研究，终于在1871年确定发展配置下降闭锁装置的步枪，即马蒂尼-亨利式步枪。

虽然从表面上来看，下降闭锁装置与克里斯蒂·夏普斯步枪所采用的装置相似，但它的性能与夏普斯步枪相比毫不逊色。下降闭锁装置是波士顿人亨利·欧·皮博迪设计的，1862年，皮博迪为该项技术申请了专利。该种装置的扳机护板向后延伸，形成一支控制杆，其形状正好能够插入拇指。由于控制杆向前方推进，驱动底部后缘处与枪支铰接在一起的闭锁装置向下旋转，从而露出弹膛。弹膛上端凹陷的光滑表面此刻正以某一适当角度倾斜，正好充当导槽，从此处装入新子弹。当时皮博迪认为加拿大和许多欧洲国家可以立即成为下降闭锁装置步枪巨大的销售市场。但在1865年，美国陆军为了支持实施斯普林菲尔德来复式火枪的改装计划，因而抵制任何新型步枪，包括其他种类的步枪。同年，瑞士陆军也展开竞赛，为了选用后装步枪，他们也抵制皮博迪步枪。不过，天无绝人之路，在一次练习时，皮博迪步枪引起一位瑞士人（也许是奥地利人）的注意，他就是马蒂尼公司的老板弗雷德里克·冯·马蒂尼，但该公司并非从事军火生意，它是生产蕾丝花边的。

马蒂尼-亨利步枪

马蒂尼认为皮博迪设计的步枪存在一些缺陷，因此，他决定开始着手对它进行改进。他去除了皮博迪步枪原有外露的击铁和贯穿其上的撞针。当时，枪手在使用皮博迪步枪的时候，不得不用拇指向后推动击铁。马蒂尼之所以采取上述措施，旨在能够安装一个隐藏型撞针。此时，撞针直接由枪支的触发机制驱动，只需单独降低闭锁装置位置便可将触发装置推进到发射位置，随后它便又会恢复到待发射状态。1867年，马蒂尼将自己经过进一步改进的步枪提交英国陆军为选择一种新式军用步枪而专门组建的委员会。他的改装取得了部分成功，该委员会对其采用的下降闭锁装置十分青睐，但却对沿用皮博迪的制膛线方式并不苟同。对于后者，马蒂尼完全沿用皮博迪最初的设计，没有对此作任何调整。委员会没有采用该种制膛线方式，而是选用了七年前本杰明·泰勒·亨利为奥利弗·温切斯特公司制造下操纵杆边火连发枪专门设计的制膛线方式。1868年中期，伍尔维奇皇家兵工厂工程项目主任狄克逊上校经过指导，开始制造综合采用下降闭锁装置和亨利制膛线方式的原型步枪，口径0.45英寸，专门用来装填底缘式中火弹。

1868年10月21日，狄克逊交付首支原型枪，随后便开始速射测试。其间，军士教官博特在53秒内发射子弹20发。随后进行外露测试，将试验用枪在污水和泥泞中浸泡七昼夜，按期取出，经过短时间迅速擦洗清理之后，又可以连续射击子弹共400发。最后，步枪射击教官麦金农上尉开始对该枪继续进行测试，按照要求，他要尽可能取得与博特早期一样的成绩。结果，麦金农上尉在63秒内发射子弹20发。随后，新式步枪获得批准，开始在恩菲尔

上图：同恩菲尔德-施奈德步枪一样，阿林改装的"天窗"式斯普林菲尔德步枪是对前装武器（1863型滑膛步枪）实施改进的一种方法，通过改进，便可以使原来的步枪装备使用整体子弹

德公司投入生产。从1871年起，新式步枪开始向步兵团交付使用。在1888年引进第一批李-米特福特枪栓式弹匣连发步枪之前，这种枪持续在一线作战部队中服役。随后，该枪转而成为开发新型枪支的试验平台，研究人员应用该种枪型试图将单发式下降闭锁装置改装成满弹匣连发枪装置，但无数次试验均以失败告终。在制造由用户订做的0.22英寸口径打靶步枪过程中，最终采用了马蒂尼推出的装置。设立在英国（以及其他国家）的伯明翰轻武器公司继续生产这种步枪直到20世纪60年代。

巴伐利亚人沃德

在制造新式军用枪支的过程中，选用下降闭锁装置的国家，除了英国之外，还有巴伐利亚军队。巴伐利亚军队选用的配置下降闭锁装置的步枪，其外观由纽伦堡的克拉默·克莱特机械厂主席约翰·路德维格·沃德设计而成。沃德设计的新型枪为M/69型步枪，口径11毫米。M/69型步枪最初并没有真正交付巴伐利亚这一德国第二大州的大部分军队，直到1871年他们结束德法战争返回本国之后，才正式为他们配发该种新式步枪。M/69型步枪与马蒂尼步枪主要的不同之处在于：沃德枪去除了后部安装的枪栓式控制杆，而由一个类似于扳机的小型操纵杆控制、具备反向曲面的配置弹簧的装置取而代之。设计人员将后者装入枪护木内扳机前端，扣动扳机之后，通过扳机背部驱动弹簧承载装置的反向弯曲部分来打开后膛。由于该种新型枪配置皮博迪和马蒂尼原来的下降闭锁装置，因此喷射与退壳都自动完成。最后，后膛关闭。通过拇指手动将外露的击铁末端完全拨回到击铁待发位置，枪支便处于待发状态。此时，用来打开闭锁装置的板簧也已经到位。如果将击铁尾部一半拨回到击铁待发位置，能够使枪支处于安全状态。

部件更少

沃德步枪有许多重要的特性，其中之一便是该种枪的组成部件非常少。将侧面控制板包括在内，其闭锁或发射装置仅仅由13个部件组成。相比之下，英国使用的马蒂尼步枪由27个部件组成，而亨利连发枪的部件不下49个。部件少不仅使枪支的保养工作和军械师的工作变得更为简单，而且使生产成本得以降低。正如前文所述，沃德步枪在军队中极受欢迎，这都归因于该种枪每分钟能够发射20发子弹，准确射击距离600米，有效射程1200米。该种枪的子弹初速为385米/秒，几乎与马蒂尼-亨利步枪的子弹初速一样。子弹型号为M/69型长型子弹，弹壳内装有4.5克黑火药和22克钝头铅弹。此外，当时还有一种威力较弱的M/69型短型子弹，这是专为M/69型卡宾枪和使用相同下降闭锁装置的单发手枪研制的。

M/71型子弹

后来，一切情况都发生了变化。为了在整个德意志帝国引进统一的制式子弹，德国当局决定为当时巴伐利亚军队装备使用的127000支M/69型步枪配备具有火力压制能力的M/71子弹，该种子弹产地位于斯潘多，之所以研制该种子弹，目的是为普鲁士军队装备使用、由毛瑟设计的M/71型枪栓式步枪提供配套子弹。于是，军方采取措施，对M/69型步枪实施改进，改进措施主要包括延长弹膛内的弹腔，随后安装经过重新校准的标尺。然而不幸的是，实际改装过程却极为糟糕，导致改装后的枪支经常出现堵塞和退壳不完全的情况。对

上图：一支得到妥善保存的阿林改装型"天窗"式斯普林菲尔德步枪。该种步枪于19世纪60年代推出，一直到20世纪才被新枪型完全取代

于枪栓式步枪，甚至是与夏普斯枪那样配备直立闭锁装置类似的步枪来说，出现上述问题是一种极其严重的缺陷，而且对于一支铰接下降闭锁装置的步枪来说，也确实是个非常严重的问题。战场使用时出现上述问题，枪手无法解决，只能将堵塞部分交给军械师处理。

事实上，上述缺陷绝不是M/69型枪的本来面目。这在不久之后便得到了充分的证明。当制造商根据新的规格制造出全新的枪支（共生产25000支）之后，使用新式子弹的M/69型步枪具备与改进前的M/69一样出色的性能。更准确地说，由于新式子弹是原子弹的进一步升级，新子弹的初速高达430米/秒，因此，新式枪比原枪性能更胜一筹。但在当时，由于改进型枪支出现了致命的缺陷，因此，已经为改进型枪支的使用带来了不利的影响。当时，巴伐利亚人就曾经考虑过这样一个非常现实的问题：如果巴伐利亚人必须拿起武器来保卫自己的国家，情况会怎样？这在当时的战争年代是必须考虑的问题。结果自然是极为肯定的，这是因为改进后的M/69根本无法使用，因此，只能使用全新的新式改进枪，而装备全新武器的巴伐利亚军队必然所向无敌。当时，巴伐利亚军械署署长卢特波尔德王子建立的顾问委员会称，改装后的M/69型步枪根本不能看作是完全适用于战争的武器。

M/69型沃德步枪改装失败之后，导致巴伐利亚决定用普鲁士枪栓式M/71型军用步枪取代所属军队装备使用的沃德步枪。卢特波尔德意识到该决策的战略内涵，最初要求安伯格的巴伐利亚州立兵工厂立即增加使用M/71型子弹的M/69新式步枪的产量，以便能够重新武装军队，但随后便得知增加产量是不可能的，因为该厂当时的全部生产任务是必须完成向普鲁士供应M/71型步枪的任务，在当时看来，这是一份非常有利的合约。当时少量的M/69型新式步枪，实际上是由设于奥地利施泰尔的约瑟夫·温德尔公司生产，尽管该公司是当时全球最大的兵工厂，生产能力也相当有限。卢特波尔德没有选择的余地，只有接受毛瑟步枪。事实上，卢特波尔德做出这个决定是向着奥本多夫生产的枪栓装置一统天下的时代迈出了第一步，尽管这个发展过程同其他时代的发展一样，也遍布坎坷与荆棘，并非是一帆风顺的。

毛瑟兄弟

毛瑟兄弟俩相差4岁。威廉生于1834年，保罗（有时称彼得－保罗）生于1838年，两人在安德烈亚斯·毛瑟所有的孩子中分别排行第11和第13。父亲安德烈亚斯·毛瑟在奥本多夫的符腾堡皇家步枪制造厂工作，是一名技术不很熟练的零部件锉工。兄弟俩从12岁起就开始到工厂干活了。很明显，毛瑟兄弟有着比一般工人更为远大的理想。当他们一达到相应的技术水平，就开始着手设计自己的作品，当然这是在业余时间利用工厂的设备进行创作。由于在工作中已经经历无数的德雷斯击针枪，因此从一开始起，两人就将自己的注意力集中于研制一种配置枪栓装置的步枪。19世纪60年代中期，毛瑟兄弟终于提出了自己的设计方案。两人不仅将这一设计向奥本多夫市市长进行了展示，还展示给驻州首府斯图加特的外国政府代表。

首次毛瑟设计

第一款毛瑟设计的新奇之处，在于该种枪的枪栓柄由两部分组合而成，两部分沿着柄杆分开，由柄杆头部穿过的钻孔定位螺钉相连接。后部分由弹簧钢构成，当枪栓被推进时，枪栓柄在扣板凸轮的推动下返回原位，释放撞针，撞针随后作用于枪内装填的中火弹火帽。普鲁士和巴伐利亚都拒绝使用这种步枪，其中，普鲁士做出该种决定主要是大使的个人原因，可以这样说，这位大使对枪炮设计的精妙之处一无所知。他告诉毛瑟兄弟，普鲁士政府并没有寻求德雷斯击针枪的替代枪型，显然他的说法绝对不符合实际情况。而至于说巴伐利亚，他们经过长期分析研究，慕尼黑手枪委员会指出，毛瑟兄弟设计的步枪在设计上存在漏洞，这些漏洞根本无法调整，因此他们也放弃使用该种步枪。只有奥地利欣然接受了该种新式枪支，而且该国陆军部部长毅然向雷明顿父子公司欧洲代理商塞缪尔·诺里斯展示了该设计的样品。但是，奥地利帝国政府已经于一年前做出决定，要自行研究一套改装程序以图对军队现有洛伦茨前装枪实施改装。奥

上图：法兰西第二帝国时期的步兵及其装备使用的夏塞波击针枪。夏塞波步枪于1866年推出，目的便是与当时的德雷斯击针枪一比高低

下图：尽管亨特-詹宁斯步枪的压制能力极低，但却是名噪一时的温切斯特下杆装置步枪的直系前身。

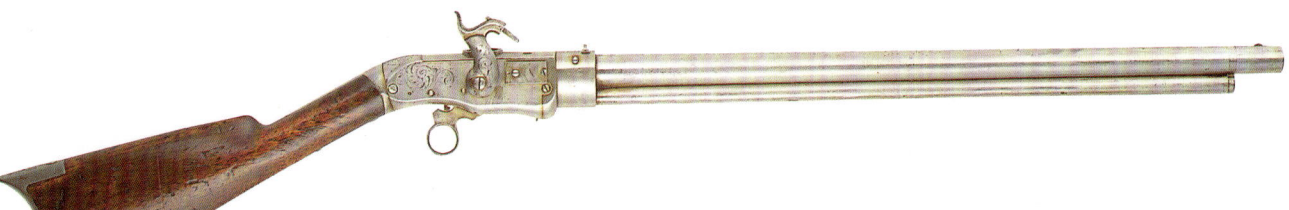

地利对所属洛伦茨前装枪实施改装的过程与英国和美国对所属前装枪进行改装的特点十分相似。因此，毛瑟枪在奥地利也被禁止使用。

毛瑟兄弟迁往列日

毛瑟步枪设计的真正过人之处，在于它适用于前装枪的改装。对于塞缪尔·诺里斯来说，他之所以对这种设计感兴趣，主要是出于自己利益的考虑。诺里斯认为自己为伊就法莱特·雷明顿以及雷明顿父子公司卖命本来就是权宜之计，并非自己的长久打算。他希望自己能够在一个有利可图的市场中占有一席之地，即使是昙花一现，也在所不惜。

1867年9月，塞缪尔·诺里斯来到奥本多夫，开始与大毛瑟谈判，试图说服两人迁往列日为自己工作。从最初开始，毛瑟兄弟俩就是非常明显的协作关系，兄弟俩之中威廉较有生意头脑，而保罗的设计天份则比威廉更胜一筹。经过一番讨价还价之后，尽管毛瑟兄弟并没有获得专利，而且权限也不十分明确，但兄弟俩还是与塞缪尔·诺里斯签署了一项合同，将自己的发明转让给诺里斯。兄弟俩共获得6万法郎的报酬，分十几年付清。这类交易在当时是极为罕见的。

最后，诺里斯无法售出毛瑟改装型枪支，结果只得违约。但此刻对于毛瑟兄弟来说，已经没有多大关系，因为兄弟二人在当时这个全球著名的枪支制造中心已经受益匪浅。他们不仅完全掌握全套的枪械工具以及在奥本多夫工厂根本无法接触的先进生产方式，而且除此之外，两人还结识了柏林斯潘多普鲁士军事枪支学校的重要人物，当时许多小型武器的生产以及采购的重要观点都源自该学校，1871年德国统一后，该所学校继续在整个帝国占据相同的地位。因此，兄弟俩这一段在列日的经历，对他们来说是非常重要的。

毛瑟-诺里斯步枪

在迁往列日后初期，毛瑟兄弟主要研制后膛步枪的改装方法，以便使其能够装填黄铜整体式子弹。一年后，两人推出一套完备的设计方案，并于1868年获得专利。当时，两人并没有对该项设计寄予太大的希望，但后来的发展却显示出该项设计具有极其重要的意义，大大超出两人的想像。此后两年内，德国各州已经大量使用该种枪支，而且还按照毛瑟兄弟设计的生产线对这些枪支实施改装。当时欧洲政府仍然拥有至高无上的权力，当一项发明对自己有利，他们就会以十分独裁的方式将该项发明为自己所用，根本无视对专利权的保护，因此，毛瑟兄弟在经济上到底获得多少利润，现在还存有争议。

1869年，毛瑟兄弟与诺里斯分道扬镳，但在此之前，两人研制了一种改进型步枪。该枪配置一套传统的枪栓式装置，这在很大程度上以后膛步枪为基础。诺里斯设法让该型步枪成为普鲁士步枪测试委员会举行的新枪试验中的新枪型。当时，步枪测试委员会实施这些试验的目的便是要发现一种新枪型，以此来取代当时早已经老化的德雷斯击针枪。因此，当时称该型枪为毛瑟-诺里斯步枪，与其他枪支一道闪亮登场。参加试验的其他新型枪支还包括新款下降闭锁装置沃德M/69型、马蒂尼式后膛步枪、瑞士维特利式枪；早已被世人遗忘的荷兰和比利时设计，以及希拉姆·伯丹（希拉姆·伯丹上校从美国陆军退役后，成了武器设计师）设计的新型枪。所有后述枪型都是配备圆柱体枪管的枪栓式武器。

当时，由于使用圆柱体枪管的步枪的历史大约已有35年，因此，从最初开始，普鲁士就在某种程度上对马蒂尼枪和沃德枪心存偏见。其中最吸引普鲁士人的是枪栓式装置，因此，我们已经有理由相信，当时在这些新型枪支中，最受青睐的必然是毛瑟-诺里斯步枪。

毛瑟1871型步枪

1870年5月，威廉·毛瑟来到斯潘多评估当时枪支所处的最新情况。随后，他在寄给弟弟保罗的一封信中这样写道："毫无疑问，普鲁士正在寻求新款步枪。在所有接受试验的枪支中，我们的设计绝对处于首位。仅就简便性而言，它就无与伦比，但是，准确地来说，这不是委员会所需要的。"

春去夏来，根据威廉从斯潘多寄来的建设性批评意见，保罗·毛瑟对设计的许多细节之处实施了进一步改进。他在奥本多夫的岳父的房子后面修建的一个小型车间内，开始了辛勤的工作。日复一日，月复一月，经过不断改进，一支越来越完善的新式步枪逐渐浮出水面。但是，当时普

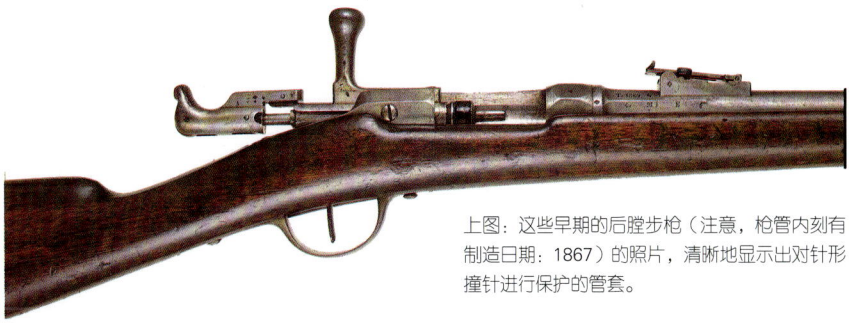

上图：这些早期的后膛步枪（注意，枪管内刻有制造日期：1867）的照片，清晰地显示出对针形撞针进行保护的管套。

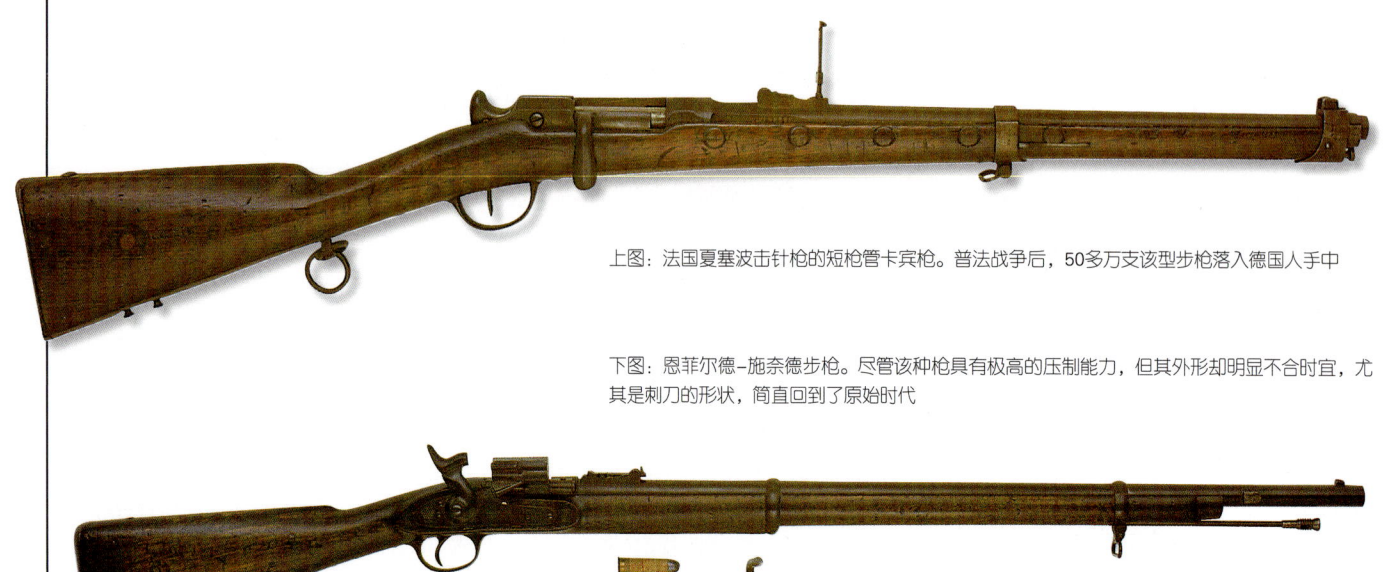

上图：法国夏塞波击针枪的短枪管卡宾枪。普法战争后，50多万支该型步枪落入德国人手中

下图：恩菲尔德-施奈德步枪。尽管该种枪具有极高的压制能力，但其外形却明显不合时宜，尤其是刺刀的形状，简直回到了原始时代

鲁士步枪测试委员会的枪支试验进展非常缓慢，在进入实质性的发展阶段之前很长时间，普法战争就已经爆发了。

第二年夏末，试验工作仍然没有任何进展。战争期间，装备沃德步枪的四个巴伐利亚狙击营，取得了非常大的成功。由于步枪测试委员会对沃德枪存有偏见，结果还是引起争议。然而到九月底，沃德枪最终还是被淘汰出局，与它一起被淘汰的还有角逐此次试验的美国、比利时、英国及荷兰的竞争枪型。此外，配置筒式弹匣、11发子弹连发的维特尔利枪也未能幸免于难，该种枪的筒式弹匣在枪身推出几年前已经问世。最终，改进后的毛瑟枪栓式步枪显然在此次角逐中笑到了最后，该种新型枪配置了新型保险机制，由保罗·毛瑟在不到两个月的时间内重新设计完成。

毛瑟步枪极其完美地打破了时间的限制。1871年12月2日，斯潘多的普鲁士皇家武器库获得指示，开始生产2500支口径为11毫米的毛瑟1871型步枪以进行进一步测试。1872年3月22日，战争部在给毛瑟兄弟的一张便条上告诉他们："国王陛下对步兵M/71型步枪的测试结果非常满意，并屈尊亲自下令将该种枪投入生产，以重新装备步兵。"毛瑟兄弟终于获得了成功。然而好景不长，他们很快便发现这只是一个幻想。

粗劣的发射机制

M/71型步枪的机械装置与冯·德雷斯步枪和后膛步枪非常相似，尽管为之设计的M/71型子弹比任何早期的子弹具有更为强劲的威力，但该型步枪所有重要的闭锁系统都根本谈不上先进。枪栓的直柄连在凸起的肋拱上；装置关闭时成直角状态。将直柄抬起竖立时，枪栓旋转90度，此时枪栓能够向后缩。这时，导向肋拱通过受弹器上部表面的凹槽。当肋拱（只起一个携带过厚垫圈的定位螺钉的作用）被受弹器梁的圆形肩部阻止运动时，受弹器的向后移动便被阻止。当枪栓后部的扣扳部件（向外延伸到装有弹簧的撞针，但并未与后者相连）将扣扳凸轮衔接在扣机上时，扣扳程序完成一次后退过程；当凸轮抑制扣机并克服次弹簧的压力使扣机无法前进时，完成一次前进过程。后来，保罗·毛瑟改进的保险轮档只是一个制动器，在扣扳部件与枪栓之间安装，应用撞针使其保持原位。撞针位于枪栓导杆后部，仅旋转90度角就可以使其啮合或分离。拉回枪栓时，废弹壳的边框被枪栓头部装有弹簧的退壳爪紧紧夹住，从而使弹壳从弹膛中退出。这里令人费解的是，M/71型步枪没有配备早期设计中的喷射机制，即受弹器底部的弹簧导杆。由于没有该装置，枪手不得不转枪支，剔出弹壳之后，才能装入新弹，拉回枪栓，使子弹进入弹膛，然后

回转枪栓柄，完成这一套程序。这样导杆肋拱后部（基本上是枪栓柄根部）使凸轮表面与受弹器梁前端衔接，插入子弹，密封（在栓头安装环状凸缘）并关闭枪支的机械装置。正如我们所见，德雷斯与夏塞波击针枪也采用同样相当粗劣的单面闭锁方式；当时人们接受了这些枪支使用的压制能力相对较低的炸药，但在后来，这些炸药的可靠性却不能尽如人意。如M/71型步枪所采用的M/71型子弹会导致子弹射击方向偏右，致使枪支的射击精度无法达到预期的标准。而且，长期强调使用第一款毛瑟连发枪也是一个错误。

不愉快的结果

尽管事实上毛瑟兄弟并没有自己的工厂及相关设备，但在推出M/71型步枪之后，没有获得M/71型步枪的生产合同还是大大出乎两人的意料。他们原本乐观地认为自己会获得大量生产订单，这样他们就可以建立自己的生产工厂了，然而事实上却是斯潘多、埃尔福特以及但泽的皇家步枪制造厂获得了该种枪支的生产合同。更为糟糕的是，当毛瑟兄弟的枪支生产数量未能够达到要求时，仍然没有获得其他追加性的订单，这样的订单事实上发给了巴伐利亚的安伯格皇家步枪制造厂、舒尔的施潘根贝格和索尔公司、希林公司、哈内尔公司、施泰尔的约瑟夫·温德尔奥地利

上图：1879年1月，英国人在罗克斯河滩遭到4000名祖鲁人的袭击。两名军官率领137名士兵（主要是南威尔士边民）坚决地保卫了浅滩。胜利主要取决于他们更猛烈、更强劲的攻击火力

武器制造公司，以及英格兰伯明翰的国家武器与弹药公司。实际上，毛瑟兄弟公司最后所生产的所有产品，仅仅是几千个表尺。

由于德国当时的实际情况，毛瑟兄弟甚至没有提前与普鲁士政府就枪支的发展费用问题签署一份协议。尽管当初普鲁士步枪测试委员会主席卡里诺斯基上校已经建议并明确同意为他们提供6万泰勒的经费，但最后兄弟俩还是只得接受军方提供的8000泰勒资金的现实。然而更为不幸的是，普鲁士政府很快便宣布了新式武器设计属于国家机密项目，因此他们兄弟俩甚至无法为"自己的"步枪申请专利，这对于已经处于窘境的兄弟俩来说，无疑是雪上加霜。专利无法申请，那么专利费用也显然无从说起了。最后，鉴于毛瑟兄弟的突出贡献，威廉皇帝授予两人"无条件核准现款馈赠"作为补偿，合计12000马克。

毛瑟兄弟公司

1873年年底，符腾堡州政府向毛瑟兄弟公司定购M/71型步枪100000支，要求在此后五年内交付完毕。其中，前11000支枪的价格为每支22泰勒，其余枪支价格的单价为18泰勒55格罗升。后面的价格几乎与普鲁士之外的制造商向柏林政府索取的价格相同，而更为重要的是，符腾堡政府还同意将奥本多夫的皇家步枪制造厂让毛瑟兄弟收购，由符腾堡联合银行提供所需资金。这样，1874年2月5日，毛瑟兄弟公司终于正式成立了。

M/71型卡宾枪

1875年，为了向骑兵提供所需装备，毛瑟兄弟公司生产了M/71型短型卡宾枪，这种卡宾枪除了将M/71型步枪860毫米长的枪管缩短为485毫米、去除通条之外，设计上唯一真正的改进是将闭锁装置柄弯曲90度，这样当装置关闭后，可以将它转至靠近木质部件的一侧。此后，与以前相同的遭遇又降临到毛瑟兄弟身上。普鲁士当局向设于施泰尔的温德尔公司定购该种卡宾枪60000支，萨克森州也从该公司定购了10000支，而施潘根伯格和索尔公司、希林公司、哈内尔公司则共向巴伐利亚（在部分交易中，还包括生产数量相似的夏塞波步枪）提供该种枪14000支。实际上毛瑟兄弟公司仅为符腾堡皇家骑兵队生产该种枪3000支。

毛瑟兄弟公司从成立之初开始不断得到发展。随着M/71型步枪"国家机密"地位被撤消之后，他们便有机会将产品销往海外其他市场。

毛瑟兄弟获得的第一份出口订单来自中国清王朝，当时中国军方向该公司定购了M/71型步枪26000支。1878年，刚刚摆脱土耳其统治获得独立的塞尔维亚政府与该公司签署了一份更大的订单，定购100000支毛瑟–Koka78/80型改进型步枪，该种改进型步枪口径为10.15毫米×63（第二个数字表示弹壳长度，同样以毫米为单位；该数字用作枪支的辅助标定指标，直到今天仍然在实际中使用，之所以增添该

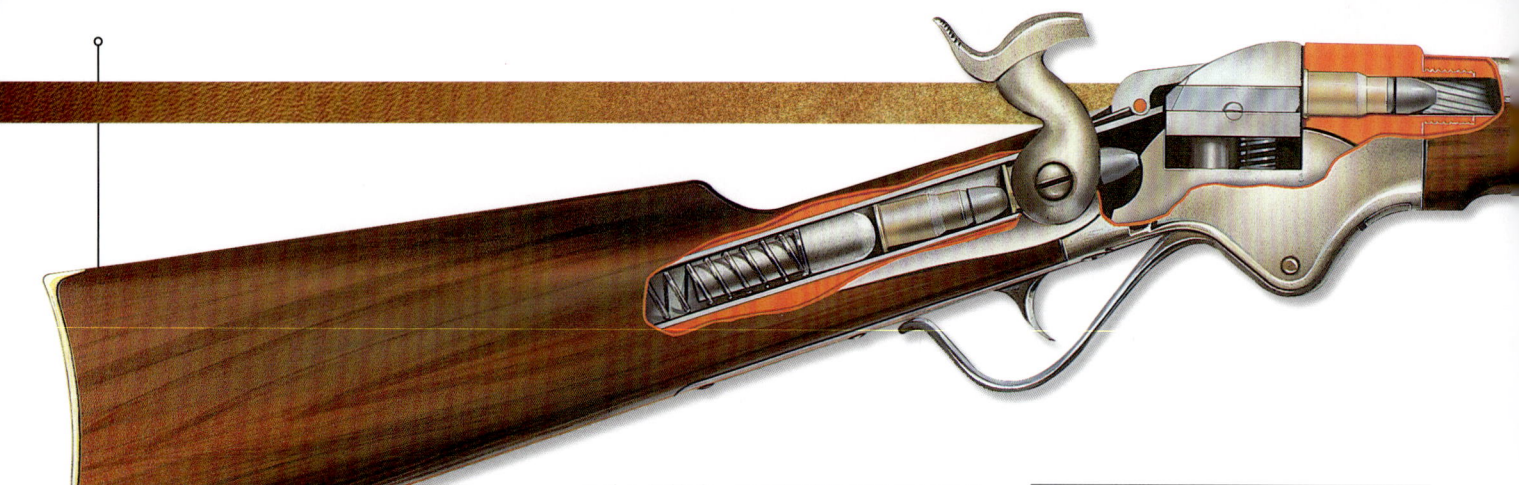

项指标来描述某种枪支，因为有许多款口径相似而长度各异的子弹并不能通用），枪管配有楔形膛线，枪管的四个棱面的宽度从枪管向枪口呈现渐缩趋势，从4.7毫米缩小到枪口处的3.9毫米。M/71型步兵步枪没有配置安装弹簧的退壳器。

温德实施改装

这些改装并不是毛瑟基础设计枪支所接受的唯一改装，但令人称奇的是，引发实施这些最重要改装的灵感，并非来自保罗·毛瑟本人，而是源于一位年轻的普鲁士步兵中尉温德。最初，毛瑟M/71型步枪的点火功能，即其撞针撞击火帽所产生的力经过检测，发现存在一种缺陷，正因为如此，导致该种枪偶尔会出现瞎火的情况。此后，研究人员经过研究，得出三种解决方案：第一，加大向前推进撞针的螺形弹簧的弹力，不过这样做会产生一些不利的副作用，需增大关闭闭锁装置所需的力度；第二，将扣扳部件的重量减轻，这样撞针的重量就会减轻，向前推进时所必须的推力便相应减少；第三，这便是温德提出的建议，即将扣扳部件和撞针合成一个整体。其实，M/71型步枪存在的上述问题并不是很严重，而且在1876年，最初设计的子弹所携带的外凸式火帽被更新为需更少能量就可以激发的平面火帽，因此，当初为解决上述问题而引发的各种思考也显得没有多少实际意义了。尽管如此，毛瑟兄弟公司还是在为塞尔维亚生产枪支的过程中，采用了温德提出的改装方式，生产出了M71/84型连发步枪。

上面提到的缺陷，经过改装之后得到了调整，但是，M/71型步枪还存在一些设计上的缺陷，这些缺陷是无法通过部分改装就可以得到调整的。首先，用以将前握柄与前部枪管固定在一起的束带通过在枪管下部凸出部位安装的固定螺栓进行固定，采用这种方式旨在紧密固定刺刀。束带的作用旨在防止枪管自由振动，但事与愿违，该种安装方式却使子弹偏离自己所射击的目标。其次，尽管看似并不十分重要，但M/71型步枪采用的单面闭锁方式（将枪栓柄根部扳至受弹器梁右侧前方的闭锁表面）也会导致子弹以一定速度偏离射击目标，但该种方式引发的射击误差可以预测，因为采用该种闭锁方式之后，后坐力的作用会促使枪管向右侧倾斜，从而离开射击目标点。尽管这两个问题都不是M/71型步枪的致命缺陷，但它们的确存在，这对于追求完美的保罗·毛瑟来说，无疑是一种极大的困扰。而且，恐怕其中最小的缺陷，到后来反倒成为他最大的困扰。

第一批连发步枪

19世纪70年代初，全球主要的军队都装备使用了有效射程为500米以上的后装步枪，结果大大改变了一代人以前的战争本质。此后发生的装备技术水平相当的战役中，步枪手已开始从掩体中向敌人射击，而不是在开阔的场地中防守。1853到1856年的克里米亚战争，与不到十年之后的美国内战一样，既刻板又生硬。克里米亚战争中的新兴强权帝国的殖民军队与美国内战中的美军士兵继续与他们试图征服的土著部族在空旷的场地中作战，但在这些战役中，通常是前者试图阻止土著部族获得现代武器。

在步枪的攻击火力之中，射程只是其中的一个要素。一支武器能够决定其有效射击火力的快速程度也是至关重要的，特别是在攻击的最后阶段，此时双方都已经耗尽了所有的弹药，进攻者必须与防御者从远距离射击转变为短兵相接，进攻者必须占领后者的阵地，把后者杀死，或打伤，或赶走。我们早已看到，在一个技术娴熟的枪手手中，新式单发后装步枪的射击速度为每分钟近20发子弹。如此高的射击频率，促使许多战略家长期以来思考着一个问题，即如果以上述射击频率展开射击，就意味着一个无纪律的士兵可以在很短的时间内耗尽所有的弹药储备，使自己在此后阶段处于没有防备的不利境地。正是出于这方面的考虑，导致连发步枪在最初并没有被引入欧洲，尽管人们在1877年上半年已经意识到它们的作战效用。当时，在保加利亚一个偏远地区普列文纳，30000名土耳其士兵被100000名俄军层层围困，时间长达数月。俄军之所以长期无法攻破土耳其士兵所在地带，这大半要归因于土耳其军队装备使用的温切斯特连发枪，该枪的射击频率远远高于俄国军队装备使用的伯丹单发枪栓式步枪。

当时，土耳其在欧洲已经没有盟友。

斯宾塞1865型卡宾枪

口径：14.2毫米（0.56英寸）（边火）
重量：4.2千克（9磅4盎司）
全枪长：1025毫米（40.25英寸）
枪管长：550毫米（21.65英寸）
有效射程：400米（1320英尺）
构造：7发子弹筒式弹匣，下杆装置
子弹初速：400米/秒（1320英尺/秒）
原产国：美国

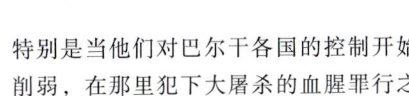

特别是当他们对巴尔干各国的控制开始削弱,在那里犯下大屠杀的血腥罪行之后。但是,后来土耳其在普列文纳(奥斯曼·帕沙在1877年年底以前被驱逐出境,第二年春天,俄军已兵临伊司登布尔城下,即当时的君士坦丁堡)暂时取得的有限胜利却使整个世界受到了极大的震撼。枪支制造商匆忙将设计的枪支改良为连发枪设计,而各国政府则争相购买这种枪支。此刻,为了向大家完整地描述连发枪的发展过程,我们不得不回顾一下,重新越过大西洋,去考察一项已经几乎被遗忘的早期成就和它的几乎被遗忘的发明者瓦尔特·亨特,以及另一项久负盛名的贡献及其发明者克里斯托弗·M.斯宾塞和本杰明·泰勒·亨利。此外,还需要考察由某一位杰出人物为连发枪的发展所走出的决定性的一步,据说他在一生中从未开过枪,那就是奥利弗·费希尔·温切斯特。

下杆步枪

纽约布鲁克林区天才职业发明家瓦尔特·亨特是拥有数百项发明的发明家。他的发明包罗万象,从缝纫机到保险针,无所不有。这些发明也给他带来了无数的荣誉,但是却没有给他带来任何资金收入。1847年,瓦尔特·亨特发明的整装型子弹获得专利,这种子弹使用少量火药燃料,约0.42克,这些火药装入口径为0.38英寸的柱状锥形铅质弹壳,弹壳自身重量为6.5克,用火帽点燃。火帽通过阻塞子弹基座的木栓上设的小洞。与此形成对比的是,这一时期口径为0.41英寸、威力相对较弱的边缘发火弹推进燃料重0.8克,弹体重8.4克。两年后,由亨特本人命名的"意志连发枪"获得美国专利,该种枪配备使用上述整装型子弹的枪管下侧弹匣(击发器/撞针由螺形弹簧发力,它代替了当时标准的板簧驱动的片状击铁)。当时,由于资金不足,亨特立刻将专利权转让给机械师乔治·阿罗史密斯,此间的转让费不明。此后,阿罗史密斯的雇员刘易斯·詹宁斯对该种枪的设计展开进一步研究,不断简化、加强原枪的设计,因此,他本人也因为这些改进型设计而获得一项附加专利,他将这项专利技术也转让给了阿罗史密斯。随后,阿罗史密斯将这两项专利转手售予考特兰·帕尔默。后来,帕尔默与设于佛蒙特州温泽的鲁宾斯-劳伦斯公司鉴署生产5000支此种设计的步枪。

两年后,两位年轻的熟练制枪匠霍勒斯·史密斯和丹尼尔·贝尔德·韦森,在康涅狄格州为艾伦、布朗和卢瑟制作枪管时相遇。两人在空闲时间内继续对瓦尔特·亨特的设计实施进一步改进。1854年,他们与帕尔默一起加入军队,在自己

上图:马蒂尼-亨利步枪采用的下降枪栓装置。这一后期枪型非常有效地显示出其简单线条。请注意扳机护圈之上的杆式击发状态指示器

上图:虽然功能更强的连发枪已经出现,而且雷明顿旋转闭锁装置已经稍显落后,但它在当时仍然十分流行。该种装置使用简便,射击频率非常惊人

设计的基础上生产步枪和手枪。

威猛公司

第二年,史密斯、韦森以及帕尔默都跳槽加盟威猛连发武器公司,该公司是由来自纽黑文和纽约的约40名投资商组成的跨国财团,投资者包括钟表商、马车制造商、零售商以及衬衫制造商奥利弗·温切斯特。威猛公司继续生产步枪和手枪,唯一重大的改进便是这些枪支使用的子弹,新型子弹放弃使用黑火药,而以雷汞为原料的起爆火药取而代之,作为自动引爆的推进燃料,并且因此不必使用独立火帽。该种装药方式是由丹尼尔·韦森在参照弗洛伯特的设计之后推出,其本人仍对其功能十分不满。因此,1854年,丹尼尔·韦森又研制出一种真正的中火弹。威猛公司获得这种子弹及史密斯、韦森和帕尔默的其他研究成果的专利权,但却从未将这些专利技术投入生产。这对公司的发展来说,无疑是严重的失职。威猛公司的失职带来了无法挽回的后果,由于没有生产新设计的子弹,而最初设计的子弹性能又极差,最终给威猛公司生产的步枪和手枪带来灭顶之灾。1857年年初,威猛公司宣告破产,尽管该公司当时还有能力生产其他武器。同年3月19日,温切斯特以及少数几个最初的投资者收购原威猛公司所属资产,组建了新的枪支制造公司——纽黑文武器公司,温切斯特本人出任新公司总裁。

由于对武器的相关知识一无所知,温切斯特委任本杰明·泰勒·亨利负责管理公司的生产。正是由于亨利决定放弃手枪生产,将新公司的全部业务集中于经过基础改进的步枪生产,同时,亨利还设计出该种枪支使用的0.44英寸口径的边火整装型子弹,才防止了新公司步威猛公司后尘的可怕结局。新公司建立了当时最著名的一条步枪生产线。

从本质上来说,威猛公司生产的步枪是一种枪栓式步枪,虽然对于该种枪及后续发展的其他下杆步枪而言,枪栓由控制杆操纵并前后移动,控制杆与皮博迪和马蒂尼用于开启步枪下降后膛的控制杆十分相似。理论界人士指出,早期下杆步枪中所运用的闭锁直拉式枪栓的方法,并不比在枪栓座上旋转枪栓的机械装置安全,因为后者使闭锁凸轮受到栓柄的阻塞,这正是冯·德雷斯、夏塞波和毛瑟运用的闭锁方法。此外,关注一下最初的亨特、詹宁斯步枪以及威猛步枪是否装填使用威力较强的子弹也有一定的必要。无论如何,上述枪支都属于本杰明·泰勒·亨利归纳出的第一类枪,当时,他开始着手改进步枪的设计,为改进型枪支置入一对长度较短的水平拉杆,拉杆通过与连贯轴相连接,形成一个作用于枪栓的肘节套环,通过装载杆/压簧杆施加在枪栓上的力使其处于紧闭状态。

亨利对枪支实施改装之所以取得巨大成功,主要源于早期的设计基础,后者的重大意义从前似乎无人知晓。在亨利对枪

下图:殖民战争的战术与早期完全一致,那就是强攻。图中所示便是1885年在阿布克利的英国军队,看情况他们似乎装备使用的是恩菲尔德–施奈德步枪

马蒂尼–亨利步枪
口径：11.4毫米（0.45英寸）
重量：4.7千克（10磅6盎司）
全枪长：1310毫米（51.5英寸）
枪管长：850毫米（33.25英寸）
有效射程：400多米（1310英尺）
构造：单发式，下降闭锁装置式构造
子弹初速：400米/秒（1310英尺/秒）
原产国：英国

温切斯特1866型步枪
口径：11.2毫米（0.44英寸）
重量：4.2千克（9磅4盎司）
全枪长：1150毫米（45.25英寸）
枪管长：585毫米（23英寸）
有效射程：400米（1320英尺）
构造：13发子弹管式弹匣，下杆控制系统
子弹初速：400米/秒（1320英尺/秒）
原产国：美国

支实施改装之前，希拉姆·马克西姆选用温切斯特连发枪进行改装，因为他想证明一件事，即步枪射击过程中产生的巨大后坐力足以使枪支机械装置循环作业。因此，他想发明一种自动武器，一旦扣动扳机，就能够连续射击，只要所装弹药还没有全部耗尽以及还没有松开按下的扳机。这里需要指出的是，勃朗宁也选择温切斯特步枪进行研究，他也试图证明可以制造类似的武器，通过发射子弹时从枪管中放出推进气体驱动活塞，而后在活塞的驱动下使得枪支的整个机械装置循环作业。后来，马克西姆采用外肘节闭锁杆，适当对部分结构重新设计之后，使其成为他正在设计的机枪中有效的关键部分。使用外肘节闭锁杆旨在克服机械结构的缺陷，被用来延缓装置循环的肘节，可将其延缓至刚发射的子弹离开枪口为止。同时，弹膛和枪管中的压力下降至刚刚能够安全地开启后膛。至于说是否是本杰明·泰勒·亨利设计的简单的枪栓闭锁装置最初激发了他的创作灵感，现在肯定还存在许多疑问。

亨利步枪

除了发明了一种极其有效的子弹之外，亨利还推出了一种叉式撞针，该种撞针的针头可以同时击中两个位置。使用该种叉式撞针之后，使得早期边火子弹出现的瞎弹风险得以降低。亨利推出的叉式撞针设计以及改造型闭锁系统都获得了专利。从1860年起，纽黑文武器公司生产的步枪就以亨利的名字命名投入市场。

最初推出的亨利步枪为铁制枪身，但自从1861年起，亨利将枪身材质更新为黄铜。新枪采用枪身镀银工艺，雕刻精美，外观极有特色，其代表性枪支便是温切斯特曾经公开赠予陆军部长西蒙·卡梅伦以及海军部长吉迪恩·韦尔斯的枪型。温切斯特从一开始就清楚地意识到宣传具有无可比拟的重要意义。亨利将公司的主要业务都投入到了步枪的生产中，该种步枪枪管下部的弹匣容弹为15发，除此之外，其后膛中还携带一个弹匣。最初推出的亨利步枪得到极为广泛的宣传，人们称之为"16射手"。除此之外，亨利还生产更短小、更轻便的卡宾枪，弹容12发。

如果说亨利步枪存在某种重大缺陷的话，那么就是其装填子弹的方法。在这个过程中，首先需要通过腔口附近下表面的槽孔压缩弹匣中的弹簧，这样弹匣的前部分旋开，从此处可以装入子弹。通过该种方法为弹匣中装入子弹既缓慢又麻烦，而且还极易漏入泥土和灰尘。但在太多的美国高级军官眼中，新式亨利步枪的主要缺陷在于它的效率，通过试验表明，一个受过专门训练的步枪手能在5分40秒内射击120发子弹，其中还包括重装子弹的时间。这样高的射击频率使得缺乏经验的年青士兵产生了恐惧，如果在几分钟内便耗尽所有子弹，就会使得自己毫无防卫能力。正是因为出于这方面的考虑，当时亨利步枪无法成为美国军队装备使用的武器，事实上这大半要归咎于陆军准将詹姆斯·沃尔夫·里普利对亨利步枪心存的偏见。

到美国内战时期，陆军准将里普利一直担任军火委员会主管之职，在此之前，他曾经是斯普林菲尔德兵工厂的负责人，曾经亲历1855型来复式火枪的生产过程，以及1860年该种枪由引爆带引爆到火帽引爆的发展过程。对于里普利来说，世界上任何步枪都无法与自己曾经所在的斯普林菲尔德兵工厂生产的步枪相比，因此，他在自己的职权范围内，处心积虑地阻止军队配用亨利步枪。从表面上来看，他说这主要是出于担心在战斗中弹药消耗过快方面的考虑，事实上弹药消耗快慢只是纪律性问题，而不是技术性问题。里普利成功了大半，在整个内战期间，联邦军队只获得了1731支亨利步枪，而且装备使用该种步枪的军队参战的机会也很少。不久之后，我们便看到了里普利如何固执地故意妨碍议案的通过。

上图：图中所示为亨利下杆步枪，都是在1860年至1866年间产于康涅狄格州纽黑文市。当时，本杰明·泰勒·亨利已经与奥利弗·温切斯特决裂，由纳尔逊·金取而代之。后者出任公司主管和总设计师。请注意枪托设计上的细微变化、枪管（当然还有弹匣）的不同长度，以及用黄铜和铁制造的受弹器框架。图中展示的某些步枪上刻有一些标记，显示出这些枪支为"工厂标准"枪型，比普通型的步枪价格要高出几美元。我们可以预料到，经过特别工艺制造的展览用枪的装饰必然更为华美。当然，图中所示的所有步枪的口径，都是最初枪型的0.44英寸边火口径，后来便被更为著名的1873型步枪所取代

金氏弹匣

1866年，亨利的后继者、纽黑文武器公司主管纳尔逊·金（此时，亨利早已经建立了自己的公司，生产由自己设计、制有膛线的枪管）解决了亨利步枪弹匣的遗留问题。他在弹匣受弹器右侧设计了一个装弹时使用的缝隙，并为其设计了一个配套的弹簧盖。该种设计，不仅使用过程非常安全简便，而且在子弹还没有全部发射完之前，半空的弹匣也可以继续装填子弹，这对于早期设计的亨利步枪来说根本是不可能的。改装后的亨利步枪持续射击率增加50%，包括再次装弹的时间在内，平均1分钟可以发射子弹30发。改装后的亨利步枪推出时称为1866型，仍以亨利的名字命名。1867年3月30日，在1866型枪仅仅维持生产数千支之后，奥利弗·温切斯特对公司进行了重组，成立了温切斯特连发武器公司。从此以后，该公司生产的步枪中便没有了亨利这个名字。

温切斯特连发枪

尽管温切斯特66型步枪性能极其优良，而且在当时也颇为流行，但该种枪存在一个缺陷。具有讽刺意味的是，这个缺陷早在亨利为早期步枪设计子弹弹壳时就应该发现，但在后来推出的改进型步枪中，仍然使用该种存在缺陷的子弹。正如我们所见，边缘发火弹的材质比后来取代它们的中火弹的材质更轻，由于弹壳必须在击发器或击铁的作用下发生变形，这样，通过击铁的冲击才能够激发引爆器，正因为如此，亨利推出的子弹使用铜质弹壳。使用铜质弹壳的后果是限制了子弹所能使用的推进燃料的最大量，从而也限制了推进火药对子弹的冲击力度（这样不可避免地对弹道产生了不利的影响），这是因为如果铜质弹壳内填充过重的推进火药之后，可能会导致弹壳破裂，而且不可避免地导致受弹器内发生拥挤。这主要归咎于受弹器的紧密设计，使枪手难以清理受弹器顶端的弹射槽。

边缘发火弹的弹壳还有另一个缺陷，即它不能再次装填火药投入使用，而有独立引爆器的中火弹却可以。尽管这对于一个住在制枪匠或百货店附近的人来说当然无所谓，但如果是一个马上要面临野外生活的人，使用中火弹就具有非常重大的意义。他可能会在出发时带上引爆器、黑火药、铅棒、子弹模具和其他简单的工具，这样在此后的使用过程中，它可以在用过的弹壳中再次装填火药，可以使用多次。

征服西方之枪

后来，纳尔逊·金还对温切斯特66型步枪实施了进一步改进，使之能够装备使用中火弹，中火弹在不久之后便变得极为流行。除此之外，金还为改进后的新枪设计了配套的子弹。后来，温切斯特连发武器公司生产的弹药几乎与温切斯特枪齐名，当然这是后话。纳尔逊·金经过上述改装推出的新型枪便是所有温切斯特步枪中最著名的温切斯特1873型步枪。温切斯特1873型步枪与柯尔特式单发转轮手枪共同获得了"征服西方之枪"的称号。后来，当柯尔特公司开始生产使用0.44英寸-40口径温切斯特中火子弹的柯尔特单发左轮手枪，使得温切斯特中火子弹可以在两家公司生产的枪支中使用时，柯尔特手枪和温切斯特卡宾枪便在最初的五年内结合在了一起。此后，其他转轮手枪制造商也随柯尔特之后生产使用温切斯特公司中火弹的手枪，其中最为著名的便是雷明顿公司、史密斯和韦森公司。后来，温切斯特公司生产了不同口径的73型步枪，包括使用0.32英寸温切斯特中火子弹、0.38英寸温切斯特中火子弹的73型枪。温切斯特子弹极其容易辩认，它带有少许的"颈部"曲线，而在当时的其他子弹都属于直线型。温切斯特73型步枪持续生产直到1919年，总产量高达75万支。令人奇怪的是，在温切斯特73型步枪生产的同时，火力较弱的温切斯特火66型步枪仍然继续维持生产一直到1898年，此时，66型步枪已经售出17万支，大部分销往欧洲。

同众多的竞争对手相比，温切斯特能够胜人一筹的优势之一便是他极其精明的商业头脑。他是第一位对产品进行大规模宣传的枪支制造商，而他在宣传过程中所强调的正是自己的产品具有无可置疑的高质量：携带待触发扳机（通常情况下，极有眼光的持枪人还为该种枪配置孔式瞄准器）。温切斯特步枪经过极其精确的加工工艺完成之后，以每支100美元的价格在市场上开始销售。100美元的价格在当时非常高，当时欧洲的枪支制造商正在生产枪栓式筒式弹匣步枪，其价格比温切斯特步枪的1/5还要低。这里需要承认的一点是，顾客在购枪过程中，价格因素是影响其购枪的一个主要因素，他们都希望能够购买价格较低而性能优良的枪型。温切斯特步枪的价格是如此之高，因此被人们称之为千里挑一的枪型，当然，这个称呼还源自于该种枪的前枪托下端配有精致雕花图案的金属板。一经推出，便成为人们梦寐以求的枪型，甚至到今天，人们对该种枪的向往还极其强烈，比当初更有过之而无不及。

三年后，温切斯特又制造了重型步枪和卡宾枪，二者的构造基本类似，唯一的区别大概便是枪管长度。其中，1876型卡宾枪的前枪托几乎延伸到枪口处，且在枪管上方设有一个护手板。在当时，一般只有军用步枪才具备这两个特征。温切斯特公司推出的重型卡宾枪被称为1876型滑膛枪，这一名称可能会使人产生混淆的概念。土耳其军队正是使用该种武器在普列文纳重创俄国军队。

温切斯特1876型步枪

1876型步枪最初装备使用0.45英寸-75型子弹，该种子弹的特征与斯普林菲尔德的"天窗"步枪使用的子弹并没有多大区别，子弹重量为22.7克，推进燃料为4.86克的黑火药，它所释放的能量为73型子弹的两倍。在一些需要获得比小型步枪攻击火力更强的枪支的用户手中，1876型步枪相当流行。后来，1876型步枪最终配备使用口径为0.50英寸-95的"快弹"，0.45英寸-60"温切斯特中火子弹"，以及0.40英寸-60"温切斯特中火子弹"。1897年，由于黑火药枪支的市场逐渐萎缩，1876型步枪停产。最讲究雍容华贵的美国总统西奥多·罗斯福是一位狂热的打猎爱好者，他对大型猎物和76型步枪情有独钟。在他的影响下，许多猎手也对76型步枪产生了兴趣。加拿大皇家骑巡队也引进76型步枪，用该种新式步枪取代了原来装备使用的66型步枪，使其成为骑巡队的制式步枪。到19世纪70年代末，经过不到1/4世纪的辛勤耕耘，投入生产三款高品质的步枪，温切斯特连发武器公司逐渐壮大，成为枪支制造业一支不可忽视的力量。

斯宾塞卡宾枪

当时，在美国步枪设计领域中，还有一位伟大的改革家，他便是克里斯托弗·斯宾塞，后者与奥利弗·温切斯特的背景十分相似。尽管他也有政治抱负，而且在1866—1867年之间曾经担任康涅狄格州代理州长，但他是一个十足的生意人。早在14岁时，克里斯托弗·斯宾塞便离开了学校，到康涅狄格州曼彻斯特丝纺厂工作。后来，他又分别转入机械工具制造厂和机车制造厂工作，最后才来到纽黑文的柯尔特公司。在柯尔特公司短暂停留之后，斯宾塞重返曼彻斯特，随后，他便获得自己的第一项重要专利（缠丝机），那时他才刚刚20出头。1860年3月6日，即亨利获得专利之前六个月，斯宾塞发明的连发步枪获得专利。与其他枪型一样，斯宾塞连发枪配置柱状枪管装置，枪栓与下方安装的控制杆相连，该枪携带的7发子弹在枪托内的管内放置。这里需要补充的是，有一点让人无法理解，即斯宾塞是贵格会教徒，因此，他也应该是一个绥靖主义者。

联邦军队装备使用的斯宾塞步枪

同亨利步枪相比，斯宾塞设计的有效性略显逊色，这是由于斯宾塞设计的步枪并非通过下控制杆的前后运动激发将废弹壳从枪管中弹出，而后装入新子弹，所有的这一切都是通过大拇指向后拨来完成。斯宾塞设计的优点是具有更大的简捷性（相比之下，亨利步枪的活动部件不下46件），这使得其设计的步枪更为牢固，生产成本也更低。它可以满足枪管下方配置筒式弹匣的严格要求，这是因为对于携带筒式弹匣的步枪来说，每射击一发子弹，步枪的重心就会随之发生改变。此外，由于斯宾塞步枪子弹装填的速度更快，因此在一定程度上弥补了弹匣容量仅有亨利步枪一半的缺点。在亨利步枪装弹一次的时间内，斯宾塞步枪可以装两次子弹，尤其是在引进了布莱克斯利速装设备之后，仅仅把子弹倒入弹匣，就能使步枪一次性重新填满子弹。该种新式速装设备便是步枪手肩挂的子弹袋上携带的一种经过改装、有十几个已预先装填7枚子弹的子弹筒。

1861年，美国内战爆发。斯宾塞希望能够为联邦军队供应卡宾枪，因此，他直接向与此事无关的陆军准将詹姆斯·沃尔夫·里普利推销，后来里普利在斯宾塞步枪的问题上并没有给他提供任何帮助。但斯宾塞比温切斯特幸运，这也许是由于他精明的原因，他得到了亚伯拉罕·林肯总统本人的大力支持。林肯总统指示里普利为军方订购斯宾塞步枪。后来，由于生产速度无法满足要求，导致向军方交付期限大大延误。于是，不怀好意的里普利利用这一点以及其他能够想到的一切借口来限制订单的数目。因此，1863年，尽管里普利对采购斯宾塞步枪的问题仍然含糊其词，借口推托，但军队中的许多士兵，甚至整个部队都自己支付资金来采购斯宾塞步枪作为自己装备使用的武器。不久之后，斯宾塞卡宾枪便在军事领域中异军突起，名扬四方。

后来，林肯总统再次为斯宾塞步枪采购问题中的僵持局面扫清了障碍，这一次林肯彻底解决了问题。8月18日，林肯再度召见斯宾塞，两人决定应用斯宾塞步枪一试身手，结果，制枪匠的枪法略胜政治

上图：19世纪80年代末期的一位法国殖民步兵，他手中所持武器为M/1886型莱贝尔步枪，该种步枪一经推出便顿时使其他国家的所有步枪显得黯然失色

家一筹。两周后，里普利被免职，而他的继任者乔治·D.拉姆齐对斯宾塞步枪的态度恰好相反。可以说，里普利如何反对斯宾塞步枪，拉姆齐就如何支持斯宾塞步枪。

到美国内战结束时，斯宾塞已向联邦军队交付卡宾枪77181支和0.52英寸口径步枪12471支。除此之外，私人购买的枪支数量大概也与上述数量不相上下。

斯宾塞步枪的终结

后来，随着美国内战结束，同十年之后结构更为简单、射击火力更强的夏普斯步枪面临的遭遇一样，军方以及市场对斯宾塞步枪的需求也逐渐萎缩。后来，随着改进型温切斯特66型步枪推出，该种步枪口径更小、射速更高、容量更大，具有无可比拟的优越性，备受新生代的"牛仔"和拓荒者们的青睐，这使得斯宾塞步枪彻底退出了市场。1869年，斯宾塞连发步枪公司倒闭，其原有设备及库存产品也都被拍卖一空，大部分被奥利弗·温切斯特收购，而后者很快又将它们转手卖给了海外客户。

1922年，克里斯多弗·斯宾塞逝世。在他晚年时期，曾经为机械工具领域带来了许多重大改革，特别是为六角车床设计出螺纹切削设备。正如温切斯特从始至终是商人一样，曾经是温切斯特主要竞争对手的斯宾塞从始至终是一个工程师。

枪栓式连发武器

正当美国准备开始长期集中发展由操纵杆控制的连发步枪的时候（温切斯特步枪只是个开端，正如我们所见，另外三位天才制枪家约翰·摩西·勃朗宁、约翰·马林和阿瑟·萨维奇也打算生产后来广为流行的操纵杆控制的步枪，而且除他们之外，生产这种步枪的还大有人在），欧洲诸国显示出极为保守的态度，这是人们预料中的事情。欧洲方面认为，这种折叠枪栓装置尽管已经被证明能够为许多人满意，但对于操纵杆控制的安全性来说，仍留有一些疑问。而其中最为突出的问题便是以卧姿射击时，枪栓要优于下控制杆装置。无论如何，后来当欧洲开始集中发展连发枪的时候，他们专门研究枪栓式步枪。这些枪最初配置筒式弹匣。同温切斯特步枪一样，这种装置源自亨特为其"意志"连发枪配置的弹药储备机制。

维特尔利连发枪

我们已经注意到，早在1870年，当普鲁士仍在考虑选择何种新式步枪来取代德雷斯击针枪的时候，维特尔利筒式弹匣连发枪已经成为供应普鲁士军队的武器种类之一。弗雷德里克·维特尔利早在1866年就对连发枪进行了改进，在改进过程中，他采用了亨利步枪以及金–温切斯特步枪的部件，特别是弹匣的配置、亨利枪的子弹储存部件，以及金–温切斯特步枪的子弹装填盖。维特尔利连发枪在竞争中击败了皮博迪下降闭锁装置单发枪。对于后者，根据上文我们知道，马蒂尼后来将该种单发步枪进行了改进，并于1866年由瑞士联邦政府采用10.4毫米口径步枪作为正规武器，该种马蒂尼改装枪成为历史上第一种授权供应给政府的枪栓式连发枪。维特尔利连发枪装备使用填装3.75克黑火药和20.4克弹头的博克瑟子弹，子弹初速约410米/秒，较巴伐利亚M/69型的子弹初速稍高，但低于即将问世的M/71型子弹。此后，维特尔利连发枪持续向市场供应，直到最终被M/1889型施米特–鲁宾步枪所取代。当时，法国人为新型枪支的发展带来了新的发展趋势，他们开始转入使用更小口径的步枪，由于威力更强的推进燃料得以推出，使小口径步枪的发展成为可能，而M/1889型步枪正是在这样的大背景下推出的适应新形势的产品，而新型推进燃料的问世，也是"现代"弹药发展的最后一步。M/1889型步枪的发明者鲁宾是一名瑞士籍意大利人，后来他的名字被众多人诋毁，原因何在我们不得而知。他是联邦军队的一位少校，也是图恩地区军队技术实验室的负责人，还是无底缘弹壳和套头子弹的发明人，他于1887年发明了这两种子弹，而M/1889型步枪正是使用该种子弹的步枪。

克罗巴查克系统

亨利和金–温切斯特发明的从筒式弹匣中将新弹置入弹膛的方法并不是唯一的方式。奥地利人克罗巴查克就发明了另一种方法，后者在欧洲许多早期推出的连发枪中就出现过，特别是应用于法国M1886型步枪中。M1886型步枪通常被称为莱贝尔步枪，该枪以选用该枪的委员会主席莱贝尔中校的名字命名，这是当时法国的法定枪支命名程序。在M1886型步枪中，其给弹装置与M1874（该种枪基本属于后膛步枪，但经过法国上校格拉斯的大幅改装）式步枪的枪栓装置相结合，而另一位奥地利人费迪南德·弗利沃思早在1869年就采用了他为本国宪兵队步枪发明的类似方法。然而，在所有使用新式装弹方法的步枪中，最重要的是毛瑟M71-84型步枪。当然，M71/84型步枪之所以如此重要，并非是由于其本身特别完美（事实上该种枪并不完美），而是因为其产量及产生的影响，这一切都要归功于支持它发展的国家力量。

早在1875年，施泰尔的约瑟夫·温德尔就向普鲁士步枪测试委员会提交了一款配置克罗巴查克筒式弹匣的毛瑟M/71型连发枪，但它遭到委员会的拒绝，这是因为某些高级官员害怕无纪律的部队会在几分钟之内耗尽携带的弹药。很显然，温德尔没有过多考虑弗利沃思系统。当初，他在1869年收购弗利沃思公司，将该公司大部分设备转移到施泰尔后，就将该公司关闭。在一些他本人有权生产的武器制造之前，他就把克罗巴查克弹匣系统投入生产。随后，普列文战役打响了。在1877年6月至12月俄军包围土耳其占领的普列文期间，曾经进行过四次交战。三次是俄攻土守，而第四次则是奥斯曼·帕沙企图突破俄军形成的包围圈。当时俄军集结部队有100000人，而土耳其只有30000人。1877年7月20日，俄军攻打普列文北部和东部防御阵地，占领了几个前沿战壕，使防守的土耳其军队回撤到普列文镇外围。然而，俄军也遭受了惨重的伤亡，三分之二的军官及2000名士兵阵亡。7月30日的第二场战斗开始，俄军两个师的30000兵力攻打土耳其防守阵地。虽然俄军首先攻占土军两个阵地，但在夜幕降临之前，土军进行了猛烈反扑，又将这两个阵地重新夺回手中，在此期间，俄军又有169名军官和7136名士兵阵亡。9月11日和12日，俄军从三面突袭普列文，但很显然仍然未能达其所愿。仅在袭击奥马·塔布利加阵地中，俄军就损失了6000人，而在西南部，他们也没有占任何便宜。经过为期两天的苦战之后，俄军损失20600人，而土军只有5000人阵亡。

12月10日，奥斯曼·帕沙率领25000名土耳其士兵以及车中运送的9000名伤员，企图冲破俄军阵线。他们突破了敌军的第一条防线，但在俄军增援部队的猛烈反击下，他们只得回撤。尽管土耳其军队坚持战斗，但最后仍然被迫退守普列文。在这场最后的战斗中，土耳其军队损失5000人，俄军也阵亡2000人。此时，土耳其军队弹尽粮绝，没有任何退路，只得举手投降。在攻占普列文的战役中，俄军伤亡总数高达38000人。

此刻，即使是最保守的人，也已经立即清楚地意识到单发步枪已经严重落伍了。但是，别忘了，如果30000土耳其军队可以击退100000俄军，有谁会知道武装更先进的敌军，比如复兴后时刻想着复仇的法国，会做些什么呢？

首批毛瑟连发枪

1877—1878年间，保罗·毛瑟在内卡附近的奥本多夫设计出一系列弹匣，这些弹匣与M/71型子弹的插入孔组合安装。这些弹匣中，部分外形为简单的盒状，还有一些属于U字形弹匣。毛瑟之所以设计出这系列弹匣，目的是能够尽量以最低的成本将现有步枪改造成连发枪，但他的所有努力最后都遭到了斯潘多市委员会的拒绝。1878年，保罗·毛瑟为塞尔维亚的枪支定单提交了枪型设计，即枪管下方装有筒式弹匣的连发枪，该种步枪也是他本人最心爱的武器，早在1875年或1876年，毛瑟大概已经开始着手研究该种枪型的概念。但是，毛瑟的设计遭到塞尔维亚人的拒绝，原因是后者计划采购价格更为低廉的单发步枪。尽管毛瑟的设计遭到塞尔维亚的拒绝，但他还是推出一些筒式弹匣连发枪，并于1881年在符腾堡州斯图加特交易市场上展出。展出过程中，威廉皇帝对毛瑟连发枪产生了浓厚的兴趣，竟然花了很长时间仔细琢磨这些武器。第二年，普鲁士定购毛瑟连发枪2000支，并发往步兵营充当试验用枪。

改装

据说，连发步枪正如同M/71型步枪一样，节约子弹，而且不需要专门进行装弹训练。对于持有该种武器的士兵来说，事实确实如此。保罗·毛瑟对连发步枪实施了实质性改造，每个部件都彻底进行了重新设计，同时尽可能保持原状，以最大限度地降低再次加工的费用。

根据1882—1883年的军方试验结果，毛瑟再次对其设计进行了一些改进。他将试验用的连发枪弹匣（相应还有枪管和枪托）的总长度缩短，使弹匣的子弹容量从9发降低到8发，这样，既减轻了枪支重量，又或多或少改善了枪支的平衡，甚至还改良了弹匣清空时枪支重心偏移的问题，这个问题曾经在以前的章节中提到过。除此之外，由于在试验期间，经常出现这样的情况，即最初装备使用子弹的尖头部分在弹匣之中便将其前方放置的另一枚子弹引爆。为了避免这种情况的再次发生，毛瑟对M/71子弹进行了重新设计。利用重新设计子弹的机会，毛瑟还对子弹的引爆器基座做了进一步改进。

在筒式弹匣步枪中，尖头子弹冲击前方子弹引爆器，将成为一个长期性的问题，尤其是当套头尖头子弹大范围流行之后。后来，雷明顿彻底解决了这一问题。事实上，雷明顿是在弹匣管中设制膛线，也就是说，在弹匣筒内刻制并排的螺旋形肋拱，以此可作为子弹的行进通道，确保子弹不会沿直线排列，而是每一枚都与相邻的子弹成一定角度，这样弹头不会接触到前方放置子弹的引爆器。最后，毛瑟还把膛线深度从0.3毫米降低到0.15毫米，而且在后续推出的步枪中，弹匣膛线深度将继续下降。

精雕细琢

毛瑟对连发枪的改进，最大的改变在于子弹填充架上的受弹器底座。最初，此处设有一个固定的子弹插槽，后来毛瑟将其更新为非常复杂的锥形子弹载体，其后部安装有一个旋转轴。当锥形体向后伸缩并退出废弹壳时，旋转轴向前旋转，锥形体能够从弹匣中夹出一发子弹。子弹能够在枪栓（沿加长的退壳器道轨所导引）的作用下从水平状态旋转至弹头倾斜向上状态。随着枪栓再次向前移动，锥形体表面夹住新弹头，移动时将子弹推进到待发射位置。由于在实际使用过程中，射手需要随心所欲地锁住子弹，有效关闭弹匣，将步枪从连发武器恢复到单发武器状态，这样，要满足这种需求又使得连发枪的射击机制又继续走向复杂化。后来，毛瑟通过在受弹器左侧安装的控制杆实现了这一目标。控制杆可以在子弹的装填位置持久关闭弹匣，就在此处，控制杆与受弹器形

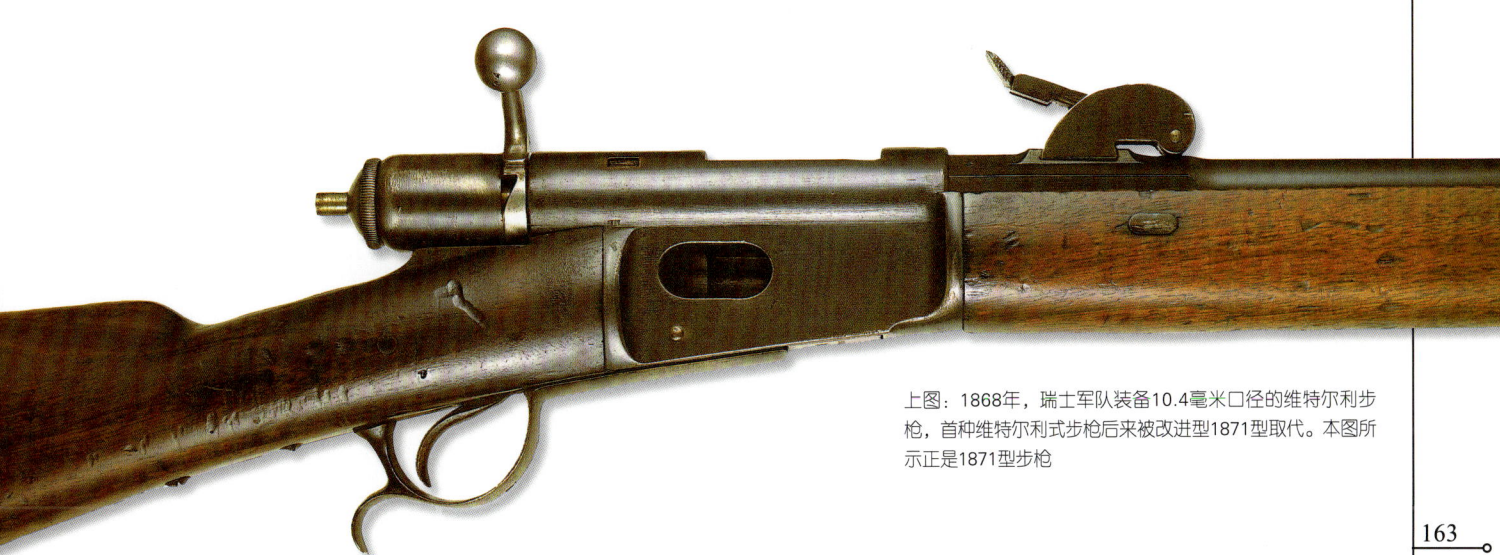

上图：1868年，瑞士军队装备10.4毫米口径的维特尔利步枪，首种维特尔利式步枪后来被改进型1871型取代。本图所示正是1871型步枪

成一个平面。这一闭锁程序只能在枪栓完全收回以及子弹运载器完全上升的状态下完成。但是，不少步兵打破了这一程序，他们试图在枪栓紧闭时移动控制杆，这显然是行不通的。

毛瑟对最初推出的M/71型步枪实施了许多重要改进措施，其中包括将扳机部件与撞针相连接的设计，这与温德提出的观点一致，而在前文中也有有关此问题的概括。毛瑟试图通过修改枪栓来解决步枪射击时子弹飞行线路向右侧倾斜的问题，他对枪栓实施了进一步改进，改进后，枪栓能够将枪支尾部两侧全部锁住。然而，尽管该种设计与第二年毛瑟开始向土耳其交付的步枪设计十分相似，但毛瑟所谓的该种"双阻"设备只不过是一种权宜之计。实际上可以通过调整准星，使之偏离瞄准线来弥补射击右倾的趋势。后来，这一调整方法为人们所接受，各工厂制造的M/71-84步枪准星都向右侧偏移0.6毫米。但是，军方允许部队军械师在极端情况下将准星的偏移量加倍，这意味着采取该种措施的时候，必须获得上级正式批准。

这一时期推出的毛瑟步枪，绝不是只向左侧或向右侧倾斜的枪支。由于在制膛线过程中，本身就对枪支的射击精度造成一定的偏差，而由于枪栓闭锁系统不十分对称，同样也对射击精度造成影响。一般情况下，要弥补这些偏差是通过将照门设置于楔形槽中，向左或向右侧调节照门。但是，后来随着枪手逐渐对自己使用的步枪的性能更加了解之后，只需按照射程的不同对准星进行相应的调整。也许，这种调整会取得更为满意的效果。

竞争对手的设计

总体说来，四家普鲁士州立步枪制造厂共生产M71/84型步枪约950000支，每支步枪的标定成本为43马克，其中不包括加工成本。如果将加工成本包括在内，每支枪的成本可达55马克，约2.75英镑或13.50美元。这次毛瑟兄弟公司确实赚了一笔，因为根据1878年德意志帝国修改的专利法，在首批生产的100000支步枪中，毛瑟兄弟可以获得每支3马克的利润，后续推出枪支的获利下降为每支1马克。后来，尽管奥本多夫工厂已经配备新型生产工具，可以生产新型M71/84型步枪，而毛瑟兄弟（实际上只有保罗一人，威廉已经于1883年1月去世）也希望能够为该工厂接到大规模的生产订单，但最终情况并未能够如他们所愿。最后，毛瑟兄弟公司共为符腾堡州生产了19000支M71/84型步枪，而且在后来将能够继续更好地利用其加工设备。第二年初，开始在奥本多夫生产与M71/84步枪无多大差别的9.5毫米口径M/87型步枪，向土耳其供应。正如我们所见，这标志着毛瑟兄弟公司真正成功的开端，尽管保罗本人并没有从中获得多大的经济利益。

武装普鲁士军队

1886年，毛瑟M71/84型步枪开始向普鲁士步兵团交付使用。首先是向存在争议的一些"帝国领地"（阿尔萨斯和洛林）交付使用，第二年年底全部结束。同年，法国引进了8毫米口径的莱贝尔步枪。法国自从1871年起就成为德国最危险的敌人。当时，法国接二连三地发生事端，其中包括法皇以及政府要员被俘和囚禁，国内心脏地带惨遭劫掠，边陲重镇及工业区阿尔萨斯和洛林长期沦陷。除此之外，法国还被德国索取巨额赔偿，当然，这是因为法国当局借口本国无法接受德国王子利奥波德成为西班牙国王而率先向德国开战。事实上这个借口根本站不住脚。1889年，同样是德国最为危险的敌人英国，引进了0.303英寸口径李-米特福特步枪，使11毫米口径的毛瑟步枪成为历史。当时，英国正在逐渐建立新的殖民地，尤其在非洲，英国与德国的竞争极其激烈。到1892年，筒式弹匣步枪已从所有前线部队退役，由7.92毫米口径的88型步枪取而代之。然而，后者的效果也确实差强人意。后来，德国的一些殖民地仍然保留使用毛瑟M71/84型步枪充当殖民地所属国民卫队的配枪，而且该种枪还被分散进行销售，每支标价4马克。

弹匣的发展

筒式弹匣有非常严重的缺陷，其中最重要的是螺形弹簧的内在局限性。螺形弹簧在力的作用下形成一个压缩环。在M71/84型步枪中，从弹匣内充满子弹到射击完毕成为空弹匣的过程中，压缩弹簧都不断发挥作用，该弹簧的正常长度为612毫米。此外，随着子弹逐渐耗尽，步枪重心发生偏移，重心移动也是步枪存在的一个问题。

各地的步枪设计师纷纷试验，希望能够发明一种能够替代早期系统的更具竞争力的系统。后来，本杰明·伯克利·霍奇斯基设计出一种枪栓式步枪，与斯宾塞曾采用过的一样，他在枪托中使用装有弹簧的弹管。1877年11月，美国陆军接受了由斯宾塞设计的新型系统，但仅仅使用该种系统实施进一步试验。霍奇斯基是一名美国人，当时他还在本国工作，但不久之后便移居法国，并迅速控制了法国的机枪市场，当然这是后话。

霍珀和插入式弹匣

几乎在同一时间，研究人员还对查菲-里斯卡宾枪进行了试验。该种枪属于枪栓式武器，子弹置于枪托弹匣中，但与早期步枪的放置方法不同的是，子弹置于两个完全一致的倾斜齿条之间，每一个齿条都有圆形齿缺，与内部放置的子弹的弹壳轮廓相吻合。齿条由枪栓的开合控制，交替反复挪动，进而使子弹一发接一发向前移动，每次将一发新子弹送入后膛。这种设计最起码解决了弹簧过长的问题，但也同时引发了一些新问题，因此，该种枪的实验很快便夭折了。

霍珀弹匣以及与其十分相似的插入式弹匣能够提供一种将现有单发步枪改装成为连发步枪的简单易行、费用低廉的方法，而且，由于可以轻易地使子弹向下滑出弹匣，因此也可以随心所欲填单发子弹。因此，尽管当时没有出现真正成功的弹匣，但霍珀弹匣与插入式弹匣在当时极为流行。其中，霍珀弹匣是在地心引力作用下向下装填子弹；而插入式弹匣是在弹簧的帮助下向上装填子弹，因此，这两种弹匣的装填方法都属于侧装法，而且子弹装填的手段完全相同，都是通过手工方式将子弹送入单发步枪的受弹器中。

英国人对霍珀弹匣极为推崇，对此，有人认为这主要是因为当时没有别的令人满意的方法将诸如马蒂尼步枪等的下降闭锁装置步枪改装成连发步枪。英国人甚至研制出许多使用霍珀弹匣的全新下降闭锁装置步枪，而在当时，欧洲其他各国军队都已经装备使用了枪栓式步枪。

旋转/绕轴弹匣

除上述弹匣之外，设计人员还提出了旋转或绕轴式弹匣，该种设计主要由奥地利人和德国人提出，其中，曼利彻、薛诺尔和舒尔霍夫三人都提出过该种弹匣设计。该种弹匣使用与左轮手枪的旋转式弹膛十分类似的装置，但子弹从侧面进入弹槽中，而不是从后部进入封闭式弹膛。旋转式弹匣的主要优点在于它们对未发射的子弹提供了一定的保护措施，但缺点则在于该种弹匣结构较为复杂。

1903年，经历了一段漫长的发展阶段后，设计人员推出一种使用其中一种弹匣的步枪，该种步枪由薛诺尔和曼利彻联合设计，并由后者设计下翻枪栓式装置。最终，希腊政府采用该种步枪作为军队装备使用的制式武器，口径为6.5毫米。尽管使用旋转弹匣装置的运动步枪曾经在20世纪初风靡一时，而且该种装置在萨维奇99型早期枪型中曾经长时间的流行风潮，但除荷兰殖民地步兵团和美国海军陆战队限量使用的约翰逊自动步枪之外，希腊1903M型步枪是作为一般性军事武器供应的唯一旋转弹匣步枪。后来，鲁格设计的10/22型10发子弹小型自动手枪和施泰尔-曼利彻SSG69型狙击步枪及竞赛步枪中都应用了旋转弹匣。

盒式弹匣

后来，一种独一无二、具有奇特造型的弹匣出现在由挪威皇家炮兵部队上尉奥利·克拉格和挪威皇家兵工厂工程师埃里克·乔根森发明的步枪中。令人称奇的是，克拉格步枪最后竟被美国陆军所接受。此外，挪威与丹麦也被该种步枪所吸引。该种步枪仅仅投入短期使用，我们将在下一章对该种武器进行详细的介绍。

总的说来，步枪在经历很长时间的发展之后，有一个必须解决的问题便是如何能够以简单可靠的方法，将子弹填入后膛。解决这一问题的最佳方案，是采用直接固定在枪栓下方的盒式弹匣，其中的子弹一个压一个，使用向内侧弯曲的瓣状物体（或有时用弹簧）阻挡，与弹匣内部的并联弹簧片（有时也称为折叠式弹簧）或"C"字形弹簧的向上推力相互作用形成一定的平衡；或是在使用某些早期构造的基础上，使用螺旋形弹簧控制的控制杆，这样，通过枪栓向前移动，就可以逐个将子弹压入弹膛。

詹姆斯·帕里斯·李

19世纪60年代初，詹姆斯·帕里斯·李率先研制出盒式弹匣，虽然这里提及的日期，其准确性还不能确定，但至少根据李本人后来的记载得知事实确实如此。这位苏格兰制表匠最初移民到加拿大，后来又迁往美国。李在军火领域的第一项成功发明是对斯普林菲尔德前装枪实施改装。在阿林的倡议之下，詹姆斯·帕里斯·李将斯普林菲尔德前装枪改装成为步枪并最终得到采纳。从此，他就全身心投入到步枪的设计中，首先与夏普斯步枪公司合作，后来夏普斯公司解体，他又加入纽约州伊利安的雷明顿制造厂。

詹姆斯·帕里斯·李最大的贡献是对步枪的枪栓装置实施了进一步改进，改进后的步枪有一个显著的特点，那就是枪栓后部闭锁突起。正是由于该装置的出色性

上图：图中系列经典温切斯特下杆装置步枪包括1873型和1876型（图左）以及后来的1886型（图右）步枪，口径、枪管以及弹匣的长度多种多样。请再次注意枪托外形的变化，尤其是极不相同的枪栓和闭锁控制杆，这些装置只在后来的步枪中才被引进。而在本图中，只有右下角的两支部分拆卸的步枪（请与左上角73型步枪的枪栓进行比较）中能够见到。图中，左下角的步枪特别引起人们的兴趣，因为它属于"千里挑一"的枪型，而且配有传统的枪托，上调觇孔瞄准器和超重型八边形长枪管

能，使英军决定放弃使用马蒂尼下降闭锁装置。19世纪80年代后期，英国军队开始选用与其他欧洲国家相同的步枪。1877年，盒式弹匣和詹姆斯·帕里斯·李设计改进的新型枪栓获得专利。1879年，这些装置先后被中国和美国海军采用。当时，詹姆斯·帕里斯·李确实成为军火制造界极其重要的人物，直到20世纪后半期，由他设计的基础装置仍然在英军装备使用的枪支中继续使用，我们还将在以后对他进行详细的介绍。

费迪南德·曼利彻

詹姆斯·帕里斯·李对步枪实施改进的同时，另一个与他经历类似的人便是费迪南德·里特·冯·曼利彻，后者是德国梅因茨地区的一个小贵族，早年迁往维也纳定居，此后便变成地道的奥地利人。1876年，曼利彻参观了费城的军火展示会，在此期间，他被军火世界深深吸引。随后，便与施泰尔的温德尔一起研究枪支发展中的一些疑难问题。在此期间，他对后膛设计的问题和弹匣的构成实施了大量改进，据说他改进的数量不下150种，尽管表面上听起来着实让人无法相信，但有一点确实可以相信，那就是曼利彻的创造能力十分高超。功夫不负有心人，1881年，曼利彻提出一种与詹姆斯·帕里斯·李改装的步枪极为相似的系统，该系统配置枪栓装置和安装在枪栓下方的盒式弹匣。曼利彻后期推出的一些枪栓装置以及他的一些成名设计，如奥地利M1895型步枪，都属于直拉式而不是与毛瑟步枪类似的下旋式，这些设计均采用由螺旋状导槽导入的旋转式凸缘闭锁系统。

施米特系统

除曼利彻之外，其他设计师也发明了直拉式装置，其中最为突出的是施米特，他将一套完全不同的旋转闭锁系统配置于他为瑞士联邦军队研制的7.5毫米口径M1889型步枪之上。除此之外，另一位设计师罗斯在对曼利彻系统实施改装的基础上，将改装后的系统用于自己设计的0.303英寸口径步枪之上，加拿大军队在1914年参战时，装备的枪便是该种步枪，只不过很快就换用了其他枪支。至于说美国海军，他们首先采用的步枪是詹姆斯·帕里斯·李设计的0.236英寸口径凸轮闭锁直拉式步枪，但在不久后也停止使用。

尽管上述步枪都存在根本性的缺陷，但在这一时期，许多人还是对直拉式装置提供了支持，我们将在下面对这些人进行详细介绍。尽管可以说上述直拉式步枪也取得了一定的成功，但毕竟无法与曼利彻的设计所取得的成功相提并论，后者于1914年在奥匈帝国陆军中被取代。

大约在20世纪中期，尽管曼利彻的名字仍然存在（早期的温德尔公司后来发展成为今天大家所熟知的施泰尔·曼利彻公司），但他的影响已经几乎消失殆尽。然而在19世纪80年代，曼利彻的名字处于世界枪支制造业的最前沿，由他设计的步枪在第一次世界大战之中得到了广泛应用，甚至在战后一些国家的军队还使用这些步枪。曼利彻M/86型步枪是最后一种由众多军队装备使用的黑火药新式大口径步枪。

曼利彻弹夹

曼利彻各种类型的枪栓装置与弹匣的主要设计都非常精巧，而且做工精细，因此它们的性能也非常可靠。正因为如此，这些装置在当时极为流行。曼利彻设计的双片式撞针在断裂之后较毛瑟步枪的同类装置更易于更换，其中，撞针发生断裂的情况并不罕见。尽管如此，曼利彻对当时的技术领域作出的最具影响力的贡献是发明了弹夹，该装置发明之后，使得盒式弹匣一次性装载成为现实，而不是早期单独将每发子弹装入弹匣之内。

后来，毛瑟设计出一种更优秀的装弹机（除此之外，他还设计出一种类似的设备，该装备最终用来装填李式弹匣，后来投入了大规模使用），在使用该种装弹机的过程中，需要应用大拇指将装弹机中的子弹向下压，使其装入弹匣。相比之下，曼利彻设计的弹夹能够全部放置在弹匣内。当弹夹内的子弹耗完之后，只需要通过弹匣开口之处将弹夹全部褪下来即可，然后再往弹夹中装入子弹，使用非常简便。曼利彻设计的后续弹夹型号正如第一次世界大战开始时德国军队引进的设备一样，当弹夹中的子弹耗完之后，就会突然弹出一部分，这样就主动地给枪手提供了一个视觉信号，提示他需要重新装子弹了。曼利彻之所以对早期的弹夹实施该种改进，旨在使弹匣与弹夹保持清洁，他通过配置弹夹底盘和作用于弹夹上的弹簧实现了这一目标。

曼利彻式弹夹的操作速度比毛瑟式和李式装弹装置稍快一些。尽管可能有人将曼利彻描述成一个受以往习惯影响很深的发明家，但是当他看到别人推出的新型设计时，他深知何种设计属于优秀的设计。当他在设计旋转式弹匣时，并没有着手推出自己设计的弹匣，而是采用了毛瑟早已经设计出的弹匣。

弹匣分离点

19世纪80年代，一项战术军备需求对欧洲军队选择弹匣式连发步枪产生了极大的影响，在今天看来，这种影响事实上非常不合时宜。当时，军方想知道是这些步枪在弹匣装满子弹之后，是否能够充当单发步枪。正如我们所见，毛瑟M71/84型步枪有该种功能，这主要是源于该种步枪配置的分离式控制杆能够将输送子弹的装置锁定在凸起位置。这一时期的大多数其他步枪也都装有类似的装置，比如当时用于试验的嵌入式弹匣步枪就配置有能够滑动或旋转的弹匣，这样它们就不会将子弹输入步枪后膛。之所以有这种担心，主要是由于军方高层很早以前就担心不顾纪律约束的军队可能会在疯狂的情况下迅速将携带的子弹耗尽，使自己在战争后期处于毫无防卫能力的不利状况。然而，后来在美国内战早期，则是里普利准将将以此为借口阻挠连发武器装备军队。正因为这些不必要的考虑以及后期里普利准将的借口阻挠，导致在19世纪80年代和90年代，步枪设计人员不得不在设计步枪时将一些毫无必要的复杂结构整合入新型步枪的设计当中。然而，在应用曼利彻装弹系统的步枪中，加入这些装置是根本不可能的，因此那些希望能够使用曼利彻系统的国家，只能放弃这些限制。奥地利和德国在短期内放弃了保罗·毛瑟的设计，这一放弃几乎给两国带来了灾难性的后果，各国逐渐发现那些多余的担心毫无道理。虽然到1893年上述因素还导致美国军方选用克拉格－乔根森式步枪，但对连发枪提出的上述要求最后还是被搁置起来。当然在不久之后，全球的军队都会面临完全相反的局面，即维持高速射击的能力将突然成为一种优势，但这在当时是被严格禁止的。

其他弹匣

除了上述弹匣的不同之处，不同种类弹匣在设计方面的其他不同几乎是微乎其微的。有些弹匣是可以移动的，比如李式弹匣；有些弹匣是不能移动的，比如曼利彻式弹匣；而在毛瑟推出的弹匣中，不仅包含移动式，而且还有固定式，除此之外，他设计的某些固定式弹匣具有可移动式底盘，能够使弹匣内保持清洁。在这些弹匣内，部分弹匣以单列方式装载子弹，而有一些则采用两列错排方式携带子弹，有些弹匣藏于步枪枪托之内，有些则突出在扳机防护装置前侧。事实上，这些变化并不十分重要，对于步枪发挥其应有的功用并不会产生多大的影响。同样，不同种类的旋转式枪栓装置也不会对枪手产生多大的影响（尽管有些装置会对枪手产生一定的影响，而且，直拉式枪栓装置同旋转式枪栓装置存在很大的不同）。

美国处于落后地位

对于枪支的发展来说，枪支的基本工作原理极其重要，枪栓式连发步枪的基本工作原理比当时的其他步枪更先进，因此，前者很快在全球发达的工业界被广泛接受并应用于军事领域，尤其是在同装备落后的土著军队作战的殖民战争时期。然而令人惊奇的是，在当今时代技术发展速度最快、拥有全球最先进技术的美国，在当时的步枪发展中却处于落后地位。当时，就在其他国家大规模装备弹匣式步枪之时，美国军方并没有引进任何型号的弹匣式步枪，这种情况一直持续到20世纪初期。

8 军用枪栓式步枪的发展进入高潮

到20世纪初期，战争逐渐发展成为大规模机械化战争，战场被快速、精确的远程火力所控制，但所有的发展都要归功于步枪本质的进一步发展以及使用与步枪子弹类似弹药的机枪得以问世。

19世纪80年代，尽管促使各国军队将自己装备使用的武器从单发步枪转变为连发步枪的原因属于强制性的，但在当时，他们实施该种转变的过程还是相当从容的。相比之下，对于众多的民众来说，他们还是需要继续使用军方过剩的武器装备，因为这些武器价格相对较低；而如果有支付能力的话，则可以采购温切斯特步枪。在前文中，我们已经提到德国军队是如何匆忙地将军方装备使用的单发步枪的新型改进型连发步枪投入生产，事实上改进过程所取得的成效非常有限。在选择新式步枪的过程中，经常会因为某种原因而使这一进程被推迟，有时这种推迟属于一种意外情况，有时则是臃肿的官僚机构办事不力导致的后果。但在当时，没有人认为这种推迟是一种不合理的行动，事实确实如此，因为在当时有一项发展项目即将完成，而该项目一旦完成，就会在一夜之间使当时所有的大口径黑火药步枪成为老化、过时的枪型。

尤其到19世纪60年代和70年代，为了在不增加总负载量的基础上，增加士兵所能够携带的弹药量，人们对步枪小型化的可能性开始给予足够的重视，而且出于同样的考虑，美国已经在一个世纪之前就开始缩小步枪的口径了。步枪小型化是枪支发展过程中的一个长期性的发展进程，而且到一个世纪之后，该种发展同样具有相当大的吸引力。

更小口径的步枪

在实验的基础上，根据简单的理论计算显示，对于使用黑火药推进的步枪子弹来说，其口径可以减少到某一最小值而继续发挥应有的功能，用军事术语来说，就是步枪子弹的口径最小可以达到9毫米。该种计算以一条简单的物理定律为基础，即子弹的动能和质量与速度成正比。为了使子弹具备同样的冲击动能，如果减少子弹的质量，就必须按比例增加子弹的飞行速度；而与此同时，为了使子弹发射时产生的后坐力保持在枪手能够承受的范围之内，弹壳中装入的黑火药重量也有一定的限制。此外，保持子弹质量不变，减小子弹直径的同时增加子弹的长度并不是理想的选择，这是因为如果采用该种结构的子弹，在子弹飞行过程中则需要按一定比例加快子弹的旋转速度，以便使子弹的飞行方向持续保持稳定，而这意味着需要装入更重的弹药来克服深膛线产生的阻力，这就会再一次增加枪支的后坐力。事实上，我们需要的是更新型的推进燃料。同黑火药相比，新型燃料的爆炸须更为完全、更易于控制，其目的便是为了能够给子弹提供持续的推进力。

新式推进燃料

自欧洲中世纪起，首先发明的新式炸药就是性能极不稳定的硝化甘油，该种炸药在跌落或甚至在发生摇晃的情况下就会发生爆炸，这是由意大利化学家索伯尔诺于1846年发明。大约20年之后，瑞典化学家诺贝尔解决了处理硝化甘油的某些难题。当时，诺贝尔发现了一种名叫硅藻土的物质，该种物质可以吸收三倍或四倍于自身重量的硝化甘油，根据硅藻土的该种特性，诺贝尔发明了性能更为稳定的硝化甘油炸药，正因为该项发明，诺贝尔获得了巨大的个人财富。

早在1838年，塞费尔·佩娄兹通过用浓硝酸处理棉花制造出一种高度易燃性物质，这一过程最后导致了硝化纤维以发明。另一位瑞士化学家约翰·克里斯蒂·斯科贝恩在处理棉花的过程中使用了硫酸，于1846年生产出后来闻名的火棉。保罗·维艾尔勒首次合成了具有实用意义的推进燃料，他将火药棉、酒精和醚的混合物制成胶状物质，进而生产无烟"B火药"，其中，B代表当时法国右翼的博兰格尔将军，他称自己是法国右翼的救世主，时任法国作战部长，是当时倡导法国因1871年事件而对德国进行报复的主要人物。尽管上述易燃性物质均已发明，但通过混合硝化棉与硝化甘油将以上两种生产方法进行联合的重任就落到了诺贝尔肩上。该种新型混合物与火药一样，是一种更为先进的炸药，与烈性炸药相比，通过改变其物理形态就可以对燃烧率实施控制，它的发明奠定了现代无烟推进燃料的发展基础。

无烟火药

由于维艾尔勒发明的"B火药"燃烧时产生的气体是黑火药燃烧的三倍，因此，该种火药可以产生相当强的推进力。但该种火药也有缺点，主要是它的燃烧温度极高，火药在枪管中的高温燃烧会降低枪管的使用寿命，而且，为了使该种火药发生爆炸，需要使用更为坚固的引爆火药外壳。但与此同时，该种火药能够满足枪支的后坐力与子弹射速的需求，使用该种火药之后，不仅能够提高子弹的发射速度，而且可以减少子弹发射时的后坐力，这完全归功于该种火药的燃烧过程比黑火药更缓慢、更平和。奇怪的是，后来通过在硝化纤维中混合更易爆的硝化甘油、一种矿物以及抑制剂石墨等，使"B火药"的性能得到了进一步调整。

在未加入延缓剂之前，人们发现通过改变火药颗粒、火药球或火药薄片的形状和尺寸（也可以将它们中间刺穿成为中空串珠外形以扩大表面积，进而加速燃烧）可以控制上述混合物的燃烧期。这就意味着火药燃烧转变为气体的速度可以实施调控，既然如此，很显然可以根据实际情况使火药的燃烧达到理想的状态。该种火药可以将子弹缓缓从弹壳中释放，在子弹离开枪管之前将其速度加速到最大。结果子弹出膛的速度比以前平均提高了50%，这就意味着射程得到增加，而与此同时射击精度也得到大幅度提高，这是因为子弹的飞行速度越高，地球引力以及其他因素作用的时间就越短，但有一点没有得到改善，即后坐力并没有减小。新式推进燃料还有另一个性能颇受欢迎，即该种火药在燃烧过程中几乎不产生烟。因此，它不仅根本不会使枪管发生壅塞现象，而且射击过程中不会因出现火花或摇动的标记而泄露枪手的位置，同时也使得枪手的视野更为开阔，能够更准确地瞄准目标。后一个因素在19世纪战争期间也有极其重大的意义，尤其是在交战双方中只有一方使用新式推进燃料而另一方没有的情况下。

8毫米口径莱贝尔步枪

维艾尔勒推出自己的发明之后，法国当然不会错失开发该种发明的时机。1886年，法国引进了8毫米×50R口径的莱贝尔步枪，该步枪使用装料2.98克火药和弹头12.8克的新型子弹，子弹枪口速度比以往任何一种步枪都要高，在700米/秒以上，高达音速的两倍。然而除了弹药之外，该型步枪已经属于落后枪型。由于该型步枪

上图：1915年4-5月，第二次伊珀尔战争时的加拿大军队。图为在敌人大规模进攻过程中，加拿大军队慌乱的景象，他们装备的是SMLE型步枪以及一架威克斯机枪

设计比较仓促，因而应用了克罗巴查克管式弹匣与子弹装填方法，而在当时，大多数其他设计人员已经开始使用垂直弹匣。而且，该型步枪同调整枪管的大口径管式弹匣格拉斯·克罗巴查克步枪相比还稍逊一筹，而格拉斯·克罗巴查克步枪早在八年前就被法国军方装备使用，即M/1878型步枪，不过仅仅装备陆战队步兵团。无论该型步枪过时与否，在憎恨法国的邻国德国面前，它仍然是非常有效的武器。1887年年初，一支此型号的步枪落到德国人手中。法国一名叛逃的士兵盗走一支该种步枪之后，出价20000马克售给德国，这件事使法国当局勃然大怒。因为如果德国军队掌握了该型步枪的各种技术，刚刚装备法军一线部队使用的M/71-84步枪会因此而变得没有任何优势可言。

新式火药的划分

"B火药"推出之后，其成分是严格保密的。但是，当该种火药一经公布，全球的化学家们都开始集中进行研究，有时甚至是夜以继日地进行复制。有些国家迅速取得成功；而有些国家则未能如愿，令人惊奇的是，美国就是其中之一。我们可以根据各个国家的军队加入到"小口径俱乐部"的资料，便能够将他们各自的进展情况准确地进行描绘。

在此期间，德国成为最早加入的国家之一，这在很大程度上应该归功于一个人，即来自洛特维尔-艾姆-内卡的马克思·杜滕霍夫。如果杜滕霍夫在其试验早期没有绕弯路的话，应该在法国之前研制而成，因此在这一方面，德国本来是不会输给法国的。大约在1880年，杜滕霍夫早已经开始为海军的舰炮研制一种黑火药（准确地说应该是棕色火药）。试验中，他应用部分炭化的鼠李木来代替常规的木炭，当时该项研究一直处于保密状态。1883年，几乎与杜滕霍夫的试验同时，保罗·维艾尔勒开始独立进行硝化纤维试验。但不同的是，维艾尔勒在试验中使用的是棉花，而杜滕霍夫则坚持使用烧焦的鼠李木，后者在试验过程中，不时会出现灾难性的结果。

试验炸药的爆炸结果是无法预测的，因此，当工人们对装有新型火药的枪支进行试射时，只能用很长的绳子牵引枪支的扳机，从远处引爆。但是，一旦新火药被证明可行时，就满足了所有人的期望。装填5克普通黑火药、25克软铅弹头的11毫米口径毛瑟M/71型子弹的枪口速度达到430米/秒；弹头不变，装入3.5克洛特维尔纤维素火药后，子弹的枪口速度可达525米/秒，而且枪膛气压和后坐力都有所减小。从特制枪管发射口径9毫米、重15.5克、装药3克的试验型子弹时，枪口初速可达607米/秒。然而在试验过程中，每一次试射结果之间的差异非常大，充分显示出试验过程中必然有某些部分是错误的；说明了鼠李木内部的纤维素含量极不稳定。相比之下，维艾尔勒使用的棉花中纤维素含量很高，而且分布更为均匀，这样以棉花为原料制成的火药爆炸结果就更易于预测。因此，经过试验得知，维艾尔勒制造的炸药具有实用性，而杜滕霍夫试验出的火药显然没有实际用处。

88型步枪薄片火药

试验过程中，杜滕霍夫一直在向普鲁士步枪测试委员会通报自己的试验结果。最初，他的研究伙伴们都表现出了极大的热情，然而，由于试验不断失败、枪管爆炸的事故时常发生，这些支持者逐渐退出这项危险的试验，而试验也因此被取消。尽管如此，杜滕霍夫对新型火药的贡献并没有因此而结束。1887年春，当一名法军叛徒将自己盗得的莱贝尔步枪和新式弹壳向德国出售时，德国化学家立即将步枪子弹中的推进火药递交德国定量与定性化学分析中心，试图探明该种燃料的制造工艺。但是，由于样品量不足，试验以失败告终。最后，当局请教马克思·杜滕霍夫的弟弟卡尔（杜滕霍夫与卡尔兄弟俩的情况与毛瑟兄弟类似——卡尔比杜滕霍夫更具生意头脑），问他是否能够获得更多的新型火药。卡尔认为此项目可给兄弟俩带来一份生产合同，因此他使用了一个迂回的方法，通过俄国以每千克500马克的售价向德国军方出售火药。事实上，同年11月，他们确实获得了合同，即杜滕霍夫将在以后的15年交付2500吨由自己制造的性能并不可靠的火药，每吨售价2500马克。

卡尔签署的这份合同只是一时得逞。

如果军方以任何方式证明采购的推进燃料性能不能令人满意的话，那么德国作战部有权取消订购合同。事实上，当德国政府的化学家一发现维艾尔勒火药的秘密时，该份采购合同便被终止。最终证明，维艾尔勒研制的火药性能更高。杜滕霍夫经过进一步研究，将维艾尔勒火药的整个制作工艺的细节情况递交德国作战部，因此获得了150万马克的奖励。后来，军方与杜滕霍夫签署复制维艾尔勒火药的生产合同，预付资金200万马克。1889年，德国政府开始正式使用维艾尔勒炸药。德国军方将该种新式火药命名为"88型步枪薄片火药"。维艾尔勒制造火药的秘密之一，就是将炸药制成薄片状，直径2毫米，厚度小于0.5毫米，他的该种试验没有辜负人们对他的试验赋予的期望。直径为8毫米、重14.7克，由2.75克"88型步枪薄片火药"推进的子弹射击时枪口速度高达620米/秒，因此，它比前面所述11毫米M/71型子弹发射时产生更多能量，同时子弹飞行弹道也更为平稳，还不会产生烟或残渣。

此时，为了充分利用新式火药的优良性能，发展小口径武器成了研究人员的主要任务。德国希望采用与法国同样的办法来解决本国的问题，要么对现役步枪重新设计枪管，要么同美国处理"天窗"步枪一样对现有步枪安装直径减小的枪管，但是他们很快意识到，由于M/71型步枪的闭锁装置无法承受额外的压力，同德雷斯击针式步枪相比，M/71型步枪并不先进。因此，德国只能寻求一种完全不同的解决方案，这就意味着需要设计一款新式步枪。

急速发展步枪

很显然，在以后两年内完成新式步枪的设计绝对是痴人说梦。另一方面，一个人想在这样短的时间内解决这一问题，绝对会被认为是精神失常，但是在下文中我们确实会看到这样的情况：我们正在记叙野心巨大、态度傲慢的德国如何获得最基本的战争武器，所有这一切在该国军政统治的政府内得到了最清楚的体现。当时，德国突然发现自己与邻国以及最坏的敌人法国相比已经远远处于落后地位，特别是自己就在15年前刚刚羞辱过法国，几乎使法国灭亡，而出现目前的这一严峻形势确

实使德国始料不及，自己最大的敌人在军事技术上已经大大超出自己，形势确实已经相当严重。德国作战部（主要是来自于高层的压力，即当时德国真正的统治者俾斯麦）坚决要求立即研制新式步枪，将其快速投入生产并尽快装备军队。然而军方发布这样的命令只会使事情的发展适得其反，以最糟糕的方式影响枪支的发展。

毛瑟迂回发展

此时，发展新式步枪的大本营很显然应该是在奥本多夫，然而，此时的普鲁士步枪测试委员会却傲慢无礼地将一切都揽在自己手中。1887年12月，步枪测试委员会发布一项研制新枪的有限竞争声明，邀请各设计机构为当局设计一种新式步枪。该委员会采用了一种典型的委员会方式，试图借助各设计机构的设计，将其特点进行综合，推出自己的新型枪支。然而由于各设计机构在提交设计之前已进行了各种试验，不同结构之间没有兼容性，因此他们都已遭遇了失败的结果。不能说此次委员会所采取的方式一无是处，但各设计中的那些互不相容的部件本已存在缺陷，他们这样胡乱拼凑势必使枪支缺点更严重。

步枪测试委员会选择的枪栓是由斯潘多兵工厂军械工人斯格尔米奇设计的，他在毛瑟M/71型步枪的枪栓设计基础上，将导向肋与螺杆垫圈去掉，用弹簧枪栓制动器取而代之。该种弹簧枪栓制动器安装在受弹器的位置，并且在枪栓头后侧配置两个对称的锁定套管。与该种枪栓联合使用的还有设置更陡峭膛线的枪管，沿膛线旋转一圈达到240毫米。从此以后，该种制膛线方法被广泛接受。此外，额定枪管口径为7.92毫米，膛线深0.1毫米，配置早期曼利彻式缺口装弹式弹匣。

后来，根据瑞士鲁宾1886年8月提出的建议，步枪测试委员会决定对新式步枪的设计规格实施进一步改进：决定采用无底缘弹壳，携带硬铅弹头（即铅中锑含量达5%，同时为了提高弹头的硬度，弹头中还含有锡与锌元素），弹壳标定口径8毫米（最初口径为8.1毫米），使用镀钢白铜材质。经过此番改进之后，有必要对枪栓头部的退壳器和退弹簧进行重新设计。尽管在当时许多人尚对M88型子弹存在许多疑问，但后来的使用结果显示，该种子

弹使用寿命极长。后来，设计人员分别对其实施两次改进，首次于1903年实施，此次改进只涵盖子弹的一部分，特别是集中于子弹的外形与构造方面；第二次改进于1934年实施，经过此次大规模改进之后，推出了众所周知的7.92毫米口径的毛瑟步枪子弹。与11毫米口径M71/84型步枪子弹相比，M88型步枪子弹总重27.3克，而前者子弹总重为43.3克，通过比较，很显然新型枪支满足了人们翘首企盼的减轻枪支重量的需求。

生产推迟与被惩罚

制造新式步枪所需要的机械工具将于1888年年底交付，新式步枪最初将由路德维格·洛伊公司进行生产，而且各方都猜想继此之后，设于斯潘多、但泽和埃尔福特的国家兵工厂也将在1889年春将新式步枪投入生产，此后，同年夏季设于阿穆贝尔格的国家兵工厂也将会加入这一行列。如果事实确实如此，从夏季起新式步枪在德国全国的生产速度可以达到日产2200支。但是甚至在新式步枪投入生产很久之前，德国作战部的官员认为，即使以这样的速度生产，还是非常缓慢，根本无法满足军方的需要。于是，他们决定同时与一些民用制造商签署生产合同。由于当时毛瑟公司正忙于应付与土耳其当局签署的武器生产合同，因此，德国作战部选择路德维格·洛伊公司（无论如何当时毛瑟兄弟在该公司还拥有部分股权），并与该公司签署生产300000支枪的生产合同，后来又同该公司签署生产125000支步枪的追加生产合同。事实上，在此过程中出现了惨败的结果。设于柏林-马提尼肯菲尔德的洛伊公司并没有集中为国家兵工厂生产机械装置，而是转入由自己生产步枪，因此机械工具的交付也就付诸东流。为了对洛伊公司带来的损失进行弥补，步枪测试委员会于1889年年初委任设于施泰尔的温德尔公司生产30万支新式步枪。然而，生产几乎还没来得及开始，就在10月31日被奥地利法官下令终止，原因是温德尔公司被发现侵犯了专利权，专利项目即是枪管套的设计。尽管枪管套并非是新式步枪的主要构件，但在当时却是非常流行的枪支组件。步枪测试委员会在路德维格·洛伊公司的建议下将枪管套包括在新型枪的规

格中，而受害的路德维格·洛伊公司就是持有该设计专利的其中一家公司。枪管套的作用是将枪管与前托的木质部分分离，如果前托发生变形，就会使枪管脱离准线。事实上在使用过程中，枪管套的作用非常小，可以说仅仅是充当步枪上配置的生锈铁圈而已。侵犯专利权的问题在德国并没有出现，这是因为国有工厂受政府保护，同时，洛伊公司当然也不需要为自己拥有专利权的技术支付专利费。但将大量的资金投资于加工工具业务的温德尔公司不得不遵守严格的惩罚条款，只能服从国家的政策。后来，温德尔公司很快重新恢复生产，该公司支付的专利转让费用仅为175000马克。

出现爆炸的严重后果

到1889年年底，普鲁士生产武器装备已经多年的几家老工厂已经交付88型枪270000支。第二年，这些工厂又生产了660000支。除此之外，在阿穆贝尔格、洛伊和温德尔的巴伐利亚州立工厂共交付该种新式步枪970000多支，这样，新式步枪的生产总量达到1900000支，或者粗略地说，可以为每名德国士兵提供两支步枪。到1890年7月底，所有的德国步兵单位都获得了新式步枪。同年8月6日，德国发布首次声明，承认了新式步枪具有致命缺陷的事实。

此后的六年多时间内，几千支，甚至是上万支88型新式步枪在射击时发生了爆炸，导致许多士兵在射击中受伤。而且，新式步枪并非只有这一种缺陷，而是至少有三种主要缺陷，此外还有一些不很严重的缺陷。首先，新式步枪会出现这样的情况，首先在步枪装入一发子弹之后，枪栓并没有完全推回原位，因此，此时的退壳器爪并没有将顶部弹槽封闭。在这种情况下，枪手会出现装入第二发子弹的可能。这样，当装入第二发子弹之后，子弹头部会直接撞击第一发子弹的火帽，就会在枪栓还处于敞开的情况下将子弹引爆，其后果可想而知。为了克服新式步枪的这一严重缺陷，研究人员提出了大量的改进方案，但没有一种切实可行。在这种情况下，为了避免事故再次发生，只得依靠军事训练和纪律约束来防止。

其次，新式88型步枪子弹存在无数制造方面的缺陷，常常会导致弹壳破裂。如果裂纹在弹壁上，就不会出现很严重的问题（尽管经常喷出一些物质），但是裂纹经常会出现在弹壳边缘，这时，在上千度的高温爆炸下，燃烧气体会产生极强的气压，通过左边锁定套管的导向槽发生回流，直接喷射到枪手脸上。这个缺陷可以得到改善，改进措施就是重新设计枪栓，增加气体防护罩，对撞针螺帽实施保护。尽管看似很简单，然而这一改进直到1894年才得以完成。

再次，也就是88型步枪所有缺陷中最重要的一个，即88型步枪枪管频繁破裂或者发生灾难性爆炸。起初人们推想是枪管自身太薄的缘故，尤其在枪管的后部。因此，设计人员试着相应将枪管的厚度增加，但还是没有阻止爆裂继续发生。当真相被揭开时，已经是五年之后，主要起因是枪管直径与管内发射的子弹直径双方之间的匹配性极差，而这主要是由于对新式套管式子弹的性能产生误解所致。本来设计者在为88型步枪制膛线时认为，在射击时，新式子弹不会因软铅弹头的轻微膨胀而发生明显膨胀，因此，他们还专门说明子弹的直径应该略小于枪管口径（所有早期的步枪枪管直径正好与其发射的子弹直径相同）。结果在射击时，子弹与枪管之间非常密合，套管中释放的镍在枪管中堆积，使子弹与枪管的密合更为严重。

最后采用的曼利彻系统弹匣属于底部敞开式弹匣，目的是使空子弹夹能够从底部掉出，但与此同时也可以让泥浆和灰尘进入子弹存储区，使子弹变脏，因而导致发生堵塞现象。这一问题在士兵进行瞄准训练的过程中已经出现，令人难以置信的是，当时并没有引起军方足够的注意，因此也没有接受任何改进建议。直到第一次世界大战已经开始四个月，即1914年12月才进行了改进，当时一位军械师在局部安装了一个简单的金属板来阻塞缝隙。当然，现在空子弹夹不可能简单地掉下来。后来该种步枪又进行了进一步改进，包括安装了一个弹簧支撑的平台，该平台可以将子弹夹推进到位，而且当弹夹内没有子弹、枪栓开启的时候将弹夹卸下。我们在前文曾经提到过，对于开放式设备来说，如果在需要重新装填子弹的时候有指示的功能，会给枪手带来额外的益处。

88型步枪接受进一步改进

通过将膛线深度从最初的0.1毫米增加到0.15毫米，88型步枪的最严重缺陷得到了全面的校正。1896年，88型步枪的枪管接受膛线加深改进，实施该项改进措施的步枪后膛上部刻有明显的"Z"字形标记。与此同时，1893年，德国所有88型步

上图：一支法国仪仗队士兵持长管式莱贝尔8毫米步枪向元首表示致敬。这些人包括总统伍德罗·威尔逊（右）以及英国陆军元帅海格（中）

枪都逐渐返还炮兵军械库（这里设有兵工厂车间），换取未使用过的新枪；其中，50%的这些返还枪支需要安装新式枪管才能够入库。1897年，德国再次采取同样的措施，结果与1893年相同。同年，德国首次使用浸油碎布片来清洗枪支，而在此之前仅仅通过沸水浸泡。

88型系列步枪连续接受两次改进，而且这两次都是发生在它们作为一线作战武器被取代之时。由于当时军方的目的是推出更新的枪型标准以及性能更高的替代枪型（保罗·毛瑟设计的98型步枪），因此他们并没有将88型步枪的性能进行大幅度提高。1903年，设计人员将88型步枪子弹直径增加，从最初的8.1毫米增加到8.22毫米，同时，将88型子弹的外形进行调整，使其变成现在所熟悉的尖头式弹头，而且还为新式子弹引进了更为强劲的装药方法（下文有对新式子弹的详细介绍）。使用新式88S型子弹的步枪不得不再次重新安装新式枪管，配置更深膛线和更宽的枪膛，当然，现有的枪管实施进一步改进也可以重新投入使用。为了能够适应新式子弹的特性，设计人员还更新了表尺，这样，经过上述改进的88型步枪在后膛上方刻有"S"字形标记。后来，1905年，改进后的步枪放弃使用曼利彻子弹夹，用更为简易的毛瑟装弹器取而代之。配置新式装弹器之后，必须相应实施以下改进：第一，在受弹器的桥接处设置一对凹槽与之相适应，同时要在后膛外壳上方提供一个小型切口，以便更长的尖头子弹通过；第二，在受弹器壁侧面设置一个拇指大小的狭槽，以便使弹壳易于退出受弹器；第三，为了填充正式情况下子弹夹所占空间，可以为弹匣设计一个后金属板，以便在没有弹夹时封闭弹匣；第四，制造并在弹匣左后侧安装一台设备，以便能够在枪栓完全后拉时抵制弹匣弹簧底板产生的压力并使弹匣保持原位。根据上述程序实施改装，改装后的88型步枪就成为88/05型步枪。1906年和1907年期间，大约有200000支88型步枪接受上述改装，每支耗资8马克。后来，在1915和1916年期间，由于德国库存积压大量88型步枪，如果不将这些步枪实施改装，将会遭遇极其严重的作战物资损失，远比他们估计的要多得多。因此，军方决定将库存的所有老式88型步枪全部立即实施上述改造，经过改造之后，这些枪支就成为人们所熟知的88/14型步枪。然而，后来许多该种步枪都被廉价出售，每支售价仅为2马克；也许我们会回想在此之前过剩、陈旧的M71/84型步枪曾经以上述价格的两倍出售。直到1917年，98型步枪才得到充足供应，使得M71/84型步枪得以退出德军作战部队。1918年，德国将剩余的M71/84型步枪全部交付当时与德国关系密切、正处于危难关头的盟国土耳其。

第一支英国连发枪

1879年，英国当局要求英国作战办公室机枪委员会选择当时可以使用的武器，将这些武器与马蒂尼-亨利步枪的性能进行比较，随后研究哪一种枪型应该装备部队使用。此时，英国才开始正式考虑用极为不同的弹匣式步枪来取代单发式马蒂尼-亨利步枪。1880年3月，作战办公室机枪委员会正式开始实施该项工作，一名士官和三名皇家韦尔奇燧发枪手开始在伍尔维奇对所提供的步枪实施射击试验。他们试验的武器包括：奥地利的克罗巴查克筒式弹匣步枪，美国的霍奇基斯机枪，温切斯特76型步枪，筒式弹匣韦特利步枪，以及詹姆士·李的旋转枪栓式弹匣步枪。所有上述武器的口径都在11.4毫米之内，采用当时容易制造的"加德纳-格林机枪"弹壳。英国步兵之前仍然使用组合装配缠绕式弹壳，后来才转入使用整体拉伸式弹壳，以便能够与当时服役的加德纳-格林机枪相匹配。该种枪属于配置手动曲柄的多管式机枪，弹壳内黑火药装药量5.5克，弹头重量31克。在上述武器的测试过程中，由于筒式弹匣步枪的一发子弹在温切斯特弹匣内发生爆炸，导致一名测试人员受伤，因此，筒式弹匣步枪被立即淘汰。这就使得委员会选择的范围变得非常狭窄，因而德国方面提供的毛瑟M/71型步枪的竞争对手变得更少，尽管当时委员会从来没有打算选用该种步枪。最后，在所有测试武器中，詹姆士·李的旋转枪栓式弹匣脱颖而出，但机枪委员会并不认可该种步枪。据报道，在1881年委员会并没有提出选用一种新式军用步枪的正当理由。

英国皇家海军对新式步枪的选择过程并不满意，这是因为当时他们的海上作战方式仍然是近距离作战，而且海军经常会在陆上作战，充当步兵或炮兵部队。当时海军希望获得一种能够进行快速射击的新式步枪，因此，他们对詹姆士·李的旋转枪栓式弹匣步枪非常满意（一位威尔士步兵在经过简单的射击训练之后，曾经对詹姆士·李式步枪进行过射击试验，试验结果表明，该型步枪能够在53秒内发射20发子弹；我们可以回想一位专业教官曾经用马蒂尼-亨利式步枪获得同样的结果。后来，专家们应用新式步枪进行同样的试验，必然会获得更好的测试结果）。第二年，英国作战办公室机枪委员会向军方高层递交了一份简报，提出将新型枪型的测试范围扩展到包括手枪以及其他个人用枪。于是，委员会成立了一个分支委员会，再次对当时的各种枪型实施测试，后来该分支委员会很快发展成为新的小型武器委员会。新的分支委员会测试的武器增加了曼利彻、苏尔霍夫和查菲-瑞斯枪栓式步枪，以及美国欧文·琼斯设计的配有槽式弹匣的新式步枪。此时测试的李式步枪采用斯普林菲尔德0.45英寸口径弹壳装药，该种弹壳与英国陆军使用弹壳发射的子弹具有不同的弹道特性。经过初步测试之后，这些李式步枪被送往恩菲尔德，目的是配置使用格林机枪弹壳的亨利步枪枪管。除此之外，一支李式步枪还安装了一种当地发展的贝瑟尔-伯顿槽式弹匣，后来，该种枪型就成为众所周知的李-波顿式步枪。

进一步测试

测试过程中，竞争最激烈的一流枪型共有三种，其中，配置早期盒式弹匣的李式步枪以及配置槽式弹匣的李式步枪各占其一。这两种李式步枪与欧文·琼斯步枪一道最终全部被英国军方淘汰，其中，欧文·琼斯步枪曾经在后来单独接受了皇家海军的测试，最终也没有获得海军的认可。经过多种测试与选拔，此时英国军方仍然没有最终确定选用哪一种枪型，因此，进一步考虑仍然继续进行。随着时间的流逝，军方继续对各方提交的新枪型以及经过新式改进的原有枪型实施测试，最终测试种类高达42种之多，但是仍然未能取得令人满意的结果。随后在1886年，英国获得传闻——法国即将装备口径为8毫米、使用无烟火药的新式步枪。

就在此前几个月，英国军方高层要求委员会加快工作进度。此时，该委员会已经或多或少获得了五年来步枪方面的一些最优秀的部件，因此一接到命令，立即拒绝了许多新提交的测试枪型。

此时，委员会需要确定的枪型便是在弹匣式李式步枪与配置槽式弹匣的李－伯顿式步枪二者之间选择，这两式步枪口径均为0.402英寸。除了弹匣不同之外，二者的本质极为相似，都配置有李设计的枪栓式装置，膛线和弹药装填系统全部由威廉·埃利斯·迈特福德设计。威廉·埃利斯·迈特福德是当时该领域的权威人士，而且是委员会中几个人的密友，可以说委员会最终将选项固定在这两种枪型之间，与此也有一定的关系。

但到1886年12月，两件事的发生使得委员会对上述两种枪型的测试暂停下来。首先，委员会能够对标定7.5毫米口径的施密特－鲁宾原型步枪进行测试，该种步枪使用壳内装载的无烟火药，就精确度、射程、穿透力和效果来说，该种火药最能够满足委员会的需要。只是委员会并不满意施密特－鲁宾原型步枪配置的直拉式枪栓装置，但由于该型步枪并不在他们的考虑范围之内，因此这也就无关紧要了。第二，李提出了改进自己设计的抽取式弹匣的新方法，经过该方式改进的李式步枪比李－伯顿式步枪更具优越性，使得后者被完全排除在外。早期的李式弹匣在装填子弹时，须将弹匣从步枪上拆下，经过改进之后的新式弹匣直接在原位经过受弹器便可装入子弹。新型弹匣内安装一个围绕垂直销旋转的简易金属盘，金属盘会压缩弹匣内的子弹，充当弹匣内的分离器，使得步枪可以进行单发射击，应用该种射击方式则显得更为经济。

李式步枪

1888年12月22日，英国陆军正式选用口径7.7毫米1型枪管、李式弹匣的新式步枪作为军方的制式步枪。该型步枪配置新型子弹——0.303口径的1型子弹，推进火药为4.85克压缩黑火药，13.93克圆头形子弹，子弹枪口速度为670米/秒，但射击时的后坐力非常高。三年之后，6型子弹问世，该型子弹首次使用无烟火药，因此英国人将其称为新式推进火药（由于该种火药由硝化纤维、硝化甘油与少量矿物冻延缓剂混合而成，因此较维艾尔勒薄片火药性能更高；另外，由于该种火药被加工成为细绳状，与较短的绳子有一些共同之处，因而得名"绳"式火药）。使用新型火药的步枪性能在某些方面有所下降，如子弹枪口速度下降到630米/秒，但是使用新型火药之后，射击时的后坐力对枪手肩部所带来的冲击也较为缓和，减轻枪支的后坐力是战争中的一个相当重要的因素；战争的经历充分显示，即使是最强壮的士兵在发射大约30发子弹之后，也会出现恐枪的情绪，而当他发射50发子弹之后，射击的准确度就已经完全不可靠了。1910年11月，6型子弹被7型所取代，后者采用11.34克的尖头子弹，使用经过进一步改进的新型无烟火药作为推进燃料，重为2.4克。此后，新式步枪的子弹没有发生任何改变，直到40多年后被7.62毫米口径的北约子弹所取代。更换子弹之后，军方对现有的步枪实施了进一步改进，更换了原有步枪的表尺，同时对弹匣实施小规模的改进。

原型施密特－鲁宾步枪所用子弹的弹壳属于无底缘弹壳。后来，委员会为了使英国新式步枪使用新式弹壳保留该种样式费尽周折，原因在于无底缘弹壳比有底缘弹壳更可靠、更坚固，而且有底缘弹壳比无底缘弹壳在弹匣中占用更大的空间（如果使用有底缘弹壳，必须更加密切注意向弹匣中装入子弹的方式；每发子弹必须将其边缘置于随后装入的子弹弹头之前），无底缘弹壳在当时刚刚服役的使用弹药带的机枪上使用时，出现的问题也较少。当时，军方曾经在使用弹药带的机枪中使用有底缘弹壳的子弹，结果引发了许多极为复杂的问题。该种机枪的发展可以追溯到1887年3月，希拉姆·马克西姆将自己设计的第一支使用弹药带的机枪递交英国陆军实施正式测试，由于该型枪具有极大的优越性，军方立即采用该型枪。第二年，该种机枪就开始交付军方使用。

当局在恩菲尔德设立的皇家轻型武器工厂的主管约翰·瑞格比反对使用无底缘弹壳子弹。在这里，我们需要对这位主管略加介绍。约翰·瑞格比是第一个对无底缘弹壳持反对意见的人，他出身于枪炮制造世家而不是军事背景的家庭，他的家庭开办的公司在当时已经久负盛名，而且一个世纪后在商业运作方面也极受众人推崇。由于约翰·瑞格比对无底缘子弹持反对意见，导致新式子弹被规定选用有底缘弹壳，这必然导致将来会引发许多问题，不仅仅在步枪方面，而且还将在其他方面出现。委员会提出的建议完全由鲁宾向瑞士步枪所提供用于试验的弹药质量提供支持，然而由于某些制造缺陷，这些弹药经常导致试验步枪爆炸。

迈特福德的贡献

事实证明，选择李式步枪极其明智，大多数专家都认为，该种步枪是自枪栓式步枪问世以来，整体性能最优秀的军用枪栓式步枪之一。从1891年到1895年，迈特福德的名字被当局正式采用作为步枪名称，从某种程度上来说，这是一个迟到的决定，这是因为当时迈特福德的7膛线系统已经落后于恩菲尔德的5膛线系统。迈特福德膛线与枪内壁之间并没有明显的角度，但是在制造过程中应用了平滑的曲线进行过渡，其设计目的是使步枪在使用黑火药时产生的污垢减少到最少。当完成黑火药向无烟火药的过渡之后，火药污垢已经不再是影响枪支使用的问题。这时就可以选用角度更小的制膛线方式，而该种膛线的造价又非常低。

后来事实证明，李式步枪的枪栓装置与其后方的枪栓块及反向对称肋（肋后表面充当第二块锁块）相当坚固，足以应付当初设想的极其强劲的推进载荷，这是后来没有取消其设计的一个非常重要的因素，尽管枪栓装置的锁块直接安装在枪栓顶部，但是在使用过程中性能非常令人满意。虽然一些完美主义者声称毛瑟的三锁块系统更为安全，但是李式锁定装置会更为有效，特别是在技术不很熟练的士兵或是一些战争志愿者使用的时候。怀疑论者竭尽所能诽谤李－恩菲尔德步枪，尤其是该型步枪经过重新设计外形变短以后，但他们最终还是失败了。

李实施进一步改进

在此后的近半个多世纪里，李－恩菲尔德步枪经历了无数次大规模改进。比如说在1894年，设计人员将该型步枪的8

发嵌入式弹匣改装成为10发子弹的错列式弹匣。1895年，设计人员对该型步枪实施使用无烟火药子弹的改进，使该型武器的性能得到大幅度提高。此外，为了简化该型步枪的制造过程，设计人员还相应对其进行一些其他方面的简单改进。另外，设计人员还对它进行两项主要改进，使得该型步枪的外形得到大幅度改观。后来，设计人员对该型步枪又进行了重大改进。1903年，李-恩菲尔德步枪枪管长度缩减125毫米，同时去除了通条。为了能够配置准星，设计人员还对该型步枪的前托实施进一步改进，使其能够配置一台保护装置。该型步枪的触发机制也接受了进一步改进，从原有的单阶射击方式转变成为现有的双阶射击方式。除此之外，还为安装弹夹配置一对装弹导槽，为受弹器增加了左手放置位置，为枪栓增加了右手放置位置。经过上述改进的步枪就成为李-恩菲尔德1型短弹匣步枪，即众所周知的SMLE步枪。

1941年，为了使步枪在战场上更易于拆卸检修，李-恩菲尔德步枪的枪栓与受弹器的设计发生了急剧的变化。这使枪口的形状以及枪前托的外形再次发生变化。经过该项改进措施之后，无柄刺刀通过简单的推入与旋转方式就可以安装到位，无柄刺刀得以取代最初安装的有柄刺刀。最初有柄刺刀是被枪口套环固定在枪托下方的楔形榫头形状的锁块上，而枪托则由手柄上的凹槽固定。

李-恩菲尔德步枪

此时的李-恩菲尔德步枪已经发展到第四种改型（其系列枪型在发展过程中的命名原则非常令人困惑，在这期间至少推出20种枪型，各自代表不同阶段采取的改进措施，尽管这些改进的规模都非常小）。20世纪50年代，4型李-恩菲尔德步枪被改进型枪型——轻型自动步枪所取代，后者成为当时英国陆军的通用步枪，作为L1A1半自动步枪，轻型自动步枪已经去除早期枪型的全自动射击功能，而且转入使用7.62毫米×51北约子弹。此后，该型枪继续在军队中服役，直至最后仍然在一些有限的领域中使用，如为了使用无底缘北约子弹，设计人员对该型枪的枪膛实施改进，配置望远镜瞄准具之后，就成为L42A1型狙击步枪；而配置孔径瞄准具之后，就成为当时的竞赛步枪，一直到20世纪80年代。

在李式步枪各种枪型服役过程中，L42型步枪为李式步枪创造了在军队持续服役期限超过100年的记录，后来的枪型想打破该项记录是不可能的。1992年4月，L42型李式步枪正式宣布退役，此时，该型步枪在英国陆军的服役期限已经达到约105年。随着20世纪即将结束，配置×4到×10之间不同型号的"皮卡"望远镜瞄准具、改进型枪托、手枪握把与后坐垫的L42型李式步枪仍然充当英国以及其他国家的警用步枪，此刻，这些步枪被冠名为"恩菲尔德实施者"，当时，该型步枪的经久耐用特性弥补了其缺乏当时一些先进性能的不足。

当英国军队正在完成选用新式步枪、德国兵工厂正加速生产88型步枪的时候，遍布欧洲的武器设计人员正在忙于生产小口径步枪的原型枪型，以便能够充分利用当时已经推出的新型推进火药的优越性。在这期间，大多数人的设计都以失败告终，只有其中一种设计取得了成功，并在后来的发展中获得了巨大的市场，该设计是挪威皇家炮兵上尉奥利·克拉格和挪威国家兵工厂的埃里克·乔根森两人聪明智慧的结晶。

克拉格-乔根森步枪

克拉格-乔根森步枪配置当时极为传统的旋转枪栓式装置，枪栓前方携带一个起闭锁作用的锁块。除此之外，枪栓柄还起一定程度的辅助性闭锁作用，它位于受弹器中的一个凹槽中，其配置方式与早已过时的德雷斯击针枪相同。当时许多人都对该型枪的结构提出批评，原因是他们认为该型枪的结构不很牢固，但事实上在后来的使用过程中显示，该型枪相当坚固安全，足以满足发射8毫米×58R M/89子弹时的需求，当初克拉格-乔根森步枪的设计目的便是发射该种子弹，正是在发展该种新型子弹的同时，设计人员同时发展了克拉格-乔根森步枪。该种并行发展的方式极为普遍，而且这也是为什么在发展枪支的过程中会出现如此众多本质类似、型号各不相同的弹药类型的原因。尽管当时的枪支设计人员还比较保守，但他们仍然不可能再在新型枪支中采用他们已经知道缺陷的现有弹药，而宁愿再行发展一种新型弹药，正因为如此，在发展克拉格-乔根森步枪的过程中，同时发展了新型子

上图：一位配备李-恩菲尔德型步枪的英国士兵通过潜望镜监控"无人地带"。使用潜望镜可避免成为德国狙击手的射击目标

弹。克拉格-乔根森步枪子弹的枪口速度刚刚超出600米/秒，子弹弹头相对较重，达15.4克；推进火药较轻，装药量2.2克。

克拉格-乔根森步枪最奇特的特征在于弹匣。从效果上来说，弹匣是一个配置于枪栓下侧的内嵌式托盘。弹匣内水平装入3发子弹，放置另外两发子弹的部分可以180度角向上旋转，然后再返回原位，上旋之后，能够将子弹携带到受弹器左侧的装填位置。事实上，子弹只是经过受弹器右侧的前旋转式活板门极简便地装入弹膛，其中，活板门位于枪护木前上方。当活板门关闭时，其内前方配置的板簧与推弹环将作用于子弹。因此，该型步枪被广泛认为极不安全，而且其弹匣与装弹路线非常奇特。除此之外，该种弹匣与装弹方式已经非常落后，原因在于子弹必须手动装填，而且每次只能装入1发子弹。

奇特的决定

然而在1889年，首先由丹麦选用克拉格-乔根森步枪充当制式军用步枪。三年后，美国陆军也选用该型步枪（0.30英寸口径），以取代陆军装备使用的老式0.45英寸-70型斯普林菲尔德步枪，并在国内开始生产该型步枪。也许不应该感到惊奇，就在1894年，挪威军队也装备使用该型步枪，使其成为该国的常规军用步枪，口径6.5毫米。除了对弹腔实施进一步改装之外，挪威与美国使用的步枪还接受了小规模的改进。其中，美国陆军装备的克拉格步枪将活板门弹匣盖的下边缘固定，这样在使用时就更为便利；而挪威国家兵工厂（此时克拉格任该厂主管）在为军队生产步枪的时候，将枪托设置成为半手枪握把式。除此之外，挪威人后来还生产了短枪管式克拉格卡宾枪，枪托长度是早期枪型的一半，而且后膛正前侧的表尺前方没有配置枪护木，该种配置使得该型卡宾枪的外观更似经过特殊调制的运动步枪。挪威军队装备使用克拉格步枪一直到20世纪30年代，随后，该型步枪被仿制的毛瑟步枪所取代。

尽管克拉格-乔根森步枪的表尺具备一定的优势，但美国军队装备使用该型枪的决定还是出乎许多人的意料。据说该型步枪配置非常和谐的枪栓装置，可以在装置关闭以及枪膛内有一发子弹的情况下装填子弹。而且，由于可能以这种方式装填子弹，因此即使是在装填子弹的同时，也可以在形势所需的情况下立即开枪。不过，如果枪手选择更换弹匣而不是仅仅在原位置经过受弹器装入子弹，那么该型步枪就没有上述功能，但李-恩菲尔德步枪却能够做到这一点。尽管如上所述，克拉格-乔根森步枪可以在装入子弹的同时实施射击，但是实际上根本无法满足需要，由于该型步枪装弹时必须一发接一发地装入，而当时许多竞争枪型都是通过弹夹或装弹机装弹，因此，其装弹速度与后者相比毫无优势可言，而且，该型枪受到其单锁块闭锁系统影响，其14.25克弹的枪口速度仅为610米/秒。当时每种被讨论的美制步枪，从亨利步枪和温彻斯特66型步枪起，都在20世纪后期投入再生产；但没有人选择将当时美国陆军在首次国外战争中装备使用的克拉格-乔根森步枪投入再生产，很显然其中含有一定深意。

1898年，在美西战争以及此后镇压菲律宾叛乱时，美国陆军正规部队装备使用的枪型便是克拉格-乔根森步枪。由于当时西班牙军队以及菲律宾摩洛战士都装备使用7毫米口径的1893型毛瑟步枪，其武器的射程远远高于克拉格式步枪。而在同样的战争中，一些没有更新装备的美国军队，仍然装备使用老式的0.45英寸-70型斯普林菲尔德步枪，很显然此次战争中美国军队的装备已经在对方先进的武器面前没有优势可言。于是，美国军械部在接到高层下达的命令之后不久，立即寻求弥补武器不足方面的措施，由于克拉格-乔根森步枪无法承受更高推进火药的冲击，因此，这就意味着在该型步枪装备军队不到十年的时间内，美国军队就必需寻求一种全新的步枪。在当时的严峻形势下，美国高层做出该决定非常必要。但我们可以想像一下，当时美国军方早已将巨资投入到克拉格-乔根森步枪的加工以及生产项目中，现在发现该型步枪已经几乎没有任何价值，再将这些资金从项目中抽出谈何容易。后来，美国陆军正式将陆军选用的新式步枪称之为"美国步枪"，即口径0.30英寸的M1903型步枪，通常称之为斯普林菲尔德03型步枪。为了发展该型步枪，美国政府欠保罗·毛瑟太多的债务。为此，美国政府特别授予毛瑟一项特许权作为补偿。文章进行到这里时，我们需要返回到奥本多夫-艾姆-内卡，追溯此地从19世纪80年代中期起向M1903型步枪发展的历史。

步枪的出口

尽管当时已经丧失巴尔干半岛的很多领土，但土耳其还是通过现在的保加利亚、马其顿和阿尔巴尼亚将领土扩展到了亚得里亚海，并且一直延伸到了红海；另外还从波斯湾扩展到了埃及。因此，当时的土耳其还是解决世界事务的一支主要力量，而且也是各种武器的重要市场。1886年，保罗·毛瑟参加了为土耳其陆军提供一种新式连发步枪的国际竞标。他认为，参加招标的任何一种步枪都没有M71/84型步枪更优秀。为了使该型步枪装备威力更加强劲的黑火药9.5毫米子弹，毛瑟对该型枪的枪膛进行了重新设计，将其长度缩减40毫米，同时将枪栓闭锁系统实施进一步改进，使其成为新的"双阻滞"闭锁系统，毛瑟设计该结构时非常仓促，当时的设计目的便是纠正步枪向右侧严重牵引的情况。除此之外，毛瑟采取的唯一改进措施就是重新安装通条/拆卸杆，将其置于枪管与弹匣管右侧，后来德国作战部将弹匣管拆除。当时，奥本多夫工厂正忙于完成符腾堡州政府签署的19000支M71/84型步枪的生产订单，因此，该工厂立即开始启动生产该种改进型步枪。订单的规模大得令人发愁，土耳其希望获得该种步枪500000支以及50000支短步枪来装备所属炮兵部队，然而在当时，全球除了奥本多夫能够生产该型步枪之外，其他工厂都没有该种生产能力。

为此，毛瑟开始寻求路德维格·洛伊公司的帮助，该公司的创始人路德维格告别人世之后该公司由路德维格的弟弟伊西多负责。伊西多比路德维格更具敏锐的商业头脑，他已经将公司的核心业务从生产通用机械工具（停止生产缝纫机械已经有很长时间了）转入到武器装备的生产，因此，他非常愿意接受毛瑟邀请公司参与M71/84型步枪的生产。事实上，自从路德维格死后，路德维格·洛伊公司便面临着非常暗淡的前景，但随着该公司与毛瑟签署生产合同，标志着该公司开始进入新的发展阶段，而且从该公司又可以积聚进一步向前发展的新的动力。后来，土耳其政府接受了毛瑟的提议。1887年2月9日，毛瑟与土耳其政府签署550000支步枪和卡宾枪的生产合同。同月，奥本多夫工厂开始生产该型步枪，而且很快达到日产500支的生产速度。到1887年年底，土耳其检查组在奥本多夫工厂内专门为他们修建的住所内接收该厂生产的70000支步枪以及柏林洛伊工厂生产的60000支步枪。

1887年年底前的三天，路德维格·洛伊公司获得了毛瑟的股份，包括保罗·毛瑟个人持有的股份，其中的原因并不完全清楚。当时只有49岁的毛瑟出任符腾堡联合银行总经理职务，自从威廉死后，该银行曾经在公司的商业管理中扮演过重要的角色，但从此以后，该银行便淡出该领域。当时，路德维格·洛伊公司刚刚签署一份加工88型步枪的生产合同，为了能够满足该合同的需要，该公司便将本公司为土耳其生产的剩余产品重新转包奥本多夫。截至1890年，M/87S型步枪的交付总量已达220000支，与此同时，保罗·毛瑟已经再次开展工作，随后推出一种全新的新式步枪。这是他首次设计的小口径步枪，该枪设计使用硝化纤维作为推进燃料，旨在响应比利时政府发起的竞争。由于毛瑟曾经与土耳其签署一项合同，合同规定毛瑟有义务向土耳其提供任何新式或改进型步枪以取代当时还没有交付的M/87S型步枪。因此，当土耳其当局见到毛瑟设计的小口径新式步枪之后，立即要求毛瑟履行双方签署的合同。

比利时M/89型毛瑟步枪

毛瑟为比利时生产的步枪设计使用新式7.65毫米×53弹壳，装入2.72克"POUDRE DE WETTEREN"火药（近乎是维艾尔勒发明的"B火药"的复制品），弹头重13.95克，属于镍盘钢包壳圆头子弹，特征类似于今天的子弹。该种子弹的枪口速度达到610米/秒。弹壳是在鲁宾弹壳的基础上研制而成的，同鲁宾弹壳一样，属于无底缘弹壳。

毛瑟新式步枪的弹匣通过受弹器装入子弹，每次只能装入一发子弹。1888年晚些时候，为了在与曼利彻推出的新式装弹器的竞争中立于不败之地，毛瑟设计出一种新式弹匣，子弹容量5发。弹匣垂直放置于受弹器的桥接器前方一对保险开关上，这样，仅需要拇指就可以将弹药推入弹匣中。为了使装弹匣、拆弹匣的动作更为简捷，毛瑟将受弹器右侧桥接器切除，这样，通过关闭枪栓便能够将空装弹器向前上方弹出。

与88型步枪所采用的曼利彻弹匣结构相比，毛瑟的方法有一个重要的优点，尽管它在操作过程中略显缓慢，即往弹匣中装入子弹时，只能一发接一发地进行装载（我们可能回想起20年前，尼尔森·金曾经对亨利式的温切斯特步枪所实施的类似改进措施）。这样，全球首次出现了带式装弹器弹匣，此后，毛瑟设计的每一种步枪都采用了该种弹匣，而且，全球的枪支制造商很快以各种方式仿制该种弹匣结构。尽管毛瑟设计该种结构的目的并非是获得某种专利，但因该种弹匣的革命性设计，毛瑟获得九项国外专利，但在国内他却是一无所获。而德国军方却再一次在毛瑟付出代价的基础上，声称该种技术属于德国的绝密技术，军方可以使用而避免了与毛瑟签署许可协议。

从毛瑟新式步枪的外观来看，最重大的改进便是重新配置枪栓柄，将其置于受弹器的桥接器后方。由于毛瑟及时抛弃了早期老式且极不可靠的通过枪栓柄根部的凸缘表面来锁定枪栓的方式，使得上述配置成为可能。毛瑟重新配置的枪栓柄是在正位于枪栓顶后侧的枪栓圆管上配置一对拥有凸缘表面的锁块，由于枪栓能够旋转90度，因此其中一个锁块置于顶部，而另一块则置于底部。该种配置与斯雷格米奇提出并在88型步枪上采用的配置方法极其类似，但时至今日，斯雷格米奇配置方式并不像毛瑟配置方式一样被广泛接受。

同M/71型步枪不同，M/89型步枪的枪栓头是枪栓圆筒的一部分，而且不可移动。其前表面经过了进一步加工，目的是使子弹的基座能够从此处装入。此处配置一个小型由弹簧支撑的退壳器，在子弹发射的同时，退壳器能够滑入弹壳的退壳槽，以确保能够顺利将弹壳退出。同88型步枪不同，M/89型步枪无法在枪栓恢复、子弹还处于原位的情况下在枪膛内放置两发子弹。毛瑟设计的此过程具备可行性，但结果并不能令毛瑟本人满意。后来，毛瑟在自己的下一种全新设计的步枪——西班牙M/93型步枪中完全解决了这个问题。与M/71型步枪不同，M/93型步枪是通过关闭枪栓而不是在枪栓开放的情况下使枪处于击发状态。由于该种机械装置要求额外的压力来使枪栓返回原位并同时击发步枪，因此，普遍认为该型步枪没有明显的效用。后来，毛瑟又将该型枪恢复最初的击发方式，在原有基础上实施了一定的改进，进而推出了著名的98型步枪。该型步枪沿用了M/71型步枪配置的侧翼式安全销，只是在原有结构的基础上做了一些改进。98型步枪在发射完毕后枪栓仍然处于

莱贝尔1886型步枪

口径：8毫米×50R（0.32英寸）
重量：4.2千克（9磅4盎司）
全枪长：1285毫米（50.5英寸）
枪管长：800毫米（31.5英寸）
有效射程：800米（2600英尺）
构造：8发子弹管式弹匣，枪栓装置
子弹初速：700米/秒（2300英尺/秒）
原产国：法国

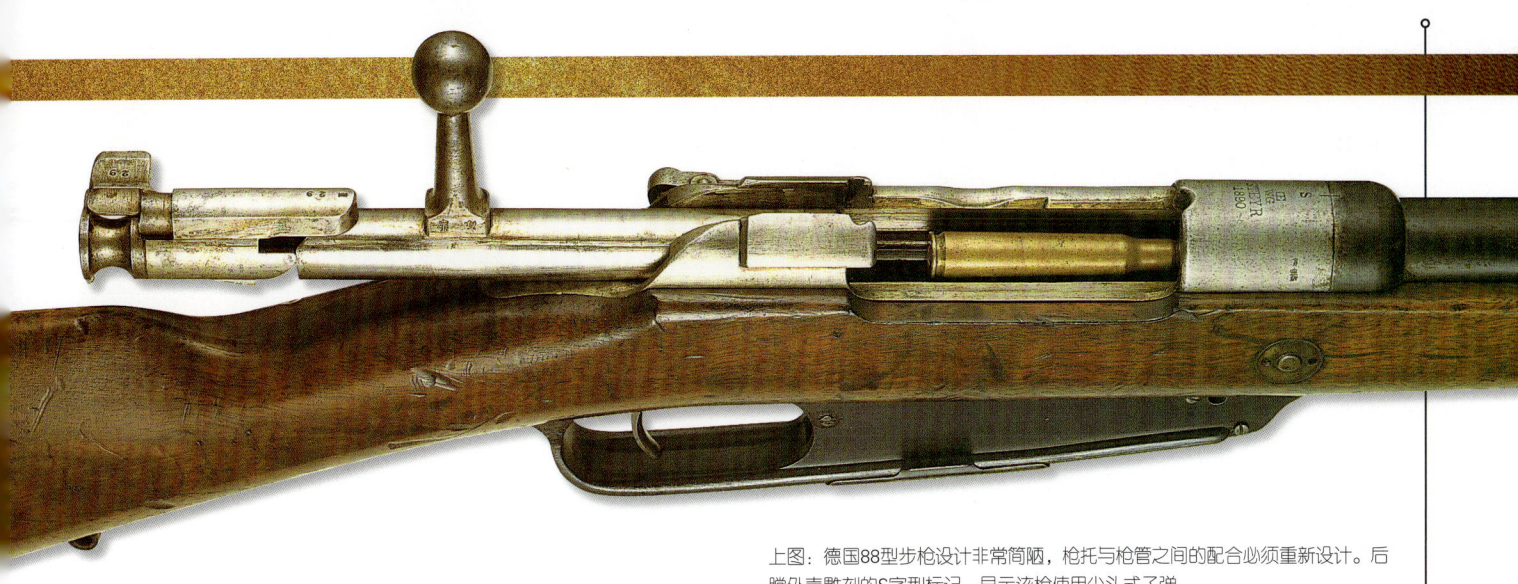

上图：德国88型步枪设计非常简陋，枪托与枪管之间的配合必须重新设计。后腔外壳雕刻的S字型标记，显示该枪使用尖头式子弹

闭锁状态，防止了出现无意间将枪栓打开的情况。

出口型毛瑟步枪

新式M/89型步枪和88型步枪一样，有一个令人怀疑的特点：即枪管性能低劣。当时路德维格·洛伊公司就不止一次地提出建议，并坚持要求公司应该参与步枪的设计工作，这样该公司还可以获得一定份额的产品生产特许费用。但是在这里，我们必须指出经过不断使用之后，至少从理论上说，M/89型步枪的非固定式枪管准星与照门焊接固定时，不可能不引起枪管出现变形的危险结果，也许这是更为准确的说法。

M/89型步枪与88型步枪的另一个相似之处是它的弹匣也是在前枪托下方伸出，位于枪护木的前方。正因为如此，弹匣可以抽下来进行清洁处理，并且由枪护木内一个简单的弹簧把将其固定保持原位。弹匣的前下方有一个与众不同的凸起，内部固定弹簧控制杆的旋转轴，控制杆作用于后期装入的子弹，使得子弹自身彼此之间保持一定的压力，该种机械装置是毛瑟长期以来一直推崇的装置，但该种装置在随后的枪型设计中便不复存在，取而代之的是由复合式板簧支撑的一个极为简单的平台。

比利时政府对M/89型步枪的设计极为满意，因此，该国同时接受了M/89型步枪枪型与卡宾枪枪型。最初，该国政府计划由设于列日的国家兵工厂全权负责生产该型步枪，然而出人意料的是，最后一家新组建的私人公司——FN公司也获得提供M/89型步枪的生产合同。也许这里更令人吃惊的是，路德维格·洛伊公司竟然持有FN公司一半的股份，这种情况一直持续到第一次世界大战结束。此外，比利时政府还建立了一个现代化工厂，到1889年年底，该工厂M/89型步枪的制造工作还在热火朝天地进行着。后来，英国和美国都获得生产许可，在其国内分别小批量生产M/89型步枪。此时，FN公司正逐渐成为20世纪最重要的军火生产商，而路德维格·洛伊公司也获得了生产马克西姆机枪的许可，正逐渐发展成为一家更为重要、更具影响力的武器制造企业。

土耳其政府也对新式M/89型步枪非常喜爱，因此，不久之后该国提出请求，希望将自己与毛瑟签署的M/87型步枪的生产合同中加入一些修改条款，将原计划生产的M/87型步枪更新为在M/89型步枪基础上稍作改进的新式步枪，以继续维持原有订单的平衡。该种改进型步枪便是M/90型枪，它在M/89型步枪的基础上去除了原步枪的枪管套。而且，毛瑟推出一种在枪托中安置枪管的更简单的方法，他采用一种阶梯式圆筒枪管（他设计的所有简易机械都属于渐缩结构），并用一个圆环通过一处阶梯将枪管固定于前枪托上，以便允许枪管发生横向膨胀。

1890年到1893年期间，在奥本多夫共为土耳其政府生产M/90型毛瑟步枪280000支。第二年，阿根廷政府也订购该型步枪180000支，这些步枪在设于柏林的洛伊公司生产。由于毛瑟公司拥有该种枪支的专利权，因此最终成为武器生产领域的一支不可忽视的力量。

西班牙毛瑟步枪

保罗·毛瑟的下一种步枪设计将采用首种完美的枪栓装置，也就是说，该种枪没有先天不足或某种固有缺陷，能够根据设计意图操作，能够保持清洁且得到更好的维护。该种新式枪型即是M/93型枪，最初专门为西班牙政府生产，但后来许多国家都装备使用该型步枪。有些国家狭义地认为M/93型步枪的机械装置并不完美，特别是该枪沿用了为比利时制造的M/89型步枪中所使用的击发-打开-闭锁的模式。如果根据该种极其片面的理解，M/93型步枪确实不能算是一种完美的枪型。但是，在数以百万计的人员装备使用该型步枪的情况下，完美主义者的论调显得黯然失色。

1891年，主要的零部件仍然需要实施

上图：1891年意大利军队装备使用的6.5毫米口径曼利彻-卡克诺步枪。该型步枪枪栓利用了携带一台新式筒式保险装置的毛瑟M/89型步枪的设计

进一步改进，当时认为需要实施改进的是退壳器，这是因为尽管当时已经对M/89型步枪的枪栓实施系列改进，但在弹壳槽线内安装退壳器仍然存在耐久力不足的问题。尽管这个问题很少在子弹装填过程中出现故障，但我们还是知道确实有这种情况发生。后来，毛瑟通过引进一个长而宽的板簧使得该问题得到纠正，板簧沿枪栓长度的四分之三长度上安装，其末端配置有退壳爪，爪的宽度与枪栓头（通过弹簧相连接，弹簧在受弹器桥接器内加工的滑槽内伸缩）右侧/下侧的闭锁锁块相同，而且其尺寸和轮廓与弹壳的弹壳槽线相匹配。当枪栓开启时，枪栓头下侧呈扁平状，这样弹壳槽线从弹壳开始向外退时就只能与退壳爪的位置处于一致。左上侧闭锁锁块上加工有一个纵向槽，这样，当枪栓向后击时，退壳器将进入纵向槽，抓住向后弹的弹壳，随后将弹壳弹出步枪后膛。

M/93型步枪与卡宾枪在外观上最明显的不同便是没有弹匣。当时毛瑟认为M/93型步枪携带的5发子弹不需要应用单行排列方式，而是可以应用错列式排列方式，其中，两发子弹放于一侧，另两发子弹置于另一侧，弹匣外壁的限制足以使最上侧的一发子弹位于中央。子弹应用该种排列方式就使得弹匣的横截面变得更宽一点，但长度则更短一点。该种外形使得整个弹匣可以全部置于枪托内部而外部没有任何外露，因此不需要使用单独的弹匣。毛瑟通过在枪托底部配置的平坦金属板封盖枪托内配置的弹匣，同时在金属板外部配置平齐的木板。木板通过前侧配置固定钩，后侧配置锁扣使其处于固定位置，正位于扳机套环前侧。金属板可以抽取下来，以便于进行清洁或是实施维护。金属板固定于底部一个W字形的复合式板簧下方，板簧的上方固定于弹匣的平台附带弹匣的从动部件上。平台的左侧是一个凸起式纵向肋，对弹匣内子弹交错排列的方式起控制作用，当弹匣内的子弹耗尽时，该结构能够使弹匣处于开启的状态。一对纵向肋被加工成为受弹器的下侧，充当装弹时的导向槽。

进一步改进

除了上述改进之外，毛瑟还对击发机械以及保险锁块实施了进一步改进。他为击发装置增加了两副短肋，在短肋的作用下，击发装置能够更为精确地位于枪栓圆筒上附着的导向槽内。为了进一步对此起辅助作用，毛瑟还将撞针前方的通道长度延长到1英寸，这就意味着当击发装置击发时，击发部位就会更加突出，这就给枪手提供了更为直观的视觉感受，使他能够明确步枪正处于何种状态。

毛瑟还对步枪的扳机击针键实施了进一步改进，击针键由两个延伸到枪栓导槽内的两个凸出物体组成，通过实施改进之后，就给步枪提供了第二个安全特性。在两个凸出物体之中，后面的凸出物才是真正的击针键。当击发装置处于待击发状态时，前面的凸出物能够对击针键起制动作用；当扣动扳机之后，后面的凸出物就掉落下来，促使撞针开始发挥作用，但与此同时，前方的安全击针键则通过受弹器桥接器底部进入枪栓导向槽，随后进入枪栓槽内。如果枪栓没有完全关闭和击发装置处于闭锁状态时，枪栓导向槽与枪栓槽并不会处于同一条直线上，那么，击发装置就会被阻塞。

毛瑟7毫米弹壳

西班牙的毛瑟步枪使用毛瑟设计的另一种弹壳，该种弹壳标定口径7毫米，弹壳长57毫米，这与当时德国现役步枪所用子弹相同。该种弹壳发射的子弹重11.2克，弹壳直径为7.25毫米。弹壳内的推进火药为新配制的维艾尔勒薄片火药，子弹枪口速度约700米/秒。

该种新式弹壳为步枪的发展建立了一个新的标准，而且在此后数十年间，一些小国家的军队配枪都选用该种标准。西班牙政府定购了250000支M/93型步枪，这些步枪都在柏林生产。除此之外，经常采购新式步枪的土耳其政府也不甘落后，该国

比利时毛瑟M/89型步枪
口径：7.65毫米×53（0.301英寸）
重量：4.0千克（8磅13盎司）
全枪长：1275毫米（50英寸）
枪管长：780毫米（30.75英寸）
有效射程：1000米（3250英尺）以上
构造：5发子弹固定式弹匣，枪栓装置
子弹初速：620米/秒（2015英尺/秒）
原产国：比利时

购买了200000支专门使用7.65毫米口径弹壳的M/90型步枪，这一次这些步枪全部在奥本多夫生产。后来这些步枪又在设于奥菲尔德的西班牙国家兵工厂投入生产，最后该工厂成为供应拉丁美洲大部分国家的步枪产地。

1898年爆发的美西战争，尽管短暂却非常重要，当时在古巴的西班牙军队装备的武器是M/93型毛瑟步枪，正是该种步枪迫使美国军队重新评估自己装备的克拉格-乔根森步枪的价值；同时，南非的布尔人在成功对抗英国侵略军的战斗中使用的武器也是该种步枪（南非德兰士瓦省的领导人保罗·克鲁格分别于1896、1897年从德国订购了M/93型步枪共37000支）。

布尔人的突击队很快意识到了该种新式武器的威力，它不仅射程远（超过1200米/3935英尺），而且具有极强的杀伤力：

> 我前面的地面因子弹的撞击而扬起阵阵尘埃，毛瑟步枪持续的射击声在山谷、树木和岩石之间回荡，射击声与其他的声音混合着，长时间地持续着，组成了令人恐惧的轰鸣。在梯田的半坡上，环顾左右，我所看到的一切都让我感到恐惧。S就在我的身旁，这儿那儿都有一些人，但是整个地面早已经被尸体所覆盖，没人能够穿过那道墙……

第60步兵营上尉努根特向《时报》记者描述了他所在的营1899年10月19日至20日向驻扎在德兰士瓦省北部敦提的布尔人挺进的过程。在此次战役中，努根特上尉受了三次伤，伤处分别位于两条腿和后背下侧。他向记者讲述了在敌人武器的杀伤射程内，他的腿部如何遭到枪击，以及他如何拖动伤痛的身体继续前进。在不到40年的时间内，现代步枪的生产技术已经使战争的模式发生了永久性的改变。

直拉式枪栓装置

尽管保罗·毛瑟在发展现代步枪技术方面所扮演的角色远远没有结束，但在当时的欧洲，他并不是唯一成功的枪炮设计者。此前我们已经看到了李的一些设计以及克拉格对步枪枪型方面所作出的贡献，当然，在这里还有其他一些人，在他们中第一次采用直拉式枪栓装置的两个代表人物是费迪南德·曼利彻和鲁道夫·施密特陆军上校。

瑞士坚持使用10.4毫米口径的韦特利筒式弹匣直到1889年，然后转入使用带有防护套管的小口径无底缘子弹，该种子弹使用无烟火药作为推进炸药，首先应用于配置施密特于1887年设计的直拉式枪栓装置的弹匣式步枪中。1889年，该型步枪装备瑞士联邦陆军，成为标准的M1889型连发步枪，口径7.5毫米×54。

M1889型步枪最突出的特征是扳机组的位置，恰好位于受弹器后方，扳机前方便是弹匣，弹匣内携带子弹12发，采用单一纵向排列方式。尽管如此，该型步枪最令人感兴趣的特征还是其枪栓装置。

毛瑟的竞争对手

"传统的"（我们之所以这样称呼，是因为在当时该种结构已经非常流行）旋转式枪栓装置正如我们对它的描述，要依靠枪栓柄的旋转带动圆柱筒旋转大约90度，完成一次性的装弹动作，使凹槽内的锁块（一块或多块）接受枪栓的作用。有时锁块的作用表面被切成方形，但在更多情况下是被设置成一定的角度，这样，枪栓的复进作用就能够轻易将它们聚合在一起，或是让锁块分离，当然，分离锁块是退弹壳过程中的一个主要因素。

施密特-鲁宾步枪在使用过程中，没

左图：初期的挪威克拉格-乔根森步枪携带前侧铰接式弹匣盖。也许对于美国陆军来说，选用该型步枪有点令人奇怪，1892年他们曾经装备了经过某些改良的克拉格-乔根森步枪

有枪栓的手动旋转动作，完成闭锁过程的枪栓圆柱套管的旋转是通过移动一根次要的控制杆上的锁块来完成，该控制杆沿枪栓所在位置安装，通过一个螺旋槽与枪栓柄连接在一起。

手柄与控制杆的后向运动引起枪栓圆柱套管发生部分旋转，释放位于接收器桥接器凹槽内的闭锁锁块，此时，整个装置都能够自由向后运动，运动过程中打开后膛，将废弹壳退出。反向运行该过程，关闭枪栓使枪栓处于击发状态，使弹匣内最顶端的一发子弹离开弹匣进入装弹路径，同时重新闭锁枪栓装置。施密特-鲁宾步枪为凸出的撞针配备了一个大直径圆环，位于撞针的最后方。撞针不仅充当击发装置，而且还发挥安全挡块的功能。它可以使步枪取消击发状态，也可以使其转入半击发状态或是恢复完全击发状态。将其旋转90度就可以使枪栓处于闭锁状态。

与当时的旋转式枪栓装置设计相比，施密特设计结构的操作过程更费力。尽管它的支持者坚称，该种结构的实际使用过程更为迅速，但在实践中，根本无法显示出这一优势。施密特的设计之所以费力，主要归咎于其几何尺寸和机械磨擦力的作用。该种装置主要通过凸轮在螺旋槽内的运动将直线运动转化为曲线运动（曼利彻和罗斯装置都应用类似的方式），在安装紧密、加工粗劣以及退壳较为困难的结构中，该方式的效用极差，而且这种结构配置也极易受到尘土等杂物的影响。可以肯定，在战壕中的恶劣条件下，该种枪绝对无法让人接受；而且由于瑞士的中立国地位，该国在装备该种步枪的时期内，也从来没有参加过任何战争。

施密特-鲁宾步枪总产量约350000支，但该种步枪并非是瑞士在该时期装备使用的唯一步枪，因为，除了该种步枪之外，瑞士一些骑兵部队在1893年装备了有配置旋转式枪栓装置的曼利彻卡宾枪，后者也采用鲁宾7.5毫米子弹。1905年，曼利彻卡宾枪被施密特式卡宾枪取代。

1896年，曼利彻式卡宾枪再次接受改进，改进之后枪栓和受弹器都相应缩短。尽管同其他军用步枪相比，曼利彻式卡宾枪的机械装置仍然非常长，但这并没有对其提高使用简捷性方面带来任何影响。

后来，施密特式步枪和卡宾枪又接受了进一步改进。从1911年起，这些枪支开始装备使用杀伤力更强的子弹，改进之后长枪管长达780毫米，使得子弹的枪口速度达到790米/秒。同时，早期使用的弹容为12发的弹匣也被6发弹匣所取代。

施密特-鲁宾式武器最严重的缺陷便是它的曲柄太长，最后，设计人员经过将机械装置重新设计，使得曲柄的长度仅为原长的一半便可满足使用需要，但该项改进直到1931年才开始实施。此后，经过该项改进措施的施密特-鲁宾式卡宾枪（该型步枪已经被废弃）持续在军队服役，直

上图：布尔人组成的突击队，他们装备使用毛瑟步枪（图中为7.65毫米口径的比利时M/98型步枪），应用打了就跑的战术，这使英国军队大伤脑筋

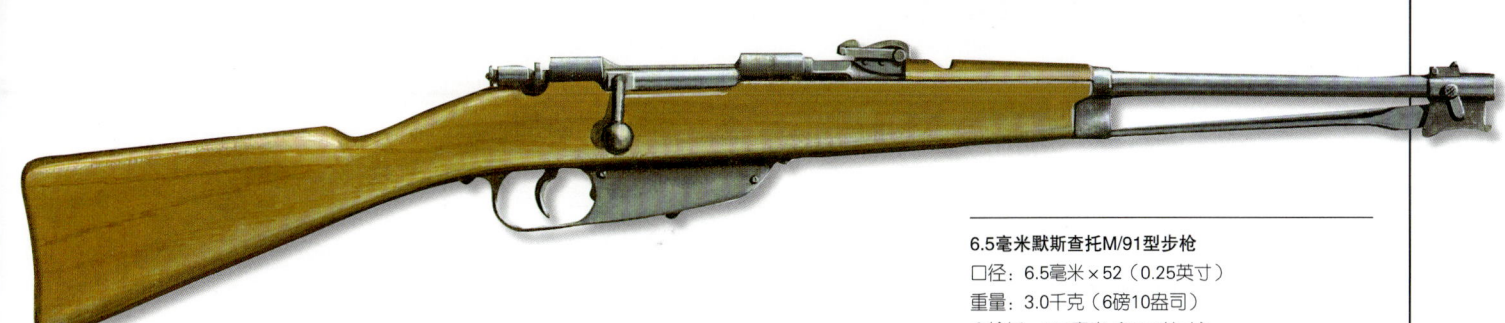

到在1957年被自动式斯特姆-格韦尔57型突击步枪所取代。

成功的曼利彻步枪

1895年，奥匈帝国陆军装备使用曼利彻设计的直拉式枪栓步枪，使其正式成为该国步兵配枪。在此五年前，该国骑兵部队就已经装备使用曼利彻卡宾枪，后者基本上与步兵配置的步枪类似，也在旋转式锁定过程中选用了一种直接推拉动作。尽管该种方法要比瑞士军队使用的方式更简便，但仍然不是十分令人满意，它的枪栓头使用阻滞螺纹而不是锁块，使用阻滞螺纹要比曼利彻于1855年所做的尝试更为有效，当时他曾经使用一个铰链式阻滞块来锁定枪栓，使用过程中，阻块从枪栓背部落下，在枪栓运动槽中发挥作用，使枪栓处于闭锁状态。除此之外，曼利彻式装置就没有在其他地方被使用，只不过是罗马尼亚和荷兰两国分别于1892年与1895年装备使用曼利彻式传统的旋转枪栓式步枪。此外，匈牙利独立之后，也生产了一种与其机械装置极其类似的步枪。其中，罗马尼亚和荷兰两国装备使用的曼利彻式步枪的弹壳均采用重型装药量，使得子弹的枪口速度达到730米/秒。在此期间，曼利彻的名字常常与意大利装备使用的步枪联系在一起，但在事实上，同后来使用的步枪一样，意大利设计的步枪中只有一个组件与曼利彻有关，那就是弹匣。就在第一次世界大战爆发前夕，在盟国的支持下，奥地利转入使用毛瑟旋转枪栓式步枪设计。

罗斯式和李式步枪

在大西洋彼岸，两位设计人员也进行了直拉式枪栓装置的设计试验，其中之一就是早期已经在枪支设计中取得一些成功的詹姆士·李，而另一位则是加拿大的查尔斯·罗斯。

1897年，罗斯设计的直拉式枪栓装置获得专利。在他的设计中，很大一部分是来自于曼利彻早期的设计，如枪栓上的锁块在受弹器螺旋槽中运动，将直拉运动转化为旋转运动，通过旋转释放锁定枪栓的阻滞螺纹。1900年，罗斯转向设计锁块，后来，配置锁块、使用0.303英寸恩菲尔德子弹的恩菲尔德型步枪被加拿大民兵与防卫部和皇家西北部骑警选用，正式成为军用步枪。如果罗斯不再坚持努力完善自己的设计，那么他就会一事无成。1910年，罗斯再次转向阻滞螺纹的设计。1900年和1912年期间，英国军方对罗斯步枪进行大量试验，由于英国现役军人个个身材高大，身强力壮，在他们硕大的身体重压下，罗斯步枪显得极其脆弱，因此，每次试验都以被英国军方拒绝告终。

1914年，加拿大军队使用罗斯步枪参战，但在第二年，许多部队都尽可能找出已经废弃的老式李-恩菲尔德型步枪投入使用，显示他们已经对罗斯步枪失去了信心。当局调查表明，在罗斯步枪的使用过程中，批量生产的质量极差的弹壳的退壳过程非常困难，而更重要的是枪栓制动器可能会使闭锁螺杆发生变形，使得下一次击发时无法关闭枪栓。因此，加拿大当局立即下令停止使用罗斯步枪，用短弹匣李-恩菲尔德型步枪取而代之。军方并没有将这些步枪回炉融化，而是将废弃的大多数罗斯步枪都储存起来。其中，加拿大政府将约20000支罗斯步枪出售给美国军队作为训练用枪。此外，在1940年相当多的废弃罗斯步枪被发往英国，当局将这些步枪装备英国地方部队使用。

此时，罗斯步枪多变的服役生涯并没有结束。那一年被取代之后，由于意识到直拉式枪栓装置可能会被一块简单的活塞驱动，这种方式与最初的手动控制方式可

6.5毫米默斯查托M/91型步枪
口径：6.5毫米×52（0.25英寸）
重量：3.0千克（6磅10盎司）
全枪长：920毫米（36.2英寸）
枪管长：610毫米（24英寸）
有效射程：约600米（1950英尺）
构造：6发子弹固定式弹匣，枪栓装置
子弹初速：700米/秒（2275英尺/秒）
原产国：意大利

6.5毫米曼利彻-卡克诺91型步枪
口径：6.5毫米×52（0.25英寸）
重量：3.8千克（8磅6盎司）
全枪长：1290毫米（50.8英寸）
枪管长：780毫米（30.7英寸）
有效射程：1000米（3250英尺）以上
构造：6发子弹固定式弹匣，枪栓装置
子弹初速：730米/秒（2400英尺/秒）
原产国：意大利

上图：1891年，俄国军队首次装备使用莫辛-纳甘型步枪，该型步枪在俄国军队服役直至20世纪30年代。图中所示是后期推出的一款莫辛-纳甘型步枪，该枪于1910年问世，配置加固式弹匣肋条

能会一样简便，因此，罗斯步枪的制造厂加拿大魁北克的一家步枪工厂开始对其实施进一步试验，试图以微小的代价将该种步枪改装成轻机枪。

试验过程中，最初的罗斯步枪枪管缩短，枪管上钻有小孔充当气体调节器，另外还增加了与枪管平行放置的圆柱套管与活塞，整个装置被向后延伸的管式护圈包围，使其成为一个整体。活塞杆通过一个简易套环直接与枪栓手柄连接，为了吸收足够的能量，还增加了一个缓冲器。最后，安装能够容纳25发子弹的鼓式弹匣之后，罗斯步枪改装成轻机枪的过程结束，其中，鼓式弹匣的性征与约翰·泰格利亚费罗·汤姆森著名的"特伦奇·布鲁姆"冲锋枪的弹匣相似。改装成的轻机枪外形极其笨拙，但功能却出奇地好，而且该改进型枪的造价仅仅50加元，而在当时被认为最优秀的刘易斯轻机枪的造价是它的20倍。

罗斯步枪实施上述改进成为轻机枪之后，以工程小组组长的名字命名为霍特轻机枪。霍特轻机枪显示出的唯一缺陷是枪管磨损严重，大约只能发射8000发子弹，但从其造价来考虑，该种轻机枪的能力绝对令人满意。由于在投入生产时第一次世界大战已经结束，因此，霍特轻机枪并没有在第一次世界大战中出现。

当时，只有一种直拉式枪栓装置不是通过螺旋槽将直线运动转化为旋转运动，该种系统就是由詹姆斯·李设计，并于1895年装备美国海军的0.286英寸口径的步枪。当然，称该种系统为移动挡块系统更为确切些。

李为该种步枪设计的枪栓根本不能旋转，因为枪栓的截面是方形而不是圆柱形，通过枪栓右侧的闩销使枪栓处于闭锁状态，闩销直接嵌入受弹器外侧与其匹配的凹槽内。闩销组成了手柄的上部分，无论从哪一方面来看，它都与旋转式枪栓的后置式手柄相似；将手柄直接向后拉，首先克服闩销机械装置的阻力，然后再将枪栓稍倾斜往回拉，抓取废弹壳，随后将废弹壳弹出后膛。在枪栓往复推拉的过程中，新的子弹会从弹匣（该种弹匣与李设计的传统枪栓式步枪所使用的弹匣几乎完全相同，尽管该种弹匣属于不可分离式弹匣，但英国军方已在七年前接受了该种装置，而且该种弹匣是美国首次制造用来装载弹夹的弹匣）中弹出进入后膛。这时，通过推动手柄使其完全向前运动，闭锁闩销就会再次嵌入凹槽中，使得枪栓再次处于闭锁状态。研究人员通过对20世纪军用步枪进行的一项权威调查表明，从总体来说，该种装置的运行过程并不十分简单。

美国海军共获得10000支上述李式步枪，而且此后再没有追加任何生产合同。制造这些步枪的温切斯特公司还获准生产配置相同装置的运动步枪，共制造20000支，但只卖出1700支。

俄罗斯步枪

直到1890年，沙皇俄国才开始更换军方装备的大口径伯丹单发枪栓式步枪，该种步枪在俄国军队在普列文与土耳其人对阵时就已经显示出太过落后。俄国人在设计新式步枪的时候，吸取了比利时的埃米尔和利昂兄弟提交的枪型设计中的一些元素。其中，埃米尔和利昂兄弟当时还负责能够装载6发子弹、应用拥有专利技术的气密装置的左轮手枪。1895年，该种左轮手枪被俄罗斯官方正式选用充当随身武器，而且在半个世纪之后，该种枪仍然还在大范围地使用。俄国人将埃米尔和利昂的设计与炮兵上尉谢尔盖·伊万诺维奇·莫辛的部分设计相结合推出了新式步枪，但均没有以上述人员的名字命名。在上述设计的基础上推出的新式步枪便是3线1891型步枪。其中，"线"是当时（现在已经废弃）的一种度量单位，约为25.4毫米。俄国步枪是一种非常传统的旋转枪栓式设计，使用能够携带5发子弹的整体弹匣。该种步枪给人留下最深刻的印象是子弹的枪口速度，在使用当时相对较重

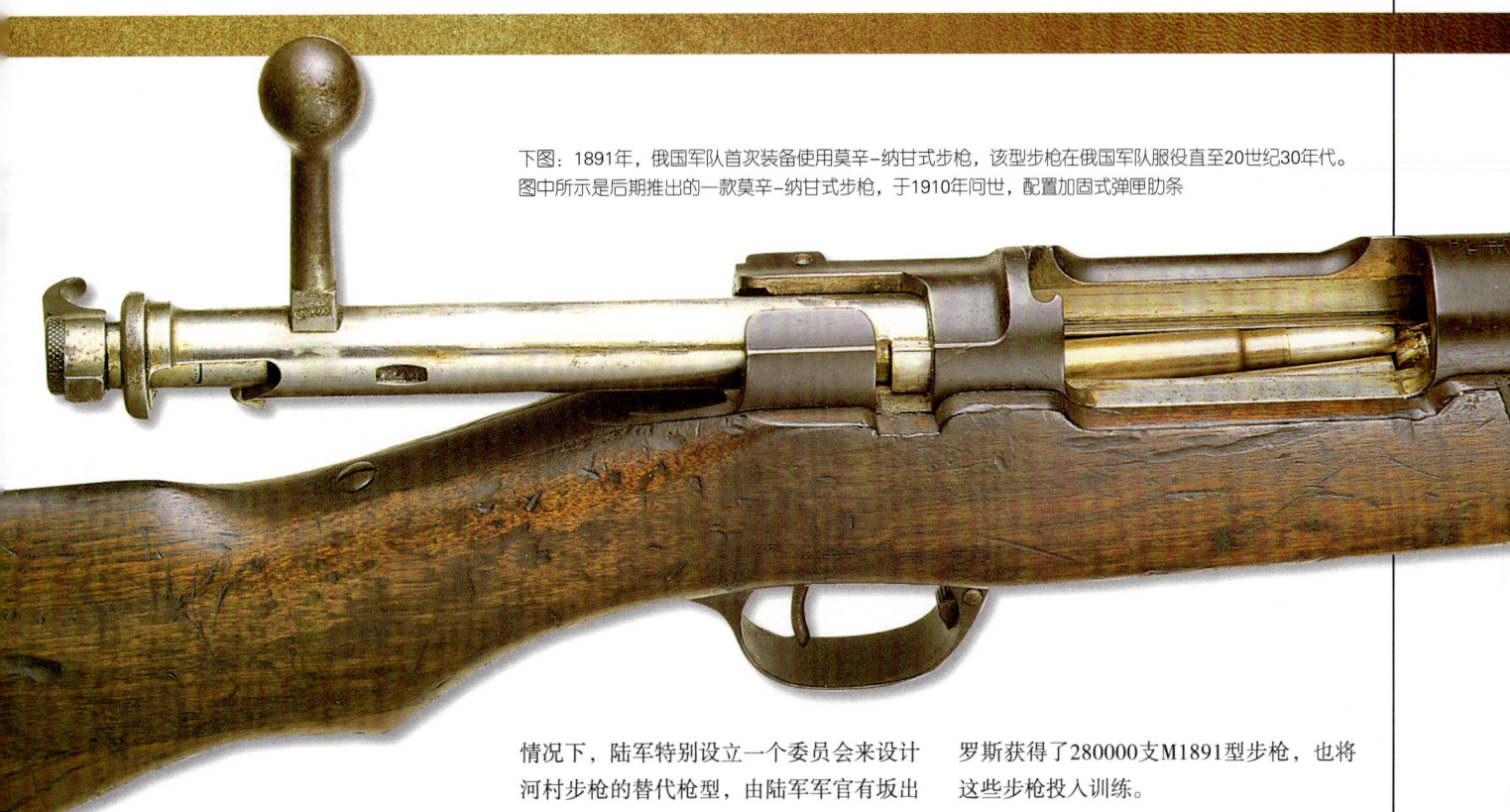

下图：1891年，俄国军队首次装备使用莫辛-纳甘式步枪，该型步枪在俄国军队服役直至20世纪30年代。图中所示是后期推出的一款莫辛-纳甘式步枪，于1910年问世，配置加固式弹匣肋条

的7.62毫米子弹时，枪口速度可达800米/秒。1930年，俄罗斯对1891型步枪实施进一步改进，与此同时还推出了短式卡宾枪以及装备骑兵的枪型。1944年，俄国再次对该型步枪实施改进，但此次改进只是为步枪增加配置一把老式的折叠式刺刀。在第一次世界大战以及第二次世界大战期间，不同改型的步枪分别参战。后来，上述步枪与1936年推出的西莫诺娃式自动步枪以及1938年推出的性能更高的托卡列夫式步枪一同在军队中服役。

有坂式步枪

日本的工业革命步履蹒跚地来临了，但日本在这迟到的工业革命期间还是得到了全面发展，因此，日本在追赶西方国家的道路上并没有浪费太多的时间。但在1894年年底中日甲午战争期间，日本陆军仍然装备使用筒式弹匣连发步枪，即8毫米口径河村步枪。日本开始装备该型步枪的时间是明治20年，因此到中日甲午战争期间该型步枪的性能已经相当落后。在这种情况下，陆军特别设立一个委员会来设计河村步枪的替代枪型，由陆军军官有坂出任委员会主席。最后，委员会设计出口径为6.5毫米×50的明治30年式枪，即1897型。很显然该型枪源于奥地利-德国，其中，弹匣纯粹属于毛瑟设计，枪栓则在很大程度上源于曼利彻设计。与众不同的国产特征便是从击发装置延伸出来的非常明显的保险销操纵杆。1905年，明治30年式枪被明治38年式枪取代，后者的枪栓与毛瑟步枪的枪栓更加相似，用受弹器上安装的退壳器取代了30型枪配置的枪栓上安装的退壳器。此外，原有的保险销操纵杆也被取代。以上两种设计在生产过程中，分别推出了步枪枪型与卡宾枪枪型，其中步枪枪管长800毫米，卡宾枪枪管长470毫米。后来，这些武器都转入使用更重的子弹，即7.7毫米11.65克弹，同时相应重新配置了枪管，但更换子弹后子弹的枪口速度仍为730米/秒左右，经过上述改进之后的武器就成为日本99型步枪。1941年日本发动战争时部队装备使用的步枪便是99型步枪。第一次世界大战期间，英国获得日本少量的步枪作训练用，这些步枪是否曾经参加世界大战现在还无法确定。大约同一时间，美国从俄罗斯获得了280000支M1891型步枪，也将这些步枪投入训练。

法国柏斯尔步枪

法国人曾经使用莱贝尔M1886型步枪使自己的军事力量获得了巨大的飞跃，但在后来，法国的枪支发展逐渐丧失了动力，不久之后，法国军方发现自己装备的武器已经完全落后于其他国家。为了努力地将M1886型步枪实施进一步更新，法国人对弹药实施改进。1898年，圆头"拜勒M"弹头被尖头形"拜勒D"青铜子弹取代，不过当子弹尖端在筒式弹匣内碰到前方子弹的起爆雷管帽时，会引起严重的意外爆炸事故。

与此同时，在1892年，法国军方为骑兵提供了一种与众不同的卡宾枪设计，该种设计仍然沿用格拉斯设计的枪栓装置，

6.5毫米默斯查托M/91型步枪

口径：6.5毫米×52（0.25英寸）
重量：3.0千克（6磅10盎司）
全枪长：920毫米（36.2英寸）
枪管长：610毫米（24英寸）
有效射程：约600米（1950英尺）
构造：6发子弹固定式弹匣，枪栓装置
子弹初速：700米/秒（2275英尺/秒）
原产国：意大利

使用一种曼利彻式弹匣，弹容3发，但在当时，该种卡宾枪仅仅投入小规模使用。此后的40多年内，该种卡宾枪被天才设计师安德列·柏斯尔成功实施改进，一般情况下，我们以柏斯尔的名字称该种武器，柏斯尔便是当时批准该种武器的委员会主席。其中，该种卡宾枪最重要的改进发生于1916年，柏斯尔将其弹匣更新为大容量的5发子弹毛瑟式弹匣。加长枪管的步枪枪型早已经在1902年问世，因此，1916年实施改进的时候，柏斯尔将原来难以操纵的1300毫米枪管缩短为1085毫米。同时，已经落后的8毫米弹壳也被废弃，开始使用7.5毫米口径的弹壳。然而，实施上述改进措施的柏斯尔步枪还是没有取代莱贝尔步枪。1936年，柏斯尔步枪和莱贝尔步枪至少从理论上来说最终被取代，但在第二次世界大战爆发时，一些预备役军人还在使用这些武器。

最后的枪栓式步枪——MAS36

1936年，富西尔MAS36型步枪问世。后来，为了使用7.5毫米标准口径的无底缘弹壳，该种武器接受了进一步改进。法国当局之所以推出上述新型子弹，旨在取代落后的8毫米口径有底缘弹壳，然而该种子弹的外形违反了向全自动武器发展的宗旨。首先得到发展的是使用新式子弹的轻机枪，其使用的新型子弹是基于7.92毫米口径的88S型弹壳。随后，新式步枪问世。尽管当时许多人都认为MAS36的枪栓装置是毛瑟步枪的仿制品，但事实上它们有很大的区别：一对起锁定作用的闭锁锁块在枪栓的后部安装，锁块作用于受弹器桥接器上的凹槽而不是后膛外壳，应用该种配置之后，便在损失枪栓极限长度的情况下，使得枪栓的前后移动距离变得更短。由于不愿意将枪栓手柄配置于锁块的前方，设计人员只能够将它置于枪膛的正后方，然后向前推，使其进入扳机上方更便利的位置，结果使得该种步枪的外形显得极其笨拙，而且无法推广。同改进之前的枪型相比，MAS36没有配置安全销。MAS36步枪的真正特性是它在军用枪栓式步枪发展历史中所处的地位：该种步枪是最后一款新式设计，曾经被一个大国使用过。另外，法国当局还小批量生产一批短枪管MAS36步枪，目的是装备伞兵部队使用，该型步枪配置折叠式空心铝制枪托。1939年欧洲再次发生战争的时候，法国当局为法国陆军所有步兵都配备了MAS36步枪。

毛瑟88/97型步枪

如果仅仅是比喻的话，我们可以这样说，无论全球各地的兵工厂正在发生什么事，所有人的眼光仍然会集中在奥本多夫-艾姆-内卡。1894年，斯潘多的委员会要求毛瑟对88型步枪实施进一步改进以提高其性能，因为在当时该种步枪的性能已经完全落后。毛瑟在改进型M/93型步枪的基础上，对88型步枪的枪栓机械进行重新设计，在后方增加第三个起闭锁作用的应急锁块，该锁块发挥双重作用，能够阻碍推进气体从弹壳缝隙或者被穿透的火帽中泄露，然而遗憾的是，通常都会发生推进气体泄露的情况。正是由于这个问题导致毛瑟对88型弹壳重新设计，同时推出了88n/A型弹壳。当时是在1895年，为了拥有安全的扳机，毛瑟在枪栓上设置了一个槽形切口，同时为了使得枪栓柄一开始运动就能够使枪栓装置处于闭锁状态，他还对击针尖和枪栓实施了小规模改进。此外，毛瑟对弹匣进行重新设计，引入自己设计的从装弹带中装入子弹的给弹方式。由于威廉二世出面干涉，改进后的步枪还引进了新式表尺，该种新式表尺由设于斯潘多普鲁士国家军火工厂的陆军中校兰格设计而成。配置该种新式表尺之后，也引来了许多人的注意。这是由于步枪的有效射程变得越来越远，人们在前十年内对表尺也投入越来越多的重视。

后来，军方向毛瑟定购2000支改进之后的步枪，订购的步枪样式是稍有不同的两种结构，不同之处集中于枪栓装置与枪托之间的安装方式。1895年夏初，四个步兵营开始对新式步枪展开测试。他们宣称测试非常成功。因此，实施系列改进的步枪投入限量生产，军方将其命名为88/97型。订单中的所有步枪全部在埃尔福特生产，全部生产时间仅仅历时约130天。

88/97型步枪还用作一种小口径子弹的测试平台，这种子弹的直径比88型步枪的7.92毫米子弹还要小。由于新式硝基推进燃料的使用以及子弹枪口速度的提升，弹道学家认为子弹的平坦飞行弹道可以突破1000米或者更远，即有效精确度越来越高的梦想离实现越来越近，不过需要以减少子弹重量和子弹直径为代价。他们的这种理论与军方没有达成一致，因为军方仍然坚持必须使用大子弹，这样才能够使得敌人在中弹之后至少能够丧失战斗力。事实上双方的理论都违反了物理规律，因为物理规律告诉我们，能量和质量与速度成一

上图：1900年入侵中国的德国军队配备的毛瑟98型步枪

定关系，这个结论已经在两个世纪之前就已经得到证实。尽管如此，当时还是生产了2000支6毫米×59口径的88/97型步枪，新式弹壳装入当时性能最高的2.25克杜膝霍夫推进火药和维艾尔勒M91/93型片状炸药，壳内放置8.7克的圆头子弹，子弹长约32毫米（重14.7克/227谷的88型子弹仅比该种子弹长1毫米），枪口速度为800米/秒，几乎比88n/A型子弹的枪口速度高出200米/秒。正是由于对上述新式子弹实施测试之后，军方没有将7.92毫米88/97型步枪完全投入生产，但是考虑到当时德国决定选用大口径步枪充当德国下一代军用步枪，这似乎又不太可能；更大的可能是，当局本来就很保守，再加上当时88型武器的库存量非常多，使得军方没有将88/97型步枪投入全面生产。

毛瑟的成功——98型步枪

由于对88型步枪的问题大伤脑筋，因此普鲁士作战部在确定新的替代枪型的时候，显得相当谨慎，当时除了奥本多夫以外并没有其他选择，尽管德国已经于1871年完成统一，但每个主要的州仍然保留有一定的自治权。虽然他们都接受普鲁士的领导，但他们保留在某些地区制定政策的权力，其中就包括为自己的军队选择某种武器的权力，这可能（事实上并不会）会导致严重的武器扩散。

1898年4月5日，德国皇帝威廉二世指定新式98型步枪作为测试的原型枪型。正如我们后来将看到的，该种枪的枪膛经过专门设计来试用并测试（当时并没有全部让人满意）88n/A式7.92毫米×57子弹，枪栓机械装置和枪管与88/97型步枪相同，配置3个锁块、能够容纳5发子弹的整体式弹匣和4处凹槽，膛线深0.15毫米，在740毫米的枪管中膛线全长240毫米。其中唯一有意义的改进是弹匣平台上肋条的改进，改进之后，它就不再充当弹匣的开启装置。枪托配置有半手枪式把手，这是毛瑟步枪首次配置该种结构。98型步枪仍然保留通条，只是长度缩减到395毫米；此外，该型步枪拧有螺丝，三个螺丝在安装刺刀的位置一同发挥作用，为了与其相适应，刺刀手柄上也钻有相应的孔洞；通条还起着装配件的作用，用来固定枪口保护罩帽。1899年2月，三个步兵营开始对98型步枪实施短期测试，测试之后，军方完全接受并一致同意该型步枪成为制式军用步枪。随后，98型步枪在奥本多夫投入生产，这里需要强调的是，这是毛瑟首次获得如此大规模的生产合同。此外，普鲁士和巴伐利亚国家步枪工厂也开始生产该种新式步枪，只是巴伐利亚在1903年才开始生产。最初交付的步枪首先装备皇家海军和东亚远征特种兵，后者配备该种步枪参加了镇压中国义和团运动的作战行动。

在长期的服役期间，98型步枪仅仅接受了细微的改进。1904年，为了与常规步枪（李-恩菲尔德步枪和斯普林菲尔德步枪成为当时的主流，前者因缩短而变成了"通用"步枪，适合步兵和骑兵使用。而后者则专门用来同时满足步兵和骑兵的需要）保持同步，设计人员将98型枪管长度缩短，使其与卡宾枪的长度相近。在此期间，98型步枪原来配置的笨拙的直枪栓手柄被可以旋转90度的折叠式枪栓手柄所取代，枪托下面还切有一个凹槽，使得握起来更为简便。这样，1898型步枪就变为众所周知的Kar98型。1953年，设计人员缩短Kar98型步枪的枪托，这样，步枪的全长下降140毫米，仅长1110毫米，因此而成为Kar98k型武器。

毛瑟Kar98k型步枪

Kar98k型步枪/卡宾枪在德国军队中服役直到第二次世界大战结束，此时该种枪装备部队的时间已经长达约50年。军队装备该种武器之后，不可避免地要将它与李-恩菲尔德型步枪和斯普林菲尔德03型步枪作比较，其中，李-恩菲尔德步枪在Kar98k型步枪之前服役，而斯普林菲尔德03型步枪与Kar98k型步枪有很多相似之处。同这两种枪型一样，Kar98k型步枪被认为是迄今为止最优秀的军用枪栓式步枪之一。事实上，直到带有重量更轻的尖角弹头的88S型子弹得到发展之后，Kar98k型步枪才开始盛行。如果说Kar98k步枪存在严重缺陷的话，那就是枪栓手柄（同所有早期的毛瑟步枪一样，在其位置水平放置）的位置太靠后。因此，要想平稳、快速地操纵它是一件非常困难的事情（只有法国的

毛瑟98型步枪

口径：7.92毫米×57（0.31英寸）
重量：4.2千克（9磅4盎司）
全枪长：1255毫米（49.5英寸）
枪管长：740毫米（29.15英寸）
有效射程：1000米（3250英尺）以上
构造：5发子弹整体盒式弹匣，枪栓装置
子弹初速：640米/秒（2100英尺/秒）
895米/秒（2900英尺/秒）（使用S形弹药）
原产国：德国

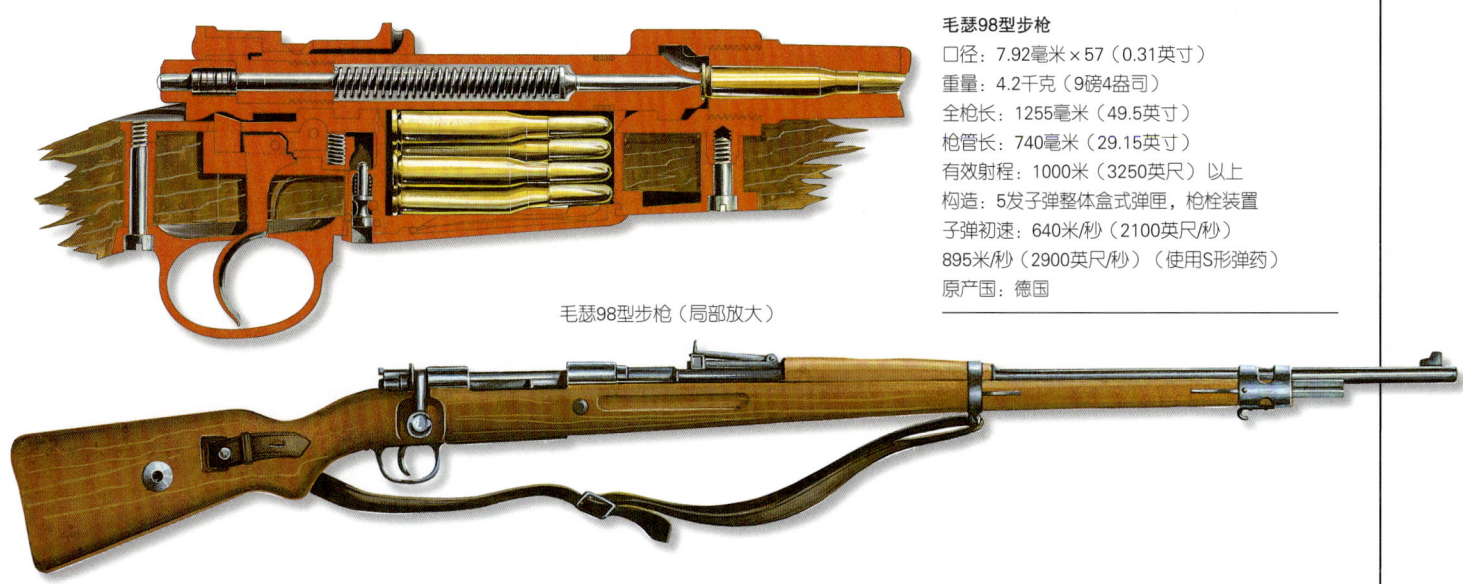

毛瑟98型步枪（局部放大）

毛瑟Kar98k型步枪
口径：7.92毫米×57（0.31英寸）
重量：3.9千克（8磅9盎司）
全枪长：1110毫米（43.6英寸）
枪管长：600毫米（23.6英寸）
有效射程：1000米（3250英尺）以上
构造：5发子弹整体盒式弹匣，枪栓装置
子弹初速：745米/秒（2450英尺/秒）
原产国：德国

MAS36型步枪比这种情况更糟）。为了防止钩挂士兵的衣物，枪栓柄可以向下旋转90度折叠起来，但这对提高操作速度没有任何作用。

Kar98k型步枪装备纳粹德国国防军与党卫军之后，发挥了极其重要的作用。当时许多人都认为该种步枪要优于李-恩菲尔德1940型步枪，或是认为该种步枪应该在当时优秀步枪中排名第四，对于这个问题，当时就存在很大的争议，而且在此后也一直没有达成一致意见。但有一点可以承认，即两种步枪都非常优秀，它们都是真正的著名步枪。它们中任何一款与火力更强的M1型加兰德半自动步枪相比，是更好还是更差呢？要回答这个问题，需要依据不同的使用背景。但总而言之，由于后来火力已经越来越成为步枪所有重要性能中的重中之重，因此步枪的使用技术已被越来越淡化，在这种情况下，加兰德半自动步枪必然要更胜一筹。然而在极限射程，加兰德半自动步枪的射击精确度还是无法与早期"三闭锁锁块"枪栓式步枪相比，因此，当斯普林菲尔德步枪被加兰德步枪淘汰很长一段时间后，仍然是美国陆军和陆战队狙击兵选用的武器。但是，在普通士兵手中，并不需要如此高的射击精度。

尖头式子弹

1898年初，德国开始研制具备新式外

上图：1943年在意大利的德国国防军突击步兵，装备毛瑟98k型步枪，该型步枪与他们的父辈在20多年前的战争中使用的武器，本质上是相同的

形的步枪子弹，研究过程显示，具备明显尖角、重量更轻的子弹的高速飞行性能要比圆弧外形的子弹更高，而圆弧形的子弹已经使用多年（法国也得出了同样的结论，并因此而推出尖头"拜勒D"式子弹，应用青铜材质取代了早期使用的铅）。最终德国保守派终于采信上述研究成果，这部分还得归功于新推出的推进燃料存在缺陷，即当时设于斯潘多的皇家火药工厂推出的新式火药，就是后来著名的436型火药。当时，该种火药被制成方形薄片，平面跨度约1.5毫米，厚约0.25毫米。应用该种推进火药作为推进燃料之后，德国推出了新的装药量为9.8克的新式S型子弹（我们前面曾经提到过早期的子弹重14.7克；设计人员通过将子弹长度缩短3毫米以上以及为子弹设置全新外形，

日本38型步枪
口径：6.5毫米×54（0.25英寸）
重量：4.3千克（9磅8盎司）
全枪长：1275毫米（50.25英寸）
枪管长：800毫米（31.45英寸）
有效射程：1000米（3250英尺）以上
构造：5发子弹整体盒式弹匣，枪栓装置
子弹初速：730米/秒（2395英尺/秒）
原产国：日本

使得重量得以减轻）。事实上当S型子弹推出之后，试验证明效果极差，射击时子弹的枪口速度仅仅比88型子弹稍高，因此该种子弹的射击精度也不高。后来，当设计人员将薄片火药的物理外形实施调整之后，结果发生了重大的变化。火药薄片尺寸与厚度都降低之后，不仅燃烧速度加快，而且可以在弹壳内装入更多的推进火药，以前只能放置2.63克，改变火药外形之后，装药量可以增至3.2克。改变火药物理性能之后，S型子弹的枪口速度立即从早期的620米/秒上升到900米/秒。尽管使用新式子弹没有实现弹道学家的梦想，但已经比以前前进了一大步。如果射击距离均为600米，88型子弹的飞行弹道末端比瞄准线的末端下降2.5米，而S型子弹的弹道仅仅下降1米，相比之下，老式M/71型子弹的飞行弹道几乎下降5米。1903年4月，德国当局采用S型新式弹壳，而与此同时还获得一份意外的收获：新式子弹的轻型弹头比老式的重型弹头具有更强的潜在杀伤力；弹头在撞击目标时的变形更大，外壳经常在撞击时与弹核分离，而且常会破裂成碎片。

为了能够使用新式弹药，很有必要对98型步枪（和许多库存的88S型步枪）实

施进一步改进。改进期间，设计人员将弹壳底座扩大0.12毫米。该项改进措施应用特殊工具分为四个阶段实施，为了防止重蹈以前对M/69型步枪实施改进时将枪支毁坏的覆辙，军方挑选分别到所有加工车间经过专门训练的人员来负责实施改装。除了改进弹壳底座之外，瞄准设备也必须接受改进。当时德国军方认为，由于新式子弹飞行弹道几乎处于水平状态，因此最低射程为400米，新的瞄准设备应该依据此实施相应调整。事实证明，该种观点是错误的，在随后的静态、近距离战斗中，为了射击小型目标，不得不采用一系列权宜方法来提高射击精度，而其中最常见的便是为步枪安装携带更长叶片的临时准星。

S型和K型子弹

第一次世界大战期间，德国对弹药进行了深入的研究，绝大多数研究工作主要在位于马格德堡的普尔特实施。研究工作主要集中于推出能够实现某种特定目标的子弹。在步枪子弹的发展过程中，最初的弹头只是一种固体弹丸，接着，软铅制弹头被由合金加固的铅制弹头所取代，以后又更新为带有外壳的铅制弹头。后来，战场上出现了各种装甲防护设备，最初是盾

上图：法国贝瑟尔步枪配置3发子弹整体式弹匣，有效射程为500米。同它的对手相比，该型步枪非常普通，且没有特别的重要性

上图：1917年十月革命之后，俄国1891型步枪继续在苏联红军中服役，红军将它更新为两种类型，图中是一种枪管更短的卡宾枪型，即当时的"龙骑兵"或哥萨克卡宾枪

俄国M1891/30型步枪
口径：7.62毫米×54R（0.30英寸）
重量：4.35千克（9磅9盎司）
全枪长：1240毫米（48.75英寸）
枪管长：730毫米（28.75英寸）
有效射程：1000米（3250英尺）以上
构造：5发子弹整体盒式弹匣，枪栓装置
子弹初速：790米/秒（2600英尺/秒）
原产国：俄国

牌，不久又出现了各种装甲车辆。由于当时的新式推进火药已经能够提供子弹高速飞行的所需能量，因此，普尔特的研究人员考虑发明一种能击穿各种防护设备的子弹。随后，他们为88型与98型步枪发明了一种7.92毫米的穿甲弹，即S.m.K型子弹（S型弹核、K型弹壳），该种子弹携带坚固的钨钢弹核，弹核包有铅质外壳，配置镀镍钢质弹壳。其中，弹头的铅质外壳使得子弹射击时，弹头能够与膛线相互发生作用。S.m.K弹头重11.5克，比普通S型弹头重20%，长度为37毫米，比S型弹头（长28毫米/1.125英寸）长9毫米，由于弹头极重，因此，推进火药的重量必须减少到2.9克。尽管远距离射击时重型子弹比普通子弹弹道更为平缓，但结果显示S.m.K型子弹的枪口速度大幅下降，仅为815米/秒。

之所以出现上述结果，原因在于两种子弹存在另一种区别：新式的K型弹头不像S型弹体呈圆柱形，而是向尾部方向呈锥形，这种形状便是后来人们所谓的船尾形。设计人员在研究应用新式火花隙技术拍摄的高速照片之后，提出了应用该种弹头外形。研究中的火花隙技术揭示了一个很有趣的现象：当飞行速度超过音速时，尖头尖尾式的圆柱子弹最为有效，出现这种情况的重要因素便是尖头外形的设计以及飞行过程中形成一种压缩波。然而，当飞行速度低于音速时，由于无法产生压缩波，对子弹飞行产生影响的主要因素便是子弹尾迹中的涡流，涡流不仅能够降低子弹的飞行速度，而且会使子弹偏离正确的飞行方向。在这种情况下，"船尾形"就显得越来越重要了。这种"船尾形"能够使子弹周围的气流重新进行更为有效的组合，因而消除了涡流产生的拉力作用。当然，最佳的外形可能是泪珠形，但没有人会采用该种形状。K型子弹采用新式外形之后，出现了令人惊奇的结果，射程已经超过400米，而且更重的子弹飞行速度高于较轻的子弹。正因为如此，中型机枪开始使用较重的钢壳子弹。1918年8月，第一次世界大战即将结束时，德国军队首次开始使用这种子弹。

令人奇怪的是，直到20世纪20年代，这种"船尾形"子弹才得到广泛应用。该种穿甲子弹的威力极强，能够在1400米范围之内击穿4.5毫米的镍铬钢板。此外，在中距或近距离之内能够击穿早期英国坦克的8毫米厚的侧面装甲。

当时，其他类型的步枪弹药也已经得到了发展，包括装有磷的燃烧弹以及在空心的尾部装有少量磷的跟踪弹，后者专门用来装备机枪使用。早在1916年，包括德国在内的许多国家，都将弹壳材质从当时相对稀缺的黄铜转变为钢，为了防止弹壳生锈，还在钢质弹壳外侧添加铜质镀层。事实上，改变弹壳之后的子弹与之前在性能方面并没有差别。从此以后，钢质弹壳投入普遍应用。

返回斯普林菲尔德

1898年美西战争中，从将军到士兵所有阶层的美国陆军人员都清楚地意识到自己装备使用的0.30英寸-40克拉格-乔根森步枪存在缺陷，亟须实施进一步改进。经过试验显示，原有步枪外形奇特、笨拙的弹匣存在的问题极易解决，而且可以毫不费力就将使用弹夹的毛瑟弹匣更新。然而除此之外，仍有一个问题需要考虑，即步枪的闭锁装置。很显然，以700米/秒以上的速度发射一发子弹时，所需压力必须达到2700千克/平方厘米，而现有步枪的子弹枪口速度仅为600米/秒，子弹所受压力仅为2175千克/平方厘米。如果要使子弹的枪口速度超过700米/秒，所需枪膛压力会超出克拉格单闭锁锁块所能承受的最大压力，使得锁块发生变形，这时，除了更换没有其他方法。

实施改进时，首先需要明确一种新式弹壳的规格。最初军方将选项限定为口径为0.30英寸的有底缘子弹，使用钢质弹壳，外层铜镍合金镀层，配置重为14.25克的圆头形软铅弹头。使用枪管长762毫米的步枪射击时，枪口速度至少可达700米/

上图：1918年，装备M1917型恩菲尔德型步枪的美国军队在西线阿尔贡地区挨家挨户地搜索敌人。后来的军队将发现冲锋枪在这样的环境下更为有用

秒。该种子弹与现有K型子弹相比稍有改进，子弹稍长，装药量稍多，专门制造用来对这种新型子弹进行测试的试验型步枪是克拉格步枪与毛瑟M/93型两种步枪相结合的产物。试验步枪的枪栓配置三块闭锁锁块（但同老式的M/71型毛瑟步枪一样，受弹器桥接器从枪栓中间穿过），除此之外还配置装弹机装载的单柱非分离式弹匣（在枪托下方延伸）和挪威步枪的扳机机组。

美国M1903型步枪

试验型步枪于1900年8月底制造完毕，10月初开始投入试验。在天气和其他条件允许下，试验历时两个月，经过试验，提出的建议主要集中于对弹壳与弹匣实施改进：当时，试验人员建议使用性能类似的无底缘式子弹，原因是试验结果显示当上方子弹的底缘处于下方子弹之后时，容易引发堵塞现象；此外，他们还建议弹匣应该采用错列叉排式设计，这样就可以使其完置于枪托之内，损坏的机会就会减少。试验步枪配置的仿制李-恩菲尔德型步枪的弹匣分离板也受到批评，该分离板是在垂直销上安装的平板，可以在弹匣内平行移动充当桥梁的作用，而且能够对弹壳产生压力，使子弹下降。分离板之所以受到批评，主要是因为当弹匣内子弹不足时，分离板已经恢复原位，那么就不能往弹匣内填充子弹。试验人员建议该种瑞士施密特-鲁宾式分离板系统应被其他系统取代，因为当步枪切换入单发模式时，分离板便将整个弹匣降低，尽管降低量非常微小。

后来，设计人员采用了上述前两条建议。尽管对分离板系统进行了全新设计，但当分离板发挥作用时，枪栓无法后拉足够距离，根本无法使弹匣内的子弹推入弹膛。不过，该种设计总体来说还是令人满意的，而且造价较低。此外，全新设计的分离板还发挥可分离式枪栓阻块的作用。最后，设计人员撤除受弹器桥接器顶端的狭槽，同时对保险阻块的几何结构实施了进一步改进。

确定上述弹匣以及测试步枪的规格之后，军方生产弹匣100个，测试步枪100支。这些步枪的枪管长度有多种，最短为559毫米，最长达762毫米。1903年2月，这些武器全部提交评估委员会实施进一步评估。该委员会由一名骑兵军官、两名步兵军官组成，另外由一名军械师充当记录员。军方为该委员会配备了六名军士来实施射击试验与演示。这些军士在桑迪·胡克试验场进行的射击试验中，共发射子弹10000发，此外，还在十个陆军站进行了演示。通过上述射击试验与演示，评估委员会最后得出一个结论：步枪的枪管长度应为610毫米，同时，配套使用的子弹应采用弗兰克福特兵工厂生产的弹壳，使用该种弹壳之后，子弹的枪口速度能够达到军方需要的标准。此外，他们建议对步枪的局部结构稍作调整，增加配置一台装有弹簧的枪栓固定器。

后来，设计人员根据评估委员会的评估结果对两支步枪实施改进。这两支改进型规格的步枪提交总部设于莱文沃斯堡的步兵委员会以及赖利堡的骑兵委员会，这些步枪同时得到两个委员会的肯定。武器部部长威廉·克罗希尔上将（第一次世界大战期间，曾经因与伊萨克·牛顿·刘易斯的个人恩怨而阻止使用当时最优秀的刘易斯轻机枪，因此而恶名远扬）建议采用这些步枪。于是，经过短时间的酝酿之后，1903年6月19日，口径为7.62毫米、带弹匣的1903型步枪得到美国作战部长的批准，美国陆军终于获得了新式步枪。

不久之后，1903型步枪投入生产。当时美国军方计划由斯普林菲尔德的武器制造厂负责制造新式步枪，该厂实施8小时一班制，日产量可达225支。而在新建的岩岛兵工厂，日产量可达350支。以这样的制造速度，很显然要将步枪大批量交付步兵团和骑兵团尚需要经过一段时间。1903年7月，为了提高斯普林菲尔德兵工厂的制造能力，达到日产400支的生产速度，该厂采购了新式加工工具。1903年11

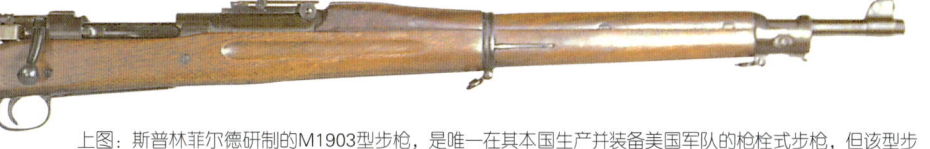

上图：斯普林菲尔德研制的M1903型步枪，是唯一在其本国生产并装备美国军队的枪栓式步枪，但该型步枪装备军队的数量相对较少

月份，1903型步枪开始投入大批量生产，截至1904年7月1日，已生产30000多支。

M1903型步枪的新式子弹

M1903型步枪在射击试验过程中暴露了一个潜在的缺陷：为了达到所需枪口速度，硝化甘油在相对较短的枪管内发生过热燃烧，对枪管造成难以承受的腐蚀作用，使203毫米的膛线发生变形。尽管步枪的加工工具已经准备妥当，但仍然需要实施进一步系列测试。测试结果便是使步枪的规模又恢复最初的模样，即254毫米膛线，口径0.33英寸，但仍然无法消除严重的腐蚀性。1904年，设计人员将子弹推进火药的装药量减少，这使得该种步枪的枪口速度下降为670米/秒。然而即使如此，随意选择一支测试步枪实施射击1000发子弹的试验之后，枪管内部前50毫米范围内的膛线已经完全磨损。而且以最快的速度发射40发子弹之后，就使枪托发生炭化。很显然，这是1903型步枪目前面临的一个最严重的问题，特别是同年德国军队采用了一种轻型尖头子弹，这种子弹性能更高，这使得美国面临的形势更为严峻。

为了解决这个问题，美国随后推出一种新式子弹。该种子弹装入由杜邦发明的重量介于3.04~3.24克、威力更强、燃烧温度相对较低的推进火药，推动平底、重为9.7克的铜镍尖头式子弹。子弹枪口速度为823米/秒，最大射程达3200米。由于该型子弹外形细长，因此其飞行弹道相对平坦，比老式重14.2克的圆头子弹射击精度更高。1906年10月15日，美国军方将该种新式子弹的弹壳、弹头、口径等实施标准化，即成为口径7.62毫米的1906型子弹，即后来众所周知的0.30英寸-06型子弹。随后，军方开始对制造1903型步枪枪管的加工工具实施进一步改进，同时对当时现有的步枪实施改进。不过对现有步枪的改进直到1909年7.62毫米-03型弹药耗尽之后才开始实施。

对M1903型步枪实施的唯一一项重大改进是安装一个半手柄式手柄替代最初规定的"英式"枪托。该项改进工作直至1929年才开始实施。此前，军方曾经试图通过为该种步枪增加一台所谓的彭德-彼得森设备将其改进成为半自动步枪。这里所谓的半自动步枪，更为确切些说应该是美国口径7.62毫米的1918型冲锋枪。改装过程中需要对受弹器实施一系列改进措施：去除原有的弹匣分离板，同时在受弹器左侧配置废弹壳的弹出口。1918年到1920年期间，大约有102000支M1903型步枪实施上述改进措施，随后该计划便被取消。

彼得森设备

彼得森设备是由设于伊利昂的雷明顿工厂设计师约翰·彼得森设计的。他的设计主要源于自己的下述设想：当对敌人有准备的阵地发动攻击时，为了提高已方

M1903型斯普林菲尔德步枪
口径：7.62毫米（0.30英寸）
重量：3.95千克（8磅11盎司）
全枪长：1100毫米（43.25英寸）
枪管长：610毫米（24英寸）
有效射程：1000米（3250英尺）以上
构造：5发子弹内置盒式弹匣，枪栓装置
子弹初速：855米/秒（2800英尺/秒）
原产国：美国

步兵的幸存机会，一个人仅仅在通过增强己方攻击火力的情况下，义无反顾地冲到战争中的无人地带。他认为当时如果这名冲锋的士兵有一支半自动步枪的话，能够边前进边从前方的掩体之后射击，此种做法便被委婉地称为"掩护火力"。该种战法对战壕护墙内探出身体来射击的防御敌人带来了极大的威胁该种理论来自于法国。1916年，对于法国来说是非常悲惨的日子，法国在战争中的死亡人数每月都会超过100000人，对死亡的恐惧使得军心不稳。当时，任何新的观念都会得到一大群人的响应和支持。

彼得森没有任何作战经历，但他成功地说服了美国军事部门采纳自己所制定的战术计划。尽管有点令人难以置信，但事实上这是可以理解的，因为军事部门本身也同样几乎没有"现代"战争的经历。1916年8月，彼得森开始全身心地投入到实现自己的构想中，根据自己的构想，他设计出上面曾经提到过的"彼得森"设备。之所以设计该设备，是因为他认为当时根本不可能为每一名步兵配备一只新枪，也不可能很快便把每一支M1903型步枪改造成半自动武器。彼得森设备的运转情况绝大部分与自动手枪以及大多数冲锋枪类似，其体形很小，足以取代M1903型

富西尔MAS36型步枪
口径：7.5毫米×54（0.29英寸）
重量：3.8千克（8磅6盎司）
全枪长：1020毫米（40.15英寸）
枪管长：575毫米（22.6英寸）
有效射程：1000米（3250英尺）以上
构造：5发子弹整体盒式弹匣，枪栓装置
子弹初速：825米/秒（2700英尺/秒）
原产国：法国

上图：装备SMLE步枪的英国军队等待向顶部攀登，根据他们的武器装备判断，此时已经接近第一次世界大战的尾声

步枪的枪栓；其配置的枪管外形与0.30英寸-06型弹壳极其匹配；使用特制的子弹外形与0.32英寸ACP手枪子弹相同，推进火药重0.23克，驱动重为0.52克的包壳子弹。在M1903型步枪上使用时，枪口速度可达395米/秒，枪口能量只有0.30英寸-06型子弹能量的1/8。当时彼得森过分乐观地认为，如果瞄准目标的话，它的有效射击距离为500米。该种设备配置的弹匣可装弹40发。

无意义的浪费

美国军方共为M1903型步枪生产了约65000台1型彼得森设备。除此之外，当1917年美国决定参加第一次世界大战时，为了解决M1917型恩菲尔德型步枪供应不足的问题，美国生产了大批M1917型枪，而与此同时也为该种步枪生产了该型彼得森设备。此外，据一些消息灵通人士透露：美国还为雷明顿限量生产的法国M07/15型步枪和俄国M1891型步枪提供了彼得森设备，其中，M07/15型步枪是改进型波西尔步枪，当初推出该型枪的目的是装备殖民地步兵团，但到后来成为了西线战场最常用的武器之一。事实上后来彼得森设备并没有投入使用。这些设备与实施

改进准备配置它们的步枪一起存放在仓库内，只有很少一部分在1931年被销毁，据说这样做是为了防止它们落入匪徒及罪犯之手。但是，还有一些报道称销毁工作于1924年到1925年期间进行，到底哪一种说法正确现在也无法考证。至于说那些改进之后的步枪，尽管受弹器左侧的弹壳弹出口没有接受任何改进，但设计人员还是为它们重新安装了弹匣分离板，随后便被封仓入库。具有讽刺意义的是，引发彼得森设备的极为愚蠢的战术理论最后竟然还导致勃朗宁自动步枪的问世，而后者是当时最优秀的轻机枪之一，问世之后持续在美国陆军一线作战部队服役，一直到20世纪50年代。

偿还毛瑟

很显然，美国当时的新型军用步枪完全是毛瑟型步枪，只不过枪名并非毛瑟。但令人奇怪的是，直到1904年克洛尔致信毛瑟，称他们的专利代理人邀请毛瑟前去讨论弹匣设计时，美国政府才意识到毛瑟的专利权受到了侵害。因此，最后毛瑟得到了比自己的要求更多的利益。1909年7月，美国军方最终与毛瑟达成一致意见，在弹匣设计方面，美国陆军侵害毛瑟的两

项专利，而在步枪设计方面，至少侵害了五项专利。1910年5月，美国政府同意以每支步枪0.75美元、每1000个弹匣0.5美元的费用支付毛瑟。以上述标准核算，最终美国向毛瑟共支付200000美元。

然而事情远没有结束。当美国刚刚向毛瑟支付最后一笔费用时，德国武器制造与弹药兵工厂，即路德维格·洛伊公司声称美国侵害该公司尖头式弹头的专利技术。这一次美国政府立即驳回该公司的申请，原因是当毛瑟研制该种新型子弹的同时，美国陆军军官法利也已经独立开展该项技术的研究。1914年7月18日，德国武器制造与弹药兵工厂提起诉讼，要求美国以每1000发子弹1美元的标准向自己支付专利费用，子弹的总量至少为2亿5千万发。然而，该案件还没有来得及开庭，第一次世界大战就爆发了，因此诉讼只能就此搁置。1917年，美国向德国宣战，该项专利权由外国资产部控制，因此，美国司法部长立刻撤销了该项诉讼。然而，事情仍然没有结束。第一次世界大战结束后，专门成立了一个法庭用来解决奥地利和德国针对美国方面提起的诉讼。该法庭发现，尽管德国武器制造与弹药兵工厂提出的专利诉讼没有充足证据，但美国随意使

上图：李-恩菲尔德5型枪，一般被人称为丛林式卡宾枪。该型枪只是4型步枪尺寸缩减的枪型。缩短后的枪管产生的后坐力太强，根本不能让人接受

M1917 恩菲尔德型步枪
口径：7.62毫米（0.30英寸）
重量：4.35千克（9磅10盎司）
全枪长：1175毫米（46.25英寸）
枪管长：660毫米（26英寸）
有效射程：1000毫米（3250英寸）
构造：5发子弹内置盒式弹匣，枪栓装置
子弹初速：855米/秒（2800英尺/秒）
原产国：美国/英国

用他人的专利技术还是属于非法使用。因此，1921年7月2日，法庭裁定美国向德国武器制造与弹药兵工厂支付300000美元的赔偿费用。1928年12月31日，当美国向德国支付这笔费用时，需要支付的利息竟高达112520.55美元。

美国恩菲尔德型步枪

外界普遍认为，美国军队参加第一次世界大战时，装备所用的步枪是斯普林菲尔德03型步枪，但事实并非如此。当时美国陆军四分之三的部队装备使用的武器是英国人设计的美式步枪，即7.62毫米口径的M1917型步枪，而不是斯普林菲尔德式步枪。相反的是，事实上一个美国步兵团（第49团）将最初装备的M1903型步枪撤换，以恩菲尔德型步枪取而代之。

我们现在讨论的恩菲尔德武器，最初推出的便是口径为0.303英寸的1914型步枪，该种步枪是在口径为0.276英寸的高速试验型步枪的基础上发展而成。试验型步枪配置一种毛瑟结构，即枪栓前方配置毛瑟式闭锁锁块，当时被人称做1913型步枪。1913年，经过试用之后，英国作战办公室批准该种步枪。但是，在第一次世界大战爆发之时，由于该型步枪还有许多问题没有得到解决，如热弹壳问题（包括温度过高以及过早起爆）以及枪管磨损严

短弹匣李-恩菲尔德3型步枪
口径：7.7毫米（0.303英寸）
重量：3.7千克（8磅2盎司）
全枪长：1232毫米（44.6英寸）
枪管长：640毫米（25.2英寸）
有效射程：1000米（3250英尺）以上
构造：10发子弹分离式盒式弹匣，枪栓装置
子弹初速：670米/秒（2300英尺/秒）
原产国：英国

重，因此，战争办公室最终决定放弃使用。

快速步枪

由于李-恩菲尔德型步枪遭到了几乎所有部队的批评（只有一支部队保持沉默，即希望使用该型步枪的部队），因此，军方开始设计该型步枪的替代枪型：SMLE型步枪。对于大多数士兵来说，SMLE型步枪一无是处，其枪栓装置的性能明显劣于毛瑟型步枪。1912年，军方曾经在步枪射击学校进行针对德国军用步枪的射击试验，试验结果显示，98型枪的射击速度为每分钟14发或15发子弹，而SMLE步枪为每分钟28发子弹，尽管如此，仍然无法掩盖SMLE步枪的缺陷。SMLE步枪的快速射击记录是在1914年由军士教官斯诺克斯奥创造的。当时他在一分钟之内至少38发子弹击中目标，所有子弹都进入275米距离处放置的120厘米的标准靶环内。按照任何标准、从任何角度来分析，这才是真正的射击。当时，英国正规部队的步枪射击标准相当高，不仅射击速度高，而且射击的精确度相当高。因此，当第一次世界大战中德国军队与英国士兵遭遇之后，他们以为英国军队使用机枪射击，事实上他们遇到的是装备性能更高的步枪、训练极其有素的敌人。

即使如此，批评人士还是这样评判SMLE步枪，"SMLE步枪终究是劣质的，它的缺陷总是让人无法忍受"，为此，英国作战办公室开始寻找一种可能的替代枪型。在这种情况下，P13型步枪问世了。对于P13型步枪来说，尽管仍然存在缺陷，但很明显，只要经过一段时间实施进一步改进，它必将成为一种能够让人接受的枪型。至于说它是否能够比猜想将要取代的枪型更为优秀，自当别论。即使如此，P13型步枪还是有一个最基本的优点，即当时设计者在设计该型枪的时候，就是希望它能够投入大批量生产，而SMLE型步枪在设计之时绝对没有该种考虑。1915年，战况显示"圣诞节前结束战争"的估计很显然无法实现，这时，英国作战办公室意识到军方面临着步兵基本武器短缺的问题。因此，作战办公室立即转入P13型步枪，要求将该型步枪的弹膛重新设计，使其使用底缘式0.303英寸的子弹，并立即寻找该种武器的制造商。一些人开始求助于设于宾夕法尼亚州爱迪斯通纽约的雷明顿兵工厂以及联合金属子弹公

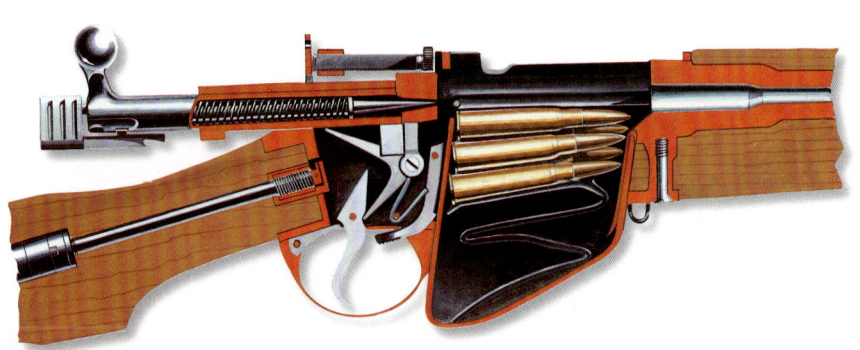

李-恩菲尔德4-1型
口径：7.7毫米（0.303英寸）
重量：4.2千克（9磅4盎司）
全枪长：1130毫米（44.5英寸）
枪管长：640毫米（25.2英寸）
有效射程：1000米（3250英尺）以上
构造：10发子弹分离式盒式弹匣，枪栓装置
子弹初速：730米/秒（2400英尺/秒）
原产国：英国

上图：当军官们讨论如何处理盟军俘虏时，一名手持带长刺刀的日本99型步枪的日本士兵正以立正姿势站在一旁

司所属工厂、设于康涅狄格州纽黑文的温切斯特连发武器公司所属工厂。然而，事实上在1916年中期，足够的武器才制成并运往英国，随后军方便将这些枪支全部配发部队。

P14型步枪

当美国向德国宣战参加第一次世界大战时，才同英国方面完成步枪生产合同的签署工作。三家工厂开始对所属机械实施调整，以生产使用0.30英寸-06型无底缘式子弹的P14型步枪。这些工厂需要实施的改进工作非常简单，他们只需要恢复最初的设计即可，因为P14型步枪最初就是为无底缘子弹设计的。很快，生产线便建立完毕，随后投入生产。此次生产的步枪是M1917型步枪。1917年10月到1918年11月间，三家工厂共生产M1917型步枪至少2193429支。同样的时期内，斯普林菲尔德以及岩岛兵工厂共生产M1903型步枪312878支。此后，M1917型步枪的生产并没有停止，最后该型步枪的总产量达到2511834支。1919年3月，美国军方还没有最终确定M1903型步枪与M1917型步枪哪一种充当"有限标准"步枪并将其储存起来充当战争储备。随后，军方组建一个由步兵军官组成的委员会来决定。最后该委员会建议选用斯普林菲尔德工厂生产的M1903型步枪，并提出需要将该型步枪

的表尺再加以改进，并将它安装在受弹器上，而最初表尺安装在M1903型步枪后膛外壳前方，结果导致表尺周径缩小，因而射击精度下降。

索尼克罗夫特奇迹

到1914年夏季，军用步枪已经标准化，使用小口径（7-8毫米/0.27-0.32英寸）的尖头子弹，枪口速度达到800米/秒，有效射程超过1000米。机械装置以管式枪栓为基础，将枪栓柄旋转90度之后，枪栓处于开启状态，随后便可以接收从弹匣输送的子弹。弹匣位于受弹器下侧，枪护木前方，通过简易弹夹装入子弹。

前面我们已经讨论了大多数试图替换或改进枪栓装置的尝试，但这些尝试都以失败而告终。但是，有一种步枪值得引起我们的注意，因为它是世界许多国家的步兵在21世纪选用的短式轻型武器的先驱。

1901年，索尼克罗夫特卡宾枪问世，同年7月，该型枪的发明者因其新发明而获得专利。从本质上说，该种枪仍然属于传统的枪栓装置步枪，其触发机械与手枪握把配置于受弹器前方。受弹器与弹匣在枪托内真正附着在一起。扳动枪栓时，枪栓离开受弹器进入木质枪托内刻制的导槽内。这就是我们现在的"布尔帕普"（Bullpup）系统的先驱，它用于英国SA-80（L85A1）、法国FA-MAS以及奥地利施泰尔AUG以及其他试验性武器上。此外，研究人员还在其他武器上继续试验该种系统。其中在1944年，在一款投入短暂试验的试验型狙击步枪上，试验人员继续对该种系统进行了试验。在这支狙击步枪上，应用了一种极其特殊的设计，通过后拉手枪式握把带动直拉式枪栓运作。通过此次试验，大家一致认为这提供了一种解决狙击手经常面临的问题（当他们拨动枪栓准备发射第二发子弹的时候，容易暴露自己所处的位置）的一种方案。另外，该种系统还在7毫米的试验1型与试验2型步枪以及4.85毫米口径的单兵武器上进行了试验。其中，试验1型与试验2型武器同许多其他武器一样最后遭到拒绝，原因是无法使用长为890毫米的步枪进行试验。

索尼克罗夫特的一个最大的优势在于其尺寸和重量，重3.4千克，而SMLE步枪重3.7千克；尽管二者枪管长度相同，均为635毫米，但索尼克罗夫特全长仅993毫米，而SMLE步枪长度几乎达1132毫米，正因为如此，当时人们错误地认为该型枪为卡宾枪。1902年，步枪射击学校对该型枪进行了试验，试验之后他们批评该枪的后坐力太大（但事实上该种步枪的枪管长度及使用的子弹与当时正在测试的SMLE型步枪相同，因此很难解释出现太大后坐力的原因。只不过该型步枪的4条膛线采用右侧刻制而不是传统的左侧刻制方式，

下图：1940年，装备38型或99型步枪（从外形上看，它们之间并无太大差别）的日本军队正通过一座临时搭建的简易桥

上图：李-恩菲尔德4-1型步枪

上图：第二次世界大战期间，配备李-恩菲尔德型步枪的印度军队在东南亚战区的丛林中巡逻。今天，李-恩菲尔德型步枪仍然在一些国家服役

这种区别可能使得后坐力发生变化）、不易操作、热弹壳弹出时易烫伤手指等等。后来对其实施改进之后，这些缺陷仍然存在。因此，1903年，军方搁置对该种武器的试验工作。我们可能会认为保守思想是造成该种武器被拒绝的原因，事实上真正的原因是该种系统并不比李-恩菲尔德型步枪更先进。尽管我们即将看到在枪栓结构前方配置触发结构的短"布尔帕普"步枪将浮出水面，但在当时，这一时刻还没有到来。

9 半自动步枪与突击步枪

自18世纪以来,战术家一直致力于研究如何确保枪支实施有效协同作战,以便形成一堵可移动的弹幕墙,不仅能够阻止敌军向前推进,而且能够杀死敌人或使其丧失战斗力。

随着黄铜弹壳问世，连发武器的设想成为可能。以此为基础，可以使武器的使用过程机械化，应用射击后坐力或推进气体使整个发射过程循环往复进行、开放后膛、向后推动受复进簧支撑的枪栓或闭锁装置、将废弹壳退出，同时使弹匣中的下一发子弹离开弹匣，在弹膛重新闭锁之前将子弹装入弹膛，再次击发步枪进入下一轮发射过程。

这项原理首先由机枪发明家希拉姆·史蒂文森·马克西姆进行了论证。他在1883年6月26日获得专利，在描述自己专利技术的序言中，马克西姆这样写道："我的发明是一种机械装置，设计目的主要用于连发式或弹匣式步枪，当前最著名的便是温切斯特步枪。该项发明主要用来利用步枪或其他武器的后坐力来运作后膛装填机械。应用该种方式制造的武器在发射子弹之后，后坐力的作用使得复进簧储存足够的能量，这些能量或复进簧随后便作用于武器的机械装置，使废弹壳退出弹膛、击发系统、将弹匣内的子弹从弹匣压入枪膛，进而迫使子弹进入枪管，随后关闭后膛。"

马克西姆的序言显示出当时他试图让即将成为竞争对手的研究人员通过持续研究步枪，进入研究新式机枪的竞争之中。然而，与其专利申请书相配套的设计图显示，他的发明属于实施改进之后的温切斯特步枪。第二年，当他为自己发明的气体推进方法申请专利时，配套的设计图再次显示他的设计是一种摇臂式步枪，此次马克西姆提供的设计图兼有改进型柯尔特（那些从来没有投入生产的枪型）以及温切斯特步枪的特征。

机械类型

现在，研究武器半自动与全自动结构（这两种结构并没有太大的不同，通常二者的不同，主要集中于扳机的设计上）的运作方式很有必要。存在两种稍有不同的利用后坐力驱动闭锁装置的系统，通常我们称之为短距系统和长距系统，这些系统应用于第一代中型与重型机枪中，而且在许多自动手枪、一些轻机枪和冲锋枪以及极少数选择射击模式的突击步枪中也能够见到这些系统；而结构更简单的开放后膛气体后泄系统则应用于大多数冲锋枪、轻型冲锋枪和一种突击步枪；最基本的气体驱动系统，现在则用于大多数通用型机枪和半自动步枪。很显然，上述一些系统之间存在某种直接的联系。至于说其他一些系统，因为应用步枪实施的试验最终都以失败而告终，因此显得极为有趣。

短距后坐系统

在短距后坐系统中，枪管及闭锁装置同时向后移动很小的距离（通常低于1.27毫米/0.5英寸），这种短暂后移使枪膛内的剩余压力得以下降，进而可以安全打开后膛而不会使弹壳破裂。此时，枪管向后移动的通道被阻塞，但通过某种方式可以释放闭锁装置，使其继续向后移动。同时，退壳器时确保废弹壳随闭锁装置一起移动，直至弹壳退出弹膛。最后，闭锁装置的运动压缩复进簧，当压力与复进簧的弹力达到一定的平衡时，复进簧储存的能量开始超越驱动自己进一步压缩的能量，便不再继续被压缩，立刻反弹闭锁装置，后者在复进簧弹力的作用下沿原路返回，击发发射装置。在返回重新锁定闭锁装置的过程中，将下一发子弹压入枪膛。

长距后坐系统

长距后坐系统与短距后坐系统之间的区别很小。在长距后坐系统中，枪管与闭锁装置被激发一起后移，后移的距离远大于弹匣内子弹的长度。随后枪管与闭锁装置分离。复进簧的反弹力将枪管推进到待发射位置，与此同时，退壳器在闭锁装置的作用下推动空弹壳，将空弹壳退出后膛。随后前移的闭锁装置激发枪支的机械装置，并将下一发子弹压入枪膛，再次锁定闭锁装置。

气体后泄系统

在所有上述机械装置中，最简单的便是气体后泄系统。该种系统只是通过复进簧产生的压力将闭锁装置与枪管靠近，在此期间没有锁块或其他机械设备来将它们连接在一起。当子弹爆炸时，后膛继续保持关闭，直到膛内的压力超过复进簧的压力时，后膛迅速开放，闭锁装置飞速后移，随后便以与开放式闭锁装置结构同样的方式使机械装置循环运作。显然，从机械的观点来考虑，该系统是一种更为简单的解决方案，不仅造价较低，而且易于制造和实施维护。有时由于人为因素会导致该系统磨擦力变大或出现机械缺陷，使得气体后泄进程滞后。如果出现该种情况，必须在使用之前设法克服这些不利因素。

气体驱动系统

在基本的气体驱动系统中，推进气体通常在枪口附近处排出。尽管枪支的机械装置还可以应用其他方式来控制，但气体排出口与枪口之间的真实距离决定多少气体用于使枪支的机械装置循环运作；此外，二者之间的距离还决定与气体驱动系统的主要作用阶段有关的许多其他因素。通常情况下，推进气体作用于枪管上方、下方或是与其并列的活塞，将活塞向后推进使后者推动枪栓，使枪支的机械装置开始循环运转。此外，在近期推出的一种主要的气体趋动系统中，推进气体直接作用于枪栓。后坐力驱动武器系统利用的任何一种方式，都能够使气体驱动系统的机械循环过程发生滞后，它们通过枪支的闭锁机械发挥作用，或是使枪栓的闭锁装置的开启时间推迟（闭锁装置必须在机械循环运作之前开启），也可能是人为引发的磨擦或机械结构本身存在缺陷，导致出现这种情况。

第一批半自动步枪

考虑到步枪与手枪的相对尺寸限制，首种自动装填式武器竟然是一支手枪，确实有点出乎人们的意料。但是，博哈特1893型冲锋枪在半自动步枪出现之时，已经投向市场达三年时间。而更让人意想不到的是，当该种冲锋枪发明之后，却出现了相当意外的情况，丹麦以及更大的黑马墨西哥，开始狂热地研制半自动步枪。

索伦·邦是发明者而不是军械工人，他在希拉姆·马克西姆1884年专利技术的基础上，采取各种改进措施，努力隐藏自己的所有设计是利用后者的专利技术，事实上他本人从来没有制造过一支气体驱动步枪，只是想借此结构来击败竞争对手。11年后，当勃朗宁设计出一支气体驱动步枪时，也想尽一切办法来隐藏自己应用马克西姆专利机械的事实。其中，邦在设计过程中，应用了一种穿孔倒转式枪口帽，子弹发射时穿过枪口帽，推进气体反作用于枪口帽，推动枪口帽运动。枪口帽与一个操纵杆相连接，枪口帽的运动随之带动操纵杆，于是，通过能够使运动倒转的摇杆，使操纵杆充当二级操纵杆，释放闭锁装置使后者向后移动。整个循环通过一个复进簧完成。邦推出的系统的确能够发挥作用，但并没有达到预期的效果，他需要制造的操作机械要足够轻，以便能够运行顺畅，而且操作机械需足够坚固，以便具备持续运转的能力，在这方面显然还有许多问题尚待解决。即使如此，邦与其他研究人员还是继续对该种结构进行研究，一直到第一次世界大战结束后。1941年底，经过进一步改进的邦的理论再次在德国出现，当时，毛瑟与瓦尔特在设计半自动步枪中就应用了这些理论，但或多或少还是无法成功，我们将在后面的章节里讨论相关情况。早在1896年，配置邦系统的半自动步枪就已经装备丹麦陆战队步兵，使其成为首种正式投入使用的半自动步枪。

蒙德拉贡 M1908型步枪

很早以前，墨西哥陆军炮兵军官曼纽尔·蒙德拉贡就开始设计半自动步枪，在此过程中，他通过设于枪口后部约165毫米距离处的一个直径为1毫米的小孔，利用排出的推进气体。从子弹发射到离开枪口的短暂时间内，枪管内处于极度高压状态（典型压力为3000大气压或更高，取决于推进火药的装药量），高压气体通过上述小孔进入枪管下方的气缸内，作用于活塞；活塞在高压气体的驱使下向后运动，压缩围绕弹簧导杆固定的复进簧，开启并驱动枪栓向后运动，随后，通过枪栓内的系列螺旋槽，将枪栓的纵向运动转化为旋转运动，作用于击发柄的椭圆形锁块，使锁块到达受弹器中合适的位置。枪栓向后运动过程中，退出废弹壳，使机械装置处于待击发状态。在返回向前运动时，从弹匣内拔出一发子弹，并将它压入枪膛。为了使活塞能够尽可能有效发挥作用，蒙德拉贡在步枪中配置至少七块闭锁锁块，其中三块配置于闭锁装置之前，四块置于闭锁装置之后。

当时，墨西哥国内并没有制造如此复杂且具备所需公差的精密机械制造工厂。墨西哥总统波菲利奥·迪亚兹为了向其他国家展示本国有独立设计新式步枪的能力，因此，他对蒙德拉贡提供了积极的支持。在总统的支持下，蒙德拉贡求助于瑞士SIG公司。1893年，墨西哥向SIG公司订购6.5毫米的新式步枪50支，第二年再次订购200支。第二批步枪有一个非常明显的特征，使用5.2毫米×68鲁宾式子弹，该种子弹在弹头周围携带次口径弹软壳，该种概念早已经在火炮领域中出现，但在当时的使用过程时断时续。直到20世纪后期，为了将这种概念应用于小型武器，设计人员才对它实施改进。瑞士SIG公司交付新式步枪之后，墨西哥军方开始对它进行测试，通过试验，蒙德拉贡对子弹的性能非常不满，随后他又尝试了许多其他类型的子弹，如30英寸-30型温切斯特公司中火子弹、瑞士的7毫米×57以及7.5毫米×54子弹，最后选定了7毫米子弹，该种子弹是在毛瑟为M/93型步枪研制的子弹基础上推出的新式子弹，与前者不可换用。

完全出于爱国主义思想，墨西哥军队"接受"了这种步枪，并为之起了一个相当夸张的名称：富西尔-波菲亚诺·迪亚兹系统蒙德拉贡步枪，即 1908型步枪。随后，军方向SIG公司定购该型步枪4000支。截止到1911年，1908型步枪共交付400支，每支造价160瑞士法郎，相当于当时传统枪栓式连发步枪的三倍。此后，墨西哥人意识到高价采购自己设计的步枪显然不妥，于是立即决定不再向瑞士采购；此时，SIG公司只能将已经制成的1000支步枪积压在仓库内，而且收回这些枪支的成本也没有任何希望了。后来，SIG公司对这些步枪实施一些特别加工措施，其中最为特殊的是完全关闭原有步枪的半自动机械，恢复常规直拉枪栓式连发系统。可以这样说，该种结构与全自动完全相反。恢复直拉枪栓式连发系统之后，该种武器能够安装细长形双脚架以及容量为20发子弹的弹匣（取代标准的8发子弹弹匣）。随后，SIG公司开始大力推荐该型步枪，希望引起各国国防部的兴趣，特别是德国、英国以及美国等，但不幸的是，一切都是徒劳。

1915年，德国军队发现需要用更具灵活性的武器来武装自己刚刚组建、缺乏经验的空军，他们认为一方面使用98型步枪、另一方面使用重型MG08型机枪的现状显然对于空军来说很不理想。这时，德国军方有人想起瑞士曾经向本国推荐过蒙德拉贡步枪，于是立即购买瑞士所有的该型步枪。出现这样的转机，可以想像，瑞士方面当然是喜出望外。采购瑞士生产的蒙德拉贡步枪之后，德国军队为该种步枪生产了极其复杂的塔特里克以及冯·本考"蜗牛"螺旋发条式弹匣，当初该种弹匣便是德国为长枪管P08型鲁格手枪发展的弹匣，后来又用于伯格曼MP18/1型冲锋枪（伯格曼MP18系列冲锋枪的首种枪型）。该种弹匣的子弹容量提升到30发，内置7毫米×57毛瑟式子弹。德国军方将配置新式弹匣的蒙德拉贡步枪命名为1915型弗雷格半自动卡宾枪（事实上该型枪直到1917年才准备完毕），随后，军方新式卡宾枪向空军交付使用。在交付空军时，军方严格要求每支枪必须在任务前后由经验丰富的军械师检查。即使如此，该种枪仍然会出现故障。尽管蒙德拉贡半自动步枪并不是一种成功的设计，但该型武器应用的基本原理还是相当合理，而且应用枪口附近开孔导入推进气体的系统以及应用气体来驱动活塞使枪支机械装置循环运转的方式，后来在枪支的发展过程中得到了广泛使用。

塞·里格蒂式步枪

意大利步兵军官塞·里格蒂是该国率先开始研究并最终设计出气体控制、选择射击模式的半自动步枪的研究人员之一，而且我们也有理由相信，他的研究与设计工作完全由自己独立完成。塞·里格蒂设计的步枪使用6.5毫米×52 M95型子弹，该种子弹与曼利彻-卡克诺军用步枪使用的子弹相同。气体通过枪管中部的孔隙释放，作用于短气缸内的活塞上，活塞宛如一个随动杆，通过配置于枪管右侧的长摇杆来控制枪栓，控制杆向后运动压缩复进簧，随后通过螺旋槽内运动的阻块释放枪栓，枪栓击发枪栓装置，随后返回原位，重新装入子弹并使枪栓装置再次恢复闭锁状态。子弹置于弹容为10发、20发、50发的可拆卸式弹匣内，弹匣采用传统的方式配置，位于枪栓装置下方，枪护木正前方。只需要简单的调谐装置，便能够将该种武器置于半自动或全自动射击模式。

尽管塞·里格蒂式步枪存在种种缺陷（其中最严重的缺陷，很有可能是由弹药的不可靠性引起，而且其他缺陷可以通过进一步实施改进而得到解决），但它是我们到目前为止所知道的最早的选择射击模式突击步枪。当时，一家大规模的制造商奥弗辛·格利森蒂公司负责从事该型步枪的相关工作，但最终并没有产生任何结果。在后来推出的其他武器中，我们可以发现塞·里格蒂式步枪的一些特征。

毛瑟半自动卡宾枪

1894年，保罗·毛瑟制造出第一支半自动武器（更确切些说，这支枪是以费德拉尔三兄弟为首的一群雇员为毛瑟设计而成）。该种半自动武器便是毛瑟C96型自动手枪，它是当时著名的手枪之一，获得了相当高的声誉。

1896年3月15日，C96型手枪实施首次射击试验。同年8月20日，保罗·毛瑟向威廉二世国王展示了该款手枪。见到这种出色的手枪之后，威廉二世国王立即问毛瑟，自己在什么时候才能够看到具有类似自动装填能力的步枪，毛瑟当时回答说可能在五年之后。事实上，毛瑟用了多于三个五年的时间才制造出毛瑟半自动卡宾枪，而且推出之后存在多种缺陷。之所以出现这些缺陷，主要原因在于毛瑟在设计过程中主要依靠已经过试验与测试过的机械运转方式，没有采用任何创新结构。我们必须承认，尽管保罗·毛瑟在枪支发展领域已经取得了巨大的成功，但从根本上来说，他并不具有某种天赋。即使是他最狂热的支持者也承认，毛瑟之所以能够取得如此巨大的成就，主要原因在于他坚持不懈的努力以及敏锐的洞察力；因此，他们认为毛瑟的半自动步枪的发展历史也不会例外。然而不幸的是，在该项研究中，毛瑟的研究起点非常不切实际，因此，也就从来没有获得成功。

毛瑟的错误

毛瑟所犯的第一个错误，是选择了闭锁后膛后坐操纵系统，而且此后也从来没有对这个错误进行过任何调整，即使他也曾经使自己的原理发挥了作用。毛瑟犯的第二个错误竟然用了长达十年的时间才得到校正，这就是他应用操作C96型手枪相同的方式来运作闭锁后膛后坐力操纵系统，这就意味着半自动步枪的枪管必须在枪托中能够自由移动。毫无疑问，毛瑟已经意识到气体驱动的原理（或者是他已经知道蒙德拉贡式以及邦式步枪），然而他放弃选用该种驱动方式，认为邦系统根本不可能在实际中发挥作用，而且他完全错误地怀疑在枪管上穿一个小孔释放部分推进气体的方法。据说，毛瑟在当时认为日久天长排气孔会被烧毁，但并没有证据显示他曾经实施进一步试验来证明自己的想法。当然，现代实验的实践证明，毛瑟的观点是完全错误的。另外，还有一些人认为在枪管中设置排气口之后，会降低子弹的枪口速度，这种观点更是愚蠢可笑，因为他们对物理原理一无所知，而且也没有考虑到"现代"推进火药所产生的巨大能量。后来，毛瑟认为枪管排气口存在潜在不可靠性的这一观点影响了德国许多人，即使在1940年研制一种半自动步枪已经成为当务之急的时候，德国作战部所属武器设计委员会仍然规定新制武器的枪管不能为了排出气体而穿孔。而且，当时德国曾经为发展气体驱动设计的三次方案都因应用邦式枪口排气孔而以失败告终。后来，作战部不再对设计新式自动武器提出任何限制，随后，德国便获得第二次世界大战期间一些杰出的武器设计，FG42型与MP43/44型，这些设计就是现代突击步枪的先驱。不过这里MP43/44的命名容易对人产生误导，其实它并不属于自动手枪或冲锋枪设计。

我们再来关注一下保罗·毛瑟。1898年到1908年期间，毛瑟研制出几十种移动枪管式半自动步枪，然而后来他才意识到按照自己的原则制出的任何步枪尺寸都太大，而且也太笨重，根本不适于士兵在战场上携带。1909年，保罗·毛瑟已经71岁高龄（因此，当时他可能只是充当监督员，而大多数工作由他的雇员们，特别是费德拉尔三兄弟完成），他首次利用20年前瑞典人福利伯格设计、后来1907年由鲁道夫·凯尔曼在没有取得成功的机枪设计中再次使用的闭锁系统，设计出枪管固定式步枪。闭锁装置由配置于受弹器两侧后方的两支操纵杆锁定于待发射位置；这两支操纵杆位于垂直枢轴上，这样，当它们的后端在力的作用下向后移动进入受弹器壁的凹槽内时，前端在闭锁装置后方汇合，使闭锁装置处于锁定位置。此后，枪支射击时，在后坐力的作用下，击铁载体在一根纵向导引杆的导引下向后运动，该支纵向杆通过闭锁装置，而且充当后坐复进簧导杆，最后当枪膛压力处于安全水平时，闭锁装置便不再向后移动。在闭锁装置返回过程中，从弹匣中拔出下一发子弹并将其压入枪膛，随后，两支操纵杆前方再次在闭锁装置后方相遇，锁定闭锁装置，使枪支再次处于待发射状态。

毛瑟就是将该种机械装置置于自己设计的半自动卡宾枪中，该枪使用7.92毫米88S型子弹。该种卡宾枪的产量极少，有关其产量的相关记录已经丢失，但有一点非常清楚，即在1916年到1917年期间，向飞艇以及飞机机组人员交付的总量不超过2000支（该种装置也曾用于没有引起多少人重视的毛瑟手枪以及仅仅取得部分成功的瓦尔特 Gew41(W)型步枪）。后来，直到被1928年推出的苏联德格雅列夫轻机枪使用之后，该种装置才真正发挥出自己应有的作用。捷格加廖夫轻机枪持续在苏联红军一线作战部队服役，一直到20世纪50年代。该种装置本身基本上没有任何缺陷，只是不太适用于轻型武器）。然而，使该种卡宾枪的机械装置或其弹壳保持清洁，按照预期的目标运转非常困难。在使用过程中，弹壳与机械装置必须经过润滑处理，否则的话，退掉坚硬的S型子弹的废弹壳就非常困难，这些弹壳经常会发生变形或开裂，因而使枪支出现卡壳现象。这种情况在其他的设计中也经常会出现。在这种情况下，军方认为需要发展一种不太坚硬的弹壳，尽管当时还有另一种解决办法：在枪膛壁上加刻凹槽，意大利乔万尼·安杰利公司在第一次世界大战之前制造的一种极为普通的轻机枪中就应用了该种结构。后来，毛瑟打算在后期设计的一种半自动突击步枪——45型步枪中使用后一种方式，然而，该种步枪的装弹程度却过分复杂。第一次世界大战结束时，半自动步枪的发展在德国暂停，直到十年之后才再次开始，此时，世界上其他一些国家已经生产出不同种类的有效的半自动步枪。

第一次世界大战期间的其他半自动步枪

第一次世界大战的另外两个参战国，

法国和俄国在此期间已生产出或多或少有效的半自动步枪。此外，美国也生产出一种，美国军队装备使用该种步枪的时间相当长，但事实上它是一种轻机枪而不是突击步枪。追溯历史，1916年，世界上首种半自动突击步枪首先在俄国问世。该枪设计者便是著名的弗拉基米尔·费奥多拉，他为20世纪前15年中俄国武器制造业所取得的进步作出了巨大贡献，然而他还是没有解决如何生产一种能够使用1891年推出的超大尺寸、底缘式7.62毫米弹壳的半自动步枪。最后，他放弃了这一努力，而是制造出可使用日本为其38型步枪设计的重量更轻、尺寸更小的6.5毫米×50子弹的步枪（这一时期出现的许多俄罗斯设计都使用该种日本子弹，到底出于何种原因目前尚不清楚）。该种步枪采用短距后坐系统原理，重量很高，空弹匣时重量仅仅低于4.5千克/9.5磅。该型步枪配置前侧手枪式握把，25发子弹弹匣，从外表看与早期的冲锋枪极其相似。由于该枪具备选择射击模式的能力，因此可以真正实现一枪双功能的效果，后来的苏联突击步枪也具备该种能力。1916年，设于塞斯特利斯克的俄国国家兵工厂开始生产该种1916型自动步枪，一直到第二年年底十月革命爆发。1919年，1916型步枪又再次恢复生产，一直持续到1924年。

1917型圣·安迪尼步枪

法国设计人员在应用底缘式M86型8毫米×50R子弹配置莱贝尔步枪时，也遇到了与费奥多拉在设计使用M91型子弹的步枪时相同的问题。但在当时，法国军方还没有准备允许他们使用与俄罗斯方面相同的解决方案。因此，军方坚决要求这些设计人员，不可用相似的方法来解决问题。结果在1916年，当法国根据半成熟的突击理论组建一支装备自动装填式武器的独立步兵部队时，发现几乎没有合适的武器可供选择。当时唯一可以选用的武器便是富西尔RSC军用步枪，该武器最初获得里贝罗、苏特勒和考查特组成的三人委员会批准。不幸的是，这伙人伙同第四人在一年前为法国陆军选用了法军历史上最差的轻机枪。法国有关机枪的一本历史书中就曾经这样描述他们当时选用的轻机枪："做工粗糙、材质低劣、设计丑陋"。

1917型半自动步枪在里昂南部城市圣·安迪尼生产，因此，后来该型步枪就以圣·安迪尼的名字命名。该型枪属于气体驱动步枪，子弹射击时产生的推进气体通过枪管排气口，作用于枪栓所在装置上携带的活塞。该型步枪的推出至少是半自动步枪领域的一个进步，但发展的幅度并不大。此外，当时已经有更好的设计，但这些设计都没有使用8毫米莱贝尔子弹，而且采用过程也并不轻松，选择其中任何一种设计都会带来弹药供应方面的问题。

1917型半自动步枪的外观极不正常，其长度高达1330毫米，这比当时步兵装备使用的绝大多数武器长200毫米到250毫米，而且，该型枪重达5.25千克，结构非常不平衡。除此之外，它还受到很多人的批评，原因是其弹匣容量仅为5发子弹，弹匣容量大小实际上正好与当时设计该种武器的战术目标背道而驰。正因为存在上述种种问题，导致1917型步枪的生产数量极为有限，当时既没有被大规模推广也没有取得任何成功。1918年，军方推出该型枪的改进型，在最初枪型的基础上将长度削减225毫米，这种改进型枪只在短期内向部队交付，而且也没有取得成功。

勃朗宁自动步枪

与此同时，美国著名的枪炮制造商约翰·摩西·勃朗宁正进入其不平凡一生中最具创造性的阶段。勃朗宁首次成功的商业设计是推出使用黑火药的下杆装置连发步枪，该种步枪使用温切斯特生产的1886型黑火药0.45英寸子弹。该种下杆装置连发步枪是首种利用垂直滑移闭锁机械的温切斯特步枪，被认为是当时所有此类步枪中性能最好的步枪，甚至要优于后来勃朗宁以自己的名字命名的下杆步枪。该型步枪持续投入生产一直到1935年，在此期间至少推出十种不同枪膛设计的枪型，其总产量约160000支。后来，勃朗宁设计出一种新式枪型，该型步枪是首种经过专门设计使用无烟火药的温切斯特步枪，即1894型步枪（更多情况下人们称之为克朗代克型步枪，原因是四年后参加克朗代克地区"淘金热"的所有人都携带一支该型步枪），该型步枪取得了更大的成功，推出之后便投入大规模生产。1927年，第100万支1894型步枪赠予美国总统加尔文·柯立芝。到该型步枪投产100周年之际，生产仍然继续进行，此时生产的枪型便是其基础型，每支售价300美元以上。

勃朗宁制造的第一支战争武器是机枪，柯尔特公司生产该种机枪时将其命名为1895型"气锤"机枪。美国海军装备使用6毫米弹膛的该种机枪，这与同年装备使用的李式直拉枪栓式步枪的弹膛相同。如果将马克西姆1884年获得专利但没有投入生产的马克西姆武器排除在外的话，可以这样说，1895型机枪同马克西姆步枪不同，正如其枪名试图所显示的一样，1895型机枪是由枪管中推进气体产生的压力作用于后膛机械装置，使整个枪支机械往复运转。马克西姆一再坚持认为，勃朗宁与柯尔特的设计侵犯了自己1884年的专利技术。尽管勃朗宁试图通过复杂的操纵杆配置来掩盖自己的设计本质，至少试图显示自己的设计基础是一种不同的操作原理。但是，有一点可以肯定，即马克西姆的观点是正确的。

上图：图中的士兵携带的MP43型步枪是一种较晚推出的枪型，尽管其名称为步枪，但实际上该种武器是一种突击步枪。该型步枪枪口制有螺纹，能够安装榴弹发射器

正是由于试图掩饰自己的设计基础，勃朗宁的设计略显笨重。其操作机械一部分外置，旋转手柄置于枪管下方。作用于短活塞的气体压力使得旋转手柄的前端向后下方旋转170度，迫使第二根连接手柄打开后膛，排出废弹壳并装入新子弹，同时击发机枪扳机。由于该型机枪的机械装置非常奇特，因此人们称之为"马铃薯挖掘者"。尽管外形极其笨拙，但使用过程非常得心应手，而且具备极高性能。该种机枪通过布质弹带装填子弹，与马克西姆枪型相同，每条弹带可容约250发子弹。

勃朗宁设计的第二种选择射击模式武器不仅更加趋向于传统化，而且也与上述机枪密切相关，新式设计不仅受到广泛欢迎，而且取得了巨大成功，它就是气体驱动勃朗宁自动步枪。勃朗宁本人对该种设计并不满意，他认为设计出的这种步枪两头落空，没有任何优势。事实上，他的观点是正确的。包含装满子弹的弹匣在内，该种武器重量高达8千克。由于太重导致无法充当步枪使用，而且扣动扳机之后，该型枪的开放枪栓机械装置中往复运动的零部件都位于后方，因此，放置在肩上使用，即使以单发模式射击时，也根本谈不上任何射击精度。另一方面，如果将该型枪置于自动射击模式时，则由于重量太轻而导致命中率也不高。而且，弹匣只能装填20发子弹，因此需要经常重装子弹（然而即使存在上述缺陷，这种枪的一种改型，即M1918A2型枪，还是投入生产。后者无法进入单发模式，但有两种预设的自动射击频率，分别为每分钟300发或600发）。尽管勃朗宁对该种武器不满意，但事实上该种枪已经完全满足了当初的设计要求，因为当初设计时提出的概念便是在向敌人阵地突击时，充当步兵边行进边向敌人快速射击的武器。该型武器的一些改型枪型，如M1918和M1918A2型都安装了双脚架，而且所有的改型枪最初都设计使用0.30英寸M1906型子弹。

全球许多国家都选用了勃朗宁自动步枪，而且自从1917年推出之后（1918年9月13日首次投入实际作战），勃朗宁自动步枪一直是美国陆军与海军陆战队一线部队装备使用的枪型，一直到1953年朝鲜战争结束。随后，勃朗宁自动步枪以及当时标准的M1型加兰德步枪都被M14型半自动步枪所取代，而后者的自动射击能力有限。1957年，随着M60型通用机枪的出现，美国陆军淘汰了最后一批勃朗宁自动步枪。M60型通用机枪由美国柯尔特公司、马林-洛克维尔公司以及温切斯特公司负责生产（其他公司也小批量生产了该种机枪，其中包括著名的国际商用机器公司）。此外，不同口径的M60型通用机枪还在比利时FH公司、瑞典国有卡尔·古斯塔夫斯公司以及荷兰投入生产。尽管当时的汤姆森枪可能是一种"让20世纪震惊"的枪型，但相当多的匪徒以及执法机构还是喜欢极易预测的勃朗宁自动步枪——柯尔特推出时在市场上将其命名为R75型"监察者"步枪，而不是短枪管式冲锋枪。当时，成为勃朗宁自动步枪牺牲品的著名枪型便是克莱德·巴罗以及邦尼·帕克式武器。

霍勒克 ZH29

从某种意义上说，从现在起，半自动步枪的发展已经开始形成两极化，其中一极是类似于勃朗宁自动步枪的笨重且大型的武器，这种武器不太适用于步兵在战场上使用，但却很受欢迎；另一极便是尺寸和重量与常规步枪相同（大约在4千克/9磅以下）的自动装填式武器，这类武器由于性能不太可靠，因此不受欢迎。看来，当时制造一种介于上述两类武器之间的枪型还需要一定的时间，进行该种尝试的其中一人便是捷克人以马利·霍勒克，霍勒克在前捷克斯洛伐克布尔诺工厂工作，该厂建立于第一次世界大战结束奥匈帝国分裂之后。20世纪20年代中期，霍勒克开始研究步枪，历经十年他才完成设计，此时其设计已经比较完备，完全具备参与进行严格测试的能力。霍勒克设计的枪支的运行过程通过枪管上的排气孔和活塞进行（尽管最初德国人反对这种方法，但该种方法很快便被接受，因为他们意识到这是唯一明智的方法）。霍勒克设计的机械装置使用一个能够进入受弹器一侧凹槽内的旋转枪栓，他使用的原理非常合理，但却使得该种机械的造价太高。而且，为了使枪支能够快速散热，霍勒克还在设计中大规模使用了铝质材料，这也使得枪支的造价提高。后来，布尔诺工厂进一步完善与上述结构类似但更为有效的结构（枪栓，确切地说应该是闭锁装置在活塞所在载体上的撞击面处发生旋转，并被锁定于受弹器壁上的凹槽内），并将其配置于同时发展的轻机枪上。英国军队后来装备使用该种机

上图：美军士兵爱德华·格罗莫斯基（左）与切斯特·古斯塔夫逊，他们装备使用的M1型加兰德步枪以及老式的枪栓式步枪使其具备极高的战斗力

上图：在第二次世界大战期间，美国陆军和陆战队全部装备使用半自动步枪，这些步枪在中程和远程射击时杀伤力不强

枪，并将其命名为布伦式轻机枪。

霍勒克设计的半自动步枪便是ZH29型步枪，该种步枪结构可靠，性能出色。配置空弹匣时重量为4.5千克，人们仍然认为它还是太重。即便如此，该种武器还是获得了许多人积极的肯定，并以不同的枪膛配置（最初设计使用7.92毫米×57 88S型子弹）接受了广泛的测试。测试过程中，各方分别对这些武器实施全自动、半自动模式、短枪管、中型枪管、长枪管等模式试验。最后，可能是因为造价太高的缘故，使得该型步枪的性能变得没有实际意义。

彼得森半自动步枪

当约翰·彼得森进入美国军队并开始在斯普林菲尔德兵工厂工作时，第一年便制造出一种口径为0.276英寸的新式子弹（该种子弹在1932年差一点被选用，成为取代0.30英寸—06子弹的新式子弹，由于道格拉斯·麦克阿瑟上将的个人干预，才最终被放弃）以及使用上述子弹的半自动步枪。彼得森将其命名为T2E1型步枪，但更多的人称之为彼得森半自动步枪。从刚开始研究到最终新枪型的推出，共历时七年时间，在此期间彼得森的工作时断时续。

彼得森的新式步枪使用后坐机械装置。应用博哈特和鲁格冲锋枪配置的中心肘节套环的一种改进型，使整个后坐机械装置发生阻滞。该种机械有一个主要的缺陷，同毛瑟枪使用的旋转阻块一样，它没有充分降低整个击发机械的运转速度，而且在枪膛开放并退出废弹壳之前，没有为枪膛内气压下降过程提供足够的时间。这就意味着退弹壳时，在高气压的作用下空弹壳仍然被紧紧压在枪膛壁上，使得整个退壳过程变得更加困难。对于轻型手枪弹壳来说，这一因素产生的影响并不十分明显，因此在博哈特或鲁格武器中并没有显示出有多么严重的问题。为此，彼得森采取了与毛瑟相类似的解决办法，但在制造过程中，他并没有为弹壳及步枪的激发装置涂油脂，而是只为弹壳涂腊，因此，彼得森步枪中吸收的污垢与尘土的总量略有不同，但区别并不大。

1929年7月，美国陆军对彼得森半自动步枪实施一系列测试，同当时众多的竞争枪型相比较，最后决定放弃使用。该种步枪在英国以及日本也遇到了相同的命运。英国军方对包括彼得森半自动步枪在内的许多枪型进行试验，最后选用维克尔斯步枪。事实上，如果彼得森步枪接受进一步改进的话，可能会消除退弹壳问题，比如说在枪膛内刻制凹槽，许多现代化武器都使用该种结构，而且取得了良好的效果。然而，由于当时更好的设计已经出现，彼得森步枪已经没有任何机会了。

约翰·加兰德M1型步枪

约翰·加兰德是法裔加拿大人，他与彼得森一起在斯普林菲尔德兵工厂工作。1919年，加兰德开始设计一种半自动步枪，随后发明的武器使用一种简单的"火帽阻滞"方法，火帽位于弹壳的顶部，这样，当推进火药被引爆后，火帽在强大的气压作用下向后运动，撞击比常规情况直径更大的撞针，击发枪支发射装置的一系列开关，开启枪栓；随后的所有运行情况全部由后坐系统完成。

到1925年，加兰德已经在该项设计上取得重大进展。当时，美国陆军军械署引进了在老式0.30英寸—06子弹基础上推出的一种改进型子弹，配置更重的11.15克弹头以及不同规格的推进火药，军方将这种火药称为改进型军用步枪火药。弹壳装入该种新式火药之后，导致发射子弹之后枪膛中的气压增加更为剧烈，不利于"火帽阻滞"方式发挥有效的作用。为此，加兰德再次展开进一步尝试，这一次他在枪口设置一个排气孔，使得推进气体通过排气孔进入作用于活塞表面的气缸，驱动活塞向后运动，激发整个机械装置继续运转。

在加兰德步枪内部，活塞自由移动距离为8毫米，该距离已经足以确保子弹离开枪口，而且枪膛中的气压已经降低到安全的水平，随后操纵杆凹槽与枪栓阻块接触，使阻块上升，枪栓发生旋转，释放受弹器中两块闭锁锁块。正是由于枪栓阻块的作用，使得枪栓发生旋转，最后导致启动退壳装置，将废弹壳退出枪膛。同时枪栓阻块使击锤离开撞针，撞针退回到枪栓内部。枪栓在操纵杆的作用下全部复位的过程中，将废弹壳弹出。击发击锤，压制

上图：由约翰·彼得森研制的半自动步枪的缺陷，是设计者选择了迟滞的气体后泄装置，该装置在步枪子弹发射时产生的强大压力下无法发挥有效作用

枪管下方的复进簧。在压制复进簧的过程中，击发弹匣内部的从动装置，随着后者向弹匣内剩余的子弹施加向上的压力，最上方的子弹便被枪栓引导下离开弹匣，随后被压入枪膛。如果弹匣内已经没有子弹时，操纵杆受到抑制，枪栓保持开放状态。这样，同曼利彻系统类似却更简单的弹匣就能够弹出，应用装满子弹的弹匣取而代之。此外，还可以通过人工方式取出半满的弹匣，装入装满子弹的弹匣。但是，这样做效果并不大，这是因为弹匣是用弹簧钢制成的，在兵工厂已经装载完毕，因此通过手工方式来卸载以及重装弹匣非常困难。在发展整个步枪机械装置的同时，约翰·加兰德还对配置一台整体保险设备的触发机制设计给予了足够的重视，该种设备后来被大规模仿制。

M1型步枪与彼得森式步枪

加兰德在自己工作的斯普林菲尔德兵工厂对设计的步枪进行了大范围的试验，该工厂就是当时美国主要的武器发展与制造中心。1929年，美国军方在阿伯丁试验场对加兰德步枪、彼得森半自动步枪、约翰·泰格利亚费罗·汤姆森（最初从事冲锋枪研究，后来转入研究步枪，最后重操旧业研究冲锋枪；同加兰德一样，汤姆森注定要成为一个因为一种武器而被纪念的人）设计的迟滞爆炸后坐步枪、柯尔特公司生产的一种改进型短距后坐勃朗宁自动步枪、捷克ZH29型步枪以及德国人海纳曼设计的气体推进装置步枪进行测试。

测试过程中，评判小组对于在加兰德与彼得森步枪二者之间选择其一，一时拿不定主意。于是，军方决定将这两种步枪分别订购20支，口径均采用0.276英寸。1932年，军方对这两种步枪展开进一步测试，经过测试决定选用加兰德步枪取代当时美军装备的M1903型斯普林菲尔德步枪。军方最终做出这个决定，主要是因为当时麦克阿瑟介入此事，他反对选用试验更小口径的子弹。由于加兰德最初设计步枪时便使用0.30英寸—06型子弹，因此，他在彼得森之前以更快的速度推出一种枪膛经过重新设计的新枪型。最后出现这样的结果也就不足为怪了。1936年1月9日，美国军方决定将口径为0.30英寸的M1型加兰德步枪定为美国标准的制式步枪。

随后，M1型步枪投入生产，持续生产历时18个月。到1939年8月，M1型步枪共约生产5万支。早期生产的M1型步枪配置刻有螺纹的枪口帽，帽上携带气体出口。不久之后，设计人员实施进一步改进，此后推出的枪型将气口后移一段较短的距离。在M1型步枪短暂的服役历史中，设计人员至少推出该种步枪的八种改型枪，其中一些在原型发展期间便不幸夭折；而最重要的便是在气体系统中加入扩大型枪膛设计以及气体活塞与操纵杆分离。其中半数的改进集中于安装望远镜瞄准具。

1941年12月美国参加第二次世界大战时，绝大多数美国正规军都装备使用M1型步枪充当自己的制式武器。到1945年大战结束时，美军装备的大批M1型步枪全部由斯普林菲尔德兵工厂、哈灵顿和理查森公司以及国际收割机制造厂制造。20世纪50年代初，美国停止生产M1型步枪，此时，该型步枪的总产量已经达550万支。后来，意大利贝瑞塔公司开始制造7.62毫米×51北约弹BM59型加兰德步枪，同时在早期枪型基础上实施进一步改进，使其具备全自动能力并配置更大型能够容纳20发子弹的弹匣。经过上述改进之后的M1型步枪，已经与后续推出的M14型步枪极其相似。BM59型步枪持续在意大利服役，一直到20世纪70年代，才被更为先进的枪

下图：与加兰德步枪类似的气体驱动半自动步枪的一个缺点是需要实施严格保养措施

M1型加兰德步枪
口径：7.62毫米（0.30英寸）
重量：4.35千克（9磅8盎司）
全枪长：1105毫米（43.5英寸）
枪管长：610毫米（24英寸）
有效射程：500米（1650英尺）
构造：8发子弹内置盒式弹匣，气体驱动自动装置
子弹初速：855米/秒（280英尺/秒）
原产国：美国

型取代。

约翰逊半自动步枪

当然，在美国广袤的大地上，当时并非只有加兰德与彼得森设计半自动步枪。我们已经在前面顺便提到过在该领域仍然非常活跃的汤姆森（他一直称赞由所谓的布利斯锁块以及H字形青铜楔阻滞的后坐机械的便捷优势，其中，H字形青铜楔在步枪钢制受弹器中刻制的楔形槽中垂直发挥作用，其作用过程是否顺畅，取决于两种不同材质的金属彼此在对方表面行进过程中所产生的摩擦力的相关情况），然而有关1929年他提交接受测试的步枪的相关信息现在知之甚少。在此之后，他便重操旧业，继续制造以自己的名字命名的冲锋枪。从1920年起，汤姆森制造的冲锋枪的市场销售并没有取得成功。但随着第二次世界大战爆发，汤姆森冲锋枪的形势发生了巨大的变化。除汤姆森之外，在步枪发展领域还有一位极其重要的竞争对手，他就是大器晚成的梅尔文·M.约翰逊，约翰逊的历史与罗德艾兰州普罗维登斯市的克兰斯敦武器公司有着密不可分的关系。

1937年，约翰逊设计出自己第一支有效的军用步枪，这便是V9型步枪（当时M1型加兰德步枪已经投入生产），该型步枪属于弹匣式后坐传动的武器，经过进一步改进之后，便成为1941型步枪。荷兰人曾经应用V9型步枪武装印度尼西亚殖民地的陆军部队，后来将这些武器更新为1941型步枪。1941型步枪的构造更为复杂，配置特殊的可拆卸式10发容量的旋转弹匣，进弹口直接切入受弹器内部，这样就大大消除了因弹匣变形导致进弹不畅或无法进弹（经常出现）的情况，使步枪在重新装填子弹的同时能够保持装入子弹并准备发射的状态。约翰逊设计的旋转枪栓闭锁方法配置多个锁块，因此，要使锁块具备所需的公差非常困难，造价也较高。经常有人怀疑锁块是否真正发挥了其应有的作用。从理论上说，1941型步枪运行非常良好，很明显该种系统是尤金·斯通纳所发明的AR-10/AR-15系列枪型的前身，后者颇受欢迎。1941型步枪59毫米的枪管可以很方便地拆卸下来，因此运送起来非常方便，不过在运输过程中，容易使军队处于毫无防卫的状态。经过美国海军陆战队初步试用之后，美国政府决定限量装备，以供特种部队使用，特别是秘密的战略情报部队。到第二次世界大战结束时，军方装备使用的约翰逊半自动步枪几乎全部退役，现在已经很少能够看到这种步枪了。

轻型步枪

虽然各方曾经声称将尽量减轻20世纪早期步兵武器的重量，但自首种连发武器于19世纪80年代问世以来，尽管将步枪的长度降低也确实产生了一些效果，但步枪重量的下降幅度并不大。1941年参战的美国军队装备使用的加兰德步枪退弹后重为4.33千克，而结构更简单的英国4型马克1型步枪的重量也不过稍轻一些。然而第一次世界大战以后，作战的需求已经发生了变化，以前的作战方式基本上是静态作战，而后来的作战方式逐渐演变成为运动战，士兵需要边行进边射击，而且经常会处于非常危险的情况下。因此，随着士兵的作战需求发生变化，轻型武器的发展已经成为当务之急。

更轻、更短的武器

早在1904年前，德国就将98型步枪的长度缩短了几乎150毫米，推出了Kar98型步枪，该型步枪退掉子弹后重量为4千克。后来，该型步枪经过进一步改进，成为新式Kar98k型步枪。1935年，Kar98k型步枪开始投入批量生产，成为第二次世界大战期间德国国防军的制式步枪。而在美国，曾经有人在1938年建议应该使用一种比M1型步枪更轻、更短的武器，尤其要装备一线作战部队使用，包括那些使用集体操作武器如机枪和迫击炮作战的士兵，但这一请求遭到军方高层的拒绝。尽管如此，寻求更轻、更短武器的观点并没有就此消失，两年后，又有人提出了相同的观点。

1940年10月1日，美国军械署为一种自动装填式武器或选择射击模式的武器发布设计规格（后来去除了选择射击模式的功能，再后来又被恢复）。在该份文件中军方明确规定：新式武器的总长度不得超过914毫米，重量须低于2.5千克，除步兵之外，其他部队都要用该种武器替代当前使用的手枪和冲锋枪。

更重要的是，新式武器不仅要使用压制能力最强的步枪子弹，而且要在更短的弹壳中使用更轻型、不太强劲的弹头，口径仍然是0.30英寸，该种子弹将由温切斯特公司为一种1905型运动步枪发展的0.32英寸口径子弹的基础上发展而来。圆头形弹头重7.13克，外形与手枪子弹类似，由0.85克推进火药推进，子弹枪口速度为570米/秒。该种子弹与毛瑟的7.63毫米子弹的性能相似，在马格南弹壳引进之前，1906型冲锋枪是当时威力极强的一种武器。

美国M1型卡宾枪

美国军械署将新式武器的规格文件共

向25个公司发放。1941年9月最后期限之前，包括自动武器公司（由约翰·汤姆森所有）、哈灵顿和理查森公司、里辛公司、萨维奇公司以及斯普林菲尔德兵工厂等在内的11家公司终于向军方提交了本公司的设计方案。同年10月，军方最终选定由温切斯特公司推荐、戴维·M.威廉斯设计的一种新式具备简单操作原理的枪型，将该种枪型标准化，定为美国M1型0.30口径卡宾枪。

威廉斯设计的卡宾枪在距离枪膛115毫米的枪管处开孔导出推进气体，枪管长457毫米，枪管膛线长24英寸。由于使用的子弹威力较弱，因此，新式卡宾枪的枪膛压力必然比M1型步枪低。枪管开孔导出的推进气体作用于一个短活塞，使活塞后移2.9毫米，活塞作用于后侧的滑块，将自己的能量传送给后者。

随后，在活塞的作用下，滑块自由后移8毫米，然后其自身携带的凹槽与枪栓上的活动阻块啮合，推动阻块运动，使枪栓发生旋转，释放闭锁锁块，闭锁锁块活动时激发退壳器发挥作用。闭锁锁块释放之后，启动触发机械，使撞针退回枪栓内部。滑块后移的过程中，作用于复进簧，在复进簧的反弹作用下使枪栓作用于退壳器，将废弹壳退出后膛（前右侧方向）。在恢复原位之前完成击发装置的运行过程，拨出15发或30发弹匣内最上侧的一发子弹并将其压入枪膛。随后枪栓发生旋转，再次与闭锁锁块相啮合。最后的动力赋予操纵滑阀，此时滑阀还携带足够的能量，足以将气体活塞向前推进到待发射时所处的位置，使其恢复原有状态。

M1A1与M2型卡宾枪

同前辈约翰·加兰德一样（事实上戴维·威廉斯借鉴了许多加兰德的设计特色），戴维·威廉斯在设计过程中，也对击发装置与保险装置给予了极大的重视，并研制出一种既简单又有效的装置，该种装置经过简单改装便能够具备全自动射击能力。1944年11月，配置上述简易装置的M2型卡宾枪问世。后来推出的M1型卡宾枪的其他改进枪型包括配置折叠式枪托的卡宾枪，该种卡宾枪的设计旨在装备伞兵部队使用。1942年5月，配置折叠式枪托的卡宾枪问世，军方将其命名为M1A1型。

M1型系列卡宾枪共生产600多万支，其中大多数均为M1型。制造商较为混乱，其中包括通用汽车公司的所有子公司，还有一些极为奇怪的公司：包括国家邮政仪表公司、洛克奥拉制造公司、国际商用机器公司等。后来，这些卡宾枪还在意大利（贝瑞塔公司）、多米尼加以及摩洛哥投入生产。

里斯公司、S&W公司

当时，M1型卡宾枪并非是美国唯一短枪管单发武器，哈灵顿和里查森公司也推出一种应用非传统式0.45英寸ACP枪膛加工技术的里斯60型武器。后者采用的该种技术通常应用于重型手枪，但还应用于大多数汤姆森冲锋枪以及与其类似的里斯50型以及55型冲锋枪。但是，里斯60型武器并没有同当时极其复杂的自动冲锋枪一样取得成功。

除哈灵顿和理查森公司之外，S&W公司也试图在这方面有所成就，他们制造出一种非常奇特的卡宾枪，结构简单，但构造极其完善。该种卡宾枪将可分离式枪托置于手枪式握把的插槽内。1939年，应用9毫米口径"帕拉贝鲁姆"子弹的新式卡宾枪投入生产，最初该种武器主要充当警用武器。1941年，英国皇家海军仅仅将极少量的该种卡宾枪投入使用。

第二次世界大战期间德国半自动步枪

对德国而言，由于法国国内的复仇主义非常严重，因此，标志着第一次世界大战正式结束的《凡尔赛和约》制定的各项条款，对于德国来说过分严厉。当时条约限定德国军队只能维持10万人，而且装备的武器只能是简单且当时已经过时的老式武器。因此，后来德国秘密重整军备时，决定集中研制比世界各国现有步枪更先进的新式步枪。1940年之后，德国开始研究一种有效的半自动步枪。

毛瑟与后起之秀瓦尔特公司（自从18世纪初以来，瓦尔特家族经营的公司就一直在苏尔市附近的泽拉从事制枪业；但该公司直到第一次世界大战期间才异军突起，成为枪支发展领域中的一支重要力量。两次世界大战期间，该公司已经将大多数业务转入计算机领域，而且在第二次世界大战之后也继续从事该领域。在二次世界大战期间，瓦尔特公司推出P38型冲锋枪，这便是该公司当时在武器制造业方面最大的贡献）推出气体推进设计，由于德国作战部提出禁止在枪管上钻气孔的规则，因此，双方推出的设计都借鉴了马克

M1型卡宾枪

口径：7.62毫米（0.30英寸）
重量：2.5千克（5磅8盎司）
全枪长：905毫米（35.7英寸）
枪管长：455毫米（18英寸）
有效射程：约300米（1000英尺）
构造：15发或30发子弹的可拆卸式盒式弹匣，气体驱动自动装置
子弹初速：595米/秒（1950英尺/秒）
原产国：美国

西姆与邦系统各种枪型的设计。当时，作战部除了提出不允许在枪管上钻气孔之外，还提出了其他限制：受弹器表面不能安装任何可移动式部件；如果步枪的自动装填式构造出现故障，步枪还可以通过手动操作。最后，德国作战部分别对毛瑟设计和瓦尔特公司的设计进行测试，毛瑟的建议最终被淘汰（但德国军方还将毛瑟设计的步枪生产两万支，后来德国国防军与纳粹党卫军都使用过这些步枪）。德国军方最终选用瓦尔特的设计，随后便将其投入生产，这就是瓦尔特41型步枪。

瓦尔特41型步枪

瓦尔特公司的工程师采用了一种比邦系统更简单的系统，使用该种简单系统将推进气体从枪口导入，作用于活塞。枪口帽置于距离枪管末端一定距离（介于1厘米到2厘米之间）的位置，枪口帽中央的孔径与相同直径的枪膛正处于同一条直线上。这样，当子弹离开枪口几毫秒之后，便进入枪口帽孔洞，有效密封枪口帽孔（维持时间也同样是几毫秒），在这段短暂的时间内，弹头后方的推进气体改变方向，反向运动到枪管外侧，这些气体作用于环形活塞，随后，活塞在气体的推进下作用于枪管上方的推进杆，推进杆向后朝

下图：德国纳粹国防军的突击班一般配备火焰发射器。操作火焰武器的士兵极易受到攻击，因此会有装备MP43型步枪的队员为他提供保护

后膛以及塑料枪护木导槽内的机构方向移动。当时41型步枪的竞争对手、没有取得成功的毛瑟设计在这一点上也使用了相同的系统，只不过毛瑟设计中的推进杆置于枪管下方；环形活塞与推进杆装置后移的距离仅为数厘米；随后便将它们携带的能量传送给闭锁结构所在的机械装置上，此后的机械运行情况便与传统的方式保持一致。41型步枪的闭锁系统与毛瑟在15型半自动卡宾枪中使用的闭锁系统一致。该型步枪的子弹装入固定式弹匣中，通过两个并排式5发弹夹装入弹匣。

通过枪口帽使推进气体转向的方式使得步枪的枪口重量提高，而且枪管与环型活塞之间微弱膨胀经常会导致出现阻塞，这是41型步枪的主要缺陷。该种步枪退弹后的重量为5千克，显然很重。而且该种步枪同时使用短枪管（545毫米/21.5英寸）与最强火力的弹药时，很容易产生极强后坐力，枪口也极易发生爆炸。

当瓦尔特推出41型步枪的后续枪型：43型步枪以及短枪管的卡宾枪（这些武器还在其他地方生产）之后，原来41型步枪的主要缺陷已经得到了改善。枪口锥形头部已经不复存在，由一个普通的排气孔取而代之，排气孔位于560毫米长的枪管中间位置。使用该种气孔之后，需要配置一个双层气缸，就在这个气缸内，推进气体作用于短活塞，随后活塞通过推进杆将能量传送到闭锁装置所在结构上。另外，除了弹匣更新为分离式弹匣之外，其他装置没有发生变化。改进后的步枪直到第二次世界大战结束后才停止生产。不过从开始生产时，生产标准就不高，导致后期推出的产品性能急剧恶化。因此，这些后续枪型很少大规模装备使用，更多情况下是充当狙击手使用的武器，因此，在制造步枪的过程中，制造商还同时给步枪配置楔形槽以便安装望远镜瞄准具。

减弱火力型弹药

事实上，41型步枪的改进项目在当时的德国并非是优先发展项目。之所以出现该种情况，是因为德国突击步枪的两项独立发展计划在1942年已经出现研究成果。其中之一便是德国莱茵金属公司为德国空军伞兵部队研制，使用大杀伤力7.92毫米×57 88S型（重型尖头式子弹）弹药的步枪，另一种则是由瓦尔特公司和C.G.汉耐尔公司（该公司由设计首种有效冲锋枪的雨果·施迈瑟所有）分别推出的枪型设计，使用相同口径的子弹，子弹长度仅为33毫米。该种子弹是根据波尔克的命令研制，后来命名为7.92毫米M1943型手枪子弹。最终新式子弹成为一种新式步枪子弹的先驱，因此，在这里我们有必要回顾一下它的发展历程。

研制一种新式弹药的动力有两个来源。早在1892年，捷克天才武器设计师卡雷尔·克里恩卡在维也纳与罗斯以及瑞士人F. W. 汉贝勒展开密切合作，开始实施"微型步枪"计划，该项研究计划旨在研制一种压制威力与当时正在使用的步枪相同、长度缩短1/3、重量减轻1/3的步枪。这里需要补充的是，克里恩卡还推出一种应用长枪管后坐原理的带式装弹机枪，该种机枪使用5毫米的子弹，因此，当时许多人都认为他与汉贝勒研制的新式步枪将应用该种子弹。后来，汉贝勒称该种子弹同当时普通应用的子弹相比"重量为三分之一，气体压力以及后坐力只有一半"。我们可能会回想起另一位瑞士人鲁宾就在此前后制造出一种微型子弹，蒙德拉贡步枪曾经短期使用过该种子弹。当时主要是考虑步枪与鲁宾子弹的匹配情况，或至少

是考虑是否存在共性。

研发新式弹药的第二个原因，在第一次世界大战期间才逐渐浮出水面。第一次世界大战爆发后不久，情况已经非常明显，当时步枪与机枪所用的子弹实际上只适用于机枪，对步枪来说，这种子弹威力太大。对于专业射手来说，由于他们能够在550米或有时从更远的地方击中大小与人相近的目标，因此子弹威力太大对他们来说，并没有多少严重的影响。但是，对其他人而言，使用这种枪，等于自找苦吃，他们使用步枪时，射击时产生的巨大后坐力无数次撞击使肩部严重受伤，导致他们对开枪出现恐惧，这样必然会使作战有效性下降。更为严重的是，这些子弹完全不适于在适应新式战术理论的新式武器中使用。

自动冲锋枪

我们已经在前面嘲讽过突击战术理论，而正是该种战术于1917年最终引发彼得森设备、勃朗宁自动步枪以及法国圣·安迪尼步枪得以问世。这种让密集部队越过敌人固定机枪密集火力控制的开阔战场环境的作战概念，一经提出就没有获得认可，大家都认为没有任何价值。当法国军官下达这样的命令以后，曾遭到下辖部队大规模反抗。但是，德国开始讨论打破这一僵局的一种迥然不同的方式，这就是所谓的胡蒂尔战术。1917年，胡蒂尔率兵攻打里加时，曾经应用过该种战术，最后该种战术发展成为德国最高统率部对全体人员进行训练的一种方式。这种战术的精髓在于由小规模、装备齐全的作战小队出其不意、秘密地对敌人发动进攻。为了真正践行该种新的战术，出其不意地对敌人发动进攻，德国发展了一种新式武器，即冲锋枪或自动冲锋枪。

伯格曼 MP18型步枪

最早出现的自动冲锋枪是由雨果·施迈瑟研制的伯格曼MP18/1型，该枪使用乔治·鲁格在德国武器与弹药兵工厂为其冲锋枪生产的9毫米帕拉贝鲁姆子弹。施迈瑟之所以选择该种子弹，在于该种子弹允许他可以在MP18/1型冲锋枪中使用一种简单的开放式后坐力驱动装置。当然，该种装置本身也有缺陷，首要的缺陷在于它缺少真正的压制能力，该种结构使用的子弹弹壳装药量0.4克，弹头重7.45克，通过其195毫米的枪管射击时，枪口速度仅仅在380米/秒左右，最大有效射程低于200米。因此，该种枪足够应付街区中的战斗，其理想的作战方式是近距离作战，但不适于开阔的战场。后来，不同地方、执行不同任务的军队开始按自己的需要研制出更适合于本方任务的子弹，这就使得所属步兵在情况需要时能够装备一种具备全自动射击能力的轻型步枪，但有效射程仍然在600~800米范围之内。

我们前面已经讨论了M1与M2卡宾枪如何成为美国陆军以及海军陆战队所有小型武器中装备使用量最多的武器，而且还讨论了一种相对压制威力较低的子弹如何配备这些武器。但是，随着1935年各国大规模重整军备、大范围恢复兵役，战争已经逐渐临近，德国方面已经意识到将需要一种短式步枪-卡宾枪子弹。

沃尔默/GECO M35型子弹

1935年，作为公司自行独立发展的项目，古斯塔夫·金斯乔公司（Geco）推出首种上述子弹。最初口径为7.75毫米，长为39.5毫米的颈缩式弹壳装入21.6克的弹药，前方配置尖头式9克重的弹头。后来，弹壳口径改为7.62毫米，携带重量相对更轻的弹头，选用两种弹壳的子弹性能相似，枪口速度均约695米/秒。

古斯塔夫·金斯乔公司称上述子弹为M35型子弹，该型子弹与海因里西·沃尔默为该种子弹设计的卡宾枪一道接受了德国陆军武器办公室的测试。海因里希·沃尔默是当时德国一位天才的武器设计师，但他命中注定不会成功，原因在于他没有势力大、有影响力的朋友，而在当时这样的背景相当重要。由于受当时军方提出的不允许在枪管上穿孔的限制，因此，沃尔默设计的35型卡宾枪配置的气体推进装置外形非常独特。此外，该型枪还有另一个更特别的特征：射击时其后膛处于闭锁状态，子弹从一个开放式枪栓处发射，从某种意义上说，这种装置极不理想，这是因为扣动扳机之后，关闭枪栓会导致出现机械震动，影响射击精度。除此之外，该种武器每分钟的循环射击速度为1000发，为了降低发射速度，沃尔默不得不再为该种枪设计一台气动制动器。

我们不必赘述MKb35型步枪，因为它永远称不上是伟大的步枪，该种步枪只生产了25支。当然这些枪支全部由手工装配而成，每支造价高达4000德国马克，当时正值1938年夏季，而此时德国的3型与4型坦克刚刚投入生产，这些坦克的造价才仅仅约100000马克。MKb35型步枪被历史文字记录下来纯属偶然，否则，它可能早已经被枪漫长的历史发展长河所淹没。MKb35型步枪唯一一次出名是一支该型枪在1945年落入了苏联人之手。当时苏联红军技术部并没有对卡宾枪产生多大兴趣，但Geco子弹的情况就不同了：有人怀疑Geco子弹与1947年西蒙诺夫以及后来卡拉什尼科夫半自动步枪应用的M43型子弹极其相似，而此后的30年内，正是M43型子弹成为社会主义国家所用的制式步枪弹药。时至今日，他们日常使用的数百万支步枪仍然使用该种子弹。对于M43型子弹的命名没有令人满意的解释，许多评论员认为这是该种子弹问世的年代，看起来好似合乎逻辑，但并没有支持该种说法的证据。我们可以肯定，苏联人对MP43/StG44所用的7.92毫米×33"库尔兹"子弹极感兴趣，但重要的是他们并不是仅仅选择仿制一种子弹，这可能是因为他们更青睐以前已经使用了很长时间的7.62毫米口径的子弹，正因为这样对他们后来的选择产生了真正的影响。

德国人使用的短子弹是由马格德堡的波尔特·威克研制而成。这里说研制有点牵强，因为威克只是在7.92毫米×57子弹的基础上，将弹壳长度简单削减为33毫米（同时减少底缘直径，以防有人将这种新式短子弹用于早期的步枪中），弹壳内装入2克推进火药，并把弹头的重量削减至7.95克。将该种子弹装入专门为其设计的突击步枪中时，枪口速度可达到650米/秒，其能量足以使子弹穿透700米距离处的一顶钢盔。

1938年，德国作战部终止沃尔默/Geco的发展计划，声称战争即将开始，已经没有时间再去研制新式武器。即使沃尔默没有位居要职的朋友，他也肯定意识到自己已经完全被军方拒绝，因为后来作战部指示德国两家更为著名的枪炮制造商开始研制一种与自己的规格相似的卡宾枪，这两家公司分别为德国公司以及卡尔·瓦尔特公司。事实上真正的情况是沃尔默研制的MKb35步枪需要极其复杂的加工工艺，根本不适于大规模批量生产，这样必然使步枪的造价提高。1939年底或1940年年初，德国军方和瓦尔特公司下发新式枪支的规格时没有再犯同样的错误，从一开始他们就明确强调，新式枪支的制造工艺必须简单。

瓦尔特MKb42（W）型步枪

尽管瓦尔特公司推出的MKb42(W)设计最终失败，但该设计还有一些特征值得我们注意。当初设计时，尽管Gew41(W)式型枪的环形活塞已经被发现存在问题，但泽拉的工程师们仍然坚持新式武器继续使用该种结构，只不过推进气体的导出位置不是枪口帽，而是将其更新为一种普通的排气孔。活塞在圆柱形外壳的装置内活动，与其相连的套筒首先释放前方闭锁的旋转阻块，随后将阻块向后推进，使得整个装置开始循环运转。由于集气圆管的独特外形，因此，根据其与众不同的与圆管相连的枪托、枪护木以及与枪管平行的导气管，便可非常容易地辨别出瓦尔特枪。但是，除了上述与众不同的装置之外，瓦尔特步枪的外形大致与汉耐尔MKb42(H)型步枪相似，二者都配置手枪式握把，可装30发子弹的弹匣，而且全长也几乎相等，只不过瓦尔特步枪的枪管比汉耐尔步枪的枪管（405毫米/16英寸）长40毫米。MKb42(W)型步枪大约共生产了8000支（而其他的报告声称仅生产了约4000支），1942年冬天，在与苏联军队的作战过程中，这些步枪接受了全面的实战测试。

雨果·施迈瑟设计

由雨果·施迈瑟提交的汉耐尔公司的成功设计也集中一个旋转式阻块。该装置具备不需要旋转的优势，因此，在受弹器任何一侧作用的凸轮表面、锁块截面都是方形而不是早期的圆形，这意味着加工过程变得更为简单，造价必然下降。但是，该种设计使用传统的导气管与活塞，活塞作用于枪栓所在的位置，推动它向后下方运动，开启整个机械装置，携带枪栓向后运动使整个机械装置循环运转。同瓦尔特公司的设计一样，汉耐尔步枪也是从开放式枪栓内发射，这就是说当机械装置被击发准备发射时，枪栓被固定于后方，后膛开放且枪膛内部处于完全空旷的状态。前边已提到，在这种情况下，使用单发射击模式没有任何精确度可言，但此种情况能在射击之后使枪支更好地冷却。汉耐尔公司的设计与瓦尔特公司的设计有一个共同点：即该种枪属于模压钢质结构。汉耐尔公司从来没有使用过该种方法，因此只能寻求法兰克福的一家办公机械制造商麦尔兹·威克公司的帮助；而瓦尔特公司由于早些时候曾经涉足该方面的业务，因此此前的努力没有白费，现在已经大大受益。当时施迈瑟还同时参与MP40型冲锋枪的设计，因此在设计受弹器的构造时使用了相似的技术。麦尔兹·威克公司将施迈瑟的最初设计实施进一步改进，将其改进成为模压钢结构；受弹器改为冲压钢板结构，内部配置加固型肋，凸轮导槽以及其他组件的凹槽在钢板折叠成形焊接成为盒式形状之前已经预先置入内部。

即使是那些对机械加工技术一无所知的人，此时也能够意识到新方法与旧方法相比，既节省了时间，也降低了成本。1942年中期，施迈瑟设计的50支原型枪提交军方进行评估。第二年秋季和冬季，该种新式MKb42(H)型步枪共生产8000支，并与瓦尔特公司的步枪一起在东线战场接受实战测试。最后，军方根据试验结果决定选用施迈瑟设计，将施迈瑟设计的扳机保险装置改为瓦尔特枪的设计。施迈瑟的设计采用了一种他曾用于MP40型冲锋枪上的相当不成熟的保险装置，即在受弹器左侧凹槽内处嵌入扳机柄，该种装置极易出现故障，因此MP40型冲锋枪在持枪人还没有任何印象的情况下就退出了现役。随后，1943年7月，施迈瑟设计投入生产。军方分别委托设于苏尔的该枪的设计公司汉耐尔公司、设于爱尔福特的厄玛·威克公司以及设于奥本多夫的毛瑟公司负责生产该种新式武器，并将其命名为自动冲锋枪MP43型。MP43型冲锋枪全长940毫米，空弹匣时全枪重5千克。

44型突击步枪

第二年，MP43型步枪又接受了进一步的改进，设计人员为其配置了一台望远镜式瞄准具和一种不同的能够安装榴弹发射器的装置。经过上述改进之后，设计人员首先将其命名为MP44型步枪，随后将其更名为44型突击步枪，新名称则与改进后的步枪在实际作战中所发挥的作用更为接近。

一支MP44型步枪制造过程耗时14小时，费用约70马克，相比之下，Kar98k型步枪则更便宜一些，后者价格为56马克，但制造过程耗时更长，加工工艺更为复杂。由于造价相对较高，而且不能使用标准的7.92毫米×57子弹，因此，当时德国军方并没有立即选用MP44型步枪并将其定为军队的制式步枪。尽管到1944年2月，该型步枪的月产量已经达到5000支。1944年7月或8月，盟军进入法国以后，德国军队正式选用该种步枪，并将其命名为StG44型步枪。

据说阿道夫·希特勒本人对最初抵制使用StG44型步枪、后来又决定选用的事务上负有责任，这种说法确实很有道理。在新式武器的相关事务上，希特勒天生就爱多管闲事，他认为自己作为一名老兵，知道战场上真正需要什么，然而当时的战场形势与他当初服役时已经完全不同。

到目前为止，对StG44型步枪所作的最奇特的改进（同其他枪型的改进相比也是最奇特的）是在1944年制造的新枪型。新式步枪可以在拐角处向外侧射击。当时对该种自动冲锋枪实施上述改进到底目的何在，现在不得而知，通常认为推出这些不同设计的奇特枪型，旨在清除离开坦克的先锋作战队员以及明显的目标。经过改进之后的三种新枪型的名称后附有字母J、P、V以资区别。其中一种改进枪型MP44K/30型步枪枪管发生30度的弯曲，而另一种改型MP44K/40（看起来不过是纸上谈兵而已）则是将弹头的飞行方向弯曲40度，而第三种MP44K/90则要使弹头的飞行方向偏转90度。当然，要使子弹的飞行方向偏转一定的角度，仅仅通过将枪管弯曲并安装反射镜式瞄准具远远不够，还必须在枪管里钻一个排气孔，以便推进气体可以顺利地排放出来，这样便将枪口速度从早期枪型的650米/秒下降到仅仅稍高于300米/秒，这样也就使改型枪除了实施近距离作战以外，没有任何用处。据说军方共定购MP44K/30型步枪10000支，但没有证据显示这些武器投入了作战使用。当然，其中许多步枪都在博物馆珍藏，可能有一部分成为私人收藏的珍品。

伞兵的需求

几乎在汉耐尔公司与瓦尔特公司设计的突击步枪在俄罗斯战场上投入实战测试的同时，又一种使用最大火力7.92毫米×57 88S型子弹的步枪也正在接受测试，这就是FG42型伞兵步枪。当初设计该型武器时，就决定使其成为选择射击模式的步枪。当时许多专家都给予该种步枪以很高的评价。总而言之，该型步枪之所以失败，原因只有一点，即当它推出时，其最初的设计使用对象的重要性已经大大下降。据说，FG42计划是应当时德国伞兵部队高级官员的要求而发展的。当时这些高级官员正为默克战役作准备，这将是一场艰苦的战役，德军要在1941年5月的第三周占领地中海的克里特岛。他们抱怨所属军队装备使用的Kar98k型步枪与冲锋枪的联合并不能向他们提供充足的火力。他们希望获得一种最大火力步枪，全枪长不超过1米，在安装望远镜瞄准具之后具备足够的射击精度，可以由狙击手用于远距离射击，同时能够提供持续射击的能力，而且可以发射枪榴弹。此外，他们还希望新式枪要足够坚固，可以用于近距离作战，重量不超过4千克（相当于现有步枪的重量）。他们将所属部队的装备需求报告首先提交德国空军武器部（当时德国伞兵隶属于空军而不是陆军），随后又将该份报告递交专门负责步兵武器发展事务的陆军武器部。结果在意料之中，这种请求被视为一种"乌托邦"式的幻想而被拒绝。然而，提出请求的伞兵将领被告知只能等待装备Gew41型步枪的作战枪型，后者当时正在接受初始测试。但是，这些伞兵高级官员并没有因此而气馁，他们随后又将请求递交空军部，空军部最后决定将这一需求向当时飞机机炮以及枪炮的多家制造商发布，让他们提供能够满足需求的新式武器设计，这些制造商包括古斯特洛夫·沃克公司、克里格霍夫公司、毛瑟公司以及莱茵金属-博西格公司。毛瑟公司提交了一种改进后的MG81型设计，古斯特洛夫·沃克公司没有提交，其余两家制造商都提交了全新的设计。最终，军方选用了莱茵金属-博西格公司的枪型设计。

FG42型伞兵步枪

在四家制造商参与的角逐中，最后获胜的枪型由路易斯·司登格设计而成。早在1904年，路易斯·司登格就开始师从雨果·施迈瑟的父亲路易斯学徒。在1934年之前，路易斯·司登格已经制造出后来成为MG34型步枪（绝对是当时最优秀的步兵机枪）零部件的大部分装置，当时的路易斯·司登格已经是公司的总设计师。尽管FG42型步枪仅仅生产了7000支，但后来的事实证明，该种枪具有很好的发展前景，它最终成为选择射击模式突击步枪以及20年后出现的"布尔帕普"设计思想的先驱，从20世纪50年代起，选择射击模式突击步枪就成为军用步枪领域的主导枪型。

我们前边已经提到过，18世纪的美制步枪与枪托之间成相当大的向下角度，这样后坐力的作用倾向于使步枪枪管上扬，而不是将整支步枪直接向后推至枪手的肩部。相同的特点至少在后续推出的所有步枪中都有所体现，直至FG42型步枪问世。FG42型步枪是一种传统半自动步枪，510毫米长的枪管中心导出的推进气体推动活塞，活塞在长冲程运行过程中释放由两块前侧锁块锁定的旋转枪栓，并使枪栓发生旋转。尽管这种枪属于传统结构，但它还含有非常精巧（绝不复杂）的改进，通过实施该种改进之后，如果调谐旋钮将枪支的射击模式定为单发模式，则子弹从闭合的枪栓内射出；如果调至自动射击模式，则子弹从敞开的枪栓内发射。这样就充分解决了难以同时保持枪支的射击稳定性以及冷却性的难题。在FG42型步枪中，撞针并不在枪栓内，而是与活塞形成一个整体，置于活塞上方；构造复杂的空心圆柱形枪栓则位于活塞正上方。活塞下方前侧设有弯曲或凹槽，主要用于连续发射模式；而后侧的弯曲部分则服务于单发模式。二者位置没有重合，分别位于左右两侧。选择发射模式的调谐旋钮，只需简单地将位于弯曲部位的扳机击针杆分别推至左侧或右侧，就将步枪的射击模式选定。为了弥补88S型子弹后坐力太强这一缺陷，司登格研制了一种缓冲器系统，并使用缓冲器发挥作用的半浮动式枪托。他还为FG42型步枪安装了枪口制退器，该装置能够改变一些推进气体的前进方向，使它们向侧面方向流动。此外，FG42型步枪还配置了折叠式双脚架以及折叠式刺刀。

早期的FG42型步枪全部由金属制成，后来的枪型则使用木质枪托以及几近垂直的手枪式握把。FG42型步枪重量仅为4.5千克，是第一种真正意义上的通用型突击武器。由于司登格早已经意识到了这一点，因此，他还推出了使用弹带装弹的原型枪。但是，没有证据显示他还对可互换式重型枪管和轻型枪管进行过试验，而这是将步枪改造成为一种连续射击武器的前提条件。

FG42型步枪的外形，乍一看极不平衡，这是因为其弹匣从受弹器左侧呈现水平外凸状态。正因为如此，导致FG42型步枪确实出现了极不平衡的情况，特别是当配置20发子弹的弹匣之后（早期的FG42型步枪配置10发或20发子弹的弹匣，后期推出的该型枪只能配置20发子弹的弹匣，且二者不可通用），但这是不可避免的，因为司登格将自己的设计概念大胆地向前

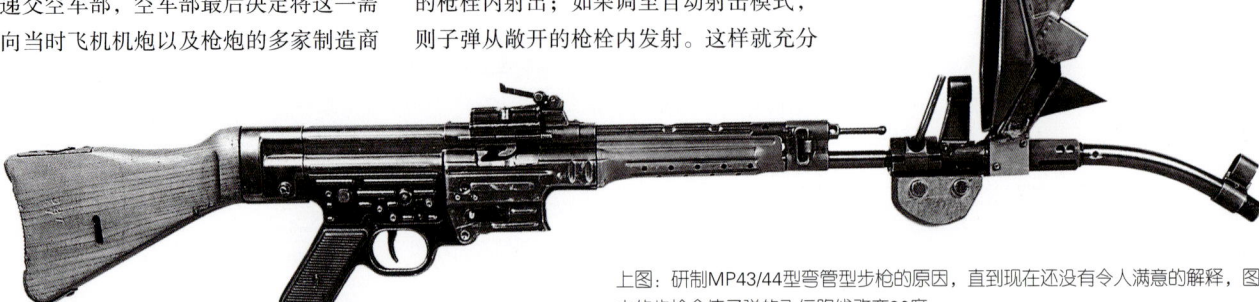

上图：研制MP43/44型弯管型步枪的原因，直到现在还没有令人满意的解释，图中的步枪会使子弹的飞行路线改变30度

上图：MP43/44型步枪的发展很不顺利。该型武器使用的弹药与当时其他轻型武器不能通用，因此德国纳粹国防军高级官员想尽一切办法来阻止其投入使用

迈进了一步，而洞察力极强的分析家竟然没有发现这种情况：由于将整个后膛后移至直接位于击发装置的上方位置，因此司登格必须使用水平弹匣，这同时也减少了相对于步枪整体长度而言的弹匣深度。FG42型步枪全枪长与汉耐尔公司设计的MKb4(H)型步枪相同，但FG42型步枪枪管长510毫米，而后者仅为365毫米。如果当时司登格再大胆一些，考虑直接将整个后膛置于击发装置后侧足够远的位置，那么弹匣就又恢复到传统枪支中弹匣的位置，即垂直于受弹器下方，那将是一件非常有趣的事情。

FG42型步枪投入使用

1943年9月12日，FG42型步枪首次投入作战使用。当时由传奇人物奥托·斯科尔兹内率领的一支伞兵部队空降到意大利阿布鲁齐地区大萨索山的一小块空地上，从一家旅馆中成功救援被亲盟军的彼得罗·巴多格里奥元帅政府囚禁的意大利被废的独裁者墨索里尼，据报道，在整个救援过程中，救援部队没发一枪一弹，这绝对是一个奇迹。当时，斯科尔兹内所属人员携带的武器只是FG42型步枪的原型枪。后来，直到1943年至1944年冬天，克里格霍夫公司（生产5000支）和I.C.瓦格纳公司（约生产2000多支）才开始生产系列FG42型步枪。

毛瑟突击步枪

出于好奇心，大家可能提出这样的问题：在推出FG42以及MP43/44型步枪之后，奥本多夫方面又在继续研究什么？毕竟毛瑟步枪在现代德国步枪发展史上一直处于领先地位。事实上，小威力的冲锋枪43型子弹是可选择射击模式突击步枪的发展基础。德国武器与弹药公司研制的口径为7毫米（0.27英寸）的子弹，也与9毫米帕拉贝鲁姆子弹一样的命运，都被放弃。可选择射击模式的突击步枪的雏形最早出现于1942年，当时被称作"06H式装置"，尽管此时它还没有得到充分发展，但这种步枪已经呈现一个很重要的特征，即它的闭锁装置不是通过凸轮，而是采用滚筒来锁定。该种构造不必上下左右移动或旋转，就可以使闭锁装置循环往复运转。同一原理首先应用于MG42型机枪上，该型机枪是在MG34型基础上发展而来，毛瑟公司为MG42型机枪的发展提供了与众不同的锁定装置，这要归功于格罗斯福斯金属公司的格鲁纳博士。其中，格罗斯福斯金属公司从没有涉足过武器的设计与制造领域，该公司的主要产品为金属吊灯（尽管一位权威人士认为这种原始设计最早出现于1937年，当时爱德华·斯戴克在波兰获得了该技术的专利；而在同一年，格鲁纳首次展示了自己的设计模型，也有人认为该项设计应归功于莱茵金属-博西格公司的路易斯·司登格）。为了突出它的影响，我们将简单介绍MG42型机枪的过人之处，即该型机枪每分钟可以发射1200发子弹；利用其基础设计的枪型在其后的50年内一直继续生产。

厄恩斯特·阿尔滕伯杰是当时毛瑟公司的首席设计师（MG34的闭锁装置的设计者），但新式突击步枪的大部分设计工作都委托威廉·施图尔来完成。威廉·施图尔对06H步枪的闭锁装置实施进一步改进，这样，通过一个扁平箭头外形的"操纵装置"，带有两个闭锁滚筒的枪栓头巧妙地与枪栓框连结在一起。这种箭头形的"操纵装置"压迫滚筒向外弹出，嵌入受弹器壁凹槽内，使装置处于闭锁状态。

毛瑟突击步枪原型枪的机械装置几乎与托卡列夫式步枪完全相同。施图尔通过简单改进便将其更新为滚筒闭锁装置，然而他肯定很早就意识到自己能够免除使用结构复杂、造价昂贵的气缸及活塞结构，并返回到保罗·毛瑟所推崇的迟滞式后坐系统，同时应用滚筒来支持闭锁系统，使后坐力的迟滞作用能够处于更佳状态，以满足子弹连发过程的需求。正如大家对相关设计的理解一样，在新型毛瑟突击步枪的原型枪MKb43中，作用于闭锁滚筒的操纵装置具备足够的抗冲击能力，足以使枪膛保持关闭，直到子弹离开枪管。子弹发射之后，滚筒缩进到枪栓头部，这样它可以完全自由地进行后向运动。在枪栓和枪栓框完成了一次退弹/弹射/击发及装弹的完整过程后，操纵装置再次压迫滚筒使其进入受弹器壁凹槽内，再次进入闭锁状态，因此，扳机/击铁装置再次被打开，新一轮发射又可以进行了。施图尔通过在枪膛内刻制一些凹槽，子弹发射时释放出的气体沿着弹壳外侧的枪管槽流动，这样，弹壳内外的气压相等，阻止了弹壳的膨胀问题，因而解决了弹壳受热膨胀粘结在枪膛上导致退弹过程不畅的问题。

1943年晚些时候，新式突击步枪的4支手工生产样品交付陆军武器办公室，准备在库默斯多夫试验场进行测试，同时，陆军要求专家制定出新型突击步枪的大致生产日程表。不久之后，测试结果表明，新式卡宾枪不仅跟当初所期望的一样出色，而且生产时间和制造成本也仅为同期投入生产的由亨内尔设计的MP44型步枪的一半。陆军定购了生产该枪的专用机器（包括用来压制钢板组件的压模）和30支原型步枪，将其命名为"StG45(M)"型枪。然而，所有定购枪支的组件刚刚生产完毕，还没有来得及组装，第二次世界大战便宣告结束，因此，"StG45(M)"型枪并没有在第二次世界大战期间投入使用。

第二代"西班牙毛瑟步枪"

毛瑟步枪的故事还远远没有结束。包括曾经与阿尔滕伯杰及施图尔一起工作的路德维格·沃尔格雷姆勒在内的一群前毛瑟公司雇工,后来在马德里"特殊材料技术研究中心"重新推出了新的毛瑟步枪,他们应用与FG42型步枪类似的扳机系统,推出了重新设计的M58型步枪,使用新式系统之后,通过开放式枪栓便可进行自动射击,而关闭枪栓时,只能进行单发射击。M58型步枪最初只能使用7.92毫米"库尔兹"子弹。后来,在经过进一步标准化改进能够使用CSP003子弹(属于7.62毫米×51北约子弹的一种小火力弹型),枪口速度比标准7.62毫米×51北约子弹低20%,约为785米/2575英尺。在此之后,设计人员将其改进成可以使用口径相同、携带铝质弹头的不同的短子弹。但是,有一点出乎人们的意料,使用铝质弹头子弹的M58型步枪仍然可以使用标准的CSP003子弹,这是因为前后两种的尺寸相同。此外,CETME的设计也被另一组前毛瑟公司的雇员们所采用(不过这一次他们还停留在奥本多夫-艾姆-内卡),这些人组建了赫克勒和科赫公司,该公司便是后来著名的H&K公司。他们将自己推出的新型设计命名为G3型步枪。1959年,联邦德国国防军选用该种步枪充当军方的制式步枪,最后,除了社会主义国家外,没有装备FN FAL步枪的国家的陆军都广泛装备使用了G3型步枪。后来,H&K公司在滚筒式闭锁装置的基础上,推出多种多样的突击步枪以及轻机枪和冲锋枪。

瑞士半自动步枪

瑞士SIG军工厂推出的SG510型步枪也采用了同样的闭锁方式。SG510型步枪向各国军队推出时,分别使用7.62毫米口径北约子弹或苏联子弹。此外,还有单发式运动步枪AMT型以及使用相同闭锁系统、应用不同的气体/活塞驱动方式的口径为5.56毫米×45的改进型SG530型步枪。

同大多数军火商一样,SIG公司也希望自己的产品能够进入竞争激烈的国际市场,因此,他们推出了多种形式的SG510型和SG530型系列步枪(后来又推出了气体驱动、旋转枪栓式的540系列步枪),系列步枪品种众多,枪管长度不一,重量各不相同,外部装饰也多种多样。

事实上,上述枪型绝不是瑞士生产的首批半自动步枪,因为SIG公司设于诺伊豪森工厂的设计部自从1915年提出对"蒙德拉贡"式设计稍加改进之后,就一直在设计自己具有代表性的半自动步枪。整个20世纪20年代期间,SIG公司所属的两个实力最强的子公司——基拉里公司与恩德公司就开发出KE系列后坐力控制半自动步枪,只不过两公司的发展过程都没能超越原型发展阶段(尽管期间已经推出一种轻机枪,并少量销往中国)。1930年,在盖特兹的参与下,他们设计了许多基本上类似,但不很成功的气体操纵步枪,这些设计部分配置与枪管长度相同的长气缸,而另一种则利用短气管将气体导入枪栓一侧配置的气缸内部。

1953年,SIG公司利用大幅变型方式推出了一种独一无二的卡宾枪设计,新型设计利用了"前吹"系统。事实上,19世纪末20世纪初的一些机枪设计师也曾想到过该种设计,只不过都没有付诸实践。我们可以断定,当设计人员考虑到这种观点时,只是将它看做一种避免沿用已经存在且更具实际意义并受专利保护的技术的新观点。SIG公司将推出的新型设计命名为AK53型,该型设计被认为是遭遇很惨的一种枪型,仅仅生产了50支。AK53型卡宾

MP43型冲锋枪/StG44型步枪

口径:7.92毫米×33(0.31英寸)
重量:5.1千克(11磅4盎司)
全枪长:940毫米(37英寸)
枪管长:420毫米(16.5英寸)
有效射程:约300米(1000英尺)
构造:30发子弹可拆卸式盒式弹匣,气体驱动自动装填装置,自动模式
射击频率:550发/分钟
子弹初速:645米/秒(2125英尺/秒)
原产国:德国

上图:瓦尔特设计的43型步枪,该型步枪通常用作狙击步枪,为了能够安装Zf4型望远镜式瞄准具,该型步枪配置楔形榫设备

上图：捷克vz52型步枪属于组合式枪型，选用德国Mkb42(W)型步枪的活动设备、M1型加兰德步枪的扳机，只需旋转枪栓便能够使其处于闭锁状态

枪发射子弹时，在弹簧的辅助下，整条枪管都被向前推动，而位于弹壳槽线内的退壳器爪抓紧的弹壳则留了下来，然后便被弹出。随后，枪管又在第二根弹簧的作用下返回待击发位置，从弹匣内拨出一发子弹，使机械处于待发装置，重置第一根弹簧。该系统的射击速度可达每分钟约300发子弹。由于枪手可以通过快速释放扳机便能够使该机发射单发子弹，因此，新式步枪没有提供单发射击模式。

1955年，SIG公司最终推出一种实用的配置毛瑟式滚筒闭锁装置的半自动卡宾枪——AM55。该公司在AM55型卡宾枪基础上稍作改进，又推出了新式StGw57型枪。后来，瑞士陆军装备StGw57型步枪取代当时已经落后的直拉式枪栓装置施密特–鲁宾Kar31型步枪。该枪成为瑞士军方最后一种使用7.5毫米子弹的步枪。正是在该种步枪的基础上，瑞士在独立于CETME公司以及H&K公司的基础上，自行推出了SG510型半自动步枪。

西蒙诺夫与AVS

1941年，在入侵苏联的巴巴罗萨军事行动之后，由于苏联军队经常要对付装备半自动武器的狂热的步兵团士兵"人潮"，因此，给他们配备半自动步枪已成为当务之急。只有拥有更优势的火力才能够在战场上取得胜利。

1936年，苏联红军采用被称为苏联最后一位"保守派"设计师谢尔盖·加夫里洛维奇·西蒙诺夫设计的一种步枪。十月革命之前，西蒙诺夫曾在谢斯特罗列茨克以实习技师的身份开始设计工作。从1927年开始，他一直在弗拉基米尔·费奥多拉的领导下在图拉兵工厂的设计开发部工作。1936年，西蒙诺夫推出了自己的1936型半自动步枪，即AVS或AVS36型设计，这是他首项被军方采用的设计。该种步枪在枪管上方的气管中配置活塞来推动一个奇怪的闭锁系统，该系统依靠一个垂直滑块将枪栓、枪栓框锁定在受弹器中。击发手柄可以随枪栓来回移动，但该种设计已经非常落后，特别是当选择射击模式的武器被用于自动模式之后（这也意味着受弹器的内部将直接接触到泥泞和尘土）。AVS36型设计的后坐力非常大，因此西蒙诺夫安装一个双孔枪口制退器对其实施进一步调整。

当初苏联红军曾经提出了一个简单的战术理论，AVS步枪正是因该种战术理论而推出的。后来，尽管军方仍然继续使用该种理论，但由于AVS的设计并不成功，因此，1938年，AVS步枪被俄罗斯另一位杰出枪支设计师费多·瓦西里耶维奇·托卡列夫设计的半自动步枪所取代。托卡列夫还设计出一种轻机枪和一种非常流行的半自动手枪TT-33。

托卡列夫与SVT

托卡列夫1938型半自动步枪（即SVT38）以及与其相似的后续型号STV40型步枪都采用了双气管方式，气管安装在枪口后方的排气孔处。SVT38型半自动步枪的闭锁装置比较简单，采用一个后部向下凸出的滑块，嵌入受弹器底板的凹槽内。当枪栓框向后运动时，滑块在受弹器壁上狭槽的导引下就可以被提高或释放。该型步枪受枪口强气流的影响也较大，为此，设计人员在枪口安装了一台6孔式制退器。

苏联入侵波兰时，SVT38型半自动步枪就显示出超强的作战能力。1940年，苏联又生产出另一种压制能力更强、携带改进型枪口制退器的枪型。这些新型枪中一部分后来被改进成为可选择射击模式的步枪，其余部分则将长度缩短为卡宾枪的尺寸，装备苏联陆军中的骑兵部队。西蒙诺夫和托卡列夫设计的步枪都比较轻，装弹前的总重量还不到4千克。全枪长度也很相近，枪管为615~635毫米。他们均使用7.62毫米×54R M1891型子弹，枪口速度为770米/秒。

西蒙诺夫与SKS

第二次世界大战期间，西蒙诺夫推出使用14.5毫米×114子弹的一种半自动反坦克步枪。其使用的子弹尺寸较大，弹头重65克，装药量31克，枪口速度高达约1000米/秒。

西蒙诺夫新式半自动反坦克武器属于传统设计，作为一种机械装置，该种传统设计已经能够发挥应有的作用。尽管反坦克步枪在军队集结地域偶尔能够发挥有效作用，但使用反坦克步枪充当在开阔战场上有效反"现代"装甲的武器的作战概念仍然可能无法发挥应有的效果。西蒙诺夫的该种配置传统机械装置的新式SKS步枪属于西蒙诺夫一生中最重要的设计，也是苏联首种采用"新式"中型火力减弱型7.62毫米×39子弹的枪型，该种子弹属于一种仿制子弹，最初由德国Geco公司设计而成。

苏联将该种子弹称做M1943型子弹，至于说它是否于1943年开发并无确切根据。但无论如何，在SKS步枪问世之前，第二次世界大战就结束了。因此，作为一种供苏联红军使用的前线武器，即使操作简单、结构坚固、性能可靠，也只能接受短命的命运。无独有偶，紧随其后出现的一种更好的步枪卡拉什尼科夫，出于同样的原因也很难投入生产。

SKS的机械装置与托卡列夫步枪极其相似。子弹发射后，推进气通过枪管的小孔，推动重叠式安装的活塞，活塞又作用于枪膛上方的推进杆，推进杆再将动力传递给枪栓框，同时压缩复进簧，复进簧迅速将推杆和活塞反向推回到待发位置。枪栓框自由移动的距离为8毫米，在移动过程中，枪膛内的气体压力逐渐下降到安全水平，在此之前，气体压力将枪栓后端推出受弹器底板上的闭锁槽。随后，枪栓和枪栓框继续一起运动，使击铁处于待发位

1号步枪：由毛瑟设计的41型步枪——仅生产约20000支。
2号步枪：瓦尔特设计的41型步枪——该型步枪获得更大的成功，但仍然还有缺陷。
3号步枪：瓦尔特设计的43型步枪——生产了500000支。
4号步枪：匈牙利人设计的98/40型步枪。
5号步枪：由捷克vz/24型步枪（其设计灵感来自于毛瑟 98型步枪）改装成的Kar98k型步枪。
6号步枪：捷克vz/24型步枪。
7号步枪：捷克设计的33/40型卡宾枪——装备山地作战部队。
8号步枪：最初的Kar98k型步枪——在德国入侵波兰时，该型步枪仍然是德国军队普遍使用的枪型。
9号步枪：由ERMA设计的MP38/40型步枪——被人们错误地认为是施迈瑟步枪（尽管该型步枪确实受到了施迈瑟设计的影响）。
10号步枪：伯格曼设计的MP35型步枪——既坚固又可靠的设计。
11号步枪：MP43型步枪——是多种步枪结构的组合型枪，有可互换式枪管。

置,压缩复进簧,将废弹壳弹出,废弹壳向右侧弹出,随后便在退弹器的作用下全部弹出。在挤出活动空间的过程中锁定撞针并将弹簧压回原位,同时也退到可以撞击退壳器的位置。一旦复进簧的压力超过枪栓的动力,它就会发生反弹,向相反的方向运动。如果弹匣内还有子弹,就会将子弹拨出。退弹器固定在弹壳槽线内,随后便将子弹压上膛使其处于发射位置。否则,枪栓被拉回,受弹器打开,枪栓前方导槽固定,以接受装满10发子弹的装弹机,这些子弹被拨出并被压入弹匣内。在空的装弹机卸掉之后,只需轻轻地向后拉动枪栓柄,就可以将第一发子弹上膛。这样单发排列的子弹就可以将弹匣装满,但在装入过程中,还必须将枪栓柄手动后拉。保险销位于扳机圈后方,当启用保险时,将保险销向前上方推动,不仅将扳机锁定,而且还阻挡了扳动扳机的手指。弹匣的底板可以旋开,以便进行清洁或卸下子弹。

据说SKS步枪作为小火力枪来说略显笨重,但实际上该种步枪在装弹前还不到4千克,比后来取代它的较短的AK步枪还要轻500克。也许是它的老式木质结构缘故,使人觉得看起来比较笨重。尽管SKS步枪使用减弱火力后的子弹,这使得手持

217

上图：几乎所有华约国家都装备使用卡拉什尼科夫AK型步枪，而且许多国家本国就建有该种枪的生产线。右图中便是罗马尼亚生产的带有前侧手枪式握把的AKM步枪

式步枪能够相当精确地进行自动射击，但SKS步枪从来没有具备选择射击模式的能力。

卡拉什尼科夫

SKS的后继枪型注定要成为最广泛使用的步枪，这便是卡拉什尼科夫自动步枪，而更常用的名字是它的首字母缩写AK或仅用设计师的名字。1920年，米哈伊尔·卡拉什尼科夫出生于西伯利亚，17岁时，他离开学校，成为一名铁路职员。两年后，卡拉什尼科夫应征入伍，被分配到一所机车驾驶及维修学校。到1941年德军入侵苏联时，卡拉什尼科夫已经成为一名高级军士，负责驾驶一辆坦克。同年秋天，他在拜兰斯克受了重伤。休养期间，他设计了一种冲锋枪和一种卡宾枪，但都没能获得军方采纳。1947年，卡拉什尼科夫设计出以自己的名字命名的突击步枪。1950年或1951年，该种步枪被军方选用。1959年，为了更易于制造，卡拉什尼科夫将自己设计的突击步枪进行了改进，随后便推出了著名的AKM（M指改进型）突击步枪。后来，苏联军方又制造出配置折叠枪托式的新式步枪，即AKMS。

AK系列步枪是一种最坚固的步枪，而且是真正接受士兵验证的步枪，后者是它的一个非常重要的优势，因为许多曾使用过这种步枪的士兵都对技术一窍不通，但他们提出的问题很少。AK步枪的机械装置十分简单：气体从枪口附近的枪管内释放出来，进入与枪管并排配置的气缸内，推动活塞和枪栓框（二者是一个整体）运动一小段距离，大约是8.5毫米。在此期间，枪膛内的气压降到安全范围内（枪膛内多余的气体已经通过管壁上的许多小孔排出；该装置没有配置气体调节器）。枪栓框上的一个凹槽作用于枪栓上的一个定位销，使得枪栓框的后向运动转化为枪栓的旋转运动，枪栓旋转35度，随后释放闭锁锁块。在旋转和开锁的过程中，并没有主要的退壳动作，相反，枪栓头上配置了一个特大型退壳器爪（弹膛内部刻有凹槽）。这时，枪栓、枪栓框和活塞都可以自由地在自己固定的路线上持续运动，同时退出废弹壳（当废弹壳经过在导轨内设置的退弹器时，就被退弹器从受弹器右侧的小孔抛出），随后扳下击铁，压缩复进簧。枪栓在撞击到受弹器后壁时停止运动。然后，枪栓框与活塞继续前进大约5毫米，以确保在枪栓框反弹停止时不会释放枪栓。扳机柄也是枪栓框的一个构成部分，能够上下移动。AK步枪没有保持开放的装置以便显示弹匣内的子弹已经耗尽（这是AK步枪最严重的缺点）。AK步枪的30发子弹曲线弹匣不能在步枪上再次装弹，必须卸下来。AK步枪是一种可选择射击模式的武器，可通过一个长的调谐操纵杆来选择单发射击模式或自动射击模式。调谐操纵杆安装在枪膛右侧，退弹器口后方，正位于扳机护圈正上方，扳机护圈同时充当安全销，可以锁定扳机，并能以物理方式阻止枪栓越过弹匣内最上面的子弹而直接退回来。这种调谐操纵杆的设计，

卡拉什尼科夫 AK47型步枪
口径：7.62毫米×33（0.30英寸）
重量：4.3千克（9磅7盎司）
全枪长：880毫米（34.65英寸）
枪管长：415毫米（16.35英寸）
有效射程：约300米（1000英尺）
构造：30发子弹的可拆卸式盒式弹匣，气体驱动自动装填装置
射击频率：600发/分钟
子弹初速：600米/秒（2350英尺/秒）
原产国：苏联

也遭到了严厉的批评。AK步枪的触发机械是在加兰德M1型步枪的机械基础上设计而成，但与M1型步枪不同，AK步枪的撞针有两个工作表面，而且扳机上带有两个钩状的反向击发阻铁。当处于自动射击模式时，调谐操纵杆自动分离后侧的击发阻铁。在其他射击模式情况下，当一发子弹发射之后，调谐操纵杆作用于击铁，除非枪手释放扳机，否则撞针永不会被弹出。AKM配置一台周期性火力减震器，但它的设计极其复杂，发挥的作用甚微，完全依靠操作过程中的惯性运作。

AK型步枪枪管长仅为415毫米，而且瞄准器底座比较低，这就是AK步枪射击精度不太高的原因。但是，在实际使用过程中，多数神枪手都选用令人满意的AK单发型枪，他们应用AK步枪的射程大约为300米，如果射程超过上述距离，AK步枪的性能就开始大幅下降，不过在现代战场上这不会产生太多的问题。由于M43型子弹性能极其优良，采用自动射击模式的AK型步枪精确射击距离才能够达到单发型枪一样的距离，而且，在改进型AK步枪中，枪口向右上角上翘的缺陷也得到了大幅调整，他们在这种改进型枪的枪口上方装了一个小的调整器。AK和AKM的一些枪型还永久性配置了榴弹发射器，有的还装备了折叠式刺刀，有的（特别是AKM-S型）枪管改得更短，并配置有前侧手枪式握把，有的还携带木质或塑料装饰，或是两种装饰都有。

AK和AKM之间的差别实实在在地存在，但并不十分明显。AK步枪采用机械铸造式受弹器；而AKM则采用1毫米厚的钢铁冲压片，将其压成U字形外形并固定在金属芯棒上，金属芯棒由闭锁凹槽、圆筒轴承和前后阻塞块组成。这样，通过选用后述结构，使得AKM步枪的重量可以大幅下降，从AK步枪的稍重于4千克下降到稍重于3千克（刚好低于7磅），而且配置折叠式枪托在一定程度上也使得AKM步枪变得更为轻巧。卡拉什尼科夫设计的旋转枪栓式机械装置还应用于一种轻机枪——即鲁奇诺伊·普勒米奥托·卡拉什尼科夫轻机枪，简称RPK轻机枪，该种轻机枪使用与卡拉什尼科夫步枪相同的弹匣。此外，同样的旋转枪栓式机械装置还应用于结构极为不同的弹带装弹式PK步枪中，后者仍然使用老式的7.62毫米×54R M1891型子弹。

捷克另一种选择方案

华约国中只有一个国家没有选用AK型步枪充当所属军队的制式步枪，这个国家就是捷克斯洛伐克。捷克斯洛伐克选用了在本国布尔诺市设计的可选择射击模式的半自动步枪，即萨摩帕VZ58型步枪。尽管从外观来看，VZ58型步枪极易被看做是在苏联AK型步枪基础上实施进一步改进推出的新枪型，但事实上VZ58型步枪与AK型步枪极不相同。VZ58型步枪采用倾斜式枪栓和结构更简单、运行更为平稳的触发机制。捷克斯洛伐克军队使用的VZ58型步枪口径为7.62毫米×45。除此之外，捷克斯洛伐克也还推出口径为7.62毫米×39的VZ58型步枪用于出口。VZ58型步枪配置携带木质装饰的折叠式金属枪托，后来又将木质装饰结构更新为灌注塑料的压缩木屑结构，采用后者主要是为了减轻重量，而不是为了降低枪支的造价。VZ58型步枪各部件制造过程选用极高的制造工艺，而且装配过程也非常精密。

芬兰实施进一步改进

20世纪50年代，芬兰开始装备使用AK型步枪。该国从来就没有明确过自己是否是苏联的附庸国。后来，芬兰开始生产AK步枪的一种改进型枪型，即62型突击步枪，芬兰之外的其他国家都因该型枪的制造商为沃美特公司而称其为沃美特步枪。由于沃美特公司对新式步枪的表面装饰都进行了大规模重新设计，而且还配置了新式铆接十字杆的管式钢质枪托，因此，从表面上来看，新式步枪与AK型步枪极不相同。但是，在表层内部的所有结构与AK型步枪几乎完全相同。后来，芬兰又推出了轻型的沃美特M76和M90型步枪，

上图：尽管在作战领域，SKS步枪很快便被AK47型步枪取代，但由于其枪管较长，管上穿孔更为方便，因此，苏联军队仍然应用该型步枪充当仪式用枪

上图：恩菲尔德设计的EM2型步枪是首次应用"布尔帕普"设计的枪型之一，由于其触发机组位于主体机械装置的正前方，因此使其枪长大幅度下降

上图：构造简单的西蒙诺夫SKS步枪是由苏联研制成功的一种使用7.62毫米×39 M43型"中间"子弹的步枪，正适合苏联红军的作战需要

两式步枪都包括使用苏联7.62毫米和北约5.56毫米口径子弹的枪型。

M1型步枪的替换枪型

早在1944年，当美国军队准备在法国登陆时，他们已经对M1型加兰德步枪的效能产生了怀疑。他们的怀疑主要集中于步枪重量、有限装弹能力和缺乏可选择射击模式的能力。因此，第二次世界大战结束之后，美国军方展开多项研究设计，旨在研制取代M1型步枪的替代枪型。在研究设计过程中，最先推出的是T20型步枪，这是一种配置20发子弹弹匣、具有自动射击能力的加兰德式步枪。下一项研究成果是一种倾斜阻塞式设计，命名为T25型枪，该枪使用斯普林菲尔德研发的新型T65型子弹。T65型子弹完全是M2 0.30英寸-06型子弹，只是在后者的基础上将弹壳缩短了12.2毫米；后来，在华盛顿政府施加了大量压力后，T65型子弹最终被军方采用，并成为标准的北约子弹，现在，该种子弹用公制单位表示为7.62毫米×51。

T25型步枪的设计推出之后，美国军方将T25型步枪与英国的EM2型以及比利时的FN FAL步枪进行了测试对比。后面这两种步枪都使用7毫米口径的子弹，经过测试，军方对这三种步枪都不满意，因此，上述三种步枪都被美国军方淘汰。接着，美国设计人员推出T47（T25型的改进型）和T44（使用T65型子弹的T20型步枪的改进型）式设计。与此同时，FN公司制造了一些用于测试的FAL步枪，并为这些步枪选用新式T65型子弹，并将它们命名为T48型。哈灵顿和理查森公司和FN公司达成合作制造T48型步枪的伙伴关系，双方各自负责在当地对T48型步枪实施进一步发展。1953年年底到1954年初冬季期间，美国军方对T48型步枪实施了射击测试，发现T48存在问题。尽管制造商已经在第二年冬季测试前已经将发现的问题圆满解决，但这个问题已经足以动摇美国陆军军械署对该型步枪的信任。1956年，美国军方经过测试还淘汰了阿玛莱特的尤金·斯通纳开发的使用北约7.62毫米子弹的AR-10型步枪（尽管后来有很多设计都源自于AR-10，不久之后我们就可以看到这一点）。

M14型步枪

1957年5月1日，美国陆军部长宣布美军将采用T44型步枪设计的两种型号，即口径为0.30英寸的M14和M15型步枪。其中，M14型步枪采用轻型枪管，但不具备选择射击模式的功能；而M15型步枪则兼具上述两大特点。第二年，M15型步枪的计划被搁置，同时，美国军方决定为轻型枪管步枪增加选择射击模式的功能。

从本质上说，M14型步枪的性能并不比M1型步枪高出多少，可以这样说，它不过是一种更新、重量减轻的M1型步枪。M14型步枪的重量仅比M1型步枪轻0.5千克，仍然配置约翰·加兰德在30年前就已经完善的旋转枪栓设计。由于M14型步枪重量太轻，因此使用最大火力子弹时，根本无法产生精确、持续的射击火力，即使配置枪口制退器也不例外，而且它的枪管在连续射击过程中很快就会变得非常烫，因此，装备该型步枪的美国军队训练时全部应用单发模式，只有在最紧迫的情况下才能够使用连续射击模式。后来，军方为M14型步枪配置轻型支架，使其成为班建制单位的支援武器。不久，军方又推出M14型步枪的一种改型枪型，后者前后均配置手枪式握把。此外，美国还制造出带有折叠式枪托的M14型步枪的变型枪型，但生产的数量很少。为了与精确设计的枪管以及机械装置相匹配，美国军方还推出了结构简单但设计精巧的M14型步枪的狙击枪型，并为其配置雷德伍德望远镜式瞄准具。当M14型步枪停止使用之后，这种非常精确的专用武器经过重新设计，命名为M21型狙击步枪，继续投入使用，一直延续到20世纪80年代。1964年，M14型步枪停产，此时其总产量已达120万支。

李-恩菲尔德型步枪的替代枪型

直至20世纪50年代，英国军队仍然装备使用枪栓式李-恩菲尔德型步枪。第二次世界大战期间的唯一大规模发展，便是引进轻型4型步枪，该型步枪重约900克，枪栓式，枪管大规模缩短（缩减至478毫米/18.7英寸，缩减幅度162毫米/6英寸），前枪托和枪护木也被切除，使得该枪看起来更像一支运动步枪而不是军用步枪。由于枪管缩短，后坐力增加，为了缓解后坐力的冲击，设计人员为该型步枪安装了一个厚枪托橡胶垫，但安装橡胶垫的尝试并不成功，而且还引发射击精度严重下降的问题，但这个问题根本无法解决。1944年，为了在东南亚以及太平洋地区投入作战使用，英国军方推出5型步枪，因此，该型步枪便成为著名的"丛林卡宾枪"，尽管英国军方从来没有以该名称为其正式命名。5型步枪并没有大规模装备军队使用,产量刚超出250000支。因此,当它退出现役时,并没有人对它有留恋的感觉。20世纪50年代,当5型步枪被宣布供给过剩后,在美国民用市场上便可以看到它们的身影,售价仅为29.95美元或更低。后来,由于市场奇缺和收集市场发展的缘故,该枪售价迅速上涨。例如,在我写这本书的时候,在法国该枪的要价已达4000法郎——400英磅多一点。相比之下,机械结构完全相同的4型步枪的价格就很低了,仅仅1500法郎。

FN FAL步枪

在美国陆军拒绝采用FN FAL步枪的同时,英国和联邦军队却选用该种步枪替代当时装备使用的李-恩菲尔德型步枪。FAL步枪源自第二次世界大战前的一种设计,该设计最终推出时,命名为1949型轻型自动步枪,经常被称为SAFN(赛福自动步枪)或ABL步枪。该设计使用倾斜阻塞装置,嵌入受弹器底部的凹槽内锁定,通过受弹器侧壁的凸缘块来释放,该种结构与为zv26型轻机枪开发的系统相似,而zv26型轻机枪则最后发展成为英国著名的布伦式轻机枪,而且托卡列夫后来还将该种结构用于自己的SVT40型武器。FAL步枪由赛福设计而成。1946年,FAL步枪首次在英国(1940年5月,当德国侵入赛福家乡时,他逃往英国)恩菲尔德投产,称为实验型半自动步枪。后来,英国又制造了使用不同子弹的FAL步枪,20世纪50年代初,这些武器大规模销往出口市场,尽管该枪价格较高,但这主要是由于采用了较高制造标准的缘故。

1948年2月,SAFN后续设计的首种原型枪进行了展示,该枪使用德国7.92毫米"库尔兹"子弹。1950年,新式步枪经过改进终于问世,使用重量轻、压制能力较低的7毫米子弹,当时英国也曾尽力引进这种子弹,英国试验型EM1和EM2步枪也装备使用该种子弹(这些步枪都属于首批现代"布尔帕普"系列,它们对未来步枪的发展产生了深远的影响。我们将在适当的时候对它们进行研究,因为它们与下一代军用步枪一起在军中服役,配合相当令人满意。此外,英国还推出FN FAL步枪的"布尔帕普"型,但还没有经过原型枪发展阶段便宣告失败)。新式步枪配置简单的赛福机械装置,带有拆卸式20发子弹匣,配置完整的手枪式握把和与德国FG42型步枪类似的直通式枪托(木质枪托或管状金属质折叠式枪托)。它有一个新奇的特征:平衡点处安装了一个支撑柄,在不使用的时候,支撑柄可以折叠,刚好位于受弹器下方弹匣右侧。对于该种新式步枪来说,也许更为重要的是可调整式气体调节器,有了这种设备,使得通过加大气体注入量加大高压气缸中气体的累积总量成为可能。

FN FAL步枪的系统运作过程非常简单。气体通过调节器从枪管注入到气缸,从而推动气缸内带有弹簧的轻型活塞撞击枪栓前方顶端。枪栓框以延长的倒U字形结构包围在枪栓周围。在其释放凸轮将枪栓后部从受弹器壁的闭锁凹槽提高之前,枪栓框在约8毫米的范围内自由活动,在此期间枪膛内的压力降低。枪栓和枪栓框一起自由向后运动压缩复进簧,随后,整个装置会按正常方式重复运行。当枪栓框上的闭锁凸轮压迫枪栓向后运动进入闭锁凹槽并将其锁定在此处时,再次闭锁完毕。手动闭锁则是通过左手侧的手柄来完成。

FAL步枪的最初枪型是一种可选择射击模式的武器,其调谐操纵杆兼保险销位于左侧,正位于扳机后方。后来,当英国军方选用该种步枪时,将其命名为L1A1型半自动步枪,并将连续发射的功能去除。该型步枪使用最大火力弹药几乎没有

下图:来自意大利精锐部队阿尔卑尼团的一名步兵手持BM59型步枪。该型步枪是7.62毫米北约标准口径的加兰德 M1型步枪改进型枪

左图：令人费解的是，第二次世界大战之后，英国并没有研制自己的新式步枪，而是装备使用比利时设计的FAL步枪。图中下蹲的士兵使用的步枪便属于FAL式

价值，由于整个枪体太轻，以至无法保持精确瞄准目标，即使为其配置双脚架和一个加长重型枪管，也无法解决这个问题。北约各国以及北约之外的其他国家也装备使用了该种步枪，但大多数国家还是保留了选择射击模式的功能。FAL步枪没有装弹时重量不足4.5千克，弹匣满载时为5千克。它没有使用轻质材料（尽管采用塑料装饰可以在某种程度上弥补它的缺陷），而且使用的7.62毫米北约子弹对于步枪的常规使用来说，火力太强了。

尽管如此，FN FAL步枪还是得到了大规模使用。除了少数最穷的国家之外，大部分国家最终都选用FN FAL步枪取代了老式枪型。FN FAL步枪在包括比利时在内的8个国家投入生产，并被大约30个国家选为标准的军用制式步枪。

1966年，曾与赛福共同参与初期设计工作的欧内斯特·维维尔负责将FAL改装为CAL（自动卡宾枪）。后者使用一个带有间歇式螺纹闭锁的旋转枪栓系统，更多使用塑料材质，并用470毫米枪管替代了更重武器上使用的533毫米的长枪管。而最重要的是，CAL的枪膛经过设计使用5.56毫米子弹，该种子弹是FN公司在雷明顿最初设计的基础上研制而成，后来，该种子弹又成为新的子弹标准。因此，我们将更紧密地关注该种子弹，以及使用该种子弹的其他步枪。最初推出时，CAL步枪的选择发射模式的功能有一个新颖有趣的特性：调谐操纵杆有第四个位置，即点射位置。当调谐操纵杆处于该位置时，每次按下扳机之后，会连续发射3发子弹。后来，该种极具预期性的相同特性被其他突击步枪选用，从此，该特征逐渐变得越来越普遍。

MAS44/49

虽然FN FAL、H&K公司G3型以及M14型步枪是第二次世界大战结束后十年里最常见的最大火力半自动步枪，但他们并不是在此期间开发和发行的仅有枪型。除此之外，首要的新枪型源自法国，1944年，当法国摆脱德国控制之后，就立即在圣安迪尼开始新型武器的研发工作。然而，早在第二次世界大战之前，法国就生产过少量的原型半自动步枪（MAS38-39），不过从来没有投入批量生产。第二次世界大战结束之前，上述原型步枪的改进型MAS44型步枪投产，有一部分分别装备参加对德最后战役的法国军队以及在1945年到1946年仓促前往印度支那的法国军队，对于后者来说，法军试图重新获得对印度支那的控制权，事实证明这只不过是一厢情愿而已，根本无法实现。

MAS44型步枪以及其被投入广泛使用的后续枪型MAS49型，最显著的特点就是无气体活塞。在这两款新型步枪中，子弹发射时产生的推进气体被注入枪管上方的一个管式膛状装置。其中，MAS44型步枪的推进气体从枪管中途溢出；而MAS49则是从后膛附近的部位排出。气体直接作用于携带倾斜阻塞装置的枪栓框，除了倾斜阻塞装置之外，枪栓装置与托卡列夫以及英国-比利时产SLEM步枪相似。批评人士对该种方法存在很大疑问，他们认为这种机械装置不可避免地产生固体沉积物，由于不断积累，会迅速导致机械运作中断。事实确实如此，配置该种机械装置的武器需要经常进行检查。但在后来，当同一方法被其他半自动步枪（最著名的便是AR-15/M16）采用时，批评人士的批评声逐渐减弱。

出人意料的问题是，一向注重使用国产产品的法国，却没有将为MAS36型步枪开发的7.5毫米×54 M1929型子弹列入MAS49步枪备选子弹的考虑范围。法国军方选用了美国产的M2.30英寸-06型子弹，因为在当初推出MAS49型步枪时，美国免费为其提供数百万发子弹。1953年之后，7.62毫米×51 北约子弹成为标准子弹，法国军方将一部分MAS49型步枪实施了改进，转入使用北约标准子弹。但在最后，

上图：比利时FAL式枪型多种多样，包括配置不同长度的枪管、木质或塑料设备、固定或折叠式枪托等的不同型号

法国的老传统占了上风，又开始优先选用本国产品，与同盟国相比，法国又落在了后面。MAS44/49（两者之间只有很小的差别）型步枪的外观非常落后，携带10发弹匣和全木质装饰。然而MAS49最重要的改进就是巧妙地配置了能够安装一台望远镜式瞄准具的楔形榫头和一个整体式榴弹发射器。通常情况下，MAS49并没有携带安装刺刀的装置，只是很少一部分经过局部改进可以安装MAS36型步枪配置的短而尖的刺刀。尽管某些部分使用铝质材质，而且法国还推出了一些配置折叠式铝制枪托的步枪，但MAS49型步枪仍旧属于重型武器，没有装入子弹之前，全枪重高于4500克。在印度支那和阿尔及利亚进行的两次损失惨重的战争中，大部分法军装备使用的武器便是MAS49型步枪，而这两次战役都使法国丧失了帝国主义霸权。后来，法国军方对MAS49型步枪实施进一步改进（缩短前枪托，加装刺刀，并将枪口制退器重新改进，使其兼具榴弹发射器功能，得以发射美国制造的榴弹），进一步推出MAS49/56型步枪，该种武器持续在法国军队服役，直到20世纪70年代末80年代初，随后便被"布尔帕普" FA MAS步枪所取代。

瑞典AG42型步枪

第二次世界大战期间，还有一种不使用气体活塞的半自动步枪，这就是瑞典国有兵工厂的埃克隆和扬曼开发的AG42型步枪，口径6.5毫米×55。不过，AG42型步枪的枪栓在枪栓框内的凸轮导轨的引导下发生旋转。瑞典步枪让人感兴趣的主要之处可能在于：从首张设计图绘制完毕到步枪配发军队只花了不到一年的时间，简直是一个奇迹。不过，该种武器定型之后，存在各种各样的缺陷。1953年，瑞典推出实施进一步改进的新式步枪，即AG42B，新式步枪已经克服了AG42型步枪存在的大多数缺陷。在成为苏联附庸国之前，埃及也开始为陆军生产AG42B型步枪，选用7.92毫米毛瑟口径，并将其命名为"凯斯姆"步枪。此外，丹麦的马德森将该枪的气管实施改进，使其能够围绕在枪管周围，这样做可以防止受弹器内污垢块的快速形成，但同时也使气管内部清洗过程非常困难。后来，丹麦陆军拒绝选用AG42B型步枪，而是装备使用了H&K公司的G3型步枪。

向更小型子弹发展

1953年，就在北约国家将7.62毫米×51的子弹确定为步兵突击及轻型支援武器使用的标准制式子弹时，美国又发布一项新规定：所有的轻型突击步枪都必须使用一种更小、更轻的子弹。当初仅因为盟国更青睐0.30英寸-06子弹（这种子弹看起来比较精密），于是美国就强迫盟国接受存在很多缺陷的7.62毫米×51子弹。

在子弹规格问题上，只有尤金·斯通纳坚持子弹必须使用5.56×45毫米口径。雷明顿曾经在商业市场上出售过该种子弹，口径0.222英寸，弹头重3.56克，推进火药重1.55克。推进火药装入比9.7克和3.0克M59球形子弹（美国及北约7.62毫米/0.30英寸标准子弹；某些北约国家的子弹

FN FAL自动步枪

口径：7.62毫米×51（0.30英寸）
重量：5.2千克（11磅7盎司）
全枪长：1055毫米（41.5英寸）
枪管长：535毫米（21英寸）
有效射程：800米（2600英尺）以上
构造：20发子弹可拆卸式盒式弹匣，气体驱动自动装弹式装置
射击频率：550发/分钟
子弹初速：855米/秒（2800英尺/秒）
原产国：比利时

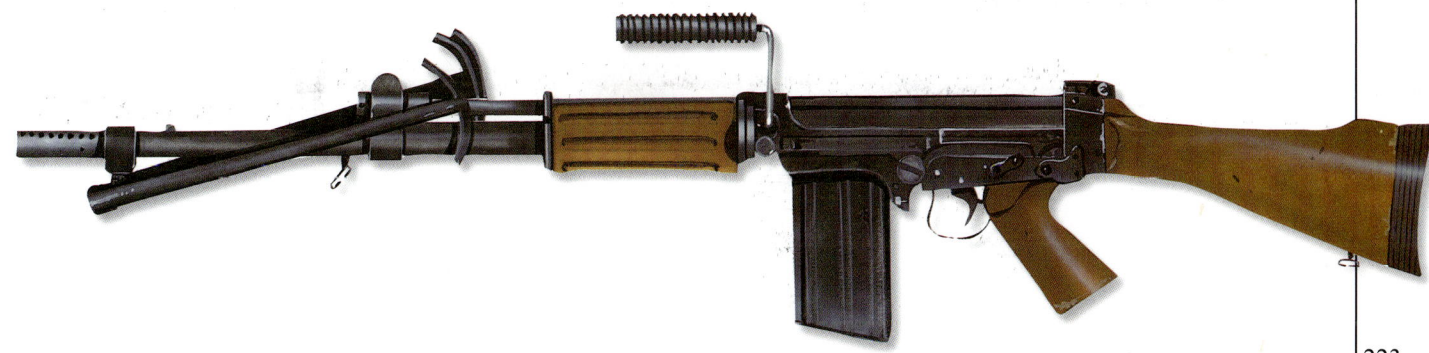

稍有出入，比如说，英国采用装药量更轻的L2A2型球形子弹，质量稍微轻一点）还小的弹壳中，这样使其质量减少了近一半。正是以上述形式该种子弹投入使用，正如一位专家所说："它是子弹的质量与稳定性的精妙结合，这使得子弹在击中目标后能迅速将大量能量向目标传递，而不是在击中目标时仅传递最少的能量。"

并非只有斯通纳才认为5.56毫米口径的子弹是突击步枪的最合适子弹，设计师欧内特·弗维尔和莫里斯·伯雷特保莱特在荷斯托-勒兹-列日继续研究微型口径步枪，这是一款FN FAL步枪，即CAL步枪，该项研究从未在商业上取得令人吃惊的成就，但是它为新型5.56毫米子弹的研究提供了大量的资料，这种5.56毫米子弹曾被比利时人列入为斯通纳采用的美式子弹的替代子弹的一种选择方案。

从外表上看，比利时新式SS 109型子弹与美式子弹没有多大区别，但是它的弹道特性却完全不同。美国M193型子弹的表现令人满意，其射程可达400米，即使是在400米的距离所在位置，子弹飞行过程中弹道下降的范围也在可以接受的范围之内，约为76厘米，但SS109型子弹在更远射程时情况会更好一点。就在此时（20世纪70年代中期），北约决定选用一种标准子弹来取代7.62毫米的子弹，在这种情况下，英国竭力推荐使用4.85毫米口径子弹；德国则提出使用4.6毫米口径子弹或是采用一种革新的无弹壳式4.75毫米子弹；当时还不是北约的正式成员国，但已经在北约理事会有相当高的影响力的法国、比利时和美国则敦促北约使用5.56毫米的子弹。这种子弹口径标准化问题一直拖到1978年至1979年才解决，后来，北约采用比利时提出的方案。

采用新式微型子弹的决定，产生了深远的影响，导致各国必须实施重新装备所属军队的计划，这是一种全面的调整，与19世纪80年代无烟火药发明之后引起的枪支制造领域的全面变革类似。十年内，世界上所有还没有配备新口径步枪的军队都进行了重新配置新枪的行动，此过程共耗费几亿美元。没有出乎其他各国的意料，苏联和以往一样也迅速采用了口径低于6毫米的短子弹，在这种情况下他们选用5.45×39毫米口径的子弹壳，但并不需要对使用该种弹药的武器实施大规模重新设计。

斯通纳和阿玛莱特

20世纪40年代，阿玛莱特公司组建，1954年，该公司被仙童飞机制造厂接管，同年，退役美国海军陆战队队员尤金·斯通纳担任该公司总工程师。也就是在这一年，军方要求该公司为美国空军设计一种"救生"步枪，该种步枪属于轻型武器，在小规模近距离射击时救生使用，而不是专门用于作战目的。之所以设计该种新式武器，是为了替代当时空军装备使用的哈灵顿和理查森公司设计的M6型步枪。军方要求新式步枪为全钢质折叠组合式步枪，在0.410英寸的滑膛枪管上方配置0.22英寸的膛线式枪管。根据军方的要求，阿玛莱特公司推出使用0.22英寸的霍尼特子弹的枪栓式机械设计，即AR-5型或MA1型；该型设计全枪长762毫米，重1.15千克。MA1型步枪是一种可拆卸式步枪，不用任何工具就能很容易地将其拆成枪托、受弹器、弹匣和枪管，而后面的三个部分（大部分使用铝质材料）又都可以装进枪托内，枪托是用玻璃纤维加固的塑胶制成的中空模具。该型步枪的其他部件也属于拆分式。尽管MA1型步枪十分高效，但美国空军还是拒绝使用它，理由是空军当时库存还有相当多的现用枪型。不过一些特种部队在一些秘密的军事行动中早就使用了该种步枪，使用过程中为其配用亚音速子弹和消音器。此外，制造商还为民用枪支市场制造了一种在设计上与MA1型步枪非常相近的枪型，不过选用的是0.22英寸长步枪口径并带有后坐机械装置，即众所周知的"探索者"AR-7型步枪。然而，由于该型步枪市场售价高达49.95美元，因而并没有取得成功。

在加入阿玛莱特公司之前，斯通纳已经设计出一种半自动步枪，它携带传统式气缸与活塞，并使用毛瑟式旋转式枪栓。同小型救生步枪一样，该种半自动步枪也配置玻璃纤维枪托，枪体大部分都用铝制成。该种步枪在原型发展阶段便宣告结束，因此在本质上说只是一种设计练习，即使如此，其基础设计还是体现了斯通纳的设计思想。该型设计便是AR-3型枪，后来，斯通纳经过进一步改装，将其改进成为AR-11型步枪。设计AR-11型步枪旨在充当高速0.222英寸口径雷明顿子弹的测试平台，而0.222英寸口径雷明顿子弹后来发展为5.56毫米M109型子弹。

斯通纳系统

1952年，几乎在生产AR-3原型枪的同时，斯通纳已经开始设计新式半自动步枪的工作，并最终推出AR-10型步枪。与赛福的SLEM、AG42型以及MAS44/49型步枪类似，斯通纳在设计新式半自动步枪时，也不再使用气缸和活塞，而是让推进火药燃烧后产生的气体直接作用于枪栓框。其最重要部件是多阻块前方闭锁式旋

L1A1型半自动步枪（FAL）

口径：7.62毫米×51（0.30英寸）

重量：4.3千克（9磅8盎司）

全枪长：1055毫米（41.5英寸）

枪管长：535毫米（21英寸）

有效射程：800米（2600英尺）以上

构造：20发子弹可拆卸式盒式弹匣，气体驱动自动装弹装置

子弹初速：855米/秒（2800英尺/秒）

原产国：英国/比利时

M14型步枪
口径：7.62毫米×51（0.30英寸）
重量：3.9千克（8磅9盎司）
全枪长：1120毫米（44英寸）
枪管长：560毫米（22英寸）
有效射程：800米（2600英尺）
构造：20发子弹可拆卸式盒式弹匣，气体驱动自动装弹式装置
射击频率：750发/分钟
子弹初速：855米/秒（2800英尺/秒）
原产国：美国

转枪栓，该种结构最终应用于AR-15型步枪、半自动滑膛枪以及尤金·斯通纳在离开阿玛莱特公司之后设计的63型多用途武器（以及阿玛莱特公司后期推出的AR-18型设计和此后推出的各种变型枪，包括英国和奥地利的"布尔帕普"步枪，见后文）。尽管该种设计并非是斯通纳首创，事实上斯通纳的设计很大程度上应该归功于20年前梅尔文·约翰逊为此所做的大量工作，但斯通纳的该种设计绝对是他对现代武器的发展所作的最大贡献。

初期推出的斯通纳系统使用排气管，气体通过枪口与后膛之间2/3距离之处设置的气孔，途经枪管上方的不锈钢管导入枪栓框的筒形外壳，迫使枪栓框向后退。枪栓框自由移动3毫米的距离，在此期间枪膛内的气压已经下降到安全范围内。枪栓内壁与撞针相邻的凸轮槽使枪栓绕轴顺时针旋转22.5度，这样枪栓头上的7个锁块就会在枪管突出部位内的7个凹槽内排成一列（还有一个凹槽内嵌入退壳器，其实这里本应是第8个锁块的位置）。随后，枪栓框将枪栓推进后部以开始新一轮运作循环。这里不需要主要的退弹壳程序，再次闭锁的过程不过是开锁过程的对称运行而已，通过枪托内配置的盘簧的辅助作用而得以完成。扳机和撞针以及斯通纳使用的保险/选择调谐装置与M14型步枪相应的配置完全一样。

斯通纳最初为该种步枪（后来发展成为AR-10型步枪）配置M2型0.30英寸-60型子弹。1955年，为了能够使用7.62毫米口径北约子弹，斯通纳对其实施进一步改进。在这些枪支的发展过程中，斯通纳曾经尝试过数次革新性改进，但均以失败告终。这期间，斯通纳曾经在一次改进中使用革命性的新式枪管，该枪管组合使用一个外置铝质套管，内部使用钛质枪管。1956年，美国空军在选用M1型步枪的替代枪型时，最终放弃使用AR-10型步枪。阿玛莱特公司只得寻求其他用户，第二年，该公司与荷兰国家兵工厂签署协议，由后者负责生产AR-10型步枪。但是，荷兰国家兵工厂制造AR-10型步枪的加工工具迟迟不能到位，主要是因为与美国陆军相同，荷兰军方也拒绝选用该种步枪（荷兰军方决定选用FN FAL步枪）。后来，当加工工具已经齐备，可以真正开始制造的时候，已经丧失了许多潜在的客户。最终，只有少量AR-10型步枪销往缅甸、尼加拉瓜、葡萄牙和苏丹，但它们都没有进入上述国家的一线作战部队。到1958年，AR-10型步枪只生产了5000支。因此，经过协商，阿玛莱特公司与荷兰国家兵工厂决定终止AR-10型步枪的生产合同。此时，5.56毫米口径的AR-15型步枪已经做好了投产的准备。1959年1月，由柯尔特所有的专利武器制造公司获得制造AR-10、AR-15型步枪的生产许可证。该公司的此项决定被证明是从本世纪初获准在美国生产约翰·摩西·勃朗宁推出的自动手枪以来所作的最英明的决定。不久之后，AR-10型步枪已经丧失了在市场中的地位，因此，专利武器制造公司并没有将AR-10型步枪投产，而是集中生产更轻型的AR-15型步枪。

AR-15/M16 步枪

新式步枪的许多实际特性都沿用AR-10型步枪的特点，如直通式外观设计将枪管中轴直接与枪托相连接；特别是与表尺/支撑杆相连接的特点直接套用AR-10型步枪的配置方式。当然，类似的设计还有气体驱动结构、多阻块旋转枪栓、扳机及保险装置。AR-15型步枪只是为了满足美国陆军步兵委员会的需求，在初期武器基础上将尺寸按比例缩小后推出的新枪型。当时，陆军步兵委员会提出新式步枪的弹匣满载时全枪重量不超过2.75千克（6磅，事实上AR-15型步枪的重量从没有达到过6磅，早期带有20发子弹和背带的M16型步枪的重量也只不过刚过3.5千克/8磅），具有可选择射击模式的功能，而且在450米射击范围内具备与M1型步枪相似的弹道特征。从表面上看，这似乎是一个近乎无理的要求，但实际上对斯通纳及其设计伙伴们来说，唯一的困难就是没有合适的子弹。

上图：西班牙式CETME步枪是第二次世界大战结束时，在毛瑟设计的基础上发展而来的，而H&K公司的G3A4型步枪，则是在CETME步枪的基础上发展而来的

上图：自18世纪以来，瑞士就拥有一个规模庞大且极为活跃的武器制造厂。图中所示为20世纪90年代推出的SIG SG-550型步枪，虽然该型步枪属于传统的半自动步枪，但应用了当时最高的制造标准

新式子弹

正如我们所知道的，新式步枪子弹的选择方案最终确定为3.56克、口径0.222英寸的雷明顿子弹。该种子弹的枪口速度可达920米/秒，但在400米的飞行距离处速度下降到840毫米/秒，此时子弹的动能只有M2型0.30英寸-06型子弹的一半，后者飞行相同的距离时，速度会下降到595毫米/秒。在这种情况下，阿玛莱特公司求助于西拉子弹公司，希望该公司能够发展一种新式弹头。西拉子弹公司根据阿玛莱特公司的要求，设计出一种船形尾部的新式弹头，它不仅具备更为有效的空气动力特征，而且飞行过程中速度下降幅度低，因而也否定了一些人士提出的压制能力较低的批评。为了能够装入更多推进火药量，设计人员将弹壳稍微加长，这样使得新式子弹的枪口速度提高到990米/秒，随后，人们就称该种重新设计的子弹为0.222英寸特种子弹（军方称之为M193型子弹）。后来，当雷明顿推出与其相似的0.222英寸马格南子弹之后，它才被更名为0.223英寸雷明顿子弹。有人认为阿玛莱特公司决定设计一种全新的子弹显得太苛刻，比如说想生产一种0.26英寸口径、弹头重介于5.2~5.8克之间的子弹，完全可以采用斯通纳以前设计的0.222英寸口径的子弹。事实上，只要稍微研究一下具备上述指标的子弹特性就会发现确实具有实际意义：比如说，5.64克的子弹的枪口速度为1166米/秒，几乎与0.3英寸-60子弹具有相同的动能，且每前进400米的距离速度下降的幅度低于200毫米/秒。英国也经"劝说"后采用了7毫米口径的子弹，后来，他们将恩菲尔德公司生产的6.25毫米口径子弹称为将7.62毫米口径北约子弹的压制能力与5.56毫米口径M193型子弹后坐力相结合的完美产物。

取得成功并实施进一步改进

1961年，经过在不同地区、对一些不同后续改进型枪型实施全面测试之后，美国空军决定选用AR-15型步枪。随后，美国陆军和海军陆战队在经历最初的不满和拒绝之后，也在两年后决定装备使用AR-15型步枪，此时，柯尔特公司已经将该种步枪推向了出口市场，特别是在东南亚地区已经取得了一定的成功。后来，AR-15型步枪又获得在菲律宾和新加坡进行生产的许可证，凭借轻便的质量和小巧的外形赢得了当地步兵的青睐，因为这些士兵的个头本来就比西方人要瘦小得多。到1966年，美国政府已经采购AR-15型步枪413500支，并投资450万美元从柯尔特公司获得了生产AR-15型步枪的副许可证，随后与哈灵顿和理查森公司以及大众汽车公司签署继续生产该型步枪的生产合同。十年以后，AR-15型步枪的总产量可能已经达到了4000000支。

当M16型步枪首次配发美国驻越南军队时，制造商向美军声称M16型步枪可以自动清理枪内残渣，这是一种当时希望达到、事实上并没有达到的理想状态，正因

上图：一名参加训练的以色列步兵手持一支加利尔突击步枪。该型步枪以AK47步枪机械装置为基础，由于使用5.56毫米的子弹，因此，此枪的重量要小于FAL和德国G3型步枪

加利尔突击步枪
口径：5.56毫米×45（0.223英寸）
重量：3.9千克（8磅9盎司）
全枪长：970毫米（38.2英寸）
枪管长：460毫米（18.1英寸）
有效射程：800米（2600英尺）以上
构造：30或35发子弹可拆卸式盒式弹匣，气体驱动自动装弹装置.
射击频率：750发/分钟
子弹初速：990米/秒（3250英尺/秒）
原产国：以色列

为如此，大多数士兵在使用过程中并没有对M16型步枪采取任何清洁措施，后来造成枪支经常出现短时间的堵塞和故障。这种情况造成非常严重的后果，最后招致国会调查委员会展开全面调查。经过调查，高层确认对武器进行清理非常必要，特别是自从管式改进型军用步枪的子弹发展成为全新的由多个小球组成的复合式子弹之后，而且弹壳内的推进火药也已经发生了变化。推进火药改变之后，子弹发射时释放的气体总量也已经增加，这样反过来也就提高了子弹的发射速度以及枪栓框及其周围的含碳废气的排放率。当含碳废气逐渐冷却凝结硬化之后，这些微小的碳粒就凝结成为小硬块，足以阻碍枪栓开启，而且枪栓不能通过拉动压簧杆手动开启，这样就导致步枪无法使用。解决的方法有三种：第一，为士兵发放清洁工具并标明使用方法；第二，使用镀铬枪膛；第三，改装复进缓冲器以降低射击速度。

初期对该种步枪实施唯一的改进措施就是使膛线紧缩，在低于零度的温度下将膛线从356毫米缩短到305毫米。这是因为，根据实验显示，当空气密度变大时，轻型子弹无法达到足够的旋转速度以保持飞行过程中的稳定状态（而正是这种细微的稳定性能使子弹在着弹点有发生翻转的倾向，所以，任何在该方面的改进都十分细微，而且要保证其特性不至受到影响），同时还安装了一个关闭枪栓的系统装置，有了该装置就可以通过手工方式将污损（或不完美）的子弹完全推进到枪膛内。从技术上说，这是一种最不令人满意的方法，但却受到了士兵们的欢迎。同时，军方将30发子弹的弹匣标准化，这样，经过上述改进措施的步枪便成为M16A1型步枪。1982年，美军迫于北约盟国的压力而采用携带更长、更重弹头的比利时SS10型子弹（弹头长23.45毫米，而一般子弹弹头长18.8毫米；SS10型子弹弹头重约4克，而一般的子弹则为3.5克），在这种情况下，重新改进M16型步枪的枪管就成为必要。在改进枪管时，柯尔特公司抓住了这个机会，同时，在其他方面对步枪实施改进。后来，一种更重、结构更坚固、更精确的新式枪管问世，枪管膛线长178毫米，并配置一台新型的枪口制退器/消焰器。此外，前握把外形经过重新调整，表尺接受进一步改进，退壳器槽内配置一台转向器（此装置颇受左撇子枪手的欢迎，因为炙热的弹壳经常打在他们脸上），自动发射功能被去除，应用三发连发功能取而代之。1983年，小批量该种改进型步枪开始交付使用，军方将其命名为M16A2型步枪。1986年，M16A2型步枪开始大规模取代早期落后的步枪。

M203型榴弹发射器

同大多数半自动步枪的设计者一样，斯通纳也坚信该种武器能够替代（或者至少可以补充）轻机枪在以班为单位的作战

H&K公司 G3A4型步枪
口径：7.62毫米×51（0.30英寸）
重量：3.85千克（8磅8盎司）
全枪长：980毫米（38.6英寸）
枪管长：450毫米（17.7英寸）
有效射程：500米（1650英尺）以上
构造：20发子弹可拆卸式盒式弹匣，延迟式气体后泄自动装填装置
子弹初速：810米/秒（2650英尺/秒）
原产国：德国

上图：一名德国士兵手持H&K公司G3A4型步枪。该型步枪是在CETME步枪的基础上发展而来的，而后者的设计基础则是毛瑟步枪设计

建制中的支援性角色，因此，他设计出携带双脚架、配置大口径枪管的AR-10型步枪；接着又设计出一种更基础的改进型弹带送弹装置以及一种能快速替换的枪管和可前后移动的三角架。此外，斯通纳还推出临时性的AR-10型轻机枪和配置短枪管的卡宾枪，但这些枪支都没有被接受。尽管如此，并没有阻止斯通纳推出AR-15型卡宾枪以及轻机枪的原型枪，后来这两种枪支都取得了更大的成功。柯尔特公司将经过进一步改进（配置带望远镜式瞄准具的枪托）的短枪管卡宾枪投入生产，使其充当突击步枪。这种枪曾在越南投入大规模使用，后来又被美国特种部队使用。柯尔特公司以柯尔特自动步枪的形式制造了弹匣进弹式以及弹带送弹式轻机枪，但并没有取得成功。

另一种提供火力支援的更简单、更传统方法就是为步枪配置杀伤力更强的枪榴弹，于是，许多M16型步枪在枪管下方都安装了可发射40毫米口径的榴弹发射器。枪榴弹与标准化的M79型手持式榴弹发射器使用的榴弹规格相同，与放大型手枪子弹相似。经过对不同结构进行测试之后，M203型榴弹发射器才最终被选用，该种发射器只是一根结构简单的发射管，能够在固定导轨上向前滑动，以便装载1枚枪榴弹，同时在M16型步枪的弹匣容纳部前侧配置榴弹发射管自身使用的扳机。事实上，这并非是该种类型的枪榴弹首次部署使用，早在第二次世界大战期间，意大利军队就使用过类似的系统。M203型榴弹发射器一经推出便受到军队的欢迎；而与其类似的另一种系统也很受欢迎，该系统是一种类似于套筒式迫击炮弹的枪榴弹，它没有推进燃料，而是安装在枪口通过一种结构特殊、推进力极强的空包弹来发射，而最近由FN公司率先推出的榴弹，则是由传统子弹式结构来发射。

63系统

与其他设计师相比，斯通纳在发展多用途、多功能武器方面作出了更大贡献。下面将介绍斯通纳的另一项重要贡献。人们最初知道的63系统是一个武器家族，该系统是在斯通纳离开阿玛莱特公司之后设计并由以制造轻型装甲车而著称的卡迪拉克·盖奇公司制造。63系统一共包括15个部件，可以组合成五种枪型：冲锋枪、卡宾枪、突击步枪、轻机枪以及通用连续射击机枪。它们使用通用受弹器，枪管、枪托、送弹装置以及选用弹匣或是弹带彼此之间有所不同。在越南战场上，美国海军和海军陆战队对M63武器实施了全面的实战测试，对它们的表现非常满意，但军方并没有签署采购该种武器的订单。

低成本选择

1961年，阿玛莱特公司完成重大改组，该公司从"仙童"公司分离，成为一个独立的公司，即阿玛莱特有限公司。尽管以前的首席工程师斯通纳已经离开公司，但该公司仍然继续从事半自动步枪的研制工作。1964年，阿玛莱特有限公司推出了AR-18型步枪，这种步枪制造成本低，使用已经投入商业领域的0.223英寸雷明顿子弹（此时该种子弹已经投入使用）。AR-18型步枪的构思，几乎全部源于阿玛莱特的早期设计，但又与AR-10/AR-15型步枪存在很大的区别。它采用与传统结构完全不同的气缸-活塞系统，而且，该种系统与早期阿玛莱特公司推出的半自动步枪构造也不相同，乍一看它更类似于FN FAL步枪。在AR-18型步枪中，推进气体沿465毫米的枪管流动到枪管三分之二处钻的气孔位置，然后被压入一个中空套筒式不锈钢气缸中。气缸携带一个稍长的凹型活塞，套筒后部配置三个密封圈。当活塞被向后驱动12.5毫米时，套筒上的四个气孔通过密封圈，所有经过这条通道的气体都通过前枪托头部的下方溢出。活塞与两部分组成的弹簧操纵杆相撞后，操纵杆接着作用于枪栓框，推动斯通纳枪栓并启动循环运转过程。枪栓框位于两个沿其长度运行的纵向操纵杆之间，这两个纵向操纵杆同时固定一对复进簧。最初的AR-15型步枪由于撞针会自由移动，因此设计人员为其配置一个重型止动簧，以防止装填子弹时步枪垂直下落撞击枪托而发生走火事故。该种构造类似于第二次世界大战时期落后的GEW43型步枪。

如果可以称之为基本原则的话，AR-18型步枪在设计生产过程中有一个非常杰出的特点：它的28个简单部件均用一套机械工具来制造，这些工具有车床、铣床以及任何像样的车间里都能见到的设

M16 A1
口径：5.56毫米×45（0.223英寸）
重量：2.85千克（6磅5盎司）
全枪长：990毫米（39英寸）
枪管长：510毫米（20英寸）
有效射程：500米（1640英尺）以上
构造：20至30发子弹可拆卸式盒式弹匣，气体驱动自动装填装置，可选择自动发射模式
射击频率：800发/分钟
子弹初速：990米/秒（3250英尺/秒）
原产国：美国

备。其28个部件包括14个冲压件、3个机械铸件、6个浇铸件和4个结构更为复杂的机械加工部件，枪管、枪管节套、枪栓框、退壳器。另外，枪身/受弹器由一个单独的冲压件构成，装入一个盒式设备内部，下部与盒式设备紧密焊接。枪栓旋转撞针的导引杆沿左侧焊接。三分之二的前枪托由具备高冲击强度的塑料压模制成（里面有一块金属冲压挡热板），手枪式握把和折叠式后枪托也属于同样的构造。

上图：自从20世纪60年代初问世以来，M16型步枪已经成为一种评估其他的5.56毫米口径半自动突击步枪的衡量标准，而且这种标准肯定还会沿用数年

阿玛莱特公司预测仅仅50000支AR-18型步枪的生产规模便足以建立一个枪支制造厂，而这个数字对于任何一个生产项目来说都是很小的规模。

美军在试用AR-18型步枪之后，非常满意，但军方却拒绝采购该种武器，原因在于尽管AR-18型步枪的性能优于M16型，但对于美国政府来说，要从投资购买M16型步枪生产许可权的450万美元中预支大部分资金来生产AR-18型并不妥当。从1967年起，AR-18型步枪就在日本落户，由丰和（Howa）机械厂开始生产。第二年，设于加利福尼亚州的阿玛莱特公司本身也开始生产该型步枪。在AR-18型步枪的生产过程中，推出了标准军用武器，即具备选择发射模式的功能、配置短枪管的AR-18S型步枪，该型步枪主要充当冲锋枪；此外，还有触发机械经过大规模改进的AR-18S型，该型步枪只具备单发射击功能（改造过度，以至于不再具备自动发射功能），充当警用武器和运动武器。AR-18型步枪以及在其基础上推出的不同变型枪还在英国斯特林武器公司投产，该公司与阿玛莱特公司一样，都属于新型独立枪支制造商。这两大公司将在20世纪80年代全球数十亿美元的军火市场中占有一席之地。

其余5.56毫米半自动步枪

正如我们前文所述，在20世纪60年代和70年代期间，大部分半自动步枪制造商都采用了新的5.56毫米口径标准。有一些工厂沿用了他们在第一代武器中曾使用过的机械装置：德国H&K公司生产的HK33型步枪就使用了源于G3的滚轴闭锁延迟后坐击发装置；在西班牙，CETME公司将同样的装置继续运用于其L型步枪和短枪管LC型卡宾枪中。其他公司也借鉴了早期的设计并对其中一些部分实施进一步改进。

上图：与所有其他步枪一样，M16也需要进行正常的维护和清洁，由于该型武器在推出初期没能进入美国陆军，因此导致得到"失败枪型"的坏名声

M203型步枪
口径：40毫米（1.57英寸）
重量：1.63千克（3磅9盎司）
长度：380毫米（15英寸）
有效射程：400米（1312英尺）
构造：后膛装弹，滑动枪管
射击频率：单发
子弹初速：75米/秒（246英尺/秒）
原产国：美国

FN公司为CAL步枪设计了一种新式枪栓闭锁系统；而SIG公司则更进一步，他们在530型枪上使用了组合式装置，这种组合装置配置直径很大的气缸和活塞，活塞作用于一根横杆上，该横杆保持闭锁滚筒处于受弹器的凹槽内。一旦横杆被释放，枪膛中的剩余压力迫使枪栓向后运动，然后来自枪膛和活塞的两股压力推动后膛阻块回到后部，使装置不断循环按正常方式运转。复进簧置于活塞内部，作用于附着在受弹器上的后挡板；该种配置意味着我们可以安装各种形式的枪托，或是根本就不安装枪托。

后来推出的SIG 540（有分别使用5.56毫米口径和7.62毫米口径北约子弹的枪型）采用一种比较常见的设计，即通过活塞推动旋转式枪栓工作，而最终成为瑞士联邦军队装备使用的标准制式步枪，并更名为StG90型的550型则是在540型基础上推出的改进枪型，大规模使用塑料材质，使得步枪的重量大大降低。550型步枪推出时，仅有使用5.56毫米北约子弹的一款枪型。此外，SIG公司还推出了短枪管SIG 551型步枪。

新式SIG 550型步枪提供了20世纪最后几年内所有现代化作战武器所需要的先进性能，包括3弹连发能力以及使用传统弹药发射枪榴弹的能力。以前的枪榴弹使用

上图：当前使用的M16-A2型步枪配置轻型M203型40毫米榴弹发射器，使得该枪成为近距作战的理想枪型

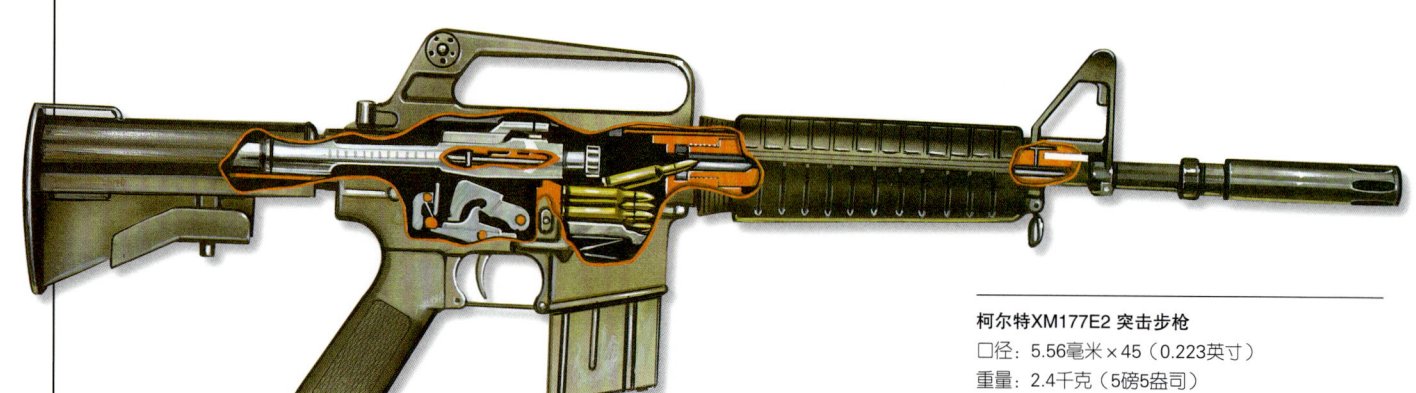

柯尔特XM177E2 突击步枪
口径：5.56毫米×45（0.223英寸）
重量：2.4千克（5磅5盎司）
全枪长（枪托加长型）：760毫米（30英寸）
枪管长：365毫米（14.4英寸）
有效射程：400米（1350英尺）
构造：20至30发子弹可拆卸式盒式弹仓、气动自动装填式装置、可选择自动射击模式
射击频率：800发/分钟
子弹初速：830米/秒（2720英尺/秒）
原产国：美国

具有超强火力的"混合无烟火药"子弹来发射，而该种子弹一次只能装入一发。标准SIG550型步枪可以并排容纳三个弹匣，只需轻微向侧面一推就能完成从一个弹匣到另一个弹匣的转换过程。该种结构在第二次世界大战时期的冲锋枪中首次使用，例如德国产MP40型冲锋枪。此外，M16A1型步枪独立发展充当轻机枪的一款枪型也使用了该种结构。

贝瑞塔公司的突击步枪

20世纪60年代中期，当SIG公司正为530型步枪的设计做准备工作的同时，就已经开始与意大利贝瑞塔公司协商联合生产第二代半自动步枪的相关事宜。由于公司始终无法确信滚筒闭锁系统的优点，因此，该项计划最终以失败告终。贝瑞塔公司一直在生产M1型加兰德改进型步枪，即7.62毫米口径BM59型步枪，该型步枪的外形和M14型非常接近。此后，该公司又推出自己的AR-70型步枪。新式步枪保留了M1型与AK系列使用的简单双锁块旋转枪栓闭锁系统。贝瑞塔公司之所以没有采用斯通纳的多锁块系统，原因在于给枪栓头和枪管节套配置7锁块和7个凹槽，使每一个锁块和凹槽只负责控制一发子弹，这种结构需要经过精密加工，因此在实际上根本不可行（大多数人也认为这样做根本没有必要；不过他们可能忽略了一点，那就是多锁块系统可以减少释放时所需要的旋转度，相比较而言，毛瑟系统的双锁块每旋转180度带动枪栓旋转90度；而斯通纳系统的多锁块装置每旋转45度带动枪栓转22.5度）。此外，贝瑞塔公司也没有采用FN公司以及其他公司使用的倾斜闭锁装置，因为它无法保证对称闭锁。也许我们还记得，毛瑟M/71型步枪就有同样的缺点。

20世纪70年代初，贝瑞塔公司的新式步枪AR-70问世，但令公司感到惊奇的是，该型武器并没有被意大利军队立即采用，不过一些特种部队开始装备使用。此后十年内，贝瑞塔公司对AR-70设计实施进一步改进，将早期的缺陷大规模根除，比如说：过去的枪栓导槽刻制在一个薄金属制成的盒子中，这个盒子构成了受弹器，枪栓导槽极其容易变形；经过改进之后，原有导槽更新为一种焊接在受弹器上的新式导槽。

此外，贝瑞塔公司还引进一项具有重要意义的革新性改进措施：枪管改用一个六边形的螺母来固定，这改变了以前将枪管直接旋入受弹器内的做法，因此枪管上配置有一个螺母能拧入的套圈，这保证了受弹器能被精确地放置在正对枪栓表面的位置上，而且在更换枪管时也没有必要再调整枪栓面和子弹头部的枪膛空隙。1990年，改进型AR-70/90型武器采用了三种型号：带有固定枪托和450毫米口径枪管的标准步枪；配置折叠式金属框架枪托的SC-70/90型卡宾枪；配置折叠式枪托和320毫米口径枪管的SCS-70/90型枪。

FNC 与 SAR 80型步枪

在第一代小口径步枪CAL没有获得足够多的订单之后，FN公司选用了与贝瑞塔公司AR-70型步枪系统极其相似的一套简化系统，该套系统带有一对闭锁锁块取代了间歇性线状系统，后者是一种生产成本昂贵但性能并不可靠的系统。新式简化系统与AR-18型步枪类似，调节供气并将

上图：斯通纳M63武器系统囊括了从冲锋枪到通用机枪的所有特性，属于一种基本的步枪型号。选用该种系统是向步兵团和支援部队提供标准化、模块化武器发展过程中的一次大胆的尝试

斯通纳63型步枪
口径: 5.56毫米×45（0.223英寸）
重量: 5.4千克（11磅14盎司）
全枪长: 1022毫米（40.23英寸）
枪管长: 508毫米（20英寸）
有效射程: 800米（2624英尺）
构造: 弹匣式或弹带式
子弹初速: 1000米/秒（3280英尺/秒）
原产国: 美国

下图：H&K公司推出的HK33型步枪是非常成功的G3型步枪的后续枪型。其口径为5.56毫米×45，制造过程中大规模使用塑料材质，因此重量大大下降

多余气体排到空气中，但该系统更简单，它使用传统的活塞，活塞在气体的驱动下经过气缸壁上排气孔所在的位置。因此，FN公司推出的FNC新式步枪的构造也一样简单，它更多使用模压钢、轻型合金和塑料。配置口径为450毫米和365毫米的枪管，适用M193型或SS109型子弹，携带固定式塑料枪托或折叠管式金属制枪托。后来，FNC步枪被比利时与瑞士军队装备使用。同时，印度尼西亚在获得生产许可的情况下，将该种步枪在本国投入生产。

印度尼西亚的邻国新加坡所属特许工业公司是获得M16型步枪生产许可证的亚洲公司之一，该公司后来与生产AR-18型步枪的英国斯特林公司展开合作。斯特林公司除了能够制造武器之外，也拥有相当丰富的设计经验。正是在雄厚实力的基础上，该公司设计出同样低成本规格的SAR80型突击步枪。与恩菲尔德XE系列相同，新式步枪使用与AR-18型步枪相同的"布尔帕普"系统。后来，SAR80型突击步枪成为英国陆军采用的最新发明，装备军队时命名为L85A1/SA80。与贝瑞塔公司AR-70型步枪类似，SAR-80型引进一项能够迅速更换枪管的革新性技术，更换枪管之后不需调整枪栓面和子弹头部的枪膛空隙。这种情况下，枪管上带有一个定位销而不是套环，并由定位螺母来定位。SAR-80型步枪配置与M16型步枪尺寸完全一致的前枪托，这样加装M203型枪榴弹发射器。事实上，SAR-80型步枪与所有5.56毫米口径突击步枪一样，弹匣容纳部同样适用于美国弹匣。几年之后，斯特林公司推出改进型SR88型步枪，所有气体装置：气缸、调节器及活塞都拥有铬金属镀层以减少积垢，为了减轻枪支重量，其下层受弹器选用铝质材质。为了更好地满足客户需要，斯特林公司提出客户可以自由选择SR88型步枪的各种配置：固定枪托或折叠式枪托（两种枪托的长度都可以通过垫片进行调整）、枪管长度、选择射击模式的功能（全自动或3发连射）、多种瞄准装置。

法拉费尔斯之前的步枪

自1947年建立以来，以色列政府在获得性能可靠的新式武器装备方面遇到了很多困难，这同时也不可避免地促进了以色列本土武器工业的发展。在轻武器方面，以色列最著名的产品也许是普遍应用的UZI冲锋枪，该枪由以色列人陆军中校乌兹·盖尔设计而成。但是，对其他不熟悉以色列国内情况的外国人来说，也许以色列最著名的产品应该是后来由加利尔设计的突击步枪，但这两种武器具有相同的作战效能。从20世纪50年代开始，以色列的国防部队就已经装备使用了（至少部分装备了）FN FAL步枪，而且还真正装备大口径FN FAL步枪充当中队火力支援武器。1967年，当以色列发起先发制人的"六日战争"时，军方意识到需要一种轻型步枪。于是，以色列军方公布了所需要新式武器的技术规格，使用M193型5.56毫米口径子弹。随后，以色列当局对M16A1型、斯通纳M63型、HK33型和两种本国制造的原型枪一起进行了研究。其中，这两种国内制造的原型枪中，一种由盖尔设计而成，另一种则由新秀加利尔设计而成。

加利尔原籍俄国，他曾经仔细研究过卡拉什尼科夫步枪，非常清楚该种武器的缺陷。因此，当开始设计一种步枪以满足以色列的特殊要求时，他采纳了卡拉什尼科夫步枪的优点，并尽可能摒弃前者的短处。尽管卡拉什尼科夫步枪的主要缺陷——射击精度不高的问题在其使用的7.62毫米×39子弹，而且通过使用5.56毫米的子弹已被消除，但加利尔并没有在卡拉什尼科夫步枪基础上进一步缩减，因此，他推出的新式设计成为一种重型步枪，未装弹之前枪重高达4千克，超过8.5

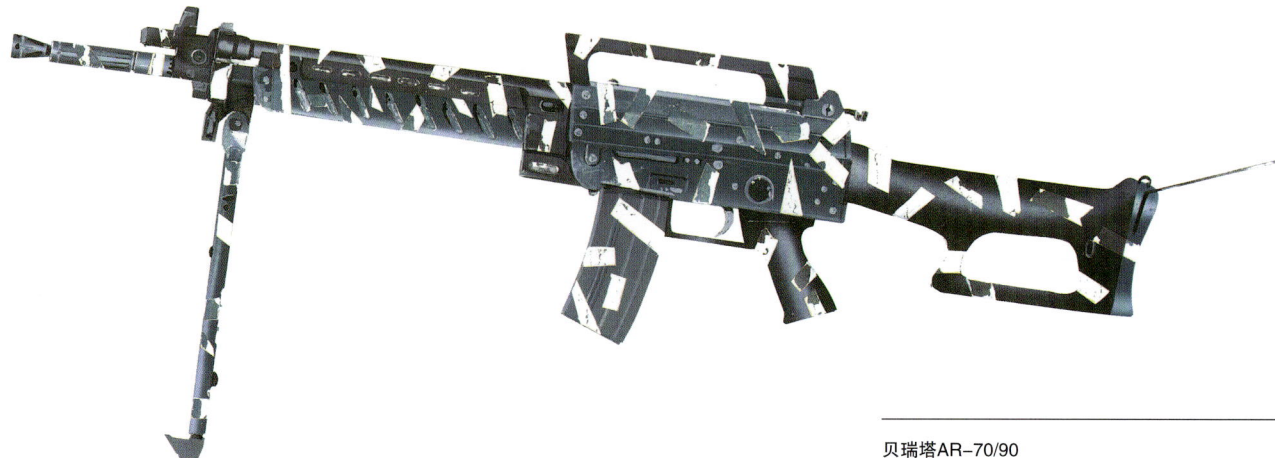

磅,当然该种武器非常坚固。此外,加利尔还解决了卡拉什尼科夫的射击模式调谐装置/保险杆的不良设计,也许几年以前最初的步枪生产商就已经意识到了这一点,加利尔代之以小拇指操纵的操纵杆(在受弹器两侧,这样左手枪手或右手枪手都能够使用),此外,他还在手枪式握把的上方去掉最初的长而古怪(并且有噪声)的操纵杆,增加了FAL步枪上配置的支撑杆。尽管新式设计的外观与苏联卡拉什尼科夫突击步枪大相径庭,但加利尔武器的内部完全属于卡拉什尼科夫式设计。此外,加利尔为其新式设计配置了活动式双脚架(同时具有剪钳和开瓶器的功能)以及35和50发子弹的弹匣。1973年,新式设计被以色列采纳使用。很快,当时与以色列国防军队关系密切的南非国防军队就开始装备与其完全相同的武器,并将其称作R-4型步枪。

卡拉什尼科夫步枪不断更新

与此同时,作为加利尔步枪设计基础的卡拉什尼科夫步枪也成为接受进一步改进措施的主题,旨在使它能够更适用于当时的战术形势,即采用高速和小口径子弹。

改进过程中推出的新型子弹为5.45毫米子弹,弹壳长度与已经使用子弹的弹壳相同,均为39毫米,性能与M193型子弹不相上下。使用新式子弹之后,并不必重新对枪膛和枪管实施重新设计,使用上述口径子弹的步枪实际上与AKM并没有多大区别,只是额外配置了旨在将后坐力减少到零的枪口制退器以及配置塑料材质弹匣。将后坐力减少到零是通过将爆炸冲击气浪向枪口侧面偏移实现的,而偏移的冲击气浪侧至少会对侧面的人员产生影响。

经过上述改进措施的新式武器便是AK74M型步枪,其枪托刻有一道极深的凹槽,因此能立即将它与最初的AK步枪区分开来。此外,制造商还推出了配置折叠式支架式枪托的AKS74U型步枪,该型枪的重量进一步减轻,空枪重量在3千克以下。

与早期的AK47相同,AK74型步枪在苏联得到了大规模的使用。直至华沙条约最后失去效用时,其系列枪型仍然继续生产,并由俄罗斯国有军火与军事装备进出口公司负责销售。制造商推出使用5.56毫米口径北约子弹的步枪和卡宾枪,分别命名为AK101和AK102。此外,使用老式7.62毫米×39口径子弹的步枪和卡宾枪也已经问世,分别为AK103和AK104型,上述枪型都使用黑色塑料充当标准装饰。

贝瑞塔AR-70/90
口径:5.56毫米×45(0.223英寸)
重量:4.2千克(9磅4盎司)
全枪长:1000毫米(39.35英寸)
枪管长:450毫米(17.8英寸)
有效射程:500米(1650英尺)
构造:20或30发子弹可装卸式盒式弹匣,气动自动装填装置、可选择自动射击模式
射击频率:650发/分钟
子弹初速:950米/秒(3116英尺/秒)
原产国:意大利

下图:图中兵团的伞兵从美洲狮直升机上跳下来,手持FA MAS步枪的士兵冲在前面

卡拉什尼科夫 AKS74型
口径：5.45毫米×39（0.214英寸）
重量：3.0千克（6磅10盎司）
全枪长（枪托加长型）：940毫米（37英寸）
枪管长：415毫米（16.35英寸）
有效射程：300米（1000英尺）
构造：30发子弹可拆卸式弹匣，
气动自动装填式装置、可选择自动射击模式
射击频率：600发/分钟
子弹初速：900米/秒（2950英尺/秒）
原产国：苏联

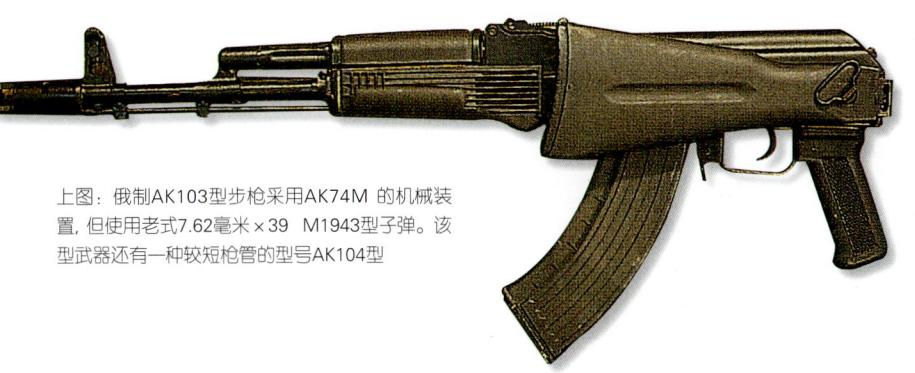

上图：俄制AK103型步枪采用AK74M 的机械装置，但使用老式7.62毫米×39 M1943型子弹。该型武器还有一种较短枪管的型号AK104型

"布尔帕普" 步枪

在传统步枪中，有一个区域是浪费的空间，即隔开枪托板和机械装置的部分。这一空间的作用仅仅是将上述两装置分隔，以便使步枪能够稳定地靠在枪手肩上，同时保持枪支的扳机位于枪手胳膊所能够伸到的地方，枪手眼睛能看到瞄准线。自18世纪以来，枪托中的这一位置用来储存一些小工具等其他设备，克里斯蒂·夏普斯甚至在该位置安装了一台小型咖啡研磨机。到第二次世界大战之前，我们偶尔可以看到有的步枪的这一空间减少到用管式金属相连接，有的属于折叠式，有的属于转轴式结构，这样便能够减轻步枪的重量并减少武器闲置所占用的空间。随着轻型自动武器–突击步枪逐渐投入大规模使用，该种方式变得越来越普遍，并且更多从枪背开始使用，但这并没有解决如何减少能够在肩部进行稳定射击的步枪总长度的问题。早在1901年，一位枪炮设计师提出了一个简单新颖的观点，将受弹器与机械装置安装在枪托上，该种方式允许将标准长度的枪管安装在比普通骑兵卡宾枪还要短的步枪上。不过，我们已经看到枪栓式托尼克罗夫特步枪已被拒绝使用，这不仅因为它违反常规，而且因为该种步枪的机械装置性能较差，其射击速度远低于当时普通步枪的平均射速，它每分钟只能够发射20发子弹。

新式结构吸收了第二次世界大战期间半自动步枪的优点，不必再通过手动操作来使机械装置循环运转，终于证实了我们现在称之为"布尔帕普"的概念。尽管直到第二次世界大战以后的一段时间，这种"短"枪才发展成为几种枪型，但即使在当时，各国均拒绝使用这些新式武器。路易斯·司登格在这方面迈出了第一步，他将FG42型步枪的后膛向后移动到击发组件上方，当然这意味着需要将弹匣水平放置，这对于提高武器的平衡没有发挥任何作用。后来，瑞士伯尔尼兵工厂推出47/49型短步枪，它几乎就是FG42型步枪的仿制。当时，瑞士军方推出该种武器的旨在取代枪栓式Kar31型步枪，但事实证明该种尝试并没有取得成功。47/49型步枪的机械装置更加后移，移到手枪式握把上部，但仍然存在弹匣水平安装的问题，因此，该种武器最终并没有被选用。

就在瑞士联邦军队拒绝选用47/49型短步枪之时，设于恩菲尔德的英国皇家轻武器兵工厂设计部所属以诺埃尔·肯特·莱蒙上校为首的设计小组刚刚完成一款新式半自动步枪的设计草图，与此同时，赫施泰尔–勒兹–列日的赛福正在生产后来成为FN FAL步枪的原型枪。在这些原型枪的制造过程中，赛福在其中一种（第三种）的发展过程中始终沿着司格格设计指明的道路，即将扳机组直接安装在后膛前方，得以使弹匣回到其"适当"的位置，即枪膛的下方，也就是现在的手枪式握把后侧。但赛福的设计被FN公司垄断并被极端保守的总裁雷内·莱罗克斯设置了障碍，莱罗克斯利用一切机会用最严厉的言辞批评"无枪托"概念（正如当时在比利时存在的普遍错误的看法）。事实上，莱罗克斯批评该种设计的真正目标并非是赛福，他的矛头直指的目标是该种概念的设计者，即赛福以前在恩菲尔德的设计伙伴，因为他们也接受了这一概念，而且有迹象显示他们在推广"无枪托"概念。

新式恩菲尔德步枪

EM1/EM2（恩菲尔德1型与2型）步枪最初的发展源于1945年当局发布的一项

上图：法国外籍军团伞兵在科西嘉岛卡尔维附近的基地接受检阅，他们携带的便是5.56毫米FA MAS步枪

"原则性决定"的结果。其中，EM1在发展计划中途就被放弃，原因在于结构复杂、造价昂贵，因而被采用的机会太小。当时，英国军方高层决定英国军队现有枪栓式4型步枪（然后是5型）应该被自装式武器取代。军方同时规定新式自装式武器使用口径为0.276英寸的子弹、弹头重8.1克，枪口初速765米/秒。军方将使用这种新式武器来取代英国军队现有的其他轻型武器，从手枪到轻机枪之间的所有武器。其中，子弹的规格是由"理想口径委员会"决定，尽管它并不是一个新概念。我们可以回想起在30年前即两次世界大战之前，P13/P14型步枪也曾经选用同样的子弹。而且，佩德森为美国发展的类似子弹几乎将0.30英寸-0.6型子弹排除在外。该种子弹最终推出时为1Z型子弹，在英国和比利时通常称之为0.28英寸子弹，两国选用该种子弹用于新式FN步枪，包括时运不济的"布尔帕普"步枪。该种子弹在当时充当英国的过渡型子弹。当然，要求一种武器既要满足车载人员的需求，又要满足步兵高精确度的需求，显然不可避免地存在冲突，而折衷的办法就是采用"布尔帕普"式设计，该设计能够使短武器使用标准长度枪管，同时后膛与机械装置置于枪托内部，正位于扳机组后方。

1948年年底，EM2型步枪已经做好投入大规模测试的准备。该枪内外构造全部采用新式设计，全枪长890毫米，枪管长625毫米。弹匣置于枪托（压制钢管）中间位置，支撑柄成为双重结构，可以充当非放大式光学瞄准具的底座。空枪重3.5千克，20发弹匣满载时重量也只有4.3千克。其机械装置通过由一对前轴固定式活板门锁定，与毛瑟15型半自动卡宾枪以及其他枪支类似，不同的是驱动过程与毛瑟武器正相反，机械装置通过阶梯式气缸内运动的活塞驱动。气缸后部携带一个悬挂式撞针（撞针在后膛闭锁阻块与枪栓之间，并控制闭锁活板门）以及击发击铁的气缸节套。英国军方在1949年全年对EM2型步枪实施全面测试。1950年，EM2型步枪展示小组携带该型步枪前往美国阿伯丁试验场。同年5月到11月期间，EM2型步枪在阿伯丁试验场和本宁堡与FN FAL原型枪、美国本国推出的T25型步枪实施对比测试，以M1加兰德式步枪充当参照比较基准。测试结果显示，尽管EM2型步枪在单发模式以及全自动射击模式下出现故障的几率最小，整体平均故障率为每千发4.54发，而且设计精度最高，但美国军方最终还是决定放弃选用该型步枪，当然参加测试的其他步枪也不例外。之所以出现这种结果，原因在于EM2型步枪的7毫米子弹，即使弹头重量增加到9克，美国军方仍然被认为重量太轻，不能保证足够的压制能力。事实上，这仅仅是官方原因，真正的原因是很庸俗的，即它是别国产品。尽管如此，1951年，英国决定采用EM2型步枪和7毫米子弹，但被新成立的北约内部的资深同盟国劝阻。于是，EM2型步枪发展计划被搁置。英国商业枪炮制造商BSA公司曾经尽自己最后的努力来再次对其实施改进，改进弹膛，使用7.62毫米×51的子弹，去除选择射击模式的功能。后来，英国军方选用FN FAL步枪作为新式军用步枪，但"布尔巴普"式设计并没有被人们遗忘。

北约新标准

1976年6月，经过多次改进，新式武器终于问世。皇家特种作战部队宣布已设计出一种新式单兵武器和一种极其类似的"轻型支援武器"，二者80%的部件全部通用。该种"单兵武器"具备新式口径——4.85毫米×49，发射3.63克的弹头，子弹初速900米/秒，当然，与此同时北约7.62毫米子弹就被完全放弃，这还得感谢美国方面终于意识到该种子弹威力太大，对于具备选择射击模式的突击步枪来说完全没有用处。新式步枪（与其发射的是在当时来说非常特别的弹药）、M16A1型步枪、使用M193型子弹的MN1型步枪、发射SS109型子弹的FN CAL步枪以及发射4.75毫米口径子弹的H&K公司G11型步枪一同参加1978年至1979年北约的弹药试验。其中，MN1型步枪是稍经改进的加利尔步枪，荷兰获得生产许可在本国生产，推出时将其命名为MN1型步枪。尽管名义上是弹药测试，而且口径5毫米以下的子弹最终获得胜利，但它对于其他竞争国家的武器工业的影响是深远的。当时还不是北约正式成员国的法国已经采用FA MAS步枪，该国对5.56毫米子弹非常满意。在这种情况下，比利时的5.56毫米SS109型子弹被定为单兵武器的新式北约标准，而30发M16A1弹匣则被选择成为容纳该种子弹的弹匣，弹匣的选择确实有点出乎许多人的意料。这是因为该种弹匣结构非常拙劣，由弯曲的下半部分搭配阿玛莱特为AR-15型步枪设计的15发子弹弹匣的直立式上半部分，制造过程非常复杂，也许选用该种弹匣是出于某种政治因素的缘故吧。

英国单兵武器

英国小组回国后，立即开始重新设计XL系列，将该系列作为本国的新式步枪和轻型支援武器，以匹配已经选定的标准子弹。由于试验结果已被人们普遍预计到了，因此，在设计过程中英国就已考虑到新武器必须使用5.56毫米口径的子弹，这并不是很难解决的问题。1985年，英国陆军装备使用L85A1型单兵武器和L86A1型轻型支援武器。在机械装置方面，新式L85A1型步枪（即众所周知的SA80型）以及L86A1型轻机枪与前面提到的阿玛莱特AR-18型步枪相似。在新式武器中，扳机被重新配置于机械装置前侧，而且没有引发什么问题。一个简单的传递杆连接扳机和击发阻铁及扳机组的其他部分，按照惯例置于弹匣的后方。发射模式调谐转换开关与保险销配置于手枪式握把上面，这样就可以用右手拇指来控制，这些功能也是由一个传递杆来实现。

由于步枪的瞄准具底座不能安装标准概略瞄准具，因此，设计人员在设计初期就决定为新式步枪配置一台聚光光学放大瞄准具，这是该种瞄准具首次配置于普通步枪。瞄准装置经过一系列革新，最后的定型装置为SUSAT（3勒克斯轻武器瞄准具），其具有4倍放大率，在夜间能够提供增强型视界。光学瞄准具一旦不能使用或出现故障，装在长长的纵向鸠尾槽上并由拉杆锁定的光学瞄准具便可拆下来，放在空心的塑料握把内的应急铁质表尺可起替代作用。汽车兵、工程兵、后备役部队及类似的其他非步兵人员使用简化型枪，光学瞄准具被去除，而在它的位置上重新配置了手柄附带表尺式装置，这与配置于M16系列步枪的瞄准装置相似。此外，新式武器还将一个应急铁质准星永久性安装在枪护木最前端，在不使用时可以向下折叠。

即使配置3勒克斯轻武器瞄准具，新式步枪的空枪重量仍然在4千克以下，这得归功于它的压制钢结构和塑料装饰（有关塑料装饰与以前的配置相同）。至于全枪长度与枪管相比，设计人员的设计概念更是发挥了绝佳作用，使得新式步枪全枪长仅785毫米，但配置的枪管竟然长达518毫米，当然，射击精度也必然相当高。新式武器中包含的轻型支援武器的枪管（不可拆装）比步枪的枪管要长125毫米。另一个比较明显的区别是扳机组，轻型支援武器的单发和自动射击模式都要从外露的枪栓处发射，而单兵武器的两种发射都使用内置枪栓。由于初期的产品性能不可靠（该问题不久之后便被克服），导致SA80型步枪刚推出时便获得了极差的声誉，而且由于售价太高，SA80型步枪在英国以外国家只是象征性地售出很少的一部分。

法国的解决方案

尽管最早推出实用型"布尔帕普"设计，但英国并没有首先选用此种步枪装备自己的武装部队。同样，装备使用施泰尔 AUG步枪的奥地利军队也没有选用该种武器。相比之下，奥地利同法国人相比也已经处于劣势。只不过法国国防部也是在耗费很长的时间之后才决定选用新式FA MAS步枪，而在当时，H&K公司HK33型步枪曾是FA MAS步枪的强劲竞争对手。尽管北约1979年子弹试验结束很早之前，为了使用美国M193型子弹而不是后来的北约标准SS109型子弹，设计人员曾经对它实施改进，但FA MAS步枪确实是首批以5.56毫米口径生产的欧洲标准军用武器之一。与AUG步枪类似，无论是左手枪手还是右手枪手，使用FA MAS步枪时同样方便。FA MAS步枪左手射击式与右手射击式的对调过程相当简便，压制钢结构、配置橡胶盖的卡箍固定于枪托部上边缘，通过定位销将枪托固定于受弹器上。其前后部分结构对称，因此在枪托的左右两侧都可以安装。只需简单地将退壳器从枪栓一侧调换到另一侧（枪栓另一侧对应的退壳

上图：5.45毫米口径的卡拉什尼科夫步枪也包括短枪管的AKS74U型步枪。注意它的枪口处有一个非常老式的锥形消焰器

上图：AK74M式步枪的外型与设计都与最初的AK47相似，但它只不过是为使用新型子弹而将枪膛以及枪管重新改进的新枪型

器槽最初容纳一块阻塞块）。调换过程非常简单，士兵自己都可以实施。如果将击发操纵杆从一侧调换到另一侧，枪的灵敏度不会受到任何影响。当然这样一来，击发操纵杆就被置于受弹器上层中央，低于支撑杆的位置，与最初的阿玛莱特AR-10型步枪的配置方式一致。

基础外观

与SA80型步枪相比，FA MAS的外观更加特别，当然，该种与传统的半自动步枪相比奇异的外形将成为新一代步枪的普通特征，正如当初半自动步枪推出时，与早期的枪栓式步枪相比具备完全特殊的结构一样。FA MAS步枪携带同时充当

上图：苏联解体之前的阅兵式上，士兵们将卡拉什尼科夫AKM步枪挎在胸前，自豪地穿过莫斯科广场

上图：在对不太成功的CAL步枪进行浸水测试之后，比利时FN公司开始生产第二种5.56毫米口径的突击步枪FNC

瞄准具保护器的支撑手柄，这同AR-15/M16型步枪的情况相同，但与前者不同的是，支撑手柄能够同时保护准星和表尺。因此，它沿整个受弹器运动的长度几乎达全枪长的一半，因此，该型步枪获得一个绰号"军号"。其内部构造更加奇特，开锁、迟滞后坐装置最初是30年前为法国的AAT52通用机枪设计的，而在同样的设计部位，其构造显得更特别，原因在于该种自动武器使用7.5毫米×54 M1929型最强火力子弹，后来接受改进之后，能够使用威力同样强劲的7.62毫米x51北约子弹。资深评论家托马斯·杜格勒比曾经这样说："应用50000磅/平方英寸的压力从开放后膛发射子弹的武器，在其发展成为可靠武器之前，对于使用者来说，根本不能出现任何差错。"

由于推进气体的排出过程在子弹离开枪口之前就已经开始，这是不可避免的事实。同时，枪膛的气压已回落到安全水平，导致空弹壳在离开枪膛保护时发生膨胀，反过来使得机械装置在运作过程中永远存在被阻塞的危险。因此，人们普遍认为，即使是小口径的步枪子弹，由于其威力强大而不能用在使用开放式后坐冲击机械的武器上。同我们前面早已经研究过的其他现代后坐武器设计一样，FA MAS步枪的弹膛必须刻制凹槽，否则，退弹壳过程的可靠性必将让人怀疑。

重要的控制杆

在本章的开头，我们介绍了几种防止枪栓向后移动的方法，而且认为这些方法是人为增大磨擦和利用机械本身的缺点来发挥作用的；FA MAS和AAT 52型步枪利用的是后者，通过一根操纵杆将枪栓和阶梯式固定附加装置简单地连接起来，将操纵杆较低的一端固定于通过受弹器底部的加固式钢轴上转动。这样在向后的"冲击"过程中，操纵杆更类似于一个三级操纵杆（动力作用于支点与负载之间，在这种情况下，动力来自于推进气体，作用于枪栓，使其向后运动，而负载则是枪栓框），随后转换成为二级操纵杆（负载位于支点和动力之间），然后返回到待击发状态。操纵杆实际上属于H字形结构，中间携带一根横杆，连接枪栓和枪栓框外部，作为向后运动的一部分，横杆用来将撞针撤回至枪栓内。

迟滞/加速器操纵杆以两种方式发挥作用。首先，它降低了枪栓对枪栓框的作用力，因而使得枪栓的运行速度变慢。其

上图：1948年，设于恩菲尔德的皇家轻武器工厂所属设计人员首次推出一种"布尔帕普"步枪，但此时距离英国陆军选用该种武器的时间大约还有40年

下图：和任何作战武器一样，FNC必须能在所有类型的环境和气候下使用，其中在带有泥浆的情况下使用就是一大难题

上图：与大部分现代的同类产品类似，L85A1/SA80型步枪的设计相当简单，按照模块化标准制造，因此，如果某个部件损坏，能够简单快速地进行更换

次在循环过程中，枪膛中的推进气体的压力先将枪栓向后推进，速度逐渐增加，开始压缩复进簧，随后在复进簧的作用下返回枪膛时，便以同样的方式开始下一个循环。扩大或缩小的比例为2∶1。操纵杆的剖面图是这样的：当它旋转45度时，它从阻滞它的击针上脱离，使整个枪栓装置和枪栓框向后运动并循环，当枪栓在后膛阻块的作用下停止运动时，枪栓框继续向前移动。这是一种简单的设计，既巧妙又有效。

该种结构是否坚固是另外一个问题。使用超强威力的混合无烟火药无弹头弹壳发射一枚榴弹一定会让人产生毛骨悚然的感觉，也许这并不仅仅是一种比喻的说法，因为在发行步枪时配发的操作手册中就提到了迟滞/加速器操纵杆在超强的应力下有爆炸的可能性，在发射榴弹时，后坐力极强，以致步枪不能按传统的方式靠在肩部，而是将枪托放在胳膊下方，这样在射击过程中枪托在后坐力的冲击下能够方便地前后移动；而且射击时，枪手的大拇指并没有环绕在握把上，而是放在握把一侧，正位于扣动扳机手指上方。在用任何步枪射击枪榴弹时，都应该采用上述相同的安全措施。

枪管长488毫米、全枪长757毫米的FA MAS步枪比SA80型步枪更小巧，空枪重量也要稍轻，由于枪管较短（瞄准具基座也较短），因此其射击精度明显比同类型的英国步枪或更流行、投入更广泛使用的奥地利施泰尔步枪差，其中，施泰尔步枪是唯一投入系列生产的第一代"布尔帕普"步枪（见后文）。由于配置后坐力击发机械装置，因此，FA MAS步枪的射击速度很高。正是出于该种原因，除了全自动射击和单发射击模式之外，该种步枪还具备3发连发的射击模式。击铁组件内部通过两个控制杆来选择射击模式，它是一个由定位轴固定于受弹器壁的塑料外壳独立装置，可以简便、迅速地更换。其运作过程依据偏心轮原则，就像最简单的时钟发条装置，重新扳动击铁实际上是重新设置动轮弹簧。击铁组件通过一根长杆与扳机相连接。

奥地利通用步枪

20世纪60年代晚期，约瑟夫·温德尔的德斯特雷切尔公司已经是奥地利最大的工业集团施泰尔–戴姆勒–普奇AG联合公司的一个分公司，主要经营施泰尔–曼利彻武器，但该公司也制造性能优良的步枪，其中包括奥地利国家武装部队装备使用的FN FAL步枪。奥地利军事技术办公

FA MAS步枪

口径：5.56毫米×45（0.223英寸）

重量：3.6千克（8磅）

全枪长：757毫米（30英寸）

枪管长：488毫米（19.2英寸）

有效射程：400米（1320英尺）

构造：25发可拆卸式盒式弹匣，气动自动装弹装置，自动射击方案

射击频率：900发/分钟

子弹初速：920米/秒（2990英尺/秒）

原产国：法国

上图：皇家海军陆战队用遮蔽胶带隐蔽配置望远镜式瞄准具的L85A1型步枪的轮廓，该种光学瞄准具与标准的SUSAT瞄准具使用相同的底座

上图：施泰尔AUG步枪被证实在国外如同在国内一样受到普遍欢迎，澳大利亚陆军用它取代了FAL/SLRs 半自动步枪，其他武装力量也采取了同样的措施，包括警察部队

室在其他国家之前就已经意识到7.62毫米子弹将被替换。因此，军事技术办公室指示军方高级官员同时也是武器设计专家瓦尔特·施泰尔上校在施泰尔-曼利彻步枪的基础上开展工作，研制一种替代型5.56毫米口径的新式武器。这样，全球第一支塑料枪体的模块化武器问世，即未来派的AUG步枪——陆军通用步枪。

施泰尔从英国的EM2型步枪的"布尔帕普"设计思想中得到启发，后来他在《奥地利陆军》杂志上发表的一篇文章中曾经提到过这一点。但从最初开始，施泰尔坚持斯通纳的观点，即新式武器应该是多用途武器，不仅仅要能用作步枪，还要用作短枪管卡宾枪和轻机枪。后来，他设计的用于技术测试的武器配置400毫米、500毫米和600毫米枪管。与其一同参与测试的还有使用北约7.62毫米子弹的FN FAL步枪、使用苏联7.62毫米子弹的捷克M/58型步枪、FN CAL步枪、使用5.56毫米M193型子弹的柯尔特自动步枪。测试结果显示，新式设计比上述武器毫不逊色，在射击精度与控制能力等方面甚至比上述武器更胜一筹。而且，经过进一步测试和军队试用，都没有发现它有什么隐蔽的缺陷。1977年，奥地利军方选用该种新式步枪充当标准的军用武器，并将其命名为77型步枪。

塑料与模块

新式77型步枪被称为武器发展过程中的革命性成就，因为其枪体完全使用塑料材质，里面是枪膛、枪管和扳机/击铁组件。该种武器更趋于使用传统方法，即用人造材料代替木头，并且用模具压制而不是雕刻或用机器制造。这样做并不是为了减轻重量，因为AUG步枪的重量为3.6千克，与其同类型的金属枪体的步枪相比重量相当，选用塑料材质完全是出于经济和耐久性方面的考虑。与EM2型步枪一样，AUG步枪配置低倍放大（1.4倍）光学瞄准具，瞄准具的固定支架和镜筒与枪膛连成一体，这样又可作提手用。枪管处配置可用作前方手枪式握把的把手，没有配置真正意义上的前枪托。拆卸时，即使枪支仍然发热，只需要简单地将击发滑板（位于受弹器上方，准星的左边）后撤，使其向上翻转进入定位槽，按下枪管定位按钮，将枪管旋转三分之一圈就可以了。一旦枪管被拆下来，整个枪膛，包括枪栓和导向杆（实际上是里面带有弹簧的管子）能从枪架上拆下来。必要时，还可进一步分解。将击铁组件直接前移，固定后部架索吊枪环的定位销依次将枪托板锁定在枪托板上,定位销移动之后,整个击铁组件就可以完整地拆下来。

此时,军方所有的单兵武器都被看做是模块化武器,在新式AUG步枪推出之后,这些武器在战场上的地位便将被取代,或是将返回军工厂进行维修。而这些武器的替代型武器与它们都比较类似,或是在它们基础上推出的变型枪。例如,新式武器也使用上述三种长度的枪管;携带支撑柄的受弹器包括标准的鸠尾槽,用来安装一台望远镜式瞄准具或是夜视瞄准具,以取代简单的光学瞄准具,或是安装击锤机械,该装置为新式武器提供了单发式以及3发子弹连发式射击模式,以取代早期应用单发式和全自动射击模式的步枪。设计人员为枪栓提供了射击时既可用于左手式又可用于右手式使用的退壳器,而将左手射击方式转换成为右手射击方式时,只需要将退壳器从一侧转移至另一侧并将退壳口调换到另一侧即可。后侧架索吊枪环可以配置于枪托的任何一侧。没有配置选择射击模式的调节操纵杆,而通过扳机的拉动过程决定射击模式,轻拉则选用单发射击模式,如果拉动时力量更坚决,克服第二根弹簧的弹力时,则使步枪进入3发连发射击模式或是连发模式,这取决于接入了哪一个击锤组。扳机本身就是一个撞针杆,与那些电钻上的开关一样,扳机框可容纳整只手,这样即使在严冬气候下穿着厚厚的衣服扣动扳机也不会有任何困难。击发手柄兼具保险销的功能,当它转到定位槽口时,整个机械装置都被全部闭锁。30发子弹的弹匣使用塑料材质,当然它是用抗冲击力强的透明聚碳酸酯制成,这样枪手能够直接看到弹匣内部子弹的情况。这种革新性弹匣很快便被其他制造商采用。而且,新式武器中还提供42发子弹的弹匣,用于轻机枪。

在内部构造方面,施泰尔AUG步枪与AR-15/M16型步枪特别相似,推进气体直接作用在枪栓框(受弹器的一部分便当通气管),在驱动枪栓与枪栓框向后运动使机械装置循环运转之前,开启锁入枪管节套的多闭锁锁块枪栓头。最重要的单项改进,就是所谓的"悬浮枪栓"设计,枪栓框与塑料枪体不直接接触,而是由一直延伸到枪托的导向杆/管支撑,周围便是空气空间。

后来,六个国家的武装部队装备使用AUG步枪,其中包括澳大利亚和沙特阿拉伯。它的一种单发射击式武器AUG-P尽管在美国的售价高达1500美元(警用M16A2步枪价格为1000美元),但还是成为非常流行的警用武器。此外,制造商还推出一种外观相似、但没有使用后坐驱动装置的武器,该型武器也成为执法部门重点考虑的对象,使用9毫米帕拉贝鲁姆子弹,穿透力较弱。

回到奥本多夫

H&K公司是在欧洲率先采用5.56毫米口径子弹的武器生产商之一,当时,该公司选用该种子弹提供给20世纪60年代问世的HK33型步枪。但是,在接下来的十年中,该公司着眼于未来,不仅像英国人那样考虑更小口径的替代品,而且开始研制一种全新的弹药,该种新式弹药由现在德国戴那米特·诺贝尔公司的子公司洛特维尔设计生产。处于发展过程中的小型常规子弹口径为4.6毫米,经过最优化设计使得有效射程达到300米,与之相配套的步枪是HK36型步枪。HK36型步枪是HK33型的

上图:配备轻机枪以及半自动步枪的一个班如果占据有利的防御位置,而且他们作战的意志非常坚定,在这种情况下,如果没有支援武器,是根本无法对他们实施有效压制的

SA-80
口径: 5.56毫米
重量: 4.52 千克（10磅）
长度: 785毫米（31英寸）
有效射程: 400米（440码）
射速: 800发/分钟（轮转）
进弹装置: 30发装弹匣
子弹初速: 940米/秒（3085英尺/秒）
原产国: 英国

一种改进型，只是弹匣的配置方式不同，同样也是结构复杂而且造形奇特。它的弹匣和受弹器成为一个整体，从一个尾部开口的铝制容器能够装入30发子弹，铝制容器尾部由一层薄膜封口。装弹时，拉动弹匣底部的装弹弹簧链条，使弹匣底板下降，随后，通过后部开口将30发子弹的插件插入弹匣，然后在开放的状态下将弹匣关闭。第二次拉动链条释放出弹匣底板，弹匣底板在弹匣弹簧的作用下上升，通过子弹容器开放的底端挤入弹匣，而子弹容器则将装载口密封。由于子弹包已经在工厂里完成，因此，其内部包装的子弹不会接触灰尘和受潮。设计人员声称这种方式比可拆分的弹匣造价更低，而且重量也有所减轻，因为不需要随身携带装满子弹的弹匣。

H&K公司在发展HK36型步枪的同时，并行发展的其他武器确实与众不同，它们代表了该公司正在实施一种轻武器技术的真正尝试，即通过研制新型弹药以及与之配套的全新机械装置来推动小型武器技术向前发展。H&K公司的该项发展计划是美国政府的SALVO研究计划的个人动议的进一步延伸，当时美国政府发展SALVO研究计划，旨在研究通过给士兵提供一种新式武器来提高作战能力的可行性，计划中的武器通过应用携带多弹头的子弹、从多个枪管发射，因而能够射出比单弹头子弹更多的弹头（毫无疑问，这绝对是一种新思想，而且英国在第一次世界大战之前就进行过试验）。其中，后一种方式是美国政府另一项发展计划中所采用的方法，该项发展计划即是美国特种目的单兵武器发展计划。而且该种方式也被H&K公司采用，该公司推出的新式步枪并非采用单发射击模式，而是3发子弹连续射击模式，射击速度为2000发/分钟，这样，发射时一发子弹爆炸持续的时间仅为一毫秒，在枪手感觉到后坐力的冲击之前，第3发子弹已经发射。

无弹壳子弹

从某种意义上说，戴那米特·诺贝尔研制的新弹药将时间倒回到120年前，因为他将传统的金属弹壳分开，代之以纯压制、没有黏合剂的含氮纤维素推进火药（外面携带防水和防火阻燃的涂层）和特别密封的弹头。新式子弹的横截面几乎是矩形，短的一侧是窄的不等边四边形，所以子弹实际上是八边形。为了将弹匣内的空间最优化，子弹宽为12毫米，全长32.5毫米，标定口径为4.75毫米。在压实的推动火药的中心，即紧靠着弹头后方是一小团助推火药，它的活性要比推进火药更高，在推进火药引爆之前爆炸，给推进火药提供了理想的控制燃烧空间。射击过程中极为重要的推进气体压力曲线与内部容纳或多或少属于粒状推进火药的金属弹壳子弹射击时产生的气体压力曲线完全一样。100发新式子弹占据的空间比两个20发7.62毫米口径北约子弹的弹匣要小，而且重量更轻。

H&K公司设计使用新式子弹的步枪便是G11型步枪，该型步枪的主要革新性设计在于后膛阻块,其横截面为圆柱形,直径50毫米。它垂直横穿枪管中轴,而弹膛则延伸至刻有膛线的枪管节套,正是在枪管节套内部弹头的突出部分被固定。装入子弹时,枪膛处于垂直位置,后膛阻块旋转45度,使子弹与枪管和撞针处于同一条直线。现在还不清楚为什么H&K公司的设计人员没有使用电子点火方式,而放弃使用机械扳机和撞针/击发火帽装置;也许有人认为这里有一个很好的理由,即与时间选择有关。设计人员为G11型步枪的枪管节套(内部容纳后膛阻块)穿孔,充当退壳端口,在情况需要时,可以通过退壳口对枪膛进行清洁。驱使后膛阻块发生旋转的动力,来源于传统的方式,即由气缸中运动的活塞提供动力,而活塞的动力则是由通过枪管气孔进入气缸的推进气体提供。

枪管、气缸、后膛和弹匣紧紧固定在一起,但在受弹器的框架内可以自由移动。其中,弹匣位于枪管上方,并一直向下延伸,其内部容纳的子弹以单排直列方式放置。子弹发射之后,气动活塞在气体的驱动下向后运动,最终碰撞缓冲器,调转方向向前运动。此时枪管组件也向后运动,同时将另一发子弹从弹匣中拔出装入弹膛。当活塞到达待击发位置时,下一颗

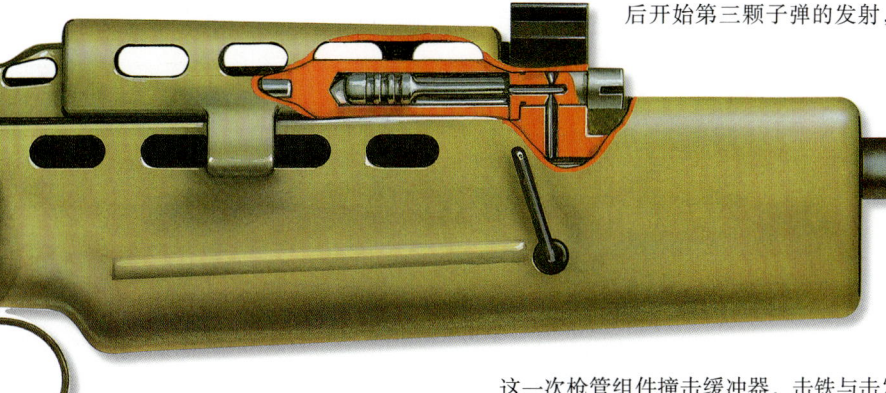

子弹被发射,然后运转过程重新开始,不过这一次枪管组件的起始位置要比第一次发射子弹时更靠后一些。然后开始第三颗子弹的发射,这一次枪管组件撞击缓冲器,击铁与击发阻铁脱离,循环过程完成。枪管组件携带活塞返回到待发射状态,同时击铁与击发阻铁再次恢复连接。此时,如果再次扣动扳机,下一轮新的射击过程又开始了。从射击者的角度看,整个射击过程同发射一颗子弹没有什么两样,因为第三颗子弹发射出去之后,他才感觉到射击时的后坐力。

未来的进一步发展

尽管新式武器不断出现,新式构造层出不穷,但直到此刻仍然有一个问题还没有得到解决。那就是在射击过程中,步枪内部的热量不断积累,不久便会导致子弹因过热而走火,或是出现自然发射的现象。这种情况有时确实会出现,但迄今为止,在使用传统有壳子弹射击时,这种现象出现的几率很小,原因在于弹壳就如同散热设备,射击过程中,当从后膛退掉弹壳时,就已经带走了大部分热量。正因为如此以及气密性问题,H&K公司G11型枪实际上在北约1978年至1979年实施的弹药测试结束之前就被淘汰,从此,再没有出现过发射无壳子弹的步枪。

尽管H&K公司G11型步枪的研究方向被证明是错误的,但该种连续超速发射传统子弹或"小钢矛"子弹的基本理论已被广泛接受。其中,"小钢矛"子弹是重量非常轻的箭头式子弹,它不是依靠自身旋转来获得平衡的飞行状态,而是依靠鳍状尾翼来保持平衡,当在枪管内没有发射时,它置于次口径软弹壳内部。而且,它显示出要获得2000发/分钟以上的发射速度,需要将发射过程与装弹过程分开。其中,单枪管武器通过一个3枪膛旋转圆筒来实现这一目标,开始射击后,子弹通过一个一次性安装的大容量弹匣供弹,弹匣内部的子弹排成三列。

20世纪70年代和80年代装备部队的三种"布尔帕普"步枪,有效地证实了短步枪概念,也终结了研究人员进一步发展"扳机之前后膛模式"的任何尝试。当然,这里并不是说短步枪概念在任何方面都产生了深刻的影响,而且也不是说未来的步枪只能朝更小、更轻的方向发展。但是,与"小钢矛"子弹以及具备传统结构、口径为2毫米至4毫米子弹类似的新式子弹将使这一切成为可能。展望未来,新式弹药将包括弹头内部携带直接与目标识别系统相连接的某种制导设备,这是完全可以想象到的情况。因为我们坚信,未来的军用步枪将成为一体化作战系统的关键组成部分。此外,新式作战系统将包括主动与被动传感器以及探测器、搜集的数据将根据常规发送到战术控制中心进行即时分析,同时向战场上的单兵提供周围清晰的战场图像,不管他处于何种实际形势,而且还提供包括类似于敌友识别能力在内的一些必须具备的能力。

10 运动步枪与狙击步枪

直到进入20世纪，为商业市场生产的大部分枪支仍然用于日常用途：正如农场用枪一样，这些枪支主要充当狩猎和消灭危险性动物或肉食动物的工具。

当然也有例外的情况，即在步枪出现之前很久，有钱人就将打猎作为一项运动，而当步枪出现之后，他们就完全将这种武器用于狩猎。枪手之间有极其正规的射击比赛，同以前的弓箭手比赛一样，一般这些比赛都带有重奖。多数持枪人对枪的最基本要求是：简单、可靠、坚固、价格适宜。

比赛步枪

根据前文我们已经看到，在19世纪后期，退役步枪被以远低于当初制造成本的价格售给士兵或退役的士兵，由于当时全球没有哪一个国家对私人拥有枪支提出限制，因此，这些枪支被大量提供给普通民众。在这种情况下，很快就有组织提倡将射击作为一项运动（至少起初是为了保持民众具备一种使用武器的技术标准，该种技术标准将成为"市民军队"技术评估的中心），如英国、美国出现了"国家步枪协会"这种步枪组织，而今天我们所举行的重要射击比赛，大部分都源于当初的这种发展。

进入20世纪之后，各枪支制造商就开始制造经过特殊选择的标准步枪，用来装备最好的步枪手。出于促进步枪运动发展的目的，他们以合理的价格通过国家步枪协会将这些步枪提供给公众。例如，从1910年起，斯普林菲尔德军工厂开始向外界出售M1903型步枪，而在此前，该公司已经出售高性能的克拉格斯比赛步枪长达五年时间。

1903年，美国在全球范围内首次举行国家射击比赛。与此同时，在国际射击联盟的主持下，许多国际比赛顺利地开展起来。如1901年，始创于1876年的帕尔马比赛恢复举行，比赛的射程有三种，分别为800码、900码和1000码。比赛通常设为八人一组进行，使用经过选择但未经改进的军用步枪。步枪射击是奥林匹克运动会的比赛项目。由于比赛用枪是标准化的枪支，人们在生产飞行速度高、飞行弹道平稳、射击精度高的子弹方面耗费了大量的精力和财力。例如，美国弗兰克福特兵工厂为1925年帕尔马比赛生产的0.3英寸-06子弹的计算平均半径（理论的精确度）在4.5英寸以下，1000码的范围内10发子弹一组就是13.5英寸。为了在竞争中立于不败

之地，像雷明顿和温切斯特这样的商业性弹药制造商不得不做得更好。我们现在所知道的许多子弹的飞行特性都源于国际战争和国际军事射击比赛中的研究成果。

特别是自从第二次世界大战以后，步枪制造商经历了与汽车、摩托车制造商相似的发展过程，即在某种程度上逐步依赖比赛结果来展示自己的产品性能，于是出现了有几种选择性机械装置和枪管的枪，这些枪配置经过专门设计的觇孔瞄准具以及可任意调节的枪托，这取决于枪托的长度、高度支点所在的位置，以及整支枪的大小位置和前后握把的倾斜度。不同的地方，使用的步枪差别很大。

枪栓式步枪占主导地位

许多现代比赛用步枪都属于枪栓式枪，直到20世纪50年代至60年代，马蒂尼的"下降闭锁装置"仍广泛用于室内外使用的小口径步枪（如使用0.22英寸口径长步枪子弹的步枪），后来，枪栓装置逐渐将前者取代。到80年代，枪栓式装置占据了整个比赛领域。能够户外使用、射程更远的稍大口径的手动装弹步枪几乎全部属于枪栓式步枪。其中，品质高的步枪价格很高，标价高达5000美元或更高，而7.92毫米/0.308英寸口径的H&K公司 PSG-1型"狙击兵"步枪的价格是该标价的两倍。

大部分枪栓式步枪都配置左手机械装置和枪托。市场上也有以军用枪为基础的半自动打靶步枪，如同斯通纳设计的步枪类似的M1/M14型步枪的机械装置就最为流行，正是在它们的设计基础上推出了AR-15型打靶步枪。

猎用步枪

步枪狩猎是一项新近流行的娱乐活动，它主要在北美盛行，但在世界其他地方对此还没有完全理解。正因为如此，尽管欧洲（特别是德国）和远东的武器制造商也是该种枪支的代表，但许多此类型的步枪都来自于美国的武器制造商。

19世纪，射击或狩猎是一种高雅的运动，有钱人不惜投入大量的资金购买手工制造的枪支，如伯斯公司、里格比公司、荷兰与荷兰公司，以及伦敦的维斯特利·理查德公司等手工制造的步枪，当时伦敦一直被认为是优质步枪的制造中心。

在实际的狩猎过程中，应用的射击技术并不多。比如说，19世纪印度猎虎过程中，几百人将野兽朝象轿（大象背上像盒子一样的东西）中藏身的猎人的聚集地点驱赶，猎人们用山羊或牛等类似的诱饵吸引猎物进入自己已设置好的包围圈中。

此项运动旨在让猎手在最安全的状态下射杀老虎，这样就需要大量大口径、质

上图：射击比赛是一项集身体控制和技术应用于一体的运动，对枪支的身体控制需要耗费几年时间才能学到，但技术，正像这支昂贵的SIG-索尔SSG 3000型步枪，只需要花钱就能够买到

上图：以色列军事工业公司设立了一个分公司生产及销售一般用途的枪，其中一种就是加利尔步枪，并为它重新配置了非常精美的垂直木质枪托。该种步枪使用两种北约子弹：0.223英寸雷明顿子弹和0.308英寸温切斯特子弹

下图：毛瑟86型狙击步枪曾经专门充当狙击手的武器。该种步枪在望远镜式瞄准具的上方配置盒式结构，这是瞄准目标的远程激光瞄准器

量很大的子弹，如14.6毫米/5.77英寸口径的"硝化甘油快弹"，该种子弹弹头重48.5克/750谷，枪口初速625米/秒。

除了威力强劲的步枪之外，猎人们通常还携带大口径双管甚至4管手枪作为自卫武器，这种组合式手枪后来被称为"象轿"手枪。在自卫手枪当中，最佳枪型来自于查尔斯·兰开斯特公司，该公司同时还制造优质步枪。

双管步枪

为了避免步枪使用过程中出现故障，大部分步枪都采用组合式，并排配置双枪管。这样，即使一根枪管无法发射子弹，总还有第二根枪管可以使用，而且没有堵塞的危险。同时，采用该种配置的步枪的特性使得两连发子弹的发射速度非常快，特别当为它配置单个连发扳机的时候。

时至今日，双管步枪仍然能够在市场上买到，不仅许多小型专业制造商能够提供，而且大型枪支制造商如贝瑞塔公司、布尔诺和克里格霍夫公司仍然生产这种枪，并且一些枪配置上下重叠式双枪管结构。所有这种双管步枪都使用简单的盒式或侧式闭锁结构；有些步枪配置双动扳机，但大部分只配置一个扳机。

制造用户自行定制枪支的"老"厂家，仍然生产定制的双管步枪，但价格却

下图：贝瑞塔82A-1型轻型50步枪是向民众出售的压制能力最强的武器，它与勃朗宁M2型机枪使用相同的0.5英寸子弹

上图：卡利科M-900型卡宾枪最初充当自卫武器，使用低火力的9毫米帕拉贝鲁姆子弹，这款枪型配置激光目标指示器

是个天文数字。制造商制造的质量最高的双管步枪的价格相当昂贵，如贝瑞塔公司455型手工制造的双管步枪价格高达50000美元。

普通双管步枪是将一支制有膛线的枪管与一支滑膛枪枪管组合在一起，通常两枪管呈上下并排方式配置。其中，0.22英寸轻型步枪枪管与0.410英寸滑膛枪管的组合便是一种非常流行的组合（我们可以回想起斯通纳试图用双管AR-5和AR-7型步枪代替斯普林菲尔德M6型步枪，不过最后并没有成功），但许多制造商都提供了更重型的枪管，如12毫米口径、使用0.3英寸-06型子弹枪管。

现代步枪仿制型

老式步枪的仿制是一个很大的市场，而且这一市场得到了不断的发展，特别是在美国，仿制的旧式步枪不仅用于展示目的，而且还可以充当打猎武器。毫无疑问，最受欢迎的单发武器是克里斯蒂·夏普斯式步枪和系列卡宾枪，特别是进一步推出改进型口径0.4英寸、0.45英寸和0.5英寸的1874型步枪和1875型步枪，这些步枪使用装药量3.2克至9克黑色火药的子弹，配置长为558毫米到863毫米长的枪管（夏普斯式仿制枪型中也有使用"现代子弹"的步枪，从0.2英寸的轻型步枪到0.40英寸-65的温切斯特公司中火子弹步枪）。品质优秀的仿制步枪，售价在700至1500美元之间，比买原装枪要便宜得多。

采用滚转闭锁装置的雷明顿步枪和"天窗"斯普林菲尔德步枪也很受欢迎。同时，前装式步枪的仿制枪的潜在市场也很好，这种枪带有燧石发火装置或更为普通的雷管点火装置。一些专业武器制造商也生产现代前装式黑火药步枪，枪上通常配置望远镜式瞄准具。

在种种仿制步枪中，也有许多美国19世纪经典的下杆控制连发步枪。这些仿制枪型大多都在意大利生产，与此同时，意大利也由于生产这些武器而获得了令人羡慕的声望，这一切都要归功于与尤柏提公司类似的武器生产公司。到目前为止，最受欢迎的仿制枪型是亨利和温切斯特步枪仿制品，特别是1873型步枪。

后来的事实进一步证明了这一类型的步枪在美国非常流行，从19世纪末就开始生产这两种步枪的公司，100年之后仍然继续生产，这两种枪分别是马林1893型步枪（现在为336型步枪）和配置特殊的旋转弹匣的无击铁式萨维奇99型步枪。温切斯特94型步枪在其100周年纪念日时仍然继续维持生产。同时，带操纵杆装置的勃朗宁步枪的不同型号还在日本投入生产。

马林式步枪

约翰·马林在美国内战之后开始制造手枪，1875年，他获准并成功生产了一种黑火药步枪"巴拉德"。他放弃使用无烟火药设计，采用下杠机械装置和筒式弹匣，步枪的特性与温切斯特步枪相似，1893年，"巴拉德"手枪问世。

马林使用圆筒状的枪栓，枪栓后部被一根附着于起驱动作用的操纵杆-凸轮-扳机护圈装置的垂直操纵杆锁定，该位置靠近其前方的枢轴点。这样一来，当垂直杆放低并向前推动时，枪栓被释放，然后被推出受弹器向后推进，同时推后并弹出枪膛中的废弹壳（弹壳从右侧弹出，这和温切斯特步枪从上方弹出的方式不同），并且将击铁压回到待发射位置。同时，子弹托板下降使下一发子弹通过枪管下的弹匣进入枪膛。随着驱动杆被拉回至待发射位置，子弹托板升起，枪栓向前推，使击铁回到击铁开口的位置，此时，击铁被击发阻铁挡住，使下一颗子弹进入枪膛。温切斯特步枪的运作情况与此不同，子弹托板的返回是由驱动杆向前击时带动完成的，弹壳垂直从枪膛顶部抛出。这就使瞄准具不易安装。后来，当望远镜式瞄准具在20世纪价格越来越低廉、且投入越来越普遍的使用时，这一缺陷得到了改善。两种步枪都配置两片击针，通过移动其中一片使另一片处于不同的直线上，就使得步枪处于保险状态。

据估计，马林1893型和与其几乎同时代的温切斯特1894型步枪在问世后一百年内共售出约800万支，总量相当于所有与它们同时期卖出的其他运动枪支的总和，不过两者都不能使用1910年问世的强火力子弹（对于这些较长的子弹，它们的抛弹机械装置太短，并且没有主要的退弹装置，这样就不可能从枪膛退出用过的强火力子弹弹壳），只能用0.3英寸-30子弹。现代下杠控制的步枪也使用相同的机械装置，经常使用流行的手枪子弹如口径为9毫米的帕拉贝鲁姆、0.38和0.44英寸"专用"子弹以及0.357和0.44英寸的马格南子弹。

上图：带完整枪托的卡利科M-951型步枪。后来，该枪增加配置前侧手枪式握把和一个枪口制退器。该型步枪配置50发和100发容量的弹匣

上图：帕克-黑尔81型步枪将久经考验的毛瑟枪机与其610毫米枪管配置在一起，能够发射一系列不同口径的子弹，从0.22英寸霍尼特子弹到0.308英寸温切斯特子弹不等

马林公司研制了19世纪最普遍的4、5或6槽膛线系统。在1953年，一项称作"微型槽线"的组合装置获得了专利，该装置有更多的凹槽和接触面（具体数目取决于子弹口径），与恩菲尔德膛线系统的外形不同，相对要浅一些。马林宣称自己推出的装置精确度相当高，纹路浅一些则与子弹更为密合。所有20世纪50年代早期生产的马林步枪装的都是"微型槽线"枪管。

萨维奇99型步枪

与其他型号的同类产品相比，尽管设计构思都是在同一时期开始的，但萨维奇99型步枪的外观设计更趋现代化。1895年，亚瑟·萨维奇在纽约尤蒂卡开始设计自己的第一支步枪，此时他还是一个街道的轿车管理员。在接下来的四年内，他依据经验对自己的设计不断进行改进，最后推出99型步枪。从此，萨维奇在此基础上仅仅实施了一些微小的改进。

最初，萨维奇没有采用下控制杆以及管式弹匣，而是使用本质与曼利彻和斯科诺尔步枪相似的旋转绕轴式弹匣取而代之。该种弹匣很容易与子弹相匹配，且避免了弹头与其前方子弹的火帽相撞而引发走火的危险，他也不用裸露的击铁，而使用配置弹簧的撞针。使用行程更远的独特外形的操纵杆，因而能够使得退壳过程更容易完成，进而能够使用更为现代的新型子弹。

后来，萨维奇99型步枪接受的唯一重大改进措施是重新设计保险销，使它更安全且更容易操作。同许多猎枪的相同装置一样，保险销配置于受弹器上方弯曲表面，这样大拇指很容易控制它。出于经济上的考虑，旋转绕轴式弹匣也更新为可拆卸、内置式4发子弹盒式弹匣。

有趣的是，温切斯特最后的下杠机械步枪也属于击铁不外露的设计，它携带4发子弹可拆卸式盒式弹匣，外形与萨维奇99型步枪几乎一样，不过它配置很长的前枪托。

萨维奇武器成为市场上出售的主要武器，除了99型步枪以外，他还推出了品质优良的猎枪和一系列枪栓式猎用步枪，这些枪支的价格都相对较低，在市场上颇具竞争力。

勃朗宁式操纵杆控制步枪

勃朗宁式操纵杆控制步枪属于完全不同的设计，其旋转枪栓头通过一块传统的锁块锁定，汽缸由一个小齿轮和导槽被推向后侧，从而使枪栓受驱动杆作用而移动（这并不是一种全新的尝试，早在19世纪70年代，康涅狄格洲的制造商布拉德就使用过该种方法）。该种勃朗宁步枪沿用最初温切斯特和马林步枪的外露击铁。许多枪手都对此结构情有独钟，因为通过它既能够直接观察到枪的情况（尽管萨维奇步枪有一个指示针，当它被扳动时，指示针被推离受弹器外表面，进而露出枪膛），又能使击铁处于半击发状态。

奇怪的是，勃朗宁推出的该种结构非常适用于尺寸短的低火力子弹，下杠机制很少用于0.22英寸口径边火的步枪，只有马林推出的步枪是例外，它于1891年推出一款，后来于1897年和1939年进行两次改进，最后推出39型步枪。20世纪50年代，马林的竞争对手终于赶了上来，勃朗宁开始生产BL-22型步枪，温切斯特则开始推出9422型步枪（半个世纪以后，使用不同的0.22英寸口径马格南子弹的9422型步枪仍在继续生产）。温切斯特还生产半自动0.22英寸边缘点火系列步枪，首批于1903年推出，后来还推出不少同样口径的滑运或泵吸式装置步枪。雷明顿公司也制造出0.22英寸口径的泵吸式步枪和使用0.3英寸-06口径中火子弹的7600型步枪，该公司是唯一生产该种机械装置的大口径步枪制造商，除此之外，该公司推出的猎枪也很受欢迎（其他型号的步枪配用重型手枪子弹）。

同样令人奇怪的是，作为美国历史最悠久的私营枪支制造商，雷明顿公司自1816年起就一直在该领域纵横驰骋，但该公司只生产过一款下杠机械步枪，即20世纪60年代推出的0.22英寸口径边火式步枪，但该种步枪很快就停止销售。

枪栓式运动步枪

尽管下置杠杆机制步枪的销量很大，但20世纪的研究主要集中在枪栓装置效能和运动步枪之上。据说第一种枪栓式步枪是一款M1903型斯普林菲尔德步枪，在该型步枪问世的当年，根据罗斯福总统的命

加利尔狙击枪
口径：7.62毫米×51（0.30英寸）
重量：6.4千克（21磅14盎司）
全枪长：1115毫米（43.89英寸）
枪管长：508毫米（20英寸）
有效射程：800米以上
构造：20发盒式弹匣
子弹初速：815米/秒（2674英尺/秒）
原产国：以色列

令，设计人员对其实施进一步改进，去除前枪托和护手圈，加装扁平的准星和莱曼式表尺。可以想象，1910年后通过国家运动协会出售的一部分（如果不太多的话）M1903型步枪接受了同样的改进措施。1920年，斯普林菲尔德兵工厂通过国家运动协会开始供应实施改进后的M1903型步枪，该型步枪称为国家运动协会斯普林菲尔德运动步枪。第二年，雷明顿公司开始发行第一种客户定制的运动步枪，该种枪带有枪栓式装置，最初推出的是30型步枪。后来，该公司又推出了性能更为完善的30S型步枪。实际上，30S型步枪是一种改进型M1917型恩菲尔德步枪，我们可以回忆在战争结束后，恩菲尔德公司曾大量生产改进型M1917型步枪。30S型步枪存在缺陷，最主要的是击铁的扣动与闭锁装置太重，但该型枪的优点同斯普林菲尔德公司的步枪相同，枪栓柄设置得很低，这样就能够适应望远镜式瞄准具的安装需求，而不需要再做进一步改进，而且该型步枪还配置性能优良的保险系统。但是，不久之后，该型步枪就被认为已经落后，这主要归因于其实用性比较差。

1925年，温切斯特公司与其主要竞争对手都推出了新型枪支，该公司首先推出极其普通的54型步枪，12年后，又生产出经典的70型步枪，后者在60年后能够仍然保持不错的销量。70型步枪售价在500至1000美元之间，具体价格取决于实际构造：全枪长度口径以及枪管的长度。温切斯特70型步枪不仅可用来充当猎枪，而且在其问世一年之后，配置适当瞄准具的70型步枪赢得在佩里营举行的温布尔登比赛冠军，该型步枪的射程在1000码/910米以上。

第一次世界大战结束后到第二次世界大战战前的一段时间，欧洲也相应地生产了少量的运动步枪；许多运动步枪使用由奥本多夫的公司或在列日（比利时城市）的FN公司提供的毛瑟机械装置，其中不乏标有欺骗性名称的劣质仿制品，这些枪支中许多实际上来源于此期间推出的步枪和卡宾枪。一些美国的定制枪的制造商也从欧洲购买了其所用的装置，其中就有一个后来发展成为著名的优质枪研制者和制造商，即罗伊·韦瑟比。韦瑟比继续研究和生产自己的5型枪栓装置，5型拥有9块闭锁锁块，每3块分为一组，基本呈中断的直线排列，配置于大型旋转气缸前方（导致枪栓筒的直径比锁块要大，使用该种配置使它不必使用其他结构中类似的锁块凹槽），使操作更为方便。当锁块旋转120度时，意味着枪栓手柄只需要上升60度，而不是90度。锁块系统（不是大规格的旋转弹膛）实际上曾经是查尔斯·牛顿在1910年左右发明的结构，牛顿还研制了另外几种可替换的步枪系统，但它们都比不上当时存在的几种枪，尽管它们也能够发挥有效的作用，但造价太高。韦瑟比还研制了一系列大威力马格南长子弹，口径在0.224英寸至0.378英寸之间。时至今日，配置5型枪栓装置的步枪至今仍然有售，而且增加了多种辅助模块以形成一个综合

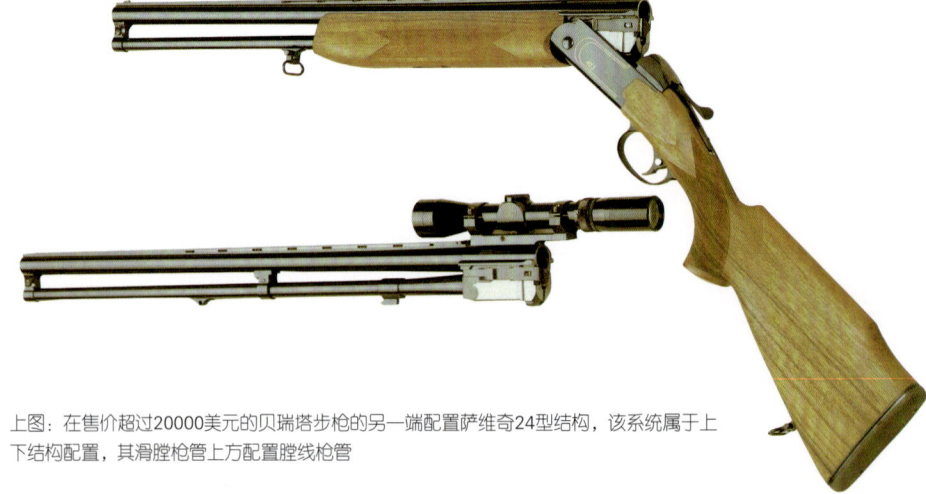

上图：在售价超过20000美元的贝瑞塔步枪的另一端配置萨维奇24型结构，该系统属于上下结构配置，其滑膛枪管上方配置膛线枪管

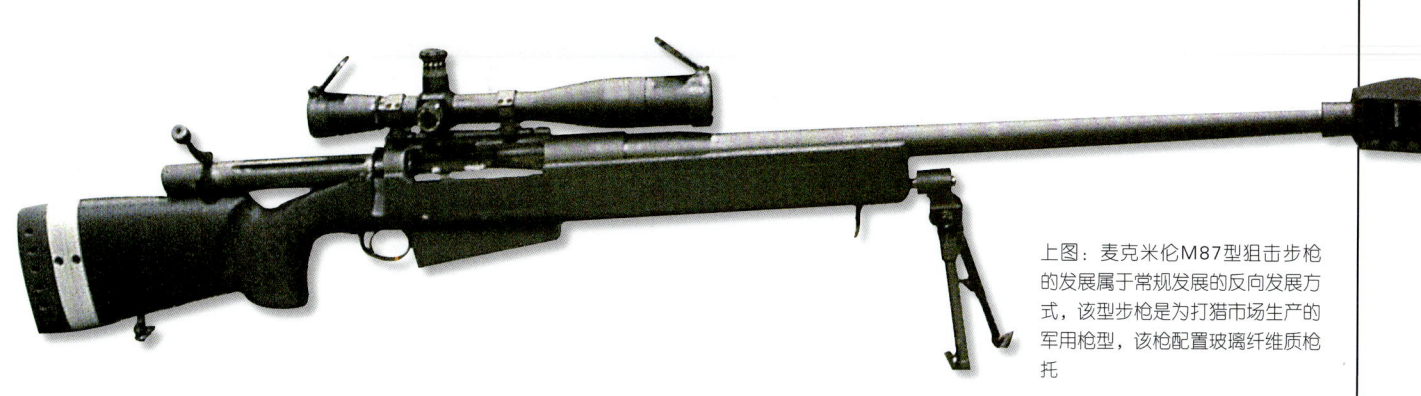

上图：麦克米伦M87型狙击步枪的发展属于常规发展的反向发展方式，该型步枪是为打猎市场生产的军用枪型，该枪配置玻璃纤维质枪托

性且令人羡慕的产品系列，价格从500美元到5000美元之间。

广阔的市场空间

随着美国市场逐渐扩展，越来越多的制造商开始生产枪栓式打猎步枪来满足市场的需求，这些制造商当中当然也不乏一些与韦瑟比公司相类似的著名公司，他们都对枪炮制造工艺作出了积极的贡献；而有些厂家则满足于坚持使用现有经过充分试验测试的设计，他们只是简单仿制已经经过精巧设计的优质步枪，这些枪支至少能够使用一辈子或两辈子；少数厂家则廉价提供全威力步枪，因为他们毕竟无法与远低于成本的价格出售的过剩军用枪支竞争。市场的形势一片大好，这与自从铜质子弹出现后曾经泛滥于市场的廉价"周六晚上专用"手枪形成了鲜明的对比。有相当数量的小口径步枪，如英国人耳熟能详的0.22英寸口径步枪，质量总是无法与大口径步枪相比。然而，直到过了很长时间后，市场上的步枪在设计质量、加工质量和最后制造成型方面才开始日益变得更为重要，各方在更加广泛的范围内开始更加重视枪支的质量了。晚至20世纪70年代中期，一位极有威望的美国造枪商或作者毫不夸张地说"再没有人制造0.22口径手动枪栓步枪，这真是极大的耻辱"。他进一步提出建议，如果读者看到这种步枪的话，应该买下来。20年已经过去了，各种形势已经完全不同了，人们可以从最好的制造商生产的枪支中选出优质的边火枪栓式步枪。

在同一时间，大口径枪栓式步枪也已经取得了长足的发展，而许多源于德国和奥地利的武器一直处于全球武器发展的前沿。奥地利的毛瑟公司和沃尔特公司都生产三锁块前侧闭锁装置，后者闭锁时锁进枪扩展槽中，使得枪栓的旋转角度可以减少到60度，而不是90度。但是，近期与SIG公司联系更紧密的毛瑟公司为其80型步枪和90型步枪生产了一种装置，即使用传统的后置式榫形锁块，不过当枪栓打开时，锁块完全缩进到枪栓的圆管中。同样的系统后来在SIG-毛瑟 SSG 2000型狙击步枪上配置。另外，配置胡桃木和黄檀木枪架的SR30型步枪在1997年售价为1300英镑，如果只携带基本配置和枪管，售价则为350英镑。该种武器是制作极为精良的毛瑟武器的换代产品。

半自动猎用步枪

尽管大部分中火式运动步枪要么属于下杠装置，要么则是枪栓式步枪，但

上图：斯普林菲尔德武器公司生产出一系列不同造型的SAR-4800型半自动步枪。本图展示的该款步枪与军用半自动步枪极其相似，配置有一副"指孔"式握把

上图：H&K公司HK-940型步枪是一种传统的半自动狩猎用枪，使用与H&K公司军用步枪相同的机械装置，但使用0.308英寸的温切斯特子弹

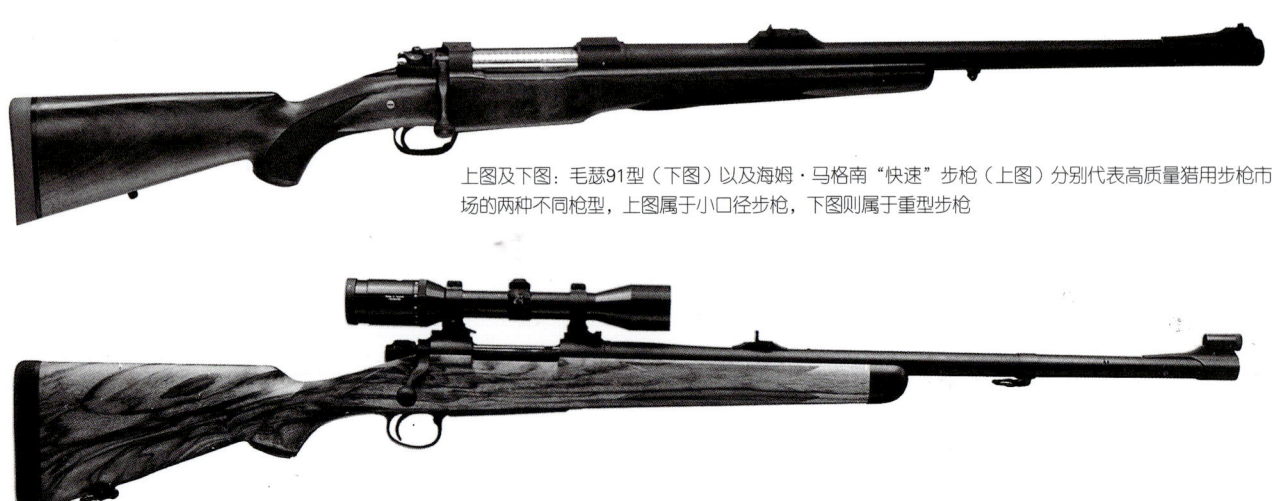

上图及下图：毛瑟91型（下图）以及海姆·马格南"快速"步枪（上图）分别代表高质量猎用步枪市场的两种不同枪型，上图属于小口径步枪，下图则属于重型步枪

自1906年以来，少量半自动步枪就已经开始逐渐出现。当时雷明顿公司曾推出约翰·勃朗宁设计的8型步枪，该型步枪有一点比较特别，即采用长距后座力操纵方法，其枪管外部套有一根套管。第一次世界大战后，用于大部分军用步枪的气动装置开始变得越来越普遍。自20世纪70年代以来，几乎所有军用武器供应商生产的这种武器开始在市场上销售。勃朗宁、雷明顿和温切斯特都生产特殊用途的气动猎枪，而走在前列的雷明顿制造商在1955年首次推出740/7400系列，这是一种真正的优质、高精度的半自动步枪，由于应用了模块化组件生产技术，从而使枪支的价格不高于500美元。740和7400型步枪上的许多组件可以与760和7600型泵吸式步枪通用，这样大大减少了零部件规格的数目。正因为如此，改进后的军用武器通常只有0.223英寸雷明顿式和0.308英寸温切斯特式口径的子弹，这些与步枪最初设计使用的5.56毫米和7.62毫米北约子弹的尺寸是一致的，只有专用的半自动步枪的口径有很多种。许多半自动步枪（称作机枪可能更好）使用9毫米帕拉贝鲁姆或其他重型手枪子弹，这些步枪是专为警用市场设计的，因为它们的弹道特性不适用于打猎。

半自动猎用步枪中也有军用仿制品，如最流行的M1型卡宾枪和M14型步枪的仿制半自动步枪系列，而最优秀的M14型步枪则由斯普林菲尔德兵工厂生产。商业市场上最受欢迎的气动半自动步枪的设计为鲁格迷你14型步枪，其设计基础是加兰德为M1设计的机械装置，后来该种装置在M14型步枪中找到了自己合适的位置，而鲁格迷你14型步枪正是M14型步枪的仿制品。鲁格公司最初以生产左轮手枪而闻名于世，后来也生产系列高质量枪栓式步枪。迷你14型步枪使用0.223英寸雷明顿子弹，也许最初是用于治安而不是打猎。它的发展道路是不寻常的，当迷你14/20GB出现时，配置有刺刀柄和消焰器的该型步枪已经被选为军用步枪。80年代后期，鲁格公司一直在生产该种步枪，并且研制了外观相同但拥有选择射击模式以及连发功能的AC-556型步枪。此外，该公司也生产了使用7.62毫米×39苏联子弹的迷你30型步枪。

狙击手与狙击步枪

两种截然不同的运动：射击比赛和打猎组合在一起之后，就成为狙击手的工作，狙击手的任务就是用具备高射击精度的步枪远距离消灭敌人。

首次大规模使用狙击手也许是在美国内战期间，当时，交战双方都雇佣狙击手来对付位于防御工事后的敌人；这些狙击手普遍配备克里斯蒂·夏普斯公司生产（或仿制）的带有长的望远镜式瞄准具的步枪，这些步枪具有惊人的有效射程，在理想的作战环境下可达910米，即使是黑火药步枪的弹道性能也远远无法与其相比。英国人在南非与布尔人作战时，就遭到有着传统枪法的布尔人狙击手的重创。1890年，当看到英国军队在布隆方丹的卡雷·希金斯遭到敌人远距离精确射击时，

韦瑟比 5型步枪
口径：0.22/0.224/0.240/0.257/0.270/0.300/0.340/0.378英寸，0.416温切斯特－马格南式，0.460温切斯特－马格南式
重量：2.95千克或4.75千克
全枪长：1105毫米或1180毫米
枪管长：610毫米或660毫米
有效射程：1000米，据枪管口径而定
构造：5发盒式弹匣，枪栓装置
子弹初速：据枪的口径而定
原产国：美国

上图：雷明顿700系列步枪是另一种可用作狙击步枪的优质猎枪。越战期间装备常规军，30年之后仍在继续使用

诗人卢迪亚·吉卜林问《每日电讯报》记者班尼特·伯利："多远的距离你们可以击中目标？""最近距离是800码，"伯利回答说，"现在来说那已经属于近距离作战了，现在，你再也看不到比这更近的作战距离了，因为现代步枪的推出使得这样近的作战距离成为不可能。"但是，直到第一次世界大战时，静态战争才终止了狙击步枪的使用。狙击成为每天的娱乐项目，首先由德国人发起，后来在敌人当中也风行起来，聊以慰藉战壕中枯燥的生活。

德国狙击步枪

1914年秋，德国巴伐利亚首次有人试图提供狙击步枪，当时他们给所有已知的配有望远镜式瞄准具的7.92毫米毛瑟猎枪的持枪人发送了我们现在所谓的邮寄广告，为狙击步枪进行宣传，这些持枪人的身份和地址是他们从全国的枪支制造商处费力收集而来的。广告发出之后，积极响应的人不多，最后只收集到订购几十支狙击步枪的意向书，后来一些枪械工人又订购了一些作为补充。大部分狙击步枪配置杰勒德公司或柏林的戈尔兹公司产的4倍放大瞄准具，价格在330马克左右。第一批交付60支步枪，于圣诞节前夕到达前线，但仅投入有限的使用。自此以后，狙击步枪由原供货商生产，即由安伯格的皇家步枪工厂生产。同时，普鲁士作战部采纳了一项控制政策，从斯潘多工厂订购了15000支带乔兹、祖士和勒克斯望远镜式瞄准具的Gew98型步枪，年底前开始交付使用。到1916年8月，德国陆军的每一个步兵连至少拥有3支狙击步枪，总量为20000支。

普鲁士军队和巴伐利亚军队（两支军队都有一定的自主权）主要有一点不同，

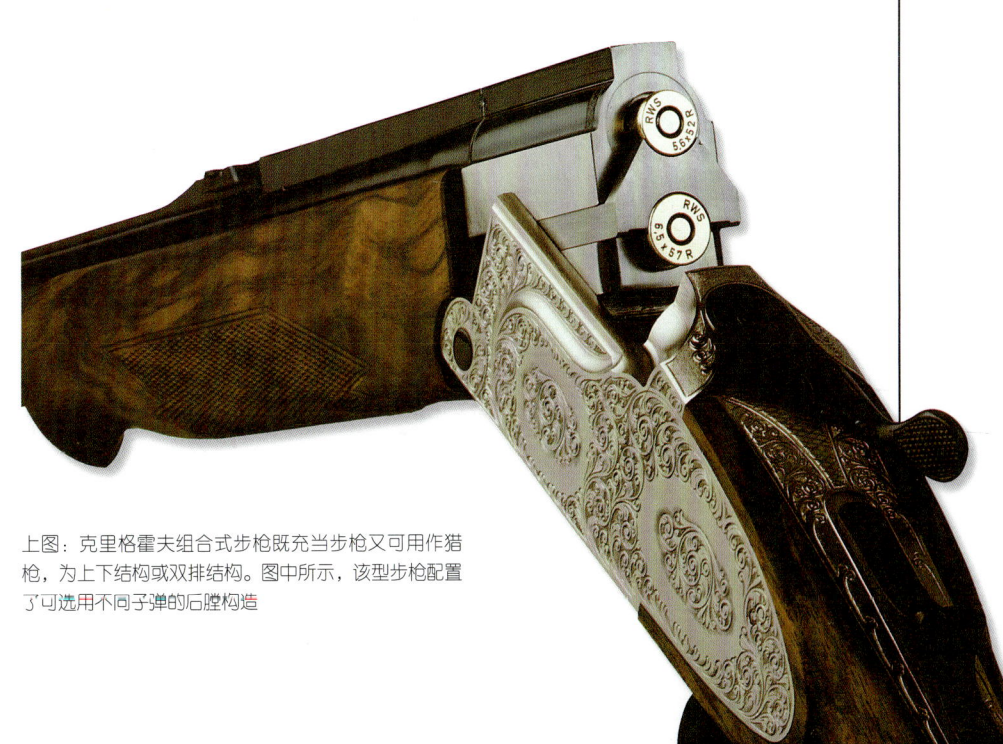

上图：克里格霍夫组合式步枪既充当步枪又可用作猎枪，为上下结构或双排结构。图中所示，该型步枪配置了可选用不同子弹的后膛构造

普鲁士步枪的瞄准具是配置于枪管中轴正上方，枪膛上面，因而对装弹匣产生了影响，这意味着步枪只能装入单发子弹，一次一发。普鲁士之所以采用该设计，旨在将视差减少到最小，这样目镜与传统的表尺处于同一平面上。在巴伐利亚步枪上，瞄准具安装在枪管轴稍左的地方，这样可以安装弹匣，这是步枪和望远镜式瞄准具的绝佳组合。在第二次世界大战开始时，巴伐利亚步枪没有经过任何改进便被军方装备使用，其中只有一部分被配置祖布利克芬洛4型瞄准具的Gew43型半自动步枪所取代。

英国狙击步枪

英国第一批正规狙击步枪直到1915年才开始交付使用，第二年投入普遍使用。第一次世界大战期间，一些军官带着自己的毛瑟步枪和曼利彻猎枪上阵，而其他则是使用从民间征用或突袭敌人战壕时缴获的武器，而与这些武器相匹配的子弹很难弄到。这些步枪根本没有配置通常意义上的瞄准器，取而代之的是配置了一对透镜，携带瞄准孔的透镜安装在表尺所在位置，另一个安装在准星前方，其刃片仍用作瞄准标记。许多光学镜片由拉蒂或尼尔公司以极低的成本生产，军方总共购买了13000件，私人也买走了许多。这些镜片的放大倍数为两倍到三倍，但视野范围很

帕克-黑尔M-85型步枪
口径：7.92毫米（0.308英寸）温切斯特式
重量：5.7千克（12磅8盎司）携带瞄准具
全枪长：1145毫米（45英寸）
枪管长：615毫米（24.25英寸）
有效射程：1000米（3250英尺）以上
构造：10发可拆卸式盒式弹匣，枪栓装置
子弹初速：810米/秒（2650英尺/秒）　1160米/秒（3770英尺），依据口径不同而定
原产国：英国

窄，只有1~1.25度，每100米的距离就要转动大约2米（300英尺的距离转动6英尺多一点），这意味着转换目标很不容易，并且极易受灰尘和外部光线的影响。

英军的正规狙击步枪配置标准的SMLE系列步枪，通常是3型或3型机械装置（该装置于1907年问世，1916年实施进一步改进，在第一次世界大战期间，3型步枪是英国军人最普遍使用的枪型。恩菲尔德公司制造了3型步枪230万支，BSA公司制造了200万支，同时在印度的伊沙珀军工厂和在澳大利亚的利思戈军工厂又生产了200万支，该型步枪持续生产一直到20世纪50年代）。事实上，该种步枪已经不再适合于远距离作战，但直到战争后期它们才开始被性能更佳的P14型步枪所取代。后来，P14型步枪成为标准的狙击步枪，一直使用到30年代后期。而最初的一对伽利略镜片最终被常规望远镜所取代，

大部分望远镜由潜望镜棱镜公司或奥尔迪斯公司生产，总数不超过10000台。大多数英国狙击步枪的望远镜安装在受弹器的左手边，这样既能使标准铁质瞄准具派上用场，又能使枪支可以使用弹夹装入子弹。英国军方从美国购买了1000台长度较为特别的温切斯特望远镜式瞄准具，放大率为四倍到五倍，每100米的可视范围为6米，美国陆军特种部队就将它们安装在M1903型步枪上。

第二次世界大战期间，第一批参与战争中特种作战行动的英国军队和皇家海军陆战队（执行首相丘吉尔所谓的"屠杀与逃跑"袭击行动）提出需要一种有效射程在250米以内的无声卡宾枪。这导致了德-里斯尔卡宾枪的出现。该枪使用0.45英寸柯尔特自动手枪子弹，该种子弹最初设计目的便是应用于约翰·勃朗宁设计、柯尔特公司生产的自动手枪，后来美军选用该种子弹用于李-恩菲尔德型M1911型步枪。德-里斯尔卡宾枪枪管长185毫米，配置标准长度的消音器，使用的子弹属于亚音速子弹，枪口初速260米/秒。德-里斯尔被普遍认为是迄今为止生产的最安静、效果最好的无声手枪，它发出的唯一声音是机械配件发出的——击针击在火帽上的声音（当然，不幸的是没有任何措施能够消除

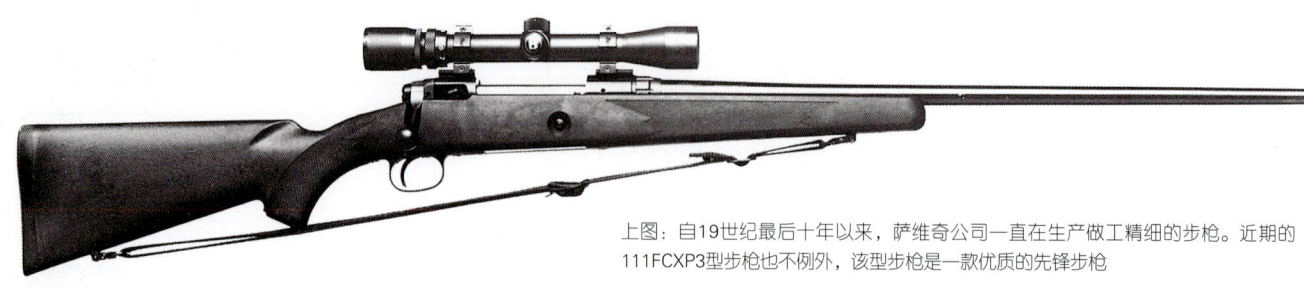

上图：自19世纪最后十年以来，萨维奇公司一直在生产做工精细的步枪。近期的111FCXP3型步枪也不例外，该型步枪是一款优质的先锋步枪

上图:联邦XC-800和XC-450型卡宾枪是现代无装饰全钢结构自卫武器的实例,枪托为伸缩式,整支枪很快就能够被拆解

枪栓移动发出的声音)。德-里斯尔卡宾枪共推出两种枪型,一种配置是与李-恩菲尔德4型步枪一样的木质结构,另一种配置是与后来的斯特林式冲锋枪类似的手枪式握把和折叠式枪托。现在德-里斯尔卡宾枪已经非常罕见,当时生产的大部分枪在第二次世界大战结束时被销毁了,也许在特种部队的武器库里还能找到一些。

美国陆军与海军陆战队

1900年,美国陆军开始试验望远镜式瞄准具,给克拉格步枪配置8倍、12倍和20倍放大率的望远镜式瞄准具;1906年,军方建议为所属专业步枪手(通常每连配备两人)的步枪引进这些装备。第二年初,弗兰克福特兵工厂在棱镜原理的基础上推出原型枪。但是,这里存在一个问题:每台瞄准具价格为80美元,这价格是与它们配套的步枪价格的三倍。1908年,美国军方推出一种简化型号,具有六倍放大功能和20毫米的物镜,理论光度为11(该种倍率的望远镜最理想的情况应该是30毫米物镜/1英寸多一点,光度为25),这一光度在棱镜中发生衰减。1913年,美国陆军对瞄准具进一步实施改进,将放大倍率减小到5.2倍,光度上升到14.8。与迄今为止我们谈论的大部分其他类型的瞄准具一样,M1908/M1913型步枪将瞄准具安装在受弹器左侧,重900克,结果却导致步枪失去平衡。

1914年,美国军方选定德国戈尔兹·塞塔瞄准具作为新一代瞄准器。由于戈尔兹工厂不能提供该产品,因此,陆军委托弗兰克福特兵工厂制造与前者完全一致的仿制品。军方将仿制瞄准器的设计规格说明书送往温切斯特武器仿制公司,由该公司制造原型设备。经过仓促测试后,1918年6月12日,军方签署生产32000台瞄准具的合同,使用伊斯特曼·柯达公司提供的透镜。事实上,这批瞄准器后来并没有投入使用,由于伊斯特曼·柯达公司没有获得打磨镜片的设备,而且第一次世界大战不久之后便宣告结束,军方后来立刻取消了上述生产合同,事实上,一台瞄准具也没有交付。1920年,经过长时间的试验表明,该种瞄准具在使用中出现故障,因此,已经配置安装这种瞄准具的部件的步枪都恢复了最初的状态,同1000支左右配置瞄准器的M1908/M1913型步枪一样入库封存。从那时起,直到第二次世界大战初期,美国陆军都没有配置望远镜式瞄准具的步枪。

与陆军不同,美国海军陆战队在选用狙击步枪时走的是另外一条道路。1914年,陆战队将温切斯特A5型瞄准具向射击小组提供,该种瞄准器采用轴式安装,安装在能够向前滑动的圆环上,不至于阻拦

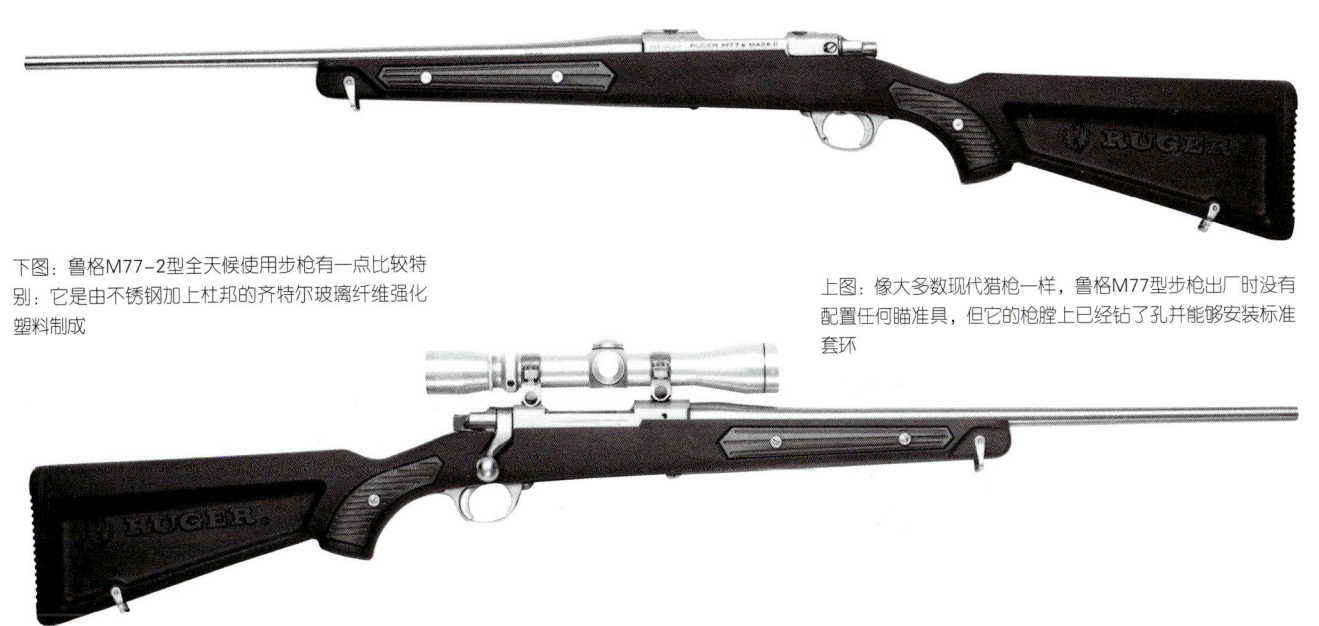

下图:鲁格M77-2型全天候使用步枪有一点比较特别:它是由不锈钢加上杜邦的齐特尔玻璃纤维强化塑料制成

上图:像大多数现代猎枪一样,鲁格M77型步枪出厂时没有配置任何瞄准具,但它的枪膛上已经钻了孔并能够安装标准套环

上图：与所有定做的优质枪一样，贝瑞塔式上下结构组合步枪，经过精细加工，完全符合枪主的要求，很多枪手至少拥有两条枪管

枪栓柄（美国陆军的弗兰克福特/温切斯特瞄准具也是安装在枪管中心轴上，但不能滑动，因此只能改进步枪的枪栓柄）。制造商共为陆战队生产了500台A5型瞄准器，随后便将它们投入训练，至于说这些装备是否后来投入到作战中，现在还不能确定。在第一次世界大战与第二次世界大战之间，该种瞄准具发展成为莱曼5A型瞄准具。第二次世界大战期间，海军陆战队将它投入使用，但不久之后，这些瞄准器便被尤内特尔8倍率瞄准具取代，尤内特尔8倍率瞄准具长度610毫米，观察范围超过3米。

对于上述瞄准器，几乎没有一个海军陆战队员（或海军军人，该种配置的M1903型步枪后来也交付美国海军使用，特别用来引爆海面布放的水雷）说它们的好话。1944年，这些瞄准器便已经过时，因此，军方指定配置韦弗330型瞄准具的M73B1型步枪取代之。此外，韦弗330型瞄准具也能装在M1C型加兰德狙击步枪上。M1C型加兰德狙击步枪大部分配置M79/M81/M82型瞄准具（这三者之间差别很小，主要是分度镜或瞄准标志外形不同），是莱曼–阿拉斯加的军用型，放大率2.5倍，观察范围每100米为15米（每328英尺为49英尺），眼睛与目镜之间的距离为100~125毫米/4~5英寸（早期的瞄准具只有该距离的一半或更少，许多狙击手因目镜与眉毛相接触而吃了不少苦头）。加拿大陆军在第二次世界大战期间也将莱曼–阿拉斯加瞄准具用于李–恩菲尔德4型1式步枪。第一次世界大战结束时，曾经在整个英帝国全面投入使用的P14狙击步枪被取代，英国军方在两次世界大战期间宣布停止使用该型步枪，但大部分该时期的英军狙击步枪，即精选的4型步枪都配置了32型瞄准具，该种瞄准具最初是为布伦式轻机枪设计的一种新式望远镜式瞄准具，自选用之日起就一直固定配置在4型步枪上，而且绝不能拆分；如果需要调整，必须将枪支与瞄准器全部返回到兵工厂（瞄准具的编号都刻在枪托上，甚至一对夹紧环都携带有识别代号）。瞄准具有3倍的放大率和9度的观察视角——每100米为18米。对瞄准器在枪支上安装时所用零部件以及对瞄准器改进的事务，军方委托荷兰与荷兰公司负责实施，随后将瞄准器配置在BSA公司生产的步枪上，每月改造800支，在恩菲尔德共改造1400支。荷兰和荷兰公司共改造步枪23177支。

32型瞄准具是当时最先进的瞄准具。1944年10月，3型瞄准具获得批准，后来便配置于L42A1型狙击步枪，当英国陆军转入使用半自动步枪时，L42A1型步枪开始在军方服役。3型瞄准具的升降调节与风向修正调节筒安装在前方的圆环上。早期型号的瞄准器进行调整时，每响一次喀嗒声相当于角度变换了2分或50毫米/91米，经验显示，这对于更远距离就不太合适了。在后来推出的马克系列型号中，每

H&K公司PSG–1型

口径：7.92毫米（0.308英寸）
重量：8.1千克（17磅14盎司）
全枪长：1207毫米（47.5英寸）
枪管长：650毫米（25.5英寸）
有效射程：1000米（3250英尺）以上
构造：5发或20发可拆卸式弹匣，枪栓式装置
子弹初速：810米/秒（2650英尺/秒）或更高，依据装填的子弹情况而定
原产国：德国

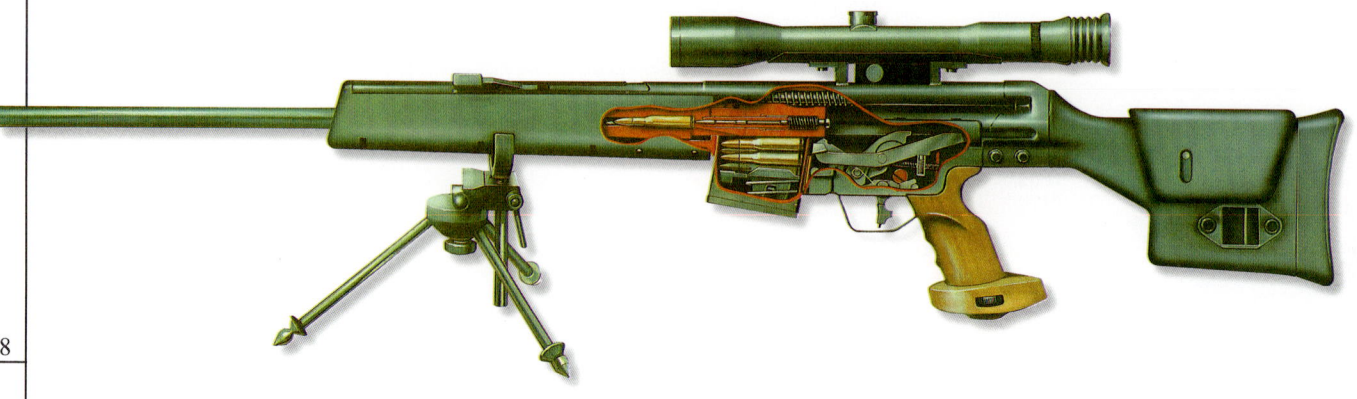

上图：现代曼利彻步枪配置著名的曼利彻旋转弹匣，而且还可以使用支架和左手射击机械。图中所示的运动步枪携带双动扳机

次调整的辐度比原来减半。

第二次世界大战期间，狙击步枪有时安装了一个两脚架（当时还为李－恩菲尔德型步枪推出了单脚架，但很快便被放弃使用），但许多狙击手发现当以卧姿射击时，只须用一条背带就能够很好地使狙击步枪处于稳定状态，使用时可将背带绑或缠在左臂上。以跪姿或站姿射击时，这种方法也非常有效。

现代狙击步枪

第二次世界大战中使用的狙击步枪，其设计源于半世纪以前，当时的枪手希望能击中600米以外人体大小的目标，而在当时不需要对现有步枪实施太多改进和调整就能够达到上述目的。后来的步枪，如20世纪50年代的主流半自动步枪就不同，由于后者的设计基于不同的标准，重点强调高压制能力而不是高射击精度，因此，最后几乎没有几种步枪适合充当狙击步枪（但有一种例外，即常规M14型步枪）。

大多数国家的军队决定继续使用现有枪支，我们前面已经提到过，英国陆军极其依赖改进后的4型李-恩菲尔德步枪，该型步枪使用北约新标准7.62毫米无底缘子弹。但随着时间的推移，现代化的生产技术能够以极低成本生产出射击精度相当高的步枪，这样，便引发了新式步枪的设计高潮。而通过研究更佳的弹道剖面图，使得新型步枪的设计得到了进一步发展：趋向于将12.7毫米/0.5英寸定为更佳的步枪口径，而与此相对应的是，更小口径的子弹将用于日常步兵用枪。

新式曼利彻步枪

奥地利是率先采用专门设计的新式狙击步枪的国家之一。1969年，奥地利开始装备施泰尔-曼利彻外观极为传统的SSG狙击步枪。令人意想不到的是，该型步枪采用了后部闭锁的枪栓系统，而不是一般的毛瑟前方闭锁方式。在这种情况下，枪栓由三对凸轮组成，转角达60度，同时它还采用了曼利彻旋转式弹匣，内装5发7.62毫米口径的北约子弹。其重型枪管采用冷锻制造技术，该种技术是德国阿佩尔公司在战争期间生产皮下注射器针头时发明的一种技术，后来，该种技术应用于枪管生产领域，特别是第二次世界大战期间使用的MG42型机枪就应用了该种制造技术。

现在，阿佩尔方法已成为一种工业标准，该种方法的基础为一根带有钻孔的钢条，其外形尺寸比成品枪管短，但要粗得多。随后，将一个尺寸相同但造型与成品枪管内壁相反的芯轴放入钢条的钻孔内，然后应用锻锤快速、猛烈地锻击钢铁条，锻锤锻压的力量极大，相比之下被锻的钢条在芯轴上变得几乎与塑料没有区别。在锻锤的击打下，钢条的直径变得越来越小，长度却延长了50%；这样钢条的内部形状和尺寸就通过芯轴被固定，而外形则通过锻造而成。与此同时，枪膛也已经成形。不过，阿佩尔方法对强度极高的不锈钢材和合金钢的使用作出了限制，因为锻造这些金属是非常困难的。至于说SSG69型狙击步枪，枪膛则需要锻造得相当精细。

SSG69型狙击步枪在生产时就配置一台卡勒斯·赫利亚6S2或ZF69型6倍望远镜式瞄准具（此外，该型步枪还可以使用红外线瞄准具与聚光瞄准具），该枪能保持600米内的误差不超过400毫米。该枪配置一个塑料枪托，因而成了最先应用塑料枪托的枪型之一，而当时其竞争枪型配置胡桃木枪托，携带舰式瞄准具。SSG69型狙击步枪的枪托可以通过在后方插入垫片来调整长度。该型步枪可以选择单置扳机，也可选择双置扳机，二者都可以从外侧进行调整。该型步枪还可以配置短枪管，而消音器系统在工厂就可以安装。市场上销售的与之非常相似的步枪有多种口径，从0.222英寸的雷明顿步枪到0.458英寸的温切斯特-马格南步枪，价格低于1200英镑。

新式雷明顿步枪

美国陆军和海军陆战队也采用了一种外形很普通的猎枪作为狙击步枪，即"军

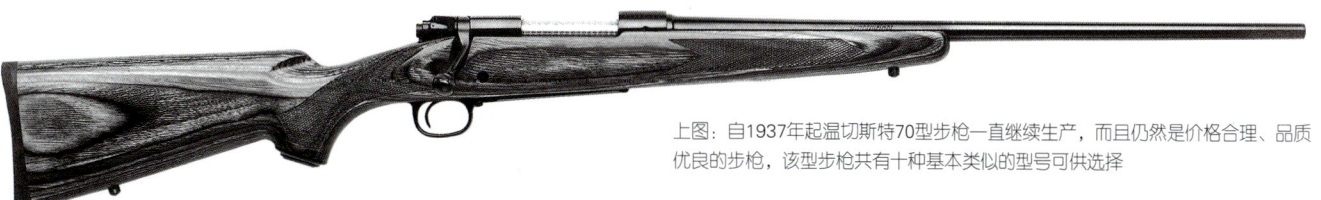

上图：自1937年起温切斯特70型步枪一直继续生产，而且仍然是价格合理、品质优良的步枪，该型步枪共有十种基本类似的型号可供选择

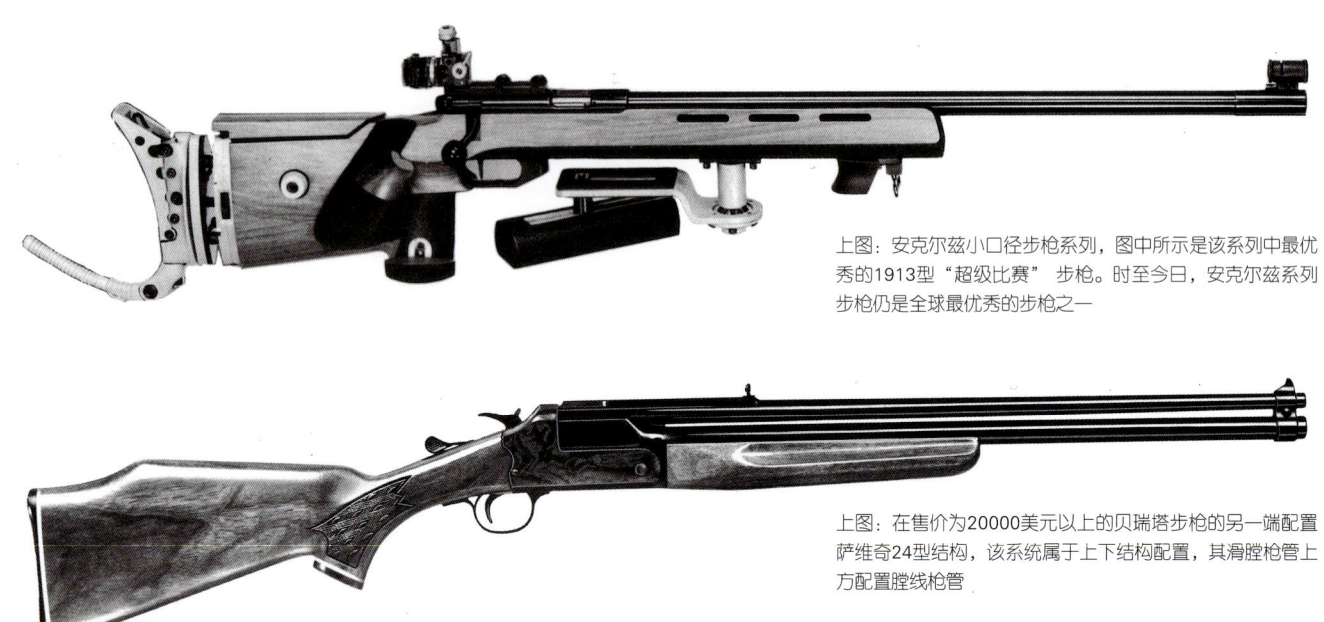

上图：安克尔兹小口径步枪系列，图中所示是该系列中最优秀的1913型"超级比赛"步枪。时至今日，安克尔兹系列步枪仍是全球最优秀的步枪之一

上图：在售价为20000美元以上的贝瑞塔步枪的另一端配置萨维奇24型结构，该系统属于上下结构配置，其滑膛枪管上方配置腔线枪管

用型"雷明顿700型，该枪是首次使用凹进啮合枪栓头的枪栓装置步枪。使用这种枪栓最初是作为一种保险措施，以减少击穿火帽（或者更糟的是撕裂子弹壳）导致高温高压气体泄出，压入枪膛或喷射到枪手脸上的可能性。首次于20世纪60年代推出，命名为M40型。十年后，M40型步枪接受了进一步改进，配置了不锈钢枪管和伪装式玻璃钢枪架以及一个功能更强的望远镜式瞄准具，这就是著名的M40A1型步枪。20世纪80年代，一种具有原来的机能但全部翻新的"凯夫拉"步枪出现了，这是一种更趋未来派的枪型，它配置嵌入式双脚架和能调节长度的枪托，被重新命名为M24型步枪。配置一台指示器之后，M24型步枪市场售价为1500英磅。

英国PM步枪

作为L42A1型步枪的替代枪型，英国陆军狙击手采用了另外一款由专业国际精密仪器公司开发的名为L96A1型枪栓式步枪，英国军方将其命名为PM步枪。该型步枪最初使用7.62毫米北约子弹（该厂也生产发射压制能力更强子弹的枪型，如射程更远的口径为0.338英寸的拉帕·马格南步枪）。PM步枪大范围使用铝和高性能强化型塑料的复合材料，配置具备自动清洁功能的不锈钢枪管——其他系列（例如麦克米伦）类似的武器都有这个功能。前枪托配置一个连体双脚架，尾部配置单脚架，携带施密特和本德公司的6倍/10倍瞄准具。接受过专门训练的枪手很容易第一枪就击中600米处的目标。另外还有一款枪，配置整体式消音器，发射压制能力较低、亚音速飞行的子弹，有效射程为300米。后来推出的改进型AW式步枪使用温切斯特7.62毫米次口径轻型超音速穿甲弹（SLAP）。

法国FR-F1/F2型步枪

1966年，法国陆军开始装备使用FR-F1型步枪，该型步枪配置MAS36型枪的机械装置，使用与后者相同的7.5毫米子弹，配置手枪式握把、枪托垫片，更长、更重的枪管上带有消焰器、枪口制退器、双脚架（装在前枪托后侧，这样更易于调节）和APX型804型望远镜式瞄准具。1984年，FR-F1型步枪被FR-F2型枪取代，FR-F2与F1基本相同，只是在枪管上配置一根塑料耐热套管，据说安装套管的目的是防止枪管在连续射击时发生弯曲，减少目标正前方热闪光信号以提高瞄准效果，减少目标的红外线影像。改进后的步枪，使用7.62毫米北约子弹。

芬兰TRG-21型与瑞士SSG式步枪

最优秀的新型枪栓式狙击步枪之一来自于芬兰的萨科公司，该公司还在售价介于1000美元至1500美元之间的优质猎枪市场上占有一定的份额。1989年，TRG-21型步枪问世，该型步枪的特殊之处不仅在于枪管采用不锈钢材质，而且受弹器经过冷锻工艺锻制而成。枪管和受弹器与一个带有塑料枪托（由聚亚氨酯经灌模浇注而成）的铝制次结构连接一起，使两者本质上处于彼此之间独立的状态，带有三锁块的前方闭锁枪栓装置与一个消音器和击发状态指示器连在一起。TRG-21型步枪使用7.26毫米北约子弹，但另外一种重型步枪TRG-41型则使用压制能力更强的0.338英寸拉帕·马格南子弹，该枪射程更远，射击精度更高。

在瑞士，SIG公司推出两种迥然不同

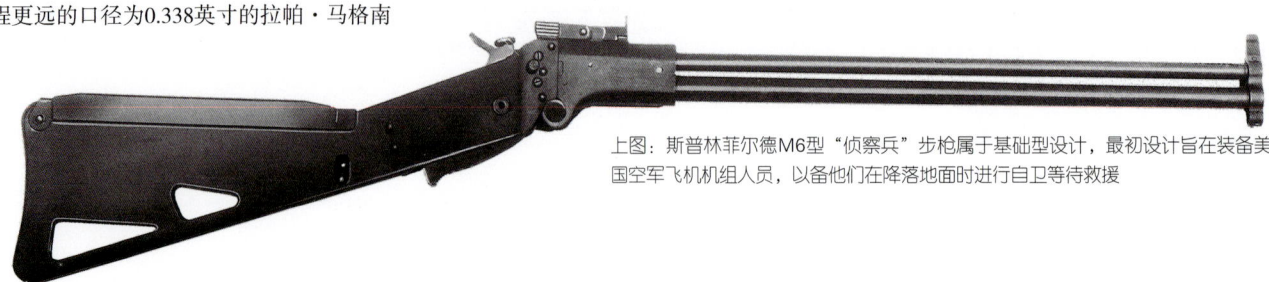

上图：斯普林菲尔德M6型"侦察兵"步枪属于基础型设计，最初设计旨在装备美国空军飞机机组人员，以备他们在降落地面时进行自卫等待救援

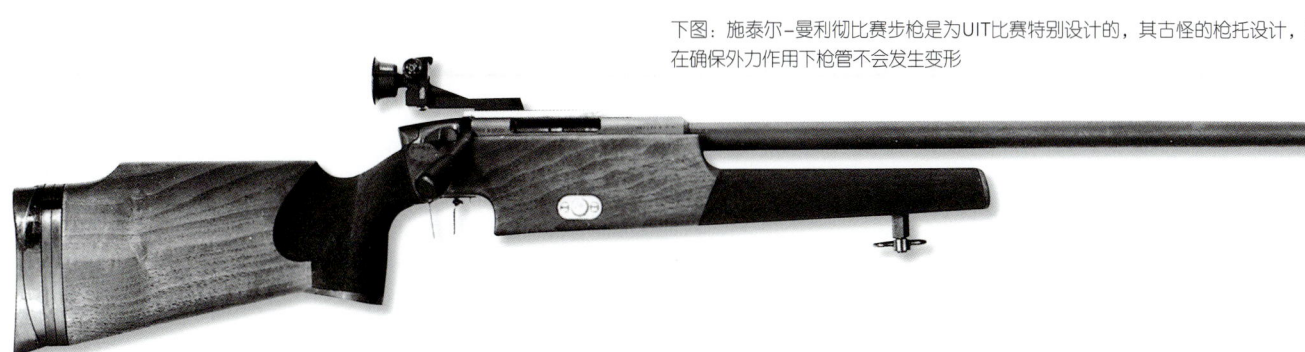

下图：施泰尔-曼利彻比赛步枪是为UIT比赛特别设计的，其古怪的枪托设计，旨在确保外力作用下枪管不会发生变形

的枪栓式狙击步枪：SSG2000与SSG3000型。SSG2000型步枪采用SIG公司的德国合作伙伴公司为其80型和90型猎枪开发的伸缩锁块，再辅以SIG公司设计的扳机、三向保险装置和冷锻枪管。二者都配置使用蔡司·迪亚特尔8×56或施密特和本德公司的可变1.5-6×42望远镜式瞄准具。这两种狙击步枪都配置两块胡桃木组成的枪托，长度及枪托上的深度可以调节，枪托前吊带旋转接头装在一条从4弹盒式弹匣的前部一直延伸到前枪托顶端的槽中。

2000型步枪可发射5.56毫米北约、7.62毫米北约、0.3英寸韦瑟比-马格南或7.5毫米瑞士子弹，而3000型只能发射7.62毫米北约子弹。另外，3000型步枪配置黑色塑料枪托（尽管枪托后端调节角度不低于1度，而且仍然配置有一个较轻的带通风口的前枪托）和双脚架。3000型步枪采用迥然不同的内部构造，带三对闭锁锁块的前方闭锁枪栓，60度的转向和大规模的汽缸，据称在使用过程中，汽缸几乎没有任何声音。其无任何依托的枪管上配置消焰器和枪口制退器；3000型步枪出厂时配置亨索尔德1.5-6×42望远镜式瞄准具（能与所有北约标准瞄准具通用，这是当时的共同需求）。

半自动狙击步枪

在生产上述两种枪栓式狙击步枪的同时，SIG公司还生产了一款SG550型半自动步枪。该种步枪配置重型冷锻枪管和特别改进的枪托，配有标准楔形榫槽以安装不同的望远镜式瞄准具，并携带双脚架，枪护木上装有隔热屏以防止热推进气体喷出之后瞄准影像变形。该型步枪与众不同的是，口径只有一种，即5.56毫米，这一点明显违背当时步枪的发展趋势。事实上，当生产加利尔突击步枪的以色列兵工厂准备生产狙击步枪时，他们选择将新型枪建立在出口枪型的基础上，并为它选用7.62毫米的北约子弹。

与突击步枪的制造过程一样，很多人怀疑以色列兵工厂在制造这种狙击步枪的过程中，与以色列国防部队进行了密切的协商，确保了最基层部队的观点在该枪的外形方面发挥了一定的作用。该型狙击枪的第一步是去除选择射击模式的功能，用一个可单独调节的更先进的触发装置代替早期的触发装置。枪管也更新为一根重型无依托枪管，管上装有消焰器及枪口制退器，而且可以安装消音器。还有一点与早期的配置方式不同，即它的6×40望远镜式瞄准具是配置于枪膛的左侧，而不是装在中心轴线上，这样做被迅速拆除与替换。还有一点与以前不同，即高射击精度的步枪枪托属于铰链式，在运输中通常向右侧折叠。与法国的FR系列步枪类似，加里尔的双脚架直接安装在弹匣前方。

苏联迪拉格诺夫

苏联在武器使用方面非常具有冒险精神，因此经常最先使用新式武器。当然，迪拉格诺夫狙击步枪，即SVD式狙击枪也不会例外，该型步枪是第二次世界大战结束之后出现的最优秀的自动装填式武器。当初之所以推出该型武器，极有可能是因为当时苏联红军使用的AK系列步枪在400米以上射击范围内性能极差的缘故。SVD型步枪以卡拉什尼科夫设计的旋转枪栓式步枪为基础，仅仅去除了后者的连续发射功能，改进后使用老式7.62毫米×54R 1891型子弹。1891型子弹是一种飞行弹道极其平稳、压制能力极高的子弹，枪口初速为830米/秒，子弹发射速度降低，因此使得再装填子弹时枪支运动的角度也有所降低。更特别的是，SVD型狙击步枪配置的超长枪管（以610毫米/24英寸枪管取代AK系列步枪标准的415毫米/16英寸的枪管）上还安装刺刀。每支步枪出厂时都配置PSO1型望远镜式瞄准具，但也可以配置其他型号的瞄准具而不影响瞄准效果。为了能够在近距离范围内秘密使用，苏联也设计了一种特种用途的VSS型狙击步枪，该型步枪以亚音速枪口速度发射9毫米马克洛夫子弹（标准的苏联军用手枪子弹，压制能力比9毫米帕拉贝鲁姆北约标准子弹弱一些）。VSS型步枪具备卡拉什尼科夫式步枪的机械装置，枪管配置整体式消音器；当初设计时便是为了攻击400米以上距离范围内的目标，该型步枪能够配置与迪拉格诺夫步枪相同的多种视觉增强型瞄准具。

瓦尔特WA 2000型

到目前为止，现代狙击步枪中最特别（不仅仅是外观）的枪型于1981年问世，它便是由德国瓦尔特公司设计的"布尔帕普"，通常称其为WA 2000。WA 2000型步枪全长905毫米。但它的枪管长605毫米，仅比全长为1125毫米的英国L96A1型步枪或全长为1140毫米的SSG69型步枪的枪管短40毫米。为了保持该枪具备射击稳定性，其上下各用穿过受弹器一直伸到枪托末端的大型支撑器械夹持。这样做的目的是避免因膛线的作用产生转矩使枪口从瞄准目标方向移开，并使后坐力的作用方向位于武器的中心轴线上。枪管外侧刻有纵向凹槽，既有利于减震又可加大枪管表面积以利于散热。该型步枪的几何构造因使用三种不同口径的子弹而略有差别（0.30英寸温切斯特-马格南子弹、7.62毫米北约和7.5毫米瑞士子弹）。WA 2000型步枪由枪栓装置上的活塞进行气压驱动，并配有斯通纳首创的7闭锁锁块旋转枪栓。该型步枪采用模块化结构，同奥地利的AUG型步枪相同，尽管枪管内有压力，但进行日常维护修理时不用分离枪管与枪托。与FAMAS类似，WA 2000型步枪通过将两侧的部件以及一个枪栓头从一侧换到另一侧，它很容易从右手操纵方式转换为左手操纵方式。

大口径狙击步枪

评估狙击步枪在战场上的真正有效性的根据是它在没有被察觉的情况下摧毁目标的能力。一般情况下，狙击手都是通过实战技巧来实现上述目的，他们会提前到达一个隐蔽位置并且一直待在原地，在射击之前、期间以及射击之后都不被对方发现。有一点可以肯定，目标被击中的范围越大，狙击手成功的机会也就越大。因此，为了实现上述目标，到20世纪80年代，各方开始使用一种大口径、有效射程更远的子弹，即以前只用于重机枪如美国M2型勃朗宁机枪或俄国NSV型机枪的12.7毫米/0.5英寸子弹。该种子弹有多种形状，其压制能力是许多5.56毫米口径子弹的十倍，7.62毫米子弹的六至七倍，子弹枪口初速也比后者高，高达855米/秒。与此相对应，该种子弹的有效射程相当远（根据资料记载，在1991年海湾战争中，美国士兵用0.5英寸的狙击步枪命中1800米/5900英尺外的目标，比用7.62毫米步枪命中更远距离的目标），而且对汽车、直升机、固定翼飞机甚至建筑等一些所谓的"物质"目标同样具有杀伤力，同样对人也有相当强的杀伤力。

20世纪80年代中期，美国海军要求专门为M40型狙击步枪生产枪架以及一系列名牌猎枪和比赛用枪的麦克米伦枪械公司给海军所属"海豹"特种部队开发一种口径为0.5英寸的武器。根据海军提出的要求，该公司推出枪栓式单发步枪M-87型。该型步枪采用不锈钢受弹器以及铬钼合金枪管，后来逐渐发展成为配置5发子弹盒式弹匣的M-87R型步枪。试验显示：尽管它的体积（全长1345毫米）和重量都较大（几乎10千克），但新式武器在用于相应的作战环境下时，仍然是一个较大的进步。然而麦克米伦公司并没有在这一领域处于垄断地位，几乎在同时，贝瑞塔公司推出重为13千克、全枪长1450毫米的半自动狙击步枪——轻型50型82A-1步枪。后来，根据射击试验以及在伊拉克的实战使用过程显示：应用后坐力操纵系统，配置后缩枪管以及复杂枪口制退器（减少对射击者肩膀的冲击）的贝瑞塔狙击步枪比M-87型步枪略胜一筹。1991年，设于田纳西州默夫里斯伯勒的贝瑞塔公司获得向美国军方提供300支82A-1型步枪的生产合同。军方要求制造的枪型设计较为独特，应用合成塑料管和弹性橡胶垫替代普通枪托，进而推出贝瑞塔M82A1型步枪。新式步枪配置10倍望远镜式瞄准具，737毫米长的枪管上套有隔热套管。除了标准的M33型普通子弹外，它还可以发射M8型穿甲燃烧弹和温切斯特研制的带有钨制穿甲弹头的0.5英寸口径轻型超音速穿甲弹，该子弹能够在1500米的范围内穿透19毫米厚的装甲，但可能需要配置钨铬钴合金枪管。

回到出发点

本书的这一部分到此处就形成了一个对称的局面。最初，我们是从源于美国新殖民地田纳西洲1.5米长、发射0.5英寸子弹的武器来开始研究现代步枪的发展过程。经过两个世纪的发展之后，我们发现现在我们所研究的步枪与最初研究的步枪出自相同的地方，而且研究的两个基本方面也极其相似。当然，这两种不同的步枪之间也存在其他的相似点，如它们执行的任务相同，枪管的性质和膛线都没有发生改变，击发装置也没有改变。后来发展的新型步枪至少没有完全脱离最初期时人们的认知领域，200年前的拓荒者肯定会明白M82型步枪的用途。但是，他们会对现代步枪的射程、射击精度、制造工艺及制造原材料感到非常惊奇，更不必说简易的装弹方式了。

未来的发展

步枪的惊人发展速度与技术和原材料科学的发展处于同步。正如我们所见，有时候步枪的发展过程会出现停滞，有时会

右图：M6型"侦察兵"步枪配置一支口径为0.22英寸的长膛线枪管，其下配置口径为0.410英寸滑膛枪管，两枪管可以折叠。由于枪管长457毫米，因此，该型步枪的精确射击距离在100米以上

下图：帕克-黑尔M-85型狙击步枪，是一种以高标准制造的传统枪栓式步枪。其精确射击距离超过了600米，但有可能因射击者采用的射击姿势不同或受当地气温与风向的影响而有所变化

出现几个有影响力的发展商的发展过程偏离了正确的方向，但这是无法避免的。事实上现代人在发展任何新型产品的过程中也会出现同样的问题。所有试验都不会不经历失败就走向成功，没有哪次成功不是建立在失败的基础上。将来，只要需要射弹武器，步枪的基本性能就不会改变。我们可能会看到弹药的性质将发生意义深远的变化，不仅会发生在助推火药的化学成分方面，而且会出现在推进火药的包装以及发射方式等领域。我们很有可能会看到激光目标指示器代替传统的瞄准具，正如该种技术在手枪上得到越来越普遍的应用一样，不过射程越来越远所引发的系列问题还远没有得到解决。总而言之，正如现代武器与过去时代的武器之间的关系一样，现代武器与未来的武器的相似性将远大于它们之间的相异性。

第三部：机枪

    机枪研制出来以后，人们就开始以各种方式提高其性能。通过提高机枪的机械效率，使得子弹射得更快、更准、毁伤力更强，并且提高机枪的发射速度。齐射枪或风琴枪是第一种探索性的枪种，子弹从一排枪管中依次发射（甚至同时发射）。但是，这些枪种取得的效果有限，而且上弹时间也过长。正如本书中指出的那样，直到一种令人满意的将某种子弹从后膛填入机枪的上弹方式发明出来之后，机枪的性能才得到真正意义上的提高。当然，即使是这样，其性能也不是很可靠的。随着联体金属子弹的不断完善，机枪才得以真正成形。在机枪性能提高的同时，战争的本质也随之发生了永久性的变化。

    本书详述了19世纪60年代至今机枪的发展历程。19世纪60年代到80年代，加特林、加德勒和诺登菲尔特研制了手工操作式机枪，从此掀开了陆军武器发展史新的一页。希拉姆·史蒂文森·马克西姆天才般的发明使得手工操作式机枪在一夜之间变得一钱不值。他在没有任何经验和帮助的情况下，研制成功了世界上首支真正的机枪，这种机枪由发射子弹的动力来驱动。马克西姆机枪很快就占据了世界武器市场的垄断地位，为了打破这种垄断，枪械研制者们不断改进机枪的设计。第一次世界大战的爆发极大地促进了机枪的发展，使之很快成为极具毁伤力的武器。本章也详述了冲锋枪（如汤姆森冲锋枪和斯滕冲锋枪）和轻机枪的发展历程，这两种机枪都是第一次世界大战期间研制成功的。到了现代，通用机枪蓬勃发展，其他种类的机枪也各展风采，其中小型机枪的发展尤为引人注目，其驱动方式又回复至外力驱动的老路上来，使用旋转式枪管，这使其发射速度达到了极限，实现了加特林多年以前未能实现的梦想。书中还配有大量图片来展示机枪的工作原理，对每种机枪进行了全面的阐述，是广大武器爱好者和军事历史学家案头必备之读物。

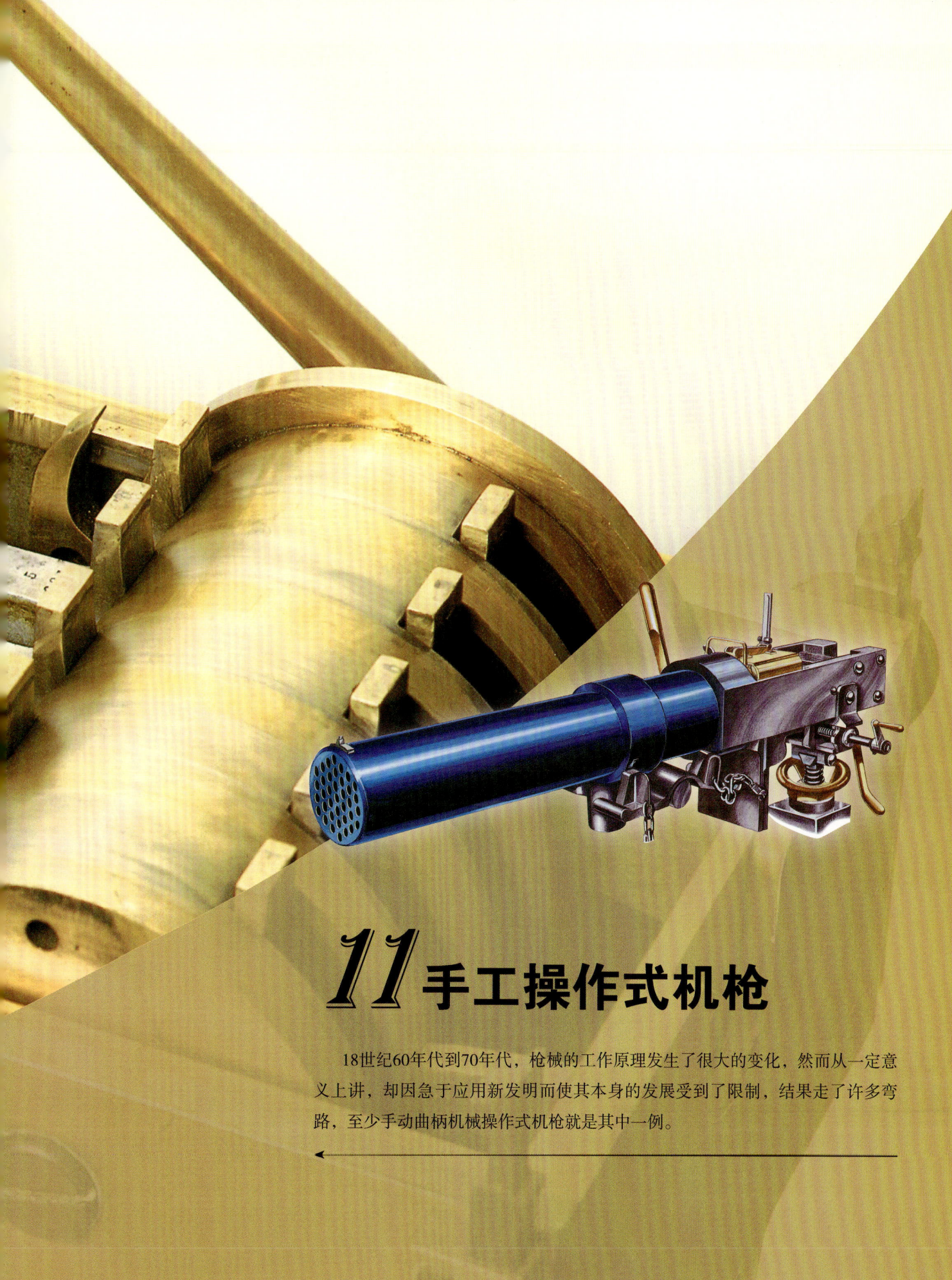

11 手工操作式机枪

18世纪60年代到70年代,枪械的工作原理发生了很大的变化,然而从一定意义上讲,却因急于应用新发明而使其本身的发展受到了限制,结果走了许多弯路,至少手动曲柄机械操作式机枪就是其中一例。

早在枪支成为一种真正有效的作战武器之前，人类就已经开始寻找各种方法提高其杀伤力。最显著的方法是将多支枪的基本部件（容纳弹丸和弹药的枪管和弹膛）组合成一支枪，这就是所谓的多管枪和齐射枪（因为所有的枪管都可以一起发射）或风琴枪（因为其与乐器风琴相似）。这类枪一般都安装在枪架上，像微型的火炮。尽管当时已经有了多管滑膛枪，其中著名的有18世纪80年代由一位很有创意的伦敦机械师亨利·诺克研制出来，用以装备皇家海军的多管滑膛枪。但是，因为这种枪造价昂贵和难以使用（从6支或7支枪管中同时发射，致使后坐力极大）最终被放弃。

因为齐射枪是从枪口装填弹药，而且一次只能给一支枪管装填，因此，其上弹速度非常慢，而且在第一次齐射后其威力将大打折扣，因此齐射枪通常在固定的防御位置上使用。相比之下，装有霰弹（这些霰弹不过是些装满弹丸的圆柱形锡筒而已，发射出去后会爆炸散开）或葡萄弹（一种大小如葡萄的弹丸，这些弹丸装在能够爆裂的木制容器中）或施拉普内尔"炸子儿"（以英国陆军中将亨利·施拉普内尔的名字命名，因为这是他的创意）

加特林机枪1868型
口径：0.5英寸
重量：64千克（140磅）含三脚架
全枪长：1220毫米（48英寸）
枪管长：626毫米（26英寸）
有效射程：400米（1310英尺）
构造：机械化多管枪
射速：约300发/分钟
子弹初速：400米/秒（1310英尺/秒）
原产国：美国

的普通野战炮要好得多，发射出去的"炸子儿"爆炸后能散射出致命的弹片。这种炮的装弹速度较快，而且作战效果与齐射枪并无二致，至少在理论上是这样。另外，它还有一个优点——能够发射普通的固体弹丸。

后膛枪

大约到了19世纪中期出现了后膛枪，这种枪的弹药引爆是通过撞针撞击火帽实现的。火帽中装有当时新发现的易于爆炸的雷汞，而不是用点火的方式将火药送进火药池再点火（这是一种使用打火镰的点火方式）。后膛枪进一步发展，最终取代了前装枪。当然也有更早期的后膛枪，但是因其效率不高或价格昂贵而难以广泛应用。枪械制造师和发明家很快就开始在后膛枪上应用一些新方法，于是就出现了连发枪，这种枪的子弹从弹匣或弹盘一颗接一颗地装入后膛，也可以通过转动曲柄或前后摇动制动杆不停地装弹。虽然当时在机械设计和制造方面并不缺少经验，可以说在这方面完全能够达到实现上述目标的精度，但是革新者们遇到了一个他们无法克服的困难，即弹药极其匮乏，这一困难使他们几乎丧失了成功的信心。这样，机枪就成了一个超越时代的概念，虽然仅在十年后就出现了所谓的机枪。

完整的子弹

第一批完整的子弹早在19世纪初就已经由在巴黎工作的瑞士人塞缪尔·约翰尼斯·波利为后膛枪设计出来。事实上，波利的兴趣主要是在改进后膛枪上。但是，他认识到，为了实现这一目的，必须首先想办法将弹丸、火药和起爆管装在一个部件里，1810年或1811年，他以软金属为弹底，以纸为弹体，试制了一颗子弹，就像霰弹一样。直至20世纪60年代，纸板才被塑料取代。所用的引火药是比较原始的，因为当时还没有发明出适用的火帽，唯一能用的办法就是放少量极灵敏的火药于子弹前端的火药池里。为了确保引火药处于适当位置，波利不得不使用齐平的枪栓，并钻孔放入一个弹簧撞针，而枪上击铁状的突出部分实际上是击铁的待发位置。波利雇用了一名制造枪栓的普鲁士青年约翰·尼克劳斯·沃恩·德雷斯来制造他所设计的这种枪。这位普鲁士青年刻苦努力，最终使自己比老师更有名气，这受益于他所设计的枪栓制动式撞针枪，凭借这种武器，普鲁士人才能够在1870年到1871年的对法战争中取得决定性胜利。令人难以理解的是，当火帽被引爆时，子弹的铜弹头发生膨胀，进而在枪的尾部形成强大的气封（这可能是波利所取得的成就的最重要方面），可是，此后多年这一点似乎并未受到人们的重视，结果，在如何取得有效的气封这一问题上，人们一直束手无策，这阻碍了后膛枪的发展。

后来，法国的路易斯·弗洛伯特和美国的丹尼尔·韦森在波利的设计基础上进行了改进（至少是对其中的一部分），将火帽包在子弹边缘上，然而这种边缘发火子弹有一个致命的缺陷，即子弹材料的强度问题。要使撞针的撞击能够将火帽引爆，弹壳必须用薄而软的材料制成。而在大口径枪支中，推动子弹前进所必需的大量火药足够撕裂弹壳。另外，将火帽平均分布在子弹的边缘四周，也是一件很困难的事情，弄不好会导致走火。火帽对发射药的比例相对较高，这是必须的，但是，

加特林机枪1893型
口径：0.44英寸
重量：20千克（44磅）含三脚架
全枪长：610毫米（24英寸）
枪管长：457毫米（18英寸）
有效射程：400米（1310英尺）
构造：机械化多管枪
射速：300发/分钟
子弹初速：400米/秒（1310英尺/秒）
原产国：美国

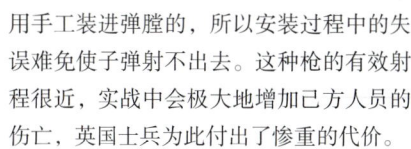

这常常导致子弹边缘的破裂甚至与弹体分离，一旦发生这种情况，枪支就报废了。

博克瑟和伯丹

在可更换火帽的再装子弹问世之前，人们经过了无数的尝试和失败，尽管设计这种子弹所需要的部件和技术早在1840年甚至更早以前就已成熟。对于这种设计，乔治·莫尔斯作出了较大的贡献，他发明了管形铜子弹，这种子弹用钢索铁砧击发火帽，火帽装上后会留下环状裂纹，火帽里嵌有橡皮扣环。这种做法是由两名军官最早发明的，其中一位是在沃尔维治皇家实验室工作的英国军官爱德华·芒尼尔·博克瑟上校，另一位是美国陆军精锐阻击团前任团长海拉姆·伯丹上校。他们在助手的大力帮助下，为推动新型子弹的发展作出了巨大的贡献。实际的研制工作涉及新型子弹原型的制造，因为博克瑟和伯丹既不是工程师也不是枪械师，这项工作对他们来说异常艰难，但是，就是这两个人设计和制造了首枚中央击发、可再装子弹。博克瑟在1866年试制成功，伯丹在两年后也取得成功。

博克瑟设计的子弹主要由卷曲的铜皮、内装有火帽的空心铜弹头盖和一个不相连的可以撞击火帽的铁砧以及一个带孔的铁盘（垫圈）制成。实际上，这种子弹在艰苦的作战环境中效果并不好，射击时弹壳常常因膨胀而卡在弹膛里，其铁制边缘也易被退弹簧撕裂。而且，这种子弹是用手工装进弹膛的，所以安装过程中的失误难免使子弹射不出去。这种枪的有效射程很近，实战中会极大地增加己方人员的伤亡，英国士兵为此付出了惨重的代价。

为了提高子弹的使用效率，其尺寸必须完全符合枪支的尺寸，能够认识到这一点是非常重要的。不过，只有制造工艺达到了能精确地反复加工子弹的各个部件时，才能制造出令人满意的子弹。

伯丹的主要贡献，是发现可以把火帽的铁砧制成弹壳的一部分，并且弹壳可以整体拉制，然后精确加工而成，这样就解决了困扰博克瑟的弹药问题。然而，令人奇怪的是，伯丹并未去做显而易见的下一步工作，即没有为这种火帽设计申请专利。结果，这一设计的专利权被联合金属子弹公司的A.C.霍布斯得到了。1869年，欧洲巴伐利亚的沃德也开始在博克瑟和伯丹模式的基础上设计联体子弹，后来德国的莫塞兄弟也开始设计这种子弹。沃德在短短几年内，就设计出可用于实战的标准子弹。

在此阶段，所有子弹都带有边缘或者凸缘，正是这种边缘，而不是子弹外形和弹丸将子弹定位于后膛，当单发武器成为标准武器时，这种方法是非常方便的，后来也更加稳定可靠。但是，如果有边子弹误装到盒式弹匣里，这些子弹将无法进入弹膛，因为装弹时，第一颗子弹的边缘在第二颗子弹边缘的后面。另外，有边子弹通常装入弹带，上膛前必须先把它们拉到枪尾，这样才能装弹。解决以上两个问题的办法就是采用无边子弹，是子弹的颈部（子弹的颈部当然比弹丸要稍大一点）和子弹的长度决定它能否精确地进入弹膛，这是膛内的空隙和退弹所必需的。然而，这一建议瑞士人鲁宾早在几年前就曾提出过。这种无边子弹的应用对于机枪后来的发展有着非常重要的意义。事实上，正如我们后来看到的那样，它对步枪和手枪发展的重要性不如对机枪发展的重要性大。在当时，博克瑟和伯丹研制的中央击发式有边子弹确实是枪支发展史上的一个重大进步。

第一批机械操作式机枪

19世纪60年代初，已经研制出多种机械操作式机枪，其中最好的（当然是相

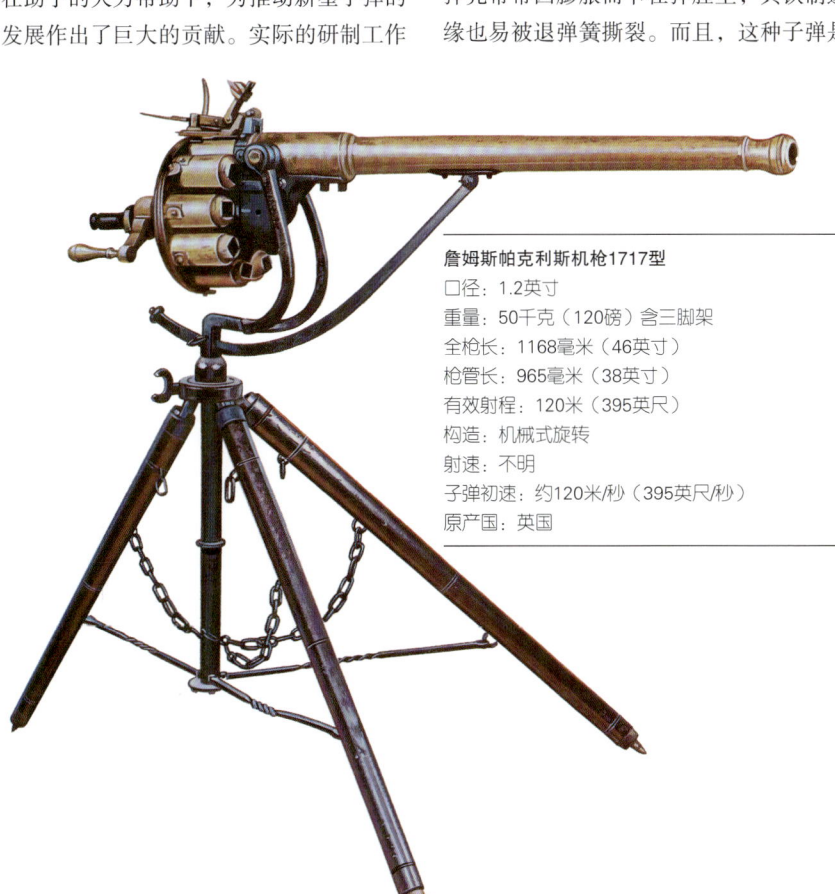

詹姆斯帕克利斯机枪1717型
口径：1.2英寸
重量：50千克（120磅）含三脚架
全枪长：1168毫米（46英寸）
枪管长：965毫米（38英寸）
有效射程：120米（395英尺）
构造：机械式旋转
射速：不明
子弹初速：约120米/秒（395英尺/秒）
原产国：英国

269

上图：英国陆军机枪队在1878年—1880年的第二次阿富汗战争中所使用的加特林机枪，其口径为0.45英寸，枪上装有布罗德韦尔鼓形弹匣

上图：到1878年，加特林机枪已得到广泛应用，就像该图所示的那样。此图片来自《科学美国周刊》

对的）可能是埃杰枪或阿尔杰枪。1862年5月31日，正值美国内战，联军首次在费尔奥克斯战役中使用了该枪，取得了很好的作战效果。联军总共购买了60多支埃杰枪，推销员J.D.米尔斯将这些枪描述成一支占地6平方英尺的军队。这种枪是一种单管"左轮手枪"，子弹通过重力从一个垂直弹匣掉入一个圆柱体中，该圆柱体由多个枪膛组成，枪膛实际上就是一些围绕中心轴的凹槽。把子弹（只由弹药和弹丸组成）装入一个空钢管中，钢管的头部钻有孔，可以由此装上火帽，这就是此种枪的弹膛，它可以从弹匣落入位于9点钟位置的凹槽中，然后旋转至12点钟的位置，此位置正好与枪管成一线，然后射出。进一步的旋转会把现在已经射空的弹膛逐出（更确切地说，是挤出），以后再给这些空的弹膛装入子弹和火帽。

埃杰枪有自身的一些缺陷，其中主要的是很难精确地使携带子弹的弹膛对准枪膛，其他第一代机械操作式机枪与之相比更不可靠。这些枪很难连发，最好的也只能连发几颗，然后就卡住——这基本上是它们确定无疑的共同特征。直到最著名的机械操作式机枪的开创者理查德·乔丹·加特林转而使用金属联体子弹，这些枪的性能才有了重大进展，这一进展使机枪在操作上有了很大的变化。

加特林博士

加特林是一个职业发明家，有一系列成功的发明值得称道，特别是在农业领域，后来他还获授医学博士。他出生于卡罗来纳州，后来却长期定居于印第安纳州。没有迹象表明他曾从过医，而且他的主要兴趣是在机械设备上。1861年，南北战争的爆发使他将注意力转向机枪的研究。那时，他已经因成功发明了马拉播种机而发了一笔小财。他试图研制的第一支枪在概念上非常类似于埃杰枪（采用弹膛输送子弹的单管旋膛枪），与其同行一样，加特林也因相同的原因遇到同样的难题。经过反复思索，他认为只有联体金属子弹才能解决这一问题。这种子弹与韦森及其他人研制的子弹一样，都是通过枪栓的作用而装入弹膛的。在枪中，子弹由底杆驱动到一个适当位置，然后被肘节卡住，而不是像以前那样需要旋转来与挂弹装置接合。然而如何使这一过程运行得更快，使之明显高于熟练枪手能达到的操作速度呢？

加特林的解决办法是使用多个枪管，每个枪管都有自身的弹膛，这些枪管装在一个中轴的四周并围绕中轴旋转，其样式酷似"胡椒瓶"手枪（这种枪现在偶尔还有人在使用）。上述方法同时也解决了弹膛和枪管难以对齐的难题。埃杰和加特林的另一个同行——埃兹拉·里普利，已经制造出一种应用这一原理的齐射枪。加特林的贡献在于证明了这种布局的枪管可以将来自弹匣的新弹药装入。弹膛在离开击发装置以后重新装弹，然后再旋转，直至与击发装置对齐。装弹和射击过程是由一个简单的固定凸轮来控制，由枪管、弹膛和弹簧枪栓组成的装配件倚着凸轮旋转。当敞开的后膛旋转至12点钟的位置时，另一颗子弹掉入其中，在继续旋转至6点钟位置的过程中，子弹被推入空的枪膛，最终在6点钟的位置发射出去，弹壳被弹出，弹膛继续朝上旋转。枪手只需旋转手柄以操作枪支，与此同时，助手则要使装满弹药的漏斗式弹匣始终朝上。加特林因发明这种装置而于1862年11月获得美国专利，专利号为NO.36836。正像他在1865年所说的那样："这种枪能够以每分钟200发子弹的速度发射，它同其他武器的关系就像麦科马克收割机对于镰刀或缝纫机对于普通针一样，使用它的少数人可以完成很多人的工作。"

加特林取得的惊人进步

加特林的发明很有趣，但直到1864年初才有人购买这种机枪。当时，马里兰州巴尔的摩的本杰明·F.巴特勒将军订购了12支口径为0.58英寸的加特林机枪，还为每支枪购买了1000发子弹，费用总计为12000美元。这些枪和子弹均由俄亥俄州辛辛那提市的林奇·麦克惠尼公司制造，该公司是加特林的合资人。1864年6月，在围攻弗吉尼亚彼得斯堡的战役中，巴特勒使用了该枪并取得了巨大的成功。然而，即使这样的成功也没有给这种枪带来稳定的销量，原因可能是价格太高，但更有可能是美国陆军军械局长J.W.里普利上校的强烈抵制。直到两年多以后，加特林机枪才被官方接受（虽然在此之前美国海军已经采购了一些）。此时，加特林已大大地改进了此种枪的设计，成功地提高了枪的射速，达到了每分钟300发，而且相当稳定。另外，他在试验中还常常达到每分钟600发。

众所周知，1865型加特林机枪是一种改进型枪支，它是首次生产的口径为1英寸的机枪，有6根枪管，该枪既能发射固体弹丸又能发射内含15颗0.25英寸弹丸的霰弹。1866年，美国陆军购买了50支这样的枪，同时还购买了50支使用0.5英寸子弹的10管枪，这种枪由S.V.本尼特上校（这个名字我们在以后的叙述中还将提到，他后来成为军械局长，他的儿子在霍奇基斯是一个重要人物）在弗兰克福德兵工厂研制。当时，加特林已中止了与林奇·麦克惠尼公司的业务关系，林奇·麦克惠尼公司只是一个工匠作坊，不具备生产该枪所必需的重复精确加工技术。因此，他转而与詹姆斯·库珀公司合作，詹姆斯·库珀公司也位于弗兰克福德，结果该公司所生产的加特林机枪在质量上有了很大的提高。然而，詹姆斯·库珀公司不能在有限的时间内为军队生产出预订的枪支，这样这份订单又转到了柯尔特专利火器制造公司，这家公司在那时已经成立了近25年，地址位于康涅狄格州的首府——哈特福特，是一家因特殊目的而建立的公司。在那里，几乎可以见到当时所有最现代化的工业加工技术，其中有许多加工技术还在那里得到了发展。但直到1911年，柯尔特公司才开始为军方生产加特林机枪及其零部件。在此之前，该公司则生产由马克西姆设计的机枪，这是一种真正的自动机枪，由马克西姆与别人合作研制。加特林继续研制自己的机枪，研制成功了多种型号，其中包括1893型机枪，该型枪的枪管长18英寸，用电力马达来驱动，以此取代了手摇式曲柄的驱动方式。这种枪可以称作是一种真正意义上的机枪，因为它是由枪管火门喷出的推进气体来提供动力的。

加特林机枪的性能

加特林机枪的效果如何呢？可以从两个方面来考察：第一方面，其准确度有多高、射速有多大；第二方面，其可靠性如何。我们先来看看第二方面，当时（即19世纪70年代），世界上主要军事强国开始意识到有可能研制出这种新式武器，于是各国一些互不相干的高级军官发起了一场旨在反对研制这种武器的非正式运动，他们团结一致共同抵制这种武器，在他们看来，这种新式武器对士兵的生命构成极大的威胁。这种运动一直持续到第一次世界大战爆发，此时，正如我们后来所看到的一样，已经没有人会质疑这种机枪的性能

加特林机枪1878型
口径：0.45英寸
重量：34千克（75磅）含三脚架
全枪长：965毫米（38英寸）
枪管长：610毫米（24英寸）
有效射程：500米（1640英尺）
构造：机械化多管枪
射速：300发/分钟
子弹初速：400米/秒（1310英尺/秒）
原产国：美国

了。具有讽刺意味的是，正是这种否认机枪威力的行为造成（至少在一定程度上）了数百万士兵的死亡。这帮人逢人便诋毁加特林机枪，强调该枪容易出现射击故障和供弹故障，说这些故障给那些信任它的士兵带来了可怕的结果。1890年的哈扎瑞战役之后，诗人亨利·纽波特在加特林机枪出现上述故障后这样写道："沙土里浸满了鲜血／鲜红的血液在漫延／加特林枪卡壳，军官倒下了／军队惊慌失措"。事实上，这种害怕是有道理的，因为加特林机枪很容易出现射击故障，比如在弹壳没有退出而新子弹又被压入弹膛时，就会出现严重的射击故障。对这种情况，枪手束手无策，特别是在激烈的战斗中更是如此，因为出现这种故障事先无任何征兆。希拉姆·马克西姆后来就是利用加特林枪的这种缺陷，证明他研制的自动装填式机枪优于手摇曲柄式机枪。他指出，他所研制的枪如果出现子弹射击异常，射击会立即停止，因为子弹异常射击后，连续射击所需能量无法得到补给，也就不会出现枪械研

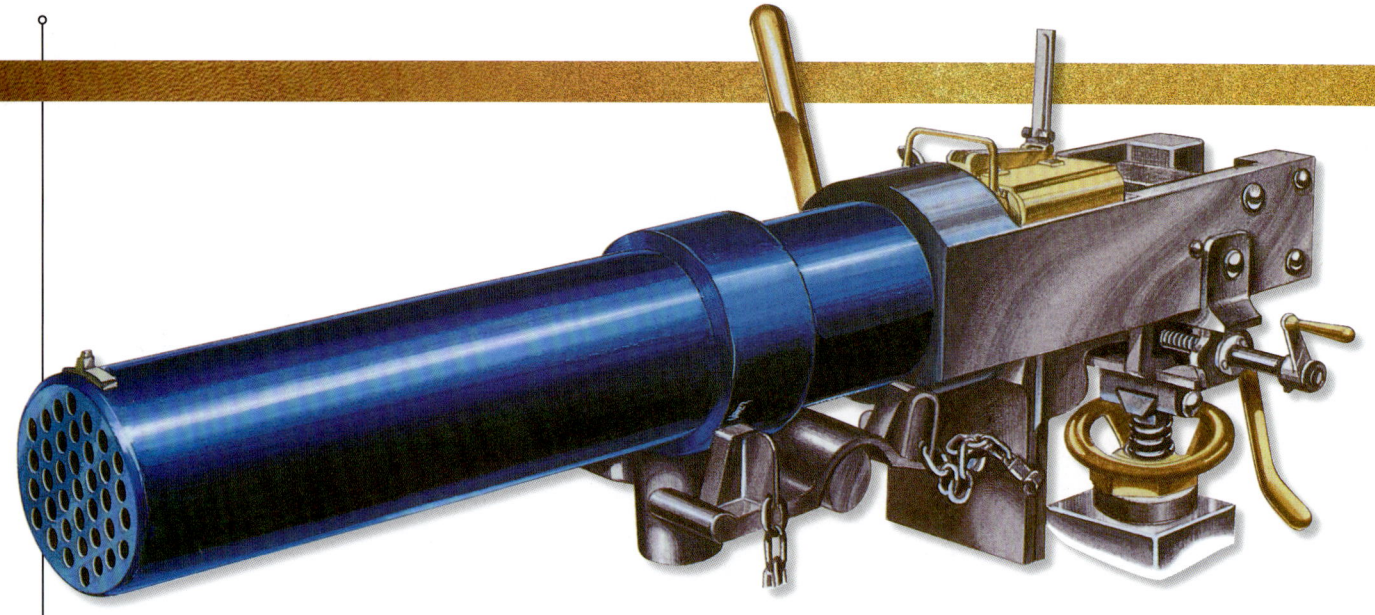

制者们关心的子弹卡壳问题了。

一次具有决定意义的试验

加特林机枪除了具有良好的可靠性外，人们很快就证明了加特林机枪的确也是高效的。上面所提及的问题，只是加特林枪的唯一缺陷。尽管这种缺陷是设计上的问题，但也与当时所用子弹的质量有直接的关系，随着时间的推移，子弹质量不断提高，这一问题就迎刃而解了。1873年10月，美国陆军在维哥利亚蒙诺城堡进行了一次试验，把口径为0.42英寸的加特林机枪与发射12磅重炮弹的铜制后膛野战炮和攻城榴弹炮进行比较，后两者发射的都是一种球形定时霰弹，所不同的是，后膛野战炮用的霰弹装有82颗直径为0.69英寸的铅制步枪弹丸，攻城榴弹炮用的霰弹装有486颗步枪弹丸。这三件武器的射击目标均是由帆布制成的高约3米宽约15米的靶子，距离分别为460米和730米，每件武器的射击时间均为1.5分钟。试验结果是，射击距离为460米时，加特林机枪发射600发子弹，其中有557发击中目标；发射12磅重炮弹的"拿破仑"野战炮射击7次，发射574发子弹，其中55发击中目标；攻城榴弹炮射击4次，发射1944发子弹，其中112发击中目标。射击距离为730米时，加特林机枪击中目标的子弹为534发，"拿破仑"野战炮为35发，而攻城榴弹炮则无一击中。

然而，并不是所有的试验都能得出这样的结果，例如发生在吉布诺塔的一件很特别的事件，皇家海军的一支加特林机枪与英国步兵团18名步兵组成的小组进行射击比赛，这18名步兵使用的射速相对较慢的马提尼-亨利步枪，这种枪在每次射击后需要用人工装填弹药。据报道，在一定的时间内，加特林机枪发射的子弹较多，而马提尼-亨利步枪的命中率较高。而1869年在卡斯若亥进行的一次试验的结果则是，100个普鲁士步兵在单位时间内的射击效果还比不上一支加特林枪。当时的情况是这样，靶子高1.8米，宽22米，射击距离800米，100个步兵发射子弹721发，其中有196发命中目标，用时1分钟。加特林机枪发射子弹246发，其中216发命中，用时也是1分钟。

马蒂尼米特雷勒尔机枪
口径：11毫米
重量：140千克 (308磅)含三脚架
全枪长：1370毫米 (54英寸)
枪管长：1050毫米 (41.3英寸)
有效射程：400米 (1310英尺)
构造：齐射枪
射速：不明
子弹初速：410米/秒 (1340英尺/秒)
原产国：法国

加特林机枪取得的成功

也就是在蒙诺城堡那次试验中，有一支加特林机枪装上了吉姆斯·爱克利斯研制的重力供弹式鼓形弹匣，吉姆斯·爱克利斯是一名失败的机枪研制者。这支机枪在三天内连续射击了10万发子弹。很显然，加特林机枪的可靠性有了很大的提高，有人怀疑是因为使用了波顿研制的整体拉伸、中心击发子弹。爱克利斯鼓形弹

上图：是装备在皇家海军战舰上的诺登非尔特枪，其作战效果较好，该枪的配形、口径及枪管的数量也多种多样

霍奇基斯机枪
口径：1.5英寸
重量：124千克（273磅）（枪本身重量）
全枪长：1370毫米（54英寸）
枪管长：710毫米（28英寸）
有效射程：400米（1310英尺）
构造：机械化多管枪
射速：60发/分钟
子弹初速：400米/秒（1310英尺/秒）
原产国：美国

匣的轴线成水平，且与枪管的轴线平行。后来布诺迪威尔研制的鼓形弹匣的容弹量更大，达到400发之多。这种弹匣的中轴四周配有一系列进弹漏斗，通过不断地旋转中轴，子弹就会依次装填。布诺迪威尔研制的这种弹匣后来成为英国海军和陆军的标准装备，而另一种较早期的由L.F.布鲁斯研制的双轨柱状进弹斗则依然受到美国人的青睐。

短短五年，加特林机枪就得到广泛认可，加特林将这种机枪大量出售给美国和英国的陆军和海军（以阿姆斯特朗公司的名义生产）、沙皇俄国的军队（由沙皇俄国的图拉阿赛那尔兵工厂生产）以及日本、土耳其和西班牙。普鲁士也很看重这种机枪，却拒绝接受；奥地利对该枪的兴趣不大，虽然维也纳有一家私人公司从加特林那里购得加特林机枪的生产许可证，而且所生产的加特林机枪的质量也较好，

但是，奥地利还是决定使用本国产的机械操作式机枪，这种机枪的效率充其量只能说是勉强过得去。早在1864年以前，加特林就拒绝向法国提供加特林机枪，哪怕是用作评估也不行。此时，加特林却主动提议向法国供应一份最小额的订货——100支加特林机枪，价格与出售给巴特勒的一样高。当时的情形是，法国与普鲁士的战争看起来似乎不可避免，法国政府急需一大批新式的现代化武器来参战，加特林的提议在法国政府看来是一种侮辱。因此法国政府转而发展当时早已过时的齐射枪的改进型，这种齐射枪是十年前比利时一位名叫T.H.J.怀斯揣姆斯的步兵军官交给法国政府的，他给这种枪起名为米特雷勒尔机枪，这是由法语派生的词，意思是"霰弹"。或许，这一名字可以向我们透露一些该枪的工作原理。法国政府把该枪的改进工作委托给了怀斯揣姆斯的合伙人——

工程师约瑟夫·蒙狄哥尼，正是他的名字才使得这种合成枪有很高的知名度。

蒙狄哥尼-米特雷勒尔机枪

在近处看，蒙狄哥尼-米特雷勒尔机枪非常像一门野战炮，将同口径的37支步枪枪管由一根钢管固定在一起，架放在一个炮架上，只需简单的一个动作就可利用扁平状的弹匣向每支枪管装填子弹。扁平状的弹匣垂直固定在一块滑板上，这块滑板可以通过一根滑动杆前后移动。扣动一排击铁，使滑块前移，从而击发子弹。该种枪的第一种型号为齐射型，即所有的枪管同时射击，于1867年装备部队。一队受过训练的枪手能在60秒内齐射12次，理论上的射速每分钟超过400发，这比当时加特林机枪的射速要大。由于这种枪极其笨重（枪管及枪架总计3.048吨，需6匹马来拉），还由于法国最高指挥部坚

加特林5管机枪

口径：0.45英寸
重量：24千克（53磅）（枪本身重量）
全枪长：915毫米（36英寸）
枪管长：626毫米（26英寸）
有效射程：400米（1310英尺）
构造：机械化多管枪
射速：800发/分钟
子弹初速：400米/秒（1310英尺/秒）
原产国：美国/英国

持将其作为大炮来使用，因此它未受到部队欢迎。由笛·奈怀研制的改进型于1870年装备部队，当时法国正在进行着反抗普鲁士的殊死战争。该枪最重要的改进，是枪手可以进行连续射击，射速可以由一个后置曲柄来控制。笛·奈怀还继续对该枪进行改进，以能够使用吉塞波特步枪这种标准步枪子弹。他还用更加结实的螺杆来替换装弹杆，因此，人们将1870年装备部队的此种枪称作笛·奈怀-米特雷勒尔机枪。如果创造性地使用该枪，就会取得较好的作战效果，如1870年8月18日，法军在哥瑞乌罗特战役中就创造性地使用了该枪，结果取得了非常好的效果。但是，总的来说，它的作战效果并不好。战后，这些枪用来对付巴黎街道上的叛军，效果非常好，这要归功于那些主要街道的宽阔和平直（是极好的战场），这与具有远见的巴伦·霍斯曼在1848年革命后重建该城期间对这些街道进行设计时所期望的一样。联体子弹在爆发普法战争时，已经得到很大的改进。因此，快速上膛的难题就迎刃而解了。加特林售枪的价格策略不尽如人意，柯尔特公司以每支枪700美元的造价为他生产枪支，他却以两倍以上的高价卖出，但是，加特林设计的枪还是占了当时本就不太大的市场的很大份额（但不是垄断）。其他公司，例如克拉克斯顿公司，也在制造此类枪支，它甚至还卖过一些给法国。但是，这些后来者主要是将关注的焦点转向战场。

三种不同类型的机枪

1871年，康涅狄格州沃特顿的本杰明·伯克利·霍奇基斯研制出一种口径为1.5英寸的5管旋膛枪，这种枪以较慢的射速（每秒还不到一发）发射造价高昂的子弹。虽然人们将这种枪形容为小型的加特林，但是它与加特林枪的工作原理还是有区别的，就是在装弹的时候，这种旋膛枪是先将一颗颗子弹装入枪尾，然后再送进邻近枪尾的枪膛。霍奇基斯发现这种枪在欧洲比在美国更受欢迎，因此他移居法国，在那儿组建了自己的公司，还聘请劳伦斯·本尼特任公司总工程师兼总设计师。后来，这家公司成为生产机枪的主要厂家，也是唯一一家成功地从生产手摇曲柄式枪支转型为生产真正机枪的厂家。

也是在1871年，一位名叫赫尔奇·帕姆克兰茨的瑞士工程师研制出了一种人工操作机枪，该机枪是一种介于加特林机枪和蒙特哥尼机枪之间的过渡型机枪。它有一排水平的枪管，子弹从一个垂直的进弹口填入枪管。打开枪膛，退出废弹壳，新子弹的上膛和发射都是通过一个往返运动杆来实现。这种机枪的工作方式听起来可能让人感觉很费力，但机枪上的一组齿轮系统可以比较容易地使机枪的射速提高到人们可以接受的程度。这一发明为另一名瑞士资本家索斯顿·诺登·菲亚特所采用，他以自己的名字与设计者的名字来为改进的机枪命名，但是后来，诺登·菲亚特就把帕姆克兰茨的名字去掉了。诺登·菲亚特机枪与霍奇基斯机枪、加特林机枪及加德纳机枪一起，被英国海军所接受并用它们保护那些坚固的大船免受新型快速鱼雷艇的袭击。后来研制出了不同式样和不同口径的2~10管诺登·菲亚特机枪，其中最常见的有两种类型，一种是口径为1英寸，使用207克重的钢弹丸实心子弹，另一种是口径为0.45英寸，使用英制加特林机枪子弹。后一种子弹还特意为一种相似但更简化的多管机枪设计，枪是由俄亥俄州托莱多城的威廉·加德纳于

上图：1899年，美国海军陆战队在塞牟的战斗中使用了加特林枪（1886型），一举扭转了战局，这种枪也成了强大威力的象征

上图：一支5管加德纳机枪（1880），它的性能比加特林机枪还要稳定，结构也比诺登·菲亚特机枪轻巧和简便，它在英国深受欢迎

1874年设计的。加德纳机枪重量比其他机枪要轻，特别是深受英国陆军喜爱的双管加德纳机枪，总重才只有45千克（含三脚架），非常适于运输。这种枪重量虽轻，但是，其杀伤力却很大。1879年在华盛顿海军基地进行的试验中表明，双管加德纳机枪在27.5分钟内可以发射10000发子弹。而皇家海军所做的试验也表明，5管加德纳机枪的射速能达到每分钟812发。

短暂的成功

19世纪70年代后期，手工操作式机枪，如加特林机枪、诺登·菲亚特机枪、霍奇基斯机枪和加德纳机枪，已经是世界所有"文明"国家军队普遍使用的重要武器，这些机枪已经使陆地战争形式发生了改变——虽然有时不那么明显，而且这些机枪的重量很重，机动性很差，也不便于携带，但是，它们确实引发了人们的思考和讨论。这些机枪用了很长时间，即使在19世纪末、20世纪初，它们还依稀出现在战场上。1884年，一位"住在肯特的性格内向却具有科学头脑的绅士"希拉姆·史蒂文森·马克西姆的发明使这种机枪显得过时了。第一次世界大战期间，人们提出了从外部给机枪提供动力的想法，以解决机枪发射慢的问题，方法是使用螺旋桨装置，这使得理查德·加特林设计的机枪的工作原理一时间复兴起来。20世纪60年代，也用了同样的方法来提高机载机枪的射速，这时人们以一种更严肃的态度来对待它，结果一种新式机枪被研制出来了，这种机枪我们将会在下面讲到。

12 自动机枪

　　机枪，也许可以称为美国第一个最伟大的发明，虽然也有人认为惠特尼发明的轧棉机和麦科密克发明的收割机才堪称"第一伟大发明"。但是，不管怎样，四种高效手动连发机枪，其中就有三种是在美国研制成功的，而且第一代自动机枪中的大多数也是美国人的杰作。

虽然欧洲所有主要的机枪创造者都赢得了名誉,然而,威廉·加德纳和本杰明·霍奇基斯还是离开他们的祖国来到了美国,随他们之后来到美国的还有希拉姆·史蒂文森·马克西姆、劳伦斯·本尼特、约翰·摩西·勃朗宁和艾萨克·牛顿·刘易斯。如果仅就机枪发展史上的地位而言,马克西姆是他们中最重要的人物,尽管勃朗宁是无可置疑的更具天赋的机枪研制者。本尼特作为霍奇基斯的门生和继承者,在法国是最具影响力的人物。而刘易斯却只有一种设计获得人们的好评,而且,事实上这种设计还是别人构想的,我们将在下文作介绍。

希拉姆·马克西姆是一个多面手,他于1840年生于麦恩,小时候他在父亲的水磨房工作,这间水磨房既碾玉米,也为一家机械车间提供动力。马克西姆在那家机械车间学会了怎样做木工和金属工,后来他在当地一家公司当制造马车的学徒工,这使其技艺得到了提高。他在自传《我的一生》中提到他在14岁时就开始思考机枪了。马克西姆的父亲艾萨克把一种由制动杆操作、弹带上弹的单管连发枪的想法讲述给他听,之后要他制作出这种枪的图纸和模型。他照着这种想法去做了,并把它们拿给班戈附近的一位制枪人看,这位制枪人说,他认为这种枪能够运作,但是身边没有制造这种枪所必需的工具。马克西姆的一个叔叔在曼彻斯特一家小型的机械车间工作,他去征求叔叔的意见,叔叔说这种枪的制造费用可能高达100美元而实际价值却不值100美分。后来,马克西姆对枪支的兴趣渐无,直到12年后的一天,他在乔治亚萨瓦那由别人介绍认识了一群用斯普林菲尔德式步枪练习射击的人,这些人邀请他一试身手,结果他能和他们中最棒的人射得一样好,尽管步枪的后坐力很大。他从这次射击中获得了灵感,即利用枪本身的后坐力来循环制动,以此来研制连发枪。这个故事很容易让人觉得是马克西姆编造的,一个成长在那个时代,以前从未射击过的26岁的美国青年却能和美国南北战争时期的老兵射击得一样好,这好像是不可能的。但是,他真的做到了。通过枪自身产生的后坐力来退出弹壳,同时装上一颗新子弹,关闭枪膛,拉上枪栓和开火射击。只要弹药供应得上,只需扣动扳机以上过程就可以一直循环下去。

在近20年后,马克西姆才把这一想法付诸行动。那时,因他在电的产生与电流的控制上获得专利权,已经非常成功地成为一名卓越的发明家。事实上,他在同托马斯·阿尔瓦·爱迪生的竞争中取得了一定的成功,这使爱迪生的支持者非常不安,他们开出了令人难以置信的优惠条件与马克西姆谈判,要他代表美国电灯公司去欧洲工作十年,年薪两万美元(在当时,这是笔非常大的数目),主要工作是"汇报欧洲人在这个领域的最新发展",这个工作会使他没有条件亲自进行电力方面的发明,即使如此,马克西姆还是接受了。

改变方向

马克西姆后来在《伦敦时报》上撰文说,他转而设计枪支的想法来自1882年与一个美国熟人在维也纳的一次交谈。在这次交谈中,这位美国人说:"停止你的化学和电学研究吧,如果你想挣大笔的金钱,只需发明一种能使得欧洲人轻易地互相残杀的东西就行了。"

大概正是这番谈话,唤起了马克西姆在1866年关于利用后坐力来设计连发枪的想法。1883年,他在伦敦绘制出一幅利用

马克西姆机枪
口径:0.303英寸
重量:18.2千克(40磅)
全枪长:1180毫米(46.5英寸)
枪管长:720毫米(28.25英寸)
有效射程:2000米(6600英尺)
构造:弹带供弹,后坐力制动,水制冷
射速:600发/分钟
子弹初速:600米/秒(1970英尺/秒)
原产国:英国

斯科德M1909型机枪
口径：8毫米
重量：44千克（98磅）
全枪长：1070毫米（42英寸）
枪管长：525毫米（20.75英寸）
有效射程：1000米（3300英尺）
构造：弹带供弹，延迟式气体制动，水制冷
射速：425发/分钟
子弹初速：618米/秒（2030英尺/秒）
原产国：奥地利

后坐力自动上膛的自动步枪的草图。因为他认为有申请专利的必要，所以很快为该设计提交了专利申请书，内容是利用枪支或其他武器的后坐力来推动后膛装弹式武器的制动系统。其工作原理是枪支发射产生的后坐力，使弹簧或弹簧组储备了足够的能量，然后利用该能量来推动枪支的机械结构，从而完成退弹、装弹和子弹上膛等动作。他还将其他设计的可能性也写进这份三页纸的申请书中，这就是专利号为NO.3178的英国专利，专利权生效的时间是1883年6月26日。

机枪的工作原理

在检验马克西姆枪支设计的进展之前，可以对枪支发射子弹时产生的"废弃"能量使枪支循环制动的各种方法进行考虑，这两种方法都是直接利用后坐力。其他的方法是直接或间接地二次利用爆炸气体来推动子弹射向目标。

短后坐系统

在短后坐系统中（一种马克西姆型机枪所采用的系统），枪管和枪栓没有锁住和分离之前可以一起向后移动一段很短的距离（通常小于2.5厘米）。后膛打开之前的短暂延时可以使弹膛里剩余的压力降到一定程度，这时可以安全打开后膛，而不会将子弹撕裂。此时，枪管尾部的通道受到阻塞，但枪栓没有被锁住，还可以继续向后滑动，退壳弹簧可以保证使弹壳与其一起运动，并最终将弹壳退出枪支。枪栓的运动压缩一个弹簧，弹簧后缩达到平衡点，就扳起火装置，从弹匣或弹带中接受一颗新子弹，枪栓在返回到射击位置的途中迅速将子弹压入弹膛，在射击位置，枪栓被重新锁定至枪管上。我们在较早的时候提到，使用装入弹带的有边子弹有一定的难度。情况是这样：在枪后部的撞击下，有必要将整个子弹从弹带上退出，因为子弹不可能穿过卡弹环而上弹。因此，枪栓移动的路段必须稍大于子弹总长的两倍。然而，无边子弹通常用有力的弹簧夹片连接在一起，形成所谓的分裂型弹带，在同样情况下，弹带会分裂成一组组弹链，这样，整个的操作过程就会简化许多。

长后坐系统

长后坐系统的不同之处在于枪管和枪后膛装配一起，在外力的作用下共同向后

上图：一挺型号为蒂克卡斯基09-32型的马克西姆机枪，在1939年—1940年间芬苏"冬季战争"中，由芬兰军队使用

上图：约1914年，喀麦隆高地的两个士兵正在使用一挺架在2型三脚架上的英式马克西姆机枪，其弹带上装的是空包弹

运动，运动的行程要比整个子弹的长度稍大。然后，回复簧驱动着枪管返回射击位置，与此同时，位于枪栓上的退弹器紧紧抓住空弹壳，一旦释放退弹器，空弹壳立即被抛出，随后枪栓向前移动，拔出弹匣中的一颗新子弹并将之压入弹膛内，使枪处于待发状态，此时，如果扳机处于压紧状态，子弹就被射出，如此循环直至弹药耗尽。

霍奇基斯1914型机枪
口径：8毫米
重量：23.6千克（52磅）
全枪长：1270毫米（50英寸）
枪管长：775毫米（30.5英寸）
有效射程：2000米（6600英尺）
构造：弹带供弹，气体制动，空气制冷
射速：600发/分钟
子弹初速：725米/秒（2380英尺/秒）
原产国：法国

气体制动系统

人们把最简单的气体制动机械装置，叫做后吹系统，枪栓只由一个弹簧紧紧顶住，没有锁定柄或锁定插栓。在引爆子弹的瞬间，枪栓还处在限制状态，直到弹膛的气体压力克服了枪栓的质量后才使之快速向后运动，然后以与后坐力制动枪完全相同的方式循环制动。显然，这种方法就机械学方面而言，要比后坐力制动系统更简单，因此，制造和保养的费用相对较低，而且制造和保养起来也更方便。在延迟或阻碍这种后吹系统方面，已经或多或少有了一些成功的尝试，其中最简单的一种方法就是在释放枪栓进行循环之前，必须克服一个人为设置的机械障碍，但与步枪相同口径的机枪几乎都不是按这种方法制动，那些已经采用这些方法制动的此种机枪也很少取得成功，因为其子弹释放的能量太大，以这种方式是无法控制的。但是，大多数与手枪同口径的准机枪或自动枪可以采用这种方法来制动。通常情况下，与步枪同口径的机枪是采用间接的方式来制动，即通过在枪口处释放的推进气体来作用于该处的一个汽缸活塞表面，随后再作用于枪栓，使枪栓后移并解锁，然后再次循环以上过程。这种情况下，可以对制动所用气体的量进行精确调节，方法是通过控制汽缸与枪管之间孔径的大小或气体冲击活塞表面的时间来调节。

马克西姆的闭锁系统和制动系统

马克西姆系统依靠一个插栓来将枪栓和枪管锁在一起，这种插栓是一对在枢轴上转动的长短不同的杠杆，并用铰链装在一起以使它们能同时工作，就像人的膝关节一样。在枪管和枪栓一起向后运动一小段距离后，该插栓在经过机匣上的一个浅凸轮表面时向下"分开"，从阻断的那一点起，枪栓独立作用于一个螺旋形弹簧的力继续向后移动，该弹簧在返回的过程中，又重咬合插栓，固定好枪管与枪栓在机枪上的位置。

这个动作实际上已经通过两步完成了子弹（有边子弹）的装填：一颗子弹由子弹抓取器从弹带中拔出，与此同时，空弹壳也从弹膛中退出。这些子弹，包括未用的和用过的，其边缘卡在一个垂直槽口中。在枪栓开始其向前撞击之前，子弹抓取器下移，退出空弹壳，同时拔出一颗新子弹并使之与枪后膛成一条直线。在子弹上膛时，子弹抓取器随着返回上部位置，并继续用其下端抓住新上膛子弹的边缘。锁定枪管和枪栓这两个主要部件的不同方式是区别不同型号的自动武器的主要依据，在以后相应的章节里，我们会详细地阐述这些自动武器的主要型号。

马克西姆的"先锋"机枪

马克西姆在取得第一个专利前，就已经开始致力于设计他的第一支"先锋"机枪。很显然，他取得了明显的进展，这一进展使他明白了手工操作式机枪不太好的原因。这一点，与我们前面提到的一样，在此重提一下就会更加清楚：在自动武器中，其自动装弹无论是由后坐力还是由气压来完成，枪支的操作都是自动控制的。

92型机枪(1932)
口径：7.7毫米
重量：55千克 (122磅)
全枪长：1160毫米 (45英寸)
枪管长：700毫米 (27.5英寸)
有效射程：2000米 (6600英尺)
构造：弹带供弹，气体制动，空气制冷
射速：450发/分钟
子弹初速：715米/秒 (2350英尺/秒)
原产国：日本

如果有一颗子弹"哑"了，它就会自动使枪的制动系统停止运行，就像一颗成功发射的子弹能够顺利地使下一颗子弹装填和击发一样。这样，机枪手就可以用手取下这颗哑弹，之后继续射击。因此，哑弹就不会留在枪里而使枪支无法使用。马克西姆别具特色的思维方式及其应用排除了不能使机枪成为战争中的理想武器的最后一个障碍。

马克西姆在"先锋"机枪的设计上取得了成功，因此，他于1883年7月16日获得了此种枪的专利权，专利号为NO.3493。这种机枪是弹带供弹、后坐力制动式武器，与上面描述的相比，其操作循环有着一定程度的不同，所使用的子弹也是由马克西姆亲自设计和制造的无边子弹，同时利用可调节的液压来改变枪的射速。马克西姆对这种设计并不满意，设计该枪的目的主要是保护他申请的专利，正如他所说："以前从来没有人制造出自动枪，其设计原理是很浅显的，因此我能够拿出一定数量的专利来展示自动枪每一种可以想象出来的工作原理，并进行详尽的阐述。"

六个月后，他在最初获得的专利（一种利用后坐力制动的机枪设计专利）的基础上作了进一步改进，成功设计出利用枪口气体冲力来制动的系统，该系统在1884年1月3日获得了专利，专利号为NO.606。虽然他自己从未遵循自己的路线走下去，但别人这样做了，马克西姆认为其他人的发明是对其发明的剽窃，因此他不断地控诉这些人。

马克西姆"原型"机枪

马克西姆"原型"机枪是"先锋"机枪之后设计成功的又一种枪型，两者之间有一个很重要的区别：马克西姆"原型"机枪使用的是英国武装部队使用的标准0.45英寸加特林－加德勒有边子弹，这为机枪提出了标准化的问题。马克西姆"原型"机枪的首次使用是在1884年的1月24日，地点是其建在哈顿公园（公园位于伦敦珠宝区的中心）的车间里，马克西姆在那里详细讲解了他是怎样将半打子弹在不到半秒的时间内全部发射出去的。该枪很高的射速只有同时代的加特林机枪可与之相匹敌，但是，这也使枪本身产生了一个问题：枪管迅速升温、过热。为了控制枪管温度，马克西姆在枪管上包了一层冷却套，这几乎成了后来所有的马克西姆机枪的共同特征，但是1887年设计成功的"轻量级"和1895年首次公开的"超轻量级"马克西姆机枪是个例外，尽管它们不是特别成功。马克西姆按照自己的兴趣和意图，于1883年底完成了马克西姆"原型"机枪的设计，当然，这种设计不够完美，后来实际上也很少对之做进一步的改动，最主要的改进，就是简化该枪的结构使其造价和保养费用更低。该枪的一个缺陷就是难以不中断地持续发射。有一个重要问题是马克西姆所不能解决的，那就是所用弹药的质量问题，但是，最终通过使用政府部门制造的更加可靠的子弹来解决了这个问题。

弹药是一个更不容易解决的问题，在那个年代，子弹还是用所谓的"黑火药"来引爆，也就是硝酸钾、硫和碳的混合物。作为一种推进剂，它的效果很好，但主要的缺陷是在燃烧时会释放出大量的烟，这就使开枪的人看不清目标，而且残余物会很快地弄脏枪管。马克西姆试图想出一些方法来解决这个问题，即想办法在烟气被释放到空气前进行收集并将之净化，但没有办法解决污染的问题。一段时间以来，马克西姆机枪过于追求完美，这使其本身内在缺陷得以暴露，就像以前的手工操作式机枪一样。但在那时，即1885年，随着一些意外发现（它们似乎体现了工业革命的特征），法国化学家保罗·维尔研发了一种新的推进剂，这是一种由纤维和胶状硝化甘油的混合物，它使弹药的问题迎刃而解了。

马克西姆机枪也经历了因弹带（装有0.45英寸口径子弹）的垂直重量所引发的问题，即装有子弹的弹带会导致上弹困难。马克西姆试图用一个直接的可牵引的鼓状弹匣来解决这个问题，这种弹匣与加特林机枪上使用的布罗德韦尔鼓状弹匣相似，但两者在本质上有着很大区别。马克西姆很快停止了这种尝试，因为他采用一个类似的系统，该系统由艾萨克·刘易斯应用于以其名字命名的轻机枪上。马克西姆最终用一种更直截了当的方法解决了这个问题，即在枪的下端安置一个盒式托盘，从而使没有支撑的弹带长度由1米减小到30厘米。

第一支完美机枪

经过对原设计的多次改进，马克西姆成功研制出1885年的"过渡型"和后来的1887型机枪，这种机枪曾被称作"第一支完美机枪"，而且在公司的目录册上将这种机枪描述成"世界标准机枪"。考虑到新型低速燃烧的无烟火药产生的压力变化以及因采用小口径子弹使机枪的后坐力减小，机枪的机械装置也做了相应的改动，这一改动非常重要。最初制造的1889年供给奥地利的小口径机枪使用的是8毫米×50无烟子弹。同年，英国陆军装备了0.303英寸口径的李-梅特福德弹匣式步枪，但在初期，这种枪还是用"黑火药"作为推进剂。马克西姆为欧洲顾客研制了一种"RC"（步枪口径）机枪，其中有口径为7毫米、7.5毫米和8毫米的步枪口径机枪。他还研制了以开火声音"砰-砰"命名的口径37毫米的机枪，射速在每分钟200发以下，使用的弹药为霍奇基斯转膛炮上使用的质量为450克的炮弹。这种机枪的生产数量很少，1895年至1916年这段期间，总共才生产760多支，第一年生产了14支，送到特兰斯瓦尔，在布尔之战中有效地打击了英国兵团。但是，后来也有

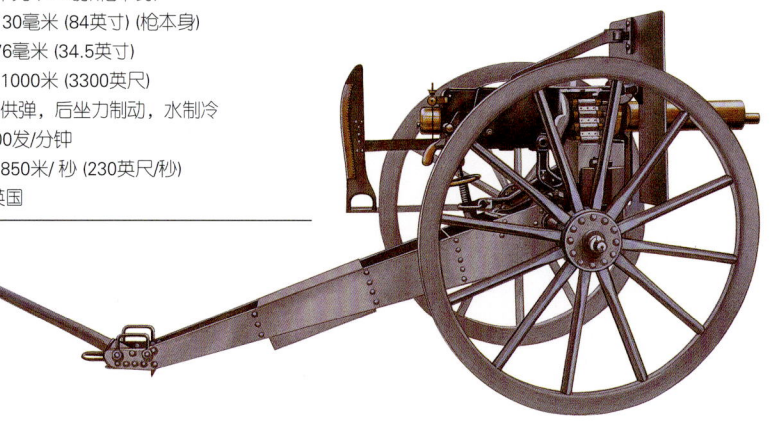

"砰-砰"型马克西姆机枪
口径：37毫米
重量：186千克 (410磅)（枪本身）
全枪长：2130毫米 (84英寸)（枪本身）
枪管长：876毫米 (34.5英寸)
有效射程：1000米 (3300英尺)
构造：弹带供弹，后坐力制动，水制冷
射速：约200发/分钟
子弹初速：850米/秒 (230英尺/秒)
原产国：英国

上图：此款机枪结构简单，但其作战效果非常好，这种枪由空气制冷，弹带供弹，是约翰·勃朗宁在第一次世界大战后改进完善的，其设计一直到20世纪80年代都未曾变动过

人生产过这种枪，它们中的大多数装备在舰只的甲板上或用作防空武器。

口径为0.45英寸的马克西姆机枪很快就遭淘汰，这种机枪既可以使用英国皇家海军大量储备的加特林-加德勒子弹，也可以使用英国标准步枪子弹。开始的时候，马克西姆机枪在使用更小更轻的步枪子弹时存在很大的困难，因为这种子弹产生的后坐力较小。因此，他在枪口处加了一个后坐力增强器，这种装置起初是装备在使用0.45英寸子弹的复管枪上。其实，只要大幅减轻包括枪管在内的做往复运动的部件的重量就可以完全解决这个问题，所以后坐力增强器后来只用来提高步枪同口径机枪的射速，但这种机枪不能使用最早类型的用黑火药装药的0.303英寸子弹。因此，直到1891年无烟子弹研制出来后，马克西姆才开始为英国军队生产步枪口径的机枪。到1915年，英国完成最后一批0.45英寸口径机枪的改造工作，而在印度，此时仍有一些未经改造的机枪在使用。

1887年3月，第一批交给英国陆军的马克西姆机枪被拿到英菲尔德实验场地进行正式测试，英国陆军对机枪的规格要求是：机枪的重量要小于45千克，速度要达到每分钟400发，至少每2分钟600发，每4分钟1000发。三种口径为0.45英寸的马克西姆机枪都达到了令人满意的标准，它们在通过了标准沙滩和防锈测试后，当场就被买了下来，其中有两种是27千克重的标准型，第三种是超轻型，重量只有18千克，还安装有单独的储水槽来增大枪管上的冷却功能。马克西姆在其研制的机枪上挂放了一个特制的装有3000发子弹的弹带，然后以每分钟670发的速度不间断地射击。对此，他说："这是我作为一名枪支制造者成功的开端。"

马克西姆机枪销售情况

马克西姆开始到更远的地方寻求市场，1887年，他听说瑞士陆军为了从加特林机枪、加德勒机枪和诺登·菲亚特机枪中选择一种来购买，而在萨恩进行了几次测验，测试中加德勒机枪脱颖而出。马克西姆写了一封信要求与获胜者一比高下，在瑞士进行的第二次试验激发了人们对机枪使用战术的思考。

试验的主要目的是为了测试机枪在超过200米、500米、1200米时的射速和准确度，马克西姆对机枪在超过1200米距离时的射击有点担心，因为他从英国带来的枪是使用德国制造的11毫米子弹，而加德勒机枪使用的是7.5毫米子弹，预计可以射得更远。但他的担心是多余的，那天加德勒精选出的演示人员没有射出最大射程。加德勒要求4人一组，先射击，在最短射程处用了一分钟多一点的时间射出333发子弹，而马克西姆用了不到一半的时间就射出与加德勒数量相同的子弹，而且准确率相当高。在500米处比赛时，加德勒的机枪出了故障，在急于排除故障的途中，工作人员把大部分准备好了的子弹掉入架枪的沙坑中，他们用了大约4分钟的时间才射击完毕，而马克西姆的演示和前一次一样令人满意。

远距离杀伤

1200米已是相当远的距离了，在此距离用眼睛不可能辨认出人的手指，甚至像家庭轿车那么大的物体，看起来也只是一个小斑点。马克西姆对第三次射击是这样叙述的："军官下令让我们向一组1200米外的炮兵部队的人像模型射击。开始时，我根本看不清目标，那位军官告诉我，目标正是远处我所看见的蓝色线条，枪上的视力标最远只达到914米，因此我开始按照我所估计的方位来设置瞄准器。我对威克斯先生（我的同事）说，假如我们一次性射出全部的333发，那么就有可能射不中目标，子弹可能落得过近或偏得太远，军官希望看到我们一分钟能有多少颗子弹击中目标。我们所用的枪架采用两个限定旋塞来限制机枪从左到右的移动距离，因此，我将它们重新调整以使机枪的射击距离能够覆盖目标。为了将333发子弹击中目标，我首先将瞄准器调整到比估计目标稍高一点的地方，并从左到右慢慢扫射了100发子弹，然后再将瞄准器调整到我做记号的地方，摆动发射了100多发子弹，之后再将瞄准器调整到比我所估计的要稍低一些的地方并发射完剩余的子弹——做完这些，所用的时间基本上快到一分钟。等了约20分钟后，电话响了，我们被告之，有3/4的人和马被我们击中了。我问威克斯，他们是否期望我们击中全部人马

呢？他说，他不知道。但是不久，一位主管军官走近我们，热情地说："从来没有一支枪能在这么短的时间内击中这么多的人和马。"之后，他们交了订单。

实际上，枪的区别不仅仅在于它的准确度，更在于它的性能，就像马克西姆演示的一样，可能是在不经意间就建立了一个火力控制网。因此，很容易就会想到一定数量的机枪一起开火可能会产生一个连续重叠的火力网，从而达到控制大片地区的目的。不久，这种方法就成为步兵团战术的一个组成部分，实际上是一个重要的组成部分。人们逐渐意识到机枪在间接瞄准射击时，作战效果也非常好。也就是说，用普通的步枪口径子弹弹道可以击中枪手看不见的目标。在第一次世界大战时期，英国产的0.303英寸子弹，曾射中过一个远在2560米处的目标，计算其达到的最大高度是183米，子弹在最高处的时速为每秒140米，子弹在到达最高点后以21度角下落。机枪在战争领域的真正价值得到了不可估量的提升，以后我们将回头讨论这一点。

小的开端

起初，瑞士仅订购了一支7.5毫米口径马克西姆机枪。对此，马克西姆最大的收获可能是意识到，需要对使用0.45英寸和更小口径子弹的1887型"世界标准机枪"进行大量的改进。瑞士陆军后来向马克西姆订购了更多的枪，开始是用来防守圣·戈瑟德关隘，但是后来是用来为4个骑兵旅各组建一个机枪队。快到20世纪时，瑞士转向马克西姆在德国的代理人DWM公司为他们供应机枪，数量达成百上千支。第一次世界大战到来时，瑞士便开始在伯恩兵工厂自行生产DWM1909型机枪。在1915—1946年其生产总量超过了10000支。

马克西姆和威克斯从瑟恩来到了拉斯本吉亚。在那里，意大利海军也进行了机枪测试，并选中了诺登·菲亚特机枪。马克西姆在那里没有进行射击比赛，对方只是简单地要求马克西姆把诺登·菲亚特创下的纪录打破。他后来写道，这是"一件非常简单的事情"。对方要求马克西姆把机枪扔进大海浸泡三天，之后捞起来在不擦拭的情况下就射击，马克西姆的机枪表

现得和出厂时一样出色。他们把枪留在那儿,带着一张购买26挺使用10.4毫米维特利子弹的"世界标准机枪"的订单返回伦敦。同年的晚些时候,马克西姆在奥地利也做了同样的试验,结果也相同,奥地利最终订购了130挺8毫米马克西姆机枪。返回伦敦后,马克西姆就开始到处寻找更大的生产场地。

欧洲的神秘人物

在意大利和后来的奥地利,马克西姆有意或无意地与不道德交易中的无耻人物作斗争,这些无耻之人就是人们所知的"欧洲的神秘人物"。诺登·菲亚特的主要推销员巴兹尔·扎哈罗夫是一个极无道德的人,但在他人面前能说会道。他干过几次阴谋破坏马克西姆机枪和诋毁其声誉的丑事,如买通马克西姆的一个机械师破坏试验用机枪的外套和修补部位的铆钉,因此,只要一开火,机枪就会出故障。另一种方法更狡猾,混入那些在远处观看马克西姆机枪射击的记者中,告诉他们这是诺登·菲亚特机枪正在做试验。之后,他又开始着手策划将诺登·菲亚特枪械弹药公司与马克西姆枪械公司合并的阴谋,诺登·菲亚特枪械弹药公司是诺登·菲亚特在英国建立的一家生产和贸易公司。

马克西姆-诺登·菲亚特枪械弹药公司

马克西姆-诺登·菲亚特枪械弹药公司成立于1888年7月18日,马克西姆和诺登·菲亚特同为公司的董事长,董事会成员包括威克斯家族和金融家洛德·罗思奇尔德。由诺登·菲亚特在肯特的工厂和马克西姆在克雷福附近的工厂负责生产。马克西姆后来又组建一个工程基地以实现自己的承诺——革新武器。然而,由于各种原因,新公司在开始盈利(1896年)之前,马克西姆就失去了对日常事务的管理权,这项职权落到了一名德国出生的商人西格蒙德·洛伊之手,他是早期授权在德国生产马克西姆机枪的一名生产商的哥哥。

而在此时,诺登·菲亚特也早已被迫离开公司,他于1890年1月辞掉了董事长职务,并将其拥有的价值20万法郎的股份卖给了公司。他买断了瑞典的伯格曼自/手动机枪的所有权,这使他犯了一个自杀性的职业错误,因为他违反了于1888年签署的协议的规定,即在协议签订后的25年里,除代表马克西姆-诺登·菲亚特枪械弹药公司外,他应停止生产武器。伯格曼枪从来没有达到令人满意的程度,而诺登·菲亚特本人不久也变得默默无闻了。

后来的公司改名为威克斯·萨恩-马克西姆公司,并一直沿用这一名称直到1911年马克西姆退休,之后该公司就变成威克斯有限责任公司,它是英国当时最重要的武器制造商,后来依然保持着良好的发展势头,不仅生产小型武器,还制造了军舰、飞机和坦克。

测试枪支的偏方

事实证明,洛伊既是个热心的商人也是个天才的管理者,他不幸于1901年意外死去,这使一项非常有希望的事业突然中断了,是他而不是经常报道的马克西姆喜欢用一些极端的方法来测试机枪的威力,方法之一是用它来射倒大树。有记录显示,他曾在租用的著名食谱作家毕顿夫人住所里,多次使用这种特别的测试方法来炫耀该公司生产的机枪,在场的人中有驻英国的中国大使。后来他的女儿回忆道:"一群中国人整天拿着机枪,抱一种玩耍而不是鉴别的心态在5英亩大的庭院里四处射击。"

由威克斯公司证实的一篇报道说:"洛伊在用机枪火力射倒大树后,与中国大使一起分享喜悦,而且整个夏天在林中的空地和草坪上都被这群穿着丝织衣服的快乐人们簇拥着。"邻居们的想法似乎没有被记录下来。

贵族对机枪的迷恋不是什么新鲜事,马克西姆记录了到哈顿加登车间参观的有名望的人的姓名,他们中所有的人都渴望能亲自操枪射击,其中就有威尔斯王子、英国陆军总司令卡姆布里奇公爵以及德文希尔公爵、埃丁伯格公爵、肯特公爵、萨瑟兰公爵。后来,德国恺撒·威廉二世的亲自介入促使德国军队接受这种机枪,他说:"就要这种机枪,别的什么也不要。"这种机枪有一个装置可以在开火后按预先调好的方式自动循环工作,恺撒在移动枪时,不小心调动了它,马克西姆马上考虑卸掉这个装置,除非遇到特殊的订货要求。

马克西姆机枪在非洲大显神威

英国从1887年开始购买少量的马克西姆机枪,不久这些机枪在非洲见到了效果。当时正值"争夺非洲"的时期,在欧洲人瓜分"黑色大陆"的过程中,英国人是走在最前面的,这一势头还保持了一段时间。当然,加特林机枪和加德勒机枪也参与其中,但是这两种机枪都太笨重,很难运输到没有路的地区。总重只有27千克的马克西姆机枪包括一个三脚架、工具和附件,与前两种机枪相比要轻便得多,英国人使用这种具有良好作战效果的马克西姆机枪来征服土著部落,取得了很好的效果。许多士兵和殖民地的警察写信给马克西姆-诺登·菲亚特枪械弹药公司赞扬他们的产品。一个充满感激的骑兵说:"马塔贝尔人从来不敢在914米以内的距离接近我们,他们被鲁布朱步兵团牵制住了,而国王卫队的士兵像恶魔一样喊叫着冲上来送死。因为马克西姆机枪的性能远远超出所有人的想象,所以这些士兵就像草一样地被扫倒。我从来没有见过像马克西姆机枪这样厉害的武器,也无法想象那些装好子弹的弹带能够移动得如此快速。"

在其他地方,如苏丹北部,英国人来得有点迟了。据很多人说,英国最终派了一支由基奇纳率领的军队前来为1885年在喀土穆惨遭杀害的查尔斯·戈登将军报仇。人们把当地的人叫作"托钵僧人",他们采用猛攻的战术向英国人发起进攻,然而,对马克西姆机枪来说这些人就好比肉和酒,纷纷都做了地下冤鬼。1898年9月2日,在恩图曼决战中,23000名英国和埃及士兵与50000多"托钵僧人"作战,阵亡名单让人难以置信,当地人至少死了15000人,而英国只失去了5名军官和85名士兵。导致如此悬殊结果的原因很简单,英国第1旅装备了6挺马克西姆机枪,2旅还有4挺,以上10挺机枪发射了340000发子弹,敌方伤亡人员中有3/4是它们杀伤的。

英国政府从这场战役的胜利中才真正认识到马克西姆机枪的巨大威力,为了表彰马克西姆,英国政府授予他爵位,马克西姆为了得到这一荣誉,放弃了美国国籍。

上图：1918年3月，在鲁瓦附近的前线上，法国军队装备了霍奇基斯1914型机枪，这种机枪架在莫德尔16型三脚架上

对布尔人的战争

英国军队在苏丹取得胜利后的一年左右，又在非洲打响了战争，这次的敌人不是手拿长矛只知冲锋的本地黑人，而是那些自认为是打运动战的好手而且还拥有自己生产的毛瑟自动步枪和马克西姆机枪的欧洲人。这是第一次双方都装备有机枪的军队之间的战争。虽然在此之前，准确地说是在1898年，在西班牙对美国的战争中双方都使用了加特林机枪，还有一次是在菲律宾摩洛土著人暴乱时，美国军队使用过加特林机枪来对抗马克西姆机枪，但在这两次作战中，机枪的实际作战效果很差。鲁亚德·基普林在1903年出版的《俘虏》中对当时的情况进行了准确评价，布尔人在用37毫米"砰-砰"型马克西姆枪对付英国野战炮兵团的小分队时非常有效，布尔人在英国人行动起来之前就把他们全部消灭。

英国步兵陷入了诸如马赫斯方丹、克能索和帕登伯格一样的悲惨战争之中，其战术与苏丹"托钵僧人"用的战术一样，他们上好刺刀，在空旷的地面向前冲，那些拿机枪的布尔人甚至闭着眼睛就能把他们一片片地扫倒。这种进攻战术是詹姆斯·伍尔夫将军在1746年发明的，在加拿大的战斗中成功地对付了法国人。整个19世纪英国将军一直都沿用这种战术，但最终被打败。尽管在伦敦很少有人知道失败的真正原因，但是，在世界上，任何一个国家都已经知道了实情。这场战争还要延续十年的时间，是当时世界上流血最多和损失最大的战争。令人难以置信的是，英军在失利后，虽然已经知道了防御位置上的机枪具有强大的杀伤力，但他们并没有从中吸取教训，1899年和1914年的战争均证明了这一点。

一个被人忽略的深刻教训

英国人在南非击败布尔人是依靠其处于绝对优势的军事和经济实力，而非拥有好的作战技术和领导能力以及更先进的武器。在很大程度上，这场冲突因布尔人采用了游击战术而变得混乱无绪。当时，在是否采用这些游击战术来训练包括英国军队在内的部队这一问题上一直存在争论，尽管该战术早在一个世纪前的伊比利亚半岛之战中就被英国的西班牙盟军所采用，且取得了很好的作战效果。除了某些个别特征外，南部非洲发生的这场战争根本称不上是第一次世界大战的预演，但并不意味着英军得到的深刻教训就足以吸取，这个教训说明机枪在长、短距离上都具有的巨大无比的杀伤力。1904—1905年发生的日俄战争，是第一次世界大战的前兆，在这次战役中，他们并没有吸取英国军队在南部非洲得到的教训。

马克西姆机枪的复制品

然而，即使世界上所有军事领导人忽略了机枪的威力，武器制造商也不会。正如我们所见，马克西姆很快就在德国获得许可生产他所设计的机枪（实际上是许可了两家公司）。在同路德维格·洛伊公司达成协议之前，马克西姆就已经与克鲁普斯公司在谈判了。他说服后者只生产37毫米的"砰-砰"型马克西姆机枪，而将生产步枪口径的马克西姆机枪的任务交给洛伊公司。洛伊公司虽然是以生产缝纫机起家，但在武器市场是一个中坚力量，该公司在1886年拥有了毛瑟公司的部分股票，还从普拉特-惠特尼公司获得了生产加德勒机枪的许可权。该公司后来成为DMW公司的军火工厂，并且是德国生产小型枪的主要厂家，这家工厂除了机枪和步枪，还生产毛瑟C96手枪和鲁格手枪。开始时，它完全是仿制马克西姆机枪，但到后来，尤其在1898年生产许可协议废止后，DMW公司一边交付专利使用费，一边开始他们自己的革新性研究。俄国也获得了马克西姆机枪的生产许可权，沙俄灭亡后，马克西姆机枪的生产许可权由苏联继承，到1945年第二次世界大战末期时，苏联总共生产了超过600000支马克西姆机枪。中国从1935年开始也生产了约40000支马克西姆机枪。美国的柯尔特公司生产马克西姆机枪的数量还不到200支。具有讽刺意味的是，英国政府也获得了生产该枪的许可证，他们在皇家小型武器兵工厂生产马克西姆机枪，这是因为马克西姆-诺登·菲亚特枪械弹药公司还没有组建起来。口径为0.45英寸马克西姆机枪从1891年开始生产，一直生产到1917年，在这26年间，此种口径的马克西姆机枪生产出了许多不同的型号。在这段时间里，皇家小型武器兵工厂共生产了2568支马克西姆机枪，以每支枪25法郎的专利使用费向马克西姆-诺登·菲亚特公司及其继承者支付。在恩菲尔德生产马克西姆机枪不仅可以提高生产效率，而且还有另外一个好处——可以大大降低枪的生产成本，这样就可以低价出售，最低的售价出现在1902—1903年，当时0.303英寸的RC型马克西姆机枪的售价只有47.52英镑，这与马克西姆-诺登·菲亚特枪械弹药公司的售价相比，低了约250英镑，因此即使将专利使用费加进去还是省了很多钱。

来自奥地利的挑战

通过许可证而生产的马克西姆机枪，其质量不是很令人满意，主要原因是这种生产方法的成本较高。人们认为洛伊协议是比较现实的，根据该协议马克西姆-诺登·菲亚特枪械弹药公司支付一半的设备费用，以及全部的生产费用和职员的工资，两家公司的利润分配方法是：2/3归马克西姆-诺登·菲亚特枪械弹药公司所有，1/3归洛伊公司所有。不久有位美国人研制出了一种能使枪自动操作但又不包括马克西姆专利中的各项设计的机枪，这不是件容易的事，这位美国人把他知道的一切都简要介绍在他的专利中。第一个提供样品枪的是位于波西米亚（该城城是奥匈帝国的"发动机室"）由皮尔森办的一家名为斯科德的大公司，它可能是当时世界上最大的武器生产厂。1888年，卡尔·萨尔韦特公爵和陆军上校乔治·沃恩·多莫斯发明了延时后吹系统制动式机枪，并申请了专利。该延时系统的延时功能是由一个旋块（使人想起在马提尼步枪中应用的那种部件）和一个很大的螺旋式压缩弹簧共同作用来实现的。斯科德公司获得了该设计的使用权并制造了8毫米马什尼基威尔1890型机枪。1890型经改进（但因基本设计的缺陷而未能进行大的改进）后称为1893型机枪，该枪由奥匈帝国的陆军和海军使用。1893型机枪用空气制冷，子弹从一个垂直的弹匣装填，还带有一个设计精巧的像钟摆一样的速度调节器，这有点儿多余，因为该枪最大的射速不超过每分钟250发。它并不像通常报道的那样，是"一种奥地利式马克西姆机枪"，该枪曾与口径为0.303英寸的诺登·菲亚特机枪及柯尔特1895型机枪，在1900年的义和团运动期间，成为保护北京使馆的主要武器。

1902年，斯科德机枪经过了三次以上的改进，加装了一个水冷套，还用30发装的重力供弹弹匣来代替早期的弹匣，试图解决供弹的难题，然而这并没有取得太好的效果。斯科德1909型机枪中使用一种新型的弹带供弹系统，这实际上是一个综合性的再设计。该枪最终还是弃用了射速调节器，并将枪的射速调至每分钟450发。这种萨尔韦特-多莫斯系统最终因斯科德1913型机枪而大放异彩，尽管在1913年，威廉由施泰尔公司设计的机枪取代了该枪成为奥匈帝国军中使用的武器。而且，就在那时，这种枪也受到长后坐力机枪的挤压，这种长后坐力机枪使用特制的口径为5毫米的子弹，由卡尔·克恩卡于1899年为维也纳的罗思军工厂设计。与大多数的机枪不同，罗思机枪既可以用全自动的方式也可以半自动方式射击，但是，罗思机枪没有通过试验阶段的检验。克恩卡是我们今天称之为微小口径武器的早期创始人，他也设计制造了使用5毫米子弹的步枪。

勃朗宁研制的第一支枪

与此同时，美国康涅狄格州柯尔特公司的主管人员已经意识到他们生产的加特林机枪现在已经过时了，这家公司购买了一种空气制冷、气体制动式机枪的生产许可权，这种枪是由犹他州盐湖城年轻的天才枪支制造者摩门·约翰·莫塞斯·勃朗宁设计的，他在1891年获得了该枪的专利，并将"气锤"1895型机枪推向市场。不论是当时还是后来，勃朗宁都被认为是最具竞争力的枪支制造者之一。但是，说句公道话，有"土豆挖掘机"之称的柯尔特公司对提高勃朗宁的声望没给予什么帮助。与马克西姆机枪（假如我们将马克西姆1884年专利中的设计除外）不同，勃朗宁机枪是通过枪管中推进气的压力推动枪膛中的制动机构。马克西姆总是坚持说柯尔特-勃朗宁机枪的设计，侵犯了他1884年申请的专利，毫无疑问他是对的，尽管勃朗宁试图通过设计出一排排错综复杂的操纵杆来模糊这一事实，经过这一设计，他设计的机枪看上去好像是采用了不同的制动原理。然而，马克西姆很固执，他尝试了所有的办法来迫使柯尔特公司认识到1895型机枪侵犯了他的专利，然而对于同年出现的同样侵犯他的专利的霍奇基斯机枪，他却未置一词。同样，雨果·博查德1893年的设计明显也侵犯了他的专利中关于自动枪锁栓的设计，他也没有找博查德的麻烦，而且后来乔治·鲁格还采用了这项设计。

勃朗宁的设计看上去显得有点儿笨重，这种设计的操作机构是部分外置的——一个摆动臂安装在枪管的下方，摆动臂的前端通过气压作用于一个短活塞，而后向下方转动90度，从而迫使一个二级连接臂打开枪膛，退掉弹壳和装上新子弹，同时使枪处于待发状态。这种机枪奇怪的运动方式看上去相当的笨拙，但实际上却非常流畅和先进，它所用的弹带与马克西姆机枪所用的相似，每一个都装250发子弹。

柯尔特1895型机枪，开始时口径为6毫米，所用的子弹是步枪设计者詹姆斯·李为直拉式枪栓制动步枪所选的子弹。1895年，柯尔特将该枪卖给了美国海军，美国海军在1898年登陆古巴的关塔那摩海湾时首次使用了这种机枪。随后，他又把不同口径的柯尔特机枪卖给了美国陆军和一些海外客户，尤其是意大利和西班牙。该枪特别受到义勇军步兵团的青睐，在布尔之战中，他们就是用这种机枪与英国军队作战，与马克西姆机枪相比，他们更喜欢柯尔特机枪，原因是它要轻便得多。

该枪在第一次世界大战之前就相当过时了，马林-罗克韦尔公司生产了一种更轻便型机枪，口径为0.30英寸-06。该公司生产的马林1918型机枪曾在美国空军和装甲车上使用，因马克西姆的专利已经到期，所以该枪笨重的下部杠杆被一种直动式活塞取代。马林1918型机枪是1914型机枪的改进型，马林-罗克韦尔公司曾向沙俄和意大利政府提供过1914型机枪。马林机枪其余的一些型号（尽管从来没有进行过大批量生产）最终也由一个瑞典工程师卡尔·斯威比勒斯改进成1918型。在美国正式加入第二次世界大战之前，根据美国"租借法案"，有数千支马林1918型机枪被运到了英国，用在海岸商船上抗击空中飞机的进攻。

美国的马克西姆机枪

口径相近的柯尔特机枪和马克西姆机枪，以及两支加特林机枪和一支霍奇基斯机枪，曾在1895年由美国海军委员会进行了比较测试。让马克西姆感到惊惧的是：柯尔特机枪的性能，超过了他亲自设计的机枪，主要的原因是6毫米子弹的奇特个性，这有点像现在的大容量酒瓶，装的弹药太多，使得弹膛压力过大，使用这种口径的马克西姆机枪不可能在保持正常射速的情况下将弹壳迅速退出枪外。

也许1895年的测试得出的最重要结果，是加特林枪已经被新一代自动武器远远超过，绝对是一种过时的武器。即使两年前加特林在他的机枪上安置了一个电动机使得这支机枪的射速达到几乎令人难以置信的每分钟3000发，也不能改变这一事实。这些机枪再次进行了测试，结果是柯尔特机枪、霍奇基斯机枪和马克西姆机枪胜出，在这次测试中，所有机枪的口径都是0.30英寸左右。其实，上述测试在开始前就已注定了没有实际的意义，因为海军委员会中没有一个人有足够的影响力来决定购买何种机枪，因此，迟迟未作决定的美国军队，在五年后面对拥有马克西姆机枪的菲律宾叛军时，他们只能以陈旧的加特林机枪和一些6毫米口径柯尔特机枪来与对方作战。直到1903年年底，美国军队终于认识到，柯尔特机枪、霍奇基斯机枪以及后来的丹尼司斯库伯-马德森轻型自动步枪都不符合马克西姆制定的标准，他们从威克斯·萨恩-马克西姆公司订购了50支0.30英寸口径的1901型"新式"机枪用于野战测试，其价格，包括三脚架、工具箱和装弹机，每支总计为1662.61美元，其性能在本质上和六年前测试所用的机枪大体相似。漫长的选拔过程终于结束了，这一过程使美国在近五年时间内未能用上世界上最先进的步兵武器。

威克斯·萨恩-马克西姆公司总共生产了90支1904型机枪，该枪是稍作改动的美国型，当一种新型子弹取代了0.30-0.30英寸子弹时，1904型机枪不得不全部重新改造。这种新型子弹就是尺寸较短但存在时间比1906型机枪要长得多的子弹，人们通常将其称为0.30英寸-06子弹。柯尔特公司已经得到了生产马克西姆机枪的许可证，其得到的第一个订单，是美国军队于1905年10月25日向其发出的。柯尔特公司总共为美国军队生产了197支1904型马克西姆机枪，第198支没有用过，没有编号，也没有验证过，最终陈列在康涅狄格州的历史博物馆里。1904型马克西姆机枪是于1909年停产的，原因是一种更轻但复杂易损的本尼特-默西1909型便携式轻机枪取代了它。

据说马克西姆机枪在美国军队并不受欢迎，因为机枪及枪架的重量达到65千克，这超过了英国和德国造的同种性能机枪重量的10%，因此它们很快被送进了仓库，直到1914年它们被用作训练时，大多数还从未见过天日。

供不应求

到1917年美国参加第一次世界大战时，美国的军队中仅装备有1305支"现代"机枪，包括665支霍奇基斯机枪和本尼特—墨西1909型系列机枪，287支1904型马克西姆机枪和353支刘易斯轻型机枪，后者主要发给守卫墨西哥边界的军队，加上数量很少的加特林机枪和柯尔特1895型机枪。坦率地说，这种状况是丢人和不可思议的，当时能大量配备给部署至法国的美国军队的只能是富希尔米特雷勒1915型机枪，这种机枪在历史上是官方认为最糟糕的一种机枪。但后来终于出现了一丝转机，美国军队向柯尔特公司递交了生产4125支威克斯C级机枪的订单，最后又递交了购买马克西姆机枪的订单，尽管这些机枪后来都没有交付，但是类似这些机枪的水制冷、后坐力制动的勃朗宁机枪，很快就得到美国军方的采用，这些枪的型号为1917型。

美国人在巴黎

本杰明·霍奇基斯在法国北部郊区圣丹尼斯建立的工厂很成功，在1885年去世之前，他开始研究马克西姆专利权以外的设计，但是收效不大。他从美国带来的，后来成为其主要工程师的劳伦斯·本尼特也开始集中精力去解决这个问题，但也没有多少收获。1893年，奥地利一位叫巴伦·奥德科莱克·沃恩·奥格德的骑兵军官把一种气体制动机枪样品带到了圣丹尼斯，使得这一问题最终依靠别人的力量得到了解决。霍奇基斯-西公司很快买下了该设计，并经本尼特改进后作为米特雷勒斯-霍奇基斯1895型机枪投入市场，这种机枪采取的锁定方法是基于苏格兰-加拿大的步枪，该步枪的设计者是詹姆斯·李。米特雷勒斯-霍奇基斯1895型机枪使用8毫米的雷比尔子弹，其装有24

或30颗子弹的金属弹带令人相当不满意。两年后，该枪被法国军队接受并被称为米勒97型机枪，那时该枪的枪管上已有铜制的散热片来帮助散除射击时产生的热量。米勒1900型机枪是米勒97型机枪的改进型，枪上装备有经过改进的散热片和新式的可以起落的三脚架。在第一次世界大战爆发前夕，米勒1914型机枪取代了前两种枪型，它配备了更复杂的安全系统和更高级的三脚架。法国1914年参加战争时，使用的正是这种机枪。日本在1904—1905年也使用过米勒1900型机枪来对付俄国人，收到了很好的效果，后来他们又对这种机枪进行过改进，使用有坂步枪所用的6.5毫米子弹，其主要不足在于膛内空隙不能调整，那就意味着子弹的射出不可预测。南部麟次郎大佐是日本当时资格最老的枪支设计者，他用刘易斯机枪上的击发系统取代了改进过的米勒1900型机枪的击发系统，但是没有获得完全的成功。然而这种机枪经稍稍改进后便可以使用威力更大的7.7毫米半镶边子弹，于1932年成功改进成92型机枪，随后在1939年又再次改进为99型机枪，这次使用的是7.7毫米无边子弹。99型机枪是第二次世界大战期间日本使用最广泛的机枪，甚至在20世纪80年代的远东之战中还使用过此种机枪。这种机枪由于做得过分结实，因此非常重。

霍奇基斯机枪的原理非常简单，一个可转动的金属合页将枪栓与枪管锁定，在二者共同向后运行到不到枪管长度一半的地方时，枪管中的气体将二者解锁并利用枪管和弹膛中剩余气体的压力来继续推动枪栓后移，从而使枪的制动装置循环运动。与我们在其他地方曾提到过的一样，这毫无疑问地侵犯了马克西姆1884年的专利，但是由于专利法的经常变动和不同国家申请专利的方法不同，马克西姆的专利权没有得到彻底的保护。霍奇基斯机枪的最后一款枪型是米勒14型机枪，该枪对其最差的部件，即装30发装的弹带进行了不是十分成功的改进，也就是将该弹带缩短至只能装3颗子弹的长度，然后用一个软带子连接起来，这种方法至少使该枪更加适合在飞机和装甲车上使用。除去这个不太让人满意的不足外，霍奇基斯机枪还是一种比较可靠的可持续射击武器，尤其最后一款枪型受到那些不得不依靠它来生存的人的青睐，而且直到第二次世界大战爆发时还依然得到使用，其每分钟600发的射速可与步枪口径的马克西姆机枪相媲美。

霍奇基斯机枪的改进型

在法国，霍奇基斯机枪曾进行了两次完全没有意义和不成功的改进尝试，这两次尝试没有一次真正致力于改进这种机枪唯一存在的缺陷——供弹系统。所谓的米勒05型机枪，其原产地是卜提奥克斯，在它被弃用之前只在军队中使用了两年。米勒07型机枪是在米勒05型机枪的基础上发展而来的，但它有着更致命的缺陷——极端不稳定，这是由于那些发展它的设计人员过分刻意修改05型机枪的设计所致，这也就是该枪很快就被人遗忘的原因。然而，这两次失败的尝试还不是法国在那段时期所做的最糟糕的事情，在下一章对富舍尔米特雷勒1915型机枪，即讨厌的"乔查特"机枪进行简短的介绍后，我们就会明白这一情况。

霍奇基斯研制了一种口径为11毫米的重机枪，这是一种步兵使用的武器，实际上它只用来对付过德国的侦察气球。这种机枪使用的是燃烧弹药，但是足以胜任击落侦察气球的任务，它的主要贡献在于激发了美军重新理解重机枪的概念，这导致口径为0.5英寸的勃朗宁机枪的蓬勃发展，我们将在以后的章节中进行详细介绍。

马克西姆机枪的改进型

1911年，马克西姆退休，但是进入新世纪以来，他在威克斯·萨恩–马克西姆公司中所起的作用就很小，并且从1901年开始，新机枪的专利就不再以他的名字注册。1901—1906年，该公司出产的新型枪在一些细节上有所改善，最重要的是引进了一种可调节膛内空隙的装置，膛内空隙是指射击时从枪栓到子弹头的距离。另外，还对进弹槽进行了重新设计，用更轻的高强度铝合金制成的部件使该枪的重量降至18千克多一点。两年后，这种枪又经过再次改进，性能得到很大的提高，成为0.303英寸口径的威克斯C级枪，重量也大为降低，只有14.5千克。但是，这些还不算是最重要的改进，将锁定装置由朝上改为朝下才是最重要的，因为这样一来就可使锁定臂朝上分拆进入供弹装置后面的剩余空间。这一改进由首席设计师乔治·巴

上图：1942年，驻扎在瓜达尔卡纳尔岛的日本海军装备了7.7毫米口径的92型机枪，该枪是日本军队早期使用的，是法国生产的霍奇基斯机枪的改进型

上图：日本人生产的93型机枪，这是一种使用13毫米子弹的重机枪，它在特征和性能上与美国造的勃朗宁机枪很相似

马克西姆机枪的外国型

沙俄帝国从马克西姆-诺登·菲亚特枪械弹药公司及其继任公司和位于柏林的DWM公司购买了相当数量的马克西姆机枪。马克西姆于1888年在圣彼得堡亲自演示了他的世界标准枪，这种示范立即使得沙俄帝国炮兵部队订购了12支10.6毫米口径机枪。沙俄帝国海军与其他国家的海军一样，受到快速鱼雷艇的威胁，他们也跟着开始大量订购马克西姆机枪。1899年俄国步兵部队亲眼目睹了马克西姆机枪（世界标准枪）的价值，也开始求购马克西姆-诺登·菲亚特枪械弹药公司的机枪，他们购买的是商用马克西姆1894型机枪，该枪使用1891年引入的0.30英寸口径子弹，该子弹在1917年革命后被采用公制的苏联称为7.62毫米×54R子弹，实际上很像英国的0.303英寸子弹，这种子弹在20世纪的两次世界大战中得到了广泛应用，一个多世纪后，它仍然在德雷格诺夫狙击步枪上使用，尽管这种有边子弹存在多种缺陷。

俄国造的马克西姆机枪

1905年，图拉兵工厂生产了首批马克西姆机枪，这种机枪是直接仿造德国造的马克西姆1894型机枪，有很厚重的水冷套和供弹装置（这些都是那种型号枪的固有特征），但也有一个重要特征：他们采用

克汉姆完成。后来，他又在后锁定臂上引入了一个有一定角度的末端，该末端作用于位于套筒座侧壁上的一个中轴，从而使锁定臂连接点的分拆比以前更有效。区分马克西姆机枪和威克斯机枪最简便的方法是根据套筒座的深度——前者有150毫米深，后者的深度只是前者的2/3，比包在枪管上的水冷套的直径稍大些。口径为0.303英寸威克斯1型机枪，于1912年得到英国军队的认可，从此一直为英国军队所使用，直至20世纪60年代初才被L7A1多功能机枪取代。在此期间这种机枪几乎没有作过什么大的修改，只是发明了一种具有凹陷尾部的新型子弹，从而使该枪的射程从914米增至4115米，明显提高了它的间接射击能力。1916年研制出了机载型的威克斯机枪，这种机枪采用空气制冷。改变制冷方式最简单的方法就是用一种有孔的保护套来取代水冷套。机载型威克斯机枪一直都存在问题，不久就被勃朗宁机枪取代。但是，日本仍然在使用这种机载型机枪，尤其在第二次世界大战期间，日本人使用得更为广泛。威克斯公司也生产各种型号的普通枪，基本上仍旧沿用马克西姆的原始制动装置，而且枪的口径也较大——0.5英寸和1英寸，它们是作为一种防空武器来使用，这似乎有点超出了机枪的能力范围。威克斯公司还生产了两个完全不同的机枪——威克斯-伯西尔轻机枪（下一章将提到）和威克斯-K机枪，也称威克斯气动机枪（我们下面将讲述它）。到第一次世界大战爆发时，英国及其盟国的军队也只装备了少量的威克斯机枪和马克西姆机枪这种具有持续射击能力的武器，但是，到1918年战争结束时，英国军队已经装备了约3000多支马克西姆机枪和近7.15万支威克斯C级机枪。

上图：俄国生产的1910型马克西姆机枪，这种型号的马克西姆机枪安置在索科洛夫轮式枪架上，此种高度的马克西姆机枪，很可能是在第二次世界大战期间由图拉兵工厂制造的

大正3型机枪 (1914)
口径：6.5毫米
重量：28千克 (62磅)
全枪长：1155毫米 (45英寸)
枪管长：750毫米 (29.5英寸)
有效射程：1500米 (5000英尺)
构造：弹带供弹，气体制动，空气制冷
射速：400发/分钟
子弹初速：760米/秒 (2500英尺/秒)
原产国：日本

圣埃蒂尼07T16型机枪
口径：8毫米
重量：25.75千克（57磅）
全枪长：1180毫米（46.5英寸）
枪管长：710毫米（28英寸）
有效射程：2000米（6600英尺）
构造：弹带供弹，气体制动，空气制冷
射速：400发/分钟
子弹初速：725米/秒（2380英尺/秒）
原产国：法国

大正11型机枪(1922)
口径：6.5毫米
重量：10.2千克 (22.5磅)
全枪长：1105毫米 (43.5英寸)
枪管长：480毫米 (19英寸)
有效射程：1500米 (5000英尺)
构造：弹匣供弹，气体制动，空气制冷
射速：500发/分钟
子弹初速：760米/秒 (2500英尺/秒)
原产国：日本

威克斯C级机枪
口径：0.303英寸
重量：18千克（40磅）
全枪长：1155毫米 (40.5英寸)
枪管长：725毫米 (28.5英寸)
有效射程：2000米（6600英尺）
改进后的射程：3000米（1万英尺）
构造：弹带供弹，后坐力制动，水制冷
射速：600发/分钟
子弹初速：600米/秒（1970英尺/秒），后来增至730米/秒（2400英尺/秒）
原产国：英国

291

的是威克斯1901枪的闭锁方式。不久，这家兵工厂又转而仿制威克斯新型1906型轻机枪，我们仍能记得它采用的是最初的向下分拆式锁定臂和较深的套筒座。这种机枪最后就成了俄式马克西姆机枪，即普勒姆约特－马克西姆1910型机枪，该枪直到第二次世界大战的最后一年还在大量生产。苏联那些不发达的盟国中，这种枪在二线一直使用至20世纪80年代。普勒姆约特－马克西姆1910型机枪大部分安装在索科洛夫枪架上，索科洛夫枪架是一种由两只直径较小的轮子支撑的转台，冬天时可以把轮子换下来，使转台成为一个类似雪橇的运输工具。普勒姆约特－马克西姆1910型机枪唯一重要的改进，是在水冷套上加装一个直径很大的容器，可以将雪添加进去，芬兰部队使用的马克西姆枪也有类似的装置。

20世纪20年代，苏联红军试图把马克西姆机枪改造成轻机枪，就像1915年德国人尝试的一样。这次改造采用了两种设计，一个是塔京雷夫设计的，另一个是卡拉什尼科夫设计的，这两种设计都是空气制冷，且减轻了套筒座的重量，但经测试都不太理想。

瑞士造的马克西姆机枪

瑞士起初也是向马克西姆购买机枪，后来转向多伊奇维芬纳恩军火工厂购买，最后是自己生产。在此过程中，他们也仅仅是复制7.5毫米×54毫米的德国商用1909型机枪，尽管那时的威克斯公司已在出售经过大幅改进的新枪机型。瑞士是在1915年开始仿制马克西姆机枪的，地点是在沃芬怀布瑞克·波恩，一直持续到1946年，在这段期内总共生产了1万多支MG11型机枪，这些机枪一部分供国内使用，一部分供出口，尤其是出口给波斯（今伊朗），大约向这个国家出口了2000支。毫无疑问，瑞士生产的马克西姆机枪，因其精确度高而给国家带来了声誉，这些机枪在外形和部件的安装上可以说是首屈一指。

中国造的马克西姆机枪

在19世纪的最后几年和1900年义和团运动之前，马克西姆-诺登·菲亚特枪械公司给清朝统治的北京和中国各个省府提供了大量的机枪，其中多数是0.303英寸口径的机枪。义和团运动失败后，这种贸易也就结束了。1912年中华民国成立，多伊奇维芬纳恩军火工厂又开始向它出售小批量的马克西姆1909型机枪，但是在第一次世界大战结束之前，这种贸易就停止了。直到1935年，中华民国才在德国工程师的指导下，以德制1909型机枪作样板来制造自己的机枪，他们把这种机枪称为M24型机枪，其口径仍是7.92毫米×57。1937年日本入侵中国，生产这种机枪的工厂被日本人占领，在此之前共生产了40000支M24型机枪，其组装和加工的标准是较高的，虽然不如瑞士的马克西姆机枪，也比不上战前多伊奇维芬纳恩军火工厂生产的马克西姆机枪，但绝对比俄国造的要先进。共产党接管工厂后，所有的枪都改成7.62毫米×54R口径机枪，这是一种苏联式的相对简单的机枪，只需对套筒座和上弹装置进行少量加工，就可以使用更大直径的有边1891型子弹和改进过的枪管。由于其部件上使用了大量的金属材料，枪的性能在加工过程中没有降低。许多M24型机枪，在后来的几年中被朝鲜和越南使用。

德国造的马克西姆机枪

20世纪之初，由于马克西姆-诺登·菲亚特枪械弹药公司和洛威-西公司签订的合同到1898年已届期满，曾是马克西姆枪主要生产商的多伊奇维芬纳恩军火工厂开始走自己的研发之路，它开始将本公司在机枪方面的微小改进技术引进到马克西姆机枪中，从而生产出1901型马克西姆机枪，德军将之称为MG01型机枪。早在该枪生产出来以前，德国海军就已经装备了这种机枪的早期型1894型机枪，但是国内部队一直到1899年才购买了少量的MG99型机枪，两年后才开始制定机枪研发政策，直到俄日战争爆发后才认可这种"新"式武器的价值。然而在德国殖民地就没有这种延误，像大多数"白人"军队一样，德国人很快就认识到机枪是对付当地"土著"的有效武器。第一次世界大战爆发之前，德军购买了相当数量的重量略轻（与MG99型机枪相比）的MG08型机枪，截至当年8月3日，德军总计装备了4900多支这种机枪，规模较小的英军拥有该枪的数量要小得多。而且，德国还在第一次世界大战爆发后大量采购这种机枪。

MG08型机枪一直使用到第一次世界大战结束，根据《凡尔赛条约》，当时的德国是禁止生产自动武器的。但是，此时的多伊奇维芬纳恩军火工厂和斯潘多国家

上图：图中是一个装备有圣埃蒂尼07T16型机枪的法军步兵排，他们操枪姿势很痛苦，这种机枪无论以何种标准来评判都是很差的，研制该枪的目的只是为了节省费用，霍奇基斯公司还要从中收取生产许可费

兵工厂已经生产了大约72000支MG08型机枪。多伊奇维芬纳恩军火工厂直到引进商用1909型机枪后，才试图将一种新型可调节的闭锁装置（威克斯公司在1901年所使用的装置）安装到自己生产的机枪上，并且始终没有采用一种新式倒置闭锁系统，威克斯公司将该系统安装在1908年后生产的机枪上。因此，仅仅根据套筒座的深度，就很容易区别第一次世界大战时期的德国造的马克西姆机枪和同时期英国造的马克西姆机枪，当然还有其他一些的明显标志。生产这些机枪的厂家（位于引信盖上）以及架枪的方法也很不一样，英国人使用三脚架架枪，而德国人则喜欢使用雪橇式装置。可以肯定的是，要区别德国造的马克西姆机枪与俄国、瑞士和中国造的马克西姆机枪是一件不容易的事。德国造的所有马克西姆机枪都用的是19世纪80年代德国军队步枪所用的口径为7.92毫米子弹。但是，德国海军装备的马克西姆机枪的标示为8毫米口径机枪，这使得这种机枪所用子弹的尺寸有点混淆了，原因是德国海军坚持用子弹的名义直径8毫米来给子弹标注，而不是用枪管直径7.92毫米来为子弹标注。后来，这种子弹被改造成7.92毫米×57子弹，它是两次世界大战中标准的德国步枪和机枪子弹。

MG08/15型机枪

MG08/15型机枪是一种重量更轻的新型机枪，于1915年在斯潘多国家兵工厂研制成功，它是由德军枪支测试委员会（一个拥有很大权力的组织）委员弗里德里奇·沃恩·默凯茨陆军上校指导完成的。自1917年年初，它就成为德国军队中使用最广泛的自动武器。订货单上的枪支数量总共达到130000支，这些机枪由七个不同的厂家生产，生产最多的厂家是斯潘多兵工厂，所生产的枪支数量超过50000支，英国后来就用这家工厂的名字来给这种机枪命名。MG08/15型机枪被用作轻机枪，也就是说，可以由一个人独立操作，甚至可以用一根皮带将其挂在腰间边行进边射击。为了方便携带，一种更短的、容量为100发的子弹带由挂在套筒座上的简单圆鼓装着，但这种圆鼓并不是一个鼓式弹匣，它仅仅是一个简单的弹带容纳器。事实上，这种"轻"机枪并不比最初的机枪轻多少，包括一个充满水的冷却套和一个两脚枪架，整支机枪在不装弹的情况下就达到21千克，与之相比，最初的MG08型机枪是26千克。但MG08/15型机枪用步枪式后托，手枪把柄和普通扳机取代了MG08型机枪中的两个铲形手柄和一个拇指操作式扳机，而一个完整的折叠式两脚枪架以及一根吊带使得MG08/15机枪能够由那些强壮而有意志力的人作为轻型武器使用。

MG08/15型机枪在作战效果上比不上重量更轻的、使用鼓形弹匣上弹和空气制冷的刘易斯机枪，德军曾给予刘易斯机枪很高的评价，他们希望每人都配上这么一支机枪。但是，MG08/15型机枪后来却成为一种新式步兵作战单位"闪电部队"的主要武器，他们利用移动开火和远程射击来代替固定的、正面进攻战术。第一次世界大战的早期，这第一次世界大战术使很多人丧命，MG08/15型机枪的这种战术可以为装备重武器的步兵部队提供移动火力支持。

德制空气制冷的马克西姆机枪

第一次世界大战结束前夕，一种空气制冷型机枪，即MG08/18型机枪在厄福特兵工厂研制成功，它是用一种多孔的护罩取代了以前的水冷套，护罩上还安装了一个手提柄。我们知道，MG08/18型机枪比MG08/15型机枪要轻4千克，尽管改进它的主要原因不只是为了减轻重量，而且还要解决因水凝固而使机枪无法操作的问题以及有时找不着水或其他合适的液体（例如汞，一种经常被使用的替代品）的问题。枪管必须能够在水冷套中自由地往复运动，当然，为了能够使枪循环制动，水冷套应当在枪口处用一个简易密封盖给封住。英国人在与布尔人作战时解决了这个问题，他们将甘油加入到冷却水中，把回复簧的强度提高，还加装一个弹力增强器，但是即使是这样，还是需要用手工上弹和射击六次以上才能把机枪加热到可以自动循环发射。MG08/18型机枪没有改进之前，是用水做冷却剂，实验的结果表明，用水制冷时这种机枪需要用手工填送240发子弹才能自动循环射击。MG08/18型机枪生产的数量很少，仅用来装备山地部队、骑兵队和配有自行车的步兵部队。但有记录载明，1918年冬季，这种机枪的生产指标在逐步增加，预示着它将用来装备一线部队，但这并没有对战争结果产生影响。这种机枪也有自己的不足，即枪管的更换较难。枪管的更换对于持续射击的空气制冷机枪来说是必需的，我们在以后会提到。

MG08型机枪的空气制冷型是一种机载型机枪，研制此种枪的目的，是为了解决制冷水的结冰问题。此种枪的制冷水一旦结冰就会使机枪失灵，这一现象在战机上比在陆地上明显，因为空中的气流会产生冷却作用。但是，这种机枪很快就被MG08/15型机枪的类似型号所替代，后一种枪型生产了约2.3万支，由斯潘多公司独家生产。这两种机枪无论用作观察员灵活架放的机枪，还是装备上飞机设计师安东·福克发明的机械式射击协调装置都不能算是很成功的枪型。福克发明的机械式射击协调装置能使机枪的发射与战机螺旋桨的旋转协调起来（至少在名义上是这样），对此问题，我们会在以后作进一步阐述。

"世界性的"马克西姆机枪

1916年，厄福特兵工厂又对马克西姆机枪的工作原理作了进一步发展，试图制造一支"世界性的"机枪，这种机枪能够持续射击，重量也非常轻，可作为轻机枪使用，这就是MG16型机枪，这种机枪的产量较少，只是用来试验，从未用于实战。MG16型机枪在基本工作原理方面，而不是机械方面可以说是MG34型机枪和MG42型机枪的先驱，因而也属于现代化多用途机枪的一种。它的闭锁系统是仿制高效率的威克斯1901型机枪的闭锁系统，从技术性上讲，要好于MG08型机枪，但仍没能取代它，这是可以理解的，在战争中期引入这种系统是不可能的，因为如果进行更换，其产量难免会降低。

德国造的其他类型的机枪

多伊奇维芬纳恩军火工厂在生产马克西姆机枪的同时，也生产自己设计的机枪，并将其命名为帕拉贝鲁姆机枪，乔治·鲁格设计的9毫米自动手枪也叫此名，为自动手枪所研制的子弹也以此名流传开来，而且很可能是应用范围最广的子弹。当然，多伊奇维芬纳恩军火工厂生产的这些机枪也可以使用帕特罗恩98型子弹。在这些机枪中最早研制成功的是由卡尔·黑尼曼设计的MG14型机枪，主要是用在飞机和飞艇上。MG14型机枪仿制了威克斯机枪的改进型1908型机枪的闭锁系统，从而使套筒座变浅。它有水制冷和空气制冷两种枪型，前者作为防御武器架放在泽佩林斯飞艇上，后者则装备在重型飞机上，高空中的气流有助于给这种机枪制冷。设计人员对这种机枪往复运动部件的尺寸和重量作了精心设计，从而获得较高射速——每分钟约700发。也有少量的MG14型机枪配备给地面部队。MG14/17型机枪是MG14型机枪的改进型，它加装了一个比较窄的带孔枪套管，而且大多数人认为德国早就应该集中全部精力研制此枪，而不是把精力花在又重又笨的MG08/15型机枪上，原因是MG14/17型机枪在不装弹的情况下还不到10千克，是一种非常好的步兵轻机枪。

第一次世界大战期间，另外两种机枪也得到一些应用，一种是由伯格曼研制的，后面谈到冲锋枪和便携式轻机枪时，将会再次提到这个名字。另一种是由莱茵金属设计的德雷西机枪，它是由加斯特和贝克为德国空军生产该枪的设计型。还有一种口径为13毫米×92的重机枪塔夫机枪可以说是一种开创型的枪种，因为它既可以打击装甲车又可以打击天上的飞机。前两种机枪是最重要的机枪类型，我们在后面章节中会谈到它们。

伯格曼机枪和施迈瑟机枪

西奥多·伯格曼·沃芬鲍AG公司是德国战前成立的一家公司，这家公司有一个不可多得的人才，他就是研发部门的刘易斯·施迈瑟，他早先曾设计过第一代自动手枪，而且被公司在20世纪初大量投产，销量可观。伯格曼在1902年研制成功了他的第一支机枪，他所使用的制动原理是两年前就已注销的专利。伯格曼机枪与马克西姆机枪一样，工作原理都是短后坐制动原理，但其锁定过程是由枪栓下面的一个旋转锁栓来完成，当后坐力推动着枪管和枪栓的组合体向后运动13毫米时，锁栓或楔被一个凸轮压下，释放枪栓，使之继续顶着弹簧的弹力运动，然后弹簧又把它反弹回来，使之恢复到原状态，把锁栓转回原位又实现了重锁。最早的模型似乎是利用重力垂直进弹，子弹是卡在金属条，后来就被一个"传统的"（从某种意义上说，因为这与马克西姆机枪所用的相同）从右手侧上弹的回拉式弹带所取代。

这种机枪是作为水制冷MG10型机枪来生产，与MG08型机枪的性能相比，虽然它又轻又简单，相当德国化，但人们的反应很冷淡，主要原因可能是这种机枪的供弹装置不完善。第一次世界大战爆发后，战场上需要各种各样的武器，即使在这种情况下它的产量也很有限，此时它的名字叫MG15型机枪。后来研制出了这种机枪的轻量型，即水制冷的MG15nA型机枪，这种机枪上加装了与MG08/18型机枪相似的枪管及枪托、枪把手和传统的扳机，其中枪托主要是用作套筒座后部的

上图：1916年，英国机枪手正在索米前线使用威克斯C级机枪。图中英国士兵使用的毒气面罩没有什么效果，只起到降低人们战斗力的作用

反冲杆。MG15nA型机枪与MG08/15型机枪一样，具有把弹带装入弹鼓内的预防措施，普遍架放在靠近其重心处的轻型三脚架上，这种机枪估计总共只生产了约5000支。

施迈瑟调职

刘易斯·施迈瑟参与伯格曼机枪的设计后不久，即离开西奥多·伯格曼·沃芬鲍公司到了莱茵金属公司，即后来的莱茵金属-博西奇公司，在那里，他负责德雷西MG10/MG15型机枪的设计工作。刘易斯·施迈瑟有一个叫作刘易斯·斯特奇的助手，后来他的这名助手成为德国自动武器领域中与施迈瑟具有同等重要地位的人物。德雷西曾与波利合作研制成功了针式枪，普鲁士军队正是利用这种枪在1870—1871年的短暂战争中击败了法国。1907年，施迈瑟设计出新式机枪时，德雷西已与世长辞。莱茵金属继承了德雷西开创的这家公司，且将部分枪支以他的名字命名，包括第一次世界大战期间及其稍后一段时期内所制造的机枪。这家公司研制的新机枪中很多设计与伯格曼机枪相似，例如德雷西机枪在枪管延伸处上连接的旋杆开始运动时，不是锁栓而是枪栓本身后部被凸轮顶起，前部下坠，在此过程中将枪栓与枪管解锁分离，这一点就与伯格曼机枪非常相似。不过，在此基础上，施迈瑟还使用了反冲增强器和缓冲器，因而极大地提高了枪支的射速。

德雷西机枪采用水制式，用三脚架支撑。第一次世界大战结束时，德雷西机枪的另一种型号，即有时叫作德雷西马斯基特机枪正处于研制阶段，这种机枪采用的上空气制冷，马斯基特是德语中的一个词，意思是重量轻的自动武器。

有人建议，最后一种型号的水制冷枪型，即MG15型机枪应改进为空气制冷，也就是后来的莱茵金属MG13型机枪。实际上，虽然说MG13型机枪确实是由德雷西机枪发展而来，但两种机枪在细节上有很大的差别，使得这两种机枪一点都不相像。它们最突出的优点也许是套筒座的构造方式，有一个顶盖用铰链连在内装主回复簧的套筒座前端，打开后露出供弹装置，便于清洗，而盖的后部则装有全部的击发机构，也以铰链与前端相连，在拆卸时可以拉下来。其主要的缺陷是供弹装置过于复杂而又颇不精确。其工作原理是，在枪栓后移过程中，一个弹簧钳从弹带上撤下一颗子弹，使之向下，在两个弹簧导杆的协助下把它压进位于枪管延伸体上的入弹口中，然后枪栓前移将子弹压入膛，枪栓的往复运动也能够借助端盖上的一个铁杆来促进弹带的前移。在战斗中也可更换枪管，但操作起来并不那么容易，拉下后端盖并移去枪栓后，再移去旧枪管并把新枪管插入套筒座才行，如果使用后的枪管还是热的话，就没法完成此操作了。

双管加斯特机枪

双管加斯特机枪是1916年研制出来的，但是直到战争的最后一年才由沃克西司生产出来，有一个词能很好地描述此事："奇怪"。它是一种后坐力制动机枪，步枪口径（也就是采用帕特雷恩 98 型子弹），两支枪管轮流发射。一个转动连接杆把后坐力向后作用的力转换成向前作用的供弹力，因而它无需复进簧，也节省了缓冲器。它的供弹是由一双弹簧驱动的竖直架放的鼓式弹盘完成的，一个弹盘就可以装180发子弹，因而射速特别高，达到每分钟约1200发。最初设计这种机枪的目的是便于架放在飞机上，而在战争的最后一个月，由于武器短缺，也把这种机枪配发给了军队，但它却拒绝合作，因为这种机枪的射速对于陆军来说太大了，而且这种机枪在未装弹时就有近20千克，因而很不适合步兵作战。但如果架放在飞机上，就不存在这一问题。这种机枪总共生产了约1500支，其中1340支由联合控制委员会下令销毁。1918年初就进行过测试，但没被官方认可。相当奇怪的是，直到1919年春，盟军（也就是法国、英国和美国）才知道有此枪支，他们花了几个月的时间，才把所有尚存的机枪收集起来，因大部分被销毁，只有一些被保留下来用于测试。所有的测试报告，都对此枪给予了高度评价，但并没有作进一步研制。据说，战争结束前可能开始着手13毫米口径的加斯特机枪的研制，但没有迹象表明完成过这种研制工作。

贝克机炮

此炮由斯特沃克·贝克研制，我们最好把它称作机炮而非机枪，它的口径有2厘米，既可用于飞机上，又可用作防空。从1917年开始，它主要装备防空部队、戈瑟重型轰炸机和一些大型飞艇上。贝克机炮是气体制动，用10或15发的弹匣装弹，射速每分钟约300发。两个铲形把皆有各自的扳机——右侧的用于单发，左侧则用于连发。战后，一家名为西贝奇·马斯切伦鲍的瑞士公司将此设计买断，随后又卖给了奥利肯公司，在那里它得到了充分的发展，后来成为第二次世界大战期间同类武器中的佼佼者，德国和日本都把它架放在飞机上，而英美则把它架在船上用作轻型防空武器。

奥地利造的新式机枪

我们已经注意到，第一次世界大战期间，德国的主要盟国——奥匈帝国，最初使用的是斯科德机枪。1905年奥匈帝国对一家公司提交的一个富有竞争性的设计很感兴趣，该设计是由安德鲁斯·威廉·斯科沃斯路斯完成的，他在半自动手枪方面曾获得过成功，而此枪的设计确实比斯卡达机枪要好，不过，也有一点奇怪，这种机枪采用了简单的延迟后坐力制动方式，并带有一个不上锁的枪后膛机构，此种设

上图：奥地利生产的布兰登堡双座侦察机装备了施瓦茨洛斯机枪（可固定架放，也可灵活架放），此枪的制冷方式已改装成空气制冷

计在持续射击武器中尚没见过。这种机枪的机械原理依赖枪栓的重量，并借助于一个强力弹簧和一个有接头的弯头臂（这种弯头臂工作起来相当费劲）来使往复部件与枪管衔接，直至可以安全地打开枪后膛为止。这要求枪管须足够短，从而确保组件分离时子弹已射出枪口，而这又导致子弹初速低、射程短。实际上，子弹的装填、枪管的长度和移动部件的质量都经过了精确的计算，其中任何一项出现变动都会导致枪不能发射，特别是在战时，子弹的装填不可能那么精确，这往往导致枪支不能很好地发挥作用。然而，最好的斯科沃斯路斯机枪，即07/12型却广受使用者的欢迎，它的销售遍布东欧各国，所生产枪支的口径类型也很多，最普遍的是7.92毫米和6.5毫米口径，第一次使用是在1912—1913年的巴尔干战役上，它广受欢迎的原因是这种枪支的做工粗犷而简单。它的主要缺点是对于质量差的子弹所引起的堵塞特别敏感，不过这也没有妨碍它在二线部队一直服役到第二次世界大战结束。据说07/12型机枪在游击队员手中（特别在非洲）一直用到20世纪70年代，原因是它的制造质量高，所需弹药又易于获得。

第一支意大利机枪

经过1887年的试验后，意大利是第一个官方使用马克西姆枪的国家，后来又购进了上百支，主要是美国式的1901型机枪，另外还于1911年购进约1000支威克斯C级机枪。尽管如此，他们依然有一项规模较小的国产机枪的研制计划，这使得自己的武装力量能够用上本民族自己设计制造的机枪。

意大利第一支颇有独创性的国产机枪是古斯皮·佩里纳设计的，1900年，他为这项设计申请了专利。这是一种后坐力制动和气体制动相结合的机枪，使用低火力的6.5毫米步枪子弹。和20世纪初所有的意大利机枪一样，它最初是利用鼓形弹匣内的一个金属链来上弹，此系统后来被一个更新颖的设计所取代，新设计的弹匣中有5个托盘，每个托盘装有12发子弹。佩里纳机枪最有趣的特点之一是它的制冷系统：枪管被一个固定圆柱筒包绕，并安有密封圈，密封圈与内燃机上所用的相似。圆柱筒内枪管的运动迫使冷空气穿过枪后膛，然后再按一定角度从排气口进入弹匣。后来的设计是把枪管和筒柱皆包在一个水封套内，使水围绕枪管循环。佩里纳设法讨好本国军队及英军，但收获有限。该枪的主要缺点，据说是枪上的引擎过于沉重，整个枪支在没有水和三脚架时就差不多有23千克，1913年，佩里纳将其重量减至9千克，但为时已晚。

菲亚特-雷维尔机枪

同年，一家制造武器和船只的名为安塞尔多·阿姆斯特朗的公司得到了吉欧万尼·阿格纳尼设计的专利，这一专利是关于一种延迟式后坐力制动机枪，这家公司设法让意大利的军队对轻机枪产生兴趣，但没有成功。而另一方面，菲亚特公司最终成功地打破了马克西姆机枪和后来的威克斯机枪的垄断地位，他们生产的机枪采用的是贝海尔·雷维尔设计的延迟式后坐力制动机枪，这一设计甚至比阿格内利的还要复杂。在所有的延迟式后坐力制动设计中，没有一种设计能够确保退弹完全不出问题，因为原始的退弹方法不可能既能退出弹壳又给进入的每个子弹加上润滑油，而且就是能做到也是有副作用的，不论是泥土、灰尘、沙石的进入还是气候寒冷致使润滑油冷冻都会引起枪的卡壳。

后来设计的其他延迟式后坐力制动机枪，也同样使用润滑过的子弹，都面临同一难题，并非便携式轻机枪才有这样的问题，当然，便携式机枪使用的是小威力的推进剂和直弹壳，但这并不是明智的解决方法，还有一个更好的方法，它是由菲亚特公司发明的，即在弹膛壁上加工出凹槽以平衡空弹壳的内外压力。阿格内利机枪最先采用此法，并获得成功。让人感到吃惊的是，菲亚特公司并不允许此种设计用于自己生产的枪中。就菲亚特-雷维尔机枪来说，弹壳因膨胀或爆裂而引起阻塞也许不算什么问题，因为在储油器后面，一个连在枪栓上的外露缓冲杆（随着每发子弹的发射而做往复运动，因此每分钟达到400次）作用于位于击发手柄前几厘米处的止点上，这对于枪手的操作来说并没有大的影响。和佩里纳机枪一样，雷维尔机枪使用一个不必要的复杂系统把子弹推进枪膛，弹匣被分成十节，每节装5发子弹。前一节上的子弹用完后，臂式转杆把弹匣向右推进一步，使后一节到位。

令人惊讶的是，随着第一次世界大战爆发，菲亚特-雷维尔14型机枪竟被意大利军队选用，直到1943年意大利投降时仍在一线使用。第二次世界大战中，它原始的水制冷被废弃，而代之以1935年发明的

上图：“恶魔的画笔”和"邪恶的死神"正是这挺德国造的马克西姆机枪的两个富于想象的名字，MG08型机枪的特征是具有类似雪橇的装置

菲亚特1914型机枪
口径：6.5毫米
重量：17千克（37.75磅）
全枪长：1180毫米（46.5英寸）
枪管长：655毫米（25.75英寸）
有效射程：1500米（5000英尺）
构造：弹匣供弹，延迟后坐力制动，水制冷
射速：400发/分钟
子弹初速：640米/秒（2100英尺/秒）
原产国：意大利

空气制冷，同时，润滑子弹系统也由凹槽弹匣取代，但并不那么完美，也没有取得显著的成功。

其他欧洲造的机枪

在欧洲的其他地区，也有一些人在试图改进现有的设计，他们中有军官、枪械师，还有发明家。这些人的改进取得了一定的成功，有的还可以达到申请专业程度，但很少引起人们的注意，尽管瑞典设计中的一个重要的组件后来被吸纳进了别国研制的多种成功的枪支中。

瑞典的一项发明

卡尔斯普-鲁特克杰尔曼机枪于1907年研制成功，接着开始小批量生产，它是基于鲁道夫·克杰尔曼的设计，其新颖的特征在于其闭锁系统，即枪栓上安有两个旋杆或折翼，在击铁推向前时，它被迫进入套筒座壁上的凹槽中，从而确保子弹在枪栓和枪管锁定之前不会早爆。这个简单系统的主要优点在于减轻了移动部件的重量，从而使往复运动速度加快，提高射速。实际上这是瑞典军官弗里伯格的杰作，他曾于19世纪80年代提出过这种设计，但没有再往前走一步。克杰尔曼也没

右图：第二代勃朗宁机枪M1917A1。马克西姆机枪和它的发展型非常相似，该枪从左侧填弹。图中的机枪手名叫弗朗西斯·珀欣，是布莱克·杰克将军的儿子

有再前进一步，因为没有得到瑞典武装力量的订单，只有少数几种枪型采纳了它，此后便销声匿迹了。实际上，利用这种设计曾制造出两种枪型，一种为弹匣供弹的空气制冷式轻机枪；另一种为弹带供弹，利用三脚架支撑射击的水制冷机枪。直到20世纪20年代晚期，一种类似的系统由苏联设计师捷戈加廖夫用在了由他设计的DP轻机枪上。后来，他用滚轴代替折翼，另外还作了其他方面的改进和完善。这种系统经他改进后用在了当时最好的德国第二代多用途MG42机枪上。捷戈加廖夫1943年设计的机枪使用的是新型7.62毫米×39子弹。不知道捷戈加廖夫和MG42机枪闭锁系统的设计者是否知道弗利伯格和克杰

尔曼的设计，但德国工程师确实了解捷戈加廖夫的机枪，有足够多的机会去研究，因为在西班牙内战期间德国曾从西班牙缴获了大量的用这种设计制造的枪支。

最好的勃朗宁机枪

第一次世界大战期间，主要几个国家的军队所使用的机枪是各种型号的马克西姆机枪，唯一的例外是奥地利制造的、由法国和意大利军队使用的霍奇基斯系列机枪，它是一种值得人们了解的著名机枪，是第一次世界大战时期唯一没有被马克西姆机枪击败的持续射击机枪，在随后爆发的全球性战争中成为各国军队使用的重要武器，影响了20世纪大半个世纪。也许，要探索其起源的话，恐怕还得回到美国。

当我们提到奇怪的并不特别受欢迎的柯尔特1895型机枪的设计者时，我们就曾提到过约翰·勃朗宁。在战争的调停期间，勃朗宁就已经为柯尔特公司研制出一支最好的自动手枪，即后来非常出名的1911型手枪，此设计于1900年投产，1905年得到进一步的完善，随后勃朗宁就把注意力转回到了机枪上。虽然在他的第一个设计中选择了气体制动，但后来他放弃了，最终选择了短后坐力制动，他设计的锁住枪管和枪栓的装置比马克西姆的套环更为简单，即一个垂直的滑面，被套筒座内的凸轮表面顶出啮合。他也用了一个加速器，一旦枪栓与枪管解锁后，加速

器即加快枪栓向后运动，这种运动同样加速了弹带的移动，弹带是从左手侧进弹，这是明显不同于马克西姆及其发展型机枪从右手侧进弹的特点。安装一个手枪把手和在套筒座后端盖上设置一个手指操作扳机是勃朗宁机枪的另外一个特征。尽管后来的机枪，包括勃朗宁的欧洲同行制造的机枪，以及比利时的法布里克内莱尔机枪，都安有双铲形把手和一个拇指操作扳机。

M1917型机枪

美军使用的0.30英寸口径的M1917型机枪，第一次采用了勃朗宁的最基本设计，它是水制冷、三脚架放式机枪，在性能和操作上与英、德和俄使用的马克西姆机枪相似。第一次世界大战结束前就制造了约56500支这种枪支，而且成为美国最重要的战略自动化武器，1936年又经过改进，成为M1917A1型机枪。尽管这种改动幅度不大，然而却成功地完成了从水制冷到空气制冷的转变。在这一点上，马克西姆机枪和威克斯机枪的发展型都未能取得成功。M1919型机枪是一种空气制冷机枪，由于出现得较晚而没有赶上第一次世界大战，但有一个相当长的战斗生涯，作为步兵武器和固定或灵活架放的坦克机枪，它历经了第二次世界大战和战后一段时期，稍加修改后成为现在的M2型机枪，一般是安装在各种类型的飞机上，此枪的发展型是M1919A4型机枪，既可固定又可灵活架放，配发给装甲部队和步兵部队，但后者从1943年4月也开始接受M1919A6型系列机枪，它安装了一个肩托并采用更轻的枪管，架放在两脚架上。

0.50英寸口径的勃朗宁机枪

将M2型机枪作为飞机上使用的0.30英寸-06口径的主要机枪，后来引起了一定程度的混乱，因为同样的设计后来应用到更重型的0.5英寸口径机枪中，它是应美军的要求作为霍奇基斯11毫米口径"气球机枪"的竞争对手而进行研制的。20世纪30年代中期，表示不同枪型的方法被改变，由原来代表武器的使用日期改变为反映它在发展计划中的研制顺序。后来，所有的美国造的武器都被命名为M1、M2等，而不是它们的使用日期。最早的勃朗宁重机枪并不完全是M1917型机枪的放大型，它于1921年被引入，命名为0.5英寸口径M1921型机枪。后来，它也经过改进，更名为M1921A1型机枪。在M1917型机枪改进成空气制冷时，M2也随之得到改进，但这次没有更名，直至后来改为重型枪管、可以长时间持续射击后，才更名为M2HB型机枪。与它的小兄弟一样，这种机枪也被美国空军及其盟国的陆海空军使用。随着20世纪的结束，它的服役期也进入了第70个年头，而且还在继续生产。在50多年的时间里，人们一直试图对这种机枪进行改进，但很少有人取得明显的进步。从第二次世界大战前开始，它就是西方世界中最有效的重机枪，既可以由步兵利用三脚架灵活架放在车、战舰和飞机上，也可以固定在装甲车和飞机上。射速与步枪口径的机枪相同，但初速更高，弹头更重，因而杀伤力极大，广泛认为勃朗宁重机枪可以轻易毁坏它所能射击到的"软"目标（"软"包括大多数建筑物），勃朗宁M2HB型机枪成为检验其他重机枪的基准，在后面的章节中我们将讨论这个问题。

其他类型的重机枪

正如后来广为人知的，勃朗宁50型机枪是第二次世界大战中最重要的重机枪，但它不是地面部队唯一使用的机枪。1938年，苏联红军引进了一种相似口径（此处是12.7毫米×108，勃朗宁是12.7毫米×99）的重机枪DShK机枪，这种有名的新枪采用弗利伯格–克杰尔曼设计的闭锁系统。施佩金的贡献在于为DK重机枪设计了一个过于复杂的旋转供弹装置；同时，捷戈加廖夫完善了DK重机枪中的其他部分，

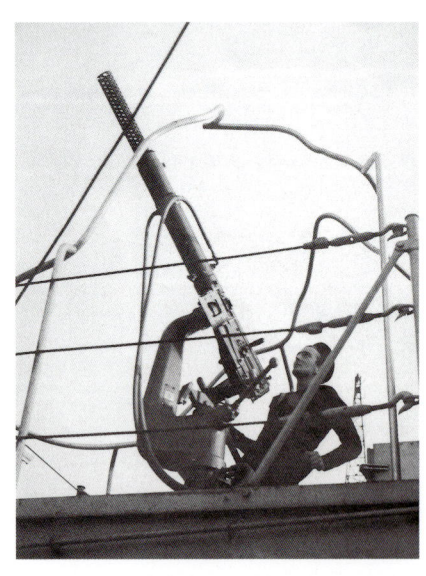

上图：0.5英寸口径的勃朗宁机枪，它是由步枪口径机枪发展而来，用来击落敌人的侦察气球，而且其防空效果也不错

上图：第一次世界大战时的菲亚特–雷维尔机枪在1935年改为空气制冷，所使用的弹药改用M35型8毫米子弹时，又获得了新生

该枪于1934年小批量投入生产。DShK机枪于1938年首次出现在战场上，第二次世界大战时期苏联红军用它来进行"伟大的爱国主义战争"。1946年，其旋转供弹装置更换成了更简单、更传统的往复供弹装置，这是捷戈加廖夫为同年生产的RP机枪所设计的，他还把固定式枪管换成了易于更换的枪管，DShK38的46型机枪接着成为华约军队选定的重机枪，也广泛装备到苏联的各盟国军队中。中国制造了一种枪型为54型机枪，此枪最杰出的特点是有棱条的重型枪管和大的枪口瞄准器，毫不奇怪的是，其操作性能与勃朗宁50型机枪很相像，有效射程2000米，初速每秒860米。54型机枪比美国造的机枪使用的子弹稍轻，仅有44克多一点，但这丝毫没有降低它的杀伤力，其射速为每分钟575发，但在实际使用时，只能达到每分钟100发。当然，勃朗宁机枪也受到过同样的批评。

1955年，DShK机枪被一种更大口径的维拉迪米诺夫机枪取代，该枪是一种后坐力制动的轻型高射机枪，可以单挺或多挺地架放在战车上。它使用1941年制造的口径为14.5毫米×114的反坦克步枪子弹，这种子弹的弹丸重64克，初速达到每秒约1000米。

英国造的重机枪

20世纪30年代初期，威克斯公司也开始制造0.5英寸口径的机枪，主要装备在舰只和装甲车上，它基本上也是后坐力制动的C级机枪，只不过作了些不重要的改动而已——例如，它的复进簧是在压缩时起作用，而不是在膨胀时起作用。该公司还制造了一个大口径的坦克用的贝瑟机枪（见下文），口径为15毫米×104，作为英国亨伯装甲车上的主要武器，但仅制造了3000多支。第二次世界大战中，罗尔斯罗伊斯公司也研制了一种0.5英寸口径的重机枪，它是在弗里伯格·克杰尔曼机枪的基础上发展而来的，加装了一个枪膛闭锁系统，但考虑到其他更重要的事项，该枪没有投产。

新式步枪口径机枪

人们认识到战争的残酷，开始推动一项"和约计划"，并在第一次世界大战后期，即1918年在法国和英国受到广泛欢迎，在美国也受到某种程度的欢迎，但总地看来，这场运动还是极其幼稚的，这也就意味着在这些国家中，武器的发展已停滞，甚至在德国已快速地从第一次世界大战中恢复过来而且在世界舞台上重新发挥重要作用的20世纪30年代初期时，依然没有采取任何措施来发展新型的高水平武器。其他地区，特别是在共产主义革命已建立牢固政权的苏联，情况却不同，武器研制仍在继续。1939年后，第二次世界大战爆发，第一次世界大战后凯旋的联盟部队被征集起来对抗复活后的德国，但所使用的武器依然是先前使用的小型武器。

捷克斯洛伐克造的两种机枪

英国武器研制的停止，使得第二次世界大战前军械库的机枪实际上是靠进口，而且是从一个很不起眼的地方进口，即捷克斯洛伐克，这个国家是在奥匈帝国崩溃后才成立的。英国所进口的武器中，最重要的是布伦轻机枪和贝瑟机枪，其中贝瑟机枪主要作为英国坦克上的辅助武器，尽管它最初是想取代用作步兵武器的威克斯C级机枪。后来，贝瑟机枪并没有按计划装备，因为没有足够的时间，战争来得太快，部队不得不使用古老的威克斯机枪作战。

贝瑟机枪在国内最初称为vz37型机枪，商业上称为zb 53型机枪，它与布伦轻机枪非常相似，只不过它的枪栓被锁在位于套筒座顶部的枪管延伸端上，但都通过同样的滑动/倾斜装置来操作。这种相似性并不让人感到惊奇，因为两者都是由设计师瓦克拉夫·霍利克负责设计的。重机枪与轻机枪只是在制动方式上不一样，重机枪采用的是短后坐和气体联合制动方式，被称为差动后坐系统，有时也称为"浮射"，或"软后坐"。在差动系统中，"废"推进剂（空气从枪管开口进入气缸）推动它向后。而在这整个动作发生前一秒的间隔内，枪管/枪栓组合体被后坐力向后推出了枪体。

然而，这种短后坐制动并不是贝瑟机枪所采用的将枪栓和枪管彼此解锁的方法，贝瑟机枪的解锁通常是由气体驱动活塞来完成的，而短后坐制动是设计用来减少枪架所受的冲击力，用技术词汇来说就是"降低偏移量"，由于产生的后坐力有一半被吸收，所以当枪管和枪栓组合体依然向前运动时，子弹就发射了，也就是在退弹—重锁—重填循环的结束前发射。勃朗宁在其后坐力制动机枪中采用了类似的系统，可以造"浮射"一词来描述它。

无论把它称作什么，它确实是使制动过程更加平缓，并在贝瑟机枪上进行了进一步改进：将气缸长度减少到活塞尾部正

上图：在第二次世界大战和朝鲜战争期间，空气制冷的勃朗宁机枪是美军和美海军陆战队使用的主要步枪口径持续射击机枪

佩里诺1913型机枪
口径：6.5毫米
重量：13.65千克 (30磅)
全枪长：1180毫米 (50英寸)
枪管长：680毫米 (46.5英寸)
有效射程：1500米 (5000英尺)
构造：弹盘供弹，后坐力和气体混合制动，水制冷
射速：500发/分钟
子弹初速：640米/秒 (2100英尺/秒)
原产国：意大利

施沃兹路斯07/12型机枪
口径：8毫米
重量：20千克 (44磅)
全枪长：1070毫米 (42英寸)
枪管长：525毫米 (20.75英寸)
有效射程：1000米 (3300英尺)
构造：弹带供弹，延迟式气体制动，水制冷
射速：425发/分钟
子弹初速：618米/秒 (2030英尺/秒)
原产国：奥地利

勃朗宁M2HB机枪
口径：0.5英寸
重量：38.5千克 (84磅) (枪本身重)
全枪长：1655毫米 (65英寸)
枪管长：1145毫米 (45英寸)
有效射程：3000米 (1万英尺）
构造：弹带供弹，后坐力制动
射速：450～550发/分钟
子弹初速：895米/秒 (2930英尺/秒)
原产国：美国

上图：勃朗宁50型机枪，开始是为飞机设计，但不久就在步兵中也得到了应用，其笨重的枪管是后来安装上的，该枪可以长时间稳定射击

左图：这是在第二次世界大战时期保加利亚使用的施沃兹路斯一支机枪

勃朗宁1917A1型机枪
口径：0.3英寸
重量：15千克（32.75磅）
全枪长：980毫米（38.5英寸）
枪管长：610毫米（24英寸）
有效射程：2000米（6600英尺）
构造：弹带供弹，后坐力制动，水制冷
射速：450～600发/分钟
子弹初速：850米/秒（2800英尺/秒）
原产国：美国

上图：勃朗宁M2HB机枪，常成对地安装在车内或车上，其中一个右手上弹装置被换成左手侧装弹

菲亚特35型机枪
口径：8毫米
重量：19.5千克 (43磅)
全枪长：1270毫米 (50英寸)
枪管长：680毫米 (26.75英寸)
有效射程：2000米 (6600英尺)
构造：弹带供弹，气体制动，空气制冷
射速：450发/分钟
子弹初速：790米/秒 (2600英尺/秒)
原产国：意大利

好能到达的地方，从而使夹带的废气和堵塞物排入空气中，减少气缸内的沉积物，因而武器变得相当可靠、持久和精确。与改用标准英国子弹（也就是说，有边的0.303英寸子弹）的布伦机枪不同，贝瑟机枪使用原始的7.92毫米×57子弹。有人建议由于时间仓促，应保留早期的弹药，但看起来，把有边子弹装入前推式弹带中是一件不太容易的事情，而且，子弹在填到枪膛前要先后拉，这对于贝瑟机枪的制动装置来说是无法解决的。最后，由于UK机枪使用的7.92毫米×57子弹易于生产，且由于此枪只用于装甲车，子弹供应不足的后勤问题就得到一定程度的缓解。霍利克进一步提高了枪的工作效率，使用贝瑟机枪的枪手无须将手从扳机上拿开去操作击发杆，只需打开保险，把整个的扳机/枪把手组合体推向前，使扳机与活塞后部的弯曲处相啮合，随后回拉，使制动装置进入套筒座后部并被卡住即可，直至扳机被压下。

气体制动的威克斯机枪

我们可以回想起来，第一支用空气制冷取代液体制冷的枪是用于飞机上的，而且很可能是单发射击，而不是连发射击。勃朗宁M2机枪是所有步枪口径机载机枪中最著名的，但威克斯在20世纪30年代早期所制造的K级机枪或称威克斯气体制动机枪却是它潜在的对手。这实质上是法国人阿道夫·伯西尔在十年前研制成功的，伯西尔为此还申请了专利。

那时，英国公

司曾把它当作威克斯-伯西尔轻机枪生产，英军差一点就将这种机枪用作班一级的自动武器。威克斯气体制动机枪与其原型枪一样，在设计上比较简单，和布伦轻机枪一样，它也使用了一个能够倾斜或凸出卡进套筒座顶端凹槽内的锁栓。威克斯气体制动机枪与威克斯B级机枪的主要区别在于弹匣，后者与布伦轻机枪一样使用的是"香蕉形"弹匣，而威克斯气体制动机枪使用的是装有96发子弹的固定式盘状弹匣，该弹匣侧放着，其形状与刘易斯机枪很相似。这种机枪后来只由英国皇家空军限量使用，但它们却受到机动步兵部队如沙漠远征军和空军特种空勤团的高度欢迎，这些部队把它们单挺或两挺架放在吉普、轻型卡车上以对付地面目标，它们奇高的射速（每分钟达到1000发）使得它们能够在最短的时间内达到最大的杀伤力。

布里德37型机枪

"前事不忘，后事之师"，我们可以经常回顾一个发明的历史，而且常常发现有一个不以满足需要为目的的特点从上一代传到了下一代，而且明显地既没有被剔除也没有被更正，机枪当然也不例外。欧内斯特·布里德公司研制成功了一种中型机枪，此时的欧内斯特·布里德公司已经是一家生产各种大型设备的大公司，所生产的产品包括飞机、火车头等各种大型机械设备。该公司研制成功并于1937投产的中型机枪采用气体制动，他们把这种机枪称为布里德1937型机枪，口径为8毫米，使用两年前引进的新型子弹。该枪没有安装有效的退弹装置，相反，却采用了与菲亚特-雷维尔机枪一样的轻涂料油，设计者斯塔奇为何坚定地沿用这一有缺陷的办法，人们不得而知。当然这种办法带来的后果与以前使用该办法的机枪一样，在寒冷气候下油料变得黏腻，易于粘附灰尘。这还不是此枪的唯一特别之处，还有一个更特别的地方是其处理子弹的方式，它的弹盘是从左手侧送入的金属弹夹，其特别之处在于不是把空弹壳和弹盘退出，而是当它们从套筒座另一侧出现时，供弹装置又重新将弹壳小心地装入原始的弹盘中。使用布里德M1937型机枪的士兵装入新子弹前必须从弹盘上卸下空弹壳，但看起来这并不是原计划的操作方式，因为在发明史上，8毫米子弹并没有被任何其他的武器使用过，除了经过改进的M1914型机枪。实际上，原来的计划是弹盘全用完后，送回原厂重新填弹，同时使其保持良好的状况。这样有一个优点，即它确保热的废黄铜不会乱飞或掉到脚下，这对装甲车人员来说这是个非常好的考虑，对于步兵来说没那么重要。尽管有这些奇特之处，但布里德M1937型机枪在整个第二次世界大战期间一直在意大利军队中得以使用，甚至还获得了可靠的美名，后为盟军部队使用，他们在北非缴获了一大批，而且喜欢使用更具冲击力的子弹。

苏联RP-46型机枪

正如我们关注的，两次世界大战期间苏联武器设计的主要人物是韦斯利·亚历克西伊维蒂奇·捷戈加廖夫，他的第一个重要成果是DP轻机枪。它设计简单，采用瑞典科杰尔曼的改进型锁杆闭锁系统，我们将在下一章中与其他轻机枪一并讨论。第二次世界大战期间，有人建议研制一种连一级所需的持续射击武器，这种武器比鼓形弹匣填弹的DP机枪及其改进型DPM机枪的火力更猛，DPM机枪是1944年研制成功的。这项任务落到了三位设计师迪毕宁、波勒卡夫和希林的肩上，他们接此任务后，以最快的速度研制，研制成功了一种以DPM枪为基础的新型枪，这种机枪使用简单的弹带供弹——其实也就是一个斜槽，能利用位于往复部件上的导引杆将前后运动转化为左右运动，取代了固定的鼓形弹匣，这样，整个顶部和填弹装置可被一起移走，换成一个带有圆鼓的新供弹装置，因而这种新型的RP-46型机枪也可用作袭击武器，而无须第二个人去帮着携带装有弹带的盒子。此设计中的主要问题，仍然是子弹被推进枪膛前，必须从弹带中向后拔出一个有边子弹。但是，这一问题是比较容易解决的，他们在供弹滑块上安装一对铁爪，利用它们来抓住一颗新子弹的边缘，然后在位于顶盖下部的弹簧压缩器压力的作用下把子弹拔出，再推着子弹向前下方移动并进入填弹槽，最后由枪栓将子弹推进送弹膛。此枪问世太晚，没赶上第二次世界大战，1946年在其设计者的大力推荐下，终被军方采纳。后来中国军队也装备了此枪，名为58型机枪；朝鲜命名为64型机枪。

RP-46型机枪在苏联红军那里绝对不受欢迎，尽管这种机枪比它所替代的DP/DPM机枪性能更好，甚至在它的研制阶段，捷戈加廖夫就开始着手研制另一个替代型枪支，这种机枪使用无边的7.62毫米×39"中型"子弹，即1943型子弹，1943型子弹与1891型子弹相比，有个固有的优势，即它没有边缘，可以从分离弹带上直接装弹，但有一个缺陷，即对于驱动制动机构和顶起枪栓来填弹这个联合任务来说，它的火力太弱，这是个使捷戈加廖夫头痛的问题，在整个设计取得令人满意的效果前又经过了几次改动。

捷戈加廖夫机枪属于轻机轮，它有两个比较新型的地方，一是弹带供弹，但弃用了DP/DPM机枪和RP-46型机枪所采用的快换枪管的方式，相反，采用训练枪手的办法来把射速限制到每分钟低于100发，我们立刻就会想起一个问题，战斗的时候来得及训练吗？捷戈加廖夫机枪后来旋即被一种真正的轻机轮RPK机枪所取代，它采用米哈伊尔·卡拉什尼科夫为

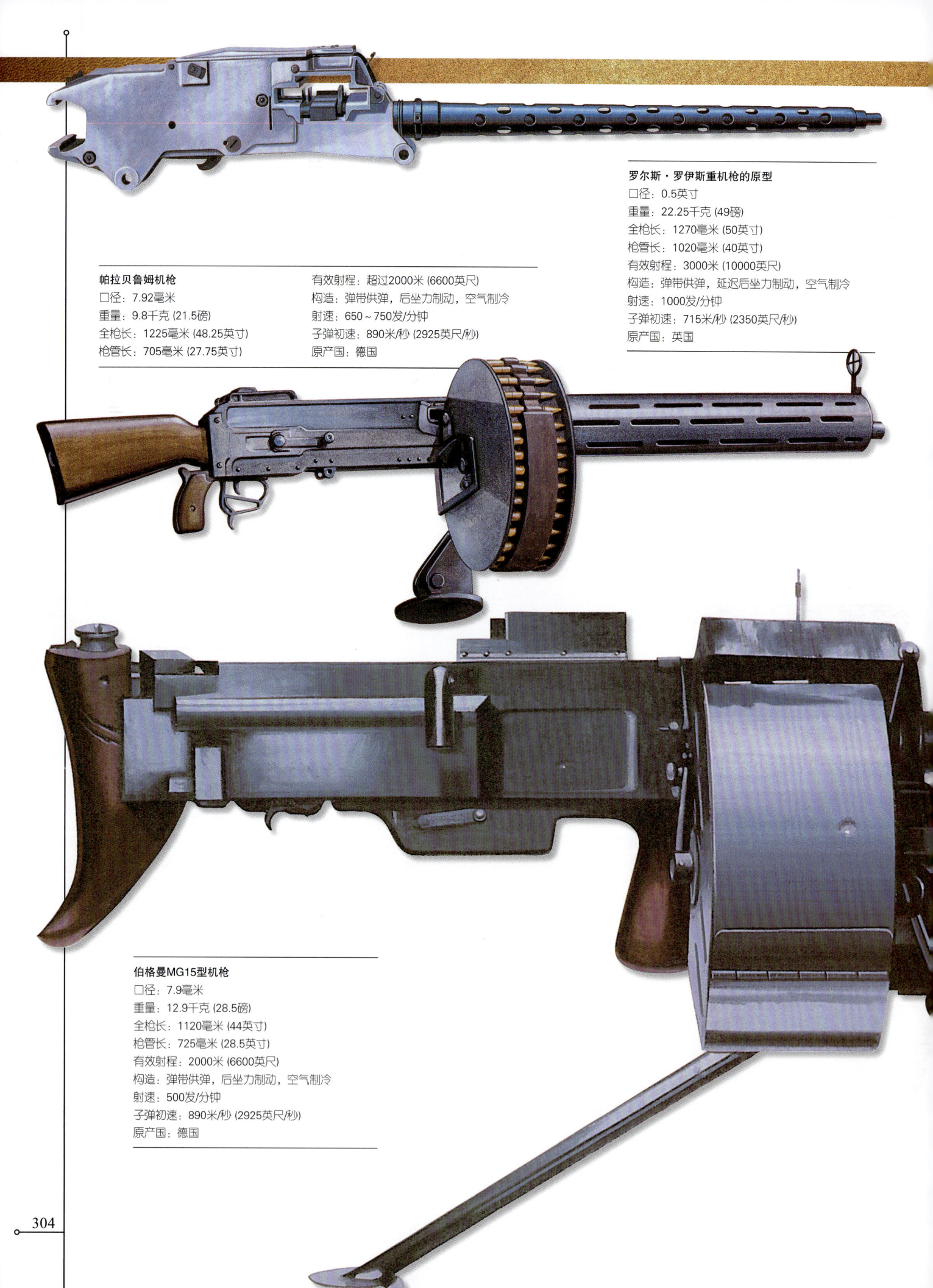

罗尔斯·罗伊斯重机枪的原型
口径: 0.5英寸
重量: 22.25千克 (49磅)
全枪长: 1270毫米 (50英寸)
枪管长: 1020毫米 (40英寸)
有效射程: 3000米 (10000英尺)
构造: 弹带供弹, 延迟后坐力制动, 空气制冷
射速: 1000发/分钟
子弹初速: 715米/秒 (2350英尺/秒)
原产国: 英国

帕拉贝鲁姆机枪
口径: 7.92毫米
重量: 9.8千克 (21.5磅)
全枪长: 1225毫米 (48.25英寸)
枪管长: 705毫米 (27.75英寸)
有效射程: 超过2000米 (6600英尺)
构造: 弹带供弹, 后坐力制动, 空气制冷
射速: 650～750发/分钟
子弹初速: 890米/秒 (2925英尺/秒)
原产国: 德国

伯格曼MG15型机枪
口径: 7.9毫米
重量: 12.9千克 (28.5磅)
全枪长: 1120毫米 (44英寸)
枪管长: 725毫米 (28.5英寸)
有效射程: 2000米 (6600英尺)
构造: 弹带供弹, 后坐力制动, 空气制冷
射速: 500发/分钟
子弹初速: 890米/秒 (2925英尺/秒)
原产国: 德国

贝萨机枪
口径: 7.92毫米
重量: 21.5千克 (47磅)
全枪长: 1105毫米 (43.5英寸)
枪管长: 735毫米 (29英寸)
有效射程: 超过2000米 (6600英尺)
构造: 弹带供弹, 气体制动, 空气制冷
射速: 750~850发/分钟
子弹初速: 825米/秒 (2700英尺/秒)
原产国: 捷克斯洛伐克/英国

机载威克斯97型机枪 (日本造)
口径: 0.303英寸
重量: 18千克 (40磅)
全枪长: 1155毫米 (40.5英寸)
枪管长: 725毫米 (28.5英寸)
有效射程: 2000米 (6600英尺)
构造: 弹带供弹, 后坐力制动, 空气制冷
射速: 600发/分钟
子弹初速: 600米/秒 (1970英尺/秒)
原产国: 日本和英国

机载威克斯D级机枪(下)和机载威克斯C级机枪(上)
口径: 0.303英寸
重量: 18千克 (40磅)
全枪长: 1155毫米 (40.5英寸)
枪管长: 725毫米 (28.5英寸)
有效射程: 2000米 (6600英尺)
构造: 弹带供弹, 后坐力制动, 空气制冷
射速: 600发/分钟
子弹初速: 600米/秒 (1970英尺/秒)
原产国: 英国

AK系列连发步枪设计的旋转枪栓装置（下章中将详细讨论），并成了一支真正的多用途PK机枪的组成部分。PK机枪也采用同样的机械装置，只是稍加改进而已，PK机枪实际上获得了一致好评，在后面，我们将把它与它的竞争对手GPMG机枪、MAG机枪和M60型机枪一起详述。

虽然这些新成员都有相当的优点——实际上，无论被用到何处，它们都是轻型机枪，但苏联红军却依然坚持使用PM1910型马克西姆机枪。第二次世界大战中期，PM1910型马克西姆机枪的缺点已日益明显，很显然，需要用现代化的设计来代替它了。最终选择的是由马克西莫维蒂奇设计的机枪，与其说他是此枪的创造者，还不如说他是"马克西姆的儿子"，首先，它是空气制冷、气体制动的机枪，使用的是易换枪管，而且完全是一个由试错元件组成的一个简单结实的机枪。苏联红军知道其大多数士兵文化程度较低，因而采纳了它。

苏联造的一种新式中型机枪

SG43型重机枪使用老式的M1891型7.62毫米×54有边子弹，它"重"的名称

上图：图中是布里德37型机枪，这种机枪设计独特，在第二次世界大战中证明是一种性能可靠的机枪。盟军在第二次世界大战中缴获了大量此种机枪，并将其用于战场

也就由此误导而产生。它采用标准的马克西姆型回撤式弹带，与RP-64型机枪所采用的方式一样，因而戈尤诺夫也面临着一个长期的"前后"装弹问题，而它推进弹带的方式也与RP-46型机枪所采用的一样，闭锁使用的是与捷克人设计的布伦机枪和贝瑟机枪类似的一个斜栓，此种栓是侧斜着被锁进套筒座右手侧壁的凹槽内，必须要有一短暂的延迟以确保弹膛内压力降到安全值，所用的方法与捷克人所造的机枪所用的类似，即通过活塞后部的一个杆使枪栓运转，活塞卡在枪栓上的一个斜槽内运动，当活塞杆通过这个斜槽时就会引起延迟，而且第一碰触便会使凸轮将枪栓顶出凹槽，随后枪栓自由向后运动，然后再向前，完成一个周期。为减少活塞的碰撞，安装了一个简单的三向轨迹型气体调节器，这些轨迹的深度统一，但宽度不同。

该枪是从敞开式枪后膛射击，枪栓被限制在后部，而新的子弹处在弹道口，整个制动装置由扳机释放后，首先是把子弹装入弹膛然后发射，而不是将枪栓与枪管锁在一起，把子弹装膛，只有击铁（被扳击封闭圈挡住）与弹簧保持一定距离。此系统主要的优点在于，在枪没有处于操作状态时，冷空气可以在弹膛内循环，从而确保枪处于热状态时，子弹在后膛内的停留时间不会延长。持续射击武器从封闭后膛位置射击，并携带新子弹装入弹膛，这样就总是要冒着热量累积导致"早爆"或"走火"的风险，第二代机枪很少有如此设计。

上图：威克斯气体制动或K级机枪适用于飞机上，但第二次世界大战中，也用来架放至装甲车上

最终，在SG43型机枪投入实战时，第二次世界大战已几乎结束，而大多数的苏联军队须在没有PM1910型机枪的情况下勉强应付。后来更换就进行得特别迅速，SG43型机枪和后来的SGM机枪（有着"现代化"的标签，虽说改动特别微小）成为红军和华约各国、中东和苏联各加盟共和国标准的持续射击武器，保险杆从后部铲形把手之间移到了套筒座右手侧的位置，套筒座和退弹器的口处盖有防尘盖，枪管上安有纵向散热片。一个微小的改动是用微米螺钉替换了简单的楔形枪管锁，从而可对顶部空间进行精密调节，SGMT型机枪一般架放在装甲车上或内部，并在后端盖上安放射击螺线圈来取代传统的机构扳机。此枪是由中国制造的，称为53型和57型机枪；也有的是由捷克斯洛伐克、匈牙利和波兰制造的。同时，也研制出了不同类型的子弹，包括被甲弹、穿甲弹、燃烧弹、曳光弹及两种重量的普通弹丸（9.6克和11.8克）。这种机枪的初速为每秒800米，有效射程与其他同类枪相当，直射时约1000米，非直射时是这个数的四倍。SG43型机枪的射速也相当标准，每分钟650发，实际使用时约是这一速度的一半，另外此枪还有一个相当大的瞄准器，半径有850毫米（33.52英寸），因而相当精确。

向多用途机枪迈进

至此，有一件事情已变得相当清晰：水制冷中型机枪和重机枪的日子已经走到了尽头。水封套太笨重，因而水制冷机枪也太沉，仅在战略防御位置上有效。然而水又是一个很不理想的制冷剂，寒冷气候下易于结冰，发射几百发子弹后即开始沸腾。最后一种成功的水制冷机枪是勃朗宁M1917型机枪，正如我们所看到的，此枪很早就废弃了水封套，转换成空气制冷之后取得了相当大的成功。第一次世界大战结束后引入的所有成功机枪，无一例外都是空气制冷。后来，大多数机枪都采用了易换枪管，它是机枪的一个可更换组件，

上图：12.7毫米机枪是防空用机枪中口径最小的机枪。图中的机枪是由捷克制造的53型机枪，共架了4挺

发射几百发子弹后就可更换枪管，大多数设计者对此进行了考虑。同一时期，气体制动取代了后坐力制动，轻机枪几乎均为气体制动，此系统的主要优点是可控性强。这样，机枪普遍采用约40年代的原始样式（水制冷和后坐力制动）已经由空气制冷和气体制动所取代，其实人们早就有此想法，但更换风才刚刚开始刮起。

上图：苏联第二次世界大战末期研制出PM1910型马克西姆机的替代品，中国将它命名为57型机枪

13 轻型机枪
——战术上的需要

机枪的应用改变了作战模式,从安全的防御位置到一定长距离的广大区域,都在机枪的控制范围内,这样就改变了相互屠杀的古老作战模式。为了迎接战争中所面临的来自机枪的挑战,作战双方需要制订新的步兵作战计划,计划中要把修改好的自动武器火力进攻方案加进去。

排成整齐的队列或方阵前进,踏着统一的步调穿过战场,这些传统作战规则在炮兵的火力网下,变得一文不值。步兵现在被分成了许多小方阵,每个方阵最多有12人,听命于年轻的长官,方阵之间相互有火力支援。准备火力着力于出其不意,在攻击中常利用地势,如树篱、墙、战壕等,也利用夜色,使自己处在敌人阵列视线和火力之外,直到敌人受到攻击,被彻底消灭。

一些能发挥这种作用的机枪在第一次世界大战前就存在了,如我们前面提到过美国的刘易斯机枪和丹麦的斯科索-麦德逊机枪以及法美联合制造的本尼特-默西-09型机枪,还有一些其他的机枪——但它们从来没有大批量装备部队。即使到了1916年,很多高级军事家仍认为机枪不过是一件迷人的武器罢了,它仍要遵循交战和部署的规则。

根据我们所知,这种战术上的突破,实际上是在东部前线的里加出现的,那儿有一位名叫赫蒂尔的德国军官将德国陆军部一项修改了的计划付诸实施,即将麦德逊轻机枪作为机动火力,最后取得了极大的成功,这一成功导致特种兵团的组建。那些最初用来装备部队的麦德逊机枪,多数是从俄国骑兵团缴获的,并采用了德国标准步枪子弹。但是,更新、更引人注目的MG08/15型机枪很快用来装备新的作战兵团,它的成功引发了全世界的反思。

丹麦造的麦德森机枪

著名的麦德森轻机枪是由丹麦工业联合组织制造,以当时丹麦国防大臣的名字命名。实际上,它的发明人是斯库博,19世纪末20世纪初,开始由雷克萨兵工厂制造。1903年,美国将它与柯尔特1895型机枪和"新型"马克西姆1901型机枪进行了对比测试,效果还不错。之后,这种机枪大批量投入生产,一直持续了整整50年。尽管它们从来不是任何一个军事大国的主要武器,但是有多达30个国家购买过这种机枪,有时购买的数量还相当大,如第一次世界大战前,俄国和德国军队就采购了大量的麦德森机枪,并进行了大范围的试用。这种机枪有一个最著名的基于步枪的制动装置,该装置不适于连续射击,必须要用人工来装填每一颗子弹。因此,至少从理论上来讲,它是落后于采用简单往复式枪栓的设计的。斯库博设计了一个安装在旋转臂上的独立推弹杆,从一个垂直的弹匣(采用弹簧来推动子弹)中拆卸子弹(它后来成为这种型号枪的标准部件),该枪采用独立的取弹/退弹器来填弹和退弹。整个制动装置是利用后坐力来推动的,但它既不是短后坐系统也不是长后坐系统。枪栓和枪管组合体一起向后运动,在略少于12.7毫米处被推到一个转换平台上,然后取弹/退弹器将弹壳从位于枪栓下方的弹膛中拉出并从套筒座的底部抛出,之后,枪栓上的一个向后运动的销钉在一个压缩弹簧压力的作用下使击铁处于待发状态,与此同时,枪栓被压下并驱动旋转推弹杆将一个新子弹填入空弹膛,然后,枪栓被释放并沿着转换平台上的轨迹向前运动到闭锁位置,这样,枪支就处于

上图:从图中可以看出,派往奥地利和意大利的德军装备有毛瑟步枪和麦德森轻机枪

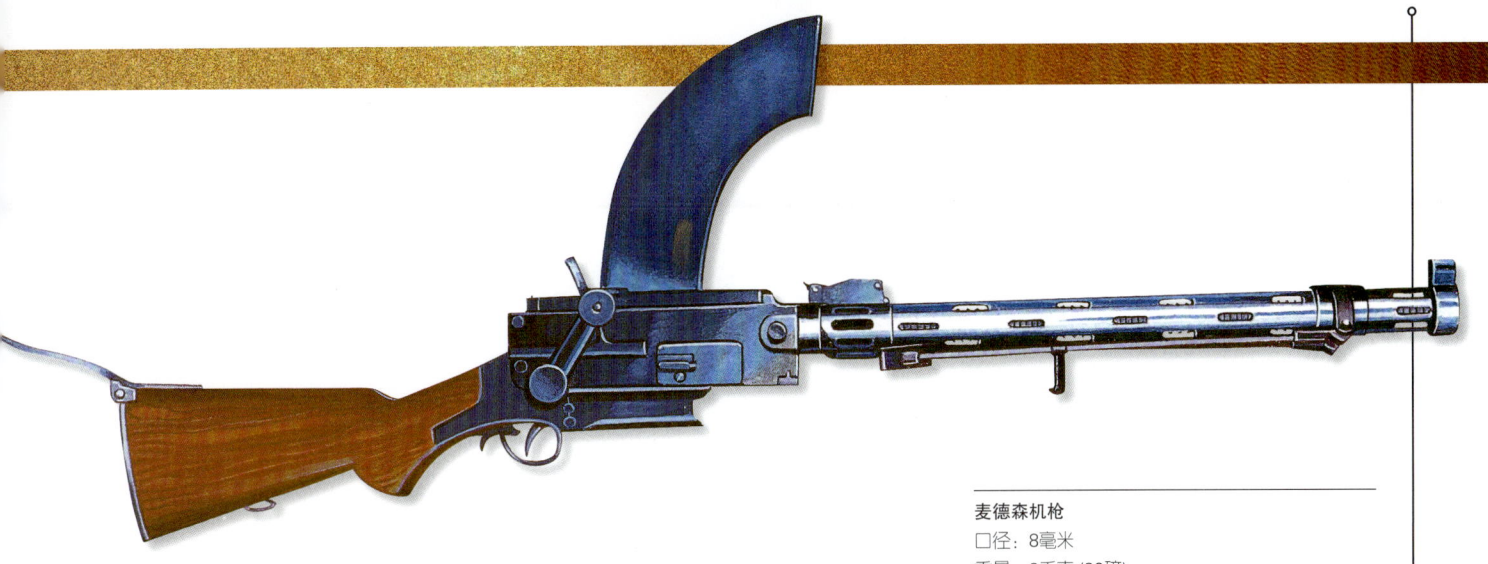

待发状态,随时等待着撞针撞击。也许这个过程听起来很复杂,但与某些闭锁式制动装置相比,它实际上简单多了。因此,采用这种方法并使用无边子弹的机枪是非常稳定可靠的。英国人曾对一款使用0.303英寸有边子弹的此种机枪进行过测试,结果令人失望,它的射速为每分钟450发,而实际上远远低于这个数字,也许是每分钟120发,而且其弹道参数取决于所使用子弹的类型。该枪不装弹时仅9千克,比刘易斯机枪轻3千克,比后来的布伦机枪还轻1千克。该枪的造型多种多样,其中有一款枪形是用来装备陆军的,它配有一副两脚架和一个肩托;也有用来装备飞机的,这款枪型有一个支撑轴和一个手握柄。1940年德军占领丹麦,一部分麦德森轻机枪落入德军手中,在德国空军的推动下,德军制订了一项改进计划,将其改造成一种使用弹带供弹的自动武器。

迈克林机枪和刘易斯机枪

就在斯库博正在改进他设计的机枪的同时,一位来自美国中部衣阿华州的医生放弃了医学事业,投身到有利可图的武器制造业中,他就是塞缪尔·迈克林。19世纪90年代中期,迈克林搬到了俄亥俄州的

麦德森机枪
口径:8毫米
重量:9千克(20磅)
全枪长:1145毫米(45英寸)
枪管长:585毫米(23英寸)
有效射程:1000米(3300英尺)
构造:弹匣供弹,后坐力制动,空气制冷
射速:450发/分钟
子弹初速:715米/秒(2350英尺/秒)
原产国:丹麦

克利夫兰,1898年,他因为对现有机枪进行重大改进而获得其首项专利。19世纪伊始,他建立了迈克林武器弹药公司,大约在1903年,制造出轻型空气制冷机枪的原型,其重量不足9千克,与霍奇基斯·米勒00型机枪相比,它在构造上要简单得多。在接下来的三到五年里,据说他花掉了自己和投资者约500000美元,试图完善自己的设计并将这种机枪卖给美军部队,但一无所获。这笔钱的重要程度也许被过分夸大,但这种夸大是有根据的,因为1906年迈克林破产了,他也因此失去了对公司的控制权。

此时,有必要介绍一下美军军官艾萨克·牛顿·刘易斯,刘易斯做了两件事使其声名显赫,一是设计出炮的测距仪,二是卷入一场与上司威廉·克罗泽将军的纠纷中,他们争执的焦点是美国弹药的质量问题,这场纠纷给他带来的是牢狱之灾,开始被关到旧金山,后来是帕吉特桑德。克罗泽对刘易斯的命运产生了深远的影响,这种影响一直延续到后来。1904年,这位年轻的上尉官复原职,在弗吉尼亚门罗堡,他再次成为焦点人物,他最终在那里坐上了司令的位置。在这段期间,正如他的自传中所说,刘易斯"开始意识到他对于科学的真正价值"。1908年,他得到陆军部长的批准,去迈克林武器弹药公司当带薪顾问。在这家公司里,他策划了一

上图:手持加兰德1型步枪(左)和勃朗宁自动步枪(右)的美国士兵。美国陆军1917年至1953年一直选用勃朗宁自动步枪

双管刘易斯机枪（机载型）
口径：0.303英寸
重量：11.8千克（26磅）
全枪长：965毫米（38英寸）
枪管长：665毫米（26.25英寸）
有效射程：1000米（3300英尺）
构造：弹匣供弹，气体制动，空气制冷
射速：550发/分钟
子弹初速：600米/秒（1970英尺/秒）
原产国：美国

个阴谋将迈克林逐出领导层，还同时剥夺了他的发明专利。刘易斯上台后不到三年，就生产出自己设计的轻机枪，这种机枪应用了迈克林发明的机械原理，是一种空气制冷机枪，他在设计该枪的过程中也得到迈克林的助手机械师O.A.休伯蒂的大量帮助。迈克林后来在一项诉讼中辩称刘易斯只是简单地盗用了自己的基本设计，在制冷系统上作了一些改动，另外设计了一个新的盘状引导式鼓形弹匣而已，这项诉讼在1920年提起，但直到1924年还没有结果。后来，刘易斯证明了其设计的关键部位是基于一般的不受专利保护的设计，迈克林这才败诉，并从此消失在茫茫人海中。

刘易斯机枪受到抵制

1911年，刘易斯制造出实用枪型，实际上，他制造了五件样品，都是手工制造的，成本很高。他马上向美国军械局演示自己设计的机枪，而军械局的局长是威廉·克罗泽将军。当然刘易斯机枪不是完美无缺的，它也有自己的不足之处，但是这些不足完全可以在系列枪的生产中慢慢得到弥补，这一点不应当成为军械局拒绝使用它的正当理由。刘易斯对军械局的决定极其不满，这种不满超出了他的忍耐，他愤愤地离开了美国，辗转来到了欧洲，先是在比利时创业，后来到了英国，他在英国赚了大笔的金钱，这要归功于英国政府于1915年大批量地购买枪支。美国军械局拒绝使用刘易斯机枪的结果是，他们的部队不得不使用落后的完全不实用的法国造的乔查特枪来对付装备精良的德军。

刘易斯虽然取得了如此巨大的成就，但是如果他不剽窃别人的设计，他就不可能在机枪设计方面成为佼佼者。更有趣的是，他制造出来的机枪，尽管有那么多缺点，却成为第一次世界大战及其后一段时期的主要小型武器。

刘易斯机枪

刘易斯机枪的制动原理不同于以前利用枪栓的转动来制动的机枪，气体从枪管进入到枪管下面的汽缸，其间要经过一个小孔和一个简单的双位调节器，气体在汽缸中撞击正往返回的活塞表面，同时，活塞下方的一个齿条啮合着一个小齿轮，因此气体对活塞的撞击能够将盘旋的复进簧卷紧，位于活塞表面的一个杆与枪栓上的小槽永远啮合着，枪栓上有一个斜的凸轮切面，切面内有一个突缘，当活塞杆推动枪栓向后移动时，枪栓就旋转，并在它做往复运动之前解锁，在此过程中，枪栓后移将弹壳退出，同时滑向鼓形弹匣，取出子弹并送进枪膛。击针固定在活塞杆上，被击发阻铁挡住，子弹从敞开的枪栓中发射。刘易斯自称是天才，声称自己的发明是空前最好的，这体现在他所发明的制冷方式上。从套筒座到枪口，枪管的四周都包裹着钢管，一排铝制的散热片将它们隔开。刘易斯称这种设计会迫使冷空气穿过整个枪管，即从套筒座吸入，从枪口排出，从而达到冷却枪管的目的。

由美国萨维奇制造的用来装备飞机的刘易斯机枪没有这种设计，因此要轻1.6千克。第二次世界大战时，它们发挥了重要的作用（特别是在英国本土保卫战中）。但是，与枪管密封的机枪相比，刘易斯机枪的制冷效果要差些，因此人们不难得出这样一个结论：参加第一次世界大战的步兵，命中注定要负载不必要的重量四处奔走，就因为刘易斯一心想表明"他的"设计根本不同于迈克林的，真是一群倒霉的可怜虫。

刘易斯机枪的普通型号是口径为0.303英寸的1型机枪，它比起迈克林最初的原型枪还要重，几乎达到了12千克，使用的是鼓形弹匣，可以装47发或97发0.303英寸的7型子弹，射速达到每分钟550发，实际使用时只能达到这一速度的1/15。该枪不能单发，所生产的量非常大，英国伯明翰的BSA公司生产了1450000多支，美国萨维奇公司和罗克韦尔马林公司也在大规

刘易斯1型机枪
口径：0.303英寸
重量：11.8千克 (26磅)
全枪长：965毫米 (38英寸)
枪管长：665毫米 (26.25寸)
有效射程：1000米 (3300英尺)
构造：弹匣供弹，气体制动，空气制冷
射速：550发/分钟
子弹初速：600米/秒 (1970英尺/秒)
原产国：美国

模生产，而且在交货顺序上，首先考虑英国政府的订单。美国陆军从来没有装备过这些机枪，只在空军装备了一些。法国达恩公司也得到生产此种机枪的许可权，法国陆军使用的刘易斯机枪就是该公司生产的。普遍认为，这种机枪装备到飞机、舰艇上时就能充分发挥其优势，因那些地方没有泥土和灰尘的侵扰，而在陆地，这种侵扰常常会给步兵们带来麻烦，它主要的缺点是太复杂，这种复杂常常会使枪支出现各种各样的故障，甚至无法射击，它的供弹装置是有缺陷的，容易使子弹卡壳。

作为轻机枪，刘易斯机枪的确太重了，但它的产量大大超过了威克斯C级机枪，而且该枪的价格还很高，1915年卖给英国政府的刘易斯机枪每支价格为150英镑，其中大半落入了刘易斯的腰包，而威克斯C级机枪的价格每支才100英镑，直到1917年，刘易斯机枪的价格才回复到合理的价位。第一次世界大战结束后，在英国刘易斯机枪的数量超过了其他所有枪型，其比例大概是3：1。从1915年10月5日首次装备部队到1946年8月26日被淘汰，刘易斯机枪共生产了8种型号，但实际上仅有一种海陆两用的型号算得上是真正的改进型，其余的型号在本质上都基本相似。所有这些枪型都按照不同用途，加装一个步枪枪托或铲形枪托。刘易斯也曾计划生产无罩型，形状酷似萨维奇-刘易斯机枪，但是带有一个木制前把手，像步兵轻机枪，不过，这一计划最终还是搁浅了。此外，刘易斯机枪也获得了德军的青睐。

勃朗宁自动步枪

刘易斯第一次离开美国去比利时创业时，也有一位美国制枪大亨在那里开创事业，他就是约翰·勃朗宁，他来比利时的原因是与最初的合作伙伴温切斯特在半自动短枪的设计上产生了分歧。在比利时，勃朗宁很快与费布里克公司建立了密切联系，这家公司是由柏林的洛伊公司组建的，目的是制造毛瑟步枪；而此时，他仍与美国的柯尔特公司有联系。1913年，勃朗宁在持续射击、后坐力制动中型机枪上的研制工作取得了重大进展，这就是后来的M1917型机枪。从此，他开始研制选择性射击（可以连发也可以单发）武器，所采用的设计是弹匣供弹，整支枪的重量也较轻，这就是我们现在所称的冲锋枪。他进行了三次设计，最终回到了气体制动的老路上，结果取得了成功。他设计的机枪采用了一个简单的闭锁系统，枪栓上有一个突缘向上凸出并卡入套筒座顶部的凹处，通过一个连接杆的驱动使枪栓得到释放，这个连接杆也作用于拔弹器，使其在枪栓后移之前完成退弹。无论怎么说，那种既能单发又能连发的扳机系统是极其复杂的，这对于简化闭锁系统是一个很大的贡献，后来应用到多用途MAG机枪上，这种机枪是20世纪后半期世界上许多军队选用的持续射击武器。

然而，闻名全球的勃朗宁自动步枪并未让勃朗宁感到满意，他认为很难给这种枪下一个准确的定义。严格地说，他的观点是对的。装满弹药时，它重达8千克，这时把它用作步枪太沉了。当用站姿抵着肩膀单发射击时，又达不到太高的精确度，这是因为它用的是敞开式枪栓，扣动扳机前，往复运动的部件在后面，扣动扳机后就猛烈往前冲，不可避免地使枪偏移

上图：英国皇家海军陆战队正在"无畏"号军舰上操作双管刘易斯机枪，"无畏"号军舰上装备了口径为15英寸的防空火炮，而双管刘易斯机枪就架放在该炮上，这两件武器分别是英国皇家海军当时最重型和最轻型武器

上图：日本产的第一种轻型机枪，于1922年引进，这种枪实质上是一种霍奇基斯机枪，其供弹方式由弹夹供弹改装为弹斗供弹

了目标。把这种枪用作自动武器吧，又太轻了，稳固性差，因此也射不准。而且，所用弹匣只能装20发子弹，因此不得不频繁上弹。即使如此，还是生产了一款1918A2型的枪支，这款枪不能单发，但可以预先设定两种射速，即每分钟300发和每分钟600发。尽管有这些不足，它还是非常好地达到了设计要求，因为它实现了自我支持，这种自我支持要求武器能够在步兵向敌方进攻时发射出足够火力。有些型号如1941年进入现役的M1918A1和A2型自动步枪，加装了两脚支架，这使它们的性能大为提高。它们在最初设计时都使用M1906型0.3英寸子弹。

世界上有许多国家的军队装备了勃朗宁自动步枪，从1917年起，美陆军、海军的前线部队一直装备有这种机枪，一直到1953年朝鲜战争结束。后来M14型机枪部分取代了勃朗宁自动步枪，但M14型机枪在全自动射击方面的能力也是有限的。

1957年M60型通用型机枪的问世，才最终使美国陆军中装备的勃朗宁自动步枪完全退出历史舞台。生产M60型机枪的公司有许多家，在美国有柯尔特公司、马林-罗克韦尔公司和温切斯特公司，还有一些其他公司，包括IBM公司、比利时的FN公司，在瑞典和波兰有国营的卡尔·古斯塔夫公司。所生产机枪的口径有多种，有的还加装了快换枪管。虽然汤姆森冲锋枪可能是"使得20世纪动荡不安"的机枪，但是很多匪徒和执法机构都喜欢用可靠性更好的勃朗宁自动步枪而不喜欢用短管的汤姆森冲锋枪。勃朗宁自动步枪由柯尔特公司推入市场，有R75和莫尼特两种枪型。

霍奇基斯轻机枪

第一次世界大战期间，英国迫切需要机枪，除购买了大量的刘易斯机枪外，还向其亲密的盟友法国（至少在地缘上）求助，取得了霍奇基斯·富西尔米特雷勒09型机枪的生产许可权，并将其命名为0.303英寸霍奇基斯1型轻机枪，该枪从1916年起开始装备英军，美军也装备过这种枪，但将其命名为0.30英寸口径本尼特-默西1909型轻机枪。这种机枪重12.3千克，将其命名为轻机枪是相对而言的，但它要比改进的有三角支架的米勒14型机枪轻一些。本尼特对其闭锁原理进行了重新设计，枪管和后膛都被螺丝钉钉住，至少是半拧紧状态。气压作用于短枪管下的活塞上，那儿有个螺旋狭杆插入其间，将往返运动转化为螺旋运动。英军和美军都认为这种机枪对其军械库是一个很好的补充，英军还很快将这种机枪的弹匣供弹系统进行改造，使其与同样的虚带相配套，这种虚带实际上是由弹链连接起来的短弹匣，每个弹匣装有三颗子弹，它是由本尼特设计以提高霍奇基斯重机枪的持续射击性能。经过此种改造的本尼特-默西轻机枪就成为霍奇基斯1型和2型轻机枪，1939年

上图：英国士兵使用的是乔查特机枪，该机枪被认为是所有自动武器中比较差的，然而在1917年，美军却用它来与敌人作战

这两款机枪仍然还在英国的预备役部队和本土防御部队中服役，直到1946年才正式被淘汰。霍奇基斯轻型机枪还是英国第一代坦克的辅助装备。

令人生厌的乔查特机枪

令人感到不可思议的是，法国在完全可以大规模装备霍奇基斯米勒09型轻机枪的情况下，坚持用全世界都认为是最差的自动武器——富西尔米特雷勒15型机枪。它就是全球闻名的乔查特机枪，是一种长后坐制动武器，枪管和枪栓仍锁在一起，可以使枪充分向后冲击，之后两者分离，枪管回复到待发射状态，在此过程中将弹壳从弹膛中退出，然后释放枪栓，从弹匣中拔出一颗子弹填入弹膛。这种制动方式不完全适合像乔查特这样的轻机枪，而且这种机枪批量生产所用的技术很不成熟，使出现的问题更加复杂化。生产此种机枪要求工人在造枪时有足够的耐心，原材料的标准也要高。乔查特机枪唯一的优点可能就是它的轻巧，仅仅只有9千克。乔查特机枪部件的质量很差，使得卡壳频繁发生，在这种情况下，它还使用完全不适宜的8毫米莱伯尔子弹，使卡壳的问题更加突出。8毫米莱伯尔子弹是法军使用的标准子弹，这种子弹上有一个非常明显的拔梢，它要求装量为20发子弹的弹匣必须做成半圆形。

令人难以置信的是，在美陆军的12个师于1917年开赴法国时，竟没有装备任何一种机枪，原因是威廉·克罗泽坚决不允许美军从刘易斯手里购买机枪，他始终认为，刘易斯在设法愚弄自己，目的是为发展其事业铺平道路。

法国政府向美国补充了160000支使用8毫米莱伯尔子弹的乔查特机枪以弥补机枪的不足，但是，这使得法国的弹药补给极其困难。为了解决这一问题，法国在短时间内设法向其新盟友出售了190000支经过改造的乔查特机枪，这种机枪就是后来称作美国造的0.30英寸的M1918型乔查特机枪，它使用的是美国造的0.30英寸M1906型无边子弹。对乔查特机枪进行的这次改造在理论上是一大进步，因为这一改进使得这种机枪糟糕的半圆形弹匣被平行6面体弹匣所取代。虽然如此，但这种改进并没有真正使枪支的性能得到改善，因为新用的这种子弹爆炸威力相当大，所产生的后坐力使本已超负荷的零部件更加难以承受。

米特雷勒·达恩机枪

具有讽刺意味的是，法国政府因卖给美国190000支乔查特机枪而获得的收入大部分都用来购买刘易斯机枪了，这些刘易

上图：1941年勃朗宁自动步枪加装两脚架后性能大为提高，成为一种更令人满意的武器，之后两脚架成为此种武器的标准部件

富西尔米特雷勒15型机枪 (乔查特机枪)
口径：8毫米
重量：9千克 (20磅)
全枪长：1145毫米 (45 英寸)
枪管长：470毫米 (18.5英寸)
有效射程：1000米 (3300英尺)
构造：弹匣供弹，气体制动，空气制冷
射速：250发/分钟
子弹初速：700米/秒 (2300英尺/秒)
原产国：法国

富西尔米特雷勒24/29型机枪 (乔查特机枪)
口径：7.5毫米
重量：9.25千克 (20.25磅)
全枪长：1080毫米 (42.5 英寸)
枪管长：500毫米 (19.75英寸)
有效射程：1000米 (3300英尺)
构造：弹匣供弹，气体制动，空气制冷
射速：500发/分钟
子弹初速：825米/秒 (2700英尺/秒)
原产国：法国

霍奇基斯1922型机枪
口径：6.5毫米
重量：9.5千克 (21磅)
全枪长：1215毫米 (47.75英寸)
枪管长：575毫米 (22.75英寸)
有效射程：1000米 (3300英尺)
构造：弹夹供弹，气体制动，空气制冷
射速：450发/分钟
子弹初速：680米/秒 (2225英尺/秒)
原产国：法国

上图：20世纪50年代早期，法军在印度支那使用查特勒劳尔特轻型机枪，MAS36型步枪可以方便地支撑起来，并慢慢转动瞄准目标

斯机枪由法国一家名为达恩的具有悠久历史的公司生产。19世纪，达恩公司就因制造出高品质的猎枪而享有盛名。1917年，达恩公司的高层中有人清醒地认识到产品之于公司的重要性，他们设计了一种气体制动、弹带供弹的轻机枪，但是，这种机枪却用最简单的工艺草草地制造出来，这种制造方式完全违背了其先前制造产品的方式，在从前，只要产品不完善是绝不能出车间的，这种生产武器的方式后来为全世界各公司所效仿。达恩公司的行为引发了军界的不满。米特雷勒·达恩1918型机枪很快进入现役。除了法国外，这种机枪只在西班牙边境的一家公司生产，成本甚至低于法国。非常有限的设计使达恩公司能够以极低的成本制造这种机枪，但它的作战效果并不差，尤其是在高空作战时效果更好，因为其射速相当高。它在法国空军服役到20世纪30年代。第二次世界大战前夕，研制成功了这种机枪的改进型，它在制造和规格上均上了一个层次，在与空气制冷的勃朗宁M2机枪的竞争中，英国皇家空军还曾考虑过选用此种机枪，虽然他们最终选择了勃朗宁M2机枪作为其标准的步枪口径机枪。

米特雷勒·达恩机枪绝不是一种特别完善的步兵武器，原因是它虽然在高空能够取得较好的作战效果，在空军获得了成功，但是法国政府与其他国家政府一样都认为性能好的轻机枪对于现代陆军而言是不可或缺的，他们极其需要一种武器来取代令人生厌的乔查特机枪。第一个方案是使用霍奇基斯米勒14型机枪，这种机枪非常精巧，采用风门片闭锁装置而不是米勒09型机枪所用的闭锁装置。它最大的缺点可能是使用8毫米的莱伯尔子弹，有人提出使用现代化标准的霍奇基斯供弹方式，或者使用香蕉形弹匣，这使我们想起了麦德森机枪，再加装一副两脚架和一个非常有效的火焰抑制器，但效果好像不太好，

希腊陆军曾使用这种机枪来取代乔查特机枪。

7.5毫米查特勒劳尔特机枪

法国并没有使用新的霍奇基斯机枪，这种机枪实际上是公司制造的最后一种步枪口径自动武器。从这时起，法军小型武器的发展都由国防部负责，因此不再属于民间发展的事业，这种情况一直持续到20世纪90年代，之后，军工业才再次私有化。法军没有用过时的8毫米莱伯尔有边子弹，而是使用性能更好的子弹，这主要是受德国军队的影响。1888年，7.92毫米子弹就已经成为德军的标准子弹，1924年改为7.5毫米子弹，实践证明新的标准子弹更有效，五年后，一种重9克的子弹又取而代之，其初速可达到每秒825米。

是首先发展出7.5毫米轻机枪，还是首先发展出7.5毫米步枪？对于这个问题，不能简单地给予回答。不过早在1892年，伯西尔就设计出现在所使用的步枪，后来又有改进，它们都有很强的功能，而乔查特机枪就不那么明显了，但却具有决定性作用。当时的法国出现一种不正常的风气，即法国人很少利用现有的方法去设计新的机枪，当这种方法来自外国时更是如此。就是在这种背景下，法国政府作出了应用勃朗宁自动步枪的制动原理来设计新的机枪的决定，在战争要结束时，法国政府完成了为数较少的几种设计。新的设计与勃朗宁自动步枪最大的不同是弹匣的位置，新的设计将弹匣置于套筒座的上面而不是下面，这样就可以使其装弹量大大超过勃朗宁自动步枪。另外，气孔的位置比较靠近枪口，在枪托部还加装了减震器，这就使新机枪的稳定性比勃朗宁自动步枪要好得多。

新机枪于1924年首次设计成功，在其长期测试中，法国政府作出了改进1924型子弹的决定，新机枪也随即得到改进，改进后的机枪就是富硒尔-米特雷勒1924/29型机枪，通常称作查特勒劳尔特机枪，这一名称来自于研发它的兵工厂。查特勒劳尔特机枪与勃朗宁自动步枪一样，一直在部队服役至20世纪50年代。1931年，研制成功了此种机枪的另外一种型号，这种型号的机枪没有步枪枪托，弹匣也改为鼓形，能装150发子弹，置于套筒座的左上

96型机枪

口径：6.5毫米

重量：9千克 (21磅)

全枪长：1055毫米 (41.5英寸)

枪管长：555毫米 (21.75英寸)

有效射程：1000米 (3300英尺)

构造：弹匣供弹，气体制动，空气制冷

射速：550发/分钟

子弹初速：730米/秒 (2300英尺/秒)

原产国：日本

MG15型机枪
口径：7.92毫米
重量：12.7千克 (28磅) (含枪托和三脚架)
全枪长：1335毫米 (52.5英寸)
枪管长：595毫米 (23.5英寸)
有效射程：1000米 (3300英尺)
构造：弹匣供弹，后坐力制动，空气制冷
射速：850发/分钟
子弹初速：755米/秒 (2480英尺/秒)
原产国：德国

ZB30型机枪
口径：7.92毫米
重量：9.6千克 (21.25磅)
全枪长：1160毫米 (45.75英寸)
枪管长：670毫米 (26.5英寸)
有效射程：1000米 (3300英尺)
构造：弹匣供弹，气体制动，空气制冷
射速：500发/分钟
子弹初速：800米/秒 (2650英尺/秒)
原产国：捷克斯洛伐克

上图：ZB26型机枪是20世纪30年代捷克军队装备的最早一批比较成功的轻机枪

部。这种型号机枪是专为马奇诺这种静态防御线研发的,马奇诺防线从瑞士一直延伸至比利时的边境。1940年,德国侵略军没有敢碰这条防线,只能绕行。众所周知,这种米勒31型机枪也曾装备在法军坦克上。将它们选作防御武器是有些奇怪,因为这限制了查特勒劳尔特机枪这种持续射击武器的火力。

日本造的轻机枪

日本将霍奇基斯机枪选作第一代中型机枪,后来对这种机枪进行了一些改进,长期以来日本坚持生产此种机枪,即使在这种机枪的技术已经变得非常落后时也不改初衷。日本也开始仿制霍奇基斯机枪,当时仿制的是米勒09型机枪。日本对霍奇基斯机枪的改进主要集中在供弹装置上,但是没有在直脱系统上进行改进,结果弄得一塌糊涂。经改进的机枪的进弹斗位于套筒座的左手侧,进弹斗内压有6个弹匣,每个弹匣装5发6.5毫米子弹,进弹斗由一个强力弹向下固定着,这种进弹方式与有坂步枪的进弹方式相同。当枪栓向后运动时,就将一个简单的棘轮装置带动,棘轮装置又将位于底部的弹夹拉入套筒座,之后再给子弹加上润滑油,同时又将弹壳退出,由于这种机枪退弹设计不好,所以在退弹时老出问题。但是,以上设计还是有吸引人的地方,即在给机枪上弹之前,不必再将子弹先装进弹匣或弹带。但是,这种设计的固有缺点完全掩盖了这一优点。尽管有诸多不足,但这种机枪还是在部队中服役至1945年。日本将一种类似的机枪装备到第一代坦克上,它就是91型机枪,所配的进弹斗更大,可以装10个弹匣。

1936年,南部对原有设计进行了修改,他用香蕉形的弹匣取代了进弹斗。虽然在四年前日本就已引进了威力更大的7.7毫米无边子弹,但是他仍然选用明治30型6.5毫米步枪子弹。南部没有对退弹系统进行任何改进,只是在将子弹装入弹匣时就给它们加上润滑油。经过改进,使得枪在重量上减轻了,结构也更简单。但是南部发展了枪管快换装置,使枪看上去很像捷克造的ZB26型机枪及其改进型,也与威克斯-伯西尔机枪很相像。1939年,研制成功了使用7.7毫米无边子弹的改进型机枪,使用这种子弹后,以前经常出现的问题顷刻之间就得到了解决,退弹也能正常进行,子弹也无须加润滑油,其延迟系统也得到改进,使之与捷克造的轻机枪所采用的系统相接近。枪管螺母的螺纹是断断续续的,螺母是通过一个简单的钩子来旋拧,这就是99型轻机枪。总的来说,它是一种比较好的机枪,但问世得太晚,其产量也大大低于96型机枪。

1937年,6.5毫米的91型坦克机枪被捷克产的ZB26型机枪所取代,这有点让人费解,至少ZB26型机枪装备坦克后,其枪管就无法更换了。大量的军人很快知道怎样使用它,但需要不断地停下来换30发装的弹匣。

德国造的波斯特1918型机枪

《凡尔赛条约》标志着第一次世界大战的结束,该条约禁止德国发展新的自动武器,实践中也确实限制了德国拥有792种机枪、1134种轻型机枪,后来又分别增加到861种和1475种。那时,德国人沉浸在战后的痛苦之中,以上数字对他们来说并没有什么实际意义,也许它仅值得记在脑海里。1918年停战后,一定数量的机枪上缴给了协约国,加上以前缴获的总共也不过3万支,官方仍藏有一些枪支,1945年,在德国第一次世界大战时的军火库中就发现了未上缴的枪支。过了十年半,德军才敢公开制造武器,在以前的日子里,武器研究工作仍有进展,这种研究或是秘密进行,或是政府默许的。荷兰、苏联、瑞典、瑞士、西班牙都成了研制机枪的理想去处。德国自己也有一家公司,名叫西姆森西公司,位于埃尔福特南部的苏尔,这家公司获准可以制造枪及其零部件。

德国人经过不懈努力,研制成功了真正的艾因海茨·马申吉维尔机枪,这段时期没有人就德国发展轻型机枪发表什么评论。实际上有许多枪型都很不错,特别是在索罗森研制的枪型,更是其中的上品,这些机枪由德国旅居海外的工程师研制。莱茵金属公司在索罗森购买了一家非常有名的公司,即沃芬·费布里克·索罗森AG公司,该公司最初是生产钟表,第一次世界大战后很快转入军火生产,1929年,莱茵金属公司取得了这家公司的控制权,立即将自己设计的机枪投入限量生产。在此以前,莱茵金属公司早就与奥地利的施泰尔公司有联系,也很快收购了这家公司。它还在莫斯科组建了设计部,这个部门从事的是大炮与弹药研究。1933年,德国社会党掌权,德国开始在欧洲事务中显得很活跃,并带来危险信号,莱茵金属公司很

上图:德军渐渐喜欢上ZB26型机枪,正如他们在20世纪30年代晚期偏爱许多捷克造的武器和战车一样,德军将ZB26型机枪装备给部队,称作MG26型机枪

上图：MG08/15型机枪，顾名思义，设计者是想通过运用适宜的支架、把手和枪托这种简单的办法将MG08型机枪设计成轻机枪

快与生产重型机车的博西格公司合并，成为一家比较大型的军火发展公司。

莱茵金属MG13型机枪

在以前的章节里，我们简要谈到了非常不起眼的德雷斯 MG10/15型机枪和让人难以捉摸的马斯基特机枪，在往下讲述前，我们先回顾一下以前讲过的内容。有人说MG13型机枪是第一次世界大战后弃用的老德雷斯机枪的改进型，这有一些武断。首先，莱茵金属公司按照德军MG14型机枪的设计要求来研制这种机枪。MG14型机枪是一种水制冷的机枪，采用施迈瑟发明的下落式阻塞制动，子弹从关闭的枪栓发射，但这种机枪直到1929年才开始进行商业性销售。因此，莱茵金属公司没有理由再去应用老式、落后机枪的设计。令人迷惑不解的，可能是新枪的设计总有老枪的影子。这是有原因的，莱茵金属公司有意让机枪看上去仍然是老旧的设计，可以让协约国粗心的军控委员会对它缺乏兴趣，从而避开了《凡尔赛条约》对德国新式武器发展的限制。其实，它比别的机枪都更加轻巧，是一种空气制冷、能够折叠、使用弹匣供弹的机枪。起初使用的是能装弹25发的弹匣，后来使用的是名叫多佩尔·特罗梅尔鼓形弹匣，起初这种弹匣是为MG15型机枪设计，后来MG34机枪也使用它。MG13型机枪将两脚架安装在枪口附近，在德雷弗斯型三脚架研制成功后，MG13型机枪开始加装这种重量更轻的三脚架，尽管其效果不是很好，例如射击飞机时，需要有第二个人跪在三角架的里面压紧它。不易弯曲的莱夫特34型三脚架要重得多，是为MG34型机枪设计的，从未因为要装备在MG13型机枪上而去作改动。我们在以前就曾提过德雷斯机枪，它的枪管可以更换，MG13型机枪的枪管也可更换，但要经过套筒座。MG13型机枪还装有一个摇动式扳机，紧压上部时是单发射击，紧压底部时是连发射击。

综合起来，这些方面无疑将这种枪归到轻机枪一类，由于它所用的弹药与重机枪所使用的弹药一样，枪管也与重机枪的枪管一样，所以，在理论上具有与重机枪相同的弹道性能，虽然如此，这种机枪一般不用于普通阵地战（普通阵地上一般是用重机枪来进行火力压制），只是一种用于突击情况下进行火力支援的便携式自动武器。1930年起，德军慢慢开始复苏元气，MG13型机枪的用途非常有限，很快第一代艾因海茨·马申吉维尔机枪就取代了这种机枪，第一代艾因海茨·马申吉维尔机枪就是MG34型机枪，该枪仅在萨默德的莱茵金属公司生产，并通过苏尔的西姆森西公司大批量供应给美国政府或其他国家，好像是这些国家自己的产品，这种机枪从不在索罗森生产，尽管在那里研发成功的武器应用了这种机枪的部分设计。

索罗森机枪

在索罗森生产的第一种武器是后坐力制动冲锋枪，它和施泰尔机枪都是由雨果·施迈瑟战时设计的MP18/1型和MP28/2型机枪发展而来，MP18/1型和MP28/2型机枪起初称为S1-100型机枪，后来称为MP34型机枪，在下一章中，我们将详述。虽然它用的是步枪型号的子弹，如7.63毫米子弹和9毫米子弹，但其枪管又长又重，三脚架是轻机枪所用的三脚架，因此很难提起人们的兴趣。但是，其改进型却是一种很好的轻机枪，由萨默德的刘斯易·施坦格研制成功，最初叫作萨默德Rh29型机枪，这一设计转让至索罗森时，叫作S2-200型机枪，但那里没有对这种机枪进行大量生产，因为索罗森的那家工厂很小，只能用作研究机构，但它在奥地利的施泰尔工厂进行了大量生产。S2-200型

上图：MG08/15型机枪或许只是一种过渡性枪型，但其作战效果仍然很好，这种枪在德国1939年入侵波兰时仍然得到使用

机枪是一种短后坐机枪，枪管与枪栓由一个轴环锁在一起，能够在19毫米的短距离内移动，在移动过程中打开锁，释放枪栓以继续这一运动并完成一个循环，使枪管回复到待发状态。这种机枪的往复运动部件的质量较轻，还装有一个强力复进簧，可使射速达到每分钟800发。但实际上，对于这种机枪，没有必要具有如此高的射速，司登格考虑到了这一点，设计了一个摇柄，通过它可以调节射速，这种装置是直接从MG13型机枪上沿袭来的。该枪是通过弹匣供弹，所用弹匣装弹25发，是一种可拆卸弹匣，水平置于套筒座的左侧。枪管可更换，方法与早期的德雷斯机枪不完全相同，也更简单。枪托上附有主弹簧和导引装置，可以套筒座为轴旋转90度。枪管与枪栓锁在一起，可以从后面推入套筒座，也可以向后将其推出来，换入一支新枪管。据估算，1930年至1935年这段期间，总共生产了约5000支S2-200机枪，使用的是已经弃用的8毫米×56有边子弹，奥地利和匈牙利的军队都装备过这种机枪。这些枪大部分后来经过改进以使用德国标准的步枪子弹，这种改进非常简单，因为这两种子弹在尺寸上很相似，改进过的机枪弃用了以前所用的曲形弹匣而代之以MG13型机枪所用的弹匣。

MG15型机枪和MG17型机枪

就S2-200机枪本身的性能来说，很难说它是一种重要机枪，但是它对后来仿制的枪型有着重要的启发意义，特别是对MG15型机枪和MG34型机枪的启发作用更大，前者在索罗森还发展成机载机枪，其闭锁方式与S2-200机枪完全相同，甚至比S2-200机枪还要简单，而且由于它在枪口处加装了一个后坐力增强器，使得射速更快。为了提高枪膛的冷却速度，它从开放枪栓发射子弹。在它成型阶段，就已成为德国空军标准的可灵活加装的机载机枪，后来当它在空中被MG17型机枪和更重型的13毫米MG131型机枪取代后，还作为轻机枪跻身于陆军所使用的装备中。为了提高其供弹装置的装弹量，还为其研发了能装弹75发的多佩尔·特罗梅尔鼓形弹匣，后来，这种弹匣也被用来增加MG13型机枪的装填量。多佩尔·特罗梅尔鼓形弹匣研制得并不成功，因为它较重而且在空间有限的飞机炮塔或下层后舱中更换起来非常不便，它还需要一种特殊的装填装置，能同时拉紧弹匣上的两根弹簧。第二次世界大战期间，大多数MG15型机载机枪被淘汰，重新用来装备陆军，还加装了一个发展得不是很成熟的管状枪托和一副两脚架，或改进安装到德雷富斯34型旋转式三脚架上，成为一种防空型轻机枪。日本也获得生产MG15型机枪的许可权，1938年为陆军生产的称为98型机枪，1941年为帝国海军生产的称为1型机枪，均使用口径为7.92毫米×57子弹，而不是日本产的7.7毫米子弹，这似乎很反常。

MG17型机枪是一种与MG15型机枪基本相似的机枪，前者在重量上稍重一些，其最大的区别在于弹药的处理上，MG17型机枪采用弹带供弹。此外，两者还在供弹的方式上有区别，MG17型机枪的供弹是采用协调式供弹，枪栓由扳机正常释放，而击针的释放则要与飞机发动机凸轮和推杆运行的节奏相协调，以使机枪发射的子弹由转动的螺旋桨桨叶间隙中穿过，它的射速比MG15型机枪还要快，大约是每分钟1200发，常常用作AA轻型机枪成组（两挺或四挺）地架放在飞机或底座上。MG131型机枪也是由莱茵金属公司研制的，它采用了所谓的索罗森闭锁装置，还加装了类似于MG13型机枪所用的加速器。MG131型机枪是专为飞机设计的，用电力击发，因此使用一种特殊子弹，所用的扳机结构也多种多样，有机械式的，也有磁引式的，弹带还可以在稍作改动后从任意一边进行供弹，在整个第二次世界大战期间都使用勒夫特韦夫设计的标准机枪子弹。除了在德国生产外，这种机枪还在捷克斯洛伐克的布尔诺生产过。战后，在布尔诺成功地对MG131型机枪进行了改进，使其成为地面部队所使用的重型机枪，一般是装备在战车上。

除了莱茵金属公司外，战争期间德国只有一家公司在尝试着进行轻机枪的生产，所生产的机枪颇具瑞士风格，至少从技术上说是这样。这种机枪于20世纪30年代初期研制成功，研制这种机枪的是一位住在斯德哥尔摩名为汉斯·劳夫的德国人。这一设计由一家名为诺尔·布雷姆斯的公司收购并投入生产，这家公司起初是生产汽车的刹车部件，很显然诺尔·布雷姆斯公司没有把造机枪当回事，因此，所生产的机枪的质量很差，人们把这种机枪称作诺尔-布雷姆斯35型机枪，这种机枪一点创意都没有，根本谈不上是一种重要机枪，其最大的失败可能在于安全挂钩的设计上，如果使用不当，就会使枪栓处于半击发状态而啮合不上扳机的齿轮，而释放安全挂钩的结果常常使枪单发射击，因此在操作上要特别细心。据说，劳夫设计这种机枪的目的是设计一种造价最低的机枪，如果只是为了这一点，他确实是成功了。一部分诺尔-布雷姆斯35型机枪卖给了武装党卫军用作训练之用，后来他们又将这些机枪配发给了"国外的"武装党卫军，这些武装党卫军被认为是可以作替死鬼的。

瑞士造的其他轻机枪

莱茵金属公司不是瑞士在两次战争期间唯一一家在轻机枪研究方面有所贡献的公司。在韦芬费布里克·伯恩，有一位名叫弗雷尔的军官也在研制轻机枪，人们通常管他所研制的机枪叫莱克蒂斯25型机枪，这种机枪几乎是第一次世界大战前柏林DWM公司的乔治·鲁格设计的帕拉贝鲁姆机枪的翻版。弗雷尔仅仅是将它变了个样而已，他将肘节向左叉开而不是向上叉开，这意味着30发装的弹匣要水平置于套筒座的右手边，再使机枪根据另外一种原理工作，这一原理也是抄袭捷克造的贝塞Vz37型机枪及后坐力制动的勃朗宁机枪，使用这种原理的目的是为了减少机枪在射击过程中产生后坐力，使射击者不致感到难受。弗雷尔成功地做到了这一点，但这需要复杂精湛的工艺制造技术。这种机枪是一种操作起来很流畅的机枪，但造价相当高。虽然这种机枪的质量很好，但是除了在瑞士外，在其他地方都很难卖出去。

设计师基罗利（原籍匈牙利）和恩德在SIG公司就职，SIG公司是全瑞士最好的兵器制造公司，位于莱茵河畔纽豪森。这两位设计师也在20世纪20年代生产了一种轻机枪——KE7型机枪。它是一种后坐力制动机枪，尽管该枪的设计很普通，并且只有在重锁的枪管和枪栓这两个共同组成的部件到达击发位置时才能开火。尤其值得注意的是它的重量仅8千克（17.25磅），甚至比勃朗宁自动步枪还要轻，因此在突然射击情况下很难控制住机枪。与勃朗宁自动步枪一样，它是从开放枪栓发射，这对提高其可控制性没有一点帮助。它的性能也受到20发装弹匣的限制。随着性能更好的轻机枪的广泛使用，KE7型机枪尽管制造质量较好、价格便宜而且装弹量也大，但这些都不足以完全控制全球市场，这一点也不会让人感到奇怪。

英国造的轻机枪

我们早就注意到第二次世界大战期间英国在机枪的设计和研发方面基本上是停滞不前，但也有一些进展。位于卡里福德的威克斯工厂里，一群工人正忙着整修第一次世界大战淘汰下来的C级机枪，他们尝试着研制一种真正的轻机枪，以取代过于笨重的刘易斯机枪，刘易斯机枪是由法国人阿道夫·伯西尔设计，于20世纪20年代初完成，1925年，他把专利权卖给了威克斯公司。刘易斯机枪是种很普通的机枪，气体是从枪管中部排出，在排出的过程中对工作在悬挂气缸中的活塞表面产生

上图：第二次世界大战中，最好的轻机枪是英国造的布伦机枪，这种机枪是捷克造的ZB26的改进型，图中所示的机枪是布伦1型机枪，1944年德汉姆轻步兵团就装备有此种机枪

布伦1型机枪
口径：0.303英寸
重量：10.25千克 (22.51磅)
全枪长：1150毫米 (45.25英寸)
枪管长：635毫米 (25英寸)
有效射程：1000米 (3300英尺)
构造：弹匣供弹，气体制动，空气制冷
射速：500发/分钟
子弹初速：730米/秒 (2400英尺/秒)
原产国：英国

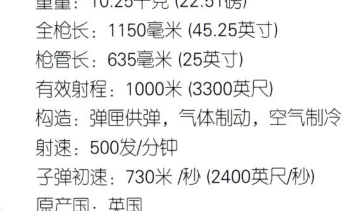
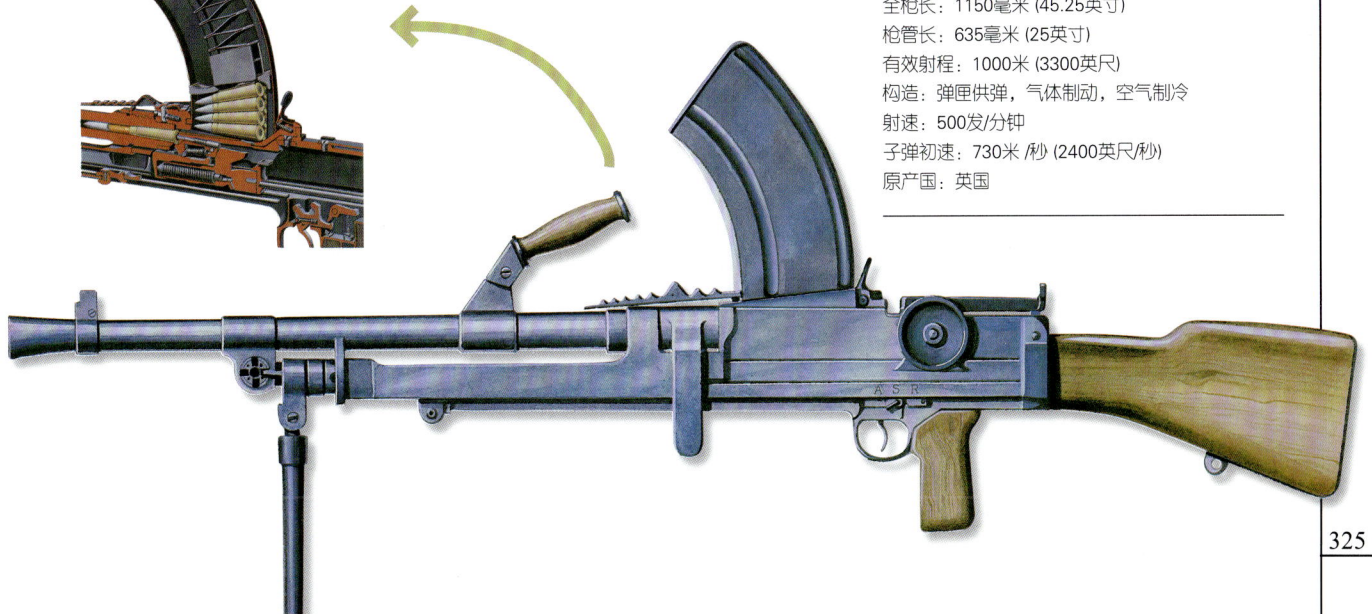

冲击，活塞反过来推动枪栓，使其后部向下倾斜，从套筒座顶部的凹进处解锁。它由安装在顶部的"香蕉"形弹匣供弹，这种弹匣最初是由丹麦造的麦德森机枪所采用。后来，布伦机枪也采用这种弹匣，威克斯-伯西尔机枪与布伦机枪很相像，这两种机枪互相在市场上竞争，实际上如果布伦机枪不出现，威克斯-伯西尔机枪肯定是第二次世界大战期间英国必须用的轻机枪。尽管有布伦机枪这样强有力的竞争对手，威克斯-伯西尔机枪还是由印度军队用作轻机枪，那时印度军队由英国领导和控制，0.303英寸的威克斯-伯西尔机枪一直在军中服役到1947年印度独立。也有一些威克斯-伯西尔机枪在英国用作训练，它是一种可靠的且易操作的武器，如果再作一些小的改进的话，就能与布伦机枪一争高下了。

一次面面俱到的测试

1922年，英国军队原则上决定弃用刘易斯机枪，经过多年的考虑决定选用一种轻机枪来取而代之。为此，英国进行了多次测试，最初参与测试的机枪包括勃朗宁自动步枪、麦德森机枪、比德莫斯-法夸尔机枪、霍奇基斯机枪和刘易斯枪，结果这次测试无果而终。但是，随着勃朗宁机枪日益受到英军青睐，这实际上意味着已经有了结果。比德莫尔-法夸尔机枪是第一次世界大战期间设计的，但直到20世纪20年代初才开始试验。其设计者法夸尔同时也负责设计一种枪栓制动步枪，该步枪曾与英国标准步兵武器进行过测试，但以失败告终。比德莫尔-法夸尔机枪所采用的设计很特别，它用气体推动活塞来压缩弹簧以实现延迟，弹膛中的压力下降到一个可接受的标准后才开启后膛。这个过程非常流畅。该枪的射速比一般机枪都要低，重量也很轻。但是，两年后，就惨遭淘汰。在随后的三年里，同样的命运降临在查特勒劳尔特机枪、富雷尔机枪和其他许多机枪如麦克拉顿机枪和埃利克森机枪上，这些机枪没有对当时活跃的市场产生过任何影响。1930年10月30日，安排了一场机枪大比试，参加比试的机枪有勃朗宁自动步枪、麦德森机枪、威克斯-伯西尔机枪、KE7型机枪、达恩机枪和捷克斯洛伐克造的一种新机枪ZB26型机枪。这场

上图：使用7.62毫米的无边子弹，布伦机枪的弹匣又回复至直边设计，图为1971年同巴基斯坦交战中一个印度士兵正在使用此种机枪

比试是在英国对淘汰刘易斯机枪的决定进行修改后进行的，修改后的决定将淘汰范围扩大至威克斯C级机枪，明确提出所选用的机枪必须符合英国陆军当时机枪的标准。此次比试，达恩机枪因运来得太晚而没有进行测试，布尔诺工厂提供了ZB26型机枪的改进型ZB27型机枪，这是此次比试中唯一一种除了不能使用标准的英国造0.303英寸子弹外什么子弹都能使用的机枪。报告的结果出来了，最终英军决定选用捷克造的机枪。报告用非常出色这个赞誉之词来形容它。此次总共进行27次比试，还在臭名昭著的恩菲尔德沙地和泥地上进行过测试，也进行过持久测试。威克斯-伯西尔机枪也通过了这两个测试，被说成是一种极有前途的机枪，但还需要在许多细节上进行改进。威克斯-伯西尔机枪和ZB 27型机枪闯入决赛阶段，最后阶段的比试是将射击完的机枪埋入又热又脏的泥沙中，然后挖出来简单擦拭后再进行10000发子弹的持久测试，结果两个都通过了测试，之后又在457~2286米的射程内进行精度射击测试和3万发子弹的持久测试。

与此同时，两者还在一些细节上进行了改进，例如，威克斯-伯西尔机枪换装了较重的枪管，ZB27型机枪经过改进也可使用英国陆军所使用的口径为0.303英寸的子弹而不是以前所用的7.92毫米×57子弹。两者都通过了这些测试，但捷克造的机枪（这时已经称作ZB30型机枪）要技高一筹。使检测人员感到惊奇的是，ZB30型机枪的设计、做工和材料都非常考究，研制者一定费了不少心思。这次比试前后持续了六年，ZB30型机枪最后又进行了进一步的改进，包括将活塞和气缸缩短了约254毫米，还加装了新式减震器，使之更加出色，这就是我们现在所知道的ZB32型机枪。人们也管ZB系列机枪叫作布伦机枪，这取自其生产地布尔诺和试验地恩菲尔德。

现在可能有人要问：我们究竟能把机枪造得多好？ZB32型机枪后来又进行了将近25次的小改进，改进后的机枪叫ZB33型机枪，其中有两支送到了恩菲尔德进行测试，每支发射了大约20万发子弹，其中有14万发是在机枪出故障之前发射的。1934年4月，ZB33型机枪与最新式的威克斯-伯西尔机枪进行了一次对比测试，每支机枪都要发射50000发子弹，结果ZB33型机枪胜出。最后，它终于成功地成为英国军队选用的新型轻机枪。机枪要进行漫长的发

展和测试才能成为上品，这真是一句颠扑不破的真理，ZB33型机枪是那个时代公认的最好机枪。其大部分的设计工作是在恩菲尔德英国皇家小武器工厂进行的，这家工厂位于伦敦的北部。1937年，英军经过深思熟虑后作出了用ZB33型机枪取代威克斯机枪和刘易斯机枪的决定，ZB53型机枪也以贝瑟的名字进入英军，用来取代英军所使用的旧式中型机枪。

无与伦比的布伦机枪

布伦机枪是这样一句话的杰出典范：任何事物都可由一个标准来检验。布伦机枪是近于完美的传统气体制动机枪，气体从枪口前38厘米处排出（也就是说，离枪膛25厘米或18厘米）。这种枪的枪管长度有两种，枪管穿过一个简单的调整器进入悬挂气缸，在悬挂气缸中它紧挨着活塞头，活塞由气压驱动，枪管在行程的前32毫米是自由运动的，但会在循环制动中导致延迟，与此同时，子弹射离枪管，因此气压（起初压力达到每平方厘米2900千克）降至安全标准。实际上，原型枪的试验表明在解锁开始时，子弹从枪口运行67.5厘米，在解锁完成时子弹运行的距离还不到405厘米，此时活塞头经过气缸壁的排气孔，使枪中的推进气体排出，而活塞则以自己获得的动能从此处自行下移。

自由运行是活塞后部推杆作用的结果，推杆伸进向上凸入枪栓中，其结果是驱动枪栓回移至一个狭槽中。在机枪的发展过程中，推杆的长度可以按需要进行调整，以使以上运行达至最好位置。推杆的后部削得很尖，以用作凸面，卡在枪栓狭槽面上，迫使其向下运行，使之与形成锁定位置的套筒座顶部凹入处的啮合脱离，这个运动导致退弹的完成，也就是将弹膛中的弹壳退出。此时枪栓自由后移，首次完成退弹，弹壳从一个狭长槽飞出枪外，途中经过套筒座的底部。接着，枪栓压缩位于枪托中的复进簧，如果此时松开扳机或将选择器调至单发，枪栓就会被抓入非击发位置。反过来，如果还是扣着扳机，那么枪就会回移并在回移途中从弹匣里拔出新子弹，在返回簧的压力下将其导入弹膛。最后一步就是活塞的推杆将枪栓尾部推回至锁定的凹入处然后在那卡住，这样，击针义与弹膛轴成一直线，在活塞推杆完成回移的最后32毫米时将击针推向前，使子弹击发出去，完成一个循环。

布伦机枪的扳机是以常规的方式扣动，通过套筒座右方的折叠式非活塞把手来进行。最开始，布伦机枪的整个循环仅需要1/10秒就可完成，但是生产型的射速由每分钟600发降至500发，而后又减至每分钟480发。实际上火力理论值是每分钟120发，也就是说每分钟发射4个弹匣。由于枪栓装置是采用断续设计，所以布伦机枪的枪管更换起来非常简单，抬起枪钩使其所连的螺母旋转90度就可将枪管从前面拉出来，枪上有一个把手可以用来完成以上操作。布伦机枪一般由两人来操作，如果他们操作熟练的话，在几秒钟内就可把枪管换下来，也可将枪设置成单发。为了减少枪的震动，弹匣、枪管和气缸结成一个整体，可以顶着枪托中回复簧头部的减震器自由向后退缩约6.35毫米。鉴于此，布伦机枪无论是连发还是单发都能达到很高的精度。早期的布伦机枪装有鼓形后瞄准器，而生产型布伦机枪则安装更为传统的瞄准表尺。

布伦机枪的制造

ZB26型机枪是由瓦茨拉夫·霍利克设计的，他曾是位于布尔诺的一家名为兹布罗乔夫克工厂的一名机械师，后来成为一名军火商人。他未曾接受过正规的枪支设计培训，仅凭着对机枪的热爱，在现有枪支部件的基础上，设计出了几种机枪。他将倾斜式枪栓闭锁系统应用到他设计的最为成功的机枪中，当然这种系统并不是他首创的，是谁的首创目前尚不清楚，但是霍利克灵活地运用之，取得了比以往更好的效果。也许他的成功纯粹靠运气，也或许他天生就对各种部件有着良好的空间感，这些我们都不得而知，但是无论如何，他设计的机枪很棒，结果为新成立的捷克快速反应部队所采用。从此，这种机

上图：为布伦机枪研发的盘式弹匣以提高它防空时的装弹量，布伦机枪通常安装有两脚架。步兵部队中也可见到此种弹匣，但并不多见

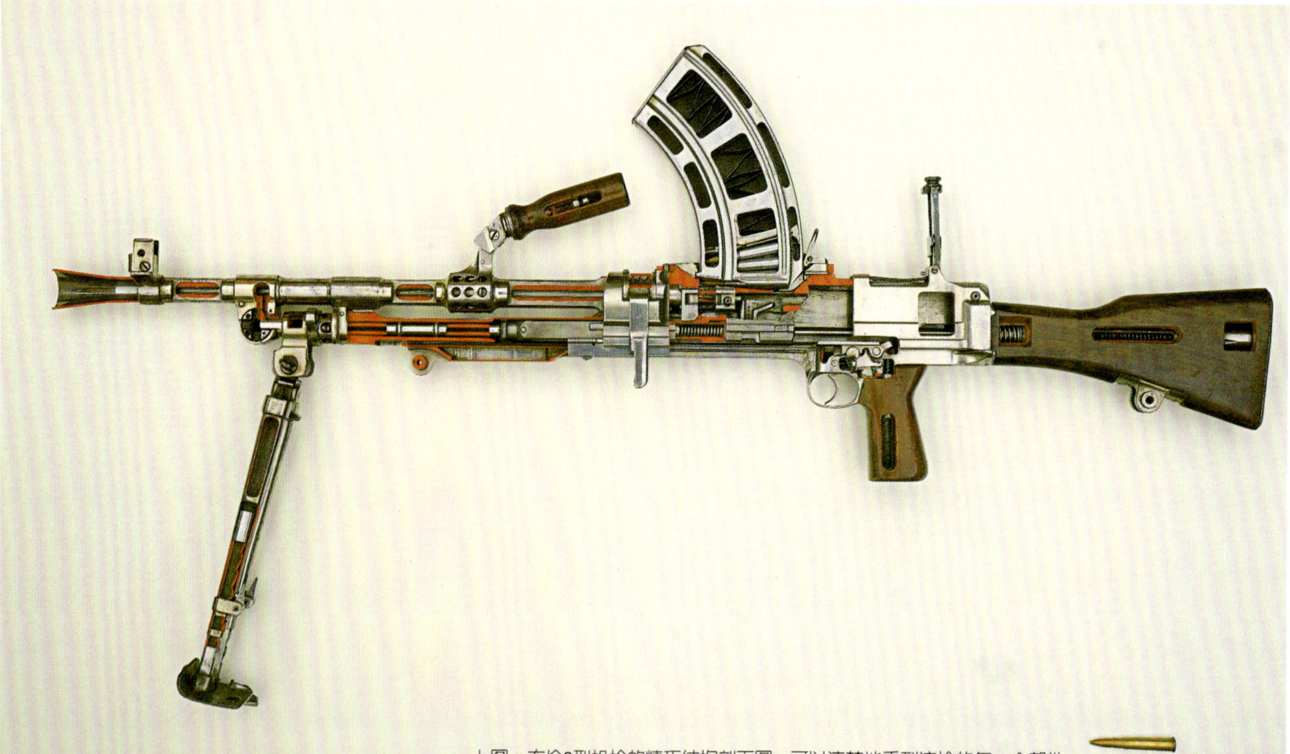

上图：布伦2型机枪的精巧结构剖面图，可以清楚地看到该枪的每一个部件

贝瑟2型机枪

口径：0.303英寸
重量：9.75千克 (21.5磅)
全枪长：1185毫米 (46.75英寸)
枪管长：560毫米 (22英寸)
有效射程：1000米 (3300英尺)
构造：弹匣供弹，气体制动，空气制冷
射速：600发/分钟
子弹初速：730米/秒 (2400英尺/秒)
原产国：英国

上图：第二次世界大战最后一款捷克造的ZGB33型轻机枪，也是战前提交给英军审批的最后一款机枪，是布伦机枪的先驱，使用0.303英寸有边子弹

枪的名气就传开了。霍利克所设计机枪的改进型于1934年才由皇家小武器兵工厂投入生产。这家工厂最初的任务是确定一整套法定标准计量单位以取代捷克所用的米制计量单位，因为捷克人用米制计量单位进行的计算出现了一些误差，导致机枪的弹匣无法装填理论上允许的30发子弹，实际只能装28发。1935年1月，这项工作结束，随后，开始生产测量工具，共生产了550多件，每件都必须达到为制造该枪所需的0.0127毫米的精度。

1937年9月，第一支枪生产出来，到年末有42支。第二年7月，达到每星期300支的生产速度。1940年6月，英军从欧洲大陆撤退，当时已生产了30000支此种机枪。但是，在敦克尔刻大撤退时，英军及其盟军中此种机枪的数量已减至2300支。1943年在恩菲尔德以每星期1000支的速度生产。加拿大、澳大利亚也有工厂在生产布伦机枪，但是它们的质量要差些。早期的型号也曾为中国生产，它的口径为7.92毫米，配有能折叠的用来支撑机枪的两脚架，这种型号的布伦机枪能任意转动以对付飞机，还改进成功过能高速发射的100发装的鼓形弹匣，但还是很少用于实战，因为其装弹困难而且体积庞大、重量太重，很难携带。英国陆军曾装备过四种型号的布伦机枪，口径均为0.303英寸，其中有两种型号的枪管长63.5厘米，另外两种型号的枪管长56.5厘米。布伦1型机枪和布伦2型机枪重量超过10千克，布伦3型机枪和布伦4型机枪重量要轻一些，只有8.7千克。与第一次世界大战时作战双方都用马克西姆机枪互相厮杀一样，第二次世界大战时，英军和德军都用捷克造的轻机枪互相厮杀，德军使用的是ZB26型机枪和ZB30型机枪。

布伦机枪的服役时间

布伦机枪的生产一直持续到1971年，布伦机枪在20世纪60年代初期又经历了一次重大改进。情况是这样，英国与其他北约国家一样让布伦机枪使用7.62毫米×51无边子弹，而不再有用80年历史的0.303英寸子弹。新的布伦机枪叫作L4型机枪，它与老式的布伦机枪很容易通过弹匣的形状区别开来，L4型机枪的弹匣是一个平行6面体，与ZB26型机枪的弹匣非常相似。布伦机枪的内部结构也进行过一些小改进，这些改进大部分都是直接模仿第二次世界大战时生产的7.92毫米布伦机枪，它是由加拿大英格利斯公司生产的。这种改进非常简单：用不同形状的退弹器将加拿大型号的枪栓更换，同时也将枪管（当然包括枪膛）一起更换，而套筒座则无须更换，因为新式弹匣的固定装置与旧式弹匣一模一样。L4A4型机枪是最广泛使用的一种枪型，它是由布伦3型机枪改进而来，它的枪管长53.5厘米，但整支枪的重量要比0.303英寸短管机枪要重一些，重达9.5千克。随着布伦机枪的采用，英国在轻机枪的发展上实际已经停止。20世纪50年代中期，英国曾试图在这方面有所进展，他们对布伦机枪的配置形式作了一些变动，使用弹带来供弹，但是改动过的机枪在某些环境下很难有效发挥其威力，这项计划被迫终止。

临时替代品

整个第二次世界大战期间，英国人对布伦机枪非常满意，但是对其生产存在一些担忧，因为在英国只有恩菲尔德一个地方能够生产这种机枪，很容易因为空袭而使生产中断，因此英国采取了一些措施，研发一种可以由指定的工程车间临时制造的替代品，以备不测。贝瑟尔机枪就是在这种情况下研制出来的，后来为了将这种机枪与正在服役的贝瑟机枪区别开来，改名为福凯纳机枪，它看上去有点像布伦机枪，但是，时隔不久福凯纳机枪与那时的轻机枪一样，加装了步枪枪托、手枪柄、上置弹匣和带有两脚架的气缸。扳机装置尽可能地简化，但只能连发；活塞和枪栓都采用简单机制，活塞上钻有小孔可容纳复进簧。这种机枪可以由两个卡入套筒座凹处的突缘锁住。尽管福凯纳机枪设计简单，但其性能却非常出色，在射程内能够精确打击目标，阻塞现象很少。可是它也从未投入过生产，因为布伦机枪的生产从未中断过。

捷克造的Vz52型机枪

Vz52型机枪并不是战后在布伦机枪原有设计上发展而来的唯一枪型，也不能算是最成功的枪型，它是捷克斯洛伐克在对布伦机枪进行大量修改的基础上发展而来的机枪，称作Vz52型机枪，它采用弹带供弹，这是很不容易的，要经过大量的设计才能取得成功。Vz52型机枪的排气孔离弹膛非常近，子弹在机枪循环射击之前要推进约18厘米，这就意味着活塞推杆要引起足够长的延迟，枪栓也比布伦机枪的枪栓更小更轻，这样就大大提高了Vz52型机枪的射速，在弹匣供弹的情况下能达到每分钟900发，而在弹带供弹时可以达到每分钟1200发。弹带供弹是第二次世界大战前

富西尔·米特雷格利埃特·布里德30型机枪
口径：6.5毫米
重量：10.2千克 (22.5磅)
全枪长：1230毫米 (48.5英寸)
枪管长：520毫米 (20.5英寸)
有效射程：1000米 (3300英尺)
构造：弹匣供弹，气体制动，空气制冷
射速：450发/分钟
子弹初速：610米/秒 (2000英尺/秒)
原产国：意大利

PPK机枪（1943型）
口径：7.62毫米 (0.3英寸)
重量：4.75千克 (10.5磅)
全枪长：1040毫米 (41英寸)
枪管长：590毫米 (23.25英寸)
有效射程：800米 (2600英尺)
构造：弹匣供弹，气体制动，空气制冷
射速：600发/分钟
子弹初速：730米/秒 (2 400英尺/秒)
原产国：苏联

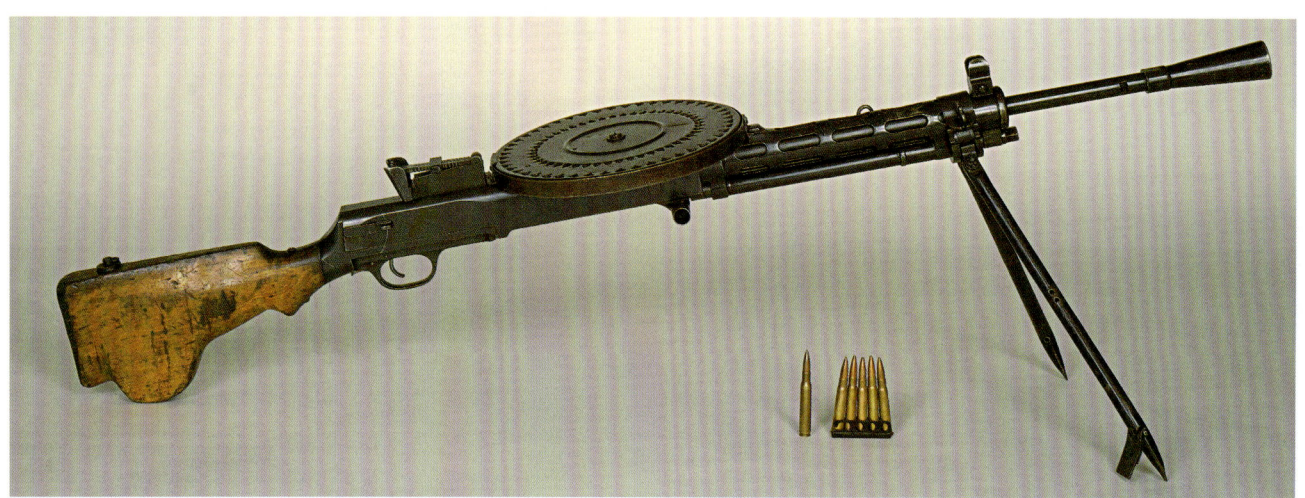

上图：捷戈加廖夫设计的第一款轻型机枪，它于1928年研制成功。尽管有些设计缺陷，但还是进入了现役

上图：苏联制造的RPD机枪，这是苏联红军及其华约盟国从20世纪50年代中期开始使用的标准轻型机枪，该种机枪于70年代末期被淘汰

由德国人设计的,这种供弹方式被认为是最高效的一种供弹方式。

威力较小的Vz52型机枪

具体来说,Vz52型机枪的闭锁系统与贝瑟机枪和布伦机枪的闭锁系统很相像,三者区别很小,但前两者的区别更小,几乎一模一样。Vz52型机枪的活塞推杆后部有一个斜面,斜面上有一个方形的楔子,它将枪栓固定在某一位置,目的是阻止枪栓向上移回到击发位置,人们早就发现这种结构是布伦机枪设计上的一个严重缺陷,这一缺陷使得套筒座的表面在机枪发射50万发子弹后就经不起磨损了。Vz52型机枪的枪栓只有尾部被锁进套筒座里,而其前部则在枪管节套中,因此无须啮合套筒座顶部的锁纹,这种结构与贝瑟机枪的一样,这可能是因为M52型7.62毫米×45子弹比贝瑟机枪和布伦机枪所使用的0.303毫米子弹和7.92毫米子弹的火力要小得多的缘故。捷克造的M52型子弹是中型子弹,即依照其性能参数,它是一种介于普通步枪子弹和普通手枪子弹之间的子弹。Vz52型机枪使用的另外一种子弹是俄国造的M43型7.62毫米×39子弹,使用这种子弹的机枪被称为Vz52/57型机枪。

Vz52型机枪是通过往返运动的扳机系统击发的,这一点非常像贝瑟机枪,其枪管的更换方式与布伦机枪所用的方式一样,这种机枪可以单发也可连发,与布伦机枪不同的是Vz52型机枪没有选择开关,而是采用德制MG13型机枪及其发展型的"双触发"装置,用力压其上半部时可以释放扳机,压其下半部时,不仅可以释放扳机而且可以啮合扳机杆节套,这样可以禁用击发阻铁。

Vz52型机枪存在的问题

Vz52型机枪在不装弹的情况下仅重8千克,原因之一是这种机枪用超轻的新材料和非常细致的手工制造。枪普遍存在难以拆卸和难以胜任恶劣环境下的缺陷,换言之,它们在射击场表现得都很出色,但在作战环境中却表现得很差,Vz52型机枪也不例外,它在早期型布伦机枪都能够持续射击的地方还常常出现阻塞的情况,大多数人认为这是所用的弹药造成的,因为中型子弹装药量相对较少。Vz52型机枪的改进型是Vz59型机枪,这种机枪是一种多用途机枪。

欧洲制造的其他轻机枪

战争期间,意大利曾有两次制造轻型机枪的尝试,这两次尝试都有点特别,其中一次尝试是比较成功的,所生产的机枪叫作富西尔·米特雷格利埃特·布里德30型机枪,它是由布里德公司生产的。现在,这家公司还在军火工业部门中发挥着作用,它生产的口径为6.5毫米富西尔·米特雷格利埃特·布里德30型机枪为意大利军队所采用。这种机枪实质上是著名的布里德52型机枪的同类产品。自20世纪20年代以来,布里德5C机枪的各种类型在不断地改进。富西尔·米特雷格利埃特·布里德30型机枪看上去非常特别,其触发装置与弹匣分离,中间是一条狭长的管道,未锁紧的螺钉在里面往复运动,弹匣水平置于机枪的右边,但不能从机枪上分拆下来,而是用铰链将其前边缘固定在机枪上以保证将子弹从装弹器上装进弹匣。这种设计给操作带来很多不便,在实战中要求机枪手要特别有耐心,因为给这种机枪填弹是一件很麻烦的事情。富西尔·米特雷格利埃特·布里德30型机枪的枪管能够迅速更换,这要归功于其简单的锁环设计,不足之处是这种设计没有提供一个把手。同时期,意大利人艾尔弗雷德·斯科蒂也研制成功了另外一种轻机枪,他的研制工作大多是与飞机制造商共同合作完成的,所研制的机枪将标准气体制动与后坐力制动结合起来,即将排出的气体用来给制动装置解锁,同时弹膛中剩下的压力将枪栓往后推。作为轻机枪这种机枪算不上是一种成功的枪型,但在后来,却被改进成一种大口径机枪,其供弹方式可以弹带供弹也可以鼓形弹匣供弹。

芬兰人艾莫·拉蒂是一位著名的中型机枪设计者,他也曾研制成功了一种轻机枪,他把这种机枪叫作拉蒂-塞勒兰特马利26型机枪,在芬兰以外的其他地方人们把它叫作拉蒂M26型机枪,这是一种后坐力制动机枪。此时,后坐力制动机枪已经相对过时,后坐力制动机枪肯定没有气体制动那么灵巧,但是拉蒂却通过精细的工艺技术利用后坐力制动的原理制造出真正意义上的机枪,这种机枪重量只有8.6千克(未装弹时),可以用装弹量为20发的弹匣供弹,也可以用鼓形弹匣供弹,弹匣置于套筒座的下方。它的枪管可以快速更换,但是在更换枪管的过程中必须将枪栓抽出来。它由芬兰陆军采用,在1939年至1940年的冬季战役中,芬兰陆军就是大量

左图:DPM机枪是DP机枪的改进型,其复进簧是向枪栓后部移动的,其盘状弹匣是必需的,因为所使用的子弹是7.62毫米的有边子弹,这种子弹的锥度过大

使用这种武器来与敌人作战，后来它被苏联造的武器所取代。拉蒂曾设法将改进型卖给飞机制造商，但未获成功；也向皇家空军提供过试用样品，但这种机枪每分钟500发的射速使他还是以失败告终。

墨西哥人所进行的一项革新

正如我们在这个时期所看到的，发射方式可选的冲锋枪与轻型机枪在制动原理上是相同的，这种机枪都起源于丹麦，因为麦德森轻机枪的最初型号与索恩·班研制的自动步枪是在同一时期问世的。他们有一个竞争对手，至少在名义上是这样，这个竞争对手来自于一个不大可能的地方：墨西哥。19世纪90年代初期，墨西哥炮兵军官曼纽尔·蒙德拉贡开始对半自动步枪进行实验性设计，这种半自动步枪使用气体来制动，制动气体从离枪口165毫米的一个直径为1毫米的气孔排出，弹丸在经过此气孔到射出枪管这一很短的时间内产生出一股压力很大的气体（一般有3000个大气压，甚至更高），这股高压气体穿过洞口进入位于枪管下方的气缸中并作用于活塞的表面，驱动活塞向后移动，迅速后移的活塞将卷曲的弹簧压下，同时又将枪解锁并驱动枪栓后移，纵向运动通过枪栓上的螺旋槽纹转变为旋转运动，枪栓后移时弹壳退出，同时使枪处于待发状态，在枪栓返回时接受一颗新子弹并将其推上膛。为了使活塞尽可能有效地工作，蒙德拉贡给活塞的头部装上3个铜封环。为了确保其安全，他只给枪栓装7个闭锁突缘，3个在枪栓前部，4个在后部。

因为墨西哥没有能力制造此种机枪，蒙德拉贡求助于瑞士的SIG公司。墨西哥陆军为了表示爱国，采用了这种机枪，并给其贯以更为响亮的名字：富西尔·波菲尔里奥·蒙德拉贡（迪亚兹是时任总统之名）1908型机枪，他们订购了4000支此种机枪，但只于1911年交付了400支，价格是每支160瑞士法郎，原因是墨西哥人发现这些机枪不怎么好使，于是就撕毁了合同。SIG公司的仓库此时留存了约1000多支，看来他们是没有办法收回成本了。SIG公司也对此种机枪作了一些改进，给其加装了两脚架，还用20发装弹匣取代了8发装弹匣。SIG公司也尝试着向柏林、伦敦和华盛顿的国防部门推销自己的产品，

未获成功。1915年，德军发现他们需要一种比毛瑟98型机枪和MG08型机枪更加灵巧的机枪，这才想起了蒙德拉贡机枪，并购买了一批。可以想象，当时德军的这个决定让瑞士人多高兴呀！

门多萨轻机枪

门多萨机枪的发展史是机枪发展史的一个缩影，虽然它的发明人的作用或多或少被人忽略了，然而，门多萨机枪却奠定了墨西哥国内小型武器兵工厂的基础，它也是天才发明家门多萨业绩中的一个里程碑。早在20世纪30年代初期，这位发明家就是一家政府部门兵工厂的首席设计师。1933年，他研制成功了富西尔·阿米特雷拉多尔·门多萨B型机枪，这种机枪使用7毫米×57毛瑟子弹，综合了刘易斯机枪的闭锁系统和霍奇机枪的气缸加活塞制动系统，采用了比较轻的套筒座，并将自己设计的供弹装置综合进去。门多萨B型机枪的射速较低，这有利于发挥其长处，但其上部盒式弹匣的装弹量只有20发，这是它的缺陷。然而它的性能可靠，而且成本也不高。它在墨西哥军队中服役至1945年，后来被使用美式0.30英寸-06型子弹的改进型所取代，但改进型在其他方面也没有多大的变化。后来门多萨45型机枪也使用这种美式子弹，但情况有很大的改变，因为门多萨45型机枪的重量已经接近自动步枪的标准。20世纪60年代早期，门多萨RM2型机枪问世了，它有一个明显的缺陷：固定的枪管。为了减轻枪的重量，早期枪型具有的快速更换枪管装置不得不牺牲了。门多萨RM2型机枪与英军使用的自动步枪——比利时造的FAL机枪一样，其枪托位于手枪柄的后面，还用销钉将枪托锁入套筒座。这样，拆卸起来非常方便。然而，这种机枪明显过时了，在墨西哥以外的其他国家很少能见到它的踪影。

苏联制造的捷戈加廖夫机枪

前面我们提到20世纪20年代初期，苏联制造的捷戈加廖夫机枪在轻机枪领域取得了一定的成功，使用的闭锁系统是由弗里伯格设计的，并由克杰尔曼加以完善。捷戈加廖夫机枪在西方被称为DP机枪，是一种并不怎么先进的机枪，整个设计显得很传统。用来将枪栓锁入套筒座

的阻力板被撞针迫出，同时附着在汽缸活塞上的滑板将机枪解锁，于是枪栓开始向后运动（该枪是从敞开枪栓发射，因此不能单发，只能连发），这样，枪栓就被扳机击发阻铁所阻挡，释放扳机后，枪栓就在回复簧的作用下回复至待发状态，在回复过程中从其上置的49发装的盘形弹匣中取出一颗子弹并将其推入弹膛。DP机枪的主要缺点是在子弹供给途径上，主要原因是有边子弹本身的质量问题，捷戈加廖夫对此也无能为力。他将弹匣的装量限制在47发以后，弹匣倾斜的问题得到了很好的解决。他另外还发现，枪管下方的回复簧过热时会丧失弹性，于是又在枪管罩上打孔，基本解决了这一问题。DP机枪也有一种型号是装备在坦克上的，这种型号的机枪需要更大的装弹量和弹性更强的弹簧，其木制枪托也由套筒式枪托所取代。DP机枪最重要的缺点是枪管的安装，在实战中DP机枪的枪管是能够更换的，但过程相当复杂和烦琐。1940年，研发成功了一种连接式枪管，才使得枪管的更换变得容易些。1944年，希林等人对DP机枪作了一些小的改进，将回复簧移至后部，改进后的机枪称为DPM机枪，它也在中国大量生产，中国人将其称为53型机枪。

经典的组合

DPM机枪很快就被并不十分成功的使用弹带供弹的RPD机枪取代，RPD机枪的口径是最新引进的7.62毫米"中型"口径，所用子弹是较短的M1943型子弹，后来RPD机枪也被更加有效的武器所取代，这就是AK47型机枪。RPD机枪的改进型PRK机枪在机制上与步枪没什么不同，只是省去了安全夹和发射方式选择器，其扳机也得到大幅简化。PRK机枪也用30发装的弹匣，但其发展型使用装弹量为40发的弹匣，甚至还使用机械技术比较复杂的装弹量为75发的鼓形弹匣。为了提高PRK机枪作为支持性自动武器的性能，其枪管的重量得到增加，甚至比步枪的枪管还重，但是，这种枪管像RPD机枪一样是不能更换的。其木制枪托可以很轻易地去掉，还配有折叠式两脚架。取代中国造的53型机枪的是一种由苏联制造的轻机枪，这种机枪有一点大杂烩的味道：其弹带供弹装置仿造马克西姆机枪，活塞和闭锁系统仿造

ZB26型机枪，击发装置仿造DPM机枪，而气体调节器仿造RPD机枪，枪管更换方式则从SGM机枪那里学来。它使用的是老式的7.62毫米有边子弹。其实，它不仅取代了53型机枪，而且还取代了58型机枪及中国造的同类型机枪RP-46机枪，它还可以配一副两脚架或三脚架。

通用型机枪

轻机枪的研制，成功解决了进攻中需要持续火力的难题，但从某种意义上说，这一难题还没有得到最终解决，轻机枪没有真正淘汰中型机枪，而且火力保持的时间也不能达到五个小时，如10种威克斯机枪在1916年8月24日所进行的测试中共发射子弹999750发，有一种枪达到了12万发，平均每种枪每分钟发射167发。第二次世界大战末期，一支英国小分队在穿过马斯河的七小时内从威克斯机枪中共发射85万发子弹。中国制造的轻机枪在重量上都非常轻，目的是方便进攻部队使用，但只有使机枪足够结实才能发挥出机枪持续火力的作用，因而人们又设计出更加通用的机枪来取代用途单一的机枪。

对这种通用型机枪，德国人称之为艾因海茨机枪，德国早在第一次世界大战期间就开始有这种需求，正如我们将在第五章里所了解的那样，能用于实战的通用机枪却在约20年后才生产出来。现在，我们需要回到第一次世界大战末期，将目光转向武器领域的另一端，看看威力巨大的便携式武器（一种手枪口径的轻机枪）是如何应用于实战的。

14 冲锋枪

第一次世界大战后期发展起来的步兵进攻战术,需要大量的能在近距离使用的便携式武器,步枪和新式轻机枪都不能满足这种需求,尽管手枪在某些方面要强于前两者,但它无法进行精确射击,甚至在很近的距离也射不准。所以,真正需要的是另外一种武器,这种武器与步枪相比是更接近于手枪的小型武器,而且其装弹量要大得多,也能够进行连续射击,这种武器实际上就是一种微型机枪。

研制第一支实用冲锋枪（英国称为卡宾枪）的荣誉应归属于雨果·施迈瑟和西奥多·伯格曼，前者将冲锋枪设计出来，后者则将其生产出来。为了更好地了解冲锋枪，我们应当回头看看其发展历程。首先，让我们来了解一下19世纪90年代出现的自动手枪（也就是自动装弹式手枪）及其使用的子弹，因为正是子弹的发展，才使冲锋枪的出现成为可能。

自动手枪

到19世纪末期，枪支制造仍然是一种商业活动，因此，在新式手枪设计上进行的革新基本上都来自欧洲的洛伊公司、施泰尔公司、斯科德公司、FN公司（其半数股份由洛伊公司持有）以及美国的柯尔特公司。其中，最著名的是洛伊公司，雨果·博查特和乔治·鲁格都是该公司的设计人员。雨果·博查特研制成功了世界上第一支真正可用于实战的自动手枪，这种手枪装有一个可拆卸的盒式弹匣；而乔治·鲁格则完善了博查特的设计，使之成为当时最著名的自动手枪。洛伊公司除了拥有大批优秀人才外，还收购了多家公司，其中就有毛瑟–沃克公司和菲德勒兄弟公司，这两家公司在洛伊公司的领导下最终设计成功了C96自动手枪。

另外，供职于路易斯·施迈瑟公司的西奥多·伯格曼也设计了一系列可用于实战的自动手枪。他起初设计的枪型使用的是完全光滑的子弹，也就是无边子弹，施迈瑟也参与了这种子弹的研制，后来，这种子弹也可由普通的弹膛发射。

新式弹药

要想研制成功弹匣供弹的自动手枪，子弹的形状是一个需要解决的难题，设计者必须克服一个长期存在的困难，即如何处理子弹的边缘。子弹的边缘，是用来固定子弹和控制膛内空隙的，但当这些子弹从盒式弹匣中填入时极不方便。

早在19世纪80年代，维特利·李·曼利彻和毛瑟等步枪设计者已经将盒式弹匣应用于他们设计的手动连发枪上，他们中有人还运用了瑞士人鲁宾提出的方法，即使用无边子弹，就是在子弹上开一凹槽以利于取弹器抓牢子弹，并且主要依靠其外形来固定子弹。

手枪的设计者也采用此方法，不久就研制成功了一系列无边子弹，它们的口径从6.35毫米到11.56毫米不等，如博查特就研制成功了7.65毫米的无边子弹，这种子弹后来成为7.63毫米毛瑟子弹；鲁格也研制成功了一种名为帕拉贝鲁姆的子弹，口径为9毫米，其弹丸为圆鼻状，这种子弹曾经在手枪和机枪上都得到了广泛的应用。

当时手枪子弹的另一个变化是弹丸的制作材料，早些时候的弹丸都是由铅制成的，但是机械运动不可能像手指和拇指那么友好，必然要发生摩擦和挤压，所以，必须要用更坚硬的材料将弹丸包起来以避免其在装填过程中损坏或变形。这样，手枪设计者又一次沿用了十年前步枪设计者制造子弹的方法。

在随后的数十年中，又有多种口径相似的其他手枪子弹问世，如口径为9毫米的子弹就多达十几种，它们的弹壳长度基本相当，火药推进剂的质量一般都在200~400毫克范围内。以后我们会提及其中一些专为冲锋枪设计的子弹，但这些子弹无须我们赘述，因为绝大多数冲锋枪使用9毫米的帕拉贝鲁姆子弹。

另外，为了对比，那个时代的步枪子弹也值得一提，其口径基本在7~8毫米，一般的火药量都能达到手枪子弹的10倍。例如，英国生产的口径为0.303英寸子弹，其装的无烟弹药达2.46克；而美国生产的口径为0.30英寸–06子弹，其装药量多达3.3克；德国生产的口径为7.92毫米子弹，其装药量也达到3克。相反，口径为9毫米北约标准的帕拉贝鲁姆子弹，其装药量才只有400毫克。手枪子弹和步枪子弹产生的能量差是很大的。例如，美国生产的0.30英寸–06子弹产生的枪口能量约为370单位，而9毫米的帕拉贝鲁姆子弹所产生的枪口能量则仅为51单位，这种差异会对冲锋枪的设计产生重大影响。

简化枪支的结构

较重的手枪子弹（例如7.63毫米的毛瑟子弹、9毫米的帕拉贝鲁姆子弹和0.45英寸的柯尔特子弹）需要一个装置将枪管和枪栓紧密连接以便使枪膛的压力减至安全水平。博查特、鲁格和毛瑟手枪均是传统的短后坐设计，其连接装置常被枪管和枪栓的后坐力损坏，勃朗宁为FN公司设计并由柯尔特公司生产的格兰德·皮尤圣斯9毫米手枪和1911型0.45英寸手枪均采用这种设计。然而，即使是重量很重的口径为0.45英寸的柯尔特手枪，其枪栓部分仍然相对较轻。于是，有人提出了设计冲锋枪的想法，设计人员能够通过扩大枪栓部分而获得相对较大的可用空间，再通过一个强力弹簧连接，这样就无须闭锁装置，只利用弹簧简单的回撤力就可以将枪管和枪栓紧密连接（该方法更简单，枪支更易于生产和保养），而且还可以利用一些简单的方法来延迟回撤过程，这种方式在冲锋枪中得到广泛应用。

冲锋枪

如果不是准确地按年代来划分，冲锋枪的历史大体可以分为两个阶段。第一阶段是在19世纪，当时生产的冲锋枪几乎没有达到规定的标准，而在第二阶段，冲锋枪已经开始大批量生产，此时每一种冲锋枪的发展都具有各自鲜明的特色。但是，从全世界来看，冲锋枪的发展非常不平衡，以上两个阶段的过渡在不同的国家发生的时间也是不同的，最恰当的表述应该是，直到第二次世界大战末期，这种转变才基本完成。

第一次世界大战期间的冲锋枪以秉承传统为特征，它们是将钢锻件加工成一定规格后再用手工拼接而成的，大部分冲锋枪都达到了很高的标准，但是一支枪的部件很难与另一支的对应部件相吻合，另外，生产速度慢和造价昂贵也是这种生产方法的必然结果。

在两次世界大战期间，特别是在1939年以后，主要的枪支生产技术在枪械制造厂成为一种标准，其他方面也发生了很大的变化，更加强调生产和原料的经济性，并且铸造和焊接比机械加工显得更重要。事实上在某些地方，这种转变是在较短时间内完成的，以至于其产品经常得不到用惯了过时枪支的士兵的接受。士兵对于战争必需品的理解与现实需求发生了矛盾，所以，新武器的成功应用需要一定磨合的时间。最好的例证可能发生在装备了司登冲锋枪的英国军队中，当司登冲锋枪在20世纪50年代中期被取代时，那些配备该枪的士兵依然普遍看不起这种枪，虽然它已经在英军中出色地服役了15年之久。

施迈瑟–伯格曼冲锋枪是一种传统型枪支，常称为MP18-1型冲锋枪，是一系列高效武器的先驱，它为冲锋枪设定了标准，但冲锋枪名称的后缀并不明确，在写法上从来没有统一的方式，例如可写为MP18-1型冲锋枪，也可以写成 MP18/1型冲锋枪或 MP18.1型冲锋枪。因此，为了避免混乱，这里统一简化为MP18型冲锋枪。

施迈瑟与伯格曼所签订的协议着重指出，伯格曼拥有各项设计成果的所有权，所以，后来这种冲锋枪就变成著名的伯格曼MP18型冲锋枪。

伯格曼除了自己生产该枪外，还授权瑞士SIG公司生产，20世纪20年代那里生产的枪支还出口到其他国家，大量瑞士造的MP18型系列冲锋枪就出口到了日本。

MP18型冲锋枪完全是一种旧式武器——也就是说，它的套筒座和往复部件均是先粗糙地锻造成形，然后再用机器加工而成，该枪还安装有木质枪托和前把手，在外形上与毛瑟98型步枪完全一样。在结构方面，尽管该枪对于界定何为传统起着主导作用，但这种界定还是有些笼统。事实上它只由34个部件组成（"包括分离的弹匣，但不包括那些螺丝"，正如一篇曾对之进行详尽描述的文章所讲的那样），它的枪管和制动装置安装在一个长套管中，套管的前半部分是用来保护20厘米的枪管，套管上还钻有6排小孔。用铰链将套管中部与前把手连起来，前把手正好与套管上部的弹匣和弹壳出口相对。其制动装置不单单是重700克的内含撞针的圆柱体枪栓，还包括一个简单的位于枪体右手边狭缝中的马蹄形击发手柄，在制动中，它作用于其后的一个强力回复簧。

伯格曼MP18型冲锋枪
伯格曼MP18型冲锋枪的弹匣安装在左手侧，位于弹壳出口的正对面，它是从敞开枪栓发射，不能单发。要使枪处于待发状态，只需将枪栓后拉与击铁啮合，释

MP18冲锋枪
口径：9毫米
重量：4.2千克 (9.25磅)
全枪长：815毫米 (32英寸)
枪管长：195毫米 (7.75英寸)
有效射程：70米 (230英尺)
制动方式：后坐力制动
射速：650发/秒
子弹初速：395米/秒 (1300英尺/秒)
原产国：德国

MP38型冲锋枪
口径：9毫米
重量：4.1千克 (9磅)
全枪长：630毫米 (24.75英寸)
枪管长：245毫米 (9.75英寸)
有效射程：70米 (230英尺)
制动方式：后坐力制动
射速：500发/分钟
子弹初速：395米/秒 (1300英尺/秒)
原产国：德国

放扳机的结果是将击发阻铁压下，进而释放枪栓，枪栓就会朝枪管方向前移，它在前移过程中从弹匣内抓取一颗子弹，压入弹膛并击发它，击发后的子弹在弹膛和枪管中产生巨大的气压，这一气压克服枪栓的惯性和复进簧的阻力，迫使其后退，然后开始下一次的射击。只要扳机处于紧压状态，该枪就会连续不断射击直至子弹耗尽，整个射击过程就这样简单。

伯格曼MP18型冲锋枪的唯一缺陷是出在弹匣上，它使用的弹匣是由塔特里克和冯班克共同设计的，这种弹匣能装弹32发，是一种复杂的呈蜗牛状的鼓形弹匣，正如施迈瑟以前指出的那样，这种弹匣最终肯定会被装弹量为20发的条状弹匣取代。该枪在连续发射的状态下，3.5秒就可以将一弹匣的32发子弹射完，其射速为每分钟500发。观察发现，这种快速射击实际上是无效演练，因为几乎没有几颗子弹能够击中目标，这不是施迈瑟设计的失败，而是整体冲锋枪在设计上的失败。MP18型冲锋枪在1917年至1918年开始进入现役，伯格曼·苏尔兵工厂生产的MP18型冲锋枪不足30000支，其中大概有一半装备到前线部队，这种机枪与麦德森机枪、MG08/15型机枪以及收缴来的刘易斯机枪相比，在实战中还是比较高效的，而那些在风雪中行进的士兵携带起来也方便，这样就可以确保"冯哈蒂尔"战术的成功。第一次世界大战结束后，MP18型冲锋枪广泛应用于魏玛共和国的警察中，他们希望以此武器来维护该破碎国家的秩序。

施迈瑟研制的MP28型冲锋枪

第一次世界大战结束后，雨果·施迈瑟与苏尔兵工厂的枪械师黑内尔合作对其冲锋枪的设计进行改进，终于研制成功MP28/2型冲锋枪，它与MP18型冲锋枪在外观上几乎没有太大的差别，但其枪栓内的撞针和复进簧却有很大变化，复进簧也更加安全地固定在撞针顶部，在其前移时会受到一个轴环的限制。

MP28/2型冲锋枪也具有单发能力，切换方法是将一个挂钩推入扳机保护器。施迈瑟还研制了装弹量为20发和30发的两种盒式弹匣，子弹在其中被间隔排开。在德军武器装备视察团的要求下，他还尝试着研制装弹量为35发的弹匣，但是他发现32发是这种弹匣的装弹极限，问题出在复进簧上，因为大容量的弹匣很容易出现错误装弹。

当时的德国是不允许进行自动化武器生产的，于是，施迈瑟就将自己研制的新式冲锋枪的生产地移至位于赫斯特尔的皮珀工厂，所生产的冲锋枪主要出口给南美洲、亚洲及其他一些欧洲国家。一个很明显的例子就是在西班牙内战中，该枪对战

上图：伯格曼研制的MP18型冲锋枪，该枪的制造规格很高，能够持久射击。图中一名捷克军官正在使用MP18型冲锋枪，该枪的弹匣呈蜗牛状，该图片摄于1936年前后

上图：雨果·施迈瑟研制的MP28型冲锋枪是MP18型冲锋枪的真正改进型，图中士兵手中所拿的即为MP28型冲锋枪

争结果和那些决策者的决策都产生了重要影响，其中保守派仍然对冲锋枪在战争中的有效性持怀疑态度。在1935年，当德国拒绝遵守《凡尔赛条约》时，德国的制造商不再需要伪造其枪支的生产地，而此时已经有很多德国的制造商在国外找到了他们的生产基地。

伯格曼MP34型机枪

虽然雨果·施迈瑟离开了AG公司，但该公司依然拥有MP18型冲锋枪的生产权，他们也开始尝试着研发一种全新的冲锋枪，1932年终于成功研制出伯格曼卡宾枪，这种机枪的结构更加复杂，使用的是9毫米帕拉贝鲁姆弹。该枪被认为是一种既"坚固可靠"又"复杂费力"的机枪。但是，从其发展过程看，该枪不过是那个时代的简单手工制品，用加工过的锻件和与毛瑟98型步枪相似的手形木质枪托恰当地组合而成。

伯格曼卡宾枪完全是传统的后坐力制动武器，但它也有不同于其他枪型的特点。第一个特点是结构独特且有一点古怪，其20发装或32发装的条形弹匣是从制动装置的右手侧插入；第二个特点是其击发杆位于管形套筒座的尾部，其枪栓的形状与步枪枪栓相似，在拉到尾部处于待发状态前必须旋转约90度角。如果说这种设置在某种程度上显得过于复杂，那么更为复杂的是其制动装置，该装置要求枪栓由两部分构成：枪栓基体和枪栓气缸。这种制动装置可能是伯格曼从芬兰引进的。在芬兰，拉蒂曾经将此种制动装置用于其早期研制的"苏米"轻机枪。为了使伯格曼卡宾枪处于待发状态，需要将枪栓杆扳起，使枪栓基体与套筒座脱离而与枪栓气缸相连，使两者都能够同时回拉，在枪栓杆扳回到关闭位置时，内含撞针的枪栓气缸被击发阻铁控制在枪尾部并将复进簧压紧，扣动扳机，撞针向枪管方向行进，前移途中从弹匣内钩出一颗子弹，推上枪膛点火射击。事实上，扳机装置要比上述过程复杂得多。然而，与当时其他德式自动武器一样，该枪的扳机也能够调整单发射击和连发射击，这种调整的区别在于单发时轻压板机，连发时重压板机，此方法要比用摇动式扳机来调整更安全可靠，因为这样一来，士兵就可以使用最简单和直接的方法来选择连发射击和单发射击。

由于设计和生产技术的成熟，伯格曼MP34型冲锋枪于1934年首次装备武装党卫军时就变得非常有名，而且成功地解决了后坐力制动武器经常存在的一个难题，即该种武器的撞针通常安装在枪栓内部并伸出枪栓之外，这种结构有引爆正在上膛子弹的危险。伯格曼的设计解决了这个难题，方法是通过枪栓气缸下侧的小触杆延缓撞针前行，直至一个新装入的子弹完全送入正确位置，关闭枪栓后才解开控制。

MP34型冲锋枪最初由丹麦的舒尔茨和拉森公司生产。后来，在MP34型冲锋枪被选为武装党卫军部队的自动武器后，卡尔沃尔特公司和琼克公司也开始生产此种武器，琼克公司在第二次世界大战期间生产了MP34型冲锋枪的简易型，即MP35型冲锋枪。估计大约总共生产了40000支MP34型冲锋枪，绝大部分是为武装党卫军生产的，口径均为9毫米，大多数MP34型冲锋枪的枪管长180毫米，只有少部分的枪管为150毫米。

施泰尔-索罗森冲锋枪

令人奇怪的是，莱茵金属公司也生产

沃尔默MPE冲锋枪
口径：9毫米
重量：4.1千克 (9磅)
全枪长：900毫米 (35.5英寸)
枪管长：255毫米 (10英寸)
有效射程：70米 (230英尺)
制动方式：后坐力制动
射速：500发/分钟
子弹初速：395米/秒 (1300英尺/秒)
原产国：德国

上图：施泰尔-索罗森S1-100型冲锋枪，由德国人设计，瑞士人制造，该枪是同种类枪支中性能最好的，而且得到了广泛的应用。该枪由锻件加工而成，生产成本非常昂贵

一种叫MP34型的冲锋枪，而且还得到德国军方的采用。但是，这种冲锋枪是由奥地利的施泰尔兵工厂生产的，所以这种冲锋枪的名称还加了一个后缀。后来此种枪在索罗森公司得到改进，改进后的枪称为S1-100型冲锋枪，该枪的良好性能使其产量很快超过莱茵金属公司生产的MP34型冲锋枪，最终以施泰尔-索罗森冲锋枪而闻名于世。与伯格曼MP34型冲锋枪一样，施泰尔-索罗森冲锋枪的口径也为9毫米，其枪管长短不一，最常见的是195毫米枪管，另外，有点让人感到惊奇的是，该枪还配有一副三脚架。

不管怎么说，虽然施泰尔-索罗森冲锋枪也是采用简单的后坐力制动方式，但它仍然要比伯格曼MP34型冲锋枪复杂。与MP34型冲锋枪一样，它基本上是由锻件加工而成，还配有完整的木质构件，该枪也能单发和连发。这两种冲锋枪的区别是，施泰尔-索罗森冲锋枪的前枪托左侧，即32发装弹匣插入口的后边有一个滑动开关，另外，该枪在枪管外套上钻有圆洞，不像伯格曼MP34那样钻的是狭缝，而且该枪的右侧大多都有一个用来安装奥地利M95刺刀的耳架。施泰尔-索罗森冲锋枪是第二次世界大战期间德国和奥地利警察部队配备的武器，这种冲锋枪一直生产到1945年。

沃尔默冲锋枪

老式德制冲锋枪的最后一款枪型是于1925—1930年研制成功的，设计者是海因里希·沃尔默，他是在德军武器装备视察团的协作下完成此款枪的研制的。沃尔默在德国南部的一个小镇上有一个车间，他拥有一系列以其名字命名的发明，包括为MG08/15型机枪设计的无弹链子弹配送器，但仅因为发明太晚而未能投入生产。后来他研制成功一种半自动步枪，起初是用大威力的7.9毫米子弹，后来改为7.62毫米×39中型子弹。估计就是这种于1945年落入苏联人手中的原型枪和约20000发子弹，致使20世纪50年代的苏联人也开始使用这种中型子弹。

1930年，沃尔默完成了该枪的研制工作，该枪弃用了早期的侧装式鼓形弹匣而代之以32发装的盒式弹匣，还将轻质的加套枪管变为重质枪管（后来又重新采用了这种轻质加套枪管），最后又在机械装置中进行了一个重要的改良，即用一个伸缩式的管子将复进簧套住以使其运行更加稳定，这种改进在随后的德制半自动机枪中得到应用，而且很多武器都将之作为一种好的解决办法。与同时代的其他武器一样，该枪也是由加工的锻件组成，还带有一个木质部件和一个前倾式枪柄。

沃尔默亲自制造的枪支的数量很少，估计总数不会超过400支，所用的子弹既有7.63毫米的毛瑟子弹，也有7.65毫米和9毫米的帕拉贝鲁姆子弹。后来，他意识到只有批量生产才能使自己设计的枪支存在下去，于是，他将这种枪支的生产许可权卖给了伯索尔德·盖佩尔，后者在自己的工厂进行批量生产，所生产的枪支称为EMP冲锋枪。1932年到1935年，在玻利维亚与巴拉圭之间爆发了一场战争，伯索尔德·盖佩尔将大量的EMP冲锋枪卖给了这两个国家。西班牙也曾购买过此种机枪。在MP40型冲锋枪问世以前，德国军队也大量装备EMP冲锋枪。该枪可通过调整选择器的不同位置，选择单发和连发。与MP18型冲锋枪一样，通过将击发手柄锁入一个V型槽中来给枪上保险，但后来又附加了另外一个保险装置，即在套筒座的右手边设置一个金属杆来阻止整个枪栓的单独运动。EMP冲锋枪的枪管要比同类枪长一些，一般长度为230毫米，原因是其加装了伸缩式套管，使得套筒座的长度比一般冲锋枪稍长。

新纪元

20世纪30年代的德国，整个空气中充满明显的紧迫感，一方面是为了尽快从第一次世界大战的阴影中摆脱出来，另一方面是弥补在战争中失去的时间。这种紧迫

沃尔默58型冲锋枪
口径：9毫米
重量：3.1千克 (6.8磅)
全枪长：405毫米 (16英寸)
枪管长：190毫米 (7.5英寸)
有效射程：70米 (230英尺)
制动方式：后坐力制动
射速：650发/分钟
子弹初速：395米/秒 (1300英尺/秒)
原产国：德国

感在武器的发展领域里有着非常明显的体现，从手枪到战船的每个特殊领域都在发展，整个国家的财政收入有很大一部分用于军队的重建。1938年以后，很多人关注机枪的研制，这是一个很现实的问题，因为机枪的研制与步兵战术有着直接的联系，而步兵战术在第一次世界大战中得到了进一步的发展。德国志愿军在西班牙内战中获得的经验是：新的战争形式需要大量的空降兵和坦克兵，这种经验导致人们的注意力又重新集中在个人自动化武器的研制和生产上。

但满足以上需求的机枪并没有大批量生产，原因是这种机枪制造起来有困难，而且成本高昂、生产速度慢，因此，提供更为合适的机枪就成为武器供应商必须面对的问题。后来，沃尔默冲锋枪解决了这个问题，尽管如我们将要看到的那样，它也不是立即解决了这个问题。

MP38型冲锋枪

沃尔默冲锋枪是在沃尔默设计的EMP机枪的基础上发展而来的，尽管在外观上它们有很大的不同，MP38型冲锋枪的很多特征直接来自EMP机枪。可以这样说，在德军1938年8月开始装备MP38型冲锋枪时，该枪依然是一种EMP机枪，只不过发生了以下几个方面的变化：一是用金属和塑料取代了EMP机枪中的木质部件；二是将进弹口向下转动90度角，使之与32发装的条状弹匣能够共同充当前手柄；三是后枪托用铁管和一个简单的铁盘（铁盘作为顶在肩头的垫子）制成，而且该枪托能够折叠到套筒座的下部；四是将击发手柄移到左手侧，但依然保留了从施迈瑟设计中继承来的安全设置——V型槽。

从内部结构来看，MP38型冲锋枪实际上也是由EMP机枪发展而来的，它与EMP机枪一样，也采用简单后坐力制动方式和内含复进簧的伸缩式枪栓。该枪不能单发，但枪栓的重量和复进簧的强度能够将其射速限制在每分钟350发到400发，所以一个有经验的枪手能够进行准确射击。MP38型冲锋枪没有枪管外套筒，但其枪管较重，与沃尔默设计的最后一款枪型的枪管相似，且长度也相当，有230毫米长，只有9毫米一种口径。

MP40型冲锋枪

MP38型冲锋枪要比EMP机枪更容易生产，其工程设计使它具有较高的灵活性，主要体现在该枪的枪托可以折叠，后来这种折叠式枪托成为冲锋枪的标准配件。大体上讲，它算得上是一种比较先进的武器。如果说这种枪在使用上还存在缺陷的话，那就是其条形弹匣的功能较差。让人感到奇怪的是，其改进型，MP40冲锋枪依然采用了此种弹匣，尽管这种弹匣容易导致错误装弹，但设计者们并没有认真下功夫去改进它。而且MP40型冲锋枪并不比以前的EMP机枪造价更低、更易生产，因为这种枪，甚至包括套筒座，依然由钢锻件加工而成。两年后，才有人对此进行改进，基本克服了上述缺陷，改进型的所有机械部件（枪管和枪栓除外）均是由钢冲压件和必要的电焊件制成，从而使批量生产更加容易。同时也采用了一种新型的组装方法，即不同部件由不同地区进行生产，然后在厄福特公司、施迈瑟的C.G.公司和黑内尔工厂进行组装，估计改进后的MP40型冲锋枪大约生产了100万支。

在工作原理上，MP40型冲锋枪几乎是MP38枪的翻版，而且它们的功能也极其相似。MP40型冲锋枪因不时出现功能异常，所以很快就遭淘汰，但其原理被继承下来，生产方法不久也得到广泛采用，还得到了使用者的高度评价。该枪唯一改进型号是1943年生产的MP40-2型冲锋枪，这种枪安装了一个可以容纳两个弹匣的弹匣室，从而可以使两个弹匣能交替使用。尽管增加了这种较好的功能，但因其较重而未广泛使用。

MP41型冲锋枪

MP38型冲锋枪和MP40型冲锋枪在盟军中被称为施迈瑟冲锋枪，不确切地讲，是因为路易斯去世多年。其实施迈瑟也没有对路易斯的基本设计进行任何改动，只是在后来，一种改进型（不是MP41型冲锋枪）投入生产时，他才牵涉进来。但是，他确实制造过MP40型冲锋枪的改进型，该枪是采用木质枪托和轻质枪管设计制成

下图：德式MP40型冲锋枪是第一支现代化冲锋枪，该枪专为批量生产而设计，用金属和塑料制成

MP40型冲锋枪
口径：9毫米
重量：3.9千克 (8.75磅)
全枪长：830毫米 (32.75英寸) (加长枪托)
枪管长：245毫米 (9.75英寸)
有效射程：70米 (230英尺)
制动方式：后坐力制动
射速：500发/分钟
子弹初速：395米/秒 (1300英尺/秒)
原产国：德国

上图：MP40型机枪在德军中被广泛应用，几乎成为当时德军士兵的一个标志。图中的两名士兵虽然是法国人，但他们是德军"外籍军团"的士兵

的，称为MP41型冲锋枪，但设计得非常不成功，只进行过少量生产，而且还没有由钢和塑料制成的MP40冲锋枪实用，所以未得到广泛使用，历史上也未曾有德军使用过该枪的记录。

华而不实的冲锋枪

第二次世界大战期间，在德国生产的其他冲锋枪只有一种，它就是仿制英国司登冲锋枪的MP3008型冲锋枪。MP3008型冲锋枪的生产地包括奥本多夫、苏尔、厄福特以及其他一些地方，它对原来的设计作了一些改动，其弹匣不像司登冲锋枪那样锁定在一个可以通过方向钮自由旋转的卡槽里，而是垂直向下地固定安装。有些MP3008型冲锋枪安装的是旧式手枪枪柄，而另一些则安装了极富想象力的木枪托。但这种枪的制造质量一直受到那些配有司登冲锋枪的士兵的质疑。该枪确实没有对司登冲锋枪改进多少，在某种程度上讲甚至更差，简直令人失望透顶，这种机枪问世得较晚，直到1944年秋，当局才下命令生产，但是绝大部分生产出来的样品都没有离开过工厂，很多部件都是在战后才组装起来。

德国造的司登冲锋枪的另一种复制品更加不可捉摸。毛瑟-沃克公司为什么会生产这种冲锋枪呢？人们不得而知，现在看来这也是难以理解的，一种广为流传的解释就是，这种冲锋枪是用来分发给那些躲在法国的前德国游击队员的，他们将在盟军撤退后重新出来。但是，这种说法并不能解释为什么他们要如此精确地复制英国武器。大约有25000支这种枪在奥本多夫（只在六个星期内）秘密生产出来，然后运至韦尔马克特。但是，正如波茨坦计划中所指出的那样，这个数量并未得到证实，或许是这些仿制品做得非常好以至于难以将它与真正的司登冲锋枪区别开来。一个德国权威人士指出，购买这些武器的价格非常昂贵，远远超过标准的毛瑟98K步枪的价格，这表明这些仿制品确实还是有其特别之处，但情况到底是个什么样子，现在无从知道，并且坦率地讲，整个解释（至少对于作者而言）也是相当不可信的。

战后德国制造的冲锋枪

德国在第二次世界大战中战败，它的工业基地再一次被摧毁，所以，在1945年以后，它不再是一个军事强国，但这也只是暂时的。

在德国至少有两个重要的生产商：沃尔默公司和沃尔特公司，它们位于民主德国，但后来均在联邦德国进行了重建。沃尔默公司于1951年在巴伐利亚的戴乔进行了重建，于1951年到1960年这段期间生产了一系列新式冲锋枪。有点让人不能理解的是，该公司在战前曾是生产冲锋枪的主力军，但是现在非常失败，虽然该公司生产了大量的冲锋枪，却没有哪个国家的军队愿意购买。因此，该公司调整了枪支研制的方向，集中力量进行体育比赛用枪的开发与生产。然而，位于乌尔姆的沃尔特公司生产了两个系列的冲锋枪，这些冲锋枪为世界上很多国家的警察所采用。毛瑟公司继续生产两种冲锋枪，其中一种由沃尔默公司研制，而真正的成功则是由一群毛瑟公司以前的雇员取得的，他们在奥本多夫建立了自己的公司，即赫克勒·科赫公司，他们为自己生产的各种型号的MP5型冲锋枪制定了一系列新标准。

沃尔默公司制造的PM9型冲锋枪

沃尔默公司新组建的工厂生产的第一种机枪，就是由法国人设计的PM9型冲锋枪，这是一种设计很特别的冲锋枪，它将一个飞轮装在回复簧的位置上，其好处是极大地缩减了整支枪的长度，使枪支的总长缩减至640毫米（包括伸展枪拖），总

M-44型冲锋枪
口径：9毫米
重量：2.8千克 (6.2磅)
全枪长：825毫米 (32.5英寸) (枪拖伸展时)
枪管长：250毫米 (9.8英寸)
有效射程：70米 (230英尺)
制动方式：后坐力制动
射速：650发/分钟
子弹初速：395米/秒 (1300英尺/秒)
原产国：芬兰

重则减为2.5千克。与当时法国设计的另一种冲锋枪MAT49型冲锋枪一样，该枪32发装的弹匣能够朝前折叠，使之位于枪管之下，而且主枪托也能向后折叠，使之与套筒座和枪管平行紧贴，从而使包装变得简捷快速。第一种采用该技术的冲锋枪很可能是瑞士SIG公司于20世纪30年代制造的冲锋枪，问世于1949年的霍奇基斯"全球"冲锋枪也采用这一技术，但不是很成功。MP5型冲锋枪的射速很高，达到每分钟750发，而且，据说这种冲锋枪的制动相当平稳。然而其造价非常昂贵，因为整支枪是由大量精密加工的部件组装而成的，所以最终并未在商业上取得成功。

沃尔默公司制造的MPS冲锋枪

PM9型冲锋枪是由路易斯·邦尼特·卡米利斯设计的，路易斯也负责MP56型冲锋枪的设计，MP56型冲锋枪是一种比较传统的冲锋枪，但有一个背离传统的特征，即它有一个包裹枪栓，与其名字所体现的那样，该枪栓在样式上是一个圆筒，且位于枪管和弹膛旁边，这样就再一次减少了整支枪的长度。不过，沃尔默公司认为这种方法不可取，于是，路易斯就将这一设计转让给了毛瑟公司，毛瑟公司将其投入生产，这就是MP57型冲锋枪。

沃尔默公司没有研制成功反传统的冲锋枪，之后，该公司严格按照联邦政府研制低成本冲锋枪要求，研制成功了MP58型冲锋枪，其主要部件均由整块钢板经一次冲压而成。在生产中，该枪重新采用了战前沃尔默公司生产的MP系列冲锋枪所采用的伸缩式回复簧室，从而避免了沙土等脏东西进入枪内。虽然这种枪好像非常符合德国联邦议院的要求，但并未得到采用。

MP59型冲锋枪是MP58型冲锋枪的改进型，该枪加装了一个水压缓冲器，从而使其射速可在每分钟100发到600发之间选择。然而，问题是缓冲器密封圈损耗太快，尽管这个问题通过倾斜的办法可以得到解决，但也正因为这一问题使得该项目搁浅，从而使沃尔默公司不能立即投入MP60型冲锋枪的研制。MP60型冲锋枪是对传统的回归，它完全将枪管隐藏在套筒座正方形的延伸体内，这种枪总共生产了大约30支，都是手工制造，沃尔默公司将它们呈送给德国联邦议院测评，测评的结果是这种枪性能优良，特别是其防尘装置更是精良，但是，又一次遭到官方拒绝，使得该项目搁浅。后来，沃尔默公司又作了一次努力，对MP60型冲锋枪进行大范围改进，加装了一个新型保险装置和一个双手均可灵活使用的发射选择器，改进后的枪支称为MP65型冲锋枪。MP65型冲锋枪与其前几种枪型一样，做工精良，作战效果好，但它依然未获得官方的采用。最后，沃尔默公司放弃了该系列冲锋枪的研制。

重返乌尔姆

卡尔·沃尔特公司起初位于泽勒梅利斯，战争期间因其所产手枪的性能优良而变得非常出名，这些手枪大部分都使用7.65毫米子弹，包括PP手枪和PPK手枪，另外也有使用9毫米帕拉贝鲁姆子弹的P38型手枪，正是这种冲锋枪取代了鲁格研制的P08型手枪而成为德国常规部队的便携式武器。1957年，该公司迁至乌尔姆，开始重新生产其引以为豪的系列冲锋枪，不久还在其他地方设立了分支机构，包括负责研发的部门，该部门后来成功研发出MP-L和MP-K两种型号的冲锋枪，枪名中的L是长的意思，K是短的意思，分别表示长枪管和短枪管。

沃尔特公司生产的MP系列冲锋枪纯粹是一种传统的后坐力制动武器，但有一个位于枪管和枪膛之上的枪栓，这种设计在原理上与沃尔默研制的MP56型冲锋枪很相似，从而使套筒座变短，MP-K冲锋枪在后枪托收起时总长为380毫米，该枪是小型冲锋枪的先驱。该枪确实进行了一些改进，例如其击发手柄在通常情况下不随枪栓做往复运动，但有时为退出一颗被夹住的子弹，可以通过向内紧压手柄的方法将之与枪栓重新结合在一起。该枪从敞开枪栓发射，采用了高级起爆剂引燃方法来减小后坐力。沃尔特公司生产的MP系列冲锋枪没有作为常规武器使用，但常由一些国家的警察和某些特殊军事单位使用。同时，循着沃尔特公司的创新足迹，安舒埃茨公司（一家著名的生产冲锋枪的公司）也开始大力进行冲锋枪的研制，他们对一种芬兰造的冲锋枪进行改进，最终研制成功了M-44型冲锋枪，该枪几乎是苏联造的PPS43型冲锋枪的仿制品，其设计后来被威利·多格斯带走，多格斯是蒂克阿克什公司的经理，在第二次世界大战末期逃亡西班牙。后来，他与路德维格·沃格里姆勒共事，沃格里姆勒在第二次世界大期间曾是毛瑟公司研制半硬固定滚轴式后枪膛小组成员之一，那时他在毛瑟公司负责M58型半自动步枪的研制工作，该枪后来成为赫克勒·科赫公司 G3 系列枪研制的基础。多格斯和沃格里姆勒对多格斯带来的设计进行了改进，然后在西班牙的奥维多公司生产。联邦德国海关部门曾买了1000支这种冲锋枪，分别送给毛瑟公司、斯纳公司和安舒埃茨公司，主要目的是想对其进行改进，以使这种冲锋枪生产起来更加容易。后来，人们认为安舒埃茨公司的改进建议是可行的，于是改进后的冲锋枪就由位于乌尔姆的安舒埃茨公司生产，称之为达克斯 MP59型冲锋枪。

毛瑟公司生产的冲锋枪

除了1945年对英国司登2型冲锋枪的仿制品进行了为期六星期的生产外，毛瑟-沃克公司从19世纪60年代中期接管了皇家工厂以后，一直在奥本多夫从事冲锋枪的研究和开发，首先研制的是枪栓制动式步枪，然后是手枪，最后是半自动步枪。该公司从1957年开始生产冲锋枪，但令人感到惊奇的是，虽然设计和研究枪支一直是该公司的强项之一，但此时他们生产的冲锋枪并不是该公司设计出来的。正如我们上面所指出的那样，毛瑟 MP57型冲锋枪是依照沃尔默公司的设计研制出来的，仅有的区别就是加装了一个控制单发射击的选择开关和位于枪口正下方的前倾

达克斯59型冲锋枪
口径：9毫米
重量：3.5千克 (7.7磅)
全枪长：825毫米 (32.5英寸) (包括伸展枪托)
枪管长：250毫米 (9.75英寸)
有效射程：70米 (230英尺)
制动方式：后坐力制动
射速：500发/分钟
子弹初速：395米/秒 (1300英尺/秒)
原产国：德国/西班牙

上图：受到很高评价的MP5型冲锋枪，它是MP5系列冲锋枪中的A3型，加装了一个伸缩式肩托，由赫克勒·科赫公司生产

式枪柄，这种枪柄能够折叠在枪管下方。与同系列的其他设计一样，MP57型冲锋枪的特别之处就是其扳机装置位于后膛的前方，从而使32发装的弹匣能从枪把手处插入。

然而，MP57型冲锋枪并未获得商业成功，随后的60型冲锋枪依然未获得商业成功。60型冲锋枪是由从西班牙返回的沃格里姆勒设计的，该枪与沃尔默-潘泽冲锋枪相似，是用来对付坦克的，它从封闭的枪栓发射，该枪的特别之处是用一个隐蔽的铁锤来撞击撞针。

赫克勒·科赫公司生产的 MP5型冲锋枪

当时德国产的最成功的冲锋枪是赫克勒·科赫公司生产的 MP5型冲锋枪，它与采用半硬式滚轴锁定系统的冲锋枪相比，是一款非常成功的冲锋枪，其锁定系统是在威赫尔姆·斯塔尔的领导下，由沃格里姆勒、伊伦本格和琼格曼在1942年到1943年为第三帝国和为最终难产的毛瑟MKb型卡宾枪所进行的研究中发展起来的。MP5型冲锋枪从封闭的枪栓发射，它的枪栓无须在套筒座上进行第一次拉动，这种拉动很容易导致首次射击偏离目标。事实证明，该枪确实比其他枪型具有更高的准确度，特别是在单发时效果更好，所以得到了广泛的使用，警察部门尤其喜用此枪。

滚轴锁定系统是MP5型冲锋枪的关键部件，该系统起源于MG42型普通机枪的制动装置，该装置生产起来比较简单和容易。是谁发明了这一系统，目前尚无定论。该系统最成功的地方，在于引进了一个平的箭形滑体，它能在撞针所经过的地方自由滑动，并将枪栓前端与枪膛进行柔性连接。枪膛中的气压作用于空弹壳，借此帮助枪栓和滑体克服强力弹簧的弹力而后移，同时使枪栓中的闭锁滚轴退回，最终将整个往复部件在克服回复簧的弹力下回撤，然后开始下一个射击循环。其枪栓是由上、下两部分组成的一个复杂机械装置，下部分包括栓体、闭锁滚轴、滑体和撞针；上部与下部紧密相连，在枪管上方的气缸中运动，其作用主要是推动回复簧的运动。该枪的击发装置安装在枪管上方，作用于枪栓的上部，枪管和内含击发部件的气缸被包裹成一个整体作为前枪

赫克勒·科赫公司生产的 MP5A2/A3 型冲锋枪
口径：9毫米
重量：2.55千克 (5.6磅)
全枪长：660毫米 (26英寸) (MP5A3型冲锋枪包括一个伸缩式枪托)
枪管长：225毫米 (8.85英寸)
有效射程：70米 (230英尺)
制动方式：延迟式后坐力制动
射速：650发/分钟
子弹初速：395米/秒 (1300英尺/秒)
原产国：德国

托，从而可用正手回拉的方式使枪处于待发状态。这种设计要比通常的设计更简洁可行，但它是构成了一个闭锁系统还是构成了一个纯粹的改进型延迟系统还未有定论。这种设计的重要意义可能在于：它确实能够将冲锋枪或使用大威力7.62毫米的北约标准子弹的轻机枪的枪栓锁定，就像G3系列步枪和HK13、HK21和HK23系列枪所表现的那样。

整支MP5冲锋枪只有一个扳机、一个撞针和一个击锤，当选择杆扳向自动挡时，扳机就上移，使击发阻铁的前端有效压下，从而阻止击打时与击铁再次啮合。当选择杆扳向单发挡时，扳机下移，使击发阻铁的前端与击铁啮合。当扳向安全挡时，则扳机再次下移，击发阻铁就将击铁完全阻挡。选择自动挡时，连发装置就可使用，可一次发射2发、3发或4发子弹（发射子弹的数目在安装该装置时就进行了预设），其工作原理就是利用一个简单的棘轮使击发阻铁与击铁脱离直至连射子弹全部射出。

MP5型冲锋枪及其一系列改进型

MP5型冲锋枪可分为两个基本类型（尽管两者的差别是微小的），即MP5A2型和MP5A3型，前者安装的是一个坚硬的黑塑料枪托，而后者安装的则是伸缩式金属枪托，两种枪托均能沿着套筒座上的凹槽收回。事实上，一个简单的锁针就能将枪托固定在套筒座上，或者移去锁针将两者互换。MP5 SD冲锋枪是消音枪系列，其整个声音抑制器就是一个围绕在枪管四周的圆柱筒，且在枪管四周打孔；射击时，推进气体通过枪管上的小孔进入该圆柱筒，从而使其在散失前进行螺旋形的运动，这样就可以降低它在行进过程中的速度。当然，子弹的速度同样要减小（低于音速）。HK53型冲锋枪是MP5系列枪中的又一类型，所用的子弹为5.56毫米×45，该枪是一个标准系列武器的组成部分，该系列武器还包括两种冲锋枪和两种机枪，该系列中很多不同型号的枪可以相互转变，这是第二代冲锋枪的一个共同特征，关于第二代冲锋枪的内容我们将在第5章中讲述。

英国制造的冲锋枪

两次世界大战间隔期间，英国部队对冲锋枪并没有战略上的需求。尽管在1918年有相当多的人开始重视冲锋枪，但在英国，冲锋枪被认为是"歹徒"用的武器，对军队毫无用处，直到1940年，在英国意识到一场新的战争马上开始时，他们才改变想法，开始向唯一能够供应冲锋枪的供应商奥特兵工厂求助，并要求尽力生产汤姆森冲锋枪。

事实上，BSA公司自1926年开始就在英国生产汤姆森冲锋枪，而且与其母公司有着紧密的合作关系。BSA公司对冲锋枪进行的一些改进出现在奥特兵工厂出产的枪支中。然而直到第二次世界大战快要打响时，已经萧条多年的奥特兵工厂才开始

上图：赫克勒·科赫公司生产的MP5K冲锋枪（K是"短"的意思），它是一种新式微型冲锋枪，得到人质救援小组和类似组织的广泛使用

上图：司登冲锋枪几乎为所有人瞧不起，甚至连使用它的人也对其嗤之以鼻，但这些并不妨碍它成为一种有效的近战武器

大规模销售其产品，这当然满足不了所有英国部队的需求，英国政府不得不另寻他路，而且必须要抓紧时间。在一定意义上讲，后来者是要超过其领域中的先创者，因为后来者可以在低成本的情况下从先创者的失误中获取经验，皇家小型武器兵工厂基本上就是这种情况，在那儿，一种简单的、粗制的冲锋枪很快就投入生产。

不怎么出名的司登冲锋枪

从来没有哪种武器像原始的司登冲锋枪这样得不到使用者的尊重，该枪也称卡宾枪或9毫米司登冲锋枪，由官方设计，其名称来源于两个负责人的名字，即R.V.谢泼德和H.J.特平，前者是负责该项目的官员，后者则是该枪的设计者。该枪后来成为第二次世界大战期间英国部队装备的标准冲锋枪并在战后保持了若干年，尽管使用者对其并不敬重，他们称之为货摊上买的、管子工最喜欢做的枪支和一文不值的枪支，这些还只是比较文雅的绰号。

司登冲锋枪实际上是MP40型冲锋枪的仿制品，它使用了与MP40型冲锋枪相同的分散生产方法，各种部件在不同地方生产出来，然后运到装配中心组装。司登冲锋枪的设计非常简单，没有任何修饰，一体化的弹膛和枪管以及枪栓和弹匣都是由冲压件制成，在某些样枪中，枪管就是由一根钢管简单拉制而成。其制动方式是简单的后坐力制动，从敞开的枪栓发射，拉动击发手柄（运行于套筒座一侧的小槽中）就可以使枪处于待发状态，该手柄能够卡入一个安全V型槽中，从而阻止了枪栓在射击时往前蹿。扳动一个简单的压杆来啮合或释放扳机系统中的卡销就可以选择单发或连发，在自动状态下，其射速为每分钟600发。这种枪的做工很粗糙，性能也不够完美，但正如历史所证实的那样，它不失为一种成功的武器。虽然如此，它却遭到了部队的坚决抵制，他们认为此枪是一种临时性的替代品。该枪的生产量非常大，仅BSA公司每月就生产20000支，恩菲尔德兵工厂的月产量也与此数相当，这种生产速度一直持续到第二次世界大战结束。

细细算来，至少研发了11种不同型号的司登冲锋枪，有些只是处于实验阶段，应用最多的是2型冲锋枪。但到第二次世界大战末期，一种安装有木质部件和前倾式手柄的更好的枪型得到了广泛的使用，人们将之称为5型冲锋枪。另外，还研发了三种不同型号的消音冲锋枪，只是产量较少，其中最好的（可能也是当时所有消音枪中最好的）是2型冲锋枪。

兰彻斯特冲锋枪

然而，司登冲锋枪并不是英国产的唯一冲锋枪，英国皇家海军所使用的兰彻斯特冲锋枪在枪支的机件和性能方面都比司登冲锋枪要好得多，但这种冲锋枪的成功应该感谢德国人，因为它完全是由雨

司登2型冲锋枪
口径：9毫米
重量：2.95千克(6.5磅)
全枪长：762毫米(30英寸)
枪管长：195毫米(7.75英寸)
有效射程：70米(230英尺)
制动方式：后坐力制动
射速：550发/分钟
子弹初速：395米/秒(1300英尺/秒)
原产国：英国

司登2(S)型冲锋枪
口径：9毫米
重量：3.5千克 (7.75磅)
全枪长：908毫米 (35.75英寸)
枪管长：90毫米 (3.5英寸)
有效射程：30米 (100英尺)
制动方式：后坐力制动
射速：450发/分钟
子弹初速：300米/秒 (1000英尺/秒)
原产国：英国

司登5型冲锋枪
口径：9毫米
重量：3.4千克 (7.5磅)
全枪长：445毫米 (17.5英寸)
枪管长：195毫米 (7.75英寸)
有效射程：70米 (230英尺)
制动方式：后坐力制动
射速：550发/分钟
子弹初速：395米/秒 (1300英尺/秒)
原产国：英国

兰彻斯特1型冲锋枪
口径：9毫米
重量：4.35千克 (9.5磅)
全枪长：850毫米 (33.5英寸)
枪管长：205毫米 (8英寸)
有效射程：70米 (230英尺)
制动方式：后坐力制动
射速：600发/分钟
子弹初速：395米/秒 (1300英尺/秒)
原产国：英国

果·施迈瑟设计的MP28型冲锋枪的翻版。该枪于1941年进入现役，由斯特林武器公司生产。它与MP28型冲锋枪的不同之处，主要在于该枪加装了第一次世界大战期间英国标准步枪所具有的木质部件和刺刀连接装置，而德国人则将这些装置安装在毛瑟98K型步枪上。当然，该枪也使用9毫米帕拉贝鲁姆子弹，这与司登冲锋枪和其他英式冲锋枪一样。另外，MP28型冲锋枪与兰彻斯特冲锋枪的弹匣和套筒座的取弹夹也不同，兰彻斯特冲锋枪在模仿的基础上也进行了一些改进。MP28型冲锋枪的弹匣设计对谢泼德和特平为司登冲锋枪的弹匣所作的设计产生了很大的影响，但奇怪的是，司登冲锋枪最主要的缺陷就出现在弹匣上，这可能要归因于施迈瑟。当然，这并没有使他的荣誉受损，可能是因为这种具有特殊连接的弹匣从来就没有人设计过，公平地讲，他所设计的弹匣在结构上还是相当结实的，弹匣口很少变形，而这正是司登冲锋枪弹匣的主要缺陷。

质量—— 一种奢侈品
司登冲锋枪和兰彻斯特冲锋枪相比，谁优谁劣，一目了然。后者是一种高质量的武器，被"正确"和"合理"地设计和制造，使用起来非常舒服。装备此种武器的陆军和海军士兵都给予了一致的赞美，这与装备司登冲锋枪的士兵对司登冲锋枪给予一致的批评形成鲜明对照。但是，司

上图：各种优秀枪支的集合——兰彻斯特冲锋枪（中间）、勃朗宁机枪、布伦机枪和李—恩菲尔德步枪，这些枪支在印度尼西亚独立战争时期被荷兰人使用

登冲锋枪也不失为一种高效率的冲锋枪，因为一支兰彻斯特冲锋枪的造价是一支司登冲锋枪的许多倍，所以说，司登冲锋枪的性价比要高于兰彻斯特冲锋枪，对于这一点，可能很少有士兵相信。或许可以对司登冲锋枪进行一些装饰，或者利用电焊等方法将之处理得更加完美，当然，这对于司登冲锋枪的作战效果不会有任何影响，而只能导致造价提高和生产率下降这一结果。

其他替代品

第二次世界大战期间的英国，除生产司登冲锋枪和兰彻斯特冲锋枪外，还生产另外几种冲锋枪，但它们都没有得到充分发展，也未进入现役。其中性能最好的可能是维斯利冲锋枪（又称为V42型冲锋枪），它是用其设计者的名字命名的。此时，高级火帽延迟系统已成为缓和冲锋枪制动的可行方法。然而，奇怪的是，V42型冲锋枪并没有采用这种方法，而是将一根超大的回复簧安装在后枪托内部。虽然这种设计存在着一些缺陷，但V42型冲锋枪的射速高达每分钟700发。该枪的另一个特别之处（实际上是一种创新）是采用双筒一体弹匣（前筒内的子弹先使用），这样就可以一次完成60发子弹的射击，从而省去了反复安装弹匣的麻烦。开始时，这种弹匣存在一些问题，后来得到了很好的解决，但是这种弹匣也从未被使用过。

维斯利一直很重视枪的"制造工艺"，尽管该枪外表简洁，性能优良（至少根据当时的评价标准是这样），但是却是用压模、锤击和简单的机械加工而成的，目的是减少该枪制造的难度，即使是技术不熟练的工人也能快速生产。该枪虽然有着精致的外形和良好的性能，但还不足以取代司登冲锋枪。

韦尔冈冲锋枪

BSA公司一方面大量生产司登冲锋枪，另一方面与维斯利合作研发V42型冲锋枪，同时还有自己的研发计划，即研发一种小型和非常轻的冲锋枪以取代司登冲锋枪。韦尔冈冲锋枪的研制，就是为了这个目的。它采用了司登冲锋枪的弹匣、枪管和主簧，但为了缩短枪支长度，枪管和主簧安装在一起，这样，主簧是靠拉力而非推力来作用于枪栓。该枪没有击发手柄，但在套筒座上凿有两个较大的直槽，可用左手抓住枪栓前后拉动（如前所述，这种设计可能导致泥土等脏东西进入枪膛阻塞制动装置）。该枪的弹匣位于套筒座的底部，由下向上进弹。其撞针不像司登冲锋枪那样固定在枪栓表面，由枢轴装于枪栓内的摇杆推动前进，而是由枪栓面上的撞针杆推动。这种看似复杂的设置（至少与司登冲锋枪相比是这样）却还能够综合进一个保险装置，从而使之与同时代的大部分其他冲锋枪相比要先进一些。

韦尔冈冲锋枪的主要缺陷就是主簧缠绕在枪管上，使其吸热过快，从而使其寿命大为缩短。该枪在枪托伸展的情况下长为700毫米，比司登冲锋枪要短6.35厘米，它在不装弹的情况下，与司登冲锋枪的重量相当，即3千克多一点，其射速与后期制造的司登冲锋枪相同。

斯特林冲锋枪

斯特林武器公司于1942年终止了兰彻斯特冲锋枪的生产，因为那时枪械设计者乔治·帕切特已经设计出一种新型冲锋枪的样枪。这种枪与司登冲锋枪相比，做工更精细，性能更可靠，也很轻便，在不装弹的情况下只有2.7千克。这种冲锋枪也是使用9毫米帕拉贝鲁姆子弹。斯特林武器公司于1944年将其命名为帕切特1型冲锋枪，并于同年投入生产。

上图：欧文冲锋枪具有一个从上部安装的弹匣，这多少有些影响观察视线，但该枪依然是一种性能优良、广受欢迎的武器，从1942年到20世纪60年代初期一直在澳大利亚军中服役

在1944年后半年，帕切特1型冲锋枪的改进型研制成功，称为帕切特2型冲锋枪，后改称为斯特林冲锋枪。与帕切特1型冲锋枪相比，它只在弹匣上作了一些改进。帕切特1型冲锋枪的弹匣与司登冲锋枪的弹匣相似，都是垂直固定在枪上，而斯特林冲锋枪则将进弹口稍作弯曲从而使34发装弹匣的性能大为提高。该枪也称为L2A1型冲锋枪，1953年装备英军，此后一直在英军服役至20世纪90年代，期间也进行了一些微小的改进。L34A1型冲锋枪是一种带有消音器的改进型枪支，曾在秘密状态下进行过少量生产。

斯特林冲锋枪采用高级火帽点火系统，子弹在枪栓前移过程中就击发；而在以前，则需子弹完全进入弹膛以后才击发。几微秒后，子弹进入弹膛，几乎与此同时，火药爆炸产生的压力通过空弹壳来制动，这一压力克服弹簧的弹力和枪栓的惯性，使枪栓先停下之后克服回复簧弹力而后移。通过这种方式，多余的回复力减至极限。在需要清空弹膛时，就可以用位于套筒座上的棘针将空弹壳退出。如果射击选择器扳到单发状态或放开扳机，击发阻铁就会将枪栓的运行限制在最小的范围内；再次释放扳机，枪栓就会在回复簧的弹力作用下前行，在前行途中从弹匣抓取一颗子弹，推上膛并击发之。斯特林冲锋枪与司登冲锋枪一样，其撞针也固定在枪栓的正面。斯特林冲锋枪的射击选择器是由作用于击发阻铁的弹簧固定式阻断器来工作，扳到自动挡，将会使阻断器与击发阻铁分离，从而使操作机构做自由往复运动，但需要击发阻铁时保持直线运动。该枪的保险措施也离不开此阻断器，通过锁定它就可以使击发阻铁不能释放。斯特林冲锋枪的射速要比它所取代的司登冲锋枪略低，只达到每分钟550发。它是最后一种英国批量生产的冲锋枪，后来逐渐被SA80型突击步枪取代。

意大利生产的冲锋枪

我们曾对伯格曼 MP18型冲锋枪是否是世界上第一支冲锋枪表示过怀疑，认为这一殊荣应属于与之竞争的维勒佩罗瑟冲锋枪（以下简称VP冲锋枪）。该枪由意大利人设计，是一种非常令人感兴趣的武器（至少从其设计理念来看是这样）。虽然一些权威人士并不认为它是一种纯粹的冲锋枪，而认为它是一种碰巧使用低火力9毫米格利森蒂子弹的轻机枪，这种子弹专为首产于1905年的一种自动手枪（五年后装备意大利陆军）研制，它在尺寸上与德国产的9毫米帕拉贝鲁姆子弹相同，但初速是后者的4/5。维勒佩罗瑟冲锋枪在设计之初是打算用作机载武器，灵活配备给飞行员的武器，它的特征和原始设计形式似乎证实了这一点。该枪有着非常高的射速，作为机载武器效果一定很好，但作为步兵武器则是一个缺点。

该枪的工作原理是简单的延迟后坐力制动。当枪栓在弹膛和枪管的压力作用下后移时，枪栓上的一个突缘沿着90度角的弧形轨道滑动，从而使枪栓旋转90度角并得以延迟。在装弹快完成时，该弧形行程路线又迫使枪栓转动90度角。当然，只有此时，撞针才会从枪栓正面上露出并撞击火帽击发子弹。此过程是在枪栓仍在前行的时候发生的，因此能够极大地减小回复簧弹力。

VP冲锋枪开始时是成对生产的，两支冲锋枪的枪管并列卡在一个大卡套中，再用一个连接杆固定住两支枪的枪尾，还由一对口形握把进一步连接，这有点类似于重型的带式进弹武器。尽管为了联合发射两支枪相互连在一起，但每支枪又都有一个独立的击发装置、独立的扳机和被垂直安装在套筒座上的弯曲盒式弹匣，每个弹匣装有25发子弹，由于该枪的射速高达每

帕切特1型冲锋枪
口径：9毫米
重量：2.7千克 (6磅)
全枪长：685毫米 (27英寸)
枪管长：195毫米 (7.75英寸)
有效射程：70米 (230英尺)
制动方式：后坐力制动
射速：550发/分钟
子弹初速：395米/秒 (1300英尺/秒)
原产国：英国

欧文1型冲锋枪
口径：9毫米
重量：4.2千克 (9.3磅)
全枪长：815毫米 (32英寸)
枪管长：245毫米 (9.75英寸)
有效射程：70米 (230英尺)
制动方式：后坐力制动
射速：700发/分钟
子弹初速：395米/秒 (1300英尺/秒)
原产国：澳大利亚

斯特林1型冲锋枪（L2A1）
口径：9毫米
重量：2.7千克（6磅）
全枪长：685毫米（27英寸）
枪管长：195毫米（7.75英寸）
有效射程：70米（230英尺）
制动方式：后坐力制动
射速：550发/分钟
子弹初速：395米/秒（1300英尺/秒）
原产国：英国

分钟约1200发到1500发，所以，两支枪弹匣中的50发子弹在约1秒钟内就能射完。

VP冲锋枪偶尔也用作车载武器，但是其特征、形状和缺点（不带瞄准器）使其应用受到限制，只是在第一次世界大战后改装成普通的轻机枪时，才得到一定的应用。它安装有一个木质枪托和一对并列置放的手指操作扳机，扳机前移为单发状态，后移为连发状态。VP冲锋枪于20世纪20年代装备意大利陆军，一直服役至第二次世界大战结束。

即使是单支的VP冲锋枪，也很笨重，该枪装满子弹时重达4.1千克，总长达900毫米（尽管枪管已经缩短了40毫米）。1918年，一位名叫图利奥·马伦格尼的年轻工程师加入皮特罗贝瑞塔SPA公司，这是一家组建已久的家族公司，马伦格尼在该公司的第一个任务就是改进VP冲锋枪，主要是减少其重量。他用一个全自动扳机来取代原来的扳机装置，从而使该枪的重量有所减轻，又通过增加回复簧的重量使其射速变低。该改进型枪就是著名的贝瑞塔1918型冲锋枪，于1918年进入现役，一直服役至第二次世界大战末期。

贝瑞塔1938型冲锋枪

马伦格尼研制成功了两种警用半自动卡宾枪，贝瑞塔公司将之广泛销售。但是到了20世纪30年代中期，他又转而研制冲锋枪，开始进行全新的设计，新设计的冲锋枪比VP冲锋枪或贝瑞塔1918型冲锋枪要复杂，性能也更可靠和具有更实用的射速，这就是贝瑞塔1938型冲锋枪，1938—1960年，该枪一直是意大利陆军的标准冲锋枪。贝瑞塔1938型冲锋枪在第二次世界大战期间还大量销往德国，另外该枪也得到罗马尼亚等国的大量使用。它采用简单的不带延迟装置的后坐力制动系统，但安装了一个保险装置，因为只有在枪栓回移至枪管准备击发时，保险的顶杆端头才会与一个凸轮表面接触并交替推动撞针前行，撞击火帽，击发子弹。该枪的回复簧比较细，可在枪栓内运行。其枪栓靠近撞针，由一个锁环定位，其尾部嵌入一支钢管中（钢管安装在套筒座后盖的凹陷处）。该枪采用的是改进型VP冲锋枪曾使用过的双扳机系统，前扳机控制单发，后扳机控制连发。贝瑞塔1938型冲锋枪，还有一个通过阻断方式来锁定制动装置的保险拉手。

贝瑞塔公司生产的贝瑞塔1938型冲锋枪有三种型号。第一种型号加装了可折叠式刺刀和过于复杂的枪口制退器，并在套筒座上开了一个狭槽。第二种型号则是在枪管套筒上钻一些圆孔，还对安全拉手进

维勒佩罗瑟M15型冲锋枪
口径：9毫米
重量：6.5千克（14.5磅）
全枪长：533毫米（21英寸）
枪管长：320毫米（12.5英寸）
有效射程：120米（400英尺）
制动方式：延迟式后坐力制动
射速：1200发/分钟
子弹初速：320米/秒（1050英尺/秒）
原产国：意大利

上图：第二次世界大战期间，贝瑞塔冲锋枪在意大利得到广泛应用。如图所示，数一数图中这些冲锋枪的数量，就会清楚地明白这一点

贝瑞塔38型冲锋枪
口径：9毫米
重量：4.2千克 (9.25磅)
全枪长：955毫米 (37.5英寸)
枪管长：320毫米 (12.5英寸)
有效射程：120米 (400英尺)
制动方式：延迟式后坐力制动
射速：600发/分钟
子弹初速：395米/秒 (1300英尺/秒)
原产国：意大利

行了改进，它在保留原设计的前提下增加一个滑动杆来阻止后扳机活动，从而避免该枪在全自动模式下误射。第三种枪型既没有安装刺刀也没有刺刀的预留位置，但有一个简化的枪口制退器。该型枪曾用来装备纳粹德国国防军和罗马尼亚陆军，其服役时间很长，在其快退出现役时还进行过一些改进，即安装了一个更简单也更安全的"十"字型保险，该保险是为后来的冲锋枪（38/49型）设计的。

马伦格尼不愿意新的枪型再使用9毫米格利森蒂子弹，希望新的枪型能够使用与帕拉贝鲁姆子弹威力相当的子弹，经过一番努力，他终于如愿以偿。新研制的子弹称为M38子弹，它的尺寸与帕拉贝鲁姆子弹相当，也是9毫米×19，但所装的火药量更大，它与帕拉贝鲁姆子弹的不同之处在于其外壳上有一个1毫米宽的凹槽，更便于识别和夜间感知，该子弹初速为每秒420米，而帕拉贝鲁姆子弹和格利森尼子弹的初速分别为每秒365米和每秒320米。

1942年，马伦格尼对贝瑞塔1938型冲锋枪进行了改进，目的是减少其重量，降低其成本。他去掉了枪管套筒并将枪管由315毫米缩短至215毫米，以冲压件取代机械加工件来制造套筒座和弹匣，通过这些方法将枪支重量（不装弹）由4.2千克减至3.3千克。缩短枪管就意味着降低初速，但这并不重要，因为贝瑞塔1938型冲锋枪主要用于近距离作战。

紧跟贝瑞塔38/42型冲锋枪的另一枪型为贝瑞塔 38/44型冲锋枪，该枪带有一个缩短的后枪托和一个大直径回复簧，而贝瑞塔38/49型冲锋枪（或称为M4型冲锋枪）装有一个"十"字型保险。贝瑞塔1938型冲锋枪的各种型号均得到广泛销售，其中M4型冲锋枪在意大利军队、意大利驻外国军事警察部队和国内警察部队一直服役至20世纪60年代，该枪同时也由众多的外国政府用来装备军队和警察部队。图利奥·马伦格尼于1960年退休，在这之前的一段时间，研制新型冲锋枪的责任已经转到了多梅尼科·萨尔泽身上，他于1953年研制成功第一支，这就是M4型冲锋枪的改进型，该枪安装了一个用左手手指控制的压缩保险。

贝瑞塔12型冲锋枪

此时，贝瑞塔冲锋枪看上去是有些过时了，主要是因为该公司一直采用全木托结构（尽管贝瑞塔38/49型冲锋枪也曾采用过折叠式和伸缩式铁枪托），显然这是需要给予重视的地方。萨尔泽的新设计展现出他不是对该枪进行一些外在形式的改进，而是沿着时代方向在前进。他设计出了一种完全新式的武器，结构也更严谨，因为采用了包裹式枪栓，这种枪栓起源于捷克1948年造的CZ48型机枪。萨尔泽新研制的这种枪称为贝瑞塔12型冲锋枪，于1958年投放市场，并于第二年开始批量生产。

贝瑞塔 12型冲锋枪在外形上有些古怪，装有两个几乎位于枪两端的带刻纹的黑塑胶枪柄，弹匣位于其间，正对着扳机保护器，与一个大直径钢管相连，该钢管就是套筒座，或称枪管套筒，其大口径对于容纳套在枪管上的管式枪栓是必需的。该枪的击发手柄安装在套筒座左边的一个狭槽中并能在其中做往复运动，射击选择器是一种手推型，保险机构则是双重设计，其中一个手柄式保险器正好在扳机保护器的下面，它能将无论是处于打开状态还是关闭状态的枪栓锁定，并且只有该保险器被解开后才能使该枪处于待发状态。另外一个保险则位于上端的传统安全叉，它能将手柄式保险器锁定。

贝伦特公司既可以生产机枪也可以生产手枪和步枪，它在意大利轻兵器市场上占有事实上的垄断地位。1957年，这种地位受到了卢吉·弗朗切的挑战。弗朗切设计了一种与贝伦特6型冲锋枪（该枪在1954年进行过少量生产，主要是作为研发贝瑞塔12型冲锋枪的过渡枪型）非常相似的冲锋枪，称为LF57型冲锋枪。该枪安装了一个与贝瑞塔 6型冲锋枪一样的悬垂式枪栓（包裹式枪栓的过渡型，其稳定性不够好，但能使枪在连发状态下保持枪口朝下，而且制造起来也相对容易些），还在手柄后加装了一个保险。该枪曾用来装备意大利海军，使用效果不是很好，于20世纪60年代中期停产。

斯佩克特里冲锋枪

20世纪70年代到80年代，意大利受到来自不同政治派别甚至犯罪团伙发动的大规模恐怖活动的困扰，因此，每个值勤的警察（甚至女警察）在持有随身武器外还配有一支冲锋枪，政府向那些可能成为攻击目标的政府官员发放冲锋枪也就不足为奇了。这一状况促进了斯佩克特里冲锋枪的发展，该枪是一种适合处理突发性袭击事件的机枪，它装有一个4筒弹匣，共装有50发9毫米帕拉贝鲁姆子弹，是一种革新型的双制动冲锋枪。它在外形上也很特别，装有前、后两个枪柄，取消了将弹匣室兼作手柄的功能，这可能是学自贝瑞塔12型冲锋枪，但更可能的原因是其弹匣太大难以舒服地握住，而且弹匣离枪后端也太远。该枪是从封闭的枪栓发射，使用这种枪栓的冲锋枪可以安装双制动装置（常见于手枪和左轮手枪）。该枪还能在制动装置处于待发状态和子弹上膛的情况下安全携带，因为作用于撞针的击锤并没有收回，只有当扳机的压力去除以后才可将击锤收回。该枪还加装了一个传统的安全叉，它的射速比一般冲锋枪要高，达到每分钟约850发，另外还加装了一个与乌兹冲锋枪相似的可折叠式枪托，在不用时平行放置于枪管和套筒座的顶部。

穿越大西洋

尽管雷弗利和施迈瑟在相互并不了解对方工作的情况下，几乎同时开始了冲锋枪的研制，但我们并不能以此认为冲锋枪的概念已经形成，因为他们的研发目的有着明显不同。为了能够得出以上结论，我们需要另外一个事例，即另外一个沿着相同设计思路进行独立研究的发明。约翰·塔格利尔费罗·汤姆森准将是一名职业军官，大半生时间均在军械部工作，他曾研制过斯普林菲尔德03型机枪以及该枪所使用的0.30英寸-06子弹，并在借鉴口径为0.45英寸的柯尔特自动手枪的基础上研制成功了M1911型机枪，他于1914年退休，之后成为雷明顿枪械公司的首席咨询工程师，曾为雷明顿枪械公司组建了两家工厂来为英国和俄国政府生产冲锋枪，但这并不是他的唯一业绩。1914年，他构思出一种半自动步枪的设计方案。第二年，约翰·布利斯（后来成为美国海军的一员）与他合作对这种半自动步枪进行改进，改进后的枪型加装了一个延迟系统（于1913年获得专利权），该系统在外形上是一个"H"形，由青铜制成，运行于枪栓中的斜槽中，其工作原理看似神奇，事实上是利用两种不同金属相互摩擦从而达到延迟的目的，当延迟装置与枪栓采用同一金属制成时（以前就是这样），就基本不会产生延迟。

布利斯设计的这种延迟系统后来由于经济原因未能得到采用，结果汤姆森半自动步枪的射速由每分钟600发增至每分钟800发。尽管BSA公司（汤姆森在英国的代理人）确实生产了一些0.30英寸-06口径的汤姆森半自动步枪，但这种枪并未获得成功。后来，汤姆森得到了托马斯·埃克霍夫的进一步帮助，开始将注意力转向一种名为特伦奇布鲁姆的"冲锋枪"（"冲锋枪"这一概念就是由汤姆森首先提出来），该枪最初使用按美国政府标准制成的0.45英寸的ACP子弹。

特伦奇布鲁姆冲锋枪

第一支特伦奇布鲁姆冲锋枪采用弹带供弹，射速很高，每分钟超过1000发。该枪开始并没有采用布利斯设计的闭锁装置，其H形楔块是钢制的，在后来的样枪中则采用青铜制成的H形楔块，使枪更易于控制。该枪没有后枪托，但有两个枪把手，前把手刻有细纹以利于手指抓握，后把手加装了一个护手，避免手指碰到运行中的弹带。1917年，汤姆森开始在此枪上使用传统的盒式弹匣，同时去除了后把手上的护手。该枪的击发杆位于套筒座表面的一个狭槽中，其弹匣由下部插入，正好位于扳机保护器的前面，弹壳是由套筒座右边的弹壳出口弹出。其前把手不是固定在枪管上，而是位于套筒座前端向下伸出的一个水平延伸底板上。从内部结构看，该枪有一个固定撞针并加装了延迟闭锁装置，该闭锁装置尽管工作状态良好，但在设计方面还是不够成熟。该枪也预留有安装后枪托的位置和瞄准器，在后来的样枪中又在套筒座背面开一个"V"形槽，用来加装一个后枪托，另外还安装了一个简单的前瞄准器和一个莱曼可调后瞄准器。

1919年，第一支汤姆森冲锋枪（包括多种微有差别的枪型）的生产型问世。汤姆森于1920年演示给驻扎在珍珠港的美国陆军和海军陆战队的武器，正是这种1919型冲锋枪，且此枪获得了广泛的好评。但

贝瑞塔12型冲锋枪
口径：9毫米
重量：3千克 (6.5磅)
全枪长：415毫米 (16.5英寸)
枪管长：205毫米 (8英寸)
有效射程：120米 (400英尺)
制动方式：后坐力制动
射速：550发/分钟
子弹初速：395米/秒 (1300英尺/秒)
原产国：意大利

上图：贝瑞塔M12型冲锋枪由意大利准军事部队和警察使用，20世纪60年代初意大利武装部队也曾使用过此种冲锋枪。40年过去了，该种冲锋枪还在使用

汤姆森1928型冲锋枪
口径：0.45英寸
重量：4.9千克 (10.75磅)
全枪长：860毫米 (33.75英寸)
枪管长：265毫米 (10.5英寸)
有效射程：120米 (400英尺)
制动方式：延迟式后坐力制动
射速：800发/分钟
子弹初速：265米/秒 (870英尺/秒)
原产国：美国

是，并没有因此获得订单，要使这种冲锋枪得到军方的采用，汤姆森还需进行长期努力。然而，他对形势的判断有误，错误地与科尔茨公司签订了供货合同，根据该合同，汤姆森将为科尔茨公司提供生产1.5万支1921型冲锋枪的部件，然而销售这些部件却花了20年时间，从这一点我们也可以看到当时美国冲锋枪市场的状况。另外，著名枪械师阿方斯·卡彭、杰克·麦古恩、马·贝克、查利·弗洛伊德和约翰·迪林杰及其助手内尔森等人的努力，也未能使市场有所改观。

1921型冲锋枪既可以使用20发装的柱状弹匣，也可以使用50发装或100发装的盘式弹匣，其枪管上又安装了一些用于散热的环形条，此枪还能够安装刺刀、闪光隐藏器或消音器（该消音器由希拉姆·马克西姆的侄儿发明），该枪（至少是名义上的）可以使用包括9毫米帕拉贝鲁姆在内的各种子弹。

有着巨大市场的汤米冲锋枪

汤姆森运用一切可能的方法来开拓市场，但未获得成功。他曾在飞机上装了28支汤姆森冲锋枪（枪口朝下），将这种用机枪武装起来的原型飞机向美国空军演示，但未获成功，因为大部分枪被弹壳卡住，汤姆森本人也很难想象这些弹壳是怎么卡住枪支的。另外，这种经过改装的飞机不可能很大，无法承载这么多的冲锋枪。假如我们单从理论上的数据来看，这种实验应该是能成功的，假定1921型冲锋枪的射速为每分钟600发，也就是说弹匣中的100发子弹会在10秒钟内全部射完，28支枪同时开火其射速达到每秒钟280发，当飞机以每小时290千米飞行时，冲锋枪在10秒钟内连续发射的子弹将会覆盖800米长的地方，那么每个长1米的地方上就会平均分布3.5发子弹。

汤姆森继续努力，研制成功了一种装有鸟枪子弹的特殊弹药，专供执法部门使用。其目的是"让那些处于危机中的官员使用此枪以尽可能人道的方式控制局面"。他在杂志《科学美国》（那时并不像现在这么有名）上大肆宣传，称1921型冲锋枪是用来保护大房地产、大牧场和大种植园的理想武器。他更愿意将他的枪卖给那些需要防身武器的个人用户。他也研制了一种更具威力的0.45英寸子弹，称为雷明顿-汤姆森子弹，他用重16.2克的弹头取代0.45英寸ACP子弹中重11.66克的弹头，从而使子弹初速由每秒259米增至每秒442米。但直到两年后，这种子弹才投放市场，而此时他已组装了少量1923型冲锋枪了。1927型冲锋枪"是又一种试图使用1921型冲锋枪部件的冲锋枪"，正如一个报告中所说的那样，1927型冲锋枪属于半自动枪型。

艾尔·卡彭于1926年购买了3支1921

上图：尽管汤米冲锋枪的实用性不大，特别是用盘式弹匣供弹时更是如此，但它依然受到士兵的欢迎，他们还把它称为"为20世纪铺平道路的冲锋枪"

汤姆森1921型冲锋枪
口径：0.45英寸
重量：4.9千克 (10.75磅)
全枪长：860毫米 (33.75英寸)
枪管长：265毫米 (10.5英寸)
有效射程：120米 (400英尺)
制动方式：延迟式后坐力制动
射速：800发/分钟
子弹初速：265米/秒 (870英尺/秒)
原产国：美国

型冲锋枪，这种行为非常合法，尽管这些枪并不是他本人使用。

麦古恩和弗雷德·伯克在1929年的情人节用弗兰克·汤姆森（曾用其中的一支枪杀死了他的妻子和妻子的情人）提供的枪射杀了7个"臭虫"，即莫瑞恩的敌对派成员，并将这一丑事栽赃给艾尔·卡彭。具有讽刺意味的是，麦古恩最后也死在汤姆森提供的冲锋枪下，此时这种冲锋枪已更名为汤米冲锋枪，而且家喻户晓。

实战中的汤米冲锋枪

1928年，美国海军部为驻扎在尼加拉瓜的远征军购买了少量的1928A1型冲锋枪。随后，美国特遣部队也购买了400支此枪来装备装甲车部队。但是直到1939年，自动武器公司才得到一份数量较大的订单，即法国政府向该公司订购3750支1928型冲锋枪。从此，随着欧洲卷入战争，大量的订单滚滚而来。正如我们前面所述，1940年6月末，英国政府开始让自动武器公司开足马力为其生产枪支，自动武器公司又将订单转让给萨维奇枪械公司。萨维奇枪械公司是一家组建时间很久的武器生产商，要求该公司提供的就是

上图：即使装上条形弹匣，汤姆森枪也只适用于近距离作战，这是由它所使用的0.45英寸子弹的弹道决定的

1928A2型冲锋枪，该枪除去了朝前倾式枪柄，以一个垂直的前把手代之，还除去了环形散热片，加装了一个后枪托。其射速因回复簧强度增加而减小，另外该枪还加装了里查德·卡茨（一个美国海军陆战队上校）设计的枪口制退器，枪口制退器的表面开有4个狭槽，从而可以使推进气体向上喷射，从而达到使枪口朝下的目的，1927型冲锋枪上也装有此种装置。1928A2型冲锋枪所配装的100发盘式弹匣因为太重而难以令人满意，所以遭到淘汰，换上了30发盒式弹匣。这种枪也供应给美国军队，但是由于生产需求过大，一种设计更为简单的冲锋枪取代了它，该枪完全除去了布利斯的闭锁装置，将汤姆森冲锋枪改成简单的后坐力制动武器，相应地提高了射速，还加装了一个由击锤撞击的浮置式撞针，同时将击发体移至套筒座的右边，除去了卡茨制退器，盘式弹匣因造价较高而完全摒弃，代之以盒式弹匣，莱曼后瞄准器也由一个简单的窗孔取代。后来，浮置式撞针和击锤也由一个表面安装有固定撞针的枪栓取代，这与以前的原始枪型非常相似，但这也是M1型冲锋枪和M1A1型冲锋枪之间唯一最具意义的差别。据统计，约生产了5630000支1928A型冲锋枪、2850000支M1型冲锋枪和540000支M1A1型冲锋枪，美国政府在1939年的采购价格是每支枪209美元。到1945年进行立法以控制枪支价格和利润，汤姆森冲锋枪的价格才降至44.85美元一支。汤姆森特伦奇布鲁姆冲锋枪一直是美国陆军和海军的标准冲锋枪，1942年12月才被格里斯M3型冲锋枪

赖辛55型冲锋枪
口径：0.45英寸
重量：2.9千克 (6.25磅)
全枪长：790毫米 (31英寸) (枪托展开时)
枪管长：265毫米 (10.5英寸)
有效射程：120米 (400英尺)
制动方式：半锁式后坐力制动
射速：550发/分钟
子弹初速：265米/秒 (870英尺/秒)
原产国：美国

取代，在此之前该枪一直处于满负荷生产状态，甚至在20世纪90年代的末期，其单发枪型还在使用。

汤米冲锋枪的竞争对手

美国陆军和海军陆战队作出装备冲锋枪的决定后，却难以购买到足够的枪支，为了弥补自动武器公司和萨维奇公司所产枪支的不足，他们求助于其他生产类似枪支的生产商，订购了其中的三种，即赖辛50/55型冲锋枪、联合防御 M42型冲锋枪和海德冲锋枪（亦称M2型冲锋枪）。

赖辛冲锋枪

赖辛50型冲锋枪是由哈林顿理查森公司（一个成立很久的左轮手枪生产商）生产，该枪设计复杂，使用0.45英寸的ACP子弹，从封闭枪栓发射。其枪栓由凸轮顶入套筒座的后顶部，构成了一个更像延迟系统的闭锁装置，位于扳机和撞针之间的机械传动非常复杂。1942—1945年这段期间，大约生产了100000支赖辛50型冲锋枪，大部分是用来装备美国海军。该枪未曾得到完全成功或广泛的应用，因为此枪具有明显的缺陷：如果得不到认真细致的保养，就容易在使用时卡壳。55型与50型基本相同，只是用一个轻质可折叠铁枪托取代了50型枪的木质枪托，同时也除去了枪口制退器。

联合防御M42型冲锋枪

联合防御M42型冲锋枪是由卡尔·斯韦比利尔斯于第二次世界大战前设计的，我们可能会回忆起，他曾改进过名为"波塔特迪格"的柯尔特1895型机枪，改进过的枪型称为马林1918型机枪。联合防御M42型冲锋枪使用0.45英寸的ACP子弹，

联合防御M42型冲锋枪
口径：0.45英寸
重量：4.1千克 (9磅)
全枪长：820毫米 (32.25英寸)
枪管长：280毫米 (11英寸)
有效射程：120米 (400英尺)
制动方式：后坐力制动
射速：700发/分钟
子弹初速：265米/秒 (870英尺/秒)
原产国：美国

100型冲锋枪
口径：8毫米
重量：3.8千克 (8.5磅)
全枪长：890毫米 (35英寸)
枪管长：230毫米 (9英寸)
有效射程：70米 (230英尺)
制动方式：后坐力制动
射速：400发/分钟
子弹初速：335米/秒 (1100英尺/秒)
原产国：日本

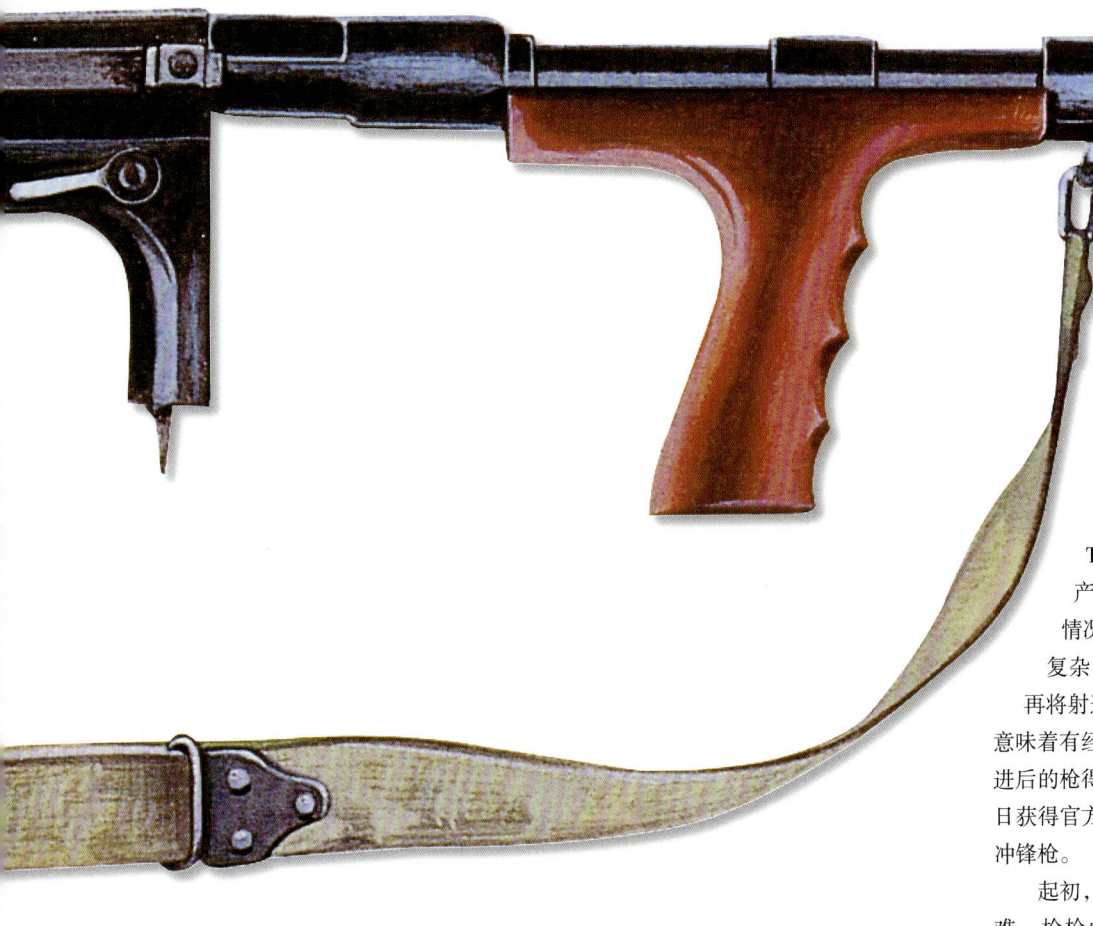

但实际却使用9毫米的帕拉贝鲁姆子弹，正是这一点使它在美国显得很独特，可能也正是这一点使它几乎成为专门供给美国盟军的冲锋枪。联合防御M42型冲锋枪是一种老式枪，大部分由机械加工部件组装而成，所以造价很高。它从敞开的枪栓发射，其浮置撞针由一个击锤撞击，击发杆是一个滑块，但并不随枪栓一起做往复运动，从而可以避免灰尘等脏东西进入枪膛。此枪总共生产了约15000万支，绝大部分由马林公司生产，只有少量的枪支由高标准公司生产。

海德M2型冲锋枪

海德 M2型冲锋枪是三种枪支中唯一一种得到官方委托的枪支，虽然如此，但其生产量非常小，有报告说少于500支，主要是因为制造困难。它是一种简单的无延迟后坐力制动冲锋枪，依靠一个较重的枪栓和一个强力回复簧来制动。

格里斯M3型冲锋枪

以上几种枪支，甚至包括汤姆森冲锋枪，都不能完全适应当前任务的需要，因为这些枪支的造价过高，也过于沉重，而且还需要仔细保养。此时真正需要的是与德制MP38/40型冲锋枪或英制司登冲锋枪相似的冲锋枪。于是，美国军械部开始委任曾设计过M2机枪的乔治·海德着手进行这类冲锋枪的研制。

海德首先研制了一种具有选择射击能力的轻质全金属后坐力制动冲锋枪，称为T15型冲锋枪，还进行了少量生产。测试结果证明，该枪在通常情况下稳定可靠，但是生产起来太复杂。于是，将射击选择器除去，再将射速减至每分钟400发，这一速度意味着有经验的士兵也能够单发射击。改进后的枪得到广泛测试并于1942年12月24日获得官方正式采用，称为M3型0.45英寸冲锋枪。

起初，该枪在制造时遇到了一定的困难，枪栓由巴法洛枪械公司生产，其他部件则由通用汽车公司的盖德兰普分公司（该分公司也生产利伯里特小型手枪）生产，所以两家公司的生产要协调起来有些困难。第一年的全部生产量只有85000支，但是后来，经过双方努力，这种状况得到了改善，1944年，每月的生产量就达到了35000支。

M3型冲锋枪与司登冲锋枪一样，设计得非常易于生产，所以可以预见，那些配备该枪的士兵并不喜欢和信任它，从他们为其起的绰号便可见一斑，这些绰号有"管工最喜欢做的冲锋枪""注油枪"等，而且其造价也很高，每支达到30美元，此价格是司登冲锋枪的三倍，而这两种枪的性能却非常相近。

该枪类似于英制的冲锋枪，由冲压部件熔焊和铆合而成的，但有一个区别于司登冲锋枪的特点：其枪栓钻有纵向小孔，用来安装两根导向杆，在导向杆上缠绕了

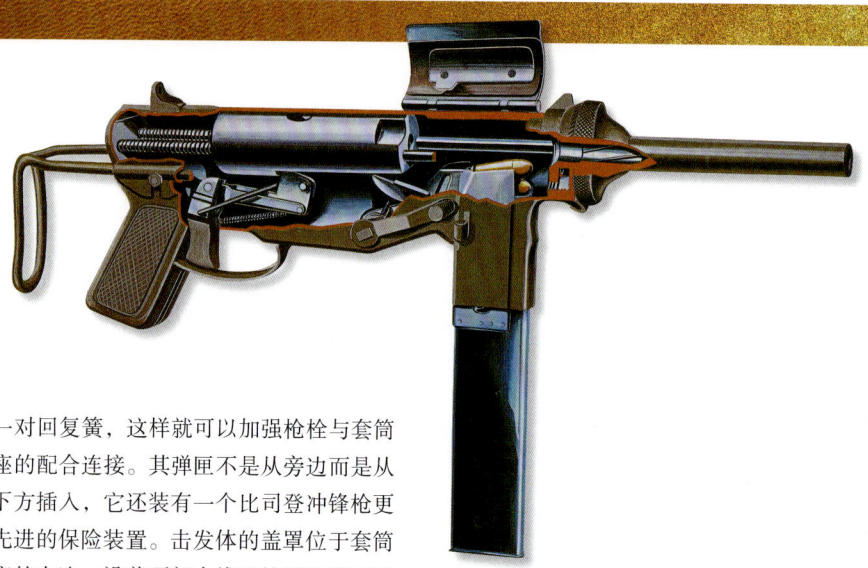

M3A1型冲锋枪
口径：0.45英寸
重量：3.7千克 (8.25磅)
全枪长：580毫米 (22.75英寸)
枪管长：205毫米 (8英寸)
有效射程：120米 (400英尺)
制动方式：后坐力制动
射速：450发/分钟
子弹初速：285米/秒 (870英尺/秒)
原产国：美国

一对回复簧，这样就可以加强枪栓与套筒座的配合连接。其弹匣不是从旁边而是从下方插入，它还装有一个比司登冲锋枪更先进的保险装置。击发体的盖罩位于套筒座的右边，沿着顶部中线用铰链连接于套筒座上，在中线处，将套筒座的两个部分焊接在一起，起着安全防护作用。在保险关闭时，无论枪栓是关闭状态还是打开状态，枪栓都处于锁定状态，这样，只有将保险打开才能使枪发挥作用，当然，要想使枪处于待发状态，同样要先将该保险打开。

格里斯M3型冲锋枪的改进型

美国军械部认为M3型冲锋枪是最简化的枪支，这种看法是错误的。1944年1月，M3型冲锋枪用于部队训练，训练报告显示其击发装置存在一些问题，经调查发现，整个复位装置、棘爪以及击发杆本身都不起作用，还不如在枪栓的头部钻一个大口径圆孔，将手指插入孔中，回拉一下就可以使枪处于待发状态。该枪正是用此方法改进为M3A1型冲锋枪，该枪于1945年投产，大约生产了15000支，每支枪的造价为22美元。M3A1型冲锋枪在20世纪50年代的朝鲜战争期间仍在使用，由伊萨克枪械公司重新生产，直至战争结束，该公司大约生产了33000支M3A1型冲锋枪。与司登冲锋枪一样，M3型冲锋枪的系列枪的弹匣也存在问题，这一问题一直未得到完全解决，尽管该枪在美国服役了将近20年之久。

英格拉姆冲锋枪

第二次世界大战以后，美国几乎不生产冲锋枪，制造手枪的史密斯和韦森公司曾试着生产一种名为76型的冲锋枪，但未获成功。唯一进行过销售的冲锋枪是戈登·英格拉姆设计的MAC-10型冲锋枪。英格莱姆设计的第一支冲锋枪是M6型冲锋枪，该枪是一种与汤姆森M1928型冲锋枪极相似的冲锋枪，它带有一个后倾的斜纹前把手和一个后把手。从内部结构来看，它并不比司登冲锋枪强多少，只是一种非常简单的后坐力制动武器，从敞开的枪栓发射。它唯一的创新就是安装了与伯格曼MP34型冲锋枪相似的扳机装置，轻压时，处于单发状态，完全后压时则处于连发状态。警用枪械公司当时与英格拉姆有合作关系，他们将该枪卖给宪兵、古巴的海军和秘鲁的陆军。这些销售发生在20世纪50年代初期，是相当令人惊奇的，因为那时的枪械市场充斥着性能更好的战后剩余武器。

随后的M7型冲锋枪基本与M6型冲锋枪相同，但是它从封闭的枪栓发射。M8型冲锋枪和M9型冲锋枪均是M6型冲锋枪的改进型，但它们未能在商业上获得成功。英格拉姆后来去了军用枪械公司，于1970年研制成功了一种性能更好的冲锋枪，也就是MAC-10型冲锋枪，它完全由钢冲压件制成，因使用了包裹式枪栓而使枪支的结构非常严谨，其弹匣装有30发子弹，位于枪把手上。设计该枪的灵感，几乎肯定是来自贝瑞塔6型冲锋枪，再就是发展了约翰·福特在该公司工作时所作的设计。该枪只有265毫米长，重量很轻，可以用一只手拿着。因为重力的中心正好在枪把手，所以，即使在连发状态，该枪在没有安装任何抑制枪口跳动的部件的情况下也相当稳定，枪口也不会发生剧烈跳动。其击发杆是一个带有凸边柱体，位于套筒座之上，旋转它就可以锁定枪栓而使枪处于安全状态。MAC-10型冲锋枪既可以使用0.45英寸的ACP子弹也可以用9毫米帕拉贝鲁姆子弹。MAC-11型冲锋枪是一种更轻、更小的改进型，使用9毫米低火力肖特子弹，这两种冲锋枪的射速都很高，都超过每分钟1000发，因此，在射击过程中往往产生一种很有特点的声音，有点像用电钻发出的声音。

俄国造的冲锋枪

俄国造的第一支比较成功的冲锋枪于1916年就生产出来了，但布尔什维克革命

上图：第二次世界大战中M3型冲锋枪和M3A1型冲锋枪大量投产，许多枪在二三十年后仍在使用，特别是在"非正规"的美国的盟军中使用

英格拉姆10型无声冲锋枪
口径：0.45英寸
重量：2.85千克 (6.25磅)
全枪长：265毫米 (10.5英寸)
枪管长：145毫米 (5.75英寸)
有效射程：70米 (230英尺)
制动方式：后坐力制动
射速：1150发/分钟
子弹初速：285米/秒 (870英尺/秒)
原产国：美国

使它在1916年以后的十年中停止了发展。20世纪20年代中期，一些苏联设计者，包括托卡列夫，设计了一些冲锋枪的样枪。20世纪30年代中期，一种改进的SLR冲锋枪（西蒙诺夫冲锋枪）问世了。几乎就在同时，威斯利·捷戈加廖夫（我们曾对他设计的轻型机枪进行过详细的叙述）研制成功了一种冲锋枪，称为皮斯特莱特-帕勒姆约特-捷戈加廖夫冲锋枪或称为PPD34/38型冲锋枪。该枪采用轻质、高速的1930型7.62毫米手枪子弹。从内部看，它几乎与伯格曼MP18型冲锋枪相同，但其撞针安装在枪栓上部。从外形看，它明显相似于施迈瑟MP28型冲锋枪，也与拉蒂于1926年设计的苏米冲锋枪相像。PPD34/38型冲锋枪装有一个很重的带有钻孔的枪套管，还加装了木质部件和旋入式套筒座后盖。与苏米冲锋枪一样，PPD34/38型冲锋枪也可以安装高容量的盘式弹匣，以后这成为苏联制冲锋枪的一个标准特征。尽管苏联制的初始样枪，如芬尼什冲锋枪，都使用安装在套筒座上的垂直弹匣，但后来的枪型都对此进行淘汰。

该枪还使用过25发装的弹匣，其后坐力制动装置是直进式的，但质量非常高。整个武器是由锻件加工而成的，且枪管内部经过镀铬以延长其使用寿命，当然这也增加了它的生产成本。捷戈加廖夫于1940年研制成功这种冲锋枪的改进型，即PPD40型冲锋枪，该枪装有一个浮动撞针（由枪栓头部的一个金属杆控制），确保了子弹射出以前整个机构能安全关闭。该枪还装有一个改进的盘式弹匣，其进弹口边缘能直接嵌入套筒座中。PPD40型冲锋枪的很多部件是可以与那些早期样枪的对应部件相互替换的，并且一直采用相同的生产工艺流程。

PPSh41型冲锋枪

1941年6月希特勒入侵苏联时，苏联已在欧洲与芬兰打了一仗，即所谓的1939年到1940年的冬季战役。在这场战役中，大多为近距作战，双方大量装备的冲锋枪成为最有效的作战武器。而此时的苏联需要组建一支人民军队以对抗德军，当局决定设计一种既造价低廉又很有效的冲锋枪，以替代PPD40型冲锋枪。他们选中了职业军官乔治亚·斯帕金所设计的冲锋枪，斯帕金后来升任中将，他设计的这种冲锋枪结构相当简单，是一种带木制枪托的后坐力制动武器，套筒座用铰链接合在前柄的最前端。与老式的伯格曼冲锋枪一样，枪的拆卸、检查、擦洗等工序都非常简单。一旦打开锁碰簧，套筒座和枪管即围绕铰链向上翻起，这样可退出复进簧和枪栓，使扳机系统易于擦拭。其改进之处在于加装了制退器，在连续发射时有助于将枪口下压，这是一个非常好的措施。由于该枪射速达到每分钟约900发，尽管生产了35发装的盒式弹匣，但它也使用71发的鼓式弹匣。PPSh41型冲锋枪与PPD40型冲锋枪不一样，其套筒座和枪管套管采用重型厚钢印模冲压而成，枪管内部仍镀上铬。冲锋枪是红军最基本的武器，据统计，1942年到1945年间，PPSh41冲锋枪的生产数量远远超过了500万支。后来，PPSh41型冲锋枪的一些不同设计和变种在苏联的许多同盟国内投入生产。

1941—1944年，处于围困中的列宁格勒研制了一种与PPSh41型冲锋枪非常相似的冲锋枪，这就是PPS43型冲锋枪（其中的S代表它的设计者萨德里夫）。它们之间的区别是枪的组件不同，PPS43型冲锋枪（甚至包括它的枪口瞄准器和制退器）都完全由薄钢制成。制退器是一个U形钢条，卡得很紧，以支撑套筒内的枪管，其下把手用焊接，上把手用铆接，中心打孔以便子弹通过，另外还在其表面钻孔以便让推进空气向上顶。PPS43型冲锋枪的折叠式枪托可旋转到枪管顶部，枪托盘则转至弹匣下，PPS43型冲锋枪与PPSh41型冲锋枪的弹匣尽管样式和容量相同，都是曲形弹匣，装35发子弹，但彼此不能换用。

苏联喜欢给武器分类，还给每类武器制定一种标准。PPS43型冲锋枪却无视这一点，它在稍加改动后得到广泛生产，估计总共生产了100万支，大多配发给了装甲车部队，用在坦克上也没PPSh型冲锋枪那么笨重。在苏联盟国内，也生产此种冲锋枪，芬兰生产的是使用9毫米帕拉贝鲁姆子弹的M/1944型冲锋枪。

俄罗斯制造的现代冲锋枪

到20世纪80年代，冲锋枪在军事领域已经失宠。而同时，新一代小口径近战突击步枪在军队和步兵中得到广泛应用。由于此种枪支相当短，在装甲车内使用也非常方便。当然，对于冲锋枪来说，也有例外，有一个军事领域依然需要它，那就是所谓的特种作战。许多时候，这与警察的工作非常相似。结果除了苏联外，市场上

上图：1938年由捷戈加廖夫设计的PPD冲锋枪，它是苏联第一种高效的冲锋枪，但造价很高，很快就被PPSh41型冲锋枪取代

上图：PPSh41曾得到大规模生产，从1941年至第二次世界大战末期所生产的数量超过500万支，它加工虽粗糙，但性能可靠，作战效果好

新式冲锋枪的数量在减少。到20世纪90年代初期，俄罗斯有多达六种新型冲锋枪投入生产，其中有两种相当新颖，其余的相对来说比较传统。还有两种专门用于反犯罪的行动，有标准的"红点"激光瞄准系统，其中比较新颖的是PP-90型冲锋枪，它的性能也相当出色，折叠后该枪变成一个长250毫米、宽仅90毫米的矩形方盒，只有一个钩形击发杆从套筒座后盘凸出，有点破坏了其平滑的外形。该枪在装弹的情况下重量刚超过1.6千克，明显不是为军事行动设计的。与所有其他新型的苏联冲锋枪一样，该枪使用的是为马卡罗夫手枪研制的9毫米×18子弹。此种子弹的初速为每秒350米，人们广泛认为其动力不足，实际上，这种子弹是简单的无锁后坐力制动手枪所能安全处置的火力最猛的子弹，它也正是为此目的而研制。20世纪80年代，研制成功了初速达每秒470米的改进型子弹，它在新型俄罗斯枪中（特别是那些为军人而非警察所使用的枪中）得到广泛应用。新型冲锋枪中，最有趣的大概算是"比佐恩"冲锋枪了，它所用的弹匣相当新颖，是一个螺旋形弹柱，置于枪管和套筒座下面，用作前手柄非常合适，可装50发子弹。俄罗斯似乎对研制了半打新式冲锋枪仍然不满足，又研制成功了名为"小型突击步枪"的维克尔突击步枪，使用改进后的9毫米苏制子弹，其实它根本就不是一支突击步枪。当时特别混乱的是，俄罗斯也在生产一种短型的使用威力更大的5.45毫米×39子弹的（同样可使用5.56和老式7.62毫米子弹）AKS74U突击步枪，它才是真正的突击步枪，而官方文献中却把它称作冲锋枪。

法国造的冲锋枪

法国生产的第一支冲锋枪是MAS35型冲锋枪，由位于圣埃蒂恩尼的国营枪械工厂限量生产。与其说它是系列生产的第一步，还不如说是一次试验性生产。这种生产为第一代标准的MAS38型冲锋枪打下了基础。MAS38冲锋枪使用低火力7.65毫米长手枪子弹。这种子弹和俄罗斯的7.62毫米手枪子弹一样，速度很快，但有点轻微抛射。尽管MAS38型冲锋枪所用子弹的质量令人怀疑，但该冲锋枪以其实力获得了很高的评价，其特别之处在于将套筒座、枪栓与枪管进行了线性排列，前两者与后者约成8度角。栓面经过适当机械加工，从而使枪托柄与栓作用线成相同角度，枪托柄与枪管轴成线性，再加上它使用低火力的子弹，因此该枪的可控性很好，精确度高，大受欢迎。后来研制的其他冲锋枪也沿用了这一原则。从其他方面来说，MAS38型冲锋枪相当传统，它由固体机械加工而成，只是在加工时须非常小心。它没有前手柄，因此未填弹时的重量远轻于全钢的司登2型冲锋枪，仅有2.85千克。如果MAS38型冲锋枪使用的是普通9毫米子弹的话，那么第二次世界大战后它肯定会在商业上取得成功。直到1949年，此种冲锋枪还在生产。后来，位于图尔的国营枪械工厂生产的更为传统的MAT49型冲锋枪将其取代。

MAT49型冲锋枪

除了MAS35型冲锋枪以外，法国也使用过从美国进口的汤姆森冲锋枪，随着1940年法国的沦陷，自由法军也装备了司登冲锋枪。此时的法军装备了三种不同的冲锋枪，而这三种冲锋枪又使用不同类型的子弹，这是导致法军后勤管理混乱的主要原因。法军于1948年研制成功的新型冲锋枪使用9毫米帕拉贝鲁姆子弹，该枪于1949年投入生产，称为MAT49型冲锋枪，它是一个纯传统的设计，尽可能采用印模冲压，装有一个短的方盒状套筒座和可伸缩的金属钢骨杆，其后枪柄由镀金属的塑料制成，柄上有一个挤压保险。此枪还装有一个形如弹匣状的前手柄，这也是它唯一不同寻常的地方。它的前端装有旋轴，不用时，可平放至枪管下，弹膛完全仿制司登冲锋枪，这样一来也就具有司登冲锋

PPSh41型冲锋枪
口径：7.62毫米
重量：3.6千克 (8磅)
全枪长：840毫米 (33英寸)
枪管长：265毫米 (10.5英寸)
有效射程：120米 (400英尺)
制动方式：后坐力制动
射速：900发/分钟
子弹初速：490米/秒 (1600英尺/秒)
原产国：苏联

上图：PPS43型冲锋枪产于列宁格勒，当时的列宁格勒正处于德军包围之中。该枪是那个时代唯一未使用鼓形弹匣的前苏制冲锋枪

枪的一些优点，但同时也不可避免具有它的缺点，即在填弹有误时会引起卡壳。我们已经注意到，沃尔默公司生产的非常奇特的PM9型冲锋枪也具有这一特点。另外于同年由私营公司生产的"世界性"霍奇基斯半自动步枪也有如上特点，此种步枪没有连发能力，是一种单发半自动武器，仅供警察使用。很难确切地说，哪一种冲锋枪是折叠式弹匣的先驱者。与MAT49型冲锋枪相反，"世界性"霍奇基斯冲锋枪装有一个管状套筒座和一个金属的管状伸缩杆，一半套入其中，折叠后可置入套筒座下，枪托旋转至弹匣后，有助于在那儿形成一个相当坚固的枪柄。枪管也是半套叠的，叠起后，整个枪长仅有440毫米多一点。所有这些缩短长度的措施造就了该枪特别复杂的制造过程（若采用意大利样品，仿制一个悬垂或包裹式枪栓，虽然很老套，却来得简单），因而在价格上不具有竞争力。使用者发现，在战场上往往难以维持所要求的标准。20世纪50年代，"世界性"霍奇基斯冲锋枪停产。

捷克造的冲锋枪

我们已经看到，第一次世界大战前，老牌枪械制造商——波希米亚在冲锋枪的研发中所起的作用甚微，而在两次世界大战期间，它的后继者，即后来的捷克斯洛伐克，却主导着轻机枪的发展趋势。就在那个时期，捷克也生产了第一支冲锋枪，它是由约瑟夫和弗兰提斯克两兄弟设计的，称为ZK383型冲锋枪。这种枪相当老套，但也具有一些不寻常的特征：第一，它加装了两脚架作为直立支柱；第二，它安装有一个快换枪管；第三，枪栓的重量可以减少170克，将这一重量减少后，可把射速提高至每分钟500发到700发。它主要用来装备保加利亚陆军和一些德国部队。据说，这种冲锋枪直到1960年还在使用。约瑟夫和弗兰提斯克两兄弟，还于1948年研制成功了两种新型武器，其中一种为ZK466型冲锋枪，它与美国M3型冲锋枪非常相似，但它用的是装有铰链的弹匣，该弹匣可旋转至枪管下，这与法国同时代的冲锋枪类似；第二种为ZK467型冲锋枪，它从封闭后膛发射，装有一个半包裹的枪栓，这一特点也许影响了捷克人后来的所有设计。他们兄弟俩所设计的冲锋枪皆使用9毫米帕拉贝鲁姆子弹。第二次世界大战后，捷克斯洛伐克最具天赋的设计师威克勒夫·霍利克也把目标转向了冲锋枪，研制成功了VZ23型冲锋枪（也称作CZ48a型冲锋枪），这种冲锋枪相当具有革命性，与20年前的布伦机枪一样，影响深远。正如我们所注意到的，贝瑞塔12型冲锋枪的先驱即是VZ23型冲锋枪（它实际上是四种几乎相同的枪中的一种），VZ23型冲锋枪使用9毫米帕拉贝鲁姆子弹，而VZ24型冲锋枪（CZ486型冲锋枪）则使用苏联制造的M1930型7.62毫米子弹。二者都装有木制枪托。VZ25型冲锋枪和VZ26型冲锋枪几乎是同一种枪，装有折叠式金属枪托，两者的主要区别是弹匣不同，前者是7.65毫米的弹径，装弹量为32发，后者为9毫米的弹径，装弹量为24发或40发。VZ23型冲锋枪有三个新颖的特点，第一，它的枪栓中空，位于后膛和枪管后部，在维持原重量的同时，大大缩减了长度，这使该枪的射速降到可以控制的范围内。该枪的重心前移，连续发射时稳定性大为提高。第二，霍利克把弹匣设计在枪柄内，重心就直接位于射手扣扳机的手指上，这对枪的稳定性和精确度都有所提高，这是一个非常大的进步。第三，他引入了锲形两柱弹匣，经证明此弹匣确实比其他弹匣可靠，这种弹匣起源何处目前尚有争议。同年，即1948年，瑞典国营枪械工厂也采用了此种弹匣，安装在MP45型冲锋枪上。不清楚他们到底谁仿制谁。坦白地说，瑞典的那家国营枪械工厂早就有剽窃之名。MP45型冲锋枪与VZ23型冲锋枪的设计很难区别，此枪若使用9毫米帕拉贝鲁姆子弹，其效果一定非常好，因为此种弹药具有很多令人满意的特性。

然而，到1952年，捷克斯洛伐克陆军所使用的VZ23/25型冲锋枪才被VZ24/26型冲锋枪取代。苏联所作的唯一让步，就是允许捷克斯洛伐克使用纳布吉（naboj）48型子弹，它是一种火力更猛的7.62毫米子

萨莫珀尔M25型冲锋枪
口径：9毫米
重量：3千克 (6.75磅)
全枪长：685毫米 (27英寸)
枪管长：285毫米 (11.25英寸)
有效射程：120米 (400英尺)
制动方式：后坐力制动
射速：600发/分钟
子弹初速：395米/秒 (1300英尺/秒)
原产国：捷克斯洛伐克

上图：法国在印度支那和阿尔及利亚进行的大部分战争，都使用MAT49型冲锋枪，该枪唯一的缺陷是使用单柱弹匣

弹，它本身就具有打破了华约组织军队实行统一装备的目的。

斯科皮尔恩冲锋枪

本章一开始我们就注意到"机械式手枪"和"冲锋枪"两个概念可以互换。一直到20世纪60年代还是这样。

但在20世纪60年代中期，随着操作舒适（可单手操作）的小型冲锋枪的问世，这种情况发生了改变。冲锋枪的种类有沃尔特MP（K）型冲锋枪、MAC-10型冲锋枪、MAC-11型冲锋枪和微型乌兹冲锋枪，但捷克造的斯科皮尔恩冲锋枪是原型枪，它以不同口径的枪型投产，比其他冲锋枪更有效。斯科皮尔恩冲锋枪有点难以归类，它明显是为装甲车组员设计的，而且看起来也像在空间有限的坦克或其他装甲车上的。但是，这种枪支几乎立刻就落到了恐怖组织的手中，后来，更是受到所谓的恐怖分子艾尔·卡彭及其同伙的热烈欢迎。尽管如此，斯科皮尔恩冲锋枪不失为一种真正的冲锋枪，其射速为每分钟850发，枪管也足够短，仅112毫米长，这足以确保在使用包裹式枪栓时，子弹依然可以向各处发射。不论从哪一个方面来说，它都是一个可怕的武器。当然，射速高是采用轻栓和弹力比较小的复进簧的结果，但如果枪托上没有巧妙的减速设施的话，两者都不会达到提高速度的可能，其结果只会更糟。最重要的是把握装弹簧的重量，当枪栓往复时，装弹簧后移，枪栓随即被阻挡器挡住，只有当重量回复到它整个运动过程的极点时，阻挡器才能释放。早期的斯科皮尔恩61型冲锋枪弹膛使用7.62毫米的手枪子弹，64型的弹膛与MAC-11冲锋枪的一样，都使用9毫米的短子弹，也许这是其中最好的冲锋枪。65型冲锋枪则使用相当奇特的苏联制的马卡罗夫手枪子弹，68型冲锋枪使用9毫米帕拉贝鲁姆子弹。

小型冲锋枪

第二次世界大战前及第二次世界大战刚结束后，我们未详述的许多国家也在生产冲锋枪，其中有些国家的兵工厂成了民族武器工业的一大部分。这些国家的轻机枪、中型机枪甚至步枪和手枪大部分都从别处采购，尚在研制中的一些枪型也相当简单，或直接仿制，或沿袭已有的设计模型，除此之外才算得上是国产的。冲锋枪单一的样式无疑意味着许多"新枪"与现有枪支非常相似，至少一些组件曾见过。然而，也有一些实用的创新，其中一些来自于相当不可思议的地方。

阿根廷造的冲锋枪

阿根廷就是一个很好的例子，第二次世界大战前还没有真正的枪械工厂。哈尔科恩于1943年设计的第一支国产冲锋枪明显受到贝瑞塔38型冲锋枪的影响，这也不足为奇，因为阿根廷国内有为数众多的意大利移民。哈尔科恩研制的该枪也有自己的特点，其枪管从枪口到套筒座均安装了带环纹的环，该枪也装有一个相当独特的制退器和一个凸起的刺刀安装槽。套筒座下的弹匣兼作枪柄。与贝瑞塔冲锋枪一样，它的套筒座盖帽是螺旋调节，从而可移出复进簧和枪栓进行清洗。它可以使用美国造的0.45英寸ACP子弹和9毫米帕拉贝鲁姆子弹，可安装容弹量分别为17发和30发的两种弹匣。1946年，又研制成功了改进型，其重量更轻，木制枪托换成了与美国M3型冲锋枪几乎相同的钢质金属杆。

其复杂的制退器也换成了卡茨为汤姆森冲锋枪设计的制退器。1957年又研制成功了一个更简化的改进型，它是由钢印模冲压而成，装一个曲形的容弹量为40发的弹匣；三年后又经过改进，仅保存了9毫米弹径的弹匣。

第二次世界大战后期，阿根廷的人口不超过1500万，经济上主要是农业，这样一个国家，如果有人认为一家枪械工厂就足以满足整个国家对冲锋枪的需求的话，那是可以理解的。但事实并非如此，阿根廷拥有的枪械工厂不止一家，而是三家！它们是哈尔科恩工厂、多明戈·马瑟工厂和阿马斯伊奎珀斯工厂，其中阿马斯伊奎珀斯工厂是在第二次世界大战结束五年后开始生产冲锋枪。事实上，可以看出，多明戈·马瑟工厂生产的PAM1型冲锋枪和PAM2型冲锋枪明显是仿制美国的M3型冲锋枪，只是在尺寸上稍短了一点、重量上稍轻了一点而已，也使用9毫米帕拉贝鲁姆子弹。另外，值得注意的是，多明戈·马瑟工厂生产的这两种冲锋枪安装的保险装置要通过扳机才能起作用。这些冲锋枪是阿根廷生产的第一批"第二代"冲锋枪。

阿根廷后来研制的PM3型冲锋枪，是一种做工相当考究的武器。于20世纪70年代中期进入现役，它与乌兹冲锋枪的共同之处是塑料前手柄较大，击发柄位于前手柄的左手侧，扳机装置的位置靠前，以方

萨莫佩尔62型冲锋枪（斯科皮尔恩冲锋枪）
口径：7.65毫米
重量：1.3千克（2.75磅）
全枪长：270毫米（10.7英寸）（枪托折叠后）
枪管长：115毫米（4.5英寸）
有效射程：50米（160英尺）
制动方式：后坐力制动
射速：700发/分钟
子弹初速：295米/秒（975英尺/秒）
原产国：捷克斯洛伐克

便弹匣插入插槽。PM3型冲锋枪有两种型号，其中一种安装的是固定塑料枪托，这种枪托与赫克勒·科赫公司生产的MP5型冲锋枪的枪托一样。另一种则安装的是可伸缩的金属枪托。PM3型冲锋枪使用包裹式枪栓，其枪管长达290毫米，如果装的可伸缩枪托，则枪的总长竟可缩至525毫米。阿马斯伊奎珀斯工厂于1952年生产了第一支冲锋枪，该枪由本地设计师米格尔·曼佐·萨尔设计，此枪以他名字的首写字母命名，即MEMS冲锋枪。

MEMS冲锋枪采用相当传统的后坐力制动，运用高级火帽点火来减少后坐力，其总体设计有模仿德国造的MP40型冲锋枪之嫌。枪管是用一根很大的螺钉接入套筒座内，很容易更换。20世纪50年代到70年代，MEMS冲锋枪得到极大的改进，最新的改进型是M75型冲锋枪，它采用楔形两柱弹匣，可装40发9毫米帕拉贝鲁姆子弹。在将伸缩式金属枪托收起来或拆下来时，必须卸下弹匣，因为枪托的旋轴装在枪柄上，而位于枪管下的枪托盘也正好在此位置。它还可以安装一个刺刀或掷弹筒。20世纪70年代，阿根廷的冲锋枪不仅美国人使用，整个南美洲都有它的立身之所。

还有其他很多国家也生产冲锋枪，其中也有些国家生产的冲锋枪性能较突出，但并不总是这样，原因是它们只是重点生产一种武器。

比利时在组建FN公司以前就以出产高质量的小型武器而闻名于世。组建后的FN公司研制了三种很有趣味的冲锋枪。第一种是特别复杂的RAN冲锋枪，它自诩是个结构完整的武器系统，但结果证明并不是，除了制造了一些原型枪外，没有进行过任何生产。第二种是维格纳伦M2型冲锋枪，该枪研制的目标不像RAN冲锋枪那么雄心勃勃，结果却相当成功，该枪得到比利时军队的采用，一种相似的仿制品也在葡萄牙和卢森堡生产。第三种是近年来才研制成功的P90型冲锋枪，该枪是一种几乎没有采取任何举措以满足现代需要的冲锋枪，由地面部队用作防空武器。

FN公司的P90型冲锋枪

P90型冲锋枪是第一种使用FN公司新研制的"次中型"子弹，也就是5.7毫米的SS190型子弹的冲锋枪，该子弹提供的制动力丝毫不逊色于9毫米子弹提供的制动力，但其产生的后坐力却只是9毫米子弹的2/3。实质上，P90型冲锋枪对冲锋枪这一领域的影响相当于施泰尔 AUG突击步枪或MAS突击步枪对突击步枪的影响，它与以前的任何一种冲锋枪都不相同。首先，它设计的目的是用来支援地面部队的对空作战。后膛远离扳机装置，这样就可以安装一个比普通枪支更长的枪管。它的弹匣，由透明塑料制成，沿着套筒座顶部和枪管并列置放，所装的50发子弹与后膛都以适当角度定位，装填子弹时要将弹匣旋转90度。用激光瞄准器取代了传统的瞄准器，新装的瞄准器位于枪管下部、扳机保险和前手柄的上部，但该枪也安装了带

上图：法布里克·内申内尔公司希望自产的5.7毫米P90型冲锋枪是下一代冲锋枪的雏形，P90型冲锋枪主要由塑料浇铸的模制件装配而成，于20世纪90年代中期被引进

铌化三重氢灯装饰十字线的未放大光学瞄准器，以便在光线暗的条件下使用。除了枪栓和双导杆外，实际上整个冲锋枪都是由塑料浇铸而成。该枪所有部件都是配套的，枪与枪之间可互换。

P90型冲锋枪在装满50发子弹的情况下，也仅重3千克多一点，连发时速度可达到每分钟900发。50米以内，有经验的枪手可把10颗子弹都射入直径为200毫米的圈内，这是当时其他的冲锋枪上绝对达不到的。在冲锋枪用作战场武器的末日似乎来临的时候，P90型冲锋枪在某种程度上赋予了它历史性的新生。

麦德森冲锋枪

第一次世界大战前夕研制成功的最后一款机枪是由丹麦制造的，而此时，麦德森研制的轻机枪成为轻机枪的先行者。两次世界大战间隔期间，丹麦步枪综合制造厂公司更名为丹麦工业综合制造厂AS公司，简称DISA公司，该公司继续生产经过改进的轻机枪，一直持续到20世纪50年代，之后它转而生产GPMG机枪，也就是麦德森萨伊特机枪。从1945年起，该公司也生产了一系列样式新颖的冲锋枪，它生产的第一支冲锋枪看起来相当老式，安装了一个木制枪托，采用传统的后坐力制动，但枪栓不是连在击发杆上而是连在滑面上，滑面前伸包住了枪管，形成一个锯齿状柄，它的复进簧也包裹着枪管。其击发方式与以前的滑膛枪相似，也就是将滑面后拉就可使枪处于待发状态。1946年，DISA公司完成了一种全新冲锋枪的设计，其要旨是便于擦拭移动部件。这一目标是通过将冲锋枪的枪体（包括套筒座、弹匣插槽、枪管支座和枪柄）对称等分来实现的，一部分可沿着套筒座后盘上的轴钉旋转，另一部分则在枪柄基座后部与其成一垂线。钢骨枪托也用同样的轴钉连接，可以锁定或旋转至枪体的右手侧。枪管可推入支座内，由厚重的外螺钉固定，该螺钉也同时把枪体的两半锁在一起，这样，枪的清洗和维护也就相当简单。

1950年及1953年研制成功了M/46型冲锋枪的改进型，该枪仍保留了以前的基本设计，它与M/46型冲锋枪的主要区别是在弹匣上。M/46型冲锋枪的弹匣是直型，而改进型的弹匣则采用弯型，目的是增加更多的填弹空间，这两种弹匣装的都是9毫米帕拉贝鲁姆子弹。

芬兰造的拉蒂冲锋枪

前面我们曾提到过芬兰生产的两种冲锋枪。其中第二种冲锋枪（以时间为序）颇具影响，其设计被后来冲锋枪广泛吸收，该枪就是名为M/26型和M/31型的冲锋枪，也称为苏米冲锋枪，该枪由拉蒂设计。M/26型冲锋枪可以使用7.63毫米的毛瑟子弹和7.65毫米帕拉贝鲁姆子弹。套筒座后部装有一个后坐力缓冲器，其狭长的曲形弹匣填装的是瓶颈形子弹。该枪生产的数量非常少，人们认为主要原因可能是子弹不能令人满意。该枪所用子弹的弹道特性还过得去，但其形状使得装弹过程过于麻烦。1931年，拉蒂研制了一种改进型，经过改进的枪支使用可靠性较高的9毫米帕拉贝鲁姆子弹，改进后的枪支称为M/31型冲锋枪，取得了极大的成功，后来瑞典的赫斯瓦内公司和瑞士的希斯潘洛-休泽公司也生产此枪。它是那个时代的产物，其金属部分由固体机械加工而成或经锻造而成，装有木制构件，长枪管装在开有狭槽的保护型套筒中，采用完全老式的后坐力制动，但使用枪栓组块来击发。

然而，M/31型冲锋枪最重要的改进是其弹匣，这是拉蒂的杰作，也是他研制汤姆森冲锋枪的起点。这是一种装弹量为71发的鼓形弹匣，虽然该弹匣在装满弹时约重2.5千克，但它装在靠近的重心处，因此不会影响到枪的平稳。由斯帕金研制的PPSh41型冲锋枪则完全照搬此种方法。

正是由于M/31型冲锋枪的质量高、可靠性强才使之在芬兰陆军中长期服役，一直服役至第二次世界大战结束后的很长一段时间。在和平年代，对大装量弹匣的需求减少。不过，也有尚存的例子，如将M/31型冲锋枪进行改动以使用由瑞典邻邦的卡尔·古斯塔夫研制的双柱楔形弹匣，这种弹匣不仅容弹量大，而且也大大减少枪在装弹后的重量。

以色列制造的冲锋枪

以色列生产现代化枪支的历史要早于该国1948年的建国日期，哈格纳等武装反抗组织在独立之前就开始以粗糙的技术仿制司登冲锋枪，还做了些奇怪的创新，比如把四支枪绑在一起用来打击低空飞行的飞机。以色列建国后不久，新生的枪械工业开始研制一些更精良的武器。1951年，研制成功了性能卓越的乌兹冲锋枪。该枪由以色列陆军少校乌兹设计，借鉴了捷克斯洛伐克枪支的很多优点，包括哈威尔设计的23型到26型冲锋枪和孔基兄弟设计的ZK476型冲锋枪，特别是在枪栓的样式上，也与捷克斯洛伐克造的冲锋枪一样将使用包裹式枪栓，枪支的重心也前移，枪管的大部装入套筒座内，枪口突出，周围装有锁螺钉，这些锁螺钉将枪口锁入支撑管内，此方法便于枪口更换。套筒座前部下方装有一个塑料手柄，后部也装有一个枪柄。枪支的主保险是射击选择装置的组成部分。乌兹冲锋枪使用9毫米帕拉贝鲁姆子弹，其射速为每分钟550发。通过采用底火后退的方法，有效地缓冲后坐力。乌兹冲锋枪颇受外军的欢迎，以色列军火工厂生产的枪支很快就供不应求。20世纪60年代，比利时的FN公司获得了生产该枪的许可证，随即进行大量生产。十年后，微型乌兹冲锋枪问世，它与英格拉姆设计的MAC-10型冲锋枪、MAC-11型冲锋枪和斯科皮尔恩冲锋枪展开了激烈竞争。微型乌兹冲锋枪又小又轻，还可单手操作，但准确度较差，主要原因是射速太高，枪管太短。

西班牙造的冲锋枪

20世纪30年代的西班牙，政治动荡，叛乱和内战频仍，因而也就成了著名的新式武器和新战术的试验场。弗朗西斯科·佛朗哥将军领导的反叛组织得到德国和意大利的支持，他们的对手则有苏联支援。所有背后支持者都想知道自己所研制的新武器在实战中的表现情况，他们对所有武器都进行了试验，其中包括轰炸机、歼击机、战斗机、坦克、火炮、轻机枪、通用机枪和冲锋枪。西班牙各派进口了德国造的MP28型冲锋枪和MP34型冲锋枪、意大利造的贝瑞塔M18型冲锋枪和苏联造的PPD冲锋枪。但是，并不是所有用于西班牙人使用的冲锋枪都进口，其中政府军就专门为自己制造了冲锋枪，这些冲锋枪主要由组建已久的巴斯克工厂和卡塔兰枪械公司制造。西班牙最早研制成功的冲锋枪可能是司登S135型冲锋枪，该枪由巴斯

上图：乌兹冲锋枪自从20世纪50年代在以色列研制成功后，在全世界得到广泛使用，销量一直很好

克工厂制造，使用9毫米拉格子弹，该子弹是由伯格曼为自己设计的第一代半自动手枪研制，其火力比9毫米帕拉贝鲁姆子弹小，但这种子弹在西班牙极受欢迎。S135型冲锋枪是一种相当复杂的武器，由半自动步枪发展而来。其后坐力制动的延迟是通过枪栓上的突缘卡入套筒座的凹入处实现的。它装有一个敞开装置，该装置可在弹匣子弹射完后挡阻枪栓。它还有其独特之处，其射速可在每分钟300~700发调节。S135型冲锋枪构造虽然复杂，但性能表现卓越。美英两国都对其进行了测试，但最后还是拒绝接受，原因是该枪构造过于复杂而难以生产。西班牙内战后期在卡塔伦纳制造的拉博尔冲锋枪也使用9毫米拉格子弹。乍看起来，它完全是一种粗制的冲锋枪，但当人们希望得到一种粗糙又易于制造的冲锋枪时，它反而变成一种既漂亮又精致的冲锋枪，其部件完全由整件加工而成，其中环纹枪管和坚固的木制构件非常难以制造。造成这种情况的原因很简单，那时的西班牙正盛行民族主义，人们对车间有一种特殊的喜爱，但是，大多数机械师却用传统的工具制造枪支。拉博尔冲锋枪的设计并不复杂，采用一种简单的无延迟后坐力制动，但其射速很高，原因是其枪栓很轻，复进簧弹力强。西班牙的内战正好于第二次世界大战爆发前结束，经过这场战争，佛朗哥领导的右翼民族主义政府控制了西班牙。当时的西班牙已是百废待兴，各项事业都要重建，兵工厂也是到20世纪40年代中期才得以恢复。埃彻维里尔SA公司是最早重建的公司之一，它在1944年开始生产Z45型冲锋枪，该枪是德国研制的MP40型冲锋枪的仿制品，也进行了一些改进，加装了枪栓锁，以防止枪支误射，但更重要的改进也许是设计了一种与伯格曼MP34型冲锋枪相似的扳机装置，轻压可单发，扳到底后可连发。Z45型冲锋枪也是第一种采用凹槽式弹膛来退弹的冲锋枪，这种退弹方法在步枪口径的机枪和较重型的机枪上经常使用。Z45型冲锋枪装有可折叠的金属托或固定式木制枪托。虽然它确实对MP40型冲锋枪进行了某种程度的改进，但还是无法与现代冲锋枪竞争。1950年，后西班牙就不再生产Z45型冲锋枪了。所生产的枪支中有使用9毫米拉格子弹的枪型，主要配给到西班牙警察和军队；也有使用9毫米帕拉贝鲁姆子弹的枪型，主要用于出口。

瑞士造的冲锋枪

我们已经注意到，两次战争间隔期间德国枪械研制人员是怎样借助瑞士继续研制枪支的。希特勒退出《凡尔赛条约》后，瑞士枪支生产商在继续为本国生产枪支的同时还向德国出口武器，他们在1940年才真正意识到这样做的严重性。韦芬布里克·布伦公司和SIG公司是当时瑞士最重要的生产冲锋枪的公司，后来，以生产机载机炮闻名的希斯潘纳-苏伊泽公司也加入生产冲锋枪的行列，他们根据生产许可证生产芬兰研制的M/31型冲锋枪。大约在1943年，在瑞士陆军选用枪支的竞争中，SIG公司所提交的两种枪型均遭失败。之后，SIG公司转向别国提供MP41型冲锋枪，该枪是20世纪30年代研制的MK33型冲锋枪和MK37型冲锋枪的改进型。MK33型冲锋枪和MK37型冲锋枪是两种并不很成功的枪支，前者采用延迟式后坐力制动，后者则采用无延迟式后坐力制动。SIG公司生产的MP41型冲锋枪与其他冲锋枪一样使用9毫米帕拉贝鲁姆子弹，采用简单的无延迟式后坐力制动，装有一个环形肋拱枪管和一个木制前托柄、一个木制手枪枪柄和一个与套筒座相配的木制枪托，套筒座由锻钢磨制而成。MP41型冲锋枪重量很重，不受使用者的欢迎，该枪的可取之处也许是复进簧和枪栓可以从枪中取出来，此举是对贝瑞塔M1938型冲

卡尔·古斯塔夫 M/45型冲锋枪
口径：9毫米
重量：3.45千克 (7.5磅)
全枪长：805毫米 (31.75英寸) (枪托伸展后)
枪管长：205毫米 (8英寸)
有效射程：120米 (400英尺)
制动方式：后坐力制动
射速：600发/分钟
子弹初速：395米/秒 (1300英尺/秒)
原产国：瑞典

乌兹冲锋枪
口径：9毫米
重量：3.5千克 (7.6磅)
全枪长：635毫米 (25英寸) (枪托伸展后)
枪管长：260毫米 (10.25英寸)
有效射程：120米 (400英尺)
制动方式：后坐力制动
射速：600发/分钟
子弹初速：395米/秒 (1300英尺/秒)
原产国：以色列

锋枪的模仿。瑞士陆军部拒绝采用此枪，而是采用了由韦芬布里克·布伦公司研制的结构较复杂的冲锋枪，该枪以设计者的名字命名，称为弗雷尔冲锋枪。它是一种真正的不合时宜的冲锋枪，因为它采用短后坐制动和枪栓闭锁设计，这种设计与马克西姆机枪和威克斯机枪在本质上是相同的。瑞士陆军为什么会选择弗雷尔冲锋枪而不选择虽然外表粗糙但结构简单的MP41型冲锋枪呢？这一直是一个谜。弗雷尔冲锋枪进入现役时更名为MP41/44型冲锋枪。韦芬布里克·布伦公司向瑞士陆军交付这种机枪的数量还不足5000支，原因是他们生产速度不能满足瑞士陆军的需求。

瑞士陆军在恐慌中，求助于希斯潘纳-苏伊泽公司，该公司已把公司部分所有权转让给了苏米公司，并从苏米公司换取研制自己冲锋枪的技术。以MP43/44型冲锋枪命名的芬兰冲锋枪在瑞士非常有名，一直在瑞士军队中服役至1948年，后来一线部队中使用的MP43/44型冲锋枪由SIG公司研制的MP48型冲锋枪取代。

SIG公司研制的 MP48型冲锋枪

MP48型冲锋枪是MP41型冲锋枪的改进型，该枪废弃了MP41型冲锋枪的木制部件和昂贵的肋拱枪管，生产工艺也更现代化。其实，SIG公司生产的MP48型冲锋枪与同时代的冲锋枪相比，仍然要先进一些，它采用精密铸造而不是以印模冲压或机械加工，用这种方式制成的部件具有更加精密的尺寸，而且造价也比前者便宜。MP48型冲锋枪装有一个可折叠的金属枪托，不用时可折入套筒座下部的管内，而向前折的弹匣则复位，后一特征到1953年研制MP310型冲锋枪时依然保留。SIG公司生产的冲锋枪没有安装任何保险装置，因为该公司声称在弹匣折叠到枪管下时，填弹途径已经被切断，这是最好的保险措施。MP310型冲锋枪对MP48型冲锋枪的唯一改进就是其换装了两段扳机，这种装置与苏米冲锋枪和伯格曼 MP34型冲锋枪所装的扳机一样。

冲锋枪未来的展望

20世纪80年代，这一话题已在各界进行了广泛的讨论。随着突击步枪的问世，战场对冲锋枪的需要正在逐渐减少，因为突击步枪既可以像冲锋枪那样连续射击，也可以像步枪那样在500米的射程之外精确射击。此时，9毫米帕拉贝鲁姆子弹在苏维埃联盟以外地区广泛存在，但人们认为它在现代军事行动中的利用价值已经非常有限，因为它杀伤力很小，而作为军事用途的弹药，应该能轻易击穿砖石墙，而且穿过砖石墙后仍具有杀伤力，鉴于此，9毫米帕拉贝鲁姆子弹很难再达到现代军事的目的。普遍认为"传统"的9毫米冲锋枪在反恐怖行动中还是有一席之地的，因此正如我们所注意到的，这种冲锋枪大量在警察队伍中使用，而很少再用于军事

上图：和英军一样，瑞典也常常给装甲车的组员发放冲锋枪，图中瑞典士兵所用的是M/45型冲锋枪

下图：在第二次世界大战中，苏联红军认识到，对未经训练的士兵来说，冲锋枪是一种比步枪更有效的作战武器，苏联在第二次世界大战期间，共生产了上百万支冲锋枪

微型乌兹冲锋枪
口径：9毫米
重量：2千克（4.4磅）
全枪长：305毫米（12英寸）
枪管长：125毫米（5英寸）
有效射程：50米（160英尺）
制动方式：后坐力制动
射速：600发/分钟
子弹初速：395米/秒（1300英尺/秒）
原产国：以色列

弗雷尔MP41型冲锋枪
口径：9毫米
重量：5.2千克（11.5磅）
全枪长：775毫米（30.5英寸）
枪管长：245毫米（9.75英寸）
有效射程：70米（230英尺）
制动方式：后坐力制动
射速：900发/分钟
子弹初速：395米/秒（1300英尺/秒）
原产国：瑞士

行动。我们将在下一章中介绍新型的突击步枪，这些枪支与多用途机枪和轻机枪组成一种武器类型，在战场上将完全取代冲锋枪，而使之仅用于"特种部队"和准军事性质的警察队伍中。

右图：图上士兵手中的冲锋枪是西班牙产的星式Z-70型冲锋枪，该枪纯粹是由传统压制钢件装配而成的，其设计目的之一是降低生产成本。该枪也易于保养与维修

15 现代机枪

至第二次世界大战时，自动武器已发展为四类：重机枪、中型机枪、轻机枪和冲锋枪。中型和轻机枪使用相同的步枪子弹，二者的区分界限已开始模糊，甚至在某种程度上已完全消失。然而，在近距离作战中，轻机枪以其高效性而备受青睐。重机枪同样也有其独特之处，仍将一如既往地履行其职能。

1939年，半自动步枪已经得到广泛应用，到第二次世界大战结束时，已经十分普及。但直至此时，机枪仍然使用威力巨大的子弹，这些子弹能在1829米或2743米外杀伤敌人，其实这是完全不必要的。就作战的特点来说，许多作战距离一般都在914米以内，相当一部分作战距离只有上述距离的一半。第一代半自动步枪就算不比其所取代的枪栓制动武器重，至少也是同样沉重，所用弹药的重量也一点儿没减（至少，在苏维埃联盟外部是这样，而在苏维埃联盟内，他们的新一代武器就使用了所谓的"中型"子弹）。尽管英国陆军坚持拒绝接受这一理念，继续使用其第一代不具备连发能力的半自动步枪，但第一代自动机枪仍展示出它们可以在近距离攻击中有效地进行"火力支援"的特点，从而可以取代轻机枪。随着小口径子弹的问世，小型步枪也研制成功，西方国家使用5.56毫米口径的枪支，华约组织则使用5.45毫米口径的枪支。正如我们所了解到的，这导致了冲锋枪成为战场上应用范围极其广泛的作战武器，同样也使基本步兵武器的特点发生改变。很快，我们就有了步兵武器"族"这一概念，它们都具有各自的核心部件（套筒座和扳机装置），其余部件则可以相互换用，而且可以通过换装不同的部件转换成不同的枪型，也就是说可以在轻机枪、突击步枪、卡宾枪和冲锋枪之间来回转换。终于，真正的多用途机枪问世了，但是，令人有些惊奇的是，这一概念并没有得到广泛接受，这使得多用途机枪的研制者不得不停止其研制步伐，因为新的用途更加灵活的机枪此时已经研制成功。

未来武器的雏形

早在1916年就有人提出这一概念，那时，人们正在寻找德国造的马克西姆MG08型冲锋枪的替代品。厄福特兵工厂在可调式威克斯1901型枪机的基础上，研制成功了一种机枪，该枪的重量比使用原始枪机的MG08型机枪要轻，但它与MG08型机枪的主要区别是在概念上。从一开始它的设计原则就是要使该枪运用自如，并要加装一副三脚架，就像重量较轻的MG08/15型机枪一样。该枪还处在原型枪阶段时就流产了，当然在战场上就不大可能看到它的身影了，但是，该枪却是未来武器的雏形。

MG34型机枪

虽然MG16型机枪已经问世，但对德国来说，将其投入生产却是不可能的，第一次世界大战后签署的《凡尔赛条约》禁止德国这样做。1932年，德国秘密通过了一项研发计划，意在制造出一种完全新式的自动武器，这种枪支不但在部队行进中便于携带，而且更加符合机械化战争的需要。当时，莱茵金属公司和毛瑟-沃克公司正在研制空气制冷的轻机枪，虽然它们设计的武器远没有达到陆军的要求，但都包含着未来武器的一些基本特点。莱茵金属公司研制的机枪称为施泰尔-索罗森S2-200型机枪，该枪就是所谓的索德机枪的成批生产样品，由莱茵金属公司的路易斯·司登格设计，然后转至瑞士的索罗森进行进一步的研制，最后在奥地利的施泰尔生产。

与此同时，位于奥本多夫的毛瑟公司也在研制一种与S2-200型机枪性能很相近的轻机枪，也就是LMG32型机枪，由厄恩斯特·奥尔特伯格设计，是毛瑟公司首次研制的机枪。奥尔特伯格的设计非常有趣，但不是很令人满意。德军以当时许多采购部门都没有展示出的蛮横，命令莱茵金属公司的路易斯·司登格在里特·沃恩·韦博少校的指导下利用奥尔特伯格在奥本多夫设计的枪栓闭锁原理和枪管更换方法来研制MG34型机枪。这引起极大的混乱，许多专家坚持声称，MG34型机枪的最终结局只能是毛瑟公司的设计，但结果却不是这样。MG34型机枪既具有毛瑟公司设计的特点，又具有莱茵金属公司设计的特色。正因为如此，1936年，毛瑟-沃克公司（由毛瑟公司发展而来）从莱茵金属-博西格公司（由莱茵金属公司发展而来）那里得到一笔不菲的报酬。

标准组件法

整个计划的实质，就是通过系统的方法解决单枪的供应问题，所谓单枪是指既能够改装成轻机枪又能够改装成重机枪而又不损坏其部件的一种枪支。为了达到这一目的，单枪的附件和供弹方式必须标准化。

使用MG08/15型机枪的经验证明，用于攻击的轻机枪不可能采用弹带供弹，所以，为MG15型机枪设计的装弹量为75发的多佩尔·特罗梅尔15型鞍形鼓状弹匣得到采用。它可以选择从不同的侧面进行供弹，以使枪支的重量分布均匀。这种弹匣应用于MG34型机枪后称为帕特罗宁特·罗梅尔34型弹匣，一直服役至1940年。它不是一个简单的装置，其装卸需要

上图：MG34型机枪一般用于装备坦克或其他装甲车，同时也用作轻型高射机枪，常常是成对使用，如图所示

上图：德国造的MG34型机枪，该枪在安装了MG34型莱夫蒂三脚架和正切瞄准具后，最大有效射程可达3000米以上

枪手使用不同的工具。它同样需要弹带供弹罩和填弹栓将其从机枪上暂时卸下来。在其直接瞄准和间接瞄准射击时也需要有光学瞄准具，这些光学瞄准具架放在莱夫蒂三脚架上而不是装在枪支上，该枪在直接瞄准射击时的有效射程为3000米，间接瞄准射击时的有效射程为500米，在这方面MG34型机枪要逊色于以前的机枪。永久性金属瞄准具由一个叶片状前视器和一个V字形凹口后视器组成，可调瞄程达到2000米。

快换枪管

该枪的研制者将枪管更换的期望间隔保守地定为250发，他们还可以将这一数据定得更低，因为枪管的更换过程非常简单。在枪支处于待发状态时，枪栓被拉到后部，保险杆处于"安全状态"，后瞄准具下部的套筒座弹簧受到挤压，整个套筒座沿着击发轴按顺时针旋转约180度，把枪支后部放低，整个枪套筒就可向后滑出，由带着石棉手套的枪组人员抓住。然后，插入冷枪管，将枪口固定在支撑管内，套筒座返回制动位置。支撑管是后坐力增强器和消焰器的组成部分，也是枪管套筒的一个永久性部件。机枪架放至重型三脚架的过程与上述过程基本相同，所不同的是套筒座是按逆时针旋转，外露的枪管部分用手边的东西随便钩住，因为此时机枪不能向下倾斜。每支枪都有两支备用枪管，用后的热枪管可用方便的方法冷却，如直接放到冷水中冷却。

历史上最复杂的机枪

MG34型机枪是历史上所有机枪中最为复杂和烦琐的机枪，而且制造允许误差非常小，这是它主要的缺点。在某种意义上说，它就像一门装着70年前首次使用的闭锁系统的微型火炮。该枪采用短后坐制动，枪管在制动中后移约2厘米，在其被枪管缓冲器阻挡前，也就是在后移1.5厘米时将枪栓解锁。枪管上套有一个短小的锁套，由两个相反的90度弧形套剪切而来，剩下的两个1/4圆环上的断续螺纹将它们分开，锁套外部有一对突缘，这两个突缘移入套筒座的狭槽中以防止枪管旋转。一对凸轮从锁套延伸至枪后部，它们有两个功能，第一是卡住或释放枪栓头，第二是有助于枪栓组件加速后移。枪栓组件由枪栓头和枪栓体组成，枪栓体在收受器内做往复运动，由一对简单的侧突缘导引。在枪栓较低的一面，有第三个突缘，这个突缘与扳机装置啮合（有些并不啮合，要视情况而定）。在枪栓较高的一面，有一对驱动带式供弹装置的双端螺栓。主簧的弹力作用于枪栓后部。枪栓体上有条钻沟贯穿前后，以与栓头的管状后部相结合，从而使栓头可沿其轴心独立旋转，与枪管保持一线。栓头的肩状凸出部有断续螺纹与锁套的断续螺纹相啮合，方法是将栓头旋转90度，这种旋转是通过安装在两个延伸式双头螺栓上的两对滚轴来实现的，双头螺栓则位于枪栓头部。双头螺栓在制动时抵着枪管锁套后部成对的凸轮，里面的那对凸轮将栓头给锁住，而外部的那对凸轮则在机枪产生后坐时使枪栓解锁。滚轴并不卡住或释放栓头，仅作用于枪栓头使其旋转90度，然后释放或者使其与锁套内的断续螺纹啮合。枪栓头的表面是经过加工的，以接受弹壳，它包含两个简单的装置，即取弹器和退弹器。枪栓头后部的延伸管包含撞针和与之相连的弹簧。在枪栓头被释放时，组件就处于待发状态，并被枪栓头右侧的旋转杆抑制。当闭锁过程完成后，旋转杆尾部与枪栓体斜面相接触，释放撞针。枪栓释放过程完成后，枪管又一次前移，枪栓头滚轴和凸轮系统相互作用，从而加速枪栓组件的移动，凸轮系统由枪管锁套上的凸轮和套筒座上的凸轮组成。上述过程，每秒钟至少进行15次。

高射速

早期的MG34型机枪使用与MG13型机枪相同的摇式扳机，射速可达每分钟约900发。在实际操作中，枪与枪的射速相差很大，采用弹簧式帕特罗宁特·罗梅尔鼓形弹匣供弹的机枪比采用弹带供弹的机枪的射速高得多。MG34型机枪经过特别改动后，射速可提高至每分钟1650发，但是其往复运动部件的磨损相当严重。MG34/41型轻机枪是MG34型机枪的一款改进型，其使用寿命相当短，但射速可达到每分钟1200发。该枪在东部战线的行动中进行了测试，但最终还是未得到军方的采用，原因是此时MG42型机枪已研制成功。

MG34型机枪远没有达到完美的程度，但是，该枪无疑是一种成功的枪型，较为先进的通用性机枪正是基于它的原则设计的。这些通用性机枪开始于MG42

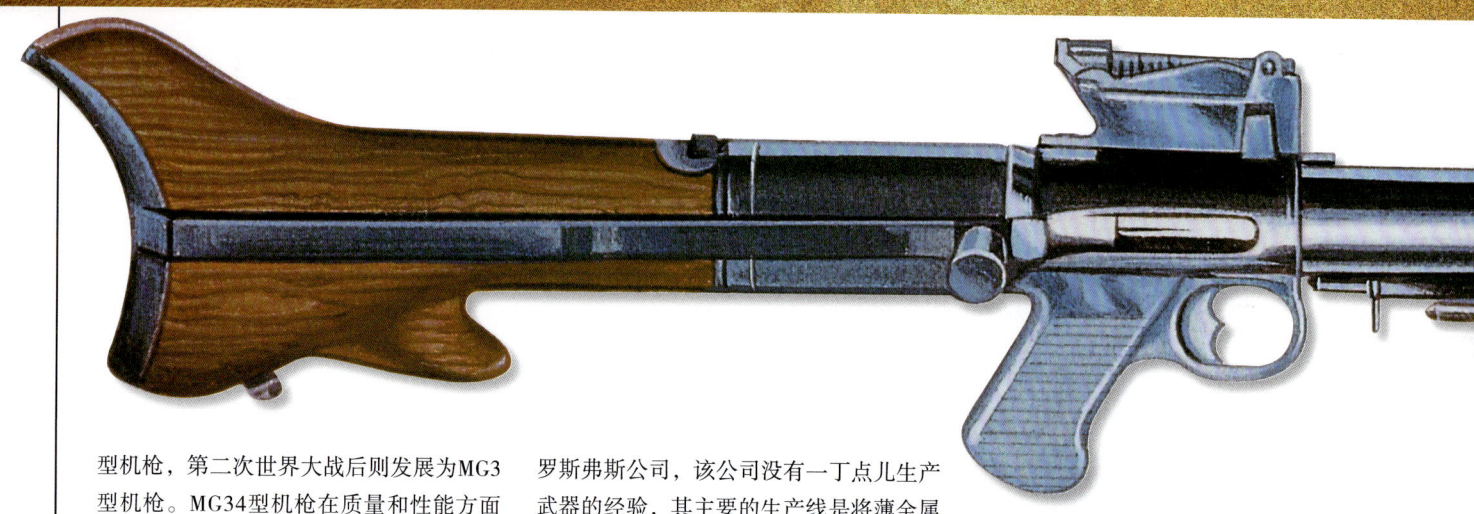

型机枪,第二次世界大战后则发展为MG3型机枪。MG34型机枪在质量和性能方面无疑是一种非常成功的武器,但是,它也不可能突破时代的局限性,也就是说,MG34型机枪在结构和做工上过于考究。尤其需要指出的是,该枪结构太复杂,这是它的主要缺陷。早在1935年,德国当局就开始怀疑其服役性能。1937年2月,德国当局要求格罗斯弗斯公司、莱茵金属-博西格公司和斯塔布根公司为研制取代MG34型机枪的新型机枪提出建议,德国当局还明确指出,MG34型机枪的附件必须能够在新枪上通用。这一目标并没有在以后很好地实现,因为新型枪支采用的枪管更换方法与MG34型机枪的枪管更换方法不同。

最不可能的设计者

三家竞争者中,最不可能成功的是格罗斯弗斯公司,该公司没有一丁点儿生产武器的经验,其主要的生产线是将薄金属片制成提灯。但就是这样的一家公司,却在1937年10月26日向当局呈送了一个示范性的样枪,该样枪仅由两个套筒座侧壁和一个新颖的枪栓闭锁装置组成。1938年4月,工作样枪研制成功,其枪管更换方法和套筒座的结构都是不可取的,但其滚轴闭锁枪栓装置却是一种天才般的设计,该装置既简单又不怎么怕尘土的侵袭。结果,其他两家公司推荐的样枪惨遭淘汰,格罗斯弗斯公司推荐的样枪胜出,很快,该样枪就定名为MG39/41型机枪,从此进入全速研制阶段。截至1941年年底,当局对约1500支枪进行了大规模的作战测验,直到结果完全令人满意后,才于第二年得到当局的采用。此时,该枪已更名为MG42型机枪。1942年5月,该枪首次在北非战场上投入使用。

MG42型机枪的生产情况

我们无法确定MG42型机枪在第二次世界大战期间的具体产量,许多与此有关的记录已被销毁,最权威的估计是400000支左右。生产枪支部件的工厂遍布德国,组装枪支的公司也有许多家,其中包括位于柏林的马吉特公司和毛瑟-沃克公司以及施泰尔-戴姆乐-普奇公司和格罗斯弗

MG34型机枪
口径: 7.92毫米
重量: 12.1千克 (26.75磅)
全枪长: 1220毫米 (48英寸)
枪管长: 625毫米 (24.75英寸)
有效射程: 3000米 (10000英尺)
构造: 弹带供弹或弹匣供弹,短后坐制动
射速: 900发/分钟
子弹初速: 800米/秒 (2650英尺/秒)
原产国: 德国

上图:虽然MG34型机枪性能一般,但是特别易于携带。一个人就可将其轻易带走,即使在很困难的情况下也是这样

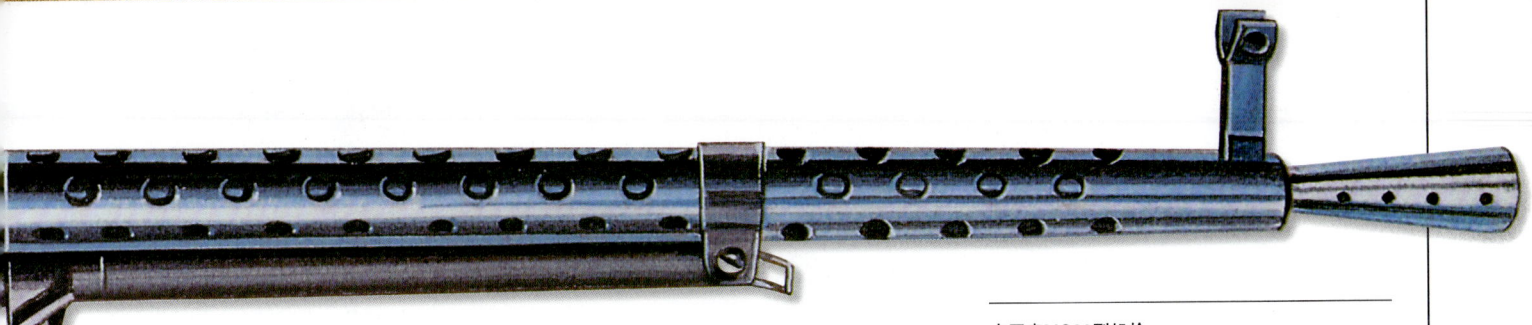

斯公司。用一位权威人士的话说，它是"第二次世界大战中伟大武器中的佼佼者之一，无论在非洲酷热的沙漠，还是在苏联冰冷的草原上它都能展现出优异的性能"。1945年以后，MG42型机枪也没有完全退出现役，因为从德国陆军和武装党卫军收缴来的MG42型机枪又大范围地发放给重新组建的德军，但在德国国内并没有再生产这种机枪，而且情况越来越糟。以所谓的生产者的观点来看，该枪的杰出设计正在消亡。第二次世界大战结束后不久，南斯拉夫将MG42型机枪以53型机枪的名义进行生产，也许这可以为该枪杰出的设计重现一丝希望。

莱茵金属公司试图根据现存的MG42型机枪重现其设计，在此过程中，该公司作了一些细节上的修改，后来还加入了一些改进性设计，但是总体上依然严格按照该枪基本的工作原理进行设计，他们所作的最重要的变动是在枪栓装置上。第一个变动如下：以前的设计需要防止战场上的不当组装，因为原部件能够与倒置或正置的枪栓套组装在一起，无法分清枪栓套是否装颠倒，看起来枪支是以正确的方式组装，但可能无法使用，改正的方法就是将颠倒的枪栓套正过来就行了，其实简单改进一下就可防止出现这种情况。第二个变动是在栓套内添加了一个栓钩，防止枪栓提前解锁，这也是原枪存在的唯一重要的工作缺陷。早在1944年，莱茵金属公司就曾希望对MG42型机枪进行改进，或许也曾付诸实施，但这方面的资料已遗失，无从查考。MG42型机枪新的最重要的改进型枪支使用的是北约标准7.62毫米子弹，但这一改进不适用于所有枪型，经过这种改进后，枪手可以通过更换枪栓和缓冲器来调整机枪的射速。在使用重550克的V550枪栓和N型缓冲器时，可产生每分钟1150~1350发的射速，在使用重950克的V950枪栓和R型缓冲器时，可产生较为经济的每分钟750~950发的射速。

索罗森MG30型机枪
口径：7.92毫米
重量：7.7千克（17磅）
全枪长：1175毫米（46.25英寸）
枪管长：595毫米（23.5英寸）
有效射程：2000米（6600英尺）
构造：弹匣供弹，短后坐制动
射速：500发/分钟
子弹初速：800米/秒（2650英尺/秒）
原产国：德国/瑞士

MG42型机枪的改进型

经过重新设计的机枪以MG42/58型机枪投产，不久，新组建的德军又将其更名为MG1型机枪。从那时起，该枪有了各种各样的称呼，莱茵金属公司称之为MG42/59型机枪，而德军则称之为MG2型机枪，后来又更名为MG3型机枪。随着对该枪的进一步改进，又在其原名称后加上A1、A2等。除了在莱茵金属公司位于杜塞尔多夫的工厂进行改进外，该枪还在伊朗、意大利、巴基斯坦、西班牙和土耳其进行改进。由瑞士位于伯恩的联邦枪械工厂生产的一种改进型，是直接由MG42型机枪发展而来，它与MG42型机枪非常相似。该枪得到瑞士陆军的采用，他们称之为MG51型机枪，其口径为瑞士标准的7.5毫米×54，希斯潘纳-苏伊泽公司和SIG公司也生产过此种口径的机枪。

根据英国陆军与FN公司签署的协议，北约标准口径的710型机枪是一种不符合要求的通用机枪，但这种机枪可能是MG42型机枪最好的改进型了。第二次世界大战结束后，同盟国的情报军官经常审问德国枪械制造厂的职员，听取毛瑟-沃

上图：莱茵金属MG15型机枪本来是安装在战机上。图中这挺机枪来自德国一架坠毁的轰炸机，后来士兵们却用这挺机枪打下了另外一架德国轰炸机

上图：人们普遍认为MG42型机枪是第二次世界大战使用的同类机枪中性能最好的机枪，它轻便、可靠而且火力猛

上图：MG42型机枪的改进型——MG3型机枪，在MG42型机枪问世约50年后，MG3型机枪仍在德军中使用

克公司和格罗斯弗斯公司研发部门负责人关于MG45型机枪的报告，但他们既没有发现这种机枪的一点儿蛛丝马迹，也没有找到该枪的设计图纸。1961年，SIG公司披露了710-3型通用机枪的详细情况，正如一位权威人士所说，这与MG45型机枪已知的详细情况十分吻合。从枪口说起，可以说，SIG公司生产的710-3型机枪运用了一种相当先进的方法来装卸枪管，这使得该枪枪管的更换既快又简单，只需将枪管释放钩推入，然后将枪管提起来从后部取出即可，枪管释放钩位于枪套的右侧。前视瞄准是固定在枪套上而不是固定在枪管上，这样机枪就处于零位置。该枪的弹膛呈凹槽型，这有助于弹壳的退出。另外，其滚轴闭锁系统得到进一步改进，这有效地将射速降至每分钟550发。

尽管MG1型机枪和MG3型机枪在各方面都很出色，但是在德国以外的其他地方却转而研制MG45型机枪。赫克勒·科赫公司就是一个很好的例子，该公司后来由英国皇家军械公司收购，英国皇家军械公司的前身是皇家枪械公司，此时它已从恩菲尔德移至诺丁汉。赫克勒·科赫公司与西班牙政府合作研制MG45型机枪，

该枪也是法国AAT52型机枪的设计基础。英国皇家军械公司与西班牙政府的合作成果就是制订了研制富西尔·戴萨尔特58型机枪的计划，该枪后来发展为德军使用的G3型突击步枪。但是，无论是西班牙政府还是赫克勒·科赫公司，都没有完成富西尔·戴萨尔特58型机枪的设计，不过他们接连地成功研制了HK11型、HK12型和HK13型机枪。HK11型机枪是一种采用弹匣供弹的轻机枪，使用北约标准的7.62毫米子弹，其实它就是一种装有可更换枪管的G3突击步枪。HK12型机枪使用苏制7.62毫米短子弹。HK13型机枪使用5.56毫米×45子弹，该种子弹后来成为北约新的标准子弹。他们也同样研制成功了弹带供弹的枪型，这些枪型的名称就是相应地将弹匣供弹枪型名称中的"1"改为"2"即可，也就是HK21型机枪、HK22型机枪和

MG42型机枪

口径：7.92毫米
重量：11.5千克 (25.25磅)
全枪长：1220毫米 (48英寸)
枪管长：535毫米 (21英寸)
有效射程：超过3000米 (10000英尺)
构造：弹带供弹，短后坐制动
射速：1200发/分钟
子弹初速：800米/秒 (2650英尺/秒)
原产国：德国

HK23型机枪，这些弹带供弹的枪型都装有一副三脚架支撑以供持续射击时使用。西班牙政府也对MG42型机枪原始设计中未完成的闭锁装置进行过试验性研制，最终成功研制出毛瑟-塞特米的试验性机枪和塞特米-斯潘姆机枪。毛瑟-塞特米机枪使用北约标准的7.62毫米子弹，塞特米-斯潘姆机枪使用5.56毫米子弹，该枪也称为艾米利机枪，艾米利是西班牙语轻机枪的首字母缩略词。

吉姆皮通用机枪

不把MG42型机枪的改进型用作第一代通用机枪的国家是英国，尽管该国也迫切需要寻找一种新的持续射击武器来取代威克斯机枪。相反，英国却向研制威克斯机枪的相关公司求助，采用了赫斯特尔-莱斯-利奇工厂设计的机枪，这家工厂虽然在短短30年中两度沦陷于敌人，但自1900年与约翰·勃朗宁达成协议以来，从来没有停止过研制机枪的步伐。该工厂在与勃朗宁的长期合作中，研制成功了MAG机枪，该枪与勃朗宁在第一次世界大战期间研制的勃朗宁自动步枪的制动方式相似。1957年，英国把它用作多用途机枪，称为L7型机枪，而英国士兵则将其更名为吉姆皮机枪。后来，FN公司将该枪的枪栓倒置，把枪栓的肩状部置于套筒座下部，目的是将一个滚轴固定在枪栓上部的位置，用它来驱动弹带递送装置。他们还给这种枪加入了为MG42型机枪设计的供弹装置，使整支枪的重量超过了10千克，该供弹装置在吉姆皮机枪用作轻机枪时，可以方便地拆卸下来。将MAG机枪的枪托卸下来，装上正切瞄准具，然后架放在三脚架上，就可以用作间接瞄准的持续射击武器，或者用作车载或直升机载机枪。

枪管的更换

比利时制造的MAG机枪的枪管，是通过断续螺纹锁进枪体的，这种枪管可在数秒钟内更换，方法很简单，先将携带柄旋转90°，松开一个挂钩，分别从枪体和气缸中取出枪管和气阀即可。此方法与布伦机枪更换枪管的方法相同，在枪管更换时不必将弹药从机枪上卸下来。气阀是可以调节的，通过调节可以将更多的气体导入气缸，一方面可以增加气体在气缸中积累，另一面也可以调整机枪的射速，在净枪的情况下，其调整范围可达每分钟600发到1000发。M60型机枪上所用的带有钨铬钴合金涂层的重型枪管也在此枪上进行过测试，但令人惊奇的是，这种枪管并未得到应用，原因可能是这种枪管制造起来比较困难。皇家军械公司生产的GPMG机枪与FN公司生产的MAG机枪在细节上也有许多区别，致使这两类机枪的部件不能互相换用。

专家们认为MAG机枪和GPMG机枪已经超过德国造的M3型机枪、赫克勒·科赫公司造的HK21型机枪、瑞士SIG公司造的710型机枪和法国造的AAT52型机枪，也远远超过美国造的M60型机枪和苏联造的PK系列机枪，它们已成为第三代最好的中型机枪。在市场竞争力方面，MAG机枪和GPMG机枪比其前身威克斯机枪有过之而无不及，远销75个国家。市场竞争力是机枪是否有效和是否受欢迎的一项重要指标。在其进入现役40年后还仍然在印度、以色列和美国生产，甚至就连比利时和英国也依然在生产。

比猪还蠢的机枪

从一种绝好的机枪沦落至比一般要差的机枪，北约成员国制造的火力最猛的M60型机枪就是这样一个例子。对M60型机枪大加赞扬的垃圾文字，绝大部分是只将该枪与勃朗宁1919型机枪进行比较而得来的。这一比较有失偏颇，因为它没有将该枪与同时代的现代化机枪进行比较。M60型机枪不像吹嘘的那样好，早期的枪型根本就不能用于实战，士兵们给它起了个绰号："猪"。该枪最初的缺陷是声音太大，这与其基本设计几乎没有关系，但是它在枪支部件的具体安排上明显欠考虑。

这并不是说初始型的M60型机枪就一无是处。其实，它在某些方面还是非常出色的。例如，枪管前15厘米处用的是钨铬钴合金涂层，这样机枪就可以长时间连续射击，即使将枪管烧得通红，也不会引起损坏。钨铬钴合金是一种不含铁的合金，由钴、铬、钼、钨混合配制而成，由海恩斯钨铬钴合金公司研制并申请了专利。这表明在轻武器的合金技术方面又向前迈进了一大步。1967年，在佐治亚本宁堡举行了一场极为苛刻的试验，用标准的准军用M60型机枪一次性连续发射50米长的弹带，结果，枪管炽热，红中透白，在发射最后几百发子弹时，火星四溅。随后进行检查，发现该枪并没有实质上的损坏。

枪管难以更换

枪支的评论家会说，既然早期的M60型机枪的枪管更换并不适于在战斗中进行，那么枪管套的高强度和较强的抗变形能力可能也不是什么优点。首先，它没有枪管柄（携带柄，就其用途来说，在任何情况下都证明太脆弱易损了，它安装在套筒座的上面），这就意味着，二号枪手在

MG3型机枪

口径：7.62毫米

重量：11.5千克

全枪长：1220毫米 (48英寸)

枪管长：535毫米 (21英寸)

有效射程：3000米 (10000英尺)

构造：弹带供弹，短后坐制动

射速：750发～1350发/分钟，可选

子弹初速：825米/秒 (2700英尺/秒)

原产国：德国

MAG机枪
口径：7.62毫米
重量：10.15千克（22.25磅）
全枪长：1250毫米（49.25英寸）
枪管长：545毫米（21.5英寸）
有效射程：3000米（10000英尺）
构造：弹带供弹，空气制动
射速：850发/分钟
子弹初速：825米/秒（2700英尺/秒）
原产国：比利时

换枪管时必须要戴上石棉连指手套去抓住枪管，这往往导致枪管安装错误，同时还要求在备用箱中周到地放上一双石棉手套。其次，架枪的两脚架与枪管是不可分离的整体（就像气缸的前部与两脚架不可分离一样）。结果，枪管更换完成后，枪管要么向上翘着，这从战术上看并不明智；要么就向下低着，这样尘土就很可能进入供弹装置甚至套筒座。这种设计（为稳定考虑，尽量使两脚架靠前的结果）在法国造的AAT52型机枪和苏联造的PM机枪上仍然采用，试射过这些机枪的美国士兵认为后者比M60型机枪更易操作，更为可靠。

M60型机枪有一段很长的发展史，1944年即迈出了替换老旧的勃朗宁1919型机枪的第一步。当时，斯普林菲尔德兵工厂的工程人员把MG42型机枪的填弹系统与FG42型机枪的制动装置综合在一起，制造出了T44型机枪，它仍使用7.92毫米×57子弹。然而，使用者无法调节气流，这一问题使设计者深感苦恼。枪的气体通道很快就被燃烧后产生的副产物弄脏，必须采用调节器来进行调节，在系统收缩时，让更多的气体进入驱动汽缸。FG42型机枪通过一种断续调节的形式也就是熟知的恒压系统来解决了这一问题，气体通过气孔进入汽缸，该气孔与枪膛相连，但要途经活塞长空头内的另一个气孔。在气压积累到足够克服惯性时（往往只需几毫秒，在子弹清空枪膛和离开枪口的间隔内发生），

活塞后冲，开始驱动冲程，其第一个作用是移动活塞头内的气孔，使之不与另一个沟通枪膛和气缸的气孔成一直线，从而切断气体供应。理论上说，这种系统是安全可靠的，但事实证明，该系统并不是特别防尘，致使M60机枪对于异物的污染极度敏感。

具有这些（或其他的）缺点的T44型机枪被送至布里奇器械公司继续研究，该公司对该枪作了长期的大量改进，但收效甚微。他们最终还是制造出了一种改进型，称为T161E3型机枪，使用7.62毫米×51北约标准子弹。该枪就是M60型机枪的前身，于1959年进入现役。真是屋漏偏逢连阴雨，在M60型机枪进入现役时，其造价是同时代性能还优越些的MG42/59型机枪的四倍。M60型机枪经历了整个越南战争，鉴于它在越战中暴露的缺点，有必要对其进行改进，有关方面共进行了不少于12次的重大改进（包括一次枪机前端的重新设计），这才使其勉为其难地成为了一种实用的步兵武器。但是，在改进后的机枪（称为M60E1型机枪）大规模进入现役之前，正好遇上美国陆军对7.62毫米口径机枪的概念进行全面审查，审查的结论是淘汰这种口径的机枪。从此以后，美国陆军逐渐停止使用M60型机枪，从1986年起，开始装备口径为5.56毫米班用自动武器。

上图：英国陆军常常把FN公司生产的MAG机枪作为L7型通用机枪来使用，在担当持续射击武器的角色时，要架放在三脚架上

M60型机枪是作为一种架放在三脚架上的持续射击武器进入现役的,它有多种型号,分门别类地固定或灵活装备在装甲车辆和直升机上。总是自视肩负的责任与美国陆军不同的美国海军陆战队使用的是埃科型号,该型号由平民设计师萨克·迪芬斯研制,称为M60E3型机枪,该型枪在重量上比原型枪轻了近2千克。萨克还研制了一种枪管较重的改进型,它吸纳了已遭淘汰的M60E1型机枪的已有优点,又在此基础上进行了一系列的改进,包括加装一个前手柄,在理论上提高了该型枪作为突击武器的可控性。

M60型机枪的其他改进型

从战场作战性能的角度来看,M60E3型机枪对M60型机枪所作的最重大的改进是矫正了其设计上的缺陷。起初,M60型机枪的前视瞄准具只是一个简单的叶片镜,没有保护也没有调节能力。因此,每次更换枪管后,必须在表尺上将枪的位置重调为零。自然,很少有机枪组员愿意在战场上冒着生命危险这样去做,他们宁愿接受机枪精确度严重丧失的结果,可以想象,这会使远距离火力支援武器的有效性遭受多么大的损失。然而,由萨克设计的M60E3型机枪的前视瞄准具可调节风力修正量和射角,这使整个枪管也成为可预调为零的特殊枪体,这样就最大限度地减少了影响精确度的因素。当然,M60E3型机

M60型机枪
口径:7.62毫米
重量:10.4千克(23磅)
全枪长:1100毫米(43.75英寸)
枪管长:645毫米(25.5英寸)
有效射程:3000米(10000英尺)
构造:弹带供弹,气体制动
射速:600发/分钟
子弹初速:800米/秒(2700英尺/秒)
原产国:美国

枪和早期型的M60型机枪的枪管是不能互换的。

M60型机枪的总体性能较差,因此其海外客户非常稀少就不足为奇了。这些海外客户主要局限于与美国政府关系密切的国家和地区,如韩国和中国台湾,而且售价极低。另外,澳大利亚也进口一些此种机枪。中国台湾也于1968年开始生产M60机枪,将其命名为57型机枪。后来中国台湾也不进口此种机枪了,而改为进口FN公司生产的MAG机枪,并将其命名为74型机枪,当然他们是以市场价格来购得这些机枪的。

其他的通用机枪

比利时生产的MAG机枪,是MG42型机枪和M60型机枪的又一改进型,该枪实际上垄断了除苏联、中国及苏联卫星国以外的通用机枪市场。当然,这也阻挡不了其他生产厂家试图挤占市场,但除了在国内能取得一点成功外,这些厂家很少能在国外的市场上取得进展。即使苏联对其卫星国严加控制,坚持要求捷克斯洛伐克使用那些并不适合他们的弹药,但是捷克斯洛伐克还是研制成功了一种新式机枪。在丹麦,DISA公司研制成功了麦德森-萨伊特机枪。法国也坚持走自己的路,研制成功了非传统的后坐力制动AAT52型机枪。日本设计师河村昌谷也在战后研制了一系列的机枪,其中最为成功的是62型机枪。苏联研制了RP-46型机枪,它实际上是一种弹带供弹的DPM机枪,中国和韩国对其

上图:GPMG机枪在使用本身所带的两脚架时,也可方便地担当轻机枪的角色。该枪较轻,只有10千克多一点,可随身携带

上图：美国陆军和海军陆战队将M60型机枪用作班一级的火力支援武器

进行了高精度的仿制，后来PK系列机枪取代了这种机枪。

捷克造的Vz59型机枪

Vz59型机枪实际上是成功可靠的Vz52型机枪的改进型，该枪的结构更简单，也易于生产。Vz59型机枪有两种枪型，第一种装有传统扳机，用于装备步兵部队。第二种是用螺线管来取代扳机，用于装备装甲车辆。两种枪型都配有轻、重枪管，整体式两脚架用不用皆可。起初，该枪使用性能较差的苏制9.62毫米×54R子弹，后改用北约标准的7.62毫米×52子弹。它并没继承Vz52型机枪的整体式弹带或弹匣双供弹系统，而仅使用开匣不分裂弹带。这样可使苏制有边子弹直接穿过弹匣，而不必像PK子弹或其他子弹那样要拔至后部，从而大大简化了供弹过程。

麦德森–萨伊特机枪

20世纪50年代，麦德森轻机枪已经既老式又过时，丹麦的机枪制造商开始四处寻求新的枪型来取代这种机枪。由麦德森机枪改进而来的机枪，虽然制造质量非常高，但不幸的是，它不具备麦德森机枪所具有的性能。它的主要缺陷是，制动装置由两个突缘卡住，方法是将这两个突缘迫出枪栓体卡入套筒座壁上的凹槽。但是，清洗完机枪再重新组装时很容易将这些极其重要的突缘给遗忘掉，在这种情况下机枪是无法射击的。

法国造的AAT52型机枪

法国只有在极端困窘的情况下，才会用别国的设计或生产的武器来装备自己的武装力量，但也有例外。第一次世界大战期间，达恩公司就以生产许可证的形式生产刘易斯机枪，位于查特勒罗尔特的国营兵工厂也生产了数千支空气制冷的威克斯

上图：AATM52型机枪是第二次世界大战后最不可能为人们接受的重机枪。该枪的延迟式后坐力制动既不可靠，也不稳定

机枪。第二次世界大战期间，法国陆军和空军在国内机枪来源不足的情况下，也装备了许多其他国家的武器。随着第二次世界大战的结束，法国很快又回到自力更生的政策上来，不久就生产了一系列新式机枪：MAT49型冲锋枪和MAS49型半自动步枪。其中MAS49型半自动步枪摒弃了传统的活塞和气缸，采用一种独特的气体驱动法，使气体直接作用在栓面上。三年后又研制生产了AAT52型机枪，该枪是一种与M60型机枪很相似的通用机枪，吸取了德国大量的制枪经验，但其制动装置则来源于尚未研制成功的StG45型半自动突击步枪。StG45型半自动突击步枪由毛瑟–沃克公司于战争快结束时研制，该枪使用火力较低的库兹子弹。AAT52型机枪处理弹药的方法来自MG42型机枪，但又进行了一些改进。

将突击步枪的制动装置运用于通用机枪，其效果令人怀疑。AAT52型机枪使用一种延迟式双段后坐力制动装置，这对于现代多用途机枪（甚至轻机枪）来说都不是什么稀罕事，因为只要所使用的子弹不像M1929型7.5毫米×54子弹或7.62毫米北约标准子弹那样火力太猛的子弹，就不会出现什么异常。许多专家认为，AAT52型机枪的制动安全性非常有限，因此有必要对其膛内空隙进行调整。但是，即使AAT52型机枪经过正确调整后也依然容易撕裂子弹，常常导致机枪卡壳。不过，它在用作持续射击武器时也可以使用重枪管，并架放在三脚架上。在法国军队用新式的使用7.62毫米北约标准子弹的AAT52型机枪取代原来使用7.5毫米子弹的枪型时，重新把这种枪命名为AAT 52/mle NF-1型机枪。

日本制造的通用机枪

河村博士一定十分忙碌，他担任NTK公司的总经理，NTK公司是于1946年从其母公司日本特种钢材公司强行独立出来的，是日本农用拖拉机的主要生产商。日本组建自卫队后，NTK公司成功地得到一份为自卫队修理自动武器的合同。1956年，日本要求该公司设计一种新式通用机枪，这就是5M型机枪，是一种传统的气体制动、空气制冷机枪，使用美国产的0.30英寸-06子弹。该枪最突出的特点是可以

赫克勒·科赫公司生产的HK21型机枪
口径：7.62毫米
重量：6.6千克
全枪长：1015毫米（40英寸）
枪管长：450毫米（17.75英寸）
有效射程：2000米（6600英尺）
构造：鼓形弹匣或弹带供弹，延迟式后坐力制动
射速：750发/分钟
子弹初速：825米/秒（2700英尺/秒）
原产国：德国

AATM52型机枪
口径：7.62毫米
重量：9.9千克（21.75磅）
全枪长：990毫米（39英寸）
枪管长：490毫米（19.3英寸），595毫米（23.5英寸）
有效射程：3000米（10000英尺）
构造：弹带供弹，延迟式后坐力制动
射速：700发/分钟
子弹初速：800米/秒（2700英尺/秒）
原产国：法国

很容易地将弹带供弹装置从一侧移至另一侧；它可以使用轻重两种枪管，还配有结实的三脚架。其枪托可用一双带有拇指操纵扳机的铲形枪柄替换。很明显，在用作轻机枪时，它吸取了很多99型机枪的优点。然而，河村后来在机枪研制方面几乎没有取得什么成功。7M型机枪是一种很奇特的机枪，其气缸又短又窄，位于枪管之上，而长长的活塞则作用在外露的枪栓上。7M型机枪在原型枪阶段就流产了。9M型机枪于1962年进入现役，并更名为62型机枪，该枪取得了较大的成功，其气体制动装置又恢复成传统样式，但其闭锁系统却很独特。枪栓的头部向上推入活塞节套的凹槽，两翼的突缘也在那里卡入套筒座壁的凹槽，活塞节套的后移将这些突缘锁在那里。该枪退弹的方法也很奇特，大部分机枪的枪栓面上都有一个弹簧钩，这种弹簧钩一般位于枪栓的边上或槽内。但是，9M型机枪在弹膛下部有一个弹簧撞针杆，在子弹上膛时，该撞针杆被迫向上卡入枪栓上的槽内，在枪栓前后移时，栓面上部一个固定退弹钩也被迫向下卡入这个槽内，在该退弹钩向后移时抓住空弹壳将其退出。这种机枪就是这么复杂，但很快就因为精度高和性能稳定而赢得了名声。

华约等国家生产的通用机枪

第一支两用机枪（它并不是真正意义上的通用机枪，但在向通用机枪发展的方向迈出了坚定一步）由苏联研制出来，称为RP-46型机枪，是捷戈加廖夫设计的DPM机枪的改进型。它将DPM机枪的鼓形弹匣供弹改成两段式的弹带供弹，因此，必须继续使用有边子弹。该枪的性能也非常好，而且还有一个优点，在弹带成为累赘时（比如在进攻的最后阶段）还可以很快地用鼓形弹匣将之替换下来。20世纪50年代初，它被PK机枪取代，PK机枪所用的闭锁方式是由米哈伊尔·卡拉什尼科夫设计的。PK机枪与RP-46型机枪和其他苏制中型机枪一样也使用M1891型7.62毫米×54子弹，而M43型7.62毫米中型子弹的火力不足，则不予使用。所用的弹带为闭合式弹环弹带，这意味着它必须采用与RP-46型机枪相同的两段式弹药供弹。其供弹装置位于套筒座的上部，在枪栓回移时从弹带上退下一粒子弹，使其掉入枪管的翼面，在枪栓回移时将其推上膛，这是80年前马克西姆所采用的原始系统的再现。PK机枪的枪管可以更换，但其速度无论如何也无法与同时代的机枪相比，因为在更换枪管时要将弹药卸下来，还要将进弹盖上移以取出枪管。该枪的枪托设计奇特，可以取下来。它的持续射击型与基本设计没有多大的变化，只是要装上重枪管并架放在一副三脚架上，这种型号的枪还可用来防空。

AK和PK系列机枪

卡拉什尼科夫为苏联一系列以其名字命名的突击步枪和冲锋枪设计的制动装置是20世纪后半期较为成功的设计，这种装置不但在全球得到广泛应用，而且它所使用的技术非常先进。专门使用7.62毫米×39 M1934型低火力子弹的AK机枪、AKM机枪和AKMS机枪不但成为苏联各加盟共和国的标准步兵武器，而且也成为华约各国家的标准步兵武器，甚至连世界各地的游击队员也选用这些武器。严格说来，虽然这些武器具有自动发射的功能，而且使用起来也舒适可控，但是它们已经开始逐渐退出这一领域。这就是现代武器中出现的怪事。为了实现我们的目标，我们把卡拉什尼科夫设计的气体控制系统和由两部分组成的旋转枪栓制动装置运用于RPK轻机枪和PK通用机枪中。正如我们所看到的,这两种机枪虽然名称相似,但它们是两种截然不同的机枪。

卡拉什尼科夫设计的制动装置

米哈伊尔·卡拉什尼科夫设计的制动装置非常简单。将枪口附近的空气吸入上置的气缸中,推动活塞和枪栓托架(两者为一整体)移动约8.5毫米,在这段时间内,枪膛内气压降至安全水平。此时,进入气缸的过量空气通过气缸壁上的一系列小孔排出,气缸中没有气体调节器。枪栓托架上的狭槽与枪栓上的双端螺栓相咬合,从而使向后的运动转换成35度的旋转运动,释放闭锁突缘。在旋转和解锁过程中,没有采用原始的退弹器,而采用超大的退弹器,该退弹器安装在枪栓头部,还在枪膛内开有凹槽,这样,枪栓、枪栓托架和活塞可以自由运行,完成一系列的工作,包括退弹、释放击锤和压缩回复簧。导杆上退弹簧将弹壳由套筒座右手侧的弹孔退出。套筒座后部的反冲使枪栓暂时停下来,在枪栓托架移动至最后8.5毫米时,解锁过程中一个简单的回动装置将枪栓重锁,枪栓托架和活塞继续前移约5毫米,以免由于枪栓的返回使得自身解锁。击发柄是枪栓托架的一部分,与枪栓托架一起做往复运动。然而,没有开放装置来显示弹匣是否已空,人们认为这是AK机枪最严重的缺陷。其30发装的曲形弹匣,不能在机枪上进行装弹,必须从机枪上卸下来才能装弹。它可以进行选择性射击,选择杆位于套筒座右手侧和退弹孔的后面,紧挨在扳机保护器的上面,该选择杆也担当保险杆的职责,既可以阻挡扳机,也可以防止枪栓在后移时越过弹匣子弹的头部,此设计受到许多人的抨击。AKM机枪加装了射速抑制器,但是,该抑制器不但设计复杂,而且效果也很差。

AK机枪和AKM机枪有实质性的区别,但不是一眼就可看出,前者的套筒座由1毫米厚的U型钢压板制成,该套筒座铆接在插入部件上,这些部件包括闭锁凹槽、枪管支承和前后枪托。这极大地减轻了机枪的重量,使其重量减至3.15千克至4.3千克,而且装有折叠枪托的型号的重量比这还要轻。后来发现卡拉什尼科夫设计的旋转枪栓制动原理,也运用于RPK机枪和弹带供弹的PK机枪。RPK机枪可以方便地使用步枪所用的弹匣,而PK机枪则使用7.62毫米×54的M1891型长子弹。20世纪70年代末期,苏联引进了新的5.45毫米×39小型子弹,莫斯科军事部门敏感地决定不去改动那些有违专利的设计,而仅仅简单地将现有自动武器的制动装置作些改动以使用新型子弹,这样就产生了AK-74机枪和RPK-74轻机枪。

美国的设计

美国陆军使用了两代自动步枪,即M1型自动步枪和稍作改进的M14型自动步枪,这两代自动步枪都使用0.30英寸-06子弹,但到20世纪50年代中期,这两代步枪开始使用体积较小、重量较轻的子弹。这一进展很大程度上应归功于一个人的功劳,他就是已退休的美国陆战队军官尤金·斯通纳,他曾于1945年出任阿玛莱特公司的总工程师。当时斯通纳已经开始研制军用机枪,也就是后来的AR-10型机枪,使用7.62毫米北约标准子弹,该枪没有安装气缸和活塞,而是与法国同时代的机枪一样,使推进气体直接作用于枪栓托架。它最重要的部件是多突缘前锁旋转枪栓。后来,AR-15步枪和半自动滑膛枪使用了该枪栓。尤金·斯通纳离开阿玛莱特公司后所研制的63型通用机枪也使用了该枪栓。这种枪栓确实是斯通纳对现代枪械所做的最大贡献,尽管它并非是由斯通纳独创的。实际上,这种枪栓的设计应部分归功于梅尔文·约翰逊20年前的努力,他曾研制成功了一种半自动步枪和一种轻机枪,但这两种机枪都只有少量进入现役。

斯通纳设计的制动装置

斯通纳设计的制动装置,是将气体由枪管上的气孔导入枪栓托架上圆筒状的空间中,然后迫使气体后移,这些气孔位于后膛至枪口约2/3处,在气体自由运行3毫米后,套筒座内壁上凸轮状的狭槽与槽针一起落至枪栓上,此时枪膛内的气压已降至安全水平,枪栓在狭槽和槽针的驱动下沿着转轴顺时针旋转22.5度,从而使栓头上的7个闭锁突缘与枪管节套上的7个沟槽成一直线。然后,托架驱动枪栓后移从而启动制动循环。该枪没有采用原始的退弹器,重锁过程与释放过程基本相同,该过程是在枪托内卷曲的弹簧的辅

PK机枪

口径:7.62毫米

重量:8.9千克(19.75磅)

全枪长:1195毫米(47英寸)

枪管长:660毫米(26英寸)

有效射程:2000米(6600英尺)

构造:弹带供弹,气体制动

射速:700发/分钟

子弹初速:800米/秒(2700英尺/秒)

原产国:苏联

上图：PK族机枪，这种机枪采用气体制动、旋转枪栓闭锁和弹带供弹，子弹以非分裂金属弹带供弹

助下完成的。

AR-15型步枪和M16型步枪

AR-15型步枪和M16型步枪笔直的外形直接仿制于AR-10型机枪，当然其气体控制系统、多突缘旋转枪栓、扳机和保险装置也都是仿制AR-10型机枪。为了达到美国步兵委员会发布的步枪重量标准（不得超过2.72千克），AR-15型步枪只是简单地减轻重量，就是这样它也没达到要求。早期的M16型步枪安装的是20发装的弹匣，外加背带，几乎有3.65千克重。该枪也具有单连发射击选择能力，在射程超过457米时与M1型步枪具有相同的弹道特性。从表面看，这似乎是该枪存在的最大问题，但是，实际上斯通纳所面临的唯一严重问题是找不到该枪使用的合适子弹。

采用新口径的机枪

最终选择的子弹是3.56克重、0.222英寸的雷明顿"体育用"子弹，其初速可达每秒920米。但是，这种子弹在400米的射程内将下坠840毫米，其动能仅有0.30英寸-06 M2子弹的一半，而M2型子弹在相同的射程内只下坠595毫米。阿玛莱特公司转而请求希拉子弹公司为其研制子弹，新子弹是一种船尾形的设计，它不仅在动能上有了很大的提高，而且在运行过程中下坠的幅度也减少了许多，但有人批评其毁伤能力较差。其弹壳稍微加长了一些，以便加入更多的推进火药，使其初速可提至每秒990米。重新改进后的子弹称为0.222英寸特种子弹（军事圈内称为M109型子弹）。后来，雷明顿又研制了一种类似的子弹，称为0.223英寸雷明顿子弹。

对阿玛莱特公司来说，人们普遍认

上图：斯通纳研制的M63型机枪是对标准步兵武器系统的一种大胆尝试，这种武器系统集冲锋枪、突击步枪、轻机枪和重机枪于一身

为，发展一种全新的子弹以取代0.222英寸的子弹要明智得多，如口径为6.6毫米、弹丸重5.2~5.8克的子弹。斯通纳以前曾对这样的子弹进行过试验，他对这种口径子弹的特性所作的简要描述很有启发意义。例如口径为0.257英寸、弹丸重5.64克的温彻斯特-马格南子弹的初速可达每秒1166米，在射程为400米时，下坠幅度还不足200毫米。美国军方在经过激烈的政治辩论后，终于与北约其他各国一样也使用5.56毫米×45子弹，这种子弹与温彻斯特-马格南子弹在外形上没有什么差别，但其弹道特性有了极大的改进，由比利时的FN公司研制，称为SS109型子弹。

突击步枪的兴起

5.56毫米×45子弹的军用化是多用途机枪深入发展的结果。我们已经注意到，对于步兵突击和支援性武器来说使用相同的弹药是何等重要，这种需要并不随着较小型子弹的使用而消失。相反，它导致了新一代更灵活通用机枪及其家族的发展。尤金·斯通纳是促进这种发展最虔诚的成员之一，他与众多半自动步枪的设计者一样，深信这种武器可以取代（至少可以补充）担当支援武器的班用轻机枪。他也研制了AR-10型机枪的改进型，这种机枪是一种配有两脚架的重枪管机枪。后来，又研制了改进更彻底的弹带供弹机枪，他还为这种机枪研制了快换枪管和旋转式三脚架。虽然他研制的轻机枪和"短枪管"型的卡宾枪很少有人问津，但是这并不能阻止他研制AR-15型机枪原型的步伐，这种机枪有两种配置形式，他在该枪上取得了较大的成功。柯尔特公司将这种短枪管型机枪以"突击队员"的名称生产，该公司也对此枪作了一些改进，加装了伸缩式枪托。该枪在越南战争中得到广泛应用，后来也得到美国特种部队的大量使用。柯尔特公司后来又在此基础上研制了弹匣供弹和弹带供弹两种枪型，称为柯尔特自动步枪，但这两种枪型的性能都不是很好。

63系列机枪

与其他设计者相比，斯通纳主要致力于通用机枪的研制，从他研制的机枪中就可看出这一点。63系列机枪是斯通纳离开阿玛莱特公司后设计的，由卡迪拉克·盖奇公司制造，该公司以生产轻型装甲车闻名。63系列机枪采用斯通纳设计的制动装置，但是加装了气缸和活塞，目的是最大限度地减少尘土对枪的污染。这种枪由15个部件组成，共有5种型号，分别为冲锋枪型、卡宾枪型、突击步枪型、轻机枪型和持续射击机枪型。这些型号的机枪都使用同一种子弹，但所安装的枪管、枪托、供弹装置和弹匣或弹带各不相同。美国海军和海军陆战队将M63型机枪拿到越南战场上进行测试，效果不错，但他们并没有因此购买此枪。

比利时制造的米尼米机枪

比利时似乎不愿完全接受制式武器系统的概念，但对引进新的小口径、弹匣弹带都可供弹的更为灵活的通用机枪却没有异议。比利时最早引进此种武器的是FN公司，此时，该公司已经研制成功自己的口径为5.56毫米的突击步枪——CAL突击步枪。通过引进，FN公司研制成功了新式机枪，他们称为米尼米机枪，而使用此枪的美国人则把它称为M249型班用机枪。该枪的原型于1974年生产，它们在当时引起了外界的极大兴趣，但是，它的发展过程非常缓慢，直到1982年才开始批量生产，这主要是因为比利时保守的军事工业，他们说把这种发展得极其成熟的武器投入商业市场太不值得。这种机枪从各种意义上说都相当完美，这与M60型机枪形成鲜明的对照。从理论上说，该枪非常轻，净重还不到7千克，在用作突击武器时，既可以采用弹匣供弹也可以采用弹带供弹，在进行弹带和弹匣供弹方式的转换时无须改动。米尼米机枪还可以轻易地装入轻质塑料盒中。它安装的是传统的硬质架形枪托或者可伸展的重量更轻的枪托。其枪管有两种长度，可以快速更换，方法与MAG机枪更换枪管的方法相似。它与MAG机枪的密切关系可以从其安装的三脚架和瞄准具上更清楚地看出。

米尼米机枪稍作改动后就可满足美国式的制造方式，以获得美军的采用，并于美军同意采用的同年批量生产。美国政府首次就订购了6.8万支米尼米机枪，这些机枪由FN在美国的分公司生产，在它们进入现役时，以M249型班用机枪的名称进入美军的武器名录，美军将它定义为介于持续射击武器M60型机枪和M16型机枪之间的武器，这种定义起初还比较别扭，但后来就得到了大家的认可，还最终取代了M60型机枪。美国军方遇到的唯一严重的问题是他们坚持继续使用M109型子弹，而不使用威力较大的比利时研制的SS109型子弹。特别是在将弹带送入制动系统的过程中偶尔会出一些问题，而且人们认为在使用弹匣供弹时，其射速偏高。不过，使用SS109型子弹就会完全解决这些问题，这并不奇怪。M16型机枪的一种新改进型，即M16A2型机枪就是因为要使用SS109这种威力较大的子弹才进行改进的，结果该枪的性能得到极大的提高。

在米尼米机枪在庆祝其批量生产进入第十周年时，已经得到12个国家和地区的采用，衍生了至少两个枪型，即韩国造的K3型机枪和中国台湾造的75型机枪。它也受到竞争对手的挑战，如新加坡造的厄尔蒂马克斯100型机枪和以色列造的内吉夫机枪就对其构成了一定威胁，前者实际上与它同时进入国际市场，而后者则在基本设计、制动方式和通用性上与其都极其相

斯通纳M63 A1型机枪（用作持续射击武器）
口径：5.56毫米
重量：5.65千克（12.5磅）（枪本身的重量）
全枪长：1025毫米（40.25英寸）
枪管长：550毫米（21.7英寸）
有效射程：2000米（6600英尺）
构造：弹带供弹，气体制动
射速：700发/分钟
子弹初速：990米/秒（3250英尺/秒）
原产国：美国

似。20世纪80年代一种重量较轻的单连发可选的机枪进入国际市场，该枪使用5.56毫米的子弹。

发射重量

对新一代通用机枪所持的疑问，是它们能否具有足够的重量以提供中远程支援火力。口径为5.56毫米机枪的最大有效射程通常约为800米，子弹的杀伤距离要比此距离要远，特别是使用SS109型子弹，但是人们普遍认为，持续射击武器最重要的打击区域一般都远远大于805米，因此通用机枪在这种打击区域是否有效，就令人质疑了。结果，世界各国的陆军都使用较大口径的机枪（如MAG机枪和M60型机枪）来担当持续射击武器的角色，但是也可以使用口径为12.7毫米的重机枪来担当此角色。我们曾对重机枪的类型有过简要的介绍，从中我们可以知道，最受欢迎的重机枪是勃朗宁M2型机枪，它是20世纪研制的所有机枪中服役时间最长的一种。勃朗宁55型机枪的最初型号是水制冷，于1918年首次投入使用，其改进型是空气制冷型，于1918年11月12日进行测试。这两种重机枪都在第二次世界大战期间使用过，但是1933年，空气制冷的M2型机枪已经成为主战武器。在约翰·勃朗宁打算研制更重型的机枪时，认为没有理由再对0.30英寸的M1917型机枪所用的简单短后坐系统进行重新设计，据此而研制的机枪以其最初型号服役至20世纪末。该枪于20世纪70年代又投入生产，但是又回到其最初型号，其数个改进型都没能服役至预期的时间。它使用口径为0.5英寸的子弹，射速为每分钟500发，所用子弹的类型有多种，包括标准的被甲弹、穿甲弹、燃烧弹和曳光弹，其有效射程超过1829米，安装上大炮所用的瞄准盘，用作间接发射武器时，其有效射程比这还要远得多。该枪重

上图：1984年，美国陆军和海军陆战队以FN公司制造的口径为5.56毫米的米尼米机枪取代了M60型机枪，他们把这种机枪用作班一级的自动武器，称为M249机枪

38千克，主三脚架重20千克，这一重量对于徒步行动的士兵来说不算重，它还可以很容易地装备在轻型战车上。

勃朗宁M2型机枪所使用的替用弹药

虽然20世纪60年代发展了许多新型机枪，但勃朗宁M2HB重机枪似乎仍然不会很快被取代，因为还有一些老旧的第一代中型机枪需要取代。更重要的或许是，新研制的12.7毫米子弹对普遍使用的被甲弹是一种极好的补充。其中一种弹药使用了为坦克主机枪而发展的技术，方法是将一种次口径的弹药用于大口径的枪中以提高其子弹初速。这种所谓的包弹式轻穿甲弹完全有能力在1000米开外击穿装甲运兵车的护甲。挪威也研制了一种可替用的弹药，这种弹药具有穿甲、燃烧和爆破三种功能。

多佛德维尔机枪

但是，使用这些特制的子弹也带来了另外一个问题，即这些子弹在对付步兵目

标时没有传统子弹那么有效，而且代价也相当高昂。美国AAI公司与美国陆军枪械研究与发展司令部一起联手解决了这一问题，他们研制成功了一种叫作通用重机枪的武器，后来通常称为多佛德维尔机枪，这是根据其研制地——位于新泽西州的一个小镇的名字命名的，该枪可以使用以上两种弹药。第二次世界大战期间，AAI公司与美国陆军枪械研究与发展司令部把一种比12.7毫米更重型的子弹放在该枪上试验，在此基础上，他们给这种枪加装了两种弹药供弹装置，在套筒座两边各安装一个供弹装置，这样就可以随时使用两种截然不同的子弹，其切换过程也相当简单。多佛德维尔机枪比M2HB机枪要轻，而且操作起来也简单得多，其往复运动的部件也比M2HB机枪少，是取代M2HB机枪的最佳武器。但是，经过漫长的测试后，美国陆军认为该枪不比M2HB机枪强多少，故而拒绝采用，这项研发计划就这样搁浅了。之后，AAI公司独自继续研制这种机枪，但终因没有销路而完全放弃。由新加坡国营特许工业公司研制的一种机枪借鉴了很多通用重机枪的优点，该枪称为50MG机枪，是一种制式机枪，由五个基本部分组成，它与多佛德维尔机枪一样也

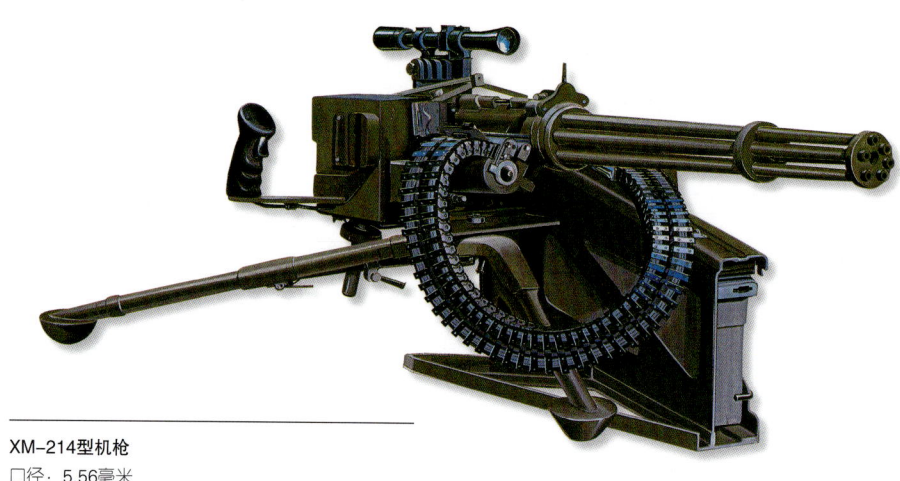

XM-214型机枪
口径：5.56毫米
重量：38.6千克 (85磅) (包括1000发子弹)
全枪长：685毫米 (27英寸)
枪管长：455毫米 (18英寸)
有效射程：超过2000米 (6600英尺)
构造：弹带供弹，外力制动，六管旋转发射
射速：最高可达4000发/分钟
子弹初速：990米/秒 (3250英尺/秒)
原产国：美国

M134型微型机枪
口径：7.62毫米
重量：26.4千克 (58磅)
全枪长：800毫米 (31.5英寸)
枪管长：560毫米 (22英寸)
有效射程：3000米 (10000英尺)
构造：弹带供弹，外力驱动，旋转式六管机枪
射速：6000发/分钟
子弹初速：870米/秒 (2850英尺/秒)
原产国：美国

下图：7.62毫米急射机枪可以轻易安装在直升机上使用，其极高的射速可以使子弹有效地穿过敌方阵地

上图：FN公司制造的米尼米机枪没有斯通纳研制的M63型机枪灵活，但是取得了相当大的成功。该枪既可以采用弹带供弹也可以采用弹匣供弹，在采用弹匣供弹时使用北约标准的步枪弹匣

能够从套筒座两侧进弹。该枪曾进行过生产，但没有进入国际市场。

与过去一样，新的12.7毫米重机枪必须到传统的提供勃朗宁M2HB机枪的公司才能买到，其中包括美国的萨克公司和拉莫公司以及比利时的FN公司。美国的两家公司都发展了M2HB机枪的轻量级改进型，它们在不装弹的情况下重26千克左右。但是，非常奇怪的是，即使他们给这些改进型的机枪加装了枪管快换系统，也没能改变客户对M2HB机枪的钟爱。

多佛德维尔机枪最初的口径为20毫米，背离了所谓的12.7毫米标准步兵武器的标准，但它并不是唯一背离这一标准的机枪。比利时的FN公司也研制了一种口径较大的机枪，使用弹丸较重的15毫米×115子弹。但是，该枪的枪管磨损得太厉害，后来改为使用15.5×106的子弹，称为BRG-15型机枪。所用新子弹弹丸的特点是加装了塑胶驱动带，这在大炮上广为使用，但很少在步兵武器上使用。该公司还生产各种各样的子弹，包括塑胶带式穿甲弹和高爆穿甲燃烧弹。BRG-15型机枪与50MG机枪和多佛德维尔机枪一样，也安装了双供弹装置以使所用弹药类型的转换更加方便。然而，一支在不装弹时就重达60千克的BRG-15型机枪要比M2机枪所用的三脚架和底座运起来还方便省力，这主要是因为该枪加装了内后坐力缓冲系统。

研发BRG-15型机枪的费用，使得FN公司的财政明显紧张，但有关这方面的资料已经无法找到。在该公司的此项研发计划进展到中途时，其控制权已转归国外一家大公司，它就是法国国家控股的枪械制造商吉亚特公司，FN公司成为这家大公司的分公司时更名为FNNH公司。

苏联制造的重机枪

虽然15.5毫米子弹所装弹丸的重量差别很大，但是由于这些弹丸的速度都能达到每秒1000米，因此都能获得相当巨大的动能，差别并不是很明显。20世纪末期，俄制的机枪用子弹中只有一种能够在性能上达到这一水平，这就是俄制KPV机枪所用的14.5毫米×114子弹。KPV机枪是第二次世界大战结束后就开始研制的，它的做工比较粗糙，既可用来摧毁战车也可用于防空，在用作防空武器时，可以车载也可以单支或多支地架在枪塔上。在越战中，越南北方军队广泛装备了这种机枪。该枪对于徒步行军的步兵来说是太重了，苏联给徒步行军的步兵装备的是12.7毫米的NSV机枪，该枪采用卡拉什尼科夫设计的旋转枪栓制动装置，它的有效射程远达2000米以上，无论在哪方面都可与M2HB机枪一争高下。

机载机枪

在机枪没有装备到飞机上之前，飞行员之间的射击并不构成太大的威胁。1914年，即使以最慢速度飞行的飞机遭受手枪或步枪的射击，也不会有太大的损失。早在1912年，刘易斯设计的机枪就曾从一架飞机上对外射击，从此，把机枪装备在飞机上的做法就开始流行开来，特别是在多座飞机上安装从观察者使用的可灵活架放的机枪。但是，在飞机上安装机枪带来的问题是如何给这些机枪定位。要想使机载机枪真正有效，枪须与机身的轴线平行。早些的做法是把枪架放在飞行员附近和螺旋桨后面，以处理难以避免的故障。许多发明家试图研制出一种射击协调装置以避免机枪在螺旋桨的桨叶与枪管成一直线时还射击。法国人雷蒙德·索尼尔虽然对自己设计的系统没有多大把握，但实际上他所设计的系统是最好的，该系统能够基本满足需要，但并不能让索尼尔满意，毕竟他是那个时代对这种系统要求最高的。法国一级飞行员罗兰·加罗斯与他相反，对这种系统的要求不高，曾于1915年3月暂时性地解决了机载机枪出现的问题，所用的方法是仅依靠致偏板就可防止机枪射到螺旋桨上。在接下来的三周中，他连续击落5架德国战机。但是，他后来也被迫迫降，尽管他点火烧了自己的飞机，德军仍从他近似疯狂的举动中推测出了他采用的方法，而德军并不愿意使用这么危险的方法，于是向当时最好的飞机设计师之一荷兰人安东·福克求助。两天后，福克就提出了一个实用的射击协调装置，该装置以瑞士人施奈德发明的专利为基础。很快，它就得到应用。令人几乎难以置信的是，法国和英国花了几乎一年的时间才设计出自己比较满意的射击协调装置，而此时，德国已明显占有绝对的空中优势。

第二次世界大战开始时，战斗机上架设的机枪已有8挺之多，也开始架设重型机炮。战争后期，盟军选用的是0.5英寸的勃朗宁机载机枪，而德国空军则选用13毫米的MG131机载机枪和15毫米的MG151型机载机枪，前者由莱茵金属公司生产，后者由毛瑟公司生产。双方都在飞机上安装了希斯潘洛-苏伊泽公司生产的20毫米和30毫米的机炮。随着飞机速度的加快，自然也就越难击落。研究的重心也转移至如何把射速提高至每分钟1200发以上。每分钟1200发的射速，对于传统机枪来说是比较容易达到的，但提升这一速度就比较难。在飞机上，提高火力的唯一方法就是在飞机上安装更多的机枪，这会使飞机越来越重，其性能也将大打折扣。提高机枪射速的一个方法是用外力来驱动机枪，就像一个世纪前理查德·乔丹·加特林设计的机枪那样，他曾在机枪上加装了一个电动机，使得发射0.3英寸克拉格-乔根森步枪子弹的机枪的射速达到每分钟3000发。

重新设计的加特林机枪

要想对现有重机枪的性能进行重大提升，就必须对它们的设计进行深入反思，人们开始对加特林设计的重机枪进行重新评估。在第二次世界大战行将结束之时，美国政府委托约翰逊自动武器公司对加特林机枪现代化改进的可能性进行研究。约翰逊自动武器公司是一家制造枪械的私营公司，由一名已退休的海军陆战队上校约翰逊组建。约翰逊将目标锁在使用0.45英寸子弹的M1883型机枪上。他一步一步地重复加特林的设计，但是最终还是要归功于电动机的性能，正是这一性能使他终于取得成功。改进后的机枪，能以每分钟5800发的速度将50发子弹顷刻间射出。

沃尔康机枪

约翰逊努力的结果是1945年6月美国陆军授予通用电气公司军备部门一份研发合同，他们将这一研发计划称为沃尔康计划。此项计划实施的结果是于第二年初研制出一种名为T45型的原型枪，该枪的工作原理几乎与80年前加特林发明的工作原理如出一辙。两者主要的区别在于击发方式不同，加特林机枪是用火帽击发，沃尔康机枪是用电力击发。

上图：美国陆军和空军把6管和3管的沃尔康机炮装备在M113型装甲人员运输车的炮座上，用作机动防空武器

M61/M168型沃尔康机炮
口径：20毫米
重量：136千克（300磅）（机炮本身重量）
全枪长：不适用
枪管长：不适用
有效射程：6000米（20000英尺）
构造：弹带供弹，外力制动，6管旋转发射
射速：最高可达6000发/分钟
子弹初速：670米/秒（2200英尺/秒）
原产国：美国

密集阵，以防御舰只遭受近距离的导弹袭击，该枪还装备在轻型舰只的EX-84通用底座上。一种名为M197型的3管机枪得到美国陆军和海军陆战队的采用，他们用这种机枪来装备"眼镜蛇"攻击直升机。M197型机枪还得到美国空军的采用，他们把它用来装备固定翼武装直升机。

实际上，沃尔康M61型机枪的结构非常简单，整支枪最复杂的是每秒要将100多发的子弹送进多管后膛，这简直就是在机枪内部做一项工程。子弹是用标准的分裂链环弹带送至枪座，然后经过拆链器进入鼓形弹匣的，再由阿基米德螺旋杆送入枪内。也可以采用如下进弹方式，将"松"子弹从大装量的鼓形弹匣中直接送入枪中，这种进弹方法要使用垂直螺旋杆。

7.62毫米小型机枪

随着M61型机枪的批量生产，通用电气公司的研发工程师们开始研制步枪口径的此种机枪。研制计划于1960年开始实施，由美国空军提供资金。1962年，开始对样枪进行测试，两年后，GAU-2B小型机枪进入现役，该枪使用7.62毫米×51北约标准子弹，安装在位于机翼下部的SUU-11吊舱上，或者安装在直升机的起落架上。但是，该枪在首次实战中是横向架于旧式C-47"达科他"飞机的机身内，从最后面的机舱窗户和货舱门向外射击，与此同时，飞行员不停地旋转吊架以扫射地面目标。AC-47武装运输机很快就成为一种有效的对地攻击战机，人们赋予它一个神化的名字——"神龙"，这种在战机上安装小型机枪的做法很快就得到推广，首先是在"阴影"和"毒刺"战机上应用，之后又在"幽灵"战机和改进后的C-130"大力士"战机上应用。最初是在每架战机上安装4挺机枪，后来，其中两挺由一对40毫米的博福斯式高射炮取代。在"铺路神盾"战机上，这2挺机枪的位置由一门博福斯式高射炮和一门经特别改装的M102型105毫米榴弹炮取代。

1956年，20毫米的沃尔康M61型机枪进入美空军服役，装备在洛克希德公司制造的F-104星式战斗机上，后来经过改进成为美国空军标准的机载武器。它也得到美国海军和陆军的采用，美国陆军使用的枪型为M168型机枪，该枪组成美陆军塔台或车载防空武器系统的基础。海军委托通用电气公司根据该枪的原理建造自主式

又花了十年时间进行研制，最后才将这种机枪投入生产，现在该枪称为沃尔康M61型机枪，起初使用的是20毫米的子弹。虽然沃尔康M61型机枪也从其他仿制者那里借鉴了一些东西，而且也是组成一种全新超快速外力驱动机枪族（口径从5.56~30毫米）的一员，但是，它很快就成为衡量其他机枪的标准武器。

左图：AH-64型"阿帕奇"武装直升机把休斯公司生产的链式机炮作为主战武器，该枪与飞行员头盔上的瞄准系统相连接，因而，枪手只需简单地转动头部即可实现精确瞄准

5.56毫米微型机枪

通用电气公司第二步的研制计划是进一步缩小这种机枪的口径，他们研制成功了一种外力驱动的多管机枪，该枪的口径为5.56毫米，但是美国政府却对此枪不太感兴趣。实际上，5.56毫米的微型机枪比较大口径的机枪要灵活得多，它的射速可以进行灵活调节，调节的方法也很简单，只需调节发动机的速度即可。具体说来，其射速可在每分钟400到10000发之间调节。微型机枪的弹药在出厂之前就装入弹匣中，每个弹匣可装弹500发，用时在机枪的两侧各安一个，在一侧弹匣的子弹用完后，供弹系统会自动切换至另一侧的满装弹匣，而空的弹匣可以在此时进行更换。该枪能够以每分钟4000发的射速一次性连发2500发。然而，虽然该枪以XM214型机枪的名称进行了测试，但美国武装部队从来也没有装备过这种机枪，该研发计划也最终搁浅。正如一位评论家所说，微型机枪似乎是一种为还没有出现的战术需要而研发的武器，因此，以弹药为由限制其使用，并不让人感到吃惊。

GAU-6型0.5英寸机枪

然而，在7.62毫米小型机枪与20毫米旋转机关炮之间仍有一些空白需要填补，通用电气公司立即以旋转式多管机枪来填补这一空白，该枪使用12.7毫米的试验性子弹。最初的打算是将12.7毫米的弹药作为一个试验台，目的是研制10毫米的新弹药。但是，计划中的新弹药遭到遗弃，而代之以12.7毫米的弹药，所采用的机枪是通用电气公司生产的CAL50型机枪，但该枪的首支原型枪称为GAU-6型机枪。它是一种6管式机枪，由于子弹带链环强度有限，其最高射速仅为每分钟4500发。

CAL50型机枪的改进型

后来，CAL50型机枪的生产型出现了两种，第一种是六管式机枪，其射速高达每分钟8000发；另一种则是重量较轻的三管式机枪，其射速只有前者的一半。随着通用电气公司对机枪研发兴趣的增加，他们又研制出可装备直升机和轻型战车的机枪，这种机枪重量较轻，都使用打击力得到过验证的0.5英寸子弹。还有一款改进型，即GAU-8A型30毫米机炮，其体积较大，是A-10"霹雳"攻击机的主战武器。GAU-8A型机炮在各方面都表现得不错，于是很快就有关于它的神话，说它是一种不平常的武器。不过，其性能并没有丝毫神奇之处，所用的子弹由钨和贫铀制成，射速达到每分钟4200发，单靠动能去击穿装甲车，因此有谣言说该炮比A-10攻击机主发动机产生的驱动力还要大。由于它是反方向作用于飞机，所以飞行员就不能长时间连续射击。

休斯公司制造的机枪

在提高重机枪性能的过程中进行过多种尝试，理查德·加特林发明的枪管和枪膛旋转法只是其中的一种。休斯器械公司是涉足武器制造业较晚的一家公司，该公司于1970年开始研发一种7.62毫米的机枪，该枪的尺寸与M79型和M219型机枪相当，M79型和M219型机枪是1960年开始装备M60主战坦克的后坐力制动机枪，称为同轴机枪。休斯器械公司研制的原型枪称为车载型外力驱动机枪，英文的缩略语为EPAM。其制动装置由一个齿轮箱和一系列的凸轮来驱动和调节。该枪在试验阶段表现出色，但作为一种战场使用的武器，明显太复杂了。休斯器械公司经过一番改进后，重新制造出了一种简单得多的枪型，该枪由滚轴链条驱动制动装置，方式与大多数摩托车上所用的一样。

该枪靠链圈提供动力和调整速度，链圈在4个链齿轮上工作，这4个链齿轮组成一个长方形，其中一个链齿轮驱动链圈，另一个则将驱动力传送至供弹系统，另外两个空转，以维持一定的几何结构并使链圈处于绷紧状态。链圈上有一个链环称为主链环，它包含有一个凸轮随动件，该随动件永远与一个滑板啮合，该滑板在枪栓托架较低面上的一个横向狭槽中工作。在链圈绕着链齿轮运动的过程中，整体式退弹器在枪中作往复运动。实际上，这种枪要比旋转机关枪简单得多，而且体积更小，重量更轻，还具有外力驱动机枪固有的优点，即可靠性强。

1972年，休斯器械公司开始生产链式30毫米机炮，美国陆军于1976年开始装备此种机炮，并将该机炮称为M230型机炮，它是AH-64"阿帕奇"武装直升机的主战机炮，安装在机头下部，由飞行员头盔上计算机化的链接指令控制。链式机炮的第二种型号是M252"丛林之主"25毫米机炮，该炮安装在M2/M3型"布雷德利"战车和其他作战平台上。而EX-34型7.62毫米链式机枪则装备在M1"艾布拉姆"主战坦克、英国"挑战者"2型主战坦克和"武士"装甲车上。

无壳子弹

如何处理弹壳的问题，可以追溯至机枪研制之初，我们注意到在解决这一问题时，人们曾使用铜弹壳来取代纸弹壳，其实这是一种倒退，因为纸弹壳可以在机枪发射时消耗掉，无须从机枪中退出。

20世纪后期的材料技术，使得无壳子弹的制造成为可能，推进剂装药本身就组成一种耐用的可处理实体，而弹丸则包入其中。20世纪90年代初，至少已有一家武器制造商对外披露了他们正在研制使用这种无壳子弹的机枪。德国戴纳米特·诺贝尔公司研制的无壳子弹已处于原型阶段，所研制的子弹是一种4.85毫米×33的方形子弹。美国也在进行类似的研制。20世纪最后十年关于弹药技术的其他研究课题还包括用次口径软壳长弹丸或标枪取代传统的弹丸，仿真性实验已经在火炮上进行，目的是用液体推进剂来取代传统的固定推进剂装药，所用的弹壳包括塑料弹壳和传统的金属弹壳或者干脆不用弹壳。同时发现，在这些研制中，还应用了几乎无处不在的微处理器，以提高机枪适应随时变化的环境的能力，如提高适应风向、温度和湿度等变化的能力。为了确保机枪在直接射击中有更多的子弹能在首次打击中就击中目标，又重新应用了重型火炮领域中应用的新技术。